科学出版社"十四五"普通高等教育本科规划教材

电子对抗原理
（上册）

张剑云　蔡晓霞　程玉宝　主编

科学出版社

北　京

内 容 简 介

本书分上、下两册，由 5 个模块组成，共 12 章。《电子对抗原理（上册）》主要介绍电磁环境和电子对抗侦察 2 个模块，包括电子对抗的概念、技术、发展，电磁空间与电磁环境、战场电磁环境构成、电磁兼容、电磁防护，通信和雷达对抗侦察中的信号搜索与截获、侦察信号处理、无线电测向原理和无源定位原理，以及激光主动侦察和被动告警、红外告警和紫外告警等内容。《电子对抗原理（下册）》主要介绍电子干扰、电子防护和电子对抗新领域 3 个模块。电子干扰包括通信干扰、雷达干扰和光电干扰；电子防护包括通信电子防护、雷达电子防护和光电防护；电子对抗新领域包括数据链对抗、导航对抗、敌我识别对抗、航天电子对抗、电子对抗无人机、反辐射攻击、高功率微波与强激光武器以及认知电子对抗等。

本书可作为电子对抗指挥与工程、信息对抗技术相关专业的本科生教材，也可作为雷达工程、通信工程和光电信息科学与工程等相关专业的辅助教材，还可作为其他电子类专业本科生、信息与通信工程等学科研究生及其相关专业读者的参考书。

图书在版编目（CIP）数据

电子对抗原理. 上册 / 张剑云，蔡晓霞，程玉宝主编. —北京：科学出版社，2023.8
科学出版社"十四五"普通高等教育本科规划教材
ISBN 978-7-03-076191-0

Ⅰ. ①电… Ⅱ. ①张… ②蔡… ③程… Ⅲ. ①电子对抗–高等学校–教材 Ⅳ. ①TN97

中国国家版本馆 CIP 数据核字（2023）第 154029 号

责任编辑：潘斯斯　张丽花 / 责任校对：王　瑞
责任印制：赵　博 / 封面设计：马晓敏

科学出版社 出版
北京东黄城根北街 16 号
邮政编码：100717
http://www.sciencep.com

三河市骏杰印刷有限公司印刷
科学出版社发行　各地新华书店经销

*

2023 年 8 月第 一 版　　开本：787×1092　1/16
2024 年 12 月第四次印刷　　印张：21 1/4
字数：544 000

定价：99.00 元
（如有印装质量问题，我社负责调换）

编写人员名单

主　编：张剑云　蔡晓霞　程玉宝
副主编：（按姓名拼音排序）
　　　　陈　红　黄建冲　毛云祥
　　　　邵　立　沈爱国　吴　伟
编　委：（按姓名拼音排序）
　　　　毕大平　程水英　崔　瑞　董天宝
　　　　姜　丽　焦　洋　金　虎　李小波
　　　　刘春生　骆　盛　马庆力　莫翠琼
　　　　潘继飞　钱　锋　王　磊　王　伟
　　　　王　正　吴彦华　徐　云　曾芳玲
　　　　左　磊

序

电子对抗经过近 120 年的发展，从战争舞台的边缘慢慢走向了战争舞台的中心，在现代战争中发挥着至关重要的作用。电子对抗的目标从通信到雷达，从光电到水声，范围越来越广泛；电子对抗的手段从干扰到防护，从软杀伤到硬摧毁，措施越来越多；电子对抗的技术和战术从简单的噪声压制到智能精确攻击，从单装对抗到分布式协同作战，理论越来越高深。在未来信息化战争中，电子对抗作为新域新质作战力量，对取得战争的胜利将发挥至关重要的作用。

《电子对抗原理》是我的母校国防科技大学电子对抗学院集全院之力打造的一套经典教材。它从电子对抗作战角度出发，厘清了电子对抗行动、电子对抗目标、电子对抗手段以及电子对抗技术之间的关系。它以电子对抗手段为主线，以侦察、干扰、防护为核心，分 5 个模块 12 章，讲述电磁环境、电子对抗侦察、电子干扰、电子防护、电子对抗新领域，将电子对抗各种技术有机地融合到一起，其结构体系给人耳目一新的感觉。它将电子对抗的各种原理和技术分门别类地进行了全方位展示，体现了电子对抗的复杂性和多样性。全书分上、下两册，全面展现了电子对抗深而广的技术原理。无疑，这是一套不可多得的电子对抗教科书。

人工智能技术的赋能应用，将大幅提升电子战系统在复杂环境下对先进电磁目标的精准感知和敏捷对抗能力，将推动未来电子战系统向智能化、可重构、网络化方向发展，是下一代电子战技术的重要方向和关键支撑。希望电子对抗相关教材更加关注电子对抗的重要发展方向，向电子对抗领域的学者展示未来电子战的恢宏气势。

中国工程院院士　王沙飞

2023 年 2 月

前　言

　　电子对抗(电子战)是现代信息化战争最重要的作战形式之一，是新域新质作战力量的典型代表。它应战争而生，为战争而立。电子对抗自诞生以来，就从来没有缺席过每一个战场。即使在非战争时期，电子对抗也在世界各个热点地区如火如荼地进行着。在我国周边地区，我们时刻都面临着电子对抗作战的压力。这促使我们更加深刻地思考电子对抗制胜机理问题。

　　党的二十大报告指出："如期实现建军一百年奋斗目标，加快把人民军队建成世界一流军队，是全面建设社会主义现代化国家的战略要求。"为此，我国要打造强大战略威慑力量体系，增加新域新质作战力量比重，深入推进实战化军事训练。

　　《电子对抗原理》正是在我军扎实推进深化国防和军队改革时期（2016～2020年）编写而成的。国防和军队改革为专门培养我军电子对抗人才的学院带来了脱胎换骨的变化。融合成为现阶段的一个关键词。电子对抗走向电磁频谱战，一体化融合成为必由之路。网络战和电子战融合，网电作战和基于网络的电子战是必然趋势；通信对抗、雷达对抗、光电对抗等各对抗专业融合，使电子对抗专业分化界限越来越模糊。在这样的背景下，急需一本能融合电子对抗各个细分专业的教材。

　　(1) 本书从作战角度出发，阐述电子对抗作战的一些基本问题。在绪论中，首先描述电子对抗作战问题，讲解电子对抗行动、电子对抗作战目标和电子对抗作战手段等概念，以及它们之间的相互关系，提出电子对抗作战手段是电子对抗行动的基础，是电子对抗行动和电子对抗技术的桥梁，并从技术角度，阐述电子对抗作战的特点。

　　(2) 详尽地介绍电子对抗的方方面面。基于国防科技大学电子对抗学院专业完善，人才济济，以及编写教材队伍的庞大，作者能够把国防科技大学电子对抗学院几十年来在电子对抗方面取得的教学成果全方位地在书中进行展示，包括通信对抗、雷达对抗、光电对抗，以及由此分化出来的数据链对抗、导航对抗、航天电子对抗和敌我识别对抗等。此外，还介绍了电子对抗无人机平台，以及电子对抗硬杀伤手段。

　　(3) 体现出融合的思想。作者按电子对抗作战手段来编排本书结构。线性呈现电子对抗最重要的侦察、干扰和防护三方面的知识。在电子对抗侦察方面，融合通信对抗和雷达对抗专业，用4章的篇幅详细讲授电子对抗侦察搜索截获、信号处理、测向定位的知识。

　　(4) 给读者展现电子对抗波澜壮阔的历史，充分展示电子对抗是未来高技术战争主力的前景。为此，作者结合电子对抗典型战例和电子对抗重大事件，向读者展示电子对抗是如何诞生的，电子对抗作战理论和装备技术是如何发展的。同时，通过全面介绍电子对抗各种技术的原理，体现电子对抗深奥的技术特征和宽广的专业内涵特色。通过对未来电子对抗发展的展望，揭示未来战争中电子对抗能够起到核心的作用。

　　《电子对抗原理》分上、下两册，共12章。由电磁环境、电子对抗侦察、电子干扰、电子防护和电子对抗新领域5个模块组成。上册7章，包括电磁环境、电子对抗侦察2个模块的内容；下册 5 章，包括电子干扰、电子防护和电子对抗新领域 3 个模块的内容。其中，电子对抗新领域的"新"是相对通信对抗、雷达对抗和光电对抗三大专业而言的，安排了数据链对抗、导航对抗、敌我识别对抗、航天电子对抗、电子对抗无人机、反辐射攻击、高功率微波与强激光武器以及认知电子战等方向的专业基础知识。

作为教材，如果上、下册所有内容都讲授，建议按 80~120 学时安排授课课时。考虑到不同专业对课程要求不尽相同，可以根据电磁环境、情报侦察、通信对抗、雷达对抗、光电对抗、电子防护等专业分类有针对性地挑选授课内容，可在 20~80 学时内调整。对专业读者来说，为深入理解书中内容，应该先行修读电子信息类专业基础课程，同时应具备通信、雷达和光电等相关专业知识。一般读者可以通过阅读第 1 章和第 12 章相关内容来了解电子对抗的基础知识。

感谢国防科技大学电子对抗学院领导和专家对本套教材出版的支持。他们在图书编写计划安排、经费保障、内容审定等方面给予很大的支持。感谢电子对抗领域院士和知名专家对教材的关注。

由于作者水平有限，书中难免存在疏漏和不足之处，恳请广大读者批评指正。

作　者

2023 年 2 月

目 录

第1章 绪论 ··· 1
  1.1 电子对抗基本概念 ·· 1
    1.1.1 电子对抗作战行动 ··· 1
    1.1.2 电子对抗作战目标 ··· 3
    1.1.3 电子对抗作战手段 ··· 4
    1.1.4 本书体系结构 ··· 5
  1.2 电子对抗技术 ··· 6
    1.2.1 电子对抗系统 ··· 6
    1.2.2 电子对抗侦察 ··· 8
    1.2.3 电子干扰 ·· 11
    1.2.4 电子防护 ·· 12
    1.2.5 电子伪装 ·· 15
    1.2.6 电子摧毁 ·· 16
    1.2.7 反辐射摧毁 ·· 18
    1.2.8 电磁频谱管控 ··· 19
  1.3 电子对抗的历史和发展 ·· 21
    1.3.1 电子对抗的诞生及发展 ··· 21
    1.3.2 电子对抗理论发展历程 ··· 28
    1.3.3 电子对抗技术发展方向 ··· 32
  思考题和习题 ··· 36

第2章 电磁环境 ·· 37
  2.1 电磁环境概述 ··· 37
    2.1.1 电磁频谱 ·· 37
    2.1.2 电磁空间 ·· 38
    2.1.3 电磁环境的定义和特征 ··· 40
  2.2 战场电磁环境构成 ·· 49
    2.2.1 自然电磁辐射 ··· 50
    2.2.2 民用电磁辐射 ··· 51
    2.2.3 军用电磁辐射 ··· 52
    2.2.4 辐射传播环境 ··· 54
  2.3 电磁兼容和电磁防护 ··· 57
    2.3.1 电磁干扰源及其传播途径 ··· 58
    2.3.2 战场电磁兼容分析 ·· 59

            2.3.3 电磁防护技术 ································· 69
      思考题和习题 ··· 73
第 3 章 信号的搜索与截获 ·································· 74
   3.1 引言 ··· 74
      3.1.1 基本概念 ··································· 74
      3.1.2 频域搜索 ··································· 76
      3.1.3 空域搜索 ··································· 78
      3.1.4 侦察方程 ··································· 83
   3.2 电子对抗接收机概述 ································· 87
      3.2.1 接收机类型 ································· 87
      3.2.2 接收机频率 ································· 89
      3.2.3 接收机灵敏度 ······························· 91
      3.2.4 其他主要指标 ······························· 93
   3.3 超外差接收机 ······································· 95
      3.3.1 超外差接收机的工作原理 ······················· 95
      3.3.2 超外差接收机的特点 ··························· 97
      3.3.3 超外差接收机优化技术 ························· 98
   3.4 信道化接收机 ······································ 100
      3.4.1 信道化接收机测频原理 ························ 100
      3.4.2 信道化接收机工作过程 ························ 101
      3.4.3 信道化接收机性能分析 ························ 103
      3.4.4 信道化接收机优化设计 ························ 104
   3.5 数字化接收机 ······································ 104
      3.5.1 结构与分类 ································ 104
      3.5.2 关键技术 ·································· 105
   3.6 其他接收机 ·· 109
      3.6.1 瞬时测频接收机 ····························· 109
      3.6.2 压缩接收机 ································ 114
      3.6.3 声光接收机 ································ 118
   思考题和习题 ··· 119
第 4 章 侦察信号处理 ···································· 122
   4.1 引言 ·· 122
      4.1.1 侦察信号处理的基本内容 ······················ 122
      4.1.2 辐射源信号典型特征 ························· 122
      4.1.3 信号处理的基本流程 ························· 128
   4.2 信号参数测量 ······································ 128
      4.2.1 频域参数测量 ······························ 128
      4.2.2 时域参数测量 ······························ 131
      4.2.3 能量域参数测量 ····························· 133

4.2.4　极化参数测量 ··· 134
4.3　信号特征提取 ·· 135
　　　4.3.1　信号参数分布特征提取 ·· 135
　　　4.3.2　雷达信号脉内特征提取 ·· 136
　　　4.3.3　通信信号调制特征提取 ·· 138
4.4　信号分选 ··· 149
　　　4.4.1　雷达信号分选 ·· 149
　　　4.4.2　通信信号分选 ·· 154
4.5　信号识别 ··· 159
　　　4.5.1　信号识别分类 ·· 159
　　　4.5.2　信号识别方法 ·· 159
思考题和习题 ·· 161

第5章　无线电测向原理 ·· 162

5.1　引言 ·· 162
　　　5.1.1　无线电测向的基本概念 ·· 162
　　　5.1.2　测向设备的基本组成 ·· 164
　　　5.1.3　测向设备的主要技术性能指标 ·· 166
　　　5.1.4　测向的分类 ··· 168
5.2　单元天线 ··· 171
　　　5.2.1　单杆天线 ·· 171
　　　5.2.2　相邻垂直天线元组合成单元天线 ··· 174
　　　5.2.3　艾德考克天线 ·· 176
5.3　振幅法测向原理 ··· 179
　　　5.3.1　最小信号法测向原理 ·· 179
　　　5.3.2　最大信号法测向原理 ·· 185
　　　5.3.3　比幅法测向原理 ··· 194
5.4　相位法测向原理 ··· 207
　　　5.4.1　比相法测向基本原理 ·· 207
　　　5.4.2　典型比相法测向应用 ·· 212
　　　5.4.3　多普勒测向原理 ··· 218
5.5　时差法测向原理 ··· 220
5.6　阵列测向原理 ·· 222
5.7　测向误差 ··· 229
　　　5.7.1　测向误差的分类 ··· 229
　　　5.7.2　几种典型的测向误差 ·· 231
思考题和习题 ·· 236

第6章　无源定位原理 ··· 238

6.1　引言 ·· 238
　　　6.1.1　无源定位的含义 ··· 238

6.1.2 定位的坐标系 ……………………………………………………………… 239
6.2 单站定位 ……………………………………………………………………… 242
6.2.1 基于电离层高度测量的单站定位 …………………………………………… 242
6.2.2 基于测向设备(站)移动的单站定位 ………………………………………… 243
6.3 双站定位 ……………………………………………………………………… 246
6.3.1 双站交会定位的基本方法 …………………………………………………… 246
6.3.2 双站交会定位的误差分析 …………………………………………………… 247
6.3.3 双站交会定位的相关问题 …………………………………………………… 254
6.4 多站定位 ……………………………………………………………………… 256
6.4.1 单辐射源的位置估计 ………………………………………………………… 256
6.4.2 单辐射源的多次位置估计 …………………………………………………… 261
6.4.3 测向站配置 …………………………………………………………………… 264
6.4.4 多辐射源的位置估计 ………………………………………………………… 264
思考题和习题 …………………………………………………………………………… 265

第7章 光电对抗侦察与告警 …………………………………………………………… 266
7.1 引言 …………………………………………………………………………… 266
7.2 激光对抗主动侦察 …………………………………………………………… 267
7.2.1 概述 …………………………………………………………………………… 267
7.2.2 目标的激光反射特性 ………………………………………………………… 268
7.2.3 激光回波探测 ………………………………………………………………… 273
7.3 激光告警 ……………………………………………………………………… 275
7.3.1 概述 …………………………………………………………………………… 275
7.3.2 激光信号识别 ………………………………………………………………… 279
7.3.3 激光方位探测 ………………………………………………………………… 283
7.3.4 激光波长探测 ………………………………………………………………… 286
7.3.5 激光码型识别 ………………………………………………………………… 287
7.3.6 激光告警探测性能分析 ……………………………………………………… 291
7.4 红外告警 ……………………………………………………………………… 296
7.4.1 概述 …………………………………………………………………………… 296
7.4.2 红外辐射探测性能 …………………………………………………………… 297
7.4.3 目标信号检测方法 …………………………………………………………… 302
7.4.4 红外搜索跟踪 ………………………………………………………………… 307
7.5 紫外告警 ……………………………………………………………………… 313
7.5.1 概述 …………………………………………………………………………… 313
7.5.2 概略型紫外探测 ……………………………………………………………… 314
7.5.3 成像型紫外探测 ……………………………………………………………… 319
7.5.4 告警距离估算 ………………………………………………………………… 323
思考题和习题 …………………………………………………………………………… 325

参考文献 ………………………………………………………………………………… 327

第1章 绪　　论

1.1　电子对抗基本概念

1.1.1　电子对抗作战行动

1. 电子对抗是信息作战主要作战行动

进入21世纪以来,以信息化为核心的世界新军事变革正在推动战争形态从机械化向信息化转变,大量电子信息装备投入到作战运用中。这些装备涵盖了信息的产生、传输和处理等信息运动全流程。降低敌方电子信息装备的性能,扰乱敌方信息传输的数据流,或直接对敌方电子信息装备实施打击和摧毁,已经成为现代战争不可或缺的作战行动,对战争胜负起着举足轻重的作用。建设信息化军队、打赢信息化战争不但成为中国人民解放军(我军),也成为各强国军队关注和聚焦的重点。信息作战能力也已成为信息化条件下联合作战的核心能力之一。

什么是信息作战?根据前期对我军本领域军语的研究,我们2020年编纂的内部出版物《信息对抗常用术语词典》给出信息作战的定义为:在信息空间中,综合运用信息产生、传输、处理和作用能力来影响、扰乱、破坏或者篡夺敌方的决策能力和作战行动,同时保护己方的类似能力的军事行动,主要包括信息作战侦察、信息进攻和信息防御,分为电子对抗、网络对抗、心理攻防、舆论斗争和法理斗争等。

电子对抗是信息作战的重要组成部分,是一种重要的信息化战争作战方式。电子对抗在电磁频谱域和信息域围绕制电磁权和制信息权展开,是获取战场制空权和制海权,进而获取战场主动权的前提和条件,是取得全局战争胜利的决定性因素之一。在21世纪的信息化战争中,电子对抗行动已经成为一种可采取大规模凌厉攻势来威胁和攻击对手,并能改变战争进程的重要军事行动;电子对抗力量已经上升为一种能够独立遂行战役行动的核心军事力量;电子对抗装备也成为信息化装备中最核心的进攻性主战武器之一,它伴随通信、雷达、军用光电、导航制导、敌我识别、水声声呐等军用无线电电子装备一起诞生、成长和发展。

那么什么是电子对抗?《信息对抗常用术语词典》给出的定义是:电子对抗也称电子战。在电磁和声空间中,运用电磁能、声能和定向能的特性,去控制电磁频谱和声谱,实现攻击敌军和保护己军作战效能的军事行动,包括电子对抗侦察、电子进攻和电子防御,分为雷达对抗、通信对抗、光电对抗、无线电导航对抗、水声对抗,以及电子摧毁和反辐射摧毁等,是信息作战的主要形式。

在这个定义中,电子对抗被定义为一种军事行动。为了与电子对抗技术区分开,可以将其称为电子对抗作战行动。需要说明的是,电子对抗包含水声对抗,但本书不讨论水声对抗内容。因此,除非特别声明,后续提到的电子对抗主要就是指电磁频谱领域的对抗。

同时，本书讨论的电子对抗原理也是指电磁频谱领域相关作战武器的技术原理。

2. 电子对抗作战行动的特点

电子对抗作为信息化战争的一种重要作战样式，具有以下特点：

(1) 电子对抗是一种高技术形态的特殊作战行动。电子对抗作战行动发生在电磁和声空间中，利用电磁能和声能所具有的毁伤能力、电子设备之间的相近频谱互扰特性、电磁波和声波的传播特性达成作战目标。它所使用的"弹药"不是子弹、炮弹、炸弹、导弹等有形的火力硬杀伤武器，而是一种看不见和摸不着的电磁能和声能。它要"消灭"的主要不是敌方的有生力量，而是通过摧毁或降低敌方的传感器网络、指挥控制网络、战场通信和信息网络、计算机网络以及精确制导武器装备和系统等信息化武器系统的作战能力，使敌方丧失战斗力。

(2) 电子对抗兼具软、硬杀伤能力。它通过电子干扰手段降低、削弱敌方信息化武器装备和系统的作战能力，同时通过反干扰手段保护己方类似系统的作战能力。它还可以使用电子摧毁和反辐射摧毁等手段消灭敌方作战平台、武器装备和人员等有生力量，使之完全丧失战斗力，同时保持和增强己方战斗力。

(3) 电子对抗是攻防兼备的作战行动。由于信息化武器系统作为一种高科技装备，天生具有脆弱性，因此电子对抗行动务必对己方信息化武器系统开展电子防护工作，使其不因受到电子干扰、电子摧毁和反辐射摧毁而降低或丧失战斗力。同时，利用电子伪装、电子干扰、电子摧毁和电磁频谱管控等手段，可以保护己方阵地、作战平台、武器装备和人员免受打击。这些行动构成了电子防御行动，是电子对抗作战行动中非常重要的一个方面。

(4) 电子对抗的进攻和防御具有不对称性。电子进攻的目标主要是敌方电子信息系统，但也包括敌方作战平台、武器装备和人员。电子防御的对象则是敌方电子侦察、电子干扰、电子摧毁和精确打击武器等，要保护的目标则主要是己方电子信息系统，但也包括己方作战平台、武器装备和人员。电子对抗攻防的不对称性，第一体现在攻防力量形态的不对称性上。电子进攻力量主要是电子对抗专业部队，而电子防御力量除了专业部队，更主要的是信息化装备、系统、平台的使用者。第二体现在作战手段的不对称性上。电子进攻的主要作战手段和电子防御的主要作战手段是不一致的，这跟火力作战相比，有着较大的区别。

(5) 电子对抗作战行动是少数几种平战结合贯穿始终的作战形式之一。在和平时期的热点地区，电子对抗行动在看不见的"刀光剑影"中悄然展开；电子对抗侦察行动更是在全球每个角落每时每刻都在持续进行。在战争中，战斗尚未打响，电子对抗行动早已先机制敌。即使战争硝烟散去，电子对抗行动仍然时刻在进行中。

(6) 电子对抗作战行动所能采取的手段丰富多彩。它涉及时域、频域、空域等能量分布的最基本要素，电磁波传播更是以光速行进，这造就了电子对抗行动快速、多变的特性，但同时由于电磁波的直线传播特性，电子对抗行动的路径具有局限性，需要装备平台的灵活性加以弥补。

3. 电子对抗作战行动分类

电子对抗包含电子对抗侦察、电子进攻和电子防御三种基本类型作战行动。

电子对抗侦察行动是指在电磁和声空间中，对敌方辐射的电磁、水声信号进行搜索、截获，以获取敌方辐射源的技术参数和位置，识别、判断敌方电子信息系统以及相关武器和平台的类型、用途等信息的电子对抗行动。目的是为电子进攻、电子防御或联合作战提供决策和行动保障。电子对抗侦察按专业分为雷达对抗侦察、通信对抗侦察、光电对抗侦察和水声对抗侦察等；按任务分为电子对抗情报侦察和电子对抗支援侦察。

电子进攻行动是指在电磁和声空间中，为打击敌方作战能力而采取的技术、战术措施和行动，是电子对抗最重要的组成部分。其主要作战手段有电子干扰、电子摧毁和反辐射摧毁，其中，电子摧毁包括定向能攻击、电磁脉冲攻击等。考虑到电磁波直线传播的特性，电子进攻和火力进攻相比，进攻路径的受限性比较大，往往需要灵活的电子进攻装备平台来弥补。

电子防御行动是指在电磁和声空间中，为保护己方作战能力而采取的技术、战术措施和行动，是电子对抗的组成部分，也是防御作战的基本类型之一。其主要内容包括反电子侦察、反电子干扰、抗电子摧毁、抗精确打击和电磁频谱管控等。电子防御是所有使用无线电电子设备的系统、平台、重点区域及其相关部队和机构，在平时和战时都应采取的作战行动。

在以往各种文献对电子对抗的描述中，经常把电子干扰等同于电子进攻，电子防护等同于电子防御，但从进攻和防御两种联合作战最基本行动的内涵来考虑，电子干扰和电子防护作为电子对抗最重要的两种作战手段，不应等同于电子进攻和电子防御两种作战行动。为了使电子进攻和电子防御的内涵与联合作战中进攻和防御的内涵保持一致，本书将电子对抗作战行动和电子对抗作战手段加以区分，并以作战手段为主线对电子对抗技术的原理展开讨论。

1.1.2 电子对抗作战目标

电子对抗的主要作战对象是所有利用电磁频谱和声谱工作的电子系统与电子信息设备，包括雷达(网)、通信系统(网络)、光电装置、无线电或光电引信、无线电导航、敌我识别系统、武器制导装置以及水声系统等。此外，电子对抗还可以对计算机系统(网络)、指挥与控制系统，甚至各种武器平台、人员产生破坏作用。

针对上述作战对象，电子对抗的主要作战目标包括：

(1)陆、海、空、天综合一体化指挥控制网络、通信计算机网络以及各种战场信息网络，以无线通信系统为标志；

(2)侦察、情报和监视系统，各种传感器网络以及全球信息栅格等，其中预警探测系统和各种无线侦察系统为典型代表；

(3)军事空间系统、全球卫星导航系统以及有可能有效支援军事应用的民用空间资源，以卫星光学侦察系统和卫星导航系统为代表；

(4)国防、军用以及关键民用信息基础设施，如无线移动网；

(5)重要军用平台上的电子信息系统，如导弹防御系统、海上舰队电子信息系统、空中有人和无人战机的电子装置等；

(6)远程精确打击武器、精确攻击弹药等的电子信息支持系统或装置。

针对电子对抗侦察、电子进攻和电子防御三种作战行动，每种行动的作战目标有所不同。

电子对抗侦察的作战对象是各种电磁辐射源。电磁辐射源包括自然辐射源、民用辐射源和军用辐射源。而电子对抗侦察主要针对军用辐射源展开。因此，电子对抗侦察的作战目标主要是上述(1)(3)(5)(6)四个方面。

电子进攻是电子对抗最重要的作战行动，它可以对以上所有目标展开攻击。

电子防御的作战对象包括敌方电子侦察、电子干扰、电子摧毁和精确打击武器。因此，电子防御的作战目标主要包括上述(2)(3)(5)(6)四个方面。

1.1.3 电子对抗作战手段

作战手段是指以作战效能为导向的装备作战运用。电子对抗的主要作战手段包括电子对抗侦察手段、电子干扰手段、电子摧毁手段、反辐射摧毁手段、电子伪装手段、电子防护手段和电磁频谱管控手段等。

电子对抗侦察手段属于电子侦察范畴，用以获取军事情报，是实施电子干扰、电子摧毁、反辐射摧毁、电子伪装和电子防护等的前提，也是联合作战获取情报的手段之一。在当今世界，各个主要大国使用侦察卫星、侦察飞机、侦察船、侦察车等各种侦察设备，全天候、无死角地对世界各地热点地区实施电子侦察，其中就包括电子对抗侦察。电子对抗侦察手段的相关技术将在第3~7章中讲授。

电子干扰手段是电子对抗最常用而又行之有效的电子进攻和电子防御措施。它是指利用电磁能对敌方电子信息设备或系统进行扰乱的行动。其目的是使敌方电子信息设备或系统的使用效能降低甚至失效。按干扰性质，电子干扰分为压制性干扰和欺骗性干扰；按干扰方法，电子干扰分为有源电子干扰和无源电子干扰。此外，一些自然和人为干扰也会影响、破坏电子信息设备和系统正常工作。电子干扰手段的相关技术将在《电子对抗原理(下册)》第8~10章中讲授。

电子摧毁手段是使用定向能武器和电磁脉冲武器等毁伤敌方电子信息设备、系统、网络及相关武器系统或人员的电子进攻措施。它既可对作战平台上的无线电电子设备实施大功率攻击，从物理上破坏电子设备正常工作，也可对武器平台和人员造成损伤，是一种软硬杀伤力兼备的电子进攻手段。电子摧毁手段的相关技术将在《电子对抗原理(下册)》12.8节中讲述。

反辐射摧毁手段也称反辐射攻击，是指利用敌方的电磁辐射信号导引反辐射武器摧毁敌方电磁辐射源的行动，主要用来打击敌方的雷达、无线电通信和制导设备、干扰台及其他无线电发射设备。严格来说，反辐射武器是一种精确制导武器，但由于其制导方式和作战目标的特殊性，把它归类为电子对抗的一种装备。在以往的资料中，通常把反辐射摧毁归为电子摧毁的一种，但考虑到两者毁伤机理的巨大差异，以及定向能武器的日趋成熟，本书把反辐射摧毁和电子摧毁加以区分。反辐射摧毁手段的相关技术将在《电子对抗原理(下册)》12.7节中讲述。

电子伪装手段是对目标的电子特性进行的伪装，主要通过减少、消除、改变目标的真实电子特性或制造假目标等方法，使敌方电子探测设备难以发现目标或产生错觉。电子伪装通常使用伪装网、烟幕、角反射器、涂料隐身和外形隐身等无源干扰设施形成伪装能力。电子伪装相关技术将在《电子对抗原理(下册)》9.7节和10.2节中有所涉及。

电子防护手段定义为："己方电子信息设备和系统为避免或减轻敌方侦察、干扰和摧毁的损伤、破坏和影响而采取的防备和保护的措施和行动。电子防护是无线电电子设备自身采取各种措施，以对抗敌方电子对抗侦察、电子干扰、电子摧毁和反辐射摧毁，主要目的是防止己方电子设备和电子信息系统辐射或散射的电磁信号被敌方截获侦察，消除或削弱敌方的电子干扰、电子摧毁和反辐射摧毁对己方电子设备与电子信息系统的破坏及影响，保障己方电子设备和电子信息系统在复杂的电子战信号环境中仍然能够正常工作。电子防护手段的相关技术将在《电子对抗原理(下册)》第 11 章中讲授。

电磁频谱管控手段是指对电磁频谱的使用进行管理和控制，包括掌握、管理、控制电磁频谱使用情况，检查、监督、纠正和限制各种违规用频行为等。具体内容有电磁频谱管理政策、制度的制定，无线电频率、卫星频率(轨道)资源的划分、规划、分配、指配，无线电频率、卫星频率/轨道资源使用情况的监督、检查、协调和处理，以及采用技术手段在特定时间或地域范围内限制使用特定电磁频谱等。电磁频谱管控的相关技术在第 2 章中有所涉及。

电子对抗作战手段是电子对抗作战行动的基础，任何电子对抗行动都是通过实施电子对抗作战手段来完成的。手段是行动和技术的桥梁，而手段又是通过装备运用来实现的。电子对抗技术通过综合集成成为装备，使电子对抗手段有了支撑，从而为遂行电子对抗行动提供了强有力的保障。

电子对抗行动和电子对抗手段不是一一对应关系。有的手段更适用于电子进攻，而有的手段更适用于电子防御。表 1.1.1 给出了电子对抗行动和电子对抗手段的主要适配关系。

表 1.1.1 电子对抗行动和电子对抗手段的主要适配关系

电子对抗行动	主要作战手段	次要作战手段	辅助作战手段
电子对抗侦察	电子对抗侦察	—	电磁频谱管控
电子进攻	电子干扰、电子摧毁、反辐射摧毁	—	电子对抗侦察、电磁频谱管控、电子伪装、电子防护
电子防御	电子伪装、电子防护	电子干扰、电子摧毁、反辐射摧毁	电子对抗侦察、电磁频谱管控

电子进攻通常通过电子干扰、电子摧毁和反辐射摧毁等手段来实现，但电子进攻离不开电子对抗侦察，也离不开自身装备的电子伪装和电子防护，更离不开电磁频谱管控。

电子防御主要通过电子伪装和无源干扰开展反电子侦察、抗精确武器打击，通过电子防护来反电子干扰、抗电子摧毁和反辐射摧毁，但也可以采取有源电子干扰和电子摧毁等主动防御手段开展"两反两抗"。电子防御自然也离不开电子对抗侦察和电磁频谱管控的支撑。

1.1.4 本书体系结构

本书对电子对抗各种手段所使用技术的工作原理展开讨论。具体章节按电磁环境、电子对抗侦察原理、电子干扰原理、电子防护原理和电子对抗新领域这条主线展开。电子伪装所采用的技术在电子干扰相关章节中有所涉及，电子摧毁和反辐射摧毁所使用的技术在电子对抗新领域这一章中有详细的叙述。电磁频谱管控所采用的一些技术在电磁环境这一章中有所涉及，但其中的频谱管理问题，书中没有展开讨论。

第 1 章绪论，介绍电子对抗的基本概念，电子对抗作战行动在信息化战争中的地位和作用，厘清电子对抗作为作战行动所具有的内涵和外延，分门别类地叙述电子对抗技术所包含的内容，并展现电子对抗历史，展望电子对抗未来。

第 2 章电磁环境，介绍电磁空间和复杂电磁环境等概念。重点就电子对抗所面临的战场电磁信号环境进行讲解，对各种电磁辐射源的特性开展描述，并介绍电磁兼容和电磁防护问题。

第 3~7 章是电子对抗侦察原理的内容，主要按侦察技术的不同环节展开讨论。

第 3 章信号的搜索与截获，介绍信号的搜索原理及电子对抗侦察方程，并详细介绍电子对抗各种类型的侦察接收机。

第 4 章侦察信号处理，包括信号参数测量、信号特征提取、信号分选、信号识别等内容。

第 5 章无线电测向原理，介绍各种测向天线，以及振幅法、相位法、时差法等各种测向方法的基本原理，并讨论测向误差分析方法。

第 6 章无源定位原理，分析定位误差，介绍单站、双站、多站定位的原理和方法。

第 7 章光电对抗侦察与告警，考虑到光信号侦察与电磁辐射信号的侦察有很大的不同，把光电对抗侦察单独成章，主要介绍激光、红外和紫外的侦察告警原理。

第 8~10 章是电子干扰原理的内容。考虑到不同专业干扰方式方法差异较大，因此，电子干扰按通信对抗、雷达对抗和光电对抗三个专业展开讨论。

第 8 章通信干扰，按通信干扰系统、通信干扰方式、通信干扰方程，以及干扰效果和干扰资源等展开讨论。

第 9 章雷达干扰，主要按干扰方程、干扰系统、压制性干扰、欺骗性干扰、灵巧式干扰和无源干扰等展开讨论。

第 10 章光电干扰，按无源干扰和有源干扰两个方面展开讨论。无源干扰主要讨论烟幕和光电假目标，有源干扰主要分激光和红外两个方向。

第 11 章电子防护，按通信电子防护、雷达电子防护和光电防护三个方向展开讨论。

第 12 章电子对抗新领域，介绍数据链对抗、导航对抗、敌我识别对抗、航天电子对抗、电子对抗无人机、反辐射攻击、高功率微波与强激光武器及认知电子战概念等内容。

1.2 电子对抗技术

电子对抗的各种手段构成了电子对抗技术的主要内容。具体来说，电子对抗技术包括电子对抗系统技术、电子对抗侦察技术、电子干扰技术、电子防护技术、电子伪装技术、电子摧毁技术、反辐射摧毁技术和电磁频谱管控技术等。从应用领域分类，电子对抗技术又可分为通信对抗技术、雷达对抗技术、光电对抗技术、导航对抗技术、引信和制导对抗技术及水声对抗技术等。另外，从平台角度考虑，还有航天电子对抗技术、电子对抗无人机技术等。本书将主要以电子对抗手段为主线展开对电子对抗各种技术原理的讨论。

1.2.1 电子对抗系统

电子对抗系统的技术包括电子对抗系统综合集成、电子对抗效能评估、电子对抗系统仿真等。本节重点叙述三种最基本电子对抗系统的组成。

1. 通信对抗系统

通信对抗系统是指为完成特定通信对抗作战任务，由若干通信对抗侦察、通信干扰、指挥控制等不同功能的电子对抗设备、器材或其他相关设备组成的统一协调的有机整体。

通信对抗系统在密集复杂的信号环境下，实施对目标通信信号的侦察（测向）和干扰。通信对抗系统主要包含通信对抗侦察系统、通信干扰系统和综合通信对抗系统三类，其中，综合通信对抗系统一般包括侦察分系统、干扰分系统、中心控制站等，如图1.2.1所示。

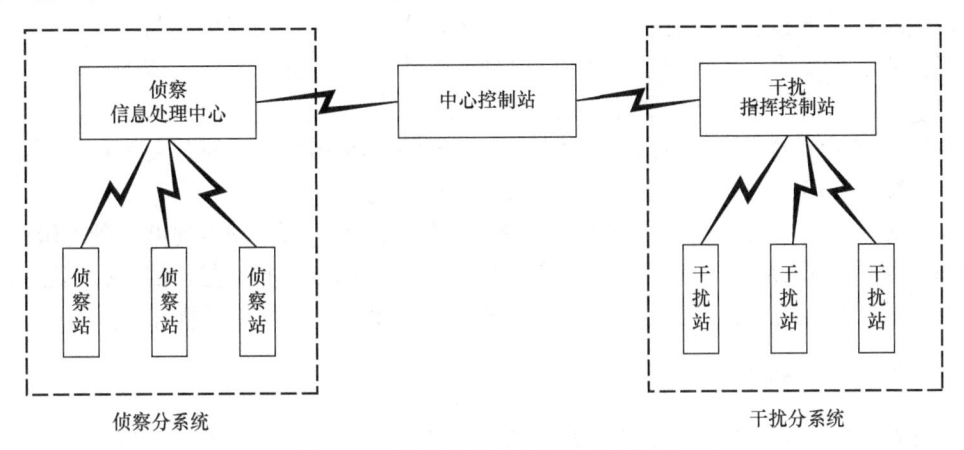

图 1.2.1 综合通信对抗系统组成框图

通信对抗系统包含多个功能分系统，所以战技指标可以分为总体战技指标和功能分系统战技指标两个层次。

不同的通信对抗系统的组成存在很大的差异，总体性能指标各不相同，主要有系统的用途、作用范围、频率范围、系统能力、反应时间、系统的环境使用要求、系统的开设和撤收时间等。

功能分系统包括侦察系统、测向系统、干扰系统、中心控制站。系统能力主要描述系统的侦察能力、测向能力、干扰压制能力、信号处理与存储能力、数据传输能力等。

侦察系统的性能指标主要有频率范围、接收灵敏度、频率搜索速度、动态范围、截获概率、参数测量精度、信号识别种类与时间、信号显示方式和带宽、信号存储能力等。

测向系统的主要性能指标有频率范围、测向灵敏度、测向精度、测向速度、示向度显示方式及显示分辨率等。

干扰系统的主要性能指标有频率范围、干扰发射功率、干扰反应速度、同时干扰的最大目标数、干扰样式、间隔观察时间等。

中心控制站也称指挥控制站、指挥控制中心、情报综合处理站等，不同的系统根据其功能的不同给予不同的名称。对于小型通信对抗系统，一般不单独设置中心控制站，而是由系统中的一个主站承担系统的控制功能。中心控制站根据其功能的不同而有不同的性能指标。中心控制站的功能主要有指挥控制功能、情报分析处理功能、数据库管理功能、综合态势显示功能、辅助决策功能等。根据不同的功能配置相应的软件和硬件设备，从而得到不同的性能指标，如计算机的运行速度、内存容量、信息传输速率、信息交换方式、数据库的种类及内容和条目数等。总之，中心控制站的性能指标是千差万别的。

在通信对抗系统内都设置有通信系统，也有相应的技术指标衡量其性能的优劣，如频率范围、发信功率、调制方式、传输速率、工作种类等。

通信对抗系统作战能力需要从频域作战能力、空间覆盖能力、机动能力等方面进行评估，如频域覆盖、波束覆盖、侦察测向距离、干扰距离、对抗目标、开设和撤收时间、反应时间、持续战斗时间等。

2. 雷达对抗系统

雷达对抗系统和通信对抗系统具有很大的相似性，其系统组成框图与图 1.2.1 基本相同，包括侦察分系统、干扰分系统和中心控制站。具体各个分系统的功能和性能指标可以参考通信对抗系统，这里不再展开叙述。

雷达对抗系统主要战术指标有系统的用途、干扰频率范围、干扰作用距离、系统机动能力、系统的环境使用要求、系统的开设和撤收时间等。

雷达对抗系统主要技术指标有频率范围、接收灵敏度、频率搜索速度、动态范围、截获概率、参数测量精度、信号识别种类与时间、信号显示方式和带宽、信号存储能力、测向精度、干扰发射功率、干扰反应速度、同时干扰的最大目标数、干扰样式。

3. 光电对抗设备

光电对抗设备是专门用于光电对抗侦察和光电干扰的电子对抗设备，包括光电对抗侦察设备和光电干扰设备等。

光电对抗侦察设备主要通过搜索、截获、测量、分析、识别目标辐射或散射的红外、激光、可见光、紫外等光谱信号，为光电对抗干扰设备提供来袭目标的技术参数、用途、数量和位置等情报，或判断来袭目标的威胁程度。常用的光电对抗侦察设备有激光告警器、红外告警器、电视侦察设备、紫外告警器等，主要技术指标包括侦察波段、警戒视场、角度分辨率、探测距离等。

光电干扰设备主要是通过辐射、散射、漫反射、吸收光波或改变被保护目标的光学特征，以削弱或破坏敌方光电设备使用效能的电子干扰设备。光电干扰设备按类型可分为光电无源干扰设备和光电有源干扰设备，无源干扰设备主要包括烟幕、水幕、箔条、光电假目标等，有源干扰设备主要包括激光干扰机、红外干扰机、红外诱饵、强光干扰弹、激光武器等，主要技术指标有遮蔽面积、透过率、有效时间、干扰距离等。

1.2.2 电子对抗侦察

1. 基本概念

电子对抗侦察作为一种电子对抗的措施，是电子侦察的一个重要分支。这里电子侦察是指以电子信息手段获取敌方目标信息的行动。电子侦察技术就是这些电子信息手段的统称，主要内容包括电子技术侦察、电子对抗侦察、雷达探测侦察、雷达成像侦察、光学侦察等。

电子对抗侦察按任务分为电子对抗情报侦察和电子对抗支援侦察。

电子对抗情报侦察是指对特定区域内的敌方电子设备进行长期监视或定期核查的电子

对抗侦察。其目的是全面获取敌方电子设备和系统的战术技术参数，掌握其活动规律和发展动态，并为电子对抗支援侦察预先提供基础情报。

电子对抗情报侦察主要在平时和战前开展，属于预先侦察、战略侦察，通过情报侦察可以搜集和积累敌辐射源的有关情报，建立和更新情报数据库，评估敌方无线电设备的现状和发展趋势，为研制发展电子对抗装备、研究电子对抗策略和制定电子对抗作战计划提供依据。

对情报侦察的要求是：信号分析测量参数尽量齐全、精度高，但对信号分析处理的速度可以放宽。在情报侦察中，常常是把信号记录下来留待事后分析处理。

电子对抗支援侦察指在作战准备和作战过程中为电子进攻、电子防御等作战行动提供情报保障的电子对抗侦察，主要是实时截获、识别敌方电子设备的电磁辐射信号，判明其属性和威胁程度。威胁告警是电子对抗支援侦察重要的组成部分。

电子对抗支援侦察主要在战前、战时开展，属于直接侦察、战术侦察，通过支援侦察为通信干扰或摧毁提供依据。

对支援侦察的要求是：侦察设备的反应速度要快，截获概率要高，对信号具有实时分析处理能力，但对信号参数的测量精度可适当放宽。

简而言之，电子对抗侦察获得的情报主要应用在两个方面：一方面，为研制和发展对抗装备，制定对抗作战计划提供依据；另一方面，实时获取军事情报，为干扰敌方通信和雷达提供相关参数。

电子对抗侦察按专业领域分为通信对抗侦察、雷达对抗侦察、光电对抗侦察、水声对抗侦察等。雷达对抗侦察包括雷达告警，光电对抗侦察包括光电告警，水声对抗侦察包括水声告警。

通信对抗侦察是为获取通信辐射源信息和情报而进行的电子对抗侦察，主要通过搜索、截获、识别和分析敌方无线电信号，查明其无线电通信设备的频率、频谱结构、功率电平、工作体制、配置位置、通信网(专)性质、组成、相互关系及活动规律等。

雷达对抗侦察是为获取雷达辐射源信息和情报而进行的电子对抗侦察，主要通过搜索、截获、分析和识别敌方雷达发射的信号，查明其雷达的工作频率、脉冲参数、天线波束参数等信息，获取雷达的位置、类型、工作体制、用途等情报。

光电对抗侦察是为获取光电对抗所需目标参数和情报而进行的电子对抗侦察，主要通过搜索、截获、测量、分析、识别敌方辐射或散射的红外、激光、可见光、紫外等光谱信号，获取其光电设备的技术参数、用途、数量和位置等情报，或判断来袭目标的威胁程度，以便采取对抗措施。

水声对抗侦察是为获取水声对抗所需情报而进行的电子对抗侦察，主要通过侦测、记录、分析敌方水声装备、声制导武器的声信号和其他声信号，获取其技术参数、目标类型、数量和位置等情报，并判明威胁程度等。

2. 电子对抗侦察技术

电子对抗侦察技术包括对敌方电磁辐射信号的截获与测量、信号分选与识别、威胁判断、信息提取，以及对辐射源测向、定位等技术。

电子对抗侦察的目的是获取辐射源信息和情报。它主要通过搜索、截获、识别和分析敌方辐射源信号,查明其设备的频率、频谱结构、功率电平、工作体制、配置位置、网(专)性质和组成及设备活动规律等。

电子对抗侦察技术包括侦察接收机技术和侦察信号处理技术。

电子对抗侦察接收机的基本要求是宽频带、高灵敏度、高截获概率。电子对抗侦察面临的挑战是辐射源数量庞大、体制复杂,信号密度、流量日益增加;信号类型多样、波形复杂;信号载频不断向更低和更高扩展。从射频接收的角度,侦察接收机应该能够接收各种工作频率的信号。而宽带接收是实现宽频带覆盖、快速截获的关键技术。然而,宽带接收对提高灵敏度又是不利的。因此,电子对抗侦察接收机面临的主要矛盾就是宽带接收带来的灵敏度、杂波杂散、信号质量等问题。

常用电子对抗侦察接收机包括宽带射频接收机、超外差接收机、频率信道化接收机等。它们的组成结构如图 1.2.2~图 1.2.4 所示。频率信道化接收机是目前应用最为广泛的侦察接收机。

图 1.2.2 宽带射频接收机结构示意图

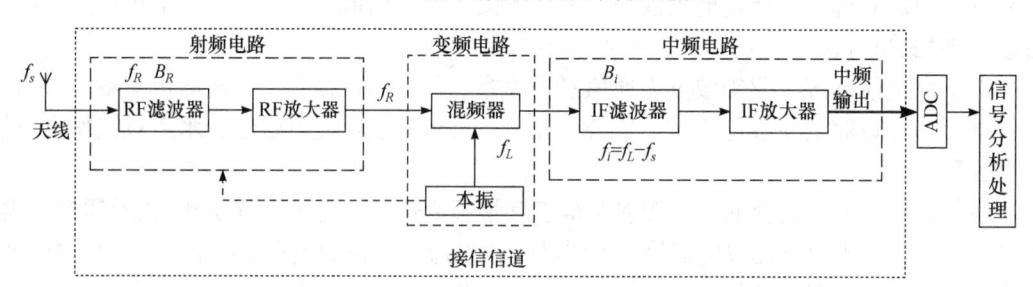

图 1.2.3 超外差接收机结构示意图

侦察信号处理技术是电子对抗侦察技术的核心。对信号的侦察接收面临非常复杂的信号环境和快速多变的各种信号,因此在宽带接收的输出端形成了海量的接收数据,只有使用科学、高效、可行的数字信号处理技术,才能从数据中获取有用的军事情报。

电子对抗信号处理技术包括低信噪比条件下的信号快速检测技术、宽带信号分选技术、信号参数估计技术、信号调制样式自动识别技术、多信道一致性技术、高速实时信号处理

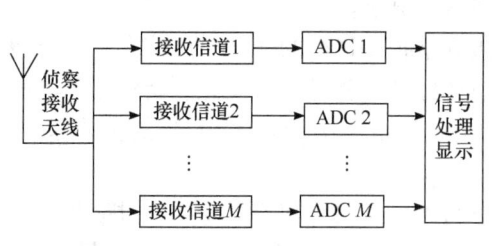

图 1.2.4 频率信道化接收机结构示意图

技术、高效信号分析技术等。对信号处理技术的要求是具有很强的信号分选和识别能力。

3. 光电对抗侦察技术

光电对抗侦察是为获取光电对抗所需情报而进行的电子对抗侦察,主要通过搜索、截获、测量、分析、识别敌方发射或散射的红外、激光、可见光、紫外等光谱信号,获取目

标及其光电设备技术参数、用途、数量和位置等情报，或判断来袭目标的威胁程度，以便采取对抗措施。它分为主动侦察和被动侦察两种类型。

光电对抗主动侦察是由光电对抗侦察设备对目标发射光波，通过对目标反射的回波进行分析而实施的侦察。目前，光电对抗主动侦察主要是激光主动侦察。通过发射激光束，接收目标反射的激光回波来分析目标的特性参数，如距离、速度、方位等。激光主动侦察主要有激光测距和激光雷达两种形式。

光电对抗被动侦察是由光电对抗侦察设备接收目标发射或反射的光波进行分析而实施的侦察。其作战对象主要是光电精确制导武器和武器作战运动平台，它们都具有极大的杀伤力，属于直接摧毁性的。因此，对它们实施光电对抗被动侦察就必须进行告警，所以，基于红外、激光和紫外而开展的光电对抗被动侦察通常称为红外告警、激光告警和紫外告警。光电对抗被动侦察最早是应机载导弹逼近告警的需求而发展起来的，由红外侦察告警逐渐发展到导弹逼近紫外侦察告警和激光侦察告警。

1.2.3 电子干扰

电子干扰是电子对抗最重要的作战手段。它按干扰方法分为无源干扰和有源干扰；按干扰形式分为压制式干扰、欺骗式干扰和灵巧式干扰。

无源干扰是无源电子干扰的简称，是指使用本身不发射电磁波的器材反射或吸收敌方发射的电磁波而形成的电子干扰。它分为反射型无源干扰和吸收型无源干扰。

无源干扰的特点是干扰设备或器材本身不产生或发射电磁波（包括可见光波），只是利用材料或者器材对电磁波的散射、吸收和反射作用，遮蔽或阻塞辐射的传播，使得敌方侦测设备或制导武器无法正常工作。常用的无源干扰手段比较多，如烟幕、水幕、气幕、角反射器、漫反射板、箔条、吸波材料、消光材料、自然地物、沙尘暴、人工降雨等。其中，角反射器、漫反射板、自然地物、箔条等，在无源干扰中的作用近似于假目标，通常将它们统称为假目标干扰。漫反射、吸波材料、消光材料等构成了外形隐身、涂料隐身和等离子体隐身等隐身技术，是无源干扰非常重要的技术方向。假目标和隐身是电子伪装最重要的技术手段。

有源干扰是有源电子干扰的简称，是指通过发射或转发电磁信号对敌方电子设备进行压制或欺骗的电子干扰，可广泛用于对雷达、无线电通信、制导、导航等电子设备的干扰，是电子进攻最重要的技术手段。其按干扰样式分为连续波干扰、脉冲干扰、调幅干扰、调频干扰、调相干扰和噪声干扰等。对于有源电子干扰，其技术包括干扰信号产生技术、干扰功率放大技术和宽带干扰天线技术等。

光电有源干扰是现在光电干扰手段发展的重点方向，光电有源干扰是防守一方主动发射特殊的光电辐射信号，造成敌方光电侦测设备和光电制导武器的误判，降低其工作效能，或使之无法工作。光电有源干扰的手段比较多，有使用强光弹、曳光弹、太阳光的可见光干扰，有使用红外干扰机、红外诱饵弹、红外假目标的红外干扰，有使用激光欺骗干扰机、激光高重频干扰机、激光致盲干扰机/武器的激光干扰。

对有源干扰来说，干扰设备释放的干扰信号到达被干扰系统的接收端，作用于系统的接收机和信号处理机。干扰效果（如欺骗、压制）是通过干扰的接收方来体现的。因此，体现干扰有效性的因素包括三个方面：一是被干扰系统的接收机输出信号的质量，二是被干扰系统的信号处理能力，三是接收人员的判断与决策。鉴于接收人员的判断与决策存在很强的主观性，信号处理能力对于不同系统又千差万别，所以多采用接收机输出信号的质量作为干扰有效性的客观标准。

压制式干扰也称压制性干扰，是指使敌方电子设备接收到的有用信号模糊不清或完全被遮盖的电子干扰。它分为有源压制式干扰和无源压制式干扰。有源压制式干扰又可分为瞄准式干扰、阻塞式干扰、扫频式干扰和梳状谱干扰等。

欺骗式干扰也称欺骗性干扰，是指使敌方电子设备接收虚假信息，以致敌方产生错误判断和采取错误行动的电子干扰。它分为有源欺骗性干扰和无源欺骗性干扰。有源欺骗性干扰通常采用转发式干扰实现。

灵巧式干扰是指为达到较好的干扰效果，对信号的关键部分或信号处理的关键过程以较高的功率利用率和灵活的干扰样式所形成的电子干扰。例如，针对通信信号中导频、同步和训练序列等的干扰，针对雷达接收过程中脉冲压缩、动目标检测和雷达成像等的干扰。灵巧式干扰通常采用转发式干扰实现。

电子干扰按专业分为通信干扰、雷达干扰、光电干扰等。

通信干扰是无线电通信干扰的简称，是削弱或破坏敌方无线电通信效能的电子干扰。通信干扰利用通信干扰设备发射专门的干扰信号来扰乱敌方无线电通信设备正常工作，因此通常采用有源干扰方法。

雷达干扰是削弱或破坏敌方雷达探测和跟踪目标等能力的电子干扰。雷达干扰可以采用有源和无源两种干扰方法，有源干扰是雷达干扰的主流，但雷达隐身也是雷达干扰的重要手段。

光电干扰是指利用对光波的辐射、散射、漫反射和吸收，或改变目标的光学特征，以削弱或破坏敌方光电设备使用效能的电子干扰。光电干扰是对己方光电对抗侦察获取的敌方目标实施对抗，干扰其正常工作，降低其作战效能。光电干扰的作战对象主要是光电制导武器和光电侦测设备。光电干扰可以采用有源和无源两种干扰方法，无源干扰是光电干扰的主流。

1.2.4 电子防护

在以往的文献中，电子防护和电子防御是同一个概念，电子防护就是电子防御。但我军军语中，"防御"和"防护"的含义是有很大区别的。防御是指抗击敌方进攻的作战，包括战略、战役和战术范围的防御，是作战的基本类型之一。防护是指为避免或减轻敌方打击和自然环境危害因素、灾害性事故等造成的损伤和破坏而采取的防备与保护的措施及行动。为回归防御和防护本来的内涵，本书将电子防御和电子防护两个概念加以区分，把电子防御定义为电子对抗的一种基本军事行动，而电子防护是电子防御所使用的一种最重要的作战手段。

电子防护和电子防御最大的区别是，电子防护是设备和系统自身采取的措施和行动，是一种自保行为，通常不会对敌方造成伤害和影响。而电子防御除了采取电子防护行动外，还可以采取具有进攻色彩的主动防御行动，可以通过伤害和破坏敌方设备来达到保护自己的目的。电子防护包括反电子侦察、反电子干扰和抗电子摧毁。

反电子侦察是指为防止己方电子信息设备和系统的电磁信号被敌方截获、侦察定位、获得有用参数或情报所采用的技术和措施。其按专业分为雷达反侦察、通信反侦察、光电反侦察、水声反侦察等。电子防护中的反电子侦察最关键的是功率控制，最终目标是实现电子设备的低功率和零功率工作。

反电子干扰是指为降低或消除敌方电子干扰对己方电子信息设备和系统使用效能的影响所采用的技术和措施。其按专业分为通信反干扰、雷达反干扰、光电反干扰、水声反干扰等。反电子干扰关键是对电子设备中的接收机采取保护措施，最大可能提高接收机的动态范围和对大功率辐射的耐受性能。同时，天线波束赋形、设备机箱电磁加固防护以及相关信号处理技术对于反电子干扰都具有很大的作用。

抗电子摧毁是指为降低或消除敌方电子摧毁破坏效果所采用的技术和措施，包括抗定向能武器摧毁技术、抗电磁脉冲武器摧毁技术等。抗电子摧毁最关键的是开展电磁加固防护。

电子防护的发射功率控制技术和措施在一定程度上可以用于抗反辐射打击，但这是通过破坏反辐射武器的侦察性能来实现的，因此可以归于反电子侦察中。

按专业分类，电子防护可以分为通信电子防护、雷达电子防护和光电防护等。

1. 通信电子防护

通信电子防护是指采取一定的技术措施和战术措施，以保证己方通信电台在敌方实施电子干扰的情况下，仍能正常工作。其主要包括通信反侦察、通信反干扰和通信抗摧毁。通信反侦察主要是反发现、反截获和反破译。通信反干扰主要是抗无线电信号入侵，通信抗摧毁主要是抗强电磁脉冲攻击。

设计通信信号具有低发现概率、低截获概率和低利用概率的特点，一般情况下，将通信电子防护融合于通信系统中。

通信电子防护的主要技术包括扩频技术、自适应技术、突发通信技术、分集接收技术、组网技术等。

扩频技术通过扩展通信信号的频谱，降低对信噪比的要求，主要包括跳频通信、直接序列扩频通信、跳时通信。

自适应技术可以根据信道质量选择相应的通信方式，提高通信质量，主要包括自适应天线技术、自适应信道选择技术和自适应功率控制技术等。

突发通信技术以随机突发方式将信息以高速率数据的方式发送出去，具有极高的反干扰性能，主要包括多路并发、流星余迹通信等。

分集接收技术在多重发射和多重接收的基础上，利用接收到的多个信号的适当组合，从而达到提高通信质量和可通率的目的。其被广泛应用在短波通信中，用来克服由于多径干涉而产生的快衰落。

在通信组网的基础上，组网技术通过多路径转发，提高反干扰性能。在通信接收端，可能会收到来自不同路径的同一通信信号，利用合并接收技术提高信号质量。

2. 雷达电子防护

雷达电子防护是指雷达采取一定的技术措施和战术措施，保证己方雷达在敌方实施电子干扰的情况下，仍能正常工作。其主要包括雷达反侦察、雷达反干扰和雷达抗电子摧毁。

雷达反侦察是指雷达发射低功率信号甚至不发射信号(如外辐射源雷达)，使雷达对抗侦察接收机不能侦察到雷达信号。雷达反干扰是指采用各种综合技术，削弱干扰信号对雷达探测的影响。雷达抗电子摧毁主要采用电磁加固技术，防止大功率信号进入接收机敏感器件，避免关键器件失效。

雷达电子防护可以在雷达天线、雷达接收机、雷达信号处理和数据处理等各个环节采取措施。在雷达天线中进行电子防护可以采用低副瓣天线、副瓣匿影、副瓣对消等技术。在雷达接收机中，接收机前端电磁加固、提高动态范围、时间加窗、频率滤波等技术都可以用于雷达电子防护。通过信号处理和数据处理实现雷达反干扰是当前和未来雷达反干扰最主要的技术。例如，各种多普勒滤波技术、点迹滤波技术、信号对消和识别技术等，在现在和未来都有着很好的发展前景。

3. 光电防护

光电防护，是反光电侦察和反光电干扰以及光电反侦察、光电反干扰和光电抗电子摧毁的统称。光电防护的主要目的是：通过采取各种光电技术手段与措施，阻止敌方光电侦察设备对己方光辐射源的侦察和探测；同时提高己方光电系统抗击敌方干扰和打击的能力。严格来说，光电防护并不等同于光电电子防护。光电电子防护只包括光电反侦察、光电反干扰和光电抗电子摧毁，而光电防护包含光电电子防护。但由于光电反侦察和光电反干扰、光电抗电子摧毁是光电防护的最重要内容，因此光电防护和光电电子防护没有必要严格地加以区分。

随着航天光学侦察技术的发展，光学卫星几乎已经全时域、全空域覆盖地球的每一个角落，现代战争的战场在光学卫星面前几乎已经完全透明。因此光电反侦察就成为所有武器装备、武器平台、重点区域以及所有武装部队都必须重视的一个重大课题。光电反侦察也就成为光电防护，甚至是光电电子防护最重要的一个方向。

光电反侦察的基础是光电伪装与隐身技术。近年来，随着激光武器的发展，现代战场充斥着激光威胁，激光防护也逐渐成为光电防护的重要组成部分。

实施光电伪装与隐身的主要目的就是尽可能提高武器装备的战场生存能力，即首先要降低被敌方发现和探测的概率。只有使敌方光电侦察、制导、跟踪及测距等设备对己方目标找不着、看不清、认不准，才能提高己方的战场突防与生存能力。光电伪装是通过采用消除、减小、改变或模拟目标和背景之间光学辐射特性差别的方法对目标进行的工程伪装，主要用于应对光电侦察和光电制导武器。光电隐身是指削弱目标自身的光反射和辐射特征信号，使其难以被光电探测装置发现的技术，通常采用合理的设计结构与外形，选用隐身材料、表面涂层和伪装涂色等措施，以减少武器装备的光学特征信号。可以认为，隐身包含伪装的内容，光电伪装与隐身不论采取何种措施，都是要千方百计地将目标与背景之间的反差降到最低。

光电隐身技术可分为红外隐身、激光隐身和可见光隐身，光电隐身与雷达隐身、声隐身技术一起构成一个完整的隐身技术体系。自20世纪70年代末，随着各种光电装备，如激光告警器、激光雷达、激光跟踪仪、激光测距机、红外告警器、光电制导武器的服役，电磁威胁的波段从微波扩展到了光波，在未来的战场上如何不被敌方所探测，提高生存能力，必须综合考虑雷达隐身与光电隐身两个方面。

激光防护的主要目的是：确保与光电系统相关武器装备作战性能的正常发挥，保护作战人员的眼睛免遭激光的伤害，提高攻击型武器在战术激光武器威胁下的突防能力。随着激光武器的发展，激光防护的范围也从早期的人眼、光电传感器，扩展到武器平台的光学系统，以及武器系统本身。目前，技术比较成熟的是对于光电探测系统和人眼的激光防护措施，包括激光防护镜、光电开关、防护滤光片等。

反光电干扰是指防止己方光电侦测设备和光电制导武器受到敌方光电干扰，或受到敌方强激光致盲与破坏等采取的一些措施。这些措施主要包括光谱鉴别、双色识别、空间滤波、激光波长调谐、激光编码及激光防护等。

1.2.5 电子伪装

电子伪装也是电子防御的一种重要作战手段。它主要用于反电子侦察和抗精确打击，主要目的是保护己方各类作战力量的安全，使各种电子信息设备正常工作。电子伪装是现代战争中重要的防护和欺骗手段。

电子伪装利用电磁、光学、热学和水声等技术措施，改变己方目标原有的特征信息，降低或消除目标可识别和被攻击特征，实现目标对周围环境和背景的电磁、光学和声学特征模拟，从而达到"隐真"效果；或者模拟特定类型目标的可识别和被攻击的特征，仿制假目标达到"示假"效果。电子伪装的主要手段有金属铂条、角反射器、气溶胶、烟幕、隐身涂料、等离子体、电磁屏障和诱饵等。隐身技术是电子伪装一个重要的技术方向。

电子伪装和电子防护在技术上有重叠之处。尤其是光学伪装是光电防护的重要内容。从反电子侦察角度分类，电子伪装可分为以下几种。

1. 无线电伪装

无线电伪装是应对敌方电子技术侦察和电子对抗侦察所实施的手段，主要目的是保护己方通信站和雷达站等大功率电磁辐射源的安全，保护己方通信和指挥链路畅通。它的主要方法有无线电静默，频率、呼号和密码变换，发送无线电假情报，设置假无线电台，设置假通信基站、设置假雷达、设置雷达诱饵等。无线电伪装还可用于舆论欺骗、导航欺骗等。

2. 反雷达伪装

反雷达伪装是应对敌方雷达探测、跟踪和成像的手段，目的是使敌方雷达不能发现、难以识别己方目标，或者使成像雷达产生假图像。其主要方法有：根据雷达波近似直线传播而穿透力有限的特点，在地形、地物形成的盲区配置武器；利用雷达分辨率有限的弱点，将武器配置在地物近旁，使两者不能被区别；消除目标与背景对雷达波的反射差别，例如，将武器配置在掩体内或设置遮蔽物，使雷达不能识别目标；通过武器外形改变、表明涂敷吸波材料或者产生等离子体罩等实现雷达隐身；设置假目标和诱饵等达到欺骗的目的。

3. 红外伪装

红外伪装是应对敌方红外探测的手段，目的是使敌方中、远红外探测器难以探测到目标或即使探测到目标但产生错觉。其主要途径包括：消除目标与背景间的温差；改变目标的正常温度分布；歪曲红外图像使之难以识别；模拟热辐射目标以欺骗、迷惑敌人。具体方法有地形伪装、发热部位设置热遮障或采取散热措施、施放红外烟幕、设置红外假目标等。

4. 光学伪装

光学伪装是应对敌方紫外、可见光和近红外波段光学侦察设备的手段，目的是使敌方光学侦察设备难以发现和识别目标，或者对目标产生错觉。其主要方法有地形伪装、夜间和不良天候掩护、设置遮障物、施放烟幕、涂敷迷彩、设置假目标和实施灯火管制等。

5. 水声伪装

水声伪装是潜艇和水面舰艇应对敌人水声侦察的手段。其主要方法有：水面舰艇和潜艇表面喷涂吸声涂料；采取隔声和消声措施以消除或降低本体的声音；潜艇以噪声最小的速度巡航；使用噪声模拟装置、噪声干扰器、气幕弹等干扰和迷惑敌人。

1.2.6 电子摧毁

电子摧毁是电子对抗的一种硬杀伤手段，主要包括定向能武器和电磁脉冲武器。

1. 定向能武器

定向能武器，又称"束能武器"，利用聚能载体发射能量，在敌方目标表面产生极高的能量密度，达到伤害敌方人员、设备和武器等目的，对敌方产生强大的杀伤力。依据发射能量载体的不同，定向能武器可以分为强激光武器、高功率微波武器、粒子束武器和次声波武器等。它们分别利用激光、微波、粒子束、次声波等的能量，在目标上产生高温、电离、辐射、波振动等效应，从而对目标造成毁伤。

1) 强激光武器

强激光武器简称激光武器，利用高度聚束的高能激光对远距离目标进行精确瞄准射击，将能量汇聚于目标表面，达到灼伤和烧毁目标的效果。激光武器可分为战略激光武器与战术激光武器两大类。战略激光武器可用于导弹防御；战术激光武器可进行激光干扰与致盲，已经在一些国家装备部队使用。强激光武器具有快速、灵活、精确和抗电磁干扰等优异性能，在光电对抗、防空和战略防御中可以发挥独特作用。

2) 高功率微波武器

高功率微波武器通过发射功率达几千兆瓦至几万兆瓦的微波脉冲来毁坏敌电子设备和武器，杀伤敌作战人员。由于它以辐射强微波能量为主要特征，因此又称为微波辐射武器、射频武器，或直接称微波武器。

高功率微波武器到底是定向能武器还是电磁脉冲武器？这里的关系比较复杂。根据电磁脉冲产生方式，高功率微波武器可分为核电磁脉冲和非核电磁脉冲。非核电磁脉冲又有单脉冲和多脉冲重复两种型号。通常，非核电磁脉冲多脉冲重复型具有跟普通大功率发射设备类似的结构，使用定向天线发射电磁波。在本书中，把这种具有重复定向发射功能的高功率微波武器归属于定向能武器，而把其他爆炸型微波武器归属于电磁脉冲武器。

高功率微波武器的杀伤破坏机理分为两类：一类是对无生命物体，如信息系统、作战武器(如导弹、作战飞机)和弹药的毁伤。对于这类目标而言，除了力学上(或机械上)的毁伤外，更重要的是"电磁应力"造成的电学功能上的"电磁毁伤"。

另一类是对生命体的毁伤。高功率微波武器对人和动物等生命体的毁伤分为非热效应和热效应两种。两种效应取决于生命体受到的微波辐射能量的强度。非热效应会使作战人员神经混乱、记忆力衰退、行为错误，甚至致盲、致聋、心脏功能衰竭、失去知觉等。热效应可以造成作战人员皮肤轻度烧伤到重度烧伤，直至致作战人员死亡。

3) 粒子束武器

粒子束武器利用加速器把电子、质子和中子等粒子加速到接近光速，通过电极或磁环集束，形成非常细的高能定向强粒子流发射出去，并轰击目标。粒子束发射到空间后，一是可以以巨大的动能熔化或破坏目标的结构；二是可以让高能粒子穿入电子设备，引起脉冲电流，使电子设备失效；三是可以让高能粒子束引起战斗部的炸药爆炸，从而击毁敌方高超声速武器、军用电子卫星和洲际弹道导弹等高价值目标。粒子束武器在命中目标后，发生的二次磁场作用，即使不能直接摧毁目标，产生的强大电磁脉冲热量也会把导弹的电子设备烧毁，或利用在目标周围产生的 X 射线和 γ 射线，也能使目标的电子设备失效或受到破坏。

根据粒子带电或不带电，粒子束武器分为带电粒子束武器和中性粒子束武器。带电粒子束武器发射质子、电子或离子等带电粒子。由于太空中同性电荷之间具有排斥力，带电粒子束会在短时间内散发殆尽，因此带电粒子束武器只适合在大气层内使用。中性粒子束武器发射中子、原子等不带电粒子。中性粒子束无法在大气中传播，因此只适合在太空中使用，主要用于拦截助推段和中段飞行的洲际弹道导弹等。

粒子束武器在太空中的作用距离可以达到数十千米，但由于在大气中其威力衰减迅速，只能攻击数千米以外的目标。

4) 次声波武器

频率小于 20Hz 的声波称为次声波。次声波武器利用大功率的次声来攻击人类，能令人的内脏产生强烈共振，使人感到恶心、头痛、呼吸困难，甚至会导致血管破裂、内脏损伤。

依据杀伤效应，次声波武器分为神经型和器官型两种。神经型次声波武器的发射频率与人脑的阿尔法波相近(8~13Hz)，能强烈刺激人的神经，使人晕眩头痛、精神沮丧或神经错乱。器官型次声波武器的发射频率与人体内脏固有频率相当(4~8Hz)，可使人出现恶心呕吐、腹痛、呼吸困难等症状。

次声波不容易衰减，不易被水和空气吸收，而且波长很长，能绕开大型障碍物发生衍射。因此，次声波武器具有隐蔽性好、传播速度快、传播距离远、穿透力强、不污染环境和不破坏设施等特点。

次声波武器按次声波产生方式的不同，可分为气爆式次声波武器、爆弹式次声波武器、管式次声波武器、扬声器式次声波武器和频率差拍式次声波武器等。

2. 电磁脉冲武器

电磁脉冲武器是能产生强电磁脉冲以毁坏敌方电子信息装备或破坏其正常工作的各种弹药的总称。其按工作机理分为核电磁脉冲弹和非核电磁脉冲弹；按投弹类型分为电磁脉冲炸弹、电磁脉冲炮弹、电磁脉冲导弹等。其主要作战目标是雷达、无线电通信设备、电子对抗设备、计算机以及光电、射频制导武器等。

核电磁脉冲弹通过核爆炸产生强电磁脉冲。核爆电磁脉冲弹爆炸时，除了产生辐射、热浪和震波外，还会产生射线撞击大气中的气体分子，使大气分子释放出大量的自由电子，产生强大的电子流。这些电子流呈辐射状流动，在地球磁场的作用下，进一步产生瞬间超强电磁辐射，形成极强的电磁脉冲效应。暴露在这个瞬间大电磁场内的所有用电设施，都将会因为强大的电磁感应而受到损坏。

核电磁脉冲产生的强电磁辐射破坏力十分巨大。在一些国家的核试验中，曾发生核电磁脉冲能量侵入电子和电力系统，造成电缆被烧断、电子设备被烧坏的事故。高空核爆炸产生的电磁脉冲危害，甚至比高空核爆炸产生的热、冲击波、辐射等效应的危害还大。随着核技术的发展，已有发达国家研制出核电磁脉冲弹，削弱冲击波和核辐射效应，增强电磁脉冲效应，从而使电磁脉冲的破坏力明显增大。

非核电磁脉冲弹则是利用炸药爆炸压缩磁通量等方法产生高功率微波，形成极强的电磁脉冲效应。由于核武器的运用受到诸多方面的制约，同时高空核爆的电磁脉冲危害范围大，在实际作战运用中可能会伤及己方的电子电力设备，因此一些非核的、运用高能微波技术产生的、只影响局部地面范围的电磁脉冲武器越来越受到青睐。未来电磁脉冲武器的发展将会以非核电磁脉冲弹为主。

非核电磁脉冲弹通过发射、投放或者预置，在预定位置爆炸。爆炸后，战斗部内的电磁脉冲发生器工作，产生高功率、高能量的电磁脉冲，并通过天线辐射到空中。在作用范围内的敌方电子信息装备，或者通过天线直接馈入，或者通过电磁感应和耦合从馈线、电缆、电源线等引入强电磁脉冲，在装备内部形成很强的脉冲电压和脉冲电流，烧毁内部的集成电路和晶体管等元件，抹掉计算机内存储的信息，造成敌方电子信息装备毁坏或不能正常工作。

电磁脉冲武器不但能对敌方电子、信息、电力、光电、微波等设施设备造成破坏，还能引爆导弹中的战斗部或炸药，造成殉爆，甚至还能杀伤人员。当微波低功率照射时，可使装备操纵人员、飞机驾驶员、炮手、坦克手等的生理功能发生紊乱，出现烦躁、头痛、记忆力减退、神经错乱以及心脏功能衰竭等症状；当微波高功率照射时，可造成人眼患白内障、皮肤灼热、皮肤内部组织严重烧伤甚至使人死亡。

1.2.7 反辐射摧毁

反辐射摧毁将敌方电磁辐射信号作为制导信号，跟踪并用火力摧毁敌辐射源。反辐射摧毁武器包括反辐射导弹、反辐射无人机、反辐射炸弹等。其主要作战目标是雷达。由于反辐射武器导引头的反辐射特性，反辐射武器被归类为电子对抗硬杀伤武器。

反辐射武器的摧毁机理与定向能武器等的电子摧毁机理有着本质的区别。反辐射武器仍然借助传统的化学能和机械能来杀伤敌方目标，而电子摧毁则是借助电磁能等光速高能量射束精确击中目标达到毁伤效果。反辐射武器本质上还是精确制导武器，因此本书将反辐射摧毁剥离电子摧毁范畴。

1. 反辐射导弹

反辐射导弹由导引头、控制系统、战斗部、引信、火箭发动机等组成。

被动雷达导引头是反辐射导弹的关键部件。它截获敌方雷达信号,实时测出导弹与目标雷达的角信息,并输送给控制系统,以导引导弹实时跟踪目标。

控制系统用控制指令修正导弹弹道,通过气动舵机控制导弹飞行,直至准确命中目标雷达。

反辐射导弹战斗部采用烈性炸药以及破片外壳的结构,以在尽可能大的空间内产生气体冲击及破片杀伤作用。烈性炸药的高速爆炸保证产生很强的冲击波,使足够数量的破片以很快的速度飞溅。这样,有穿甲能力的破片可在尽可能大的范围内杀伤目标雷达。

引信主要用于引导战斗部爆炸。当导弹与目标之间的距离处于最佳位置时,引爆导弹的战斗部使弹片取得最大的杀伤力。

2. 反辐射无人机

反辐射无人机是近年来迅速发展起来的一种反辐射武器。它不仅限于攻击雷达,还可用于攻击通信干扰机以及其他辐射源,包括攻击预警机和专用电子战飞机等作战平台。反辐射无人机的应用大大提高了电子对抗硬杀伤能力,成为电子对抗的重要手段。

与反辐射导弹相比,反辐射无人机续航和留空时间长,有利于搜索和跟踪目标,并伺机展开攻击;反辐射无人机成本低,可大量发射升空,有利于实现压制和摧毁敌防空系统的目标;反辐射无人机作战使用灵活,自主性强,可以在没有预先目标指示的情况下自动搜索和攻击目标。

反辐射无人机可以在因敌方雷达关机而丢失目标的情况下,自动进入巡逻状态盘旋飞行,自动搜索目标并待机再攻击。如果导引头一直捕捉不到目标,则可自动销毁。另外,它还可以实现与现有指挥系统的一体化,在飞行过程中,可以由数据传输装置控制,临时变更原飞行程序以适应复杂战场环境要求。

3. 反辐射炸弹

反辐射炸弹是在炸弹弹身安装可控制的弹翼和被动导引头形成的一种反辐射武器。它由导引头输出的雷达方位数据控制弹翼偏转,引导炸弹飞向目标。

反辐射炸弹的攻击命中精度较反辐射导弹和反辐射无人机低,其最大的特点是战斗部大,足可弥补精度的不足;反辐射炸弹的另一大特点是制导控制方式简单、成本较低。

1.2.8 电磁频谱管控

在现代信息化战争中,电磁频谱是一种重要的战略资源,而且是一种有限的资源。对电磁频谱资源的争夺,将成为电子对抗作战最重要的作战任务。有效管理和控制好电磁频谱资源,对夺取制电磁权、制信息权,打赢信息化战争具有十分重要的意义。

战场电磁频谱管控的主要内容包括电磁兼容、战场电磁频谱管理、战场电磁频谱监视、对敌方电磁频谱的控制四个方面。

1. 电磁兼容

电磁兼容是保证己方装备在复杂战场环境下不互相干扰的首要手段。从层次上,电磁兼容可分为设备级、系统级、平台级和战场级。

设备级和系统级电磁兼容需要在设备与系统的设计及生产阶段加以解决。在技术上，要按照相关电磁兼容标准，在设计阶段进行电磁兼容预测，在生产阶段采用各种电磁干扰抑制和保护措施，在使用之后做好电磁兼容性试验与测量，保证单台设备乃至系统能够互不干扰地正常工作。

平台级电磁兼容需要建立系统间电磁兼容标准，实施全平台电磁资源管理，在时域、空域、频域上对平台所有设备实施频谱综合管理，达到全平台作战系统的电磁兼容。

战场级电磁兼容需要实现复杂战场环境己方所有用频设备的电磁兼容。为此，首先要建立电磁兼容数据库，收纳战区内己方和友方、军用和民用所有用频设备的电磁环境数据；其次要打造电磁环境监测网络，实时监视战区内的电磁频谱参数；最后要能够对战场电磁环境进行实时预测和分析，标绘电磁环境地图，为战场指挥员决策提供依据。

2. 战场电磁频谱管理

战场电磁频谱管理是指整体规划、分配和使用战场区域内己方的频谱资源，以满足作战指挥、情报侦察、预警探测、通信联络、武器测控等系统对无线电频率的使用要求，是实现战场级电磁兼容的必要条件。

战场电磁频谱管理首先要对电磁频谱进行划分(或者整体规划)，明确某一频段供一种或多种业务在规定的条件下使用。其次要对电磁频谱进行分配，指定或批准某个频率或频道给某一个或多个战区、某些部队在规定的条件下使用。然后要对电磁频谱进行指配，各部队电磁频谱管理机构根据审批权限批准某一设备在规定的条件下使用某一电磁频谱频率。最后要对电磁频谱的使用进行详细规划，根据电磁频谱划分和分配的规定，给出具体实施计划，将某一频段内的某一频率的使用在地域或时间上预先做出统筹安排。

3. 战场电磁频谱监视

战场电磁频谱监视包括对己方电磁频谱的使用进行监督，防止己方非法用频；同时监视敌方频谱使用情况。

对己方电磁频谱使用进行监督的依据是电磁频谱使用的整体规划和具体实施计划，包括监视和督查两个方面。这需要各级成立专门的电磁频谱管理机构并开展工作。

首先，需要用技术手段对战区内频谱状况进行实时监测，主要监测实际频谱使用情况、频谱使用偏离情况，合法和非法使用的发射位置，相关信号的频率、带宽、功率、调制方式和速率等参数变动情况，信号出现的时间和标识等。

其次，需要用军令和政令及时处理有害干扰。当出现干扰时，应迅速对干扰源进行定位，迅速查明原因，分析判断违规情况，下达命令或及时协调消除干扰。

在对战区内频谱状况进行实时监测时，要实时与电磁兼容数据库进行比对，一旦发现不匹配或者有害干扰情况，要迅速进行详细的干扰分析，对来源进行准确判断，明确指出是己方、友方还是敌方用频。

4. 对敌方电磁频谱的控制

电磁频谱管控的实质是获取电磁频谱优势。为获取战场电磁频谱优势，采用各种手段对敌方电磁频谱实施控制，是必不可少的作战行动。

对敌方电磁频谱的控制首先要实时掌握敌方电磁动态。因此，战场电磁环境监测网络不可或缺。其次要预判敌方电磁行动，这需要全方位使用多种手段侦察实现，这些侦察手段不限于电子侦察。最后需要采取有效的对抗措施。这些对抗措施不限于电子对抗行动，更重要的可能是火力打击、特种兵破坏等行动。

总之，电磁频谱管控是电磁频谱领域的战斗，是联合作战的重要内容之一。

1.3 电子对抗的历史和发展

1.3.1 电子对抗的诞生及发展

1. 无线电对抗的诞生

电子对抗是伴随着电子技术在军事上的应用而诞生的。1864 年 12 月，英国物理学家、数学家詹姆斯·克拉克·麦克斯韦(James Clerk Maxwell)发表了《电磁场的动力学理论》一文，并据此预言电磁波的存在；1887 年，德国物理学家海因里希·鲁道夫·赫兹(Heinrich Rudolf Hertz)通过实验证实了电磁波的存在；1896 年，意大利无线电工程师伽利尔摩·马可尼(Guglielmo Marchese Marconi)发明了无线电报，并在一年后成功研制能够在约两英里(1 英里=1.609344km)距离上发送和接收信号的系统，从此人类进入了无线电通信时代。

1897 年中期，马可尼在意大利"圣马蒂诺"号巡洋舰和拉斯佩齐亚船坞之间建立了距离达 11 英里的无线电通信，开启了无线电通信的军用历史。1899 年，英国皇家海军在英国西海岸演习时，在两艘巡洋舰和一艘战列舰上安装了马可尼研制的无线电设备，其信号传输距离达 89 英里；同一时间，美国海军请求马可尼在美国海军"马萨诸塞"号战列舰、"纽约"号巡洋舰和"搬运者"号鱼雷艇上进行了通信试验。在 19 世纪的最后几年，海上军用无线电通信得到快速发展。

在 20 世纪初的几年里，无线电通信在海洋上确立了它的重要地位。但随着通信发射机数量的增加，特别是有些较大功率发射机的使用，在报务员同时发送电文时，无意之中出现了相互干扰现象。这可以认为是最早的电磁兼容问题，也可以看作最早的电子对抗。

据记载，故意无线电干扰的例子于 1901 年 9 月发生在美国。不过这次故意无线电干扰并非军事目的，而是美国无线电话和电报公司为了在报道美国杯快艇大赛时能取得首发优势和利益，使用了一种比其他两家竞争对手功率更大的发射机。该公司工程师约翰·皮卡德研究出一种简单的编码方法，即每隔一定间隔重复发送 1 个、2 个或 3 个 10s 的长划，表示不同国家快艇领先的情况，从而达到既能干扰其他公司的信号，又能报道比赛进展情况的目的。直至快艇都到达终点以后，用重物压着发射电键，让发射机持续发射电磁波达一个多小时，彻底压制了其他公司的通信，达到了首发报道的目的。

军事上故意使用无线电干扰，发生在 1902 年英国海军在地中海的演习中。1903 年，美国海军舰队在演习期间也曾计划使用无线电干扰。但真正在战争中使用无线电干扰，出现在 1904～1905 年爆发的日俄战争中。因而这次战争也成为无线电干扰诞生的标志。

1904～1905 年日俄战争中，交战双方海军首次使用了无线电通信。《美国电子战史》中描述了无线电干扰诞生的过程：1904 年 4 月 14 日凌晨，日本装甲巡洋舰"春日"号和"日进"号炮击俄国在旅顺港的海军基地。一些小型的日本船只观测弹着点，并用无线电报告射击校准信号。在岸基无线电台上的一名俄国操作员听到了日本的信号，并意识到其重要性，因而立即用火花发射机对它进行干扰。结果，日本炮击只造成很小损害和很少伤亡。无线电干扰迈出它事先没有计划的和随机应变的第一步，跨入了战斗领域。为了纪念这个事件，1999年俄罗斯把4月15日定为俄罗斯无线电电子战专家日。

1905年5月，沙俄太平洋舰队与日本联合舰队在日本海域展开大规模海战，俄罗斯军队（俄军）舰队在行进路线上遭遇日军伏击，几乎全军覆没。这是俄军舰队司令轻敌、电子对抗手段没有得到重视招致失败的一个典型案例。当时，俄军舰队"乌拉尔"号巡洋舰装有德国制造的非常强大的无线电设备，作用距离可达1100多千米。在从芬兰湾的利耶帕亚开进到西伯利亚东岸的海参崴港过程中，接近朝鲜海峡时，俄军无线电接收机由弱到强，屡次监听到日军信号，但舰队司令完全无视敌人的存在，甚至不派鱼雷艇前去侦察。1905年5月27日，日本"信浓丸"号巡洋舰在例行巡逻时发现了俄军舰队，并立即用无线电向日本舰队旗舰报告，但由于距离远、气候条件差，第一时间没能传送出重要情报。俄军舰队随即也发现了日军侦察舰，但舰队司令没有下令摧毁日本巡洋舰，不但如此，当"乌拉尔"号侦听到日本舰艇密集通信，请示要不要对侦察船进行无线电干扰时，舰队司令下令"不要阻止日舰发射"，从而失去了最佳战机，日本舰队完全获悉了俄军动向。等到俄军开进到朝鲜海峡时，日本舰队以逸待劳，直接向俄国舰队旗舰开炮，成功实施了"斩首"行动，并把其他舰船一艘一艘地予以摧毁，舰队司令被俘。在这次战役中，日军使用无线电设备，使情报准确快速通达，而俄军则选择采用无线电静默策略。

1914年开始的第一次世界大战中，无线电侦察和通信干扰在海军作战行动中得到了广泛应用。但随着战争的进展，无线电侦察破译敌方通信的成功率日益提高，这反而对通信干扰行动产生了阻力。因为解密敌方信号获取情报，通常比干扰敌方通信得到的好处要多得多，由此产生了无线电侦察和通信干扰的固有矛盾。此外，即使进行加密，过多地使用无线电通信也可能大量泄露有用信息给敌方。在这种情况下，最大限度地减少通信、尽可能保持无线电静默，成为保护自己的重要手段。由此，无线电静默成为最早的通信电子防护措施。

1915年，英国皇家海军开始沿英格兰东海岸设立一系列采用贝利尼-托西测向天线的测向站。通过测定电磁波方位，皇家海军可以在北海海域内对任何使用无线电的飞机或舰船进行定位。这些部署成链状的测向站在整个第一次世界大战中起到了特殊的作用。这是无线电测向技术在早期战争中非常成功的应用。

空对地无线电通信在第一次世界大战中通常用于传送战术侦察情报或进行炮火校正。这些信号对敌人来说情报价值不高，因此也就不存在无线电侦察和通信干扰的固有矛盾问题，也就常常受到干扰。同时，相邻友机同时发射电文造成己方无意干扰也非常频繁。为了减轻这些干扰，一种称为"间隔振荡"的技术在战斗中被经常使用，并取得了很好的消除干扰的效果。"间隔振荡"技术是电子反干扰的第一个例子。

第一次世界大战结束后，到了20世纪二三十年代，美国等西方国家除了持续对海上和空中通信系统进行改进外，也开展了用无线电来控制飞机和"飞行炸弹"等试验，并在此基础上，开展了诸如何避免被敌方探测、如何探测敌方的发射、如何对敌方制造干扰、如何应对飞行炸弹等明显具有电子对抗特色的研究工作，相继研究成功可对整个频段进行频率扫描的通信干扰发射机，以及可连续扫描并直观显示的侦察接收机。这应该是最早的具有频率扫描能力的侦察接收机和干扰机。

2. 雷达对抗的出现

早在 19 世纪末 20 世纪初，人们就已经发现了金属对电磁波具有反射能力，并开展了一些试验。1904 年 5 月，德国科学家克里斯琴·赫尔斯迈耶(Christian Hülsmeyer)将他发明的装有发射机和接收机的探测装置放在德国科隆的霍亨索伦桥上，成功地完成了对莱茵河上来往的船只进行探测的表演。这应该是最早的接近雷达的装置，但真正可以称为雷达的实用装置出现在 30 年之后。

20 世纪 30 年代，美国、苏联、英国、德国、法国、荷兰和日本等国的科学家都在独立地开展工作，研制生产实用雷达。例如，美国海军研究实验室在 1935 年初开展了频率为 60MHz 的脉冲雷达探测飞机的试验，但没有成功；德国科学家在 1936 年 9 月开展了高频 600MHz 雷达试验，探测飞机的距离达 12 英里。

但目前普遍认为，世界上第一部雷达是由英国科学家罗伯特·沃特森·瓦特(Robert Watson Watt，又称沃森·瓦特)带领的团队于 1935 年 6 月研制成功的。这部脉冲体制雷达工作频率为 11MHz，1935 年第一次试验时，探测飞机的距离达 17 英里；1936 年 3 月其改进型的探测距离达到了 75 英里。1936 年 6 月，英国开始在本土沿英格兰东海岸部署这些对空警戒雷达试验装置，称为"本土链(Chain Home)"。此后，雷达作为对敌方飞机和舰船进行远距离探测定位的重要手段，在第二次世界大战中发挥了巨大作用。

雷达干扰几乎是伴随着雷达的诞生而诞生的。早在 1935 年 10 月，在罗伯特·沃特森·瓦特开展雷达研究时，英国政府就要求他考虑无线电定位是否会遭到故意干扰而失败。为此，罗伯特·沃特森·瓦特专门成立了一个部门，开始对这个问题进行研究，并于 1938 年 1 月使用火花式发射机在地面进行了雷达干扰试验；1938 年 5 月，他使用一种间隙工作的连续波发射机和一架双引擎双翼飞艇在空中进行了干扰试验。

在这些试验之后，罗伯特·沃特森·瓦特的研究团队在部署的"本土链"雷达上加装了各种不同的反干扰措施，首先是让雷达能在 20~52MHz 频段内发射和接收四种不同的频率；其次雷达还可以调整改变脉冲重复频率和接收机的带宽。由此可以看到，雷达反干扰措施几乎也是伴随着雷达的诞生、雷达干扰的诞生而诞生的。也就是说，雷达对抗的干扰和反干扰两个方面就是伴随着雷达的诞生几乎同时诞生的。

从上述雷达诞生-雷达对抗诞生的过程可以发现一个很有意思的现象。雷达干扰试验是官方因为担心雷达会失败而要求做的，雷达反干扰却是科学家因为害怕雷达失败而实施的。同一个团队同时开展"矛"和"盾"的研究，造就了雷达和雷达对抗双方生死纠缠、比翼齐飞的局面。

1939 年 9 月 1 日，德军向波兰发动进攻，第二次世界大战全面爆发。1940 年 6 月，德国在先后征服了荷兰、比利时和法国之后，开始向英国进发。英国依靠部署在英格兰东部和南部海岸的雷达组成警戒线，支撑皇家空军一批战斗机中队组成第一道防线，顽强抗击着德军进攻。7 月，不列颠战役打响，在经过最初几次试探性进攻，发现英国雷达在战斗中的重大作用后，德国派遣轰炸机去攻击雷达——这应该是雷达对抗"硬杀伤"措施的第一个先例。

由于英国雷达防护措施得力，皇家空军战斗力强，德国这种"硬杀伤"破坏性措施遭遇失败，于是德国空军试验采用了另外的手段。1940年9月，他们在邻近法国加来市的库普尔山上设立了一个地面雷达干扰站，使用频率为22～50MHz，发射功率为1kW，代号为"布雷斯劳"的噪声干扰机，对英国"本土链"雷达进行干扰，但由于干扰站的位置固定不动，加上英国雷达操纵员能熟练使用"本土链"雷达上的反干扰措施，库普尔山上的干扰站并没能破坏英国雷达的正常工作，有些英国雷达仍能继续测定德国飞机编队进袭的航迹。德国和英国的干扰和反干扰作战，是雷达对抗在战争中的最早期实践。

最早的雷达无源干扰应属英国一名女性科学家琼·柯伦发明的铝箔条。1942年，琼·柯伦考虑使用25cm长、1.5cm宽的金属箔条捆扎成0.45kg的包裹，从飞机上扔出去，以产生相当于雷达烟幕的效果。1943年7月，英国空军的"蚊式"战斗轰炸机飞到德军阵地上空，像天女散花一样投放了大量银光闪闪的铝箔条，导致德军搜索警戒雷达荧光屏显示一片白色亮条，成了"瞎子"。德军的火炮射击雷达也根本无法分辨目标，失去了作用，任凭英国空军轰炸机群进行轮番轰炸。这是雷达无源干扰的一个经典案例。很有意思的是，由于金属箔条制造容易、成本低、使用简单，对精密跟踪雷达具有破坏性干扰效果，为了防止敌人学到这种干扰措施，德国、英国、美国等各个国家都采取了最严格的保密措施，禁止开展进一步试验工作，甚至规定在找到反干扰措施之前推迟它的作战使用。

此外，在诺曼底登陆战役前，英美联军通过在小船上装角反射器，让小船拖着涂铝层的气球行驶，以及在小船上投放铝箔条等方式，造成将小船船队伪装成大型舰队在大批飞机掩护下往布伦方向强行登陆的假象，骗过了德军的雷达，造成了德军的误判，为诺曼底登陆战役的胜利做出特殊贡献。这是电子伪装的一个成功案例。

雷达转发式干扰也是在第二次世界大战时期发明和使用的。1942年，为对抗工作在125MHz波段的德国"弗雷亚"警戒雷达，英美联军研制出代号为"月光"的机载脉冲转发器。这种转发器在收到敌方雷达发射的脉冲信号后，能立即回答一个宽脉冲信号。该信号覆盖距离可达8km，带有幅度调制，可使波形有节拍地跳动，形成交织状花纹，类似以密集队形飞行的多架飞机的回波。

1942年8月，配有"月光"干扰机的飞机中队投入实战运用，承担了佯攻任务。8月17日，英国派出12架B-17轰炸机去轰炸法国鲁昂的铁路调车场。在这批主攻飞机起飞前，两批佯攻飞机先起飞了。第一批佯攻飞机向西飞往目标西边大约240km处的奥尔德尼岛，第二批佯攻飞机飞往目标东北方约190km处的敦刻尔克。这次佯攻行动引起了德军的强烈反应，其从加来海峡北部地区起飞了1720多架次飞机来应对"大规模入侵"行动。而真正的攻击编队成功地轰炸了鲁昂，且毫发无损地返航。这是转发式欺骗干扰一个非常成功的佯攻案例。

3. 导航和制导对抗的启蒙

最早的导航系统是1930年德国洛伦茨(Lorenz)公司研制生产的"洛伦茨"系统。这是一种波束导航设备，用来帮助飞机在夜间或能见度很差的情况下准确进入机场航线进行着陆。其工作原理是用两部天线辐射两束无线电报信号，一束发射莫尔斯码的"点"，另一束发射莫尔斯码的"划"，且这两个信号在时间上相互交错，即"点"信号正好卡在两个"划"信号之间。在两波束重叠的空间区域，飞机上电报接收机将发出"点"和"划"连接在一起且强度相同的连续长音。而当飞机偏离航线时，有一路信号就会减弱甚至消失，只剩下

"点"音或"划"音，飞行员由此可以判断方向偏移，并进行航向调整，从而控制飞机在等强信号区内飞行。1934年，该导航系统在德国汉莎航空公司投入使用。

1933年，德国科学家开始研究"洛伦茨"系统的放大版"弯腿"系统（Knickebein，意为斗鸡眼，音译为涅克宾），用于引导空军轰炸机实施夜间精确轰炸。"弯腿"系统在"洛伦茨"系统基础上通过增大天线孔径和两个天线间距，提高发射功率和接收机灵敏度，使两个波束在敌方目标区域交汇。轰炸机首先沿着其中一个波束骑行，当到达目标上空时，将会听到等强连续的"点"音和"划"音，从而实施精确轰炸。1937年，第一套"弯腿"系统在荷兰和丹麦边境进行部署，此后在法国沦陷后，德军又在距离英国较近的瑟堡半岛上部署了一个基站，从而完成了夜间对英国进行轰炸的精确导航准备。

对德国"弯腿"系统的对抗，成就了电子对抗两个重要方向：一是机载电子对抗情报侦察，二是导航对抗。

1939年秋冬之交到1940年春夏之交，英国空军部科技情报处电子专家R.V.琼斯（Reginald Victor Jones）博士从几个不同的情报来源分析，德国可能拥有一种新的、非常保密的、可以在夜间或恶劣天气下指引轰炸的无线电导航系统，代号为"弯腿"。1940年6月，在丘吉尔首相授权下，R.V.琼斯开始寻找德军无线电导航系统确实存在的证据。英国空军部以业余无线电爱好者的名义从位于美国芝加哥的哈利航空器公司采购了几部覆盖27～143MHz频段的S-27接收机。R.V.琼斯把S-27宽带无线电接收机安装在3架"安森"飞机上，针对"弯腿"系统30MHz工作频率，在英国东海岸开展侦察工作，搜寻导航信号的踪迹。经过连续三天的努力，终于有一架飞机截获到了类似"洛伦茨"的信号，接收机耳机里传来清晰的"嘀-嗒"声。紧接着，飞机沿着信号波束继续飞行，到达两波束交汇位置，截获到了另一组信号，交汇点是英国中部的德比市。琼斯博士团队终于发现了他们想要寻找的信号：一组完整的"弯腿"信号在德比市上空排成一列，南边的是莫尔斯码的"点"，北边是莫尔斯码的"划"，中间有一个稳定的音符信号在游动。经过进一步无线电测向发现，这两组信号分别来自靠近德国境内的丹麦边境和荷兰边境。由此，一次成功的机载电子对抗情报侦察终于掌握了"弯腿"系统的工作频率、工作模式和基站位置。

在掌握了上述情报和技术参数后，R.V.琼斯马上与英国电信研究所合作着手研究对抗办法。他们首先借来各大医院的医用电疗机，作为"宽带噪声干扰机"使用。电疗机能够产生频谱很宽的无线电噪声，可以用来对"弯腿"系统实施噪声压制干扰。但考虑到噪声压制干扰容易被发现，会打草惊蛇，他们还使用了"洛伦茨"地面发射机，模拟发射一组"弯腿"波束，诱使德军轰炸机提前投弹。随后，电信研究所研制出了专用便携式欺骗式干扰机。这种干扰机复制了"弯腿"系统的载波频率、调制频率和重复频率，能够以较大功率模拟发射"弯腿"系统波束中的"划"信号，可以很好地起到欺骗作用，被冠以"阿司匹林"的代号（因为"弯腿"系统被冠名为"头痛"）。

1940年11月，在德国空军发动的对英国的夜间空袭轰炸中，上述几种综合措施同时启用，爆发了著名的导航"波束之战"：历史上第一次导航对抗。首先是"安森"飞机带着S-27接收机进行了情报侦察，获取了当天"弯腿"系统的工作频率和波束指向。然后大批电疗机、"洛伦茨"地面发射机、"阿司匹林"干扰机部署到"弯腿"系统波束附近。电疗机和"洛伦茨"地面发射机也都对德军飞机起到了干扰作用。而"阿司匹林"干扰机，由于功率大，信号逼真，干扰效果最好。"阿司匹林"干扰机开机后，德军飞机领航员听到的

"划"音明显比"点"音强。为了寻找更强的"点"音,领航员引导飞机朝"点"音一侧偏航,这导致离真正的引导波束越来越远。由于在陌生地域夜间飞行,不断地在空中寻找"点"音,飞机不断兜圈子,甚至迷航,有的飞机因为飞行员完全弄不清方向而坠毁。德国在这场导航对抗中遭遇了失败。

对制导武器的干扰起源于第二次世界大战时期盟军缴获的一枚"亨舍尔293"滑翔炸弹。1944年2月,盟军从"亨舍尔293"滑翔炸弹上拆下了一台完整的制导接收机,并根据这部接收机研制出应对制导炸弹的干扰机。美国海军从无线电研究实验室匀出20台为陆军生产的ARQ-8通信干扰机,这些干扰机经过改装再安装到军舰上,用于反制导炸弹。这些干扰机发射功率为30W,装有引导接收机,能够在25~100MHz频率范围内进行瞄准式干扰。

1944年4月,在发现德军可能已经在使用至少2种无线电制导导弹后,美国海军研究实验室提出紧急要求,研制一种大功率干扰机来干扰德国"凯尔-斯特拉斯伯格"导弹制导系统。美军机载仪表实验室承担了研制任务,并仅仅用了两个星期,就研制出命名为MAS的导弹制导干扰机。这是一种250W干扰机,机内装有接收机,能在41~51MHz频段内进行瞄准干扰,覆盖了"凯尔-斯特拉斯伯格"系统48~50MHz频段。为了增强干扰效果,MAS干扰机针对制导系统所使用的音频调制频率,采用方波调制进行干扰。在对MAS干扰机的样机进行试验时,取得了成功,并接到了49部的订货量。

4. 光电对抗的降临

1954年,美国研制成功三款红外寻的空对空导弹,分别是空军的"猎鹰"导弹GAR-2和AIM-4、海军的"响尾蛇"导弹AIM-9。当时正值冷战时期,美军考虑到苏联也有可能有类似武器研制计划,因此组建了一个红外对抗小组,同步开展有关红外寻的空对空导弹对抗措施的研究。该小组初期研究工作围绕红外告警接收机、闪光红外源、牵引式红外诱饵弹、投放式红外诱饵弹四个方向展开。红外告警接收机主要用于向轰炸机机组人员提供敌方战斗机逼近和导弹发射的指示,闪光红外源和牵引式红外诱饵弹主要执行欺骗式干扰,用于诱骗红外寻的空对空导弹偏离所打击的目标。由于闪光红外源安装在飞机吊舱中,如果欺骗失败,反而会为导弹提供更大的红外源,而牵引式红外诱饵弹安装在滑翔机上,与被保护飞机协同困难,因此后期研究中,投放式红外诱饵弹成为重点研究方向。

早期投放式红外诱饵弹使用等量镁和硝酸钠的混合剂,170g(6oz)混合剂制成的诱饵弹,燃烧时间可达8s,每单位立体角能产生500W能量,波长在2~2.5μm频段,覆盖早期的硫化铅红外寻的头1.8~2.5μm频段。后期,美军使用等量镁和泰氟隆(聚四氟乙烯)混合制造诱饵弹,1.6kg(3.5lb)这种材料的诱饵弹能在1.8~5.4μm频段,每单位立体角内产生近13kW的峰值输出功率,燃烧时间达22s。1956~1958年,美军对投放式红外诱饵弹进行了多次实弹对实弹的飞行试验,动用了"响尾蛇"和"猎鹰"导弹,并用B-52战略轰炸机和F-6F"恶妇"无人机进行投放,大部分试验都取得了成功。光电对抗装备正式进入实用阶段。

美军第一个投入实际使用的红外诱饵系统是ALE-20,它安装在B-52战略轰炸机水平安定面的两边,每边安装1部,用于发射红外诱饵弹。安装有该系统的B-52战略轰炸机从1961年开始在美国战略空军服役。

在战略轰炸机携带了红外诱饵系统后,何时发射诱饵就成为一个亟待解决的问题,这牵涉如何及时发现敌方红外导弹发射,因此能够有效工作的红外告警接收机成为研究重点。1961年,美军对有2部具有相当高水平的红外告警接收机进行了飞行试验,但红外告警接收机虚警过高问题一直没有得到很好解决,这成为红外告警接收机研制的难点。

从美军上述红外装备的发展历程可以得出结论:红外诱饵弹和红外告警接收机开启了光电对抗的历史。

5. 电子对抗的发展

20世纪50~80年代,电子技术、微电子技术、计算机技术和航空航天技术迅速发展,精确制导武器及与其相配套的各种雷达和通信设备大量出现,飞机、舰船和重要目标面临导弹的巨大威胁,促进了电子对抗技术的发展。电子对抗的领域由陆海空扩展到了外层空间,电子对抗技术进入一个全面发展的阶段:发展了基于卫星、飞机、舰船等平台的电子侦察和干扰技术;为提高现役作战飞机的电子对抗能力,发展了电子对抗吊舱技术;随着红外和激光技术在军事上的应用,发展了红外告警、激光告警、红外干扰和红外诱饵等光电对抗技术;为应对毫米波制导武器的攻击,发展了毫米波对抗技术;由于潜用声呐、鱼雷制导等技术的飞速进步,发展了水声干扰与水声反干扰、水声诱骗与水声反诱骗等水声对抗技术;随着与武器系统配套的跟踪雷达和制导雷达的威胁增大,突破了原来电子干扰的手段,发展了辐射源定位技术、被动跟踪辐射源技术与武器导引技术相结合的电子摧毁技术,研制出反辐射导弹,并在局部战争中应用。

随着一些新技术和新器件的应用,电子对抗设备的工作频率范围已扩展到2MHz~18GHz,以及毫米波、可见光、红外、紫外波段;与此同时,频率捷变、相控阵、脉冲多普勒等雷达技术和扩频通信、猝发通信等反干扰能力强的技术体制也迅速发展和应用。侦察设备采用快速扫频、自动调谐、瞬时测频、全景接收显示和具有初步识别、威胁判断能力的新型脉冲分析装置等技术;干扰设备发展了欺骗式干扰技术和具有压制与欺骗两种干扰样式的双模干扰技术,采用自动频率和方位引导、自动确定威胁目标和干扰样式等技术;无源干扰技术和器材性能进一步提高,投放装置与侦察告警设备系统化,既具有程序控制能力,又可投放箔条、红外诱饵弹等多种干扰物。

为使得有限的电子干扰资源能获得最佳的运用,发展了功率管理技术。微电子技术、计算机技术、信号处理技术和多传感器融合技术在电子对抗中的广泛应用,极大提高了电子对抗设备的信号处理能力、反干扰能力和快速反应能力。电子对抗技术在适应密集复杂多变的电磁信号环境、拓宽频谱、增强信号分选识别能力、研究最佳干扰样式、提高干扰功率、缩短系统反应时间,以及综合一体化、多功能、智能化、自适应、应对多目标和新体制电子设备的干扰能力等方面得到了极大的提高。

1990年,爆发的海湾战争是一场全空域、全时域、全频域的综合化、系统化和立体化的电子对抗战争,充分展示了电子对抗在现代战争中的重要作用,进一步推动了电子对抗理论和技术的发展,标志着电子对抗开始向信息战转变。

海湾战争以后,电子对抗技术进入又一个重要发展期。电子对抗发展到系统对系统、体系对体系的对抗,电子对抗系统技术应运而生。电子对抗概念得到拓展,空间电子对抗成为电子对抗新的领域,定向能武器也纳入了电子对抗范畴,使电子对抗更具有"硬"杀伤能力和更富有进攻性。

现代战争是多兵种联合作战的信息化战争。电子对抗已经从作战的辅助手段上升为一股重要的独立作战力量，其在联合作战中的地位和作用更加突显，其内涵更加清晰，手段更加丰富，应用更加广泛。美军在电子战发展的过程中，不断提出电子战的新理论、新思想，深化了电子战的内涵，拓展了电子战的外延，促进了各军兵种电子战能力的发展，并通过实战应用验证了电子战新思想、新战法的实效性，完善了电子战理论及思想，使电子战成为联合作战的重要手段。2017年，美国正式将电磁频谱确定为独立作战域，标志着电子对抗由"电子战"进入了"电磁频谱战"的崭新阶段，电磁能力已成为信息战的核心能力之一，制电磁权已成为信息作战成败的关键。

1.3.2 电子对抗理论发展历程

1. 国外电子战理论的发展

美国的电子战历史也是从无线电通信侦察、测向和干扰的研究开始的。美军电子战最初称为无线电对抗(Radio Countermeasures)。1941年12月11日，在日本袭击珍珠港的第4天，美海军向当时的美国国防研究委员会提出建议，在美国建立一个专门从事无线电对抗研究的机构。美国国防研究委员会采纳了这项建议，并成立了无线电对抗实验室。无线电对抗实验室的成立标志着美国无线电对抗的研究走上了系统、正规的发展道路。

1949年，美国空军司令部颁布了经参谋长联席会议批准的《联合电子对抗措施政策》文件。文件指出：今后"电子对抗措施(Electronic Countermeasures，ECM)"在官方文件中取代"无线电对抗措施"。并定义：电子对抗措施是电子学在军事应用中的一个重要分支，包括使用电磁辐射来降低敌方设备和战术运用的军事效能或影响而采取的行动。此后电子对抗措施这一术语被正式接受为官方用语。

这是有据可查的最早的电子对抗术语的定义，它将电子对抗作战行动规范为在电磁频谱范围内采取的行动，并首次明确了电子对抗的作用是用电磁辐射来削弱敌方电子设备和战术运用的军事效能。这是电子战作战理论的一大进步。但其不足之处是，它只包括电子干扰，这是限于当时条件的一种比较狭隘的定义。

英国著名的空战和电子战专家阿尔弗雷德·普赖斯在1977年出版的《电子战历史》(第二版)一书中，概括介绍了第二次世界大战结束后的这一段时间里，电子战的理论和实践。书中指出：第二次世界大战以后，这一门科学的名称已经由原来的无线电对抗改为电子对抗……由此可见，美国"电子战"理论在二战结束后的一段时间里，经历了从"无线电对抗"到"电子对抗"的演变过程。

这一段时间，也是美国电子战研究比较低潮的时期，理论研究受到一定程度的冷落，电子战设备也陷入无用武之地的处境。但这种情况在随后的朝鲜战争中得到改变。在1950~1953年的朝鲜战争中，由于美空军的轰炸机使用了雷达告警设备和金属箔条，飞机的损失数量大大下降。这引起了美国军方对电子战的重视，并促进了电子战理论的发展。

1961年，美国新泽西州的Prentice Hall出版社出版了美国电子战专家R.J.希勒辛格(Rober J. Schlesinger)的《电子战原理》一书。该书系统论述了电子战的理论和作战原理。书中提到：将两个或者两个以上作人为干扰用的通信系统间的相互作用，定义为电子战。这里所指的通信系统，应该理解为发射或接收信息，或者既能发射又能接收信息的各种电子设备。书中进一步指出：一方何时、何地和怎样产生电子干扰，另一方又如何抵抗其有害影响，这都是电子战的重大问题。一般把前者称为电子对抗措施(ECM)，而把后者称为电子反对抗措施(Electronic Counter-countermeasures，ECCM)。这是第二次世界大战结束后，一本对电子战理论做全面系统论述的经典著作。

1969 年，美军参谋长联席会议颁布政策备忘录，给电子战(Electronic Warfare，EW)下了明确的定义：利用电磁能量确定、利用、削弱或阻止敌方使用电磁频谱，同时保障己方利用电磁频谱的军事行动。电子战包括电子支援措施(Electronic Support Measures，ESM)、电子对抗措施(ECM)和电子反对抗措施(ECCM)三个组成部分。

这是美国军方首次对电子战下的定义。1984 年出版的《美国军语》对上述定义做了进一步确认。这一定义一直延续了 20 多年。1990 年由美国哈珀与罗(Harper & Row)出版公司出版的《简明美国军事百科全书》仍将电子战解释为运用电磁能以确定、利用、减弱或阻止敌使用电磁波频谱，同时保证己方能有效予以使用的军事行动。

在这 20 多年间，虽然电子战的定义基本没变，但随着电子战技术和装备的发展，以及历次战争的实战检验，电子战理论和实践爆发出巨大的生命力，并得到蓬勃发展。

1961～1975 年的越南战争，出现了一大批新的电子战形式，各种电子传感器、红外对抗、激光对抗、专用电子战飞机、反辐射导弹等得到运用，电子战技术得到迅速发展，电子战理论研究重新引起了人们的重视。其后的中东战争，美军更加认识到了电子战在未来战争中的重要作用。

进入 20 世纪 80 年代，尤其是 80 年代中后期，电子技术迅速发展，新式电子战武器不断涌现，反辐射导弹性能快速提升，促使美军进一步修改电子战的定义。1990 年 6 月，美军参谋长联席会议颁布政策备忘录，第一次对电子战的定义进行了修改。美国国防部给出新的电子战定义：使用电磁能量去确定、探测、削弱或以破坏、摧毁、扰乱手段阻碍敌方使用电磁频谱以及保护己方使用电磁频谱的军事行动。

新的定义在阻止敌方使用电子频谱上，除了传统干扰手段外，增加了破坏和摧毁，即"硬杀伤"。这次电子战定义的扩展，使电子战具有攻防兼备能力。这是美军在电子战定义上的一次重大突破。

差不多在同一时期的冷战期间，美军认为，破坏苏军的 C3(Command，Control，Communication)系统，就能在战争中掌握主动权，由此产生了美军的 C3 对抗军事战略，即在情报支援下，综合运用作战保密、军事欺骗、电子干扰和实体摧毁等手段，阻止敌人获得信息，影响、削弱或破坏敌方的 C3 能力，同时保护己方的 C3 系统免受这类行动的危害。C3 对抗将电子干扰作为一种重要作战手段，提升至与火力、特战等战斗力要素同等重要的地位，并将电子战装备作为一种主战武器纳入作战计划中，不再将电子战措施仅仅作为一种防御性手段来使用。

1991 年的海湾战争对电子战作战理论的发展起到了巨大的推动作用。通过海湾战争的实战，美军认为，电子战从作战思想、作战武器到作战方法都发生了重大变化，已明显地发展成为现代战争的主流。电子战必须与作战联合司令部建立更为密切的联系，必须与实体摧毁、作战保密、军事欺骗及心理战更为紧密地融为一体。同时认为，C3 对抗概念的范围太狭窄，只体现了设备对抗。由此得出结论，使用多年的电子战和 C3 对抗的概念已不适应现代战争的需要。

为此，1993 年 3 月，参谋长联席会议以主席备忘录的形式颁布了两个重要的政策文件，对电子战进行了重新定义，并将 C3 对抗改为指挥和控制战(C2W)。电子战的新定义是：利用电磁能和定向能以控制电磁频谱或攻击敌人的任何军事行动。

在新定义中，美军第一次增加了使用定向能武器作为控制电磁频谱或攻击敌人的手段，还把电子战划分为 3 个新的组成部分，即电子攻击(Electronic Attack，EA)、电子防护(Electronic Protection，EP)和电子战支援(Electronic Warfare Support，EWS)。它们分别与过去电子战的 3 个组成部分(ECM、ECCM、ESM)相对应，但包括的内容有所扩展。例如，在电子攻击中增加使用定向能的手段，在电子防护中把防止己方电子战对己方的电子系统造成伤害所采取的行动也包括进去。

同时将指挥和控制战定义为：在情报的相互支援下，综合利用作战保密、军事欺骗、心理战、电子战和实体摧毁等手段，旨在破坏敌方信息交流，并影响、削弱和摧毁敌方的指挥和控制能力，同时保护己方指挥和控制能力免受类似行动的影响。

C2W 的新定义明确了指挥和控制战是以敌方的整个指挥与控制系统包括人为目标，在原 C3 对抗概念的"作战保密、军事欺骗、干扰和实体摧毁"四要素基础上增加了心理战，并将干扰用电子战取代，使电子战与作战保密、军事欺骗、心理战和实体摧毁融为一体，从而更加突出了电子战的作用。

2009 年，美国战略司令部提出"电磁频谱战(Electromagnetic Spectrum Warfare，EMSW)"的概念，其定义为：使用电磁辐射能以控制电磁作战环境，保护己方人员、设施、设备或攻击敌人，在电磁频谱域有效完成任务的军事行动。其主要包括电磁频谱攻击、电磁频谱利用和电磁频谱防护。2013 年，美军拟定了《联合电磁频谱作战》条令，并于 2014 年 2 月推出了电磁频谱战略。2015 年 12 月，美国战略与预算评估中心(CSBA)发布了一篇名为《电波制胜：重拾美国在电磁频谱领域的主宰地位》的研究报告，特别强调了"电磁频谱战"理念及"低功率到零功率"作战概念，重点阐述在美国未来电磁频谱战中如何重拾霸主地位的一些建议。2017 年 1 月，美国时任国防部部长阿什顿·卡特签署首部《电子战战略》文件，正式确定电磁频谱战为独立作战域。

电磁频谱战是美军 21 世纪信息作战最重要的理论之一。它将电子战从单平台扩展到多平台的体系作战，从电子战装备扩展到所有用频设备，从电磁空间扩展到赛博空间。这体现了电磁频谱控制作战发展的必然，也是 21 世纪几场局部战争的实践结果。

2020 年 5 月，美军参谋长联席会议发布《JP3-85：联合电磁频谱作战》命令文件，该文件没有再给出电子战的定义，而是给出了电磁战(Electromagnetic Warfare，EW)的定义，正式用电磁战代替电子战：使用电磁能和定向能控制电磁频谱或攻击敌方的军事行动。这份文件宣告了美军用了半个多世纪的电子战概念的终止，也表明了电磁领域斗争将成为现代联合作战的重心，制电磁权将成为战场制高点。同时，电磁能在未来作战中，不仅对制约信息化武器装备作战效能发挥决定性作用，而且对于打击敌人，保护自己，掌握和控制战场主动权也将起到重要作用。

2. 我军电子对抗理论的发展

我军从土地革命时期至中华人民共和国成立前，在运用无线电通信的同时，也积极开发无线电通信侦察、欺骗、干扰等新功能，已经萌生了电子对抗意识。抗美援朝战争中为解决雷达反干扰问题，专门开展了雷达干扰与反干扰研究，促使我军电子对抗事业正式起步。在之后的国土防空作战和对越自卫反击战等作战中均成功运用了电子对抗侦察、电子干扰、反电子侦察、反干扰、反辐射导弹攻击等手段,确保了重要战役作战的胜利。特别是海湾战争之后,我军电子对抗事业得到全面系统的发展,电子对抗装备和电子对抗作战力量得到了迅速的发展,不断缩小与世界电子战强国之间的差距。

同时,电子对抗理论发展也经历了从消化借鉴外军电子战理论到创新提出我军电子对抗理论体系的过程。

在20世纪五六十年代,我军电子对抗理论主要是消化借鉴外军电子战理论,有关的电子战、电子对抗概念与国外相关概念区别不大。

在中华人民共和国初期,我军就已经注意到电子对抗在战争中的重要作用。1952年,我军在原军事委员会通信部成立了第一个电子对抗组织——雷达干扰与抗干扰组,研制了多种雷达抗干扰电路送往部队试验使用,并进行了部队抗干扰训练和前线电子侦察行动。1956年,在原军委总参谋部通信部成立了雷达干扰与抗干扰研究室,下设侦察、干扰、分析、雷达抗干扰、通信抗干扰五个专业研究组。研究室研制了成套的设备装备部队,并培养了大批电子对抗领域技术领军人才。同年,国务院制定《1956—1967年科学技术发展远景规划》,将电子对抗事业纳入国家科技发展纲要。

从20世纪50年代电子对抗事业发展的历程可以看到,我军早期电子对抗理论与二战后美军电子对抗理论有相似之处,即电子对抗由侦察、干扰和反干扰三部分组成。1965年发表在《真空电子技术》期刊的一篇文章《微波管在电子对抗中的应用》指出:电子对抗按其执行的任务的不同,一般可分为电子侦察、电子干扰、电子反干扰三类。这与二战后,美军关于电子对抗的定义是一致的。

1965年9月,国防工业出版社翻译出版了美国电子战专家R.J.希勒辛格1961年著的《电子战原理》一书,全面介绍了电子战的作战原理和相关技术。这是作者目前查到的系统介绍国外电子战最早的书籍。值得注意的是,在译作中,作者直接将Electronic Warfare(EW)翻译为"电子战",将Electronic Counter measure(ECM)翻译为"电子对抗",Electronic Counter-Countermeasure(ECCM)翻译为"电子反对抗"。这种将"电子对抗"一词作为美军ECM翻译的现象,出现在20世纪七八十年代的许多文献中。

纵观20世纪60年代初到80年代初这一时期我国科技工作者使用"电子对抗"和"电子战"这两个概念的情况,可以发现很有意思的现象。美军把电子战作为电子对抗概念的延续,从电子对抗发展到电子战。而我国则存在混用这两个概念的现象:大部分翻译自外文的文献,电子对抗等同于电子对抗措施,是电子战的组成部分;也有很多文献仍然保留电子对抗原有的含义;还有部分文献把电子对抗等同于电子战。这种现象为我国20世纪80年代中叶形成独有的电子对抗体系做了很好的铺垫,但同时也说明,在20世纪80年代之前,我国电子对抗并没有形成自己独特的理论体系。

电子对抗概念向电子战概念迁移,慢慢等同于电子战,发生在20世纪80年代初期。1982年,《真空电子技术》期刊第4期上发表了《休斯公司的行波管(二)》一文。文中提到电子对抗就是敌我双方利用电磁波进行的斗争。电子对抗的内容主要包括电子(对抗)支援措施、反电子措施以及电子防御措施三个方面。这种电子对抗的定义已经与美军电子战概念接近。

1975年,我国电子对抗和雷达事业走上了有组织、有计划的健康发展阶段,在70年代末,从无到有建立起了电子对抗专业部队、电子对抗专门管理机构、电子对抗人才专门培养院校。

1989年5月出版发行的我国第一部大型综合性百科全书《中国大百科全书·军事》第一次正式给出了"电子对抗"一词的权威定义。其第185页编辑了电子对抗词条，其中提到电子对抗主要包括电子对抗侦察、电子干扰和电子防御三个基本内容。第190页编辑了电子战词条，但只写了"见电子对抗"。这是电子对抗等同电子战最权威、最明确的界定。由此可见，20世纪80年代，我军系统确立了电子对抗作战理论，而且从那时起，一直把电子战等同于电子对抗，而电子对抗包括的三方面内容也与美军ESM、ECM、ECCM有一定对应关系。

2007年3月出版发行的《中国大百科全书·军事》(第二版)电子战词条指出：电子战是为削弱、破坏敌方电子设备或系统的使用效能，保护己方电子设备或系统正常发挥效能而采取的各种措施和行动的统称。俄罗斯军队称为电子斗争，中国人民解放军称为电子对抗。电子战是现代战争的重要作战手段，是信息战的重要支柱，对现代战争的胜负具有重要影响。

2011年版《中国人民解放军军语》中的电子对抗词条指出：电子对抗亦称电子战。使用电磁能、定向能和声能等技术手段，控制电磁频谱，削弱、破坏敌方电子信息设备、系统、网络及相关武器系统或人员的作战效能，同时保护己方电子信息设备、系统、网络及相关武器系统或人员作战效能正常发挥的作战行动，包括电子对抗侦察、电子进攻、电子防御，分为雷达对抗、通信对抗、光电对抗、无线电导航对抗、水声对抗，以及反辐射攻击等，是信息作战的主要形式。

《信息对抗常用术语词典》给出电子对抗新的定义(见本书第1页)，从作战手段角度明确了电子对抗的含义。本书采用这一定义。

从上述电子对抗概念的演变可以看到，我军对电子对抗的认识一直在逐渐进化当中，与国外电子战理论发展基本保持着同步状态。

1.3.3 电子对抗技术发展方向

电子对抗技术的发展从大的方面来看，总是随着电子技术的发展而发展变化的。应电子对抗作战需求，电子对抗技术发展也是随着电子技术装备不断发展，不断在战争中得到大量应用而快速更新换代。从作战需求角度考虑，电子对抗技术发展可以从电子对抗系统技术、电子对抗侦察技术、电子干扰技术、电子防御技术及反辐射摧毁和电子摧毁技术五个方面叙述。

1. 电子对抗系统技术

随着电子对抗装备向标准化、模块化、通用化、数字化和综合一体化方向发展，电子对抗装备由单台设备或小系统发展到一体化综合电子对抗系统。系统综合集成、系统效能评估、系统仿真等问题随之出现，促使电子对抗系统技术应运而生。

电子对抗系统集成采用多传感器信息融合将多传感器综合在系统中；具有全频段反应能力；集当代高技术于一身，具有电子侦察、威胁告警、有源、无源和光电干扰等多种电子对抗手段；综合应用高技术实现软硬杀伤一体化、智能化，并实现防御的系统化。电子对抗系统技术向着多种类、多平台、多频段、多用途和多种作战手段相结合的方向发展。

电子对抗平台的多样化，也促进了电子对抗系统技术的发展。除了传统的陆上车载、海面舰载和空中有人机载平台得到了快速发展外，无人机和卫星平台也得到了广泛使用。无人机已发展成为能够遂行电子侦察、电子干扰、反辐射攻击以及战场目标毁伤效果评估等多种电子对抗任务的多用途电子对抗平台。

随着系统集成度越来越高，电子对抗系统的效能也越来越难以评估，这成为困扰电子对抗系统应用的一个难题。在装备学、运筹学和系统论基础上，发展了电子对抗系统效能评估技术，力求解决电子对抗系统的作战运用问题。

随着数字图像处理和显示技术、数字建模和仿真技术、分布式交互仿真技术、虚拟现实技术的应用，电子对抗仿真技术得到很大的发展，成为电子对抗系统技术的一个分支，并在电子对抗系统的研制、试验和作战训练中起到重要作用。

2. 电子对抗侦察技术

电子对抗侦察技术主要反映在侦察接收技术和信号处理技术上。

在侦察接收技术方面，软件无线电技术首先应用于无线电通信领域中，促进了接收机数字化技术的发展，数字化接收机已开始在电子对抗接收机中普遍使用。数字信道化接收机和宽带数字化接收机较好地解决了超宽频率范围电磁辐射信号的全概率截获和信号参数的快速测量问题。数字频率合成和高速信号处理技术，使电子对抗侦察系统能快速处理雷达捷变频和脉冲压缩、通信跳频和直接序列扩频等复杂信号。

在信号处理技术方面，采用小波理论、模式识别、数据挖掘和人工智能等技术可以对信号流中的每个信号进行实时分选、识别和威胁判断，大大提高了电子对抗目标识别能力。在测向定位技术方面，高精度无模糊测向、抗多径测向、高精度定位、宽带信号的快速测向和定位等新技术得到广泛应用，并实现了纳秒量级短信号的测向定位。此外，混沌信号处理、多传感器信息融合和盲信号处理等现代信号处理技术在电子对抗中也得到了应用。

3. 电子干扰技术

电子干扰技术可分为有源干扰和无源干扰。有源干扰仍是电子干扰的主力。在有源干扰方面，为解决各种平台中众多天线的电磁兼容问题，发展了综合一体化天线技术，该技术采用多波束和公共射频来实现雷达、通信和电子对抗等的射频综合；为有效对抗预警机、雷达网、通信网和导航网，研制出如"狼群"电子对抗系统等分布式干扰系统，并在实战中得到了应用；为实现在多个方向上同时对多个目标实施大功率电子干扰，发展了宽带固态相控阵干扰技术。有源干扰技术的另一些成就是：数字射频存储技术，可在指定的时间将存储的数字信号恢复成射频信号，使干扰波形与信号波形精确匹配；灵巧干扰技术，包括密集假脉冲干扰技术、自适应干扰技术和高逼真欺骗干扰技术，干扰信号的样式可以根据干扰对象和干扰环境灵活地变化。另外，还发展了能有效应对红外制导武器的红外定向干扰技术，其成为光电对抗技术的一个重要分支。由于 GPS 定位技术在精确打击和指挥控制中得到广泛应用，对 GPS 的干扰成为导航对抗技术的核心。同时，对敌我识别器的干扰也成为电子对抗技术的内容。

随着一些新技术、新材料、新器件的出现，无源干扰技术也获得了很大的发展。人们研制出了毫米波箔条、垂直极化箔条、光箔条、多功能复合箔条干扰材料、宽频无源干扰箔条等。烟幕干扰、伪装技术、光电假目标技术等光电无源干扰技术也获得了发展。此外，针对雷达、红外、可见光和声波等的隐身技术，开展了高分子隐身材料、纳米隐身材料、手征材料、吸波复合材料、多频谱隐身材料、智能隐身材料等新的隐身材料技术的研究，有源隐身、微波传播指示技术、等离子体隐身、仿生学隐身、主动隐身和可见光隐身等方面也得到了迅速发展。

4. 电子防御技术

电子防御技术包括反电子侦察、反电子干扰、抗电子摧毁、抗精确制导武器打击以及对新概念电子武器的防御等技术。在反电子侦察尤其是反卫星侦察方面，电子伪装、无源干扰和有源干扰得到普遍应用；在反电子干扰方面，多参数捷变雷达、宽带雷达、多基地雷达、高速跳频通信、宽带扩频通信等具有很强抗干扰能力的设备已广泛被装备部队使用，分布式、网络化得到很大的重视；为防御电子摧毁，发展了对抗电子摧毁武器的告警技术和诱饵技术，出现了如流星余迹通信和中微子通信等新技术；为应对采用多模复合制导的战术导弹，出现了对 GPS 的干扰、电子调制编码的红外干扰和欺骗式激光干扰等主动防御技术。

5. 反辐射摧毁和电子摧毁技术

反辐射武器的核心是对辐射源精确测向与定位的导引技术。反辐射导引头的主要性能要求是超宽工作带宽和超高灵敏度。在工作带宽方面，要求导引头至少能够在 0.8～20GHz 频率范围内工作；在灵敏度方面，能够远距离从天线副瓣获取辐射源信息，并发起攻击。这对导引头的射频前端提出了很高的要求，新结构、新材料的天线和射频器件是研究重点。随着信号处理技术的发展和可重构技术的应用，反辐射导引头的通用性和应对复杂电磁环境的能力都有了很大的提高。此外，多模复合导引头也已成为反辐射武器的标配。受限于导引头的尺寸结构，目前主要以双模和三模为主。与反辐射复合的导引模式包括红外、主动激光、主动毫米波、卫星定位、惯性等制导。多模复合制导可以使反辐射武器在被攻击的电子设备采取规避措施情况下，仍能继续导向目标，从而大大提高反辐射摧毁的成功率。在平台方面，巡航式反辐射导弹和反辐射无人机，由于具有盘旋等待和延迟进攻能力，越来越得到军方青睐；反辐射炸弹由于具有成本优势，也得到了快速发展。

电子摧毁的核心是定向能武器。定向能武器主要有高能激光武器、高功率微波武器和粒子束武器。高能激光武器和高功率微波武器已经在战场上得到应用。未来主要是向高功率、高效率、小型化、低成本和精准可控等方面发展。高效功率芯片技术、大功率宽带发射技术等，将会取得进一步突破。随着定向能武器的成熟度越来越高，电子摧毁必将成为电子战的重要硬杀伤手段。

6. 进一步开拓和发展方向

通信、雷达、光电、导航等信息系统不断迭代进化，红外、电视、毫米波、激光、GPS 等制导的精确打击武器大量涌现，军用侦察卫星、通信卫星、导航卫星的广泛运用，超宽带无线通信、激光通信、量子通信、流星余迹通信等新的通信手段和无源雷达、低截获概率雷达、稀布阵雷达、谐波雷达、超视距雷达和高分辨合成孔径雷达等新体制雷达的发展，以及 GPS 定位精度和 GPS 抗干扰能力的提高，向电子对抗技术提出了严峻的挑战，也为电子对抗技术发展开拓了远大的前景。

电子对抗技术的发展除了需要适应信息化高技术武器的发展之外，也有赖于计算机技术、自适应信号处理技术、人工智能技术、微电子技术、微波技术和光电技术等的最新发展成果。今后电子对抗技术将进一步向全频段、分布式、无人化、智能化和多功能一体化等综合对抗系统方向发展。超宽带电磁信号的接收和实时处理技术、快速自适应的信号截获和跟踪技术、超大数据量电子对抗情报处理技术、快速精密无源定位技术、分布式多目标多功能干扰技术、外层空间电子对抗技术、新机理的电子摧毁技术、新的反干扰技术和抗电子摧毁技术、逼真的电子对抗仿真技术等将成为未来电子对抗技术的主要发展方向，电子对抗技术将发展到一个崭新的阶段。具体来说，未来电子对抗技术将在以下 6 个方面进一步开拓发展。

1) 向全电磁频谱方向发展

电子对抗装备是最典型的宽带设备，其带宽取决于信息化武器装备带宽的拓展。现代通信、雷达、制导等各种军用电子设备，电磁频段从长波、短波、微波一直往毫米波、太赫、光等更高频率拓展，从而带动电子对抗侦察、干扰装备高端工作频率从 18GHz、40GHz 一直往更高频段发展。从未来发展路径看，电子对抗装备的工作频率范围必将越来越宽，继续往全电磁频谱方向发展。

2) 向分布式方向发展

就电子对抗侦察来说，测向定位技术有赖于天线孔径的扩大，分布式侦察设备可以实现多站无源定位和稀疏阵列测向，是提高测向定位精度的有力措施。而对电子干扰来说，大功率和抗反辐射摧毁一直是一对矛盾。分布式多站功率合成可以完美缓解这对矛盾，大大提高干扰系统的可靠性和抗毁性，是干扰系统提高自身生存能力的一种最佳解决方案。随着高精度定时、高精度自定位、自组织组网以及稀布阵和随机阵信号处理等技术的发展，分布式干扰系统必将愈趋成熟，走向实战应用。

3) 向无人化方向发展

21 世纪的几场战争表明，无人机在战场上发挥了很大的作用。无人化作战的重大军事价值得到各国军方普遍认可，"蜂群""狼群"等作战概念频出。无人化平台，尤其是无人机平台，在遂行电子侦察、电子干扰、反辐射攻击以及毁伤效果评估等方面，越来越得到广泛应用。结合分布式、"蜂群"和"狼群"作战思想以及察打一体思想，无人化电子对抗必将成为未来信息化战场上，实现信息侦察、信息压制和电子摧毁，获取信息优势，夺取制信息权的有力作战力量。

4) 向综合一体化方向发展

电子对抗分为通信对抗、雷达对抗、光电对抗、导航对抗等不同专业，具有侦察、干扰、防护、伪装、摧毁等多种作战手段。为适应未来信息化战争体系作战需要，多专业融合，多手段集成，实现多功能、小型化，是电子对抗装备的必由之路。电子对抗装备的研制，应该从单装作战思想向系统作战、体系作战思想转变；从单功能设备向"侦、干、探、通、防"多功能一体化系统转变；从单平台向以信息网络为中心，多平台、立体化的综合作战体系转变。从而实现信息共担共享、资源灵活调度、力量动态重组，大大提高信息作战整体效能。

5) 向认知化方向发展

认知化是电子信息装备发展的必然趋势。认知无线电、认知雷达、认知电子战等成为当前和今后一段时间的研究热点。电子对抗作战的复杂环境和灵活多变的特征，决定了电子对抗装备必须具有认知功能；同时从侦察、干扰和防护等作战功能特征考虑，跟火力作战相比，走向自动作战具有更现实的可能性。当前，认知电子战中很多工程实践问题尚处于研究探索之中，认知什么、如何认知等基本问题还有待进一步探讨完善。但从综合一体化的体系作战思想考虑，实现信息共担共享、资源灵活调度、力量动态重组，应是认知电子战的发展方向。

6) 向新概念武器方向发展

电子对抗作为一种跨代作战力量，新概念武器不断涌现是其固有特点。随着高能激光武器、高功率微波武器和粒子束武器等投入作战应用，并带来巨大的作战效益，电子对抗新概念武器的研究越来越得到广泛重视。电磁学、光学和声学的探索发展，新理论、新机理、新材料、新结构、新技术等的开拓创新，为新概念武器研究奠定了基础，这必将促使更多机理更新、技术含量更高的电子对抗新武器不断涌现。

思考题和习题

1. 画出电子对抗概念树状图。
2. 查阅资料，分析电子对抗相关术语与以前版本的区别和联系。
3. 叙述电子对抗行动和技术的区别与联系。
4. 叙述电子对抗行动和电子对抗手段的关系。
5. 画出典型电子对抗系统框图。
6. 画出电子对抗侦察分类树状图。
7. 电子对抗侦察有哪些主要技术？
8. 画出电子干扰分类树状图。
9. 叙述电子防御和电子防护概念的异同。
10. 画出电子防护分类树状图。
11. 叙述电子伪装的主要类型和主要手段。
12. 画出电子摧毁和反辐射摧毁的分类树状图。
13. 叙述电子摧毁和反辐射摧毁的异同点。
14. 叙述电磁频谱管控的主要内容。
15. 查阅文献，梳理我军电子对抗概念的演变。
16. 画出美军电子战概念演变路线图。

第 2 章 电 磁 环 境

2.1 电磁环境概述

2.1.1 电磁频谱

电磁振荡形成电磁波，通常称为电波。电磁波是以波动方式在空间传播的交变电磁场，虽然看不见摸不着，但它是物质的和客观存在的。电磁波既是一种能量，也是一种信息载体。

电磁波在一个振荡周期内传播的距离称为波长，基本计量单位为米（m）。与波长相对应的另一个物理量为频率，就是每秒同一波形重复变化的次数，基本计量单位为赫（Hz）。波长 λ 与频率 f 的关系为 $\lambda = v/f$，其中，v 为电波传播速度，频率越高，波长越短。频率、波长不同的电磁波有不同的产生方法、不同的传播特性。将各种频率的电磁波排列起来所形成的谱系就构成了电磁频谱，如图 2.1.1 所示。电磁频谱按频率或者波长排序，为条状结构。电磁波的频率范围从零到无穷，按照频率递进的顺序，分为无线电波、红外线、可见光、紫外线、X 射线、γ 射线。各种电磁波在电磁频谱中占有不同的频率范围，如无线电波占有的频率范围称为无线电频谱，其频率范围为 0～3000GHz。

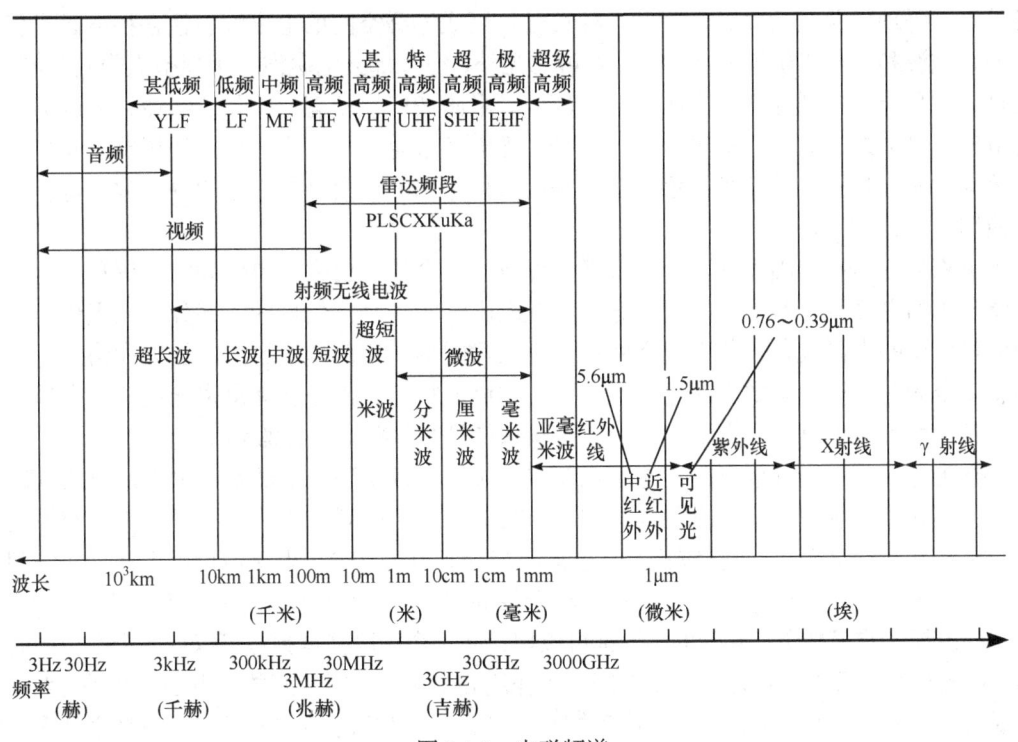

图 2.1.1 电磁频谱

从理论上讲，电磁频谱资源是无限的，但受技术、设备、外界环境、传播特性、实现机理等条件的制约，目前人们通常只使用国际电信联盟划分出来的 9kHz～275GHz 的频谱范围，且绝大部分在 20GHz 以下。更低或更高的频谱资源还有待人类进一步研究和开发。

2.1.2 电磁空间

1. 电磁空间的概念

电磁空间是各种电磁场与电磁波组成的物理空间。凡是存在电磁属性和时变电磁场传播所涉及的一切物质和空间均属于电磁空间范畴。电磁波可以在各种物质中存在，在无限空间里传播，由此构成的"电磁空间"也是无限的。电磁波能够存在于无始无终的自然空间之中，这个空间包括空中、地下、水下，以及广阔的太空。即使在真空条件下，电磁波也能够存在与传播。所以电磁空间是广泛存在而且与其他空间相互交融的客观空间，但是人们更关注与人类活动相关的电磁空间，即时变电磁场传播的特定场所，本书所述的电磁空间主要指这类电磁空间。

电磁空间是一种物质空间。电磁空间是由物质组成的，其核心基础是电磁场与电磁波，存在形式不以人的主观意志为转移。电磁场和电磁波是同一种物质，运动的电磁场就是电磁波，因此在名词上常可将"场""波"混用。科学实验已证实，电磁场具有物质的基本属性：质量(动态质量)、能量和动量。把传统的由原子分子构成的物质称为实体物质，而把电磁场称为场物质。电磁场与电磁波研究的对象是电磁场这种物质的基本属性、运动规律以及它与其他物质的相互作用。

电磁空间是一种无形的空间。它的构成不是山川与河流这种有形物质，而是自然界中各种电、磁现象及其活动所构成的一种集合。组成电磁空间的电磁波包括各种电磁设备发射的电磁波和自然界辐射的电磁波，除可见光外，绝大部分电磁波都不能被人类自然感知，而且人类只能直接感知光波中很小的一部分。电磁波产生于有形的物质实体，表现为无形的电磁信号形式，如通信信号、雷达信号、光电信号等，可以通过特定的仪器或器材被人们感知，并通过一定的信号类型、信号密度、信号强度、信号频率范围等参数来进行量化和使用。

电磁空间是自然因素和人为因素综合而成的复合体。由宇宙星体和雷电等自然电磁辐射源产生的电磁波是自然界的一部分，因此电磁空间也是自然界的一部分。而现代人类社会大量使用的电磁设备，使电磁空间中人为因素的构成比例越来越大。从现代信息对抗与信息安全的角度讲，电磁空间已经成为双方围绕取得电磁优势和信息主导权，综合运用现代信息技术和各种电子、光学装备，凭借电磁信号和电磁能进行激烈争夺的空间。

电磁空间是一个开放空间。它不像领空、领海、领土等有形的空间可以用界线加以区分，也不同于传统战场上，有前线后方、前沿纵深、正面翼侧之分，有对峙线、交战线之别。它没有严格意义的"硬界限"，以主体的控制能力为界碑。电磁波可以穿过介质空间到达它想到达的地方，不受地界、河界乃至国界的限制。也就是说，在这一维空间里，军地、敌我的占领、使用是交叉交融的，谁都可以用，同一个频段甚至频点可以被多个用户同时使用。电磁环境的开放性使之在多维空间产生作用和影响，同时，开放性也导致其易受污染、易受自然、人为等电磁干扰。随着信息技术的发展，辐射到电磁空间的电磁波越来越多，对己方无用的电磁波就是对电磁空间的污染,这些污染对电磁设备和人体安全都能造成影响。

在军事领域,电磁空间已发展成继陆海空天后的第五维战场,这是人类不断拓展与延伸活动空间的必然结果。纵观人类发展的过程,也是人类手拎兵器不断进军新空间的过程。人类活动的空间延伸到哪里,军事角逐便追随到哪里。人类从最早行走于陆地,到扬帆海洋,展翅蓝天,飞上太空,一步步把有形的地理空间变为战场。19世纪,相伴着"嘀嘀嗒嗒"的发报声,人类的触角开始伸向电磁领域。随后通信、雷达、广播等各种电磁应用逐步实现,电子设备和系统广泛地渗透到人类的生产、生活和军事等各个领域,战场从刀光剑影、硝烟弥漫的陆海空域,拓展到无形却又无所不在的电磁空间。战场空间由平面向立体、由一维向多维、由有形向无形的拓展,表明了技术进步在人类活动空间发展过程中的推动作用,反映了军事活动对更高"势能"的不断追求。由于电磁波是信息化战场信息的主要载体,战场信息对抗的实质是制电磁权归属的争夺。未来战争中,没有制电磁权,就没有制空权、制海权、制天权,就没有作战的主动权。电磁空间就是信息化条件下的战略高地,夺取和保持电磁空间优势,是打赢信息化战争的必要条件。

在电磁空间里,存在着各种各样的电磁应用活动,它是以电磁波辐射、传播、接收为基础的各类电磁波的军用、民用活动,以及科学试验与研究行为,如广播电视、通信、雷达、导航等。电磁应用活动是否能够正常进行,就构成了电磁空间安全问题。这是当前人们不得不面对的问题。

2. 电磁空间安全

电磁空间的出现赋予国家安全战略新的内涵。电磁空间安全成为信息时代国家安全的重要组成部分,传统的国家安全观念受到了挑战。传统的国家安全疆界是以地缘为界,泾渭分明的,对任一主权国家来说,都可以通过一定方式来界定领土、领空、领海,但在电磁空间领域,却无法用一个清晰、明确的疆界来划分归属。交战双方可以在远离对手、远离战场的数千里之外,通过无形的电波对敌方进行信息侦察、攻击,以及实施以电子信息为基础的打击行动,从而引发了电磁空间安全问题。电磁空间安全主要指各类电磁活动能够在特定的电磁空间范围内正常进行,同时秘密电磁频谱信息不被窃取的状态。特别是国家重大电磁应用活动不被侦察、不被利用、不受威胁、不受干扰。尤其对于那些与国计民生相关的重大电磁应用活动,它们与国家经济、政治、军事、社会的稳定和发展有着非常密切的关系,一旦受到恶意干扰、破坏和欺骗,就将造成严重的影响和后果。所以,重大电磁应用活动的电磁空间安全显得更加重要。

电磁空间安全的基本内容可以概括为五个方面。

第一,电磁应用不受干扰。它是指能有效应对和解决外来有害电磁干扰,保证己方电磁应用活动的安全,确保己方政治、经济、军事、社会领域的通信、雷达、导航、制导、计算机和广播电视等不受恶意干扰。

第二,国家保密电磁信息不被侦察。电磁空间安全不能完全依靠国家主权来提供保护。电磁信息在空间中是"开放"式的传播,一旦通过电磁波发射出去,除被己方接收外,也能被敌方截获。这一点类似于公开出版的报纸杂志,敌方可以从己方公开报道的资料中分析、研究和提取情报,对此己方除了加强保密审查外,不能用主权来干预和制止。因此,在通信中要采取加密等反侦察措施,保护电磁信息的安全。

第三，己方信息平台在国家主权管辖范围外的电磁应用安全不受威胁。例如，己方舰船、飞机、卫星及其他信息平台，在境外的公海、上空、太空、两极地区甚至经许可进入的他国主权"电磁空间"内，也应得到电磁应用的安全保障。也就是说，这些平台具有不受他人干扰和威胁，同时也有不向他人泄露己方电磁秘密信息的安全保密责任。

第四，己方信息平台与合法电磁资源不被非法利用。阻止擅自利用己方信息平台与合法电磁资源的行为，使国家电磁资源能够在国际、国内法律法规的约束和管理下，合理、有序、高效的使用。

第五，国家重要目标信息能够得到可靠的电子防护。它是指通过电子防护的方式，保护国家的地质和海洋资源，国家和军事要地、机场、港口、水坝以及军事部署、军事动向、武器装备试验等目标信息。这些往往是敌方进行战略电磁侦察的重点对象，必须采取隐身、示假和干扰等措施对其进行有效防护。

随着科学技术的迅猛发展和经济全球化的强力推动，以及信息科学和军事科学的高度融合，国家安全利益在不断拓展。维护国家安全，不仅要维护国家的生存利益，还要维护国家的发展利益；不仅要维护国家的主权和领土、领海、领空安全，还要维护海洋、太空和电磁空间的安全。电磁空间安全是国家安全的一个特殊的重要领域，它直接关系和影响到国家其他领域的安全，成为传统安全的支柱、非传统安全的基石、文化安全的屏护。经济越发展，社会越进步，人们对电磁空间的依赖程度越高；同样，军队信息化程度越高，战争的科技含量越高，人们对电磁活动的依赖程度也就越高。过去，人们比较重视对有形空间国家安全问题的研究，在国家利益日益拓展的新形势下，加强对电磁空间等无形空间国家安全战略问题的研究显得十分突出和重要。必须把电磁空间安全提到重要的战略位置，将维护电磁空间安全的战略能力建设提升到与维护国家海洋安全、太空安全战略能力建设同等重要的位置。

2.1.3 电磁环境的定义和特征

1. 电磁环境的定义

美国军用标准《系统电磁环境效应要求》(MIL-STD-464A)对电磁环境的定义为：包含各种不同的频率范围、各种辐射和传导的电磁能量在内的电磁能量在空间和时间的分布。而电气电子工程师学会(Institute of Electrical and Electronics Engineers, IEEE)对电磁环境的定义为：存在于一个给定位置的电磁现象的总和，具体指一个设备、分系统或系统在完成其规定任务时可能遇到的辐射或传导电磁发射电平在不同频段内功率与时间的分布。我国军标《战场电磁环境术语》(GJB 6130—2007)给出的"复杂电磁环境"的定义为：在一定的空域、时域、频域和功率域上，多种电磁信号同时存在，对武器装备运用和作战行动产生一定影响的电磁环境。

上述关于电磁环境的定义虽有不同，但是它们都指出电磁环境的几个基本属性，包括空间、时间、频率、能量等。根据产生电磁信号的来源可将电磁环境分为两类：自然电磁环境和人为电磁环境。自然电磁环境是指由雷电电磁辐射、太阳系和星际电磁辐射、地球和大气层电磁场构成的电磁环境；人为电磁环境是指由各种人为活动或各类民用设施、工业设施、军用设施等产生的电磁信号构成的电磁环境。

电磁环境无处不在,它像空气一样存在于一切事物的周围,甚至比空气所覆盖、渗透的范围还要广,在深海、外太空、星际空间都存在电磁现象。当把电磁环境作为一个研究对象时,通常按照场所大小、辐射源性质和应用目的的不同,把它分为具体的小环境,如城市电磁环境、家庭电磁环境、医院电磁环境、工业区电磁环境、舰船电磁环境、电力系统电磁环境、武器系统电磁环境、战场电磁环境等。

电磁环境是一种无形的但又是客观存在的环境。"无形"是指电磁环境不能被人的感官直接感受,需要仪器设备来侦测感知,是人们对电磁环境的一种直观认识。"客观存在"是指电磁环境是物质的、客观的,这不仅体现于生成电磁环境的各种辐射源是有形的物质和客观存在的,还体现于构成电磁环境的各类信号本身具有能量。战场上的电磁信号按用途分主要有通信信号、雷达信号、光电信号、制导信号、导航信号、无线电引信信号,以及遥测信号、电子干扰信号等。反映信号环境的主要参数有信号类型、信号密度、信号强度、信号频率范围等。正是这无形的、客观存在的电磁信号环境影响着战场电子设备的正常使用及其效能发挥,甚至影响作战双方的胜负。

2. 复杂电磁环境的四域特征

复杂电磁环境是一种特殊的电磁环境,与普通电磁环境相比较,它具有电磁辐射种类多、辐射强度差别大、信号分布密集,信号形式多样等特点,能对作战行动、武器装备运用产生严重威胁和影响;它是空间各种电磁辐射电磁波在空间、时间、频谱和功率上的复杂分布和变化情况的一种综合反映。战场电磁环境是指交战双方在战场上所处的电磁环境,通常是一类复杂的电磁环境。

从空间、时间、频谱、强度四个方面分析电磁辐射,可以获得用于描述复杂电磁环境整体状况的四个特征,即空域特征、时域特征、频域特征和能域特征。它们反映的是特定空间内,电磁辐射能量随时间和频率的分布规律。图 2.1.2 给出空间复杂电磁环境的示意图。

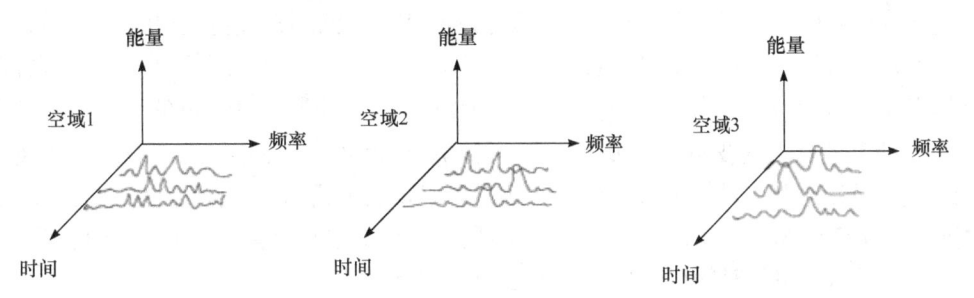

图 2.1.2 复杂电磁环境空域、时域、频域和能域分布示意图

1) 空域特征

复杂电磁环境空域特征是指电磁波在三维空间中的表现形态。当前在人们生活的空间里,民用或军用各种信息设备辐射的各种电磁波,与大自然产生的电磁波交织在一起,形成了交叉重叠的电磁辐射态势。

(1) 电磁辐射的空间状态。

在发现和使用电磁波之前,人类活动空间也充斥着原始的电磁环境,它们主要是太阳、地球等自然物体电磁运动的结果,具有很强的规律性,也是现代复杂电磁环境的组成部分,此时的空域特征简单。这种电磁环境就像一个水面平静的池塘，虽然也存在着由于风和地球自转所形成的细小波纹，但整体上表现为稳定、简单和较强的规律性，便于分析和认识。

当人们刚刚发现电磁波并加以利用之时，正如一个人在这样平静的池塘中投下第一块石头，阵阵涟漪在水面上形成了规则的同心圆。初期的电磁环境就是这样简单，即便多投几块石头，多个同心圆仍然可以在池塘的水面上形成规则的图形，在池塘的边缘也能认清哪道波纹是由哪块石头产生的。而现代复杂电磁环境就类似于向池塘中投入很多的石头，当池塘中的石头越投越多时，人们只能分辨出石头入水处附近的波纹，其他向远处传播的波纹已经相互交叠而难以分辨。这就是现代战场电磁环境在空域上的交叠现象的直接反映。

相对于观察水面波纹传播而言，电磁波在空气中的传播是立体的，各种辐射源所辐射的电磁波也带有程度各异的方向性，再加上各种电磁波工作频率不同，受到空中的水滴、地面的高山、建筑物的反射与绕射，以及衍射等效应的共同作用。在空中的同一个点上，就能够接收到多种电磁波的同时照射。正如在一间普通的办公室中，既可以打开电视机接收到无线电视信号，也能打开收音机接收到短波、中波、调频等多个无线电台信号，还能使用手机进行移动通信；哪怕路边经过的汽车，其发动机引擎工作时产生的宽频带、较大功率的电磁辐射也会干扰办公室信息设备的正常工作，例如，会在电视屏幕上形成"雪花点"干扰；此外，办公室内部的各种用电设备，如空调、计算机、打印机等也会产生各种无意电磁辐射。由此可见，一间小小的办公室，在其空间里就交织着数量如此众多、频率分布如此之广、功率大小各异的电磁波；若将观察的范围扩大到更大的空域里，电磁波的种类更为庞杂，信号样式更为多样。战场电磁空间更是如此，据统计，在冷战时期，联邦德国和民主德国分界线区域上空一架飞机将同时受到几十部不同类型雷达、数百台通信电台的照射。可以毫不夸张地说，现代战场上每个点上能够接收到的电磁辐射要远远大于在喧嚣的市场上一个人所能接收到的各种声音声波的总和。

(2) 空域特征的表示。

空域特征可以采用以位置为变量的电磁信号功率密度谱来严格表示电磁辐射在不同空(地)域的分布情况。下面首先定义电磁信号的功率密度谱。假设空间任何一点 r、时间 t 时的电场强度为 $E(r,t)$，它是一个实非平稳的矢量信号，对其进行解析变换得到解析信号 $F(r,t)$。对于平面电磁波而言，$E(r,t)$ 产生的功率密度正比于 $F(r,t) \times F^*(r,t)$，它对应于信号的时变相关函数。对其进行傅里叶变换，可以得到解析信号 $F(r,t)$ 的时变自相关函数的时变功率密度谱 $S(r,t,f)$。$S(r,t,f)$ 表达的是任一给定空间位置，在任一时刻、任一频率点，在单位面积、单位时间、单位带宽流过的电磁能量。

假设作战区域中有 m 个辐射源，它们的三维坐标分别表示为 r_i，$i=1,2,\cdots,m$（图 2.1.3），每个辐射源辐射出具有一定样式和强度的信号；在 r_j 处有一接收机，第 i 个辐射源产生的电波传播到接收机处的电场强度为 $A_i E_i(r_{ij}, t-t_{ij})$，其中，$A_i$ 是与传播路径有关的电波传播衰减因子，r_{ij} 是从辐射源到接收机的空间距离矢量，t_{ij} 是信号传播的延迟时间。与 $A_i E_i(r_{ij}, t-t_{ij})$ 对应的功率密度谱用 $S(r_j,t,f)$ 表示。

m 个辐射源在 r_j 处产生的总电场强度是单个辐射源产生的电场强度的矢量叠加，即

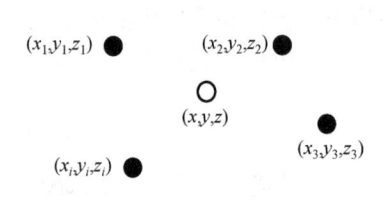

图 2.1.3 电磁辐射源分布示意图

$$\boldsymbol{E}_{\Sigma}(\boldsymbol{r}_j,t) = \sum_{i=1}^{m} A_i \boldsymbol{E}_i(\boldsymbol{r}_{ij}, t-t_{ij}) \tag{2.1.1}$$

相应的功率谱密度为 $S_{\Sigma}(\boldsymbol{r}_j,t,f)$，在不引起误解的情况下，将其简写成 $S(\boldsymbol{r},t,f)$。

根据式(2.1.1)，在一定时间范围 $[t_1,t_2]$ 和频率范围 $[f_1,f_2]$ 内，任何一点 $\boldsymbol{r}$ 处的信号强度可以用平均功率密度谱表示为

$$S(\boldsymbol{r}) = \frac{1}{(t_2-t_1)(f_2-f_1)} \int_{t_1}^{t_2} \int_{f_1}^{f_2} S(\boldsymbol{r},t,f) \mathrm{d}f \mathrm{d}t \tag{2.1.2}$$

式中，双重积分分别是对频率和时间作积分。

电磁环境的空域特征也可采用电磁辐射源位置和数量、电磁信号特性在空间的分布状态等参数表示。其中，电磁辐射源的数量被认为是描述空域特征的一种常规参数，电磁辐射源数量多的电磁环境通常要比少的复杂。现代战场之所以是一个复杂的电磁环境，是因为在一个特定的空域内，敌对双方使用了大量的电子设备，辐射源高度密集。国外有资料统计，美空军一个远程作战部队就配备了超过1400个电磁辐射源，集团军级的指挥控制系统，仅无线电台就大约有万余部，美陆军一个重型师配备超过10700个发射源，一个摩托化步兵师的电台数量可达2000多部，一个航空母舰战斗编队的电磁辐射源则超过2400个，整个"小鹰号"航母战斗群至少装备了200部不同类型的雷达。21世纪以来，我军加快了信息化建设的进度，部队的信息化装备数量也有了质的飞跃。

常用的空间电磁信号特征具体有信号密度的空间分布、信号强度的空间分布。作战时，指挥员和作战人员关注点不同。指挥员关注信号密度的空间分布，例如，师级指挥所的电磁信号密度要远远大于营连级指挥所，指挥员根据不同位置的信号密度，了解交战部队所在区域的电磁态势，并以此作为兵力分配与部署的依据。而作战人员则更为关心信号强度的空间分布，他们希望了解所使用电子装备是否受到强度更大的电磁辐射的影响。

2) 时域特征

复杂电磁环境的时域特征是指在时间序列上电磁信号的表现形态，反映电磁环境随时间的变化规律，其典型特征是随机性强，时刻变化。

(1) 电磁辐射的时间规律。

任何电磁波都是由发射机内部的高频振荡电流通过天线按照一定的时间顺序发射形成的。经过这种调制的特定电磁波信号向各向传播，就构成了一定样式的电磁环境。

电磁辐射的时域分布可以用乐曲的旋律来形象说明。例如，将音乐厅模拟成一定空间范围的战场空间，将各个乐器比喻成各种电磁辐射源，将听众的耳朵比拟成各种无线电信号接收设备，而声波就好比战场空间的电磁波。交响乐队的各种乐器不停地发出声音，就如同各种电磁辐射源持续不断地发射电磁波。各种乐器同时发出频率相近、泛音各异的声音，传送到听众的耳朵，战场上的接收机也与之类似，同时接收到各种电磁辐射信号。一支交响乐队在指挥的调度下，演奏出不同旋律的乐曲，而旋律反映了乐曲的时域特征。听众可以在同一时刻从交响乐中分辨出小提琴、钢琴、长号等各种乐器的声音，粗略判断各种乐器的声音来向，还能把握整个乐曲的旋律，从中得到美的享受。这是因为整个乐曲是在作曲家有意识的创作过程中，对每个乐器所发出声音的大小、强弱、高低、长短都按照时间进程进行了系统的安排，旋律是乐曲的灵魂。反之，还是这个乐队，还是使用这

些乐器，但没有指挥，每个成员按自己的速度随时忽快忽慢、互不相干地演奏着同一曲子，听众听到的将是一片嘈杂之声。因此，接收效果的好坏与电磁环境时域特征的好坏息息相关。

随着大量信息化设备的使用，战场电磁环境的时域特征日趋复杂。同一时间内，各种武器平台将受到多种电磁波的同时照射。侦察与反侦察、干扰与反干扰、控制与反控制，电磁频谱作战双方在同一空间里的电磁辐射时而非常密集，时而又相对静默，战场电磁环境时刻处于激烈的动态之中。这是各种作战力量和武器平台必须面对的客观现实，也是当代信息化战场的常态。在实际作战中，根据作战需求，同时也是为了避免被敌方侦察到，有些电磁信号的持续时间非常短，设备开关机非常频繁，其时域的突变特性特别明显。猝发通信、调频通信、窄脉冲雷达等就是典型的例子。

(2) 时域特征的表示。

电磁辐射信号时域特征表示电磁信号随时间的变化情况，具体表现为信号序列随时间的分布状况，通常可用单位时间内超过一定强度的信号密度等参数来表示。战场电磁辐射既有连续辐射，又有脉冲辐射，不同时段信号密度分布不同，始终处于动态变化中，有时集中突发，有时持续连贯。连续信号密度通常用单位时间内不同样式的信号个数来表示，脉冲信号密度通常用单位时间内的脉冲数来度量。

对于存在多个辐射源的空间，如果已知辐射源位置、个数、传播路径特性、接收与发射天线增益，采用前面介绍的方法就可以求出空间任何位置 r_j 处的信号电场强度和功率谱密度，分别用 $E_\Sigma(r_j,t)$ 和 $S(r_j,t,f)$ 表示。此时可定义随时间变化的功率密度谱 $S(t)$ 为

$$S(t) = \frac{1}{V_\Omega(f_2-f_1)}\int_\Omega\int_{f_1}^{f_2} S(r_j,t,f)\mathrm{d}f\mathrm{d}\Omega \tag{2.1.3}$$

它表示一定作战空间 V_Ω 和频率范围 $[f_1,f_2]$ 内信号强度随时间的变化规律，它是时间的函数，反映了接收点处信号的强弱。

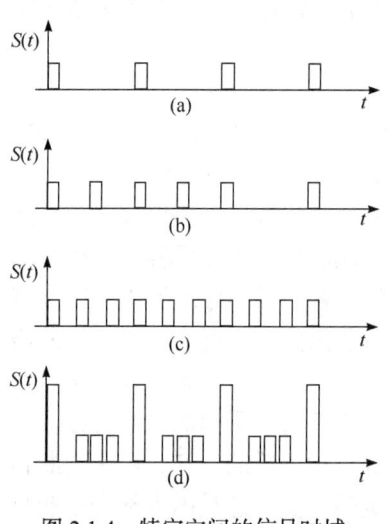

图 2.1.4 特定空间的信号时域特征示意图

下面通过一个例子来说明 $S(t)$ 的大小与电磁环境复杂度的关系。如图 2.1.4 所示，空间存在三个脉冲雷达辐射源，脉冲重复频率分别为 1000Hz、2000Hz 和 3000Hz，信号强度也不同，对应信号波形和强度如图 2.1.4(a)、(b) 和 (c) 所示，其中，纵轴是脉冲强度，横轴是时间；图 2.1.4(d) 所示的是 r_j 的总体信号强度，也是接收机可以收到的信号。当三部雷达在 r_j 位置的信号都比较强时，则 r_j 位置叠加的脉冲数最大可达 6000 个。但是若其中第三部雷达的信号很弱，传到 r_j 位置的信号强度小于背景噪声时，则 r_j 位置的信号仅是第一部和第二部雷达的叠加，叠加的脉冲数最大可达 3000 个。显然，前一种情况的电磁环境比第二种情况的电磁环境复杂。

在战场环境里，狭小的空间经常会部署大量的电磁

辐射源，它们的工作频段相互重叠，如果同时工作，相互间必然存在各种冲突和干扰。对于己方存在频率冲突的信息化装备，指挥机构需要对工作频谱进行管理，根据作战的总体部署制定信息化装备的用频计划，通过时间分隔方法解决用频冲突问题。对于敌方辐射的有意干扰，如果己方通信设备没有有效抑制手段，这时有用信号只能通过时间分隔的方法，在干扰信号停止时完成有效传输。通常，战场除了己方有意辐射的各类通信和雷达信号，还叠加有敌我双方恶意释放的各类电磁干扰信号，因此战场电磁环境在时域上的特征是复杂多变的，用频冲突不断、相互干扰严重。

3) 频域特征

复杂电磁环境的频域特征是各种电磁辐射所占用频谱范围的一种体现，其典型表现是频谱拥挤、相互重叠。频域特征是人们对各类用频设备进行频谱管理的重要依据，而频谱占用度可以用于衡量电磁环境在频域上的复杂程度。

(1) 电磁辐射的频谱范围。

电磁频谱是一种宝贵的自然资源，它是全世界信息化设备都可使用的一种公共资源。为了避免用频冲突，国际电信联盟等世界性组织会根据信息技术的进步和发展需求，对一些频段进行分配，各类信息化设备的厂家必须严格根据用频分配方案生产设备。例如，3GPP组织规定5G通信可以使用以下两个频率范围，即450~6000MHz、24.25~52.60GHz。与常见的矿产资源不同，电磁频谱是一种永存于自然界的不灭资源，也就是说，如果有朝一日不再使用它了，这种资源的状态与刚发现它时的状态完全相同。

从理论上讲，电磁频谱范围可以从零一直延伸到无穷大，但传播介质对不同频率的吸收损耗不同，因此人们通常只使用电磁频谱有限的几个片段。例如，电离层对长波、中波的吸收损耗较大，水分子、氧分子对毫米波的吸收损耗较大，而烟雾对红外线的吸收损耗较大，因此不同应用有其常用的频率范围。例如，天波通信常用的频率范围为3~30MHz，现代无线通信常用几百千赫(kHz)到十几吉赫(GHz)的频率，雷达常用0.1~40GHz的频率。功能相同或相似的电子设备往往工作于同一频段，当同时工作的同类设备数量较大时，相应频段的电磁环境就显得非常复杂。如果把频段比作交通道路，把设备比作交通工具，在某一频段工作的设备，好比公路上跑的汽车、铁路上跑的火车、空中飞的飞机，每一类型的通道，其通行量是有限的，当通道承载的同类交通工具数量众多时，交通就随之拥挤了。

在无线电发展的早期，用频设备数量较少，辐射功率不大，彼此之间又相距很远，因此即便工作频段相近，它们相互之间的干扰也很小，因此都能正常工作。但随着技术的进步，情况开始发生变化。在地球的电磁环境中出现了许多无线电设备和系统，它们开始对地球的电磁环境产生重大影响。新引入的信息传输的链路和网络遇到了已在运行着的设备和网络的干扰，从而降低了新设备的工作性能。反之，新的设备和系统作为新的辐射源，又常使原已存在的设备降低了工作性能。例如，美国空中交通无线电控制业务对频谱范围的要求，1980年比1968年扩大了3倍，而到1995年又扩大了3倍；一份调查报告显示，1972年，我国使用的电台仅有十几万部，1998年已发展到了几百万部。电台数量的急剧增加使得电磁环境日趋复杂，迫使人们不得不思考一个严肃的问题：有序分配频谱范围，有序使用用频率。这已经成为迫在眉睫的问题。

(2) 频域特征的表示。

为了描述电磁环境的频域特征，下面定义随频率变化的平均功率谱密度 $S(f)$。假设空间电磁辐射的功率谱密度为 $S(r,t,f)$，则一定空间 V_Ω 和时间范围 $[t_1,t_2]$ 内，以频率为变量的平均功率谱密度为

$$S(f) = \frac{1}{V_\Omega(t_2 - t_1)} \int_\Omega \int_{t_1}^{t_2} S(r,t,f) \mathrm{d}t \mathrm{d}\Omega \tag{2.1.4}$$

式中，双重积分分别是对时间和空间进行积分。

频率占用度是指在一定空间和时间段内，电磁环境的信号功率谱密度的平均值超过指定的环境门限电平所占有的频带与总用频范围的比值，它反映了电磁辐射对频谱资源的占用状态。下面通过一个具体的例子来说明频率占用度的概念。

假设空间存在 m 个辐射源（它们的用频严格按照相关部门的用频范围）分别工作在不同的频率 $f_k(k=1\sim m)$ 上，各自拥有不同的频谱范围 $\Delta B_k(k=1\sim m)$，如果己方的自扰互扰或者敌方的有意干扰都不存在，这时各个辐射源信号的平均功率谱密度 $S(f)$ 如图 2.1.5 所示，它们互不重合。假设单个信号的频带宽度为 ΔB_i，多个信号总的频谱范围可以通过求和的方式获得

$$\Delta B = \sum_{k=1}^{m} \Delta B_k \tag{2.1.5}$$

由于上述 m 个辐射源的平均功率谱密度 $S(f)$ 均没有超过门限电平 S_0，因此信号频谱的占用度为零。

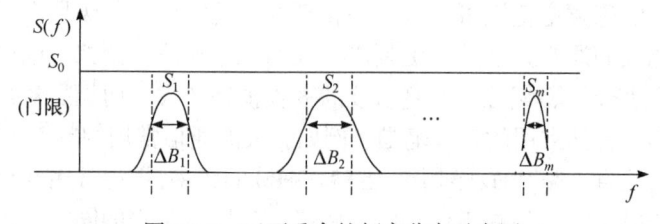

图 2.1.5　互不重合的频率分布示意图

假设同一空域出现了干扰信号，其功率谱密度 $S_j(f)$ 如图 2.1.6(a) 所示，$S_j(f)$ 与信号平均功率谱密度 $S(f)$ 在频谱上部重叠，它们叠加的总功率谱如图 2.1.6(b) 所示。由图可知，总功率谱在部分频谱范围超过了所容许的门限 S_0，假设超过门限的频谱宽度为 Δ，这时信号的频谱占用度将不再为零，具体可由式 (2.1.6) 计算：

$$\mathrm{FO} = \frac{\Delta}{\Delta B} \tag{2.1.6}$$

FO 的值越大，频谱占用度就越大，表明电磁环境越复杂。

频域特性可以通过频谱管理加以控制。对于民用电磁环境，无线电管理委员会作为官方管理机构负责对用频进行分配和管理。对于战场电磁环境，国家也成立了专门的部门对各类发射机、接收机制定用频计划，以消除己方各种电磁资源的相互干扰，同时在战时根据实际情况实时调整收发设备的使用频率和使用时间。然而，在信息化作战条件下，频域特性控制的主要矛盾并不是由己方控制的电磁资源产生的，因为己方各种电台、雷达等用频装备相互之间的影响可以通过计划或者协调来减弱，从而保证各种用频设备的正常工作。难以调解的是战时己方对敌电子进攻行动的作战用频，与己方同频段电台、雷达等保障用

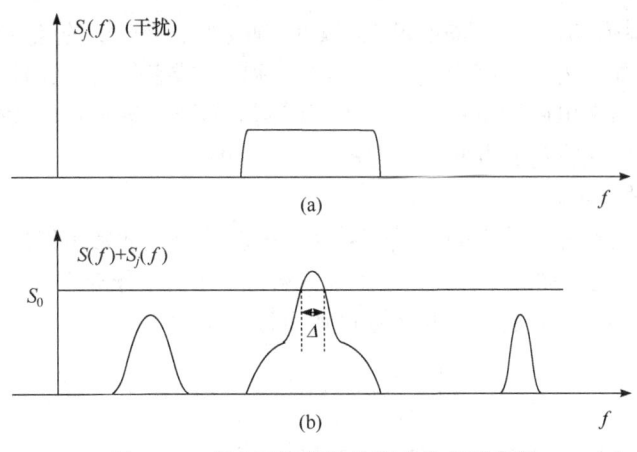

图 2.1.6 存在干扰信号的频率分布示意图

频之间的冲突。如果己方保障用频的重要性大于作战用频，则放弃对敌干扰，确保己方的作战指挥保障需求；否则，就应该以电磁领域斗争的进攻优先原则为依据，借助其他手段代替相应的保障用频功能，留出更大的电磁频谱范围用于电子进攻行动，争夺对敌电磁斗争的主动权。

4) 能域特征

复杂电磁环境的能域特征反映战场空间内电磁信号强度的分布状态，其典型特点是能流密集、分布不均、强弱起伏。

(1) 电磁辐射的能量分布。

电磁能量在空间分布不均匀是用频设备电磁辐射的典型特点，它是由天线辐射具有方向性这一本质属性造成的。天线的基本辐射单元有电流元、磁流元和面元，它们在辐射能量时天然具有方向性，由这些基本辐射单元构成的复杂天线更是具有不同的方向性。在军事上，天线的方向性可用作对用频设备进行测向、定位和干扰。天线的方向性可以用主瓣宽度、副瓣电平、方向系数、增益系数等参数度量。主瓣宽度越窄、增益系数越大，天线的方向性越强，它辐射的电磁能量在空间分布越不均匀。在天线主波束指向区域，电磁能量密度大，在其他波束指向区域，电磁能量密度小。为了有效控制电磁能量在空间的分布，人们研制出机械扫描天线和相控阵天线。阵列天线的使用使战场电磁环境的能域特征更加丰富。

战场电磁环境中电磁能量密度的高低直接决定着对电子装备的影响程度。例如，$10000W/cm^2$ 的连续激光辐射能量可以让光电探测器烧毁；雷电电磁脉冲可以严重影响电磁设备的正常工作，甚至损坏、烧毁电磁设备的内部元器件。一个雷电电磁脉冲可以瞬间产生数万安培的峰值电流，它击穿的空气行程可从数百米到数千米，巨大的电流形成强电磁脉冲向空间四周辐射，强大的电磁能量被通信网或其他电子接收设备接收后，设备就会被彻底毁坏，它耦合感应到计算机、电视机等电子设备中时，可以引起计算机等电子设备程序紊乱、信息处理失误，甚至损坏、烧毁计算机的中央处理器及外围部件。核爆炸瞬间生成的电磁辐射脉冲也可以达到同样的效果。当前，美军正在发展将化学能转换为电磁能的高功率微波武器、电磁脉冲弹，这类武器在其电磁波传播通道上有着极高的能量密度，以期达到与雷电或核爆产生的电磁脉冲同样的破坏效果。

因此在现代战场,有计划的辐射可以有效控制战场电磁环境的能量形态,以期达到预定的作战目的。例如,为了更好地实现远距离目标探测或者信息传递任务,可以在特定时间、局部区域内辐射大电磁能量;另外,为了起到对敌电子装备形成毁伤、压制、干扰或者欺骗的作用,可以在特定的方向上辐射高功率电磁能量。

(2) 能域特征的表示。

电磁环境的能域特征反映空间电磁信号功率强弱情况,通常可以用特定区域、特定时段、特定频谱范围内的平均功率谱表示。不失一般性,在一定作战空间 V_Ω、时间范围 $[t_1,t_2]$ 和频率范围 $[f_1,f_2]$ 内,信号的平均功率密度谱可以定义为

$$S = \frac{1}{V_\Omega(t_2-t_1)(f_2-f_1)} \int_\Omega \int_{f_1}^{f_2} \int_{t_1}^{t_2} S(r,t,f) \mathrm{d}t \mathrm{d}f \mathrm{d}\Omega \tag{2.1.7}$$

式中,三重积分分别是对时间、频率和空间进行积分。

能量是电磁活动的基础,所有电磁波的应用都是基于电磁能量的传播,各种调制样式都是在频域、时域和空域上控制辐射能量。跳频电台是在不同频率点上依次辐射能量,T-SCDMA 是在分片时间间隔内依次辐射不同用户的通信信号,而相控阵雷达则通过控制各阵元激励相位将能量集中辐射到指定的空域里。同时,能量也是各种电磁活动产生相互影响的根本原因,当接收到的干扰信号的功率大于有用信号时,干扰随即产生。在所有关于战场电磁环境的监测、分析、表示中,不论是描述其空域、时域还是频域特征,都要通过信号强度这一物理量给予具体体现,所以式(2.1.7)计算得到的 S 就是表示给定位置、给定时间、给定频率范围的平均功率密度谱大小。

对能量大小进行控制是战场电磁资源控制的基本方法,因为它可以从根本上决定干扰强度。一般而言,辐射能量越大,相应的电磁活动目的也就越容易达到,但在有限的战场空间内,若各种电磁活动都以大功率状态工作,那么必将引发电磁环境的进一步混乱,如同各种车辆都以最高速度行驶情况下的交通状况。因此,能量使用的基本原则是够用为主。同时,从能量控制的角度去分析战场电磁态势,也可以得出一些重要的信息。例如,通过对侦测到的电磁信息进行能量的统计分析,可以推断和预测敌方指挥机构和部队进行重要活动的规律。

然而使用能量大小控制方法还不足以维持和控制整个战场电磁环境稳定有序,必须辅以频率控制、工作时机控制、设备部署控制等多种方法,才能达到上述目标。例如,通信电台受到干扰不能正常工作时,最简单的通信抗干扰方式是增大发信台的发射功率,这是通过对能量大小进行控制来实现作战目标的,但这种简单处理方式会对部署距离较近、工作频率邻近的电子信息设备产生严重的干扰,而这些受影响的电子信息设备如果也采取类似方式抵御干扰,则必然引发"多米诺骨牌"效应,使得整个战场的电磁环境变得越来越复杂。

综上所述,复杂电磁环境的基本特征正是通过电磁波在空域上的交错、时域上的变化、频域上的交叠和能域上的起伏表现出来的。每一域都不能孤立存在,而是与其他域融合在一起的。在现实环境中,人们所从事的各种电磁活动都同时发生在这四域之中,对具体的某一点、某一时刻而言,电磁环境的复杂性就是这四域交集的整体表现。也就是说,由于电磁波的立体多向、纵横交错的传播方式,接收机才能在同一时间、同一空间的任一点上,能够同时接收到众多信号;也正是频谱使用的重叠,才使得一种设备往往在同一时间内接

收到来自不同方向,可以对其功能产生影响的干扰信号。当然,这种四域交集整体表现出的"复杂",不等于杂乱无章,面对复杂电磁环境也不是束手无策,坐以待毙。战场上多种电磁设备虽然工作在相同的频谱波段,但是,当它们不在同一方向、同一空域传播电波,或不同时传播电波,或辐射功率在一定范围内时,可以共同使用同一个电磁频谱波段。因此,只要对战场电磁环境进行全面客观的分析与全局性的精心谋划,从四域入手,齐抓共管,采取空域分隔、时域错开、频域分离和功率控制等措施,就可能化解己方频谱资源使用冲突的矛盾,降低复杂的战场电磁环境对作战行动的影响。

2.2 战场电磁环境构成

电磁环境通常由两大要素构成:一是电磁辐射源;二是辐射传播环境,即传播介质。

辐射源是产生电磁辐射的源头,是形成复杂电磁环境的最重要的物质基础。构成复杂电磁环境所涉及的辐射源种类繁多、特性各异,有很多种方法对辐射源进行分类,如依据工作频段可将辐射源分为低频辐射源、微波辐射源;依据信息的角度可将其分为信号辐射源、噪声辐射源;依据辐射源的产生原因可将其分为自然电磁辐射和人为电磁辐射,这是一种最常用的分类方法。自然电磁辐射是自然界非人为因素产生的自发的电磁辐射,主要包括宇宙中天体辐射、静电及雷电等;而人为辐射主要是指各种电气设备、电子仪器和机电设备在工作时产生的电磁辐射,主要包括民用辐射源、电子信息设备辐射、高空核电磁脉冲和高功率微波等。

人为电磁辐射是战场电磁环境构成的主体部分,它的产生原因复杂,具有主客观结合的特征,是非常活跃并对武器装备效能及作战行动影响巨大的电磁环境因素,比自然电磁辐射的影响更为严重。人为电磁辐射又分为有意电磁辐射和无意电磁辐射两种。有意电磁辐射是人们为了达到某些目的主动发射的电磁辐射,如广播电台、电视广播发射机、移动电话机、无线对讲机、室内无线电话、通信电台、雷达发射机、无线电遥控器、电子干扰机等各类无线电设备和各类光电设备发出的电磁辐射。无意电磁辐射属于通常人们所说的电磁污染,它是人们运用某些电子电气设备时非主观产生并且向不期望区域辐射的电磁辐射。对战场电磁环境产生主要影响的是有意电磁辐射,无意电磁辐射一般不是通过天线向外辐射,对战场电磁环境的影响要比有意电磁辐射小得多。

辐射传播环境是指电波在空间传播时所处的介质环境,大体可以分为电离层、对流层、地面、海面等。在电离层中传播时,电离层对电波的主要作用有反射、吸收衰减、多径、时延等;在对流层中传播时,对流层对电波的主要作用有大气折射和吸收衰减、不均匀微粒对电波的散射,以及地面对电波的反射等;沿地面传播时,地形地貌对电波的主要影响有波前倾斜、吸收衰减、山体绕射、障碍物遮挡等。

战场电磁环境是一种特殊的电磁环境,它是一定的辐射源产生的电磁辐射在战场空间内通过一定的介质传播辐射后所形成的电磁环境,是交战双方在战场上所处的电磁环境。它的辐射源包括人为辐射源、自然辐射源,以及作战双方的各种电子信息装备辐射源。这些人为和自然的、民用和军用的、对抗和非对抗的多种辐射源辐射的电磁信号就形成了极其复杂、动态变化的电磁环境,对战场上各类电子信息装备能够产生难以预料的影响。

战场电磁环境的构成要素可以概括如图 2.2.1 所示。从作战应用的角度看,自然电磁辐射、民用电磁辐射、军用电磁辐射和辐射传播因素是必须重点考虑的战场电磁环境构成要素，下面将作重点介绍。

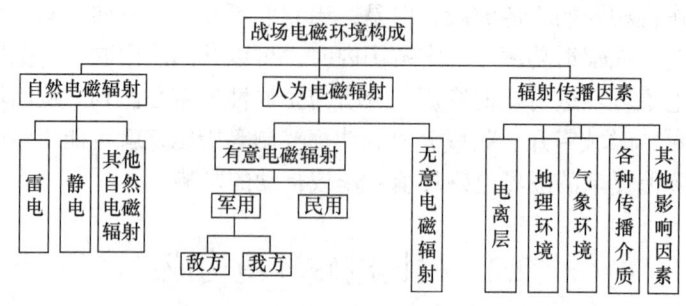

图 2.2.1 战场电磁环境构成示意图

2.2.1 自然电磁辐射

自然电磁辐射是生成复杂电磁环境的背景条件，它是自然界自发的电磁辐射，包括静电、雷电、地磁场、太阳黑子活动、宇宙射线等产生的电磁辐射。在电子信息装备研制、发展和使用的初期，自然电磁辐射因素对装备影响并不会十分引起人们的关注。随着信息技术的发展，电子信息装备的灵敏度越来越高，自然电磁环境对电子信息装备的制约和影响也越来越明显。这些自然电磁辐射对电磁环境的影响通常是短时突发的，难以准确预见，对武器装备的影响效果往往是巨大的，对短波通信的干扰特别严重，有些影响甚至是毁灭性的，所以需要设备操作人员特别关注。

静电是自然环境中最普遍的电磁现象。在干燥地区，几乎人人身上都携带着数千伏的静电。静电带来的潜在危害无处不在，不容易消除。静电放电的特点是高电位、强电场，引起的强电流可产生强磁场，干扰电子设备的正常工作。静电放电产生的热效应瞬时可引起易燃易爆气体或物品等燃烧爆炸；可以使微电子器件、电磁敏感电路过热，造成局部热损伤，电路性能变坏或失效。静电放电引起的射频干扰，对信息化设备造成电噪声、电磁干扰，使其产生误动作或功能失效，也可以形成累积效应，埋下潜在的危害，使电路或设备的可靠性降低。

雷电是云层携带的静电放电现象，属于突发电磁辐射。地球上平均每秒发生100次左右的雷击放电，每次雷电都会产生一连串强烈的干扰脉冲，其电磁波借助电离层可传播到很远的地方。距雷暴地区数千米之外，尽管看不见闪电，但却有严重的电磁辐射。雷电包括雷鸣和闪电两种现象。闪电的形状最常见的是线状，此外还有球状、片状和带状。线状闪电是一种蜿蜒曲折、枝杈纵横的巨型电气火花，长达数百米到数千米，是闪电中最强烈的一种，可以同时落在不同的地方，对电磁设备威胁最大。球状闪电爱钻缝，常从门窗、烟囱，甚至缝隙中钻到房屋内，有时能沿着导线滑行并使之燃烧。雷击通常分为直击雷和感应雷。直击雷放电过程中会产生强大的静电感应和磁场感应，最终在附近金属物体或引线中产生瞬间尖峰冲击电流而破坏设备。感应雷主要是通过电阻性或电感性两种方式而耦合到电子设备的电源线、控制信号线或通信线上，最终把设备击坏。

雷电产生的冲击电流非常大，其电流高达几万至几十万安培（A）。强大的电流产生交变磁场，其感应电压可高达上亿伏（V）。雷电流在闪击中直接进入金属管道或导线时，沿着金属管道或导线可以传送到很远的地方。除了沿管道或导线产生电或热效应，破坏其机械和电气连接之外，当它侵入与此相连的金属设施或用电设备时，还会对金属设施或用电设备的机械结构和电气结构产生破坏作用，并危及有关操作和使用人员的安全。战场上的电磁设备都要安装防雷装置，并需要很好的接地措施，就是为了规避雷电辐射的影响。

在地球表面存在着地磁场，它是一种自然场，对电磁波的远距离传播有特别重要的影响作用，属于持续电磁辐射。宇宙射线主要来自太阳辐射和银河系无线电辐射。它们可能破坏地面无线电通信、雷达、长途电信、输电网，干扰或破坏卫星的电子设备。1981年5月，南京紫金山天文台观察到两次奇异的双带太阳耀斑，曾导致全球无线电短波通信中断2h。1989年3月的太阳风暴曾造成加拿大魁北克省水电系统崩溃。

2.2.2 民用电磁辐射

战场范围内的各种民用电磁设备产生的电磁波，构成了人为电磁辐射的一部分，称为民用电磁辐射。民用电磁辐射包括作战地域或附近民用雷达系统、电视和广播发射系统、移动电话系统，民航、交通等部门的用频设备，以及辐射电磁波的工业、科学实验、医疗等设备运行时产生的电磁辐射。民用电磁辐射在整体上呈现相对稳定的状态，它的分布情况与社会进步程度、经济发达程度、人口密集程度相关联。民用电磁辐射作为战场电磁环境的重要组成，因而也是战场电磁环境侦测、管理和控制的重要内容。

民用无线电发射设备是主要的民用电磁辐射源，它一般产生大功率的电磁辐射，并且传播区域广泛，是战场电磁环境中影响很大的构成要素，在人口众多、经济发达地区更为明显。作为现代文明标志的广播电视、多种多样的通信工具、用途广泛的民用雷达、远程导航仪器等先进电子设备，它们的发射机发射的电磁波，对于相关的接收设备来说，是传送信息的重要载体，但是对于其他电子仪器和设备来说是无用且有害的干扰源。民用辐射源中，广播电视发射塔、短波发射台、手机基站等各类通信系统发射设备，用于公路交通、内河及海洋航运、空中交通管制以及气象观测、灾害监测、资源调查、环境监视、海洋研究、地形测绘等种类繁多的民用雷达，对作战地域的电磁环境影响最大。

工业、科学、医用射频设备是有意产生无线电电磁能量，并对其加以利用而不希望向外辐射的设备，包括工业加热用的射频振荡器、射频电弧焊、医疗微波设备、超声波发生器以及家用微波炉等。这些设备通常功率比较大，虽然没有发射天线，但由于电磁防护设计简单，大量的泄漏产生的电磁干扰特别严重。

电力、交通、工业设施的工作也会产生一定的电磁辐射。高压电力系统包括架空高压输电线路与高压设备，其电磁辐射源主要来自导线或其他金属配件表面对空气的电晕放电，其放电脉冲具有很宽的频谱。电牵引系统包括电气化铁路、轻轨铁道、城市有轨与无轨电车等，其中，直流电气铁道在20～40 kHz频带内有很大的干扰影响。汽车、摩托车、拖拉机等机动车辆的发动机点火系统是很强的宽带干扰源，在10～100 MHz频率范围内具有很大的干扰场强，例如，马路两旁的居民家中电视机屏幕上经常可以接收到汽车、摩托车驶过的干扰信号。工业机器中的各种机床，如车床、铣床、冲床和钻床等，它们的主驱动电机及其控制调速系统功率较大，启停频繁，继电器和电机整流子电刷间的开合既向电网中发射传导干扰，也向周围空间散发高频辐射干扰。

家用电器、电动工具与照明器具等是一类品种繁多、干扰源特性复杂的装置或设备。

这类电器的功率虽不大，但在启动、转换、停止的瞬间产生电磁干扰。例如，电冰箱、洗衣机由于频繁开关动作而产生的"喀哒声"干扰，电钻、电动剃须刀等带有换向器的电动机旋转时，由电刷与换向器间的火花形成的电磁干扰源设备。

以传真机、计算机及其外围设备为代表的信息技术设备，大多执行高速运算、数据交换、数据传送、数据输出的任务，这类设备内部的干扰源主要有开关电源、时钟振荡器及频率变换器。开关电源与时钟振荡器所产生的电磁干扰主要是窄带干扰；而脉冲信号（特别是重复频率较低时）则是频谱很宽的宽带干扰源。计算机及其外部设备中的时钟振荡器、开关电源、数字脉冲电路、高速数据总线、频率变换器等都是高频干扰源。计算机输入输出设备，如绘图仪、磁盘驱动器、键盘按键、显示器等都会产生电磁辐射，这种辐射信号还可能将计算机正在处理的机要信息泄露出去。

2.2.3 军用电磁辐射

战场范围内的各种军用电磁设备产生的电磁波，构成了人为电磁辐射的一部分，称为军用电磁辐射。军用电磁辐射是战场电磁环境的核心组成部分，对战场电磁态势的变化发展起决定性作用，因而也是指挥员重点关注的战场环境要素。军用电磁辐射具有平战不一致的显著特点，平时受到严格管理，活动规律明显；战时不确定因素大大增加，处于激烈的对抗和高度的动态变化之中。通常情况下，对于军用电磁辐射，人们更加关注其战场电磁辐射源。战场电磁辐射源是形成战场电磁环境的有形依托，辐射源数量直接决定了信号密度的大小。随着信息技术在军事领域的广泛应用，现代战场上各种雷达、通信、导航、敌我识别等电磁辐射装备的种类越来越多，数量越来越庞大，部署范围越来越广，电磁辐射的功率越来越强，占用电磁频谱越来越宽，信号密度越来越大，在时域、空域、频域分布重叠交叉，加上电子对抗的强针对性和高效能等因素，由此而形成的军用电磁辐射使战场的电磁环境变得十分复杂。无论是敌方还是己方，使用频繁的电磁辐射源主要是雷达、通信电台、光电设备、电子干扰装备和高能电磁武器等。

1. 雷达

雷达是战场电磁环境中产生大功率脉冲信号的定向辐射源。目前，军用雷达已达数百种，用途覆盖警戒和预警、战场感知、武器控制、航行保障、敌我识别等作战应用环节；部署使用和运载平台也呈现立体多维和网络化，广泛分布于陆海空天范围内；并以各种工作样式、工作频率交替或同时工作，在战场空间内交织成十分密集、复杂的雷达电磁环境。

雷达发射功率决定了雷达发射的电波在空间的传播范围，是雷达影响电磁环境的主要参数，功率越大，影响范围越广。由于目标对电磁波的反射和电磁波在空气中的传播都将损耗掉大量的电磁波能量，为了确保雷达接收机有效接收和处理信号，必须提高雷达的发射功率。通常情况下，警戒雷达的脉冲功率可达到兆瓦量级，火控制导雷达的峰值功率一般为几百千瓦。如此强大的电磁波辐射必然对周边其他电子信息系统产生十分强烈的影响作用，因此雷达辐射往往就被认为是战场电磁环境的主要来源。

脉冲重复频率是指雷达发射机每秒发射脉冲的个数。为了取得更好的测量精度，高重复频率的雷达脉冲是现代战场电磁环境中信号密度大幅度增加的主要原因。据估计，未来的信号环境密度最高可达 120 万脉冲/秒，相当于 1600 个辐射源。当前，一架飞机在重要战区上空 3000m 以上飞行时，会受到几百部雷达的照射。

雷达工作频率反映了雷达设备占用电磁频谱资源的情况，各种新型雷达不断涌现，所占用的频谱资源越来越宽。常规雷达和大部分新体制雷达的工作频率大多集中在 1～18GHz，从发展趋势上看，雷达和大部分新体制雷达所占用的频谱将扩展到 5MHz～140GHz 直至激光波段。雷达工作时还会产生工作频带以外的辐射，这些无用辐射往往就是产生电磁辐射污染的主要原因。

2. 通信电台

通信电台是电磁环境中产生连续电磁辐射、多向辐射的辐射源，在各种作战平台上都有通信电台。据外军统计，在集团军配置地域内，敌对双方部署的通信电台有几千部，每平方千米最多为十余部。目前，美军无线电通信频率已从极低频至微波频段正在向毫米波和光波频段发展，几乎达到了全频段覆盖的程度。通信设备正从单频段向多频段、宽频段或全频段的方向发展。陆军大多采用 2～30MHz 和 30～88MHz 电台；空军、海军大多采用 100～150 MHz 和 225～400 MHz 的电台。在无线电通信中除调幅信号、调频信号、单边带信号外，还有脉冲编码调制信号、跳频信号、扩频信号等。微波接力线路和毫米波通信也是军队一级的主要通信方式，光电通信设备已大量装备到部队并被使用。抗干扰波形和新体制通信的出现，包括加密通信、快速通信、跳频通信、跳时扩频通信、直接序列扩频通信、无线自适应调零通信、毫米波通信等，使其信号特征更加复杂。

无线电通信信号的传播过程是单向的，不像雷达信号由于双程路径产生两倍的传播损耗，因此其辐射功率相对于雷达来说要小。但是，由于发射机与接收机异地工作，不可能像雷达一样收发机一体，难以实现对信号的最佳匹配，而且对于接收机而言，为了保证可靠的信息传输，必须使用多种技术来调制信号，由此所形成的信号环境将多种多样、变幻莫测，这加剧了战场电磁环境的复杂性。主要的无线电通信信号调制包括扩频调制技术、数字调制等，广泛应用于短波/超短波通信、微波接力通信、卫星通信、散射通信，以及数据链通信等。

扩频调制是扩展频谱调制的简称，属于新型的通信体制，具有很强的反侦察、抗干扰能力，但由于对频谱资源的较多占用，这种调制技术对战场电磁环境的复杂性也起到了一定的增强作用。跳频技术具有优良的反侦察、抗干扰能力，技术实现难度也不大。目前超短波跳频通信的跳速大多为 100～500 跳，甚至高到成千上万跳。跳速越高，对其跟踪侦察和干扰的难度越高，但跳变的频率数目越多，占用频谱资源也越多。

3. 光电设备

光电设备主要有光波段的发射和探测设备，对战场电磁环境产生影响的主要是激光辐射源，光电探测设备也会间接地引起电磁环境的变化。激光辐射以其高功率、高单色性和高聚束的特性使得战场局部区域的光波环境特别恶劣，这种环境的主要特点是能量集中、空间狭小、频谱单纯。战场光电探测设备主要用于侦察对手的光电辐射信号，因此，战场光电探测设备的存在将给对手的光电辐射设备的使用带来威胁，迫使对手改变其使用策略，从而将调整战场光电辐射状态，引起战场电磁环境的变化。

4. 电子干扰装备

电子干扰是电子对抗中的主要进攻性手段，它是利用电子干扰设备或器材通过发射电磁波或反射、转发敌方电子设备辐射的电磁波，对敌方电子设备进行干扰压制或欺骗，以削弱或阻碍敌方电子设备效能的正常发挥。各种电子对抗设备在全频域的范围内对各种军用电子设备构成了有威胁的电磁环境。

有源干扰是主动向干扰目标辐射相应的干扰信号，对敌方电子设备进行压制或欺骗。早期的有源干扰大多以阻塞压制式为主，发射强干扰信号使敌方电子信息系统、电子设备的接收端信噪比严重降低，有用信号模糊不清或完全淹没在干扰信号之中而难以或无法判别，这样对战场电磁环境的恶化就具有普遍影响作用，往往在干扰压制敌方的同时，也对己方的电子设备造成严重的负面影响。无源干扰则是利用本身不发射电磁波的特制器材，如箔条、角反射器、假目标与雷达诱饵等，散射(反射)或吸收敌方电子系统发射的电磁波，从而扰乱电磁波传播环境，阻碍敌方电子设备发现和跟踪目标。

现代电子干扰装备的辐射功率大，覆盖频带宽，作用距离远、范围广，因此，对战场电磁环境复杂化的"贡献"最大。目前，国际上各种通信干扰装备从针对潜艇通信的超长波到卫星通信的 Ka 频段的各种干扰装备应有尽有，连续波等效干扰辐射功率从几瓦到数百千瓦，干扰距离甚至达到数千千米。

5. 高能电磁武器

高能电磁武器主要有微波定向武器、核电磁脉冲和电磁脉冲弹三种。它们的共同特点是能产生高能量的电磁辐射，包括瞬间或持续一定时间的高能电磁辐射，电磁能量大而且集中，起到瞬间破坏作用。强大的电磁脉冲通过电子设备系统的"前门"（即它自身的天线、整流罩或其他传感器）或"后门"（电场穿透外屏蔽的门、缝隙等）耦合进入设备内部，破坏或干扰电路板和它的元器件以及软件控制，甚至对关键电子电路和器件产生永久性的功能毁伤。有的高能电磁武器还会对处于这个电磁环境中的人员造成伤害，在瞬间使敌方的作战能力受到极大损伤，严重影响这些设备的工作。

2.2.4 辐射传播环境

1. 传播介质

传播介质是电磁波传播的环境，不同介质具有不同的电学性质、空间结构、边界特性。介电常数 ε、磁导率 μ，以及电导率 σ 是描述介质电磁特性的主要参数。介电常数 ε 反映了介质受外加电场作用时发生极化的程度；磁导率 μ 反映了介质受外加磁场作用时发生磁化的程度；电导率 σ 反映了介质的导电能力。表 2.2.1 列出了几种常用金属在常温下的电导率。在真空中，介电常数用 ε_0 表示，其数值为 $\varepsilon_0 = 1/(36\pi) \times 10^{-9}$ (F/m)；磁导率用 μ_0 表示，其数值为 $\mu_0 = 4\pi \times 10^{-7}$ (H/m)。对于均匀、线性、各向同性介质，介电常数 ε 与 ε_0 的关系为 $\varepsilon = \varepsilon_r \varepsilon_0$，其中，$\varepsilon_r$ 为相对介电常数，是无量纲的纯数，表 2.2.2 列出了一些常用物质的相对介电常数；磁导率 μ 与 μ_0 的关系为 $\mu = \mu_r \mu_0 = (1 + \chi_m)\mu_0$，其中，$\mu_r$ 是相对磁导率，χ_m 为磁介质的磁化率，二者均是无量纲的纯数，表 2.2.3 列出了几种物质的磁化率。

表 2.2.1　常用金属的电导率

材料（20℃）	电导率/(S/m)	材料（20℃）	电导率/(S/m)
铁	1.00×10^7	金	4.10×10^7
黄铜	1.46×10^7	银	4.55×10^7
铝	3.54×10^7	铅	6.20×10^7

表 2.2.2　常用物质的相对介电常数

材料	相对介电常数 ε_r	材料	相对介电常数 ε_r
空气	1.00059	聚乙烯	2.3
云母	3.7~7.5	聚四氟乙烯	2.25
玻璃	5~10	石英	4.3

表 2.2.3　常用物质的磁化率

材料	磁介质的磁化率 χ_m	材料	磁介质的磁化率 χ_m
液氧	3.90×10^{-3}	铜	-1.1×10^{-6}
空气	3.036×10^{-4}	硅	-1.6×10^{-6}
铝	8.2×10^{-6}	锗	-1.5×10^{-6}

对于等离子体、铁氧体这类各向异性介质，介电常数 ε 和磁导率 μ 不再是一个标量，而用张量 ε_r、μ_r 表示。对于非均匀介质，介电常数 ε 和磁导率 μ 是位置的函数；对于色散介质，介电常数 ε 和磁导率 μ 又是频率的函数，具有一定带宽的电磁波信号在这种介质中传输时，会发生波形畸变、信号失真的现象。

2. 传播环境

辐射传播环境涉及影响电磁环境分布和电磁波传播的各种自然和人工环境。与辐射源不同的是，它不主动辐射信号，而是通过对人为和自然电磁辐射的电波传播发生作用，从而改变电磁环境的状态。传播环境主要包括电离层、地理环境、气象环境、大气和水以及人为构筑的各种辐射传播介质，如图 2.2.2 所示。

电离层是在地面上空 60~1000km 的范围内，大气中部分气体分子由于受到太阳光的照射后丢失电子而发生电离现象，产生带正电的离子和自由电子的大气层。在电离层区域中，高速微粒的碰撞和宇宙射线等的辐射，尤其是太阳紫外线的照射，使得大气中的部分气体发生电离，形成了由电子、正离子、负离子和中性分子、原子等组成的等离子体区。

电离层是已经被人类认识并较好利用的一种电波传播介质，同时，它对战场电磁环境又有明显影响，电离层对于不同波长的电磁波表现出不同的特性。实验证明，波长短于 10m 的微波能穿过电离层，波长超过 3000m 的长波几乎会被电离层全部吸收。对于中波、短波，

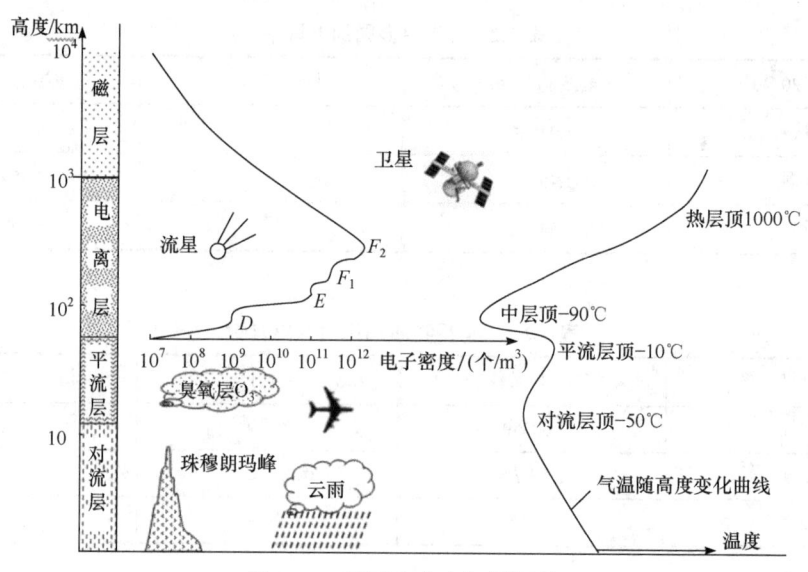

图 2.2.2 地面上空大气层概况

波长越短，电离层对它吸收得越少而反射得越多。因此，短波最适宜以天波的形式传播，它可以被电离层反射到几千千米以外。但是电离层是不稳定的，由于太阳辐射是电离层形成的主要原因，因此一年四季，乃至一天 24h，太阳照射的强弱变化，必然会使各地电离层的情况随之变化。电离层白天受阳光照射时电离程度高，夜晚电离程度低，因此夜间它对中波和中短波的吸收减弱，这时中波和中短波也能以天波的形式传播。收音机在夜晚能够收听到许多远地的中波或短波电台，就是这个缘故。

气象环境对电波传播存在吸收和散射的作用。大气中氧和水蒸气对电波有吸收衰减作用，大气中的水滴对电波有散射作用。这些影响的程度与电波的频率密切相关。当频率小于 1GHz 时，无线电波在大气中能量的损耗可以忽略不计，在较高频率，特别在 30GHz 以上的电波在大气中有着明显的衰减现象，也就是说，厘米波以上的电波必须考虑气象条件。雨、雪、雾等对电磁波有衰减和吸收的影响作用。电波的衰减随着降雨量的增加和频率的升高而增加。同时，大气状况还影响电波传播的方向性，这是一个很重要的影响因素，例如，超视距雷达利用大气波导现象增加工作距离；大气颗粒物含量、大气密度分布影响超视距雷达的工作性能。

地理环境对电磁波传播的影响是客观存在的，而且不可人为改变。地形对电磁波有反射、折射、绕射、散射作用，主要体现在对通信和雷达的影响上。对于 30MHz 以上的无线电波，其绕射力有限，起伏的地形容易使无线电通信和雷达形成"盲区"。电波的频率越高，这种现象越严重。通信"盲区"会影响己方的通信和指挥调度，雷达"盲区"不但使己方无法指挥引导自己的飞机，而且可使敌机利用它进行超低空突防。消除地理环境影响的具体手段之一是将电子设备的平台升空。

人为构筑的各种辐射传播介质也是战场电磁环境的一个重要部分，它往往显著影响着各类作战行动，无源干扰就是一种典型的代表。例如，在战场上，烟幕弹等弥漫的浓烈烟雾，以及敌方实施干扰故意散布的金属箔片会严重影响电波传播。在海湾战争中，伊军燃烧了科威特的油井，遮天蔽日的浓烟影响了美军侦察卫星及侦察飞机对战场毁伤的准确评估。

3. 传播介质的影响

电波传播环境经常涉及多种介质，而电波传播过程也是电磁波与介质相互作用的物理过程。在电波的作用下，介质会发生极化、磁化和传导等电磁效应，在介质的表面或内部产生极化电荷、磁化电流、传导电流；这些电荷、电流反过来又会影响电磁波的分布。

电波主要的传播特性有波长、相速、能速、波阻抗、功率流密度、波矢量等，这些既与介质的介电常数、磁导率等电磁特性参数有关，也与电磁波的频率、极化有关。电磁波在有耗介质中传播，信号强度会衰减；在色散介质中传播，信号波形会失真；在各向异性介质中传播，电磁波会发生法拉第旋转效应；在碰到不同介质分界面时，电磁波会发生反射、折射；碰到障碍物时，电磁波会发生散射、绕射、多径现象；碰到移动物体时，电磁波的频率会发生多普勒频移效应。

电波信号在各种介质传播过程中，与介质相互作用，可能会使信号发生衰落、畸变、改变传播方向和速度、多径等传播效应，同时信号的振幅、相位、频率、极化也携带了传播介质的信息，并因此具有复杂的时空变化特性。一方面，这些传播效应对于通信信号而言是不利的，它会使信号发生失真，信噪比下降，导致误码率上升，甚至无法有效传递信息。另一方面，这些传播效应又为介质探测提供了有效途径，例如，气象雷达通过分析经云层返回的电磁波，可以获得云层厚度、空气湿度等数据，为天气预报提供必要的数据；遥感遥测卫星可以接收经地面反射的电磁波，对这些数据进行分析可以获得地质分布、矿产分布等信息，为国家制定经济发展规划提供数据支持。

2.3 电磁兼容和电磁防护

我国国家军用标准《电磁干扰和电磁兼容性名词术语》（GJB 72—85）中给出电磁兼容性的定义为：设备(分系统、系统)在共同的电磁环境中能一起执行各自功能的共存状态，即该设备不会由于受到处于同一电磁环境中其他设备的电磁发射而导致或遭受不允许的性能降级，它也不会使同一电磁环境中其他设备因受其电磁发射而导致或遭受不允许的性能降级。可见，从电磁兼容性的观点出发，除了要求设备能按设计要求完成其功能外，还要求设备有一定的抗干扰能力，不产生超过规定限度的电磁干扰。

国际电工委员会(International Electrotechnical Commission，IEC)认为，电磁兼容是一种能力的表现。IEC 给出的电磁兼容性定义为：电磁兼容性是设备的一种能力，它在其电磁环境中能完成自身的功能，而不至于在其环境中产生不允许的干扰。进一步讲，电磁兼容学是研究在有限的空间、时间、频谱资源条件下，各种用电设备或系统可以共存，并不致引起性能降级的一门学科。

电磁兼容性技术作为一门新兴的学科，已有七十多年的发展历史，电磁兼容性几乎涉及电子学、电磁学的全部内容以及系统控制和其他相关学科。随着科学技术的发展，电子、电气技术的发展和应用，电子、电气设备和系统的数量急剧增多，特别是在军事领域，雷达、通信以及电子对抗技术的发展，装备的频带日益加宽，功率逐渐增大，信息传输速率提高，灵敏度提高，连接各种设备的网络也越来越复杂，造成了极其复杂的电磁环境；同时，这些设备和系统的性能要求越来越高，使其相互的干扰也越来越严重，而电磁频谱的资源却很有限，造成可供使用的工作频道拥挤，电磁干扰日益严重。大量使用中的电子、电气系统和设备所产生的电磁干扰不仅影响人们的身体健康，同时也对电子、电气系统和设备相互间的安全性和可靠性产生影响与危害，恶劣的电磁环境往往使电子、电气系统或装备不能正常工作，甚至造成故障和事故。如今，随着武器平台使用的电子装备日益增多，电磁兼容问题越来越突出。

2.3.1 电磁干扰源及其传播途径

1. 电磁干扰的分类

电磁干扰的分类方法很多，在此只讨论其中主要几种。

(1) 按传播途径可以分为两类：传导干扰和辐射干扰。其中，传导干扰的传输性质有电耦合、磁耦合及电磁耦合。辐射干扰的传输性质有近区场感应耦合及远区场辐射耦合。

(2) 按干扰源的性质可以分为两类：自然干扰和人为干扰。自然干扰包括宇宙干扰、闪电干扰及雷电冲击。人为干扰包括工业干扰、大功率无线电发射机等，此外，在使用电子设备时，各电子设备使用的元器件产生的各种电子噪声也是干扰的来源。

(3) 按干扰源类型可分为两类：有意干扰和无意干扰。

2. 电磁干扰源的时、空、频谱特性

1) 干扰能量的空间分布

对于有意辐射干扰源，其辐射干扰的空间分布是比较容易计算的，主要取决于发射天线的方向性及传输路径损耗。

对于无意辐射干扰源，无法从理论上严格计算，经统计测量可得到一些无意辐射干扰源干扰场分布的有关数学模型及经验数据。

2) 干扰能量的时间分布

干扰能量随时间的分布与干扰源的工作时间和干扰的出现概率有关，按照干扰的时间出现概率可分为周期性干扰、非周期性干扰和随机干扰三种类型。周期性干扰是指在确定的时间间隔上能重复出现的干扰。非周期性干扰虽然不能在确定的周期重复出现，但其出现时间是确定的，而且是可以预测的；随机干扰则以不能预测的方式变化，其变化特性也是没有规律的，因此随机干扰不能用时间分布函数来分析，而应用幅度的频谱特性来分析。

3) 干扰能量的频率特性

按照干扰能量的频率分布特性可以确定干扰的频谱宽度，按其干扰的频谱宽度，可分为窄带干扰与宽带干扰。一般而言，窄带干扰的带宽只有几十赫，最宽只有几百千赫。而宽带干扰的能量分布在几十至几百兆赫，甚至更宽的范围内。在电磁兼容学科领域内，带宽是相对接收机的带宽而言的，根据国家军用标准 GJB 72—85 的定义，窄带干扰指主要能量频谱落在测量接收机通带之内，而宽带干扰指能量频谱相当宽，当测量接收机在一定范围内调谐时，它对接收机输出响应的影响不大于 3dB。

有意发射源干扰能量的频率分布可根据发射机的工作频带及带外发射等特性得出，而对无意发射源，其经验公式和数学模型需要用统计学方法分析得出。

3. 电磁干扰与泄漏及其危害

1990年发布的IEC50(161)明确了电磁干扰(Electromagnetic Interference,EMI)的定义：电磁干扰产生于干扰源，它是一种来自外部的并有损于有用信号的电磁现象。由电磁干扰源发出的电磁能，经某种传播途径传输至敏感设备，敏感设备又对此表现出某种形式的"响应"，并产生干扰的"效果"，这个作用过程及其结果，称为电磁干扰效应。在人们的生活中，电磁干扰效应普遍存在，形式各异。例如，大功率的发射机对不希望接收其信息的高灵敏度接收机构成了灾难性的干扰。在工业发达的大城市中的电磁环境越来越恶劣，往往使电子、电气设备或系统不能正常工作，引起其性能降低，甚至使其受到破坏。如果干扰十分严重，设备或系统将失灵，导致严重故障或事故，这称为电磁兼容性故障。

战争史上，由电磁兼容性问题导致武器装备作战效能得不到发挥甚至遭到破坏的事例并不鲜见。1967年7月，在美国航空母舰"福莱斯特"号上，为执行战斗任务而悬挂于飞机下方的一枚火箭弹，受雷达扫描波束照射而突然被引爆，并引发了一系列爆炸，造成该舰上134人丧生、21架飞机被毁。20世纪60年代中期，美海军驱逐舰舰载遥控反潜直升机，由于受到舰载对空搜索雷达的电磁干扰而损失了很多架以后，被迫退出战斗。显而易见，电磁干扰已是现代电子技术发展道路上必须逾越的巨大障碍。为了保障电子系统或设备的正常工作，必须研究电磁干扰，分析预测干扰，限制人为干扰强度，研究抑制干扰的有效技术手段，提高抗干扰能力，并对电磁环境进行合理化设计。

另外，电磁泄漏除对其他设备产生干扰外，还会产生信息的泄漏。特别是计算机电磁泄漏，目前对于非屏蔽计算机，在1km外可以通过其辐射泄漏完全还原其显示器显示的内容。计算机信息泄露技术，又称TEMPEST技术，至今已有40多年的研究历史。电磁泄漏与电磁兼容的概念虽然有所区别，但在战场上其危害是非常严重的。一般来说，满足TEMPEST标准NACSIM5100的设备，其电磁辐射水平比满足电磁兼容标准MIL-STD-461/462的同类设备低40～60dB。目前，研究计算机的信息泄露已和研究计算机病毒一样，被认为是涉及计算机安全的重要方面，受到国内外学者的广泛关注。

4. 电磁干扰形成三要素

电磁干扰由三个基本要素组合而成，如图2.3.1所示。

(1)干扰源：产生电磁干扰的任何元件、器件、设备、系统或自然现象。

(2)耦合途径(或称传输通道)：将电磁干扰能量传输到受干扰设备的通道或媒介。

(3)敏感设备：受到电磁干扰影响，或者对电磁干扰发生响应的设备。

干扰源 → 耦合途径 → 敏感设备

图2.3.1 形成EMI的三要素

相应地，抑制所有电磁干扰的方法也应从这三要素着手。

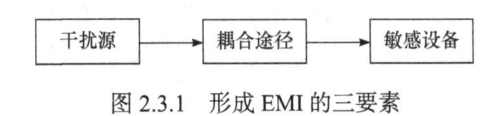

2.3.2 战场电磁兼容分析

电磁兼容一般指电气及电子设备在共同的电磁环境中能执行各自功能的共存状态，即要求在同一电磁环境中的上述各种设备都能正常工作又互不干扰，达到"兼容"状态。换句话说，电磁兼容是指电子线路、设备、系统互不影响，从电磁角度具有相容性的状态，即上述设备既要满足有关标准规定的电磁敏感极限值要求，又要满足其电磁发射极限值要求，这就是电子、电气产品电磁兼容应当解决的问题，也是电子、电气产品要通过电磁兼容认证的必要条件。相容性包括设备内电路模块之间的相容性、设备之间的相容性和系统之间的相容性。

系统内的电磁兼容性指在给定系统内部的分系统设备及部件相互之间的电磁兼容性。

系统间的电磁兼容性指给定系统与它运行所处的电磁环境或与其他系统之间的电磁兼容性，影响系统间电磁兼容性的主要因素是信号及功率传输系统与天线之间的耦合。

战场电磁兼容是指在同一战场电磁环境下，己方各种作战装备能够执行各自的作战功能，并且不降低战技指标的共存状态，即要求同一电磁环境中各装备和各分系统既能够正常工作，并不受其他装备的干扰，又不对其他装备产生严重干扰。战场电磁兼容关注的是系统与系统之间的电磁兼容，甚至考虑在一定空间内行动时整个体系的电磁兼容问题。

在同一战场电磁环境下，作战装备包括敌我双方，但战场电磁兼容往往是针对作战一方而言的，作战双方之间的电磁兼容不可能实现。对于电子对抗来说，作战时一方的目标就是最大限度地让己方的干扰设备与敌方的信息化装备不兼容，具体如图 2.3.2 所示。战场电磁兼容性实际上是指己方作战装备之间的电磁兼容，而与敌方作战装备电磁不兼容。

图 2.3.2　双方电磁兼容示意

现代战争使用的综合电子信息系统和综合电子战系统含有大量分系统，各分系统之间和分系统内部的电磁环境十分复杂。由此而带来的无线电频率使用相互冲突、电子系统间相互干扰，已成为影响现代战争结局的一个不容忽视的课题。在电子技术日新月异并日益广泛地应用于军事领域的今天，它就像一把双刃剑，在推动武器装备技术和体制发展的同时，也使战场电磁环境日趋复杂，电磁斗争日益激烈。现代战争离不开电磁资源管理。因此，必须把好系统研制初期的电磁资源管理关，合理地解决电磁兼容问题，才能使信息武器装备发挥最大效能。可以毫不夸张地说，电磁兼容是信息装备的润滑剂，是战斗力的倍增器。而要达到电磁兼容的要求，无论是装备研制还是战场电磁资源的管理，都必须进行电磁兼容分析。

1. 电磁兼容性分析的作用

战场电磁资源管理是电磁兼容实施的重要组织措施。它是在电磁资源、技术手段有限的前提下，在顶层设计上，对战场电磁兼容的实现提供强有力的支持。而电磁兼容分析技术又反过来为电磁资源管理提供理论依据。

由电磁兼容性的定义，电磁兼容学涉及的领域较多，包括工程学、自然科学、医学、经济学、社会学等基础科学理论。由 EMC 引出四类重要的技术问题,第一类问题是如何科学地利用电磁频谱,即如何保障不同的电子信息系统间的频谱共用的问题。第二类问题涉及各种电子信息设备产生的寄生辐射,以及接收机和其他电子设备对干扰的灵敏度等问题。第三类问题是由放置在一起的电子系统和装置,其电子设备间的互相影响所产生的问题。第四类问题是电磁环境对人类、自然界及人工环境等的影响问题。显然,第一类问题直接关系到电磁资源的管理,它的研究和解决直接为电磁资源管理提供技术手段。

电磁兼容性分析是对可能的受到或产生的干扰进行预测,即从空间、时间、频率和能量四维角度考察各辐射源间的电磁隔离度,分析产生干扰的大小及影响范围,评价干扰的危害程度,为电磁资源管理提供可靠的技术依据。当然,EMC 分析也是分析已产生干扰、排查干扰的重要手段。所以,EMC 分析贯穿于电磁资源管理中频率规划、频率指配、辐射源管理和监测等的全过程,是电磁资源管理科学化重要的、必要的技术手段。

2. 战场电磁兼容性分析数据库

战场电磁兼容性分析,必须掌握战场的电磁环境。进行战场电磁兼容分析和战场电磁资源管理,需要为战场电磁环境建立一些基础数据库。海湾战争中,美军等多国部队使用了许多高新技术信息化装备,同时,美军等多国部队对伊拉克军队实施了大量的电磁干扰。因此,整个海湾战场形成了极为复杂的电磁环境。海湾战争一开始,美军电磁兼容分析中心即向美军中央司令部提供了多国部队用于频率指配的数据库、海湾地区电磁环境资料和分析资料,并专门从国防部电磁兼容中心抽调专家到沙特阿拉伯,组成多国部队的频谱管理机构,实施及时有效的电磁资源管理和无线电管制,为多国部队制定作战计划、实施指挥控制和协同作战提供了可靠的保证,使无线电设备和武器系统的效能在复杂的电磁环境中得以有效的发挥。因此,建立战场电磁兼容,实现电磁资源科学管理,需要一套科学的程序。

为了解决战场电磁兼容问题,必须建立一些基础数据库,为战场电磁资源管理、信息化装备的部署提供基本支撑。基础数据库构成及应用如图 2.3.3 所示。从图中可以看出,已

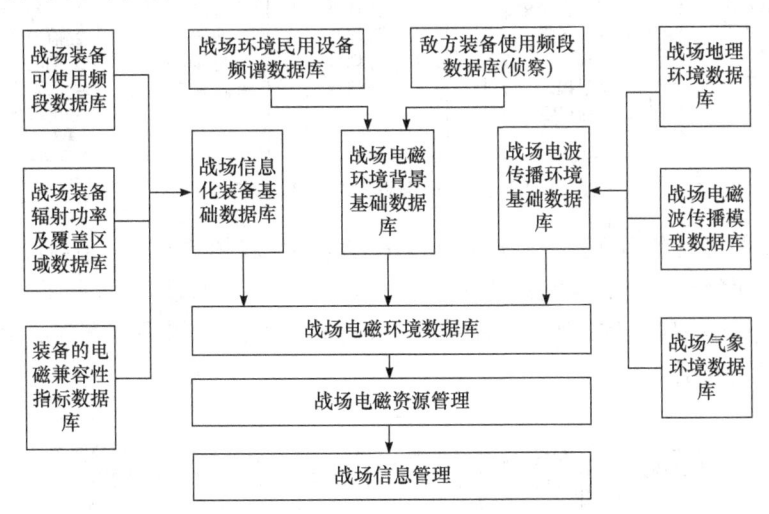

图 2.3.3 战场电磁环境基础数据库的构成及应用

方的战场装备可使用频段数据库、战场装备辐射功率及覆盖区域数据库、装备的电磁兼容性指标数据库构成了战场信息化装备基础数据库，而战场环境民用设备频谱数据库及敌方装备使用频段数据库构成了战场电磁环境背景基础数据库，战场地理环境数据库、战场电磁波传播模型数据库及战场气象环境数据库构成了战场电波传播环境基础数据库，这里的战场气象环境数据库应包括对流层空间折射率分布数据和电离层空间电子浓度分布数据。战场信息化装备基础数据库、战场电磁环境背景基础数据库和战场电波传播环境基础数据库共同构成战场电磁环境数据库，它为战场电磁资源管理乃至战场信息管理提供基本支撑。

3. 电磁兼容性分析模型的建立

电磁兼容包括系统内和系统间两种形式。电磁兼容的研究目的是降低系统的泄漏信号强度，提高系统的敏感体对外来信号的承受能力。电磁兼容分析是一个非常复杂的综合性问题，信息装备电磁兼容分析涉及电磁场与微波技术、数学、计算机科学等学科综合知识。电磁兼容分析要进行定量分析，需要通过计算机数值计算来完成，因此，需要建立一套软件来实现。

电磁兼容分析的基本路径如图 2.3.4 所示，主要分为 5 种模式：泄漏和辐射源模式、辐射传输模式、耦合模式、防护模式以及敏感体承受模式。防护模式可以在耦合模式之前，也可以在之后，首先分析泄漏和辐射源信号的泄漏功率、频率、波形等，然后泄漏的信号经过辐射传输模式、耦合模式进入系统的敏感体，为了提高系统的电磁兼容能力，信号在进入敏感体之前，系统都有一系列防护措施。图 2.3.4 中列出了各模式的可能方式与参数，当然，对于不同的作战环境要采取不同的分析方法。例如，计算机系统没有天线，它就不存在天线耦合；雷达没有引信，它就不存在引信及点火系统受攻击的可能性。因此在分析时，要根据具体情况来计算。

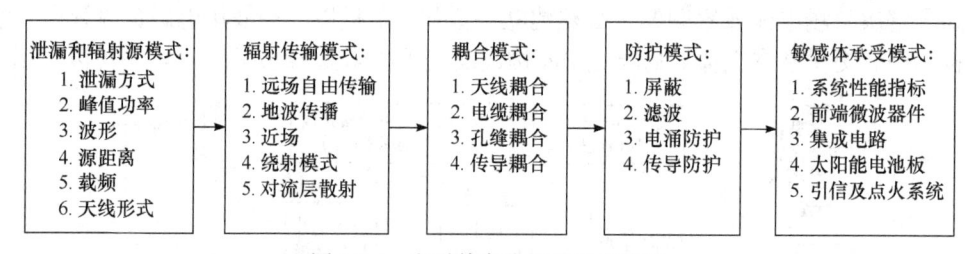

| 泄漏和辐射源模式：
1. 泄漏方式
2. 峰值功率
3. 波形
4. 源距离
5. 载频
6. 天线形式 | 辐射传输模式：
1. 远场自由传输
2. 地波传播
3. 近场
4. 绕射模式
5. 对流层散射 | 耦合模式：
1. 天线耦合
2. 电缆耦合
3. 孔缝耦合
4. 传导耦合 | 防护模式：
1. 屏蔽
2. 滤波
3. 电涌防护
4. 传导防护 | 敏感体承受模式：
1. 系统性能指标
2. 前端微波器件
3. 集成电路
4. 太阳能电池板
5. 引信及点火系统 |

图 2.3.4 电磁兼容分析的基本路径

各种模式都可以利用理论分析建立相应的转移函数或频域响应，最后确定敏感体的受干扰强度，从而确定系统的性能有没有降低到规定的指标，如图 2.3.5 所示。

图 2.3.5 中各响应函数只表示振幅响应，$T(f)$ 表示由场到电压的转移函数，则各敏感体上感应的峰值电压为

| 泄漏和辐射源模式 $G(f)$ | 辐射传输模式 $H_1(f)$ | 耦合模式 $H_2(f)$ | 防护模式 $T(f)$ | 敏感体的频域响应 $P(f)$ |

图 2.3.5 系统分析的数学模型

$$V_{pi} = \int_0^\infty G(f) \cdot H_1(f) \cdot H_{2i}(f) \cdot T_i(f) \cdot P_i(f) \mathrm{d}f \qquad (2.3.1)$$

式中，下标表示跟具体的敏感体有关。假设各敏感体的承受阈值为 V_{ci}，则提高系统电磁兼容的目的是使

$$T_i = V_{ci} - V_{pi} = V_{ci} - \int_0^\infty G(f) \cdot H_1(f) \cdot H_{2i}(f) \cdot T_i(f) \cdot P_i(f) \mathrm{d}f > 0 \qquad (2.3.2)$$

式中，$i = 1,2,\cdots,n$，n代表敏感体的数量，这里以峰值电压作为度量标准。当然，有的是以峰值功率、能量作为标准，这与具体敏感体与系统之间的性能指标关系有关。因此可以看出，电磁兼容的目的是减小泄漏源，阻止它的传输和耦合，降低敏感体的敏感度。据此就可以开发相应电磁兼容分析软件并进行优化。

图 2.3.5 中的辐射源模式与敏感体的响应与具体装备有关，而辐射传输和耦合模式是有一定的规律可循的。战场电磁兼容的侧重点在于系统间的电磁兼容，因此要解决装备与装备间的电磁兼容问题，首先要分析装备间电磁干扰的耦合途径。对于一般作战平台的电磁干扰(EMI)可以通过多种耦合途径对目标的电子系统产生影响。电磁耦合一般分为两类：辐射耦合与传导耦合。辐射耦合是指通过电磁波的形式将能量转移至被干扰对象，它包括电磁波对天线的耦合，电磁波对电缆的耦合，电磁波通过孔、缝隙的耦合等；传导耦合是指电磁能量以电压或电流形式通过金属导体或元器件耦合到电子系统，具体的耦合方式又分为直接传导耦合、转移阻抗耦合等。

如图 2.3.6 所示，EMI 对电子装备的耦合途径主要有 7 个，具体的辐射耦合方式可分为 3 种。途径 1 是天线耦合，通常称为前门耦合；途径 4 是孔洞或缝隙耦合，又称后门耦合，是指 EMI 通过装备结构不完善屏蔽的小孔、缝隙等耦合到雷达、坦克、飞机、导弹、卫星等作战平台的电子系统中；途径 2、3、5~7 是传输电缆耦合，它是指 EMI 通过架空的电源线、电话线或屏蔽的信号线、地埋电缆以及地线回路耦合进入电子系统的方式。传输电缆耦合对屏蔽较好的电子装备来说，影响比缝隙、小孔等耦合更大。这是因为信号电缆虽有屏蔽，但当电磁波照射到屏蔽电缆时，在屏蔽层表面产生电流，这种大电流通过转移阻抗耦合，在芯线上也会有很大的电流流动。

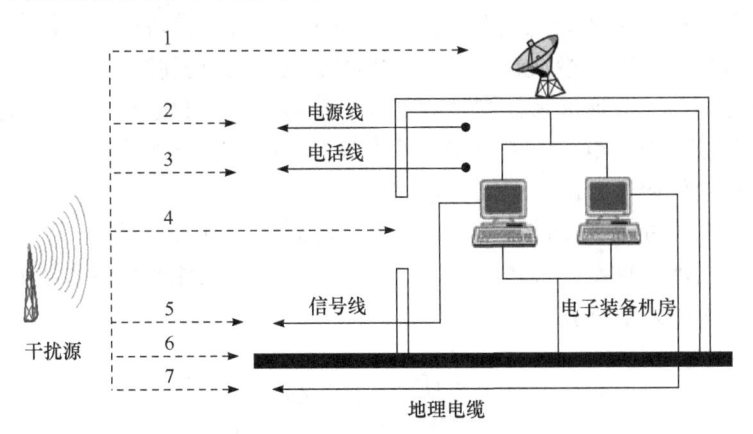

图 2.3.6 EMI 对电子装备的耦合途径

一般来说，辐射耦合与传导耦合同时存在，空间电磁波经辐射耦合后，通常又以传导

耦合方式进入电子系统。例如，一架飞机，高功率微波首先可能通过机窗耦合进入机舱，再通过机舱里的各种电缆耦合进入电子系统，从而产生影响。下面分别对几种耦合方式作简要介绍。

1) 天线耦合模型

天线耦合是 EMI 干扰电子装备最有效的手段。它只需利用 $0.01\sim 1\mu W/cm^2$ 的弱微波能量通过天线耦合，可冲击和触发电子系统产生假的干扰信号，干扰雷达、通信、导航等带有天线的电子设备的正常工作，或使其过载而失效。

当天线的尺寸与波长相比拟或为多个波长时，利用等效天线孔径来分析将是一种行之有效的近似方法。常规的天线如对数周期天线、菱形天线、各种抛物面和喇叭天线均属此类。每一个天线都有一个有效面积，其大小为

$$A_e(\omega) = \frac{\lambda^2 G(\omega)}{4\pi} = \frac{\pi \cdot c^2 \cdot G(\omega)}{\omega^2} \tag{2.3.3}$$

式中，λ 为波长；ω 为频率；$G(\omega)$ 为天线增益。式(2.3.3)在推导时已经假设天线与负载阻抗匹配，由于接收信号一般是频率的函数，而入射波的瞬时功率密度为

$$w(t) = \frac{E(t)^2}{\eta_0} = \eta_0 \cdot H(t)^2 \tag{2.3.4}$$

式中，η_0 为自由空间波阻抗。将式(2.3.4)进行傅里叶变换，则天线耦合的功率为

$$W(\omega) = A_e(\omega) \cdot w(\omega) \tag{2.3.5}$$

天线耦合的能量为

$$J = \int_a^b A_e(\omega) \cdot w(\omega) \cdot d\omega \tag{2.3.6}$$

式中，$[a,b]$ 为天线或入射信号的频率范围。

2) 孔洞或缝隙耦合模型

在实际情况中经常会遇到不完整的屏蔽，如电子设备机房的窗户、门或电子系统的金属屏蔽机壳存在孔洞、缝隙、电缆孔、通风口等。电磁波会通过耦合的方式将能量泄漏进这些缝隙、孔洞，破坏屏蔽的完整性。在一定条件下，进入设备中的任何小孔，其作用非常像微波谐振腔中的缝隙，微波辐射可以直接激励或进入谐振腔。微波辐射将在设备内形成空间驻波波形。位于驻波波形波腹处的部件，暴露在很强的电磁场中。当耦合进入电子系统的微波能量较大时，电子设备电路受到干扰，可能发生以下现象：电路功能混乱、信息传输中断、解调误码率升高、记忆信息被抹掉等。

当缝隙与孔洞尺寸远大于波长时，一般认为电磁波可以直接通过。下面主要分析缝隙尺寸小于波长的情况。度量孔隙耦合的大小或影响通常用孔隙的传输系数 T，其定义为通过孔隙传输的功率和入射到孔隙的功率之比，即

$$T = \frac{\mathrm{Re}\left[\iint_s \boldsymbol{E}^t \times \boldsymbol{H}^{t*} \cdot d\boldsymbol{s}\right]}{\mathrm{Re}\left[\iint_s \boldsymbol{E}^i \times \boldsymbol{H}^{i*} \cdot d\boldsymbol{s}\right]} = \frac{P_t}{P_i} \tag{2.3.7}$$

式中，s 为孔隙的面积。T 的大小同时依赖于辐射源的本质和孔隙的几何形状。

(1) 屏蔽层厚度可以忽略的情况。

在厚度可以忽略，同时也不考虑其他屏蔽外壳影响的情况下，通常缝隙的耦合可以从理论上给出近似分析结果。如图 2.3.7 所示，孔隙的耦合（衍射）可以用等效原理表达。

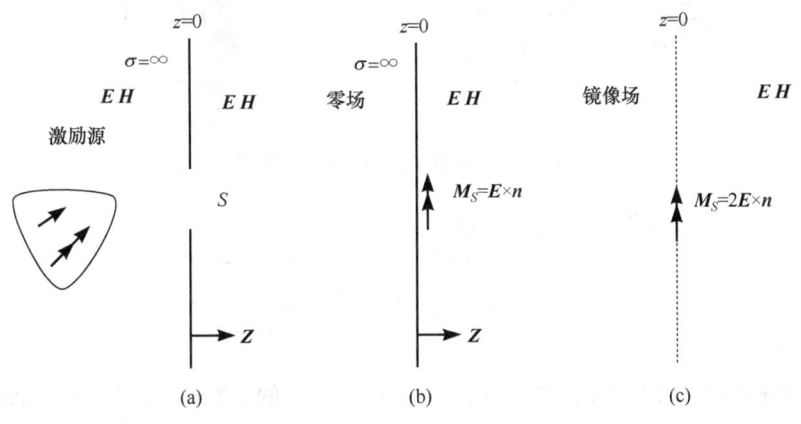

图 2.3.7 导体板上孔隙耦合的等效原理图

在 $z > 0$ 空间耦合的电场表示为

$$E(r) = \nabla \times \int_s \frac{n \times E(r')}{2\pi|r-r'|} e^{-jk|r-r'|} ds' \tag{2.3.8}$$

对于一半径为 a 的源孔，孔面上受到 z 方向的电场激励，其衍射的归一化功率密度为

$$A(\theta) = \frac{2J_1(ka\sin\theta)}{ka\sin\theta} \tag{2.3.9}$$

对于边长在 x 方向为 $2a$，在 y 方向为 $2b$，其衍射的归一化功率密度为

$$A(\theta) = \left[\frac{\sin(kax/r)}{kax/r}\right]^2 \cdot \left[\frac{\sin(kby/r)}{kby/r}\right]^2 \tag{2.3.10}$$

计算孔隙传输系数 T 则要复杂得多，对于一特定的入射场，式(2.3.8)是一个积分方程，它一般只能通过数值方法来求解。通过变分的方法可以给出缝隙宽度为 a 时 T 的近似公式。

当入射波的电场方向平行于缝轴时，有

$$T = \frac{\pi^2}{ka\lg(ka)} \quad (ka \to 0) \tag{2.3.11}$$

当入射波的电场方向垂直于缝轴时，有

$$T = 6.85\left(\frac{a}{\lambda}\right)^3 \quad (ka \to 0) \tag{2.3.12}$$

上述分析都是在窄带情况下进行的，对于宽带的电磁脉冲可采用傅里叶变换的方法，将频率分成不同频段进行分析。

(2) 屏蔽层厚度不可以忽略的情况。

当屏蔽层厚度与波长相比拟时，其耦合特性就不能用一薄板来等效。它不仅存在散射损耗，还存在透过缝隙的传输损耗。计算传输损耗一般可采用近似方法来估算。其方法是将图 2.3.8 所示的缝隙与小孔等效长度为 t 的一段截止波导，其传输因子为 $e^{-\gamma z}$。

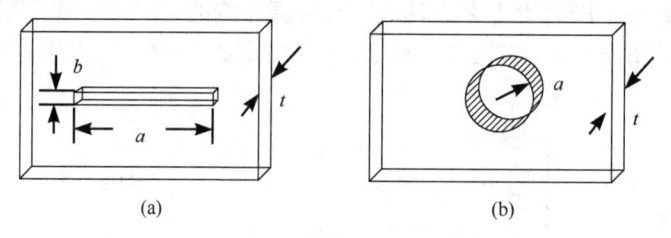

图 2.3.8 孔隙电磁波耦合示意图

图 2.3.8(a) 的缝隙可等效为矩形波导，其 γ 值为

$$\gamma = \sqrt{-\omega^2 \mu_0 \varepsilon_0 + \left(\frac{m\pi}{a}\right)^2 + \left(\frac{n\pi}{b}\right)^2} \tag{2.3.13}$$

考虑其传输损耗一般是以衰减最小的截止模来计算的，此时 $\gamma \approx \frac{\pi}{a}$。所以通过缝隙传输的场值损耗为

$$A = e^{\frac{\pi t}{a}} = 27.3 \times \frac{t}{a} \quad (\text{dB}) \tag{2.3.14}$$

图 2.3.8(b) 的小孔可等效为圆波导，此时 $\gamma \approx u'_{11}/a = 1.841/a$。所以通过缝隙传输的场值损耗为

$$A = e^{\frac{1.841 t}{a}} \approx 16 \times \frac{t}{a} \quad (\text{dB}) \tag{2.3.15}$$

前面只是给出了一般分析与工程考虑的近似方法，严格的耦合分析要通过数值方法来求解。特别是孔隙后面是腔体，同时又是宽带电磁脉冲激励时，分析将更为复杂。但随着近年来电磁场数值分析技术的发展以及计算机计算速度的加快，目前已有非常成熟的分析方法，如矩量法、有限元法、模匹配法，特别是时域有限差分法（Finite Difference Time Domain，FDTD）为电磁脉冲激励的直接时域分析提供了非常便利的条件。

3) 传输电缆耦合模型

无论是电力传输系统，还是信号传输设备，电缆或线缆的身影无处不在。粗电缆可以传输大功率的电能，细电缆主要用于传输系统控制、指挥或是描述系统状态的信息。按照应用分类，电缆主要有电源电缆、电话电缆、信号电缆以及系统接地电缆。

对屏蔽不够好的地面系统来说，这些长电缆通常会成为引入干扰的主要途径。飞机、导弹和建筑物内部的电缆以及建筑物之间、可移动设备之间的连接电缆都对系统的特性产生重要影响。这些电缆可能并不很长，也可能并不直接受外界电磁场的作用，但也会成为感应电流及电压通向敏感电路区的传播途径。大多数的电子设备都有封闭的金属机壳，金属机壳都有相当好的静电屏蔽作用，如果没有外界电缆，电子设备不会受外界电磁场的影响。可是一旦有了连接电缆，金属机壳外的强感应信号就被引入设备的内电路中。

不管在什么情况下，计算电缆耦合影响的重要步骤都是要确定作用于电缆上的场的大小。一般存在架空电缆与地埋电缆两种情况。电缆形式又分为屏蔽与非屏蔽两种，由于长电缆耦合的传输对高频信号来说衰减很快,因此电缆耦合影响最大的是低频端信号,所以,本节主要是针对低频段进行分析的。

(1) 电磁波对架空电缆的耦合。

为了简化电缆与电磁波的相互作用的分析,电缆一般采用有分布源的传输线来表达。对架空传输线来讲,它受到入射电场与地面反射场的合成场的作用,如图 2.3.9 所示。

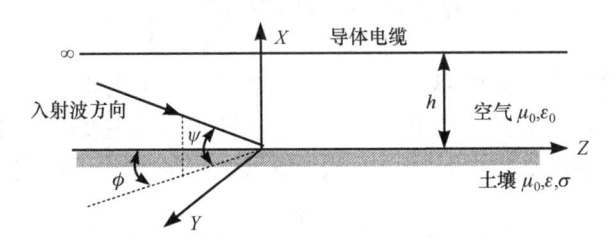

图 2.3.9 电磁波与电缆作用的坐标结构

(2) 电磁波对地埋电缆的耦合。

当 EMI 到达地面时,如大地不是理想反射体,电磁波将穿入大地,埋在地下的电缆将产生感应电流。对于地埋电缆,其结构类同于图 2.3.9,只需将导体电缆从离地面高 h 的位置移到地面下 h 位置即可。在频率不是很高的情况下,电磁波的趋肤深度将大于电缆的地埋深度 h,同样会产生较大的电磁耦合。

4) 传导耦合模型

不论是辐射耦合还是传导耦合,EMI 最后往往是通过传导耦合进入电子系统或元件的。传导耦合是指电磁能量不是以空间辐射的形式,而以电压、电流或某种近场形式通过金属导体或集总元件直接耦合至电子系统。传导耦合包括直接传导耦合和转移阻抗耦合。

(1) 直接传导耦合。

直接传导耦合包括电导性耦合、电容性耦合与电感性耦合。

在没有电抗元件介入的情况下,电导性耦合是主要的直接传导耦合方式。电导性耦合发生在各种电流路径中。它包括电源线、控制及辅助设备的电缆线和各种形式的接地回路。图 2.3.10 说明了由一共用回路阻抗引起的电导性耦合。R 可以是导线的内阻,由于 R 的存在使得回路 1 与回路 2 之间产生耦合,即回路 1 受到的干扰必然进入回路 2,反之亦然。这也就是通常要求接地线要接于一点的原因。

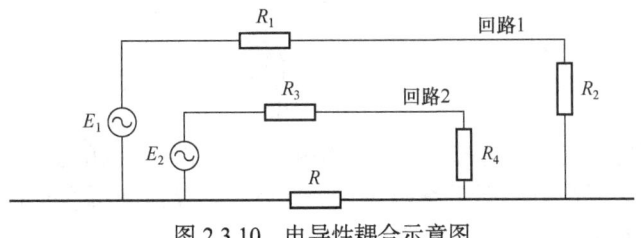

图 2.3.10 电导性耦合示意图

电感性耦合发生在两个回路之间,如图 2.3.11(a) 所示。当两个回路很靠近时,互感性耦合相当于变压器的作用,其等效电路为图 2.3.11(b),一条回路的磁通量发生变化必然在另一条回路产生感应电流。从干扰的观点而言,常规变压器铁心的高频损耗较大,起到干扰抑制作用。而平行导线间的高频耦合则较为严重。如图 2.3.11(a) 所示,当 L 与信号波长

相比较小时，回路 2 上感应的电压为

$$V_2 = M \frac{dI_1}{dt} \tag{2.3.16}$$

式中，M 表示上、下回路平行线之间的互感，其大小为

$$M = \frac{\mu_0 L}{2\pi} \ln\left[\frac{(h_1+h_2)^2+d_{12}^2}{(h_1-h_2)^2+d_{12}^2}\right] \tag{2.3.17}$$

两导线之间电容性耦合和电感性耦合往往同时存在，但对于低频、大电流情况，电感性耦合是主要的，而对于高频、小电流情况，电容性耦合是主要的。对于线长远小于波长的情况，电容性耦合如图 2.3.11(c) 所示，假设导线的直径为 d，则耦合电容大小为

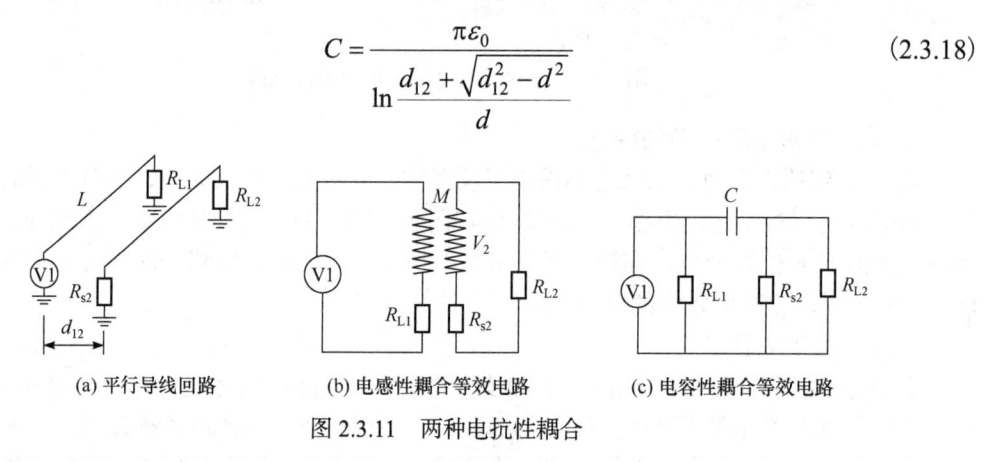

$$C = \frac{\pi \varepsilon_0}{\ln\dfrac{d_{12}+\sqrt{d_{12}^2-d^2}}{d}} \tag{2.3.18}$$

(a) 平行导线回路　　(b) 电感性耦合等效电路　　(c) 电容性耦合等效电路

图 2.3.11　两种电抗性耦合

(2) 转移阻抗耦合。

为了减小电磁波对这些连接电缆导体的直接耦合，这些电缆（也包括长距离地下通信电缆）通常都带有屏蔽层。于是绝大部分的直接耦合电流只流过屏蔽层，而不流过在屏蔽体里面传输信号用的导体。但是，虽然采用了屏蔽电缆，在屏蔽体内的导体上还是有可能感应出不容忽视的较大感应电流。此外，用来连接设备部件或子系统的软电缆的屏蔽作用通常都随频率的增高而变差，所以，尽管在屏蔽电缆内的导体上的感应电流比电缆屏蔽层和电力线上的主体感应电流要小，仍有必要对它加以估算，因为它直接对信号形成干扰。这种估算常采用转移阻抗的方法。转移阻抗耦合实际上也是电感性耦合。屏蔽电缆的转移阻抗定义为

$$Z_T = \frac{1}{I_0}\frac{dV}{dz} \tag{2.3.19}$$

式中，I_0 为电缆芯线上流过的电流；dV/dz 为由该电流在传输线单位长度上所形成的电压，即场强。转移阻抗表示由 1A 的芯线电流在内导体与外导体间所形成的开路电压。对于一实壁管状的金属屏蔽体来说，其转移阻抗为

$$Z_T = \frac{1}{2\pi a\sigma T}\frac{(1+j)T/\delta}{\sinh[(1+j)T/\delta]} \tag{2.3.20}$$

式中，a 为屏蔽体的半径；T 为管壁厚度；σ 为屏蔽体的电导率；$\delta = (\pi f \mu \sigma)^{-0.5}$ 为屏蔽体的趋肤深度。实际上知道了转移阻抗，就可以立即计算在外电场的作用下，屏蔽电流芯线上

的感应电流大小。

在预估 EMC 和 EMI 调查中,EMC 分析软件是非常有用的工具。目前专门应用于 EMC 分析的软件主要有系统和电磁兼容分析程序(System and Electromagnetic Compatibility Analysis Procedure,SEMCAP)、系统内的电磁兼容分析程序(Intrasystem Electromagnetic Compatibility Analysis Program,IEMCAP)。这两个程序都采用泄漏源和敏感体间的转移函数,以及接收的频谱和电压来对耦合能量进行计算,并通过与电路的电压门限的比较来决定其电磁兼容性。IEMCAP 是依据在飞机上的应用而编制的。航天系统的 EMC 分析程序最具代表性的是 AEMCAP。在舰船应用领域,以美国海军海上系统司令部与海军指挥、控制和海洋监测中心试制部以及 Rockwell 国际公司联合开展研制的舰船电磁工程设计软件和 IDS 公司研制开发的舰船电磁设计平台——Ship EDF(Ship Electromagnetic Design Frame)是目前具有代表性的数学仿真系统。仿真系统利用图形化编程技术,将舰船结构和计算结果用二维或三维图形表示,帮助用户尽快确定整个系统的性能。所包含的各种数学模型或软件基本上能对舰船甲板以上空间的电磁特性进行仿真,为设计者进行舰船 EMC 设计提供了一个很好的仿真平台。同时,还可以用于雷达目标特性分析,如图 2.3.12 所示。

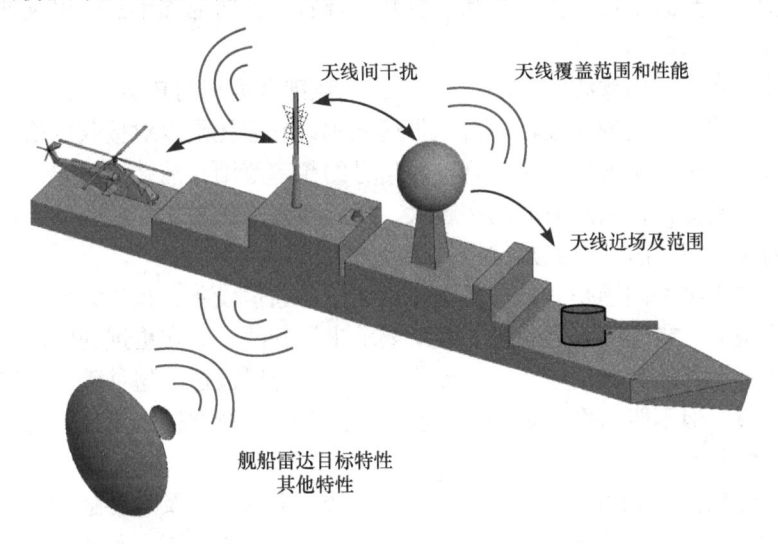

图 2.3.12　用于舰船露天电磁设计和雷达特征信号控制的 Ship EDF 系统

除了上述的专用 EMC 分析程序之外,还有一些通用电磁分析软件可以应用于 EMC 分析和预测,如基于矩量法(Method of Moment,MoM)的 ADS、Sonnet、IE3D 等,基于有限元法(Finite Element Method,FEM)的 ANSYS HFSS 等,基于时域有限差分法(FDTD)的 XFDTD、Microwave Studio 等,基于传输线理论(Transmission Line Theory,TLM)的 FLO 软件以及基于 MoM 和几何绕射理论(Geometrical Theory of Diffraction,GTD)的 FEKO 软件可以进行电大尺寸的仿真分析。

2.3.3　电磁防护技术

根据上述电磁兼容设计流程,最为关键的是干扰的抑制,目前干扰抑制在技术上已经有多种方法,其中主要有频域滤波技术、空域屏蔽技术以及时域分隔技术等。本节重点介绍在战场上装备间的电磁干扰抑制措施。

1. 频域滤波技术

不论是辐射的干扰电磁场还是传导的干扰电压、电流都可以分解为不同频谱信号的叠加，因此可通过频域控制方法来抑制干扰的影响，即利用系统的频率特性接收所需的频率成分，而将其余的频率成分剔除。这就是利用要接收的信号和干扰电磁场所占有的频域不同，对频域进行干扰抑制。频域滤波是干扰防护控制的一种重要方法，根据不同条件，采用不同的方法。

当电磁干扰覆盖很宽的频谱且频域比较确定，而要接收的信号占据较窄的频谱时，可以采用滤波的方法，即让所需的频率成分通过，而抑制和剔除其余来自干扰的频率成分。滤波器分为 LC 滤波器和吸收滤波器两大类。LC 滤波器是利用电抗组成的网络，将不需要的频率成分的能量反射掉，只让所需要的频率成分通过。目前已有各种设计标准，其中应用最广泛的是 Butterworth（巴特沃思）、Chebyshev（切比雪夫）形式。

吸收滤波器不是通过将不需要频率成分的能量反射的方法，而是通过将不需要的频率成分的能量损耗的办法来抑制干扰。损耗滤波器所用的损耗材料一般可以用铁氧体或含铁粉的环氧树脂，在形式上可以做成柱状、管状及环状等。防电磁干扰的电缆插头就是在电缆插头中装有吸收滤波器。

频域滤波主要是利用滤波的方法对从天线、电缆耦合进来的 EMI 信号进行吸收或反射，使其衰减。在天线口使用的滤波器一般是带通结构，它往往是以对接收的信号起到匹配滤波的作用为最佳，但在微波段考虑到接收信号的频率范围，前端滤波器常常是宽带的。容易看出，频带越宽，进入的瞬时功率越大，所以在满足正常信号接收的条件下，滤波器的瞬时带宽越小越好，阻带内衰减越大越好。

另一个值得重视的问题是：目前的很多微波段的通信设备、雷达设备的前端滤波器设计是按带通内损耗、带通的邻近频段的衰减要求来设计的，而在更远的频段不予考虑。例如，谐振腔式滤波器，其二倍频、三倍频等信号一样可以通过。这种带通滤波器设计，信号可以正常接收，但不能消除 EMI 的影响。因为 EMI 的频率范围很宽，有时可以通过互调进入系统中频。

对于从电缆耦合的 EMI，其主要途径是电源线、电缆线以及未屏蔽的电话线等。为了消除从电源线、电话线引入的干扰，要采用电源滤波器，它实际上就是低通滤波器，它不同于信号滤波器，没有那样高的频率响应要求，但有较高的功率要求。一个完善的电源滤波器要既能抑制共模干扰，也能抑制差模干扰。对于长的信号传输线则要采用带通滤波方法。

一些在频域信号处理方面有效的方法也可用于抑制传输线干扰，如在信号传输中采用扩频技术、伪随机码调制技术等。此外，频率在数十至数百兆赫的无线电频域范围内的电磁干扰场，对红外及可见光不会产生影响，因此可以将电信号转换为光信号进行传输，以防止电磁干扰。将射频信号转换为光信号就是频率变换方法，以避开电磁干扰的频域范围。

2. 空域屏蔽技术

通过电子设备上小孔、缝隙进入电子设备腔体的 EMI 信号一般是宽带、宽波束信号。为了消除这种干扰，除了频率滤波的频率屏蔽技术，还可以考虑从空域上对其进行防护。一种方法是使用窄波束、低副瓣天线，减少进入接收机的功率。另一种最常用的方法是使用屏蔽器。金属屏蔽体对高频电磁场的屏蔽原理主要是反射及吸收作用。屏蔽的效果通常采用屏蔽效率(Shielding Effectiveness, SE)来度量。屏蔽效率是由屏蔽体放入电路前后电场、磁场强度的变化来计算的，如图 2.3.13 所示。屏蔽效率由屏蔽体的吸收损耗 A、反射损耗 R 及多次反射损耗 B 三部分组成。根据电磁场的平面波反射理论，当平面波垂直入射时，其大小以分贝数表示为

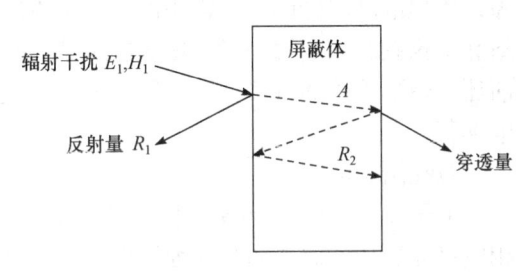

图 2.3.13 电磁场的屏蔽原理示意图

$$SE = R + A + B$$
$$= 20\lg\left|\frac{4\eta\eta_0}{(\eta+\eta_0)^2}\right| + 8.686\sqrt{\pi f\mu\sigma} \cdot t + 20\lg\left|1 - \left|\frac{\eta_0-\eta}{\eta_0+\eta}\right|^2 \cdot 10^{0.1A}\right| \quad (\text{dB}) \tag{2.3.21}$$

式中，η 为屏蔽体的等效波阻抗；t 为屏蔽体的厚度；σ 为屏蔽体的电导率。从式(2.3.21)中可以看出对于同样的材料，频率越高屏蔽效果越好。

屏蔽可以分为电场屏蔽与磁场屏蔽。最常用的屏蔽材料是高电导率的金属材料，如铜、铝等。在工艺上也有多种方法，一般针对不同的环节采用不同的屏蔽措施。当 EMI 的波长与孔缝尺寸相当时，EMI 可以很容易通过这些孔缝进入腔体，所以阻止 EMI 进入腔体主要还应从这些小孔、缝隙入手。

1) 缝隙的屏蔽

许多电子设备(或系统)的机箱、屏蔽室的屏蔽门与屏蔽墙之间、屏蔽箱与箱盖之间都会存在缝隙，机箱内外连接的电缆线、建筑物的进出孔、导弹连接不同部位的法兰盘等也会存在缝隙，这些因素的存在都会破坏屏蔽体的完整屏蔽性，必须采取有效措施。缝隙的耦合有多种方式，缝隙有大小之分，同样要区别对待。可采取如下措施：

(1) 减小缝隙，使盒体与盖板接触良好。

(2) 增加缝隙的深度。由式(2.3.21)可见，增加深度可以减小耦合。研究证明，耦合进入腔体内的 EMI 能量随孔缝壁厚度还会出现共振现象，其最大值能量出现的条件为 $d \approx n\lambda$，式中，d 表示孔缝壁厚度，λ 为 EMI 主脉冲中心频率对应的波长，n 取整数。随着 n 的增加，峰值会迅速降低。耦合进腔体内能量出现极小值的条件为 $d \approx (n+1/2)\lambda$。所以阻止 EMI 耦合进入腔体应适当增加孔缝壁的厚度，并且设计其厚度为 EMI 主脉冲半波长的奇数倍，使从孔缝内端口输出的能量处于最小值。

(3) 采用非直通缝，如图 2.3.14 所示。有人用计算机模拟了电磁脉冲通过如图 2.3.14(b)所示缝隙耦合进入腔体的情况，研究表明，进入腔体的微波能量比直通缝少得多。一些用于指示电参数或是为了便于控制而开设的小孔，都可以开成如图 2.3.14(a)、(b)所示形状。

(4) 可用微波吸收材料填充孔缝等间隙来吸收耦合进入孔缝的微波能量，从而阻止 EMI 进入腔体。这种材料常称为屏蔽衬垫，即导电衬垫，它具有良好的导电性和反弹性，加塞在缝隙中，在一定压力下利用弹性变形来消除缝

图 2.3.14 非直通孔缝纵切面示意

隙，增强电磁屏蔽能力，常用的有导电橡胶衬垫、金属网衬垫及屏蔽布网等。金属丝网衬垫和带橡胶芯的金属网衬垫填充缝隙也可获得导电连续的效果，形成电磁屏蔽。另外，目前还有带不干胶的铜箔，它可以十分方便地粘贴在缝、连接器及电缆的外面，作为附加的电屏蔽。

2) 孔洞的屏蔽

电子设备的面板上指示电参数的表头、调控按钮开关以及显示器等都需要在面板上开相应尺寸的孔，此外还存在为降低内部温度开设的通风孔、窥视窗，以及建筑物的窗口。对于这些孔洞必须采取屏蔽措施。

(1) 采用金属屏蔽网、蜂窝波导通风板、屏蔽玻璃（编织的细金属丝网夹于两块玻璃或有机玻璃之间以增加透光性）对孔洞进行屏蔽。这些金属屏蔽网也是基于蜂窝波导的原理对电磁波进行屏蔽的。高于波导截止频率的电磁波可以畅通，而低于截止频率的电磁波则随频率提高而很快衰减。在截止频率以下，屏蔽效率以-20dB/十倍频下降。

在电子设备的窥视窗或建筑物的窗口安装导电玻璃也可起到衰减电磁波的作用。导电玻璃是指在玻璃上喷镀一层金属（如铜）薄膜的玻璃，它的透光率比较高（60%～80%），但屏蔽效能比金属网屏蔽玻璃要低很多。

(2) 在必须开孔的地方，在开孔面积相同的情况下，尽量开成圆孔，因为矩形孔比圆形孔的泄漏大。此外，在孔的背面要安装附加屏蔽罩，在面板与屏蔽罩之间加入导电衬垫，以减小缝隙，改善电接触，增强屏蔽效果。有研究报告指出：对于商用电子设备孔洞半径不能超过$\lambda_c/20$，对于军用电子设备其半径不能超过$\lambda_c/50$，λ_c为孔洞结构的截止波长。

(3) 电源线和信号线在机箱的出入处都要采取滤波的屏蔽处理，减少不必要的干扰信号能量耦合进入腔体。常用办法是采用带螺口的穿心电容。

(4) 在永久孔洞可以配上截止波导管，在按键开关上可用管帽套住并配上金属垫片以获得屏蔽；对于一些不再使用的孔洞，如电话线、面板接头、保险丝座等，可用金属帽盖上。

除了上面介绍的屏蔽方法与材料外，还有一些材料与工艺对屏蔽是有效的，如在腔体内壁涂上一层微波吸收材料，吸收腔体内的电磁波，使进入腔体的微波能量很快衰减掉，缩短 EMI 对元器件、电路的作用时间，以便保护设备正常工作。在外表面喷涂掺金属粉的油漆，在塑料外壳上镀金属屏蔽层，采用化学涂镀工艺等。此外，多层屏蔽也是常用方式，例如，对在野外工作的计算机，可以采用屏蔽布网的帐篷防止计算机受到 EMI 干扰且避免自身辐射泄漏。

3. 时域分隔技术

当干扰非常强，不易受抑制，但又在一定时域内存在时，通常采用时间回避的方法，即信号的接收与传输在时间上避开干扰，这种方法称为时域分隔技术。采用时间回避的时域防护方法有两种：一是主动时间回避；二是被动时间回避。这种防护是以系统停止正常工作为代价的。

当信号出现的时间和 EMI 出现的时间有确定的关系，且在时域上容易分开时，可采用主动时间回避法。实际战场环境下，对于一方来说，这是可以完成的，但当作战双方都存在的情况下，预知这种时间关系几乎是不可能的。因此，当干扰出现的时间与信号出现的时间无确定的规律，无法预测时，只能采用被动时间回避法，即在瞬时干扰的前期征兆出现时,利用高速电子开关将信号通道、电源切断,使系统暂时停止工作,并将存储的信息迅速转移至备用存储器中,待瞬时干扰过去后,再重新使信号通道和电源接通,系统恢复工作。这非常像雷达的收发开关,这种方法对于卫星、航天飞行器、飞行中的导弹等的电子系统的防护特别有用,因为它们很难采用屏蔽隔离等防护方法来有效减弱较长时宽电磁脉冲,而短时间停止工作对电子系统的影响不大。

高灵敏度传感器及高速电子开关是瞬时干扰保护电路的主要组成部分。

从瞬时干扰保护电路的功能来看,高灵敏度传感器,首先是识别到来的干扰征兆,判断电路是否处于瞬变干扰的状态。如果确定电路将处于瞬变干扰状态,保护电路即执行保护功能。如果传感器的灵敏度越高,可以在更低的水平上,即更早一些时候探测到干扰信息,因此可以留给保护电路更多的时间来执行电路状态控制,如阻止 EMI 进入接收机而烧毁前端,切断供电电源减小元器件受损伤的可能性,以及转移存储信息防止信息受到破坏等。

要及时阻断强 EMI,对高速电子开关的基本要求是:
(1) 电子系统处于正常工作状态时,电子开关接通;当处于干扰状态保护时,开关断开。
(2) 控制阻断响应时间应尽可能小(1ns)。
(3) 电子开关插入损耗应小,即接通串联电阻和寄生电容小,不致引起工作信号失真。
(4) 电子开关断开时,不应产生过冲振荡波,即要求电感小,并有适当的补偿。
(5) 电子开关本身的功耗及体积应小。

思考题和习题

1. 什么是电磁空间?它有哪些主要特点?
2. 电磁空间安全指的是什么?有哪些基本内容?
3. 我国国军标对于"复杂电磁环境"是如何定义的?有哪些基本属性?
4. 时变功率密度谱表达了哪些含义?
5. 复杂电磁环境的空域特征如何表示?
6. 复杂电磁环境的时域特征如何表示?
7. 什么是频率占有度?
8. 如何理解复杂电磁环境的四域特征?
9. 战场电磁环境由哪些要素构成?
10. 传播介质对电波传播有哪些影响?
11. 形成电磁干扰的三要素是什么?具体内容是什么?
12. 谈谈有哪些军用电磁辐射源?
13. 电磁信号环境一般用哪些参数进行描述?
14. 什么是战场电磁兼容的定义?它有哪些具体内涵?
15. 电磁波对电子信息设备的耦合干扰具有哪几种耦合模式?
16. 对于电磁环境中的各种干扰信号,电磁防护有哪些主要的手段?

第 3 章 信号的搜索与截获

3.1 引 言

电子对抗侦察的目的就是从敌方辐射源发射的信号中检测有用的信息，并且与其他手段获取的信息进行融合分析，为己方行动提供快速而准确的引导。但电子对抗侦察所面对的均为非合作的辐射源，其频率、方位和发射时间对于截获接收机来说都是未知的，理想情况下，电子战的接收机应当能够实时地观测到全方位、全频段、各种调制方式的威胁信号，并具有足够高的灵敏度。尽管这样一种接收系统能够被设计出来，但就其体积、复杂程度和造价而言，对大多数的应用来说是不切实际的。因此，实际的电子战接收系统是上述各种因素的折中，以使其在体积、重量、性能和造价诸条件限制下，获得最好的截获概率。具有带宽、视角和时间限制的接收机只有在频率和方位上都与辐射源信号的时间关系对准，才有可能收到感兴趣的信号。这就涉及对辐射源信号的搜索问题，包括方位搜索、频域搜索和时域搜索等。信号截获是信号搜索的结果，是指非预定接收者对辐射源信号的接收。也就是说，电子对抗侦察系统对于其所处电磁信号环境中的辐射源的信息是未知的，因此要实现对辐射源的侦察，电子对抗侦察系统首先应当具备截获未知频率或方位的辐射源发出信号的能力。因此，信号的搜索和截获是电子对抗侦察系统重要的能力，搜索是手段，截获是目的。

3.1.1 基本概念

信号搜索(Signal Searching)：使用电子设备对一定时域、空域、频域内的信号进行的查找和发现。通常需要在频域和空域两个维度进行扫描。

信号截获(Signal Interception)：对搜索中发现的疑似目标信号的参数进行的测量和记录。通常需要记录时、空、频三个维度的信息。

如果将截获的含义局限在对信号的发现上，则称为前端截获，用来描述天线-接收机的整体性能。系统截获包括发现和识别两项内容，是指在前端截获的基础上，由信号处理器信号分选，形成辐射源参数和位置，并基于先验知识识别辐射源型号的全过程，输出辐射源的情报信息。

要实现前端截获，必须满足几个条件，即侦察前端在时域、频域和空域上同时对准辐射源信号，且辐射源信号具备足够的信号强度。以下分别阐述这几个条件。

(1)时域截获：辐射源正在辐射信号的时间内，侦察前端处于接收状态。

(2)频域截获：辐射源信号频谱正好落入侦察前端的瞬时带宽内，且满足对信号的测频条件。

(3)空域截获：一般指侦察天线的波束覆盖辐射源。而辐射源发射波束与侦察接收机天线波束的空间关系有两种情况：一种情况是仅在辐射源发射天线主波束覆盖侦察接收机天线时，方可检测到该辐射源信号，称为主瓣截获；另一种情况是只需辐射源的发射波束旁瓣覆盖侦察天线，侦察接收机即可检测到信号，称为旁瓣截获。

(4) 足够的信号强度：辐射源信号到达侦察天线的信号幅度(功率)大于侦察前端可实现的最小检测幅度(功率)。

对侦察接收机而言，辐射源信号是非合作的未知信号，因此信号截获具有不确定性，是一个概率事件，可以用截获概率表示接收机捕获目标信号的能力，与之对应的另一个概念为截获时间，具体定义如下。

截获概率(Interception Probability)：在规定条件下，侦察设备捕获目标信号的概率。

截获时间(Interception Time)：在规定条件下，利用侦察设备捕获到目标信号所需的时间。

在讨论截获概率时，通常总是认为信号的能量足够大，完全可以被截获接收机检测到，也就是说，截获条件中的信号强度要求完全满足，检测概率近似为 1，虚警概率很小。由此，截获能力是相对于时间而言的，即截获概率是指在给定的时间间隔内至少发生一次截获的概率。反过来，可以定义截获时间为获得给定的截获概率所需要的时间。

研究截获概率问题有两方面的意义：一是通过估算在给定搜索时间和工作量的情况下，截获一个感兴趣信号的截获概率，从而评估侦察接收机的性能；二是通过估算在给定截获概率情况下，所需搜索时间和工作量，从而探寻满足任务所需的最佳接收机体制及其配置情况，以及最佳的搜索策略。

为分析方便，对截获概率进行举例说明。将截获接收机在给定频率或给定角度范围内的搜索用"时间窗"来表示。如果在某时间窗内满足截获条件，则在该时间窗内截获概率为 1，否则截获概率为 0。如图 3.1.1 所示，假设某截获接收机的频率搜索时间为 T_1，该接收机的频率在 T_1 时间内对准被探测雷达工作频率的时间为 τ_1；被探测雷达的发射脉冲可用另一个窗函数来描述，该窗函数的周期 T_2 等于信号的脉冲重复周期，窗宽度 τ_2 等于脉冲宽度(简称脉宽)。只有当两个窗出现重合时，由这两个因素决定的截获才发生，如图中阴影处所示，此时联合的截获概率为 1。重合的宽度绝不会大于两个窗宽度(τ_1 和 τ_2)之中的最窄者。

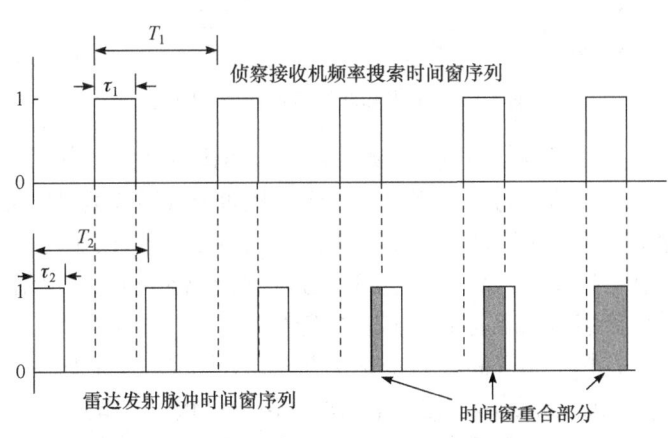

图 3.1.1 侦察接收机对雷达脉冲的频率截获图例

对于侦察系统而言，系统截获是更为重要的目标。虽然前端截获性能好，有利于为系统截获提供更多信息，但是系统截获也并非完全取决于前端截获，系统在信号处理过程中也可以在一定程度上弥补前端截获能力不足的情况，得到辐射源结果，实现较好的系统截获。不过即使如此，人们仍希望侦察系统具备较好的前端截获能力，对侦察系统的前端截获概率分析有助于在应对实际侦察问题时改善系统设计，提高获取电子侦察情报的效率和质量。

3.1.2 频域搜索

1. 频域搜索的基本概念

频域搜索是指通过改变侦察系统工作频率，将频带对准辐射源工作频率的过程。频域截获是指侦察系统频带对准雷达载频的工作状态，是频域搜索的结果。频域截获主要涉及己方侦察系统的测频体制和敌方雷达信号的形式等因素。对于瞬时测频接收系统和信道化测频接收系统等频带较宽的接收系统，不需要考虑频域截获，这里只讨论窄带搜索式测频接收系统的频率截获问题。频率截获是指接收系统以较窄的带宽在侦察频段内反复进行调谐，接收到处于侦察频段中不同频率雷达信号的状态。

频率搜索有两种形式：连续搜索和步进搜索。在连续搜索中，频率搜索又分为单程搜索和双程搜索，如图 3.1.2(a)、(b) 所示。图中符号意义如下：$|f_2-f_1|$ 为频率搜索范围；T_f 为频率搜索周期；Δf 为侦察接收机的频带宽度；t_f 为频率搜索的接收时间，即搜索一个接收机带宽 Δf 所用的时间；f_0 为信号载频；τ_N 为脉冲群持续时间。

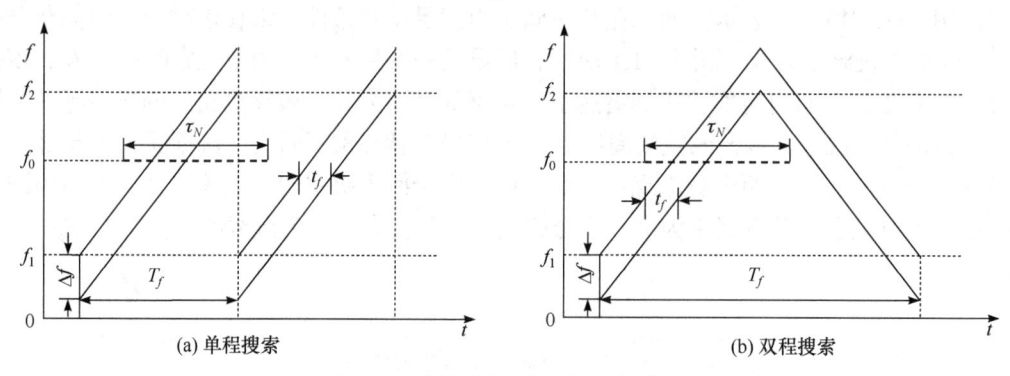

图 3.1.2 单程和双程搜索频率时间图

单程搜索是侦察接收机以带宽 Δf 在频率 $f_1 \sim f_2$ 范围内调谐，其回程是不工作的，所以要尽量缩短它，以减少信号与回程相遇的机会，从而降低漏掉信号的可能性。双程搜索即接收机从 f_1 调谐到 f_2 后继续以相同的速度从 f_2 调谐回到 f_1，两个行程都工作。

连续搜索的优点是扫描电路简单，便于和模拟式频率显示器组合使用构成全景接收机。其缺点是不便于采用数字指示。若采用步进式搜索，便可以弥补连续搜索的这一缺点。步进式搜索的最简单方式是采用等间隔逐步跳跃方式，如图 3.1.3(a) 所示。还有一种灵巧式步进搜索方式，如图 3.1.3(b) 所示，在密集频段，逐步跳跃，在雷达空白频段，大步越过，这样便缩短了搜索周期，提高了搜索效率。宽带预选超外差接收机可以采用这种灵巧式步进的搜索方式。

(a) 等间隔步进　　　　　　(b) 灵巧式步进

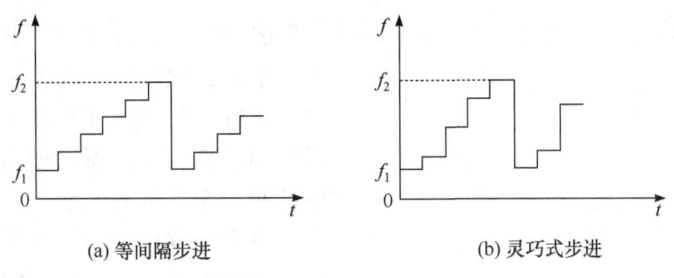

图 3.1.3　步进式频率搜索时间图

2. 频域搜索的主要方法

按照信号频率搜索速度与频率截获概率之间的关系，可以将频率搜索分为频率慢速可靠搜索、频率快速可靠搜索和频率概率搜索。

1) 频率慢速可靠搜索

频率慢速可靠搜索是指在侦察频段 $|f_2-f_1|$ 内，频率搜索一次的时间（即频率搜索周期 T_f）小于或等于脉冲群持续时间 τ_N，即

$$T_f \leqslant \tau_N = Z_N T_p \tag{3.1.1}$$

式中，Z_N 为脉冲群中的脉冲数；T_p 为脉冲重复周期。

在频率慢速可靠搜索时，另一个可靠条件是每次搜索接收到的脉冲数，至少要满足显示器正常工作需要，若接收机显示器工作需要的脉冲数为 Z，则式(3.1.1)的显示条件为

$$t_f = \frac{\Delta f}{|f_2-f_1|} T_f \geqslant Z T_p \tag{3.1.2}$$

由式(3.1.1)和式(3.1.2)可得

$$|f_2 - f_1| \leqslant \frac{\Delta f Z_N}{Z} \tag{3.1.3}$$

式(3.1.3)为频率慢速可靠搜索条件的完整表达式，用它可以方便地判断实现频率慢速可靠搜索的可能性。

频率慢速可靠搜索的时间关系如图 3.1.2(a) 所示。因为信号可能出现在通频带的最边沿，而读数则按中心频率读出，所以测频误差为

$$\delta f = \pm \frac{1}{2} \Delta f \tag{3.1.4}$$

频率慢速可靠搜索的时间 $t_r \approx T_a$。T_a 是指雷达天线扫描周期。

2) 频率快速可靠搜索

频率快速可靠搜索是指在雷达脉冲宽度时间内，侦察机完成整个频率范围的搜索，也就是说其可靠条件为频率搜索周期 T_f 小于或等于脉冲宽度 τ，即

$$T_f \leqslant \tau \tag{3.1.5}$$

频率快速可靠搜索的速度为

$$V_f = \frac{|f_2-f_1|}{T_f} \geqslant \frac{|f_2-f_1|}{\tau} \tag{3.1.6}$$

频率快速可靠搜索能用来侦察"脉间跳频"雷达,图 3.1.4 示出频率快速可靠搜索的时间关系。在快搜索情况下,频率调谐速度非常高,可达每微秒几百或上千兆赫,这只能用电调谐来实现,每次搜索只能得到纳秒的窄脉冲。为了可靠地显示,搜索速度不能太高,因为接收机的谐振系统有惰性,外加信号的电势在系统中建立起振荡需要一个过程。如果信号作用时间长,可以建立起稳定的振荡,其频率响应曲线即呈普通的静态频率响应曲线。如果作用时间短,振荡不能稳定地建立起来,这时的频率响应曲线称为动态频率响应曲线。

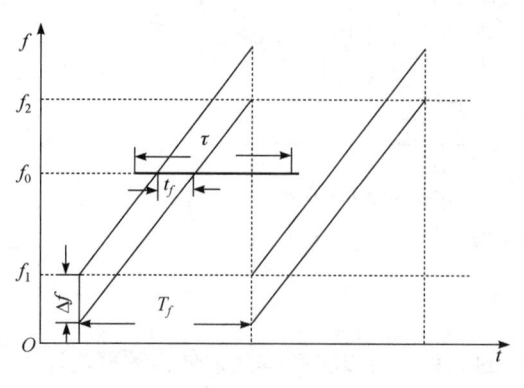

图 3.1.4 频率快速可靠搜索时间图

3) 频率概率搜索

讨论频率中速搜索(概率搜索)具有实际意义,因为慢搜索和快搜索都是相对而言的。例如,侦察机的频率搜索周期 T_f,对某种雷达而言,可能满足频率慢速可靠搜索的条件,即 $T_f \leqslant \tau_N$,但对另一种雷达,由于雷达参数不同,τ_N 较小,就不满足可靠条件,从而成为概率搜索或中速搜索。

对于频率快速可靠搜索也有类似的情况,例如,对于某种雷达满足频率快速可靠搜索的条件,即 $T_f \leqslant \tau$,但是对于另一种脉冲宽度小的雷达,就不满足可靠条件,从而也变为概率搜索。在设计侦察机时,常常难以满足对所有雷达都是可靠搜索的条件,所以只能对某些主要侦察对象实现可靠搜索,而对其他一些雷达只能是概率搜索。

3.1.3 空域搜索

对辐射源空间位置的侦察是指在未知方向上发现敌方辐射源的信号,并测定其方向和空间位置,以便实时准确地引导干扰发射机的天线或反辐射导弹瞄准、破坏或摧毁敌方辐射源。

通信对抗一般采用弱方向性天线,这里的空域搜索主要考虑雷达对抗侦察设备。由于辐射源数量众多、类型复杂、占用频段宽、天线波束窄,以及辐射源天线(如雷达)通常在空间扫掠搜索,这些都给空域截获带来很多困难。为了能及时可靠地发现辐射源信号,并准确地测定辐射源的方向和位置,对侦察设备空域搜索的基本要求是:

(1) 在最短的时间内以需要的概率发现任务空域内的辐射源信号;
(2) 在很宽的频率范围内,具有足够高的测向精度和角度分辨率;
(3) 设备量在允许的范围内。

通常,为了提高测向精度,要使用具有更窄波束的定向天线,然而对于规定的搜索空间,使用更窄波束就增大了漏掉信号的可能性或者增加了搜索的时间,此时,为了不降低发现概率,必须增加设备量。因此,侦察测向设备必须解决空域搜索时间、测向精度、空间范围和设备量之间的多种矛盾。下面以最典型的雷达对抗侦察系统空域搜索为例进行说明。

由于雷达天线都是有方向性地辐射电波并在空间扫描,因此要发现雷达,就必须使侦察天线与雷达天线的两个方向图互相对准。图 3.1.5 表示雷达和侦察设备的天线同时作空间扫描的情况。图中,θ_r、n_r 和 θ_a、n_a 分别为侦察机和雷达的天线波束宽度和天线转速。

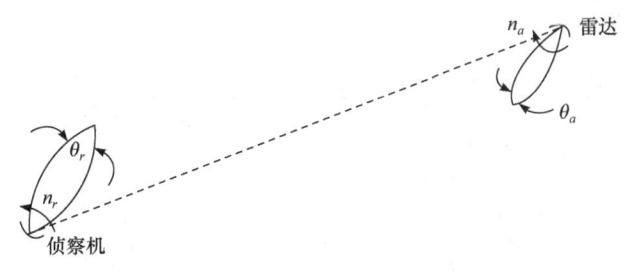

图 3.1.5 雷达与侦察天线同时扫描示意图

当两天线的初始位置如图 3.1.5 所示时,即两个波瓣没有相遇的情况下,如果两天线转速相等,则侦察机根本不能发现雷达,只有在两天线转速不等的情况下经过一定时间之后才有可能发现雷达。后面还将谈到,各种不同的转速对发现雷达信号的可靠程度也不一样,因而侦察天线转速的快慢直接影响发现雷达的可靠程度,甚至影响到能否发现雷达。为了保证有效地发现信号,必须正确选择侦察天线的转速。

为了可靠地发现雷达,侦察天线的转速相对于雷达天线转速而言,要么转得很慢(雷达天线转一周,侦察天线只转一个波束宽度),要么转得很快(在雷达天线旋转一个波束宽度的时间里,侦察天线就应转一圈),因此便有方位慢速可靠搜索和方位快速可靠搜索两种搜索方法。

当侦察天线的转速介于上述两种情况之间时,就不能可靠地发现目标,此时称为方位概率搜索。这时,需要合理地选择侦察天线的转速,方可在较少的圈数内相当可靠地发现目标。

1. 方位慢速可靠搜索

方位慢速可靠搜索是指侦察天线转速比雷达天线转速慢,同时又保证在侦察天线旋转一周的时间内搜索到雷达信号。若雷达天线和侦察天线分别在方位上进行圆周搜索,则设雷达天线旋转周期为 T_a,侦察天线旋转周期为 T_r。

当雷达天线以周期 T_a 进行圆周扫描时,每转一周向侦察天线照射一次,照射时间 t_a 即雷达天线转过一个波束的时间,即

$$t_a = \frac{\theta_a}{360°} T_a \tag{3.1.7}$$

当侦察天线以旋转周期 T_r 进行圆周搜索时,则每转一周对向雷达一次,就有一次接收的时间,即

$$t_\theta = \frac{\theta_r}{360°} T_r \tag{3.1.8}$$

用直角坐标表示的方位时间图如图 3.1.6 所示。只有当侦察天线波束和雷达天线波束相遇时,才有可能侦收到该雷达的信号,同时要求两波束相遇时间 t_c 应大于侦察设备正常接

收和显示所需的时间 t_s，即满足式(3.1.9)：

$$t_c \geq t_s \tag{3.1.9}$$

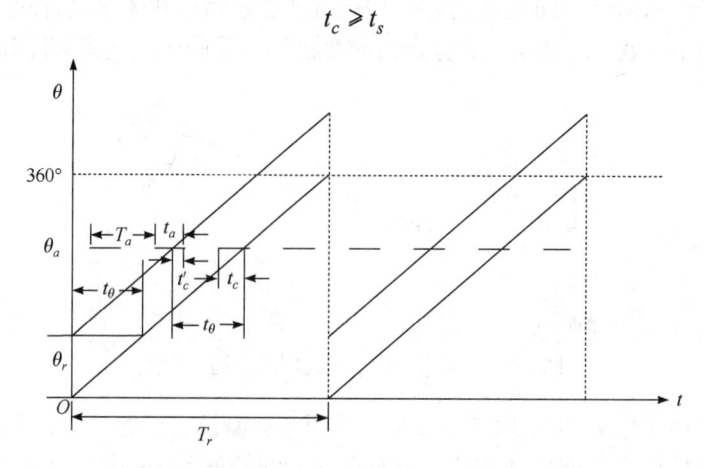

图 3.1.6 天线慢搜索的方位时间图

通常，在慢搜索情况下，式(3.1.9)是很容易满足的。从图 3.1.6 所示的雷达照射时间与侦察接收时间的关系可以导出方位慢速可靠搜索的条件。图中是在最不利的情况下，即当接收时间 t_θ 的前部与照射时间 t_a 相遇，但是相遇时间 t_c' 刚刚不满足接收和显示所需时间 t_s，要保证在接收时间内可靠地接收到雷达信号，必须满足第二个相遇时间 t_c 不小于接收和显示所需的时间，即式(3.1.10)给出的条件：

$$t_\theta \geq T_a - t_a + 2t_s \tag{3.1.10}$$

将式(3.1.7)和式(3.1.8)代入式(3.1.10)得

$$T_r \geq \frac{360°}{\theta_r}\left[T_a\left(1 - \frac{\theta_a}{360°}\right) + 2t_s\right] \tag{3.1.11}$$

式(3.1.11)即为方位慢速可靠搜索的条件。当考虑到 $\theta_a \ll 360°$ 和 $t_s \ll T_a$ 时，式(3.1.11)可以简化为

$$T_r \geq \frac{360°}{\theta_r}T_a \tag{3.1.12}$$

式(3.1.12)是方位慢速可靠搜索条件的常用计算公式，它表明在雷达天线旋转一周的时间内，侦察天线转过的角度不应该大于一个波束宽度，换句话说，接收时间应大于雷达天线的旋转周期，以至于在侦察天线转过一个波束宽度的时间，即接收时间内，雷达天线已旋转一周以上。

由于侦察天线的搜索与雷达天线的扫掠是互不相关的，所以在满足可靠截获条件的前提下，发现信号所需的时间决定于侦察天线波束相对于雷达天线波束的起始位置。发现信号所需的最长时间称为"可靠时间"，用 t_r 表示，因为在侦察接收时间 t_θ 内雷达天线至少旋转一周，故一定能发现信号，而侦察天线旋转一周的时间内总有一个接收时间，故发现信号的最长时间近似地等于侦察天线旋转一周的时间，即

$$t_r \approx T_r \tag{3.1.13}$$

慢搜索的主要缺点是可靠时间太长，只适用于对转速较高雷达的信号进行截获，或在

目标指示雷达的方向引导下进行小范围的信号截获,多用于地对空的地面侦察站。

2. 方位快速可靠搜索

方位快速可靠搜索是指侦察天线转速比雷达天线转速快,同时又必须在雷达天线旋转一周的时间内保证搜索到雷达信号,为此必须满足下面两个条件,即方位快速可靠搜索的条件。

图 3.1.7 为天线快搜索的方位时间图,由图可见,最不利的情况是照射时间 t_a 的前部与接收时间 t_θ 相遇,但相遇时间 t'_c 刚刚不满足接收和显示所需时间 t_s,要保证在雷达照射时间 t_a 内可靠地收到信号,必须满足第二个相遇时间 t_c 大于接收和显示所需时间,即

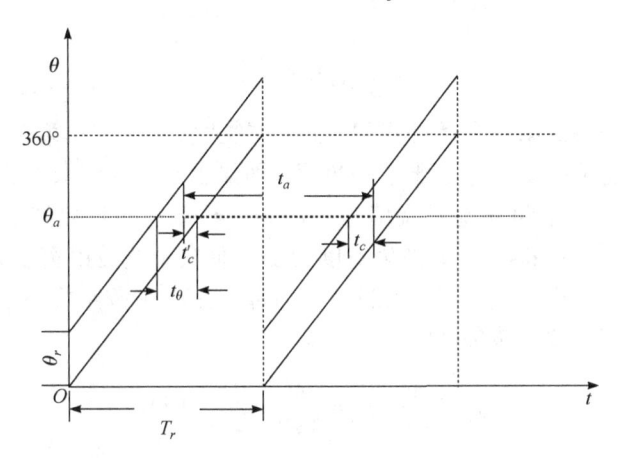

图 3.1.7 天线快搜索的方位时间图

$$t_a \geqslant T_r - t_\theta + 2t_s \tag{3.1.14}$$

将式(3.1.7)和式(3.1.8)代入式(3.1.14)得

$$T_r \leqslant \frac{\dfrac{\theta_a}{360°}T_a - 2t_s}{1 - \dfrac{\theta_r}{360°}} \tag{3.1.15}$$

考虑到 $\theta_r \ll 360°$ 和 $2t_s \ll \dfrac{\theta_a}{360°}T_a$,式(3.1.15)可以近似为

$$T_r \leqslant \frac{\theta_a}{360°}T_a \tag{3.1.16}$$

式(3.1.16)是方位快速可靠搜索的第一个必要条件的常用计算公式。它表明:雷达天线转过一个波束宽度的时间之内,侦察天线至少旋转一周。或者说,侦察天线旋转周期应小于照射时间。由于是快搜索,侦察天线转速很快,只接收到照射来的雷达信号中的一部分,为了可靠地显示信号,对于脉冲雷达则要求必须收到一定的脉冲数 Z,方位快速可靠搜索的第二个条件是接收时间 t_θ 必须大于侦察设备接收和显示所需的时间 t_s,即 Z 个脉冲的持续时间(ZT_P),用式(3.1.17)表示:

$$t_\theta \geqslant t_s = ZT_p \tag{3.1.17}$$

式中,T_p 为脉冲重复周期。

在侦察连续波信号时，由于接收机的系统惯性，雷达信号在侦察接收机中建立起来需要一定的建立时间t_y。通常，建立时间比接收时间短得多，无论是在方位慢速可靠搜索还是方位快速可靠搜索中，接收显示时间都能满足。

根据经验值，显示时间可以由式(3.1.18)表示：

$$t_s \geqslant 0.9 t_y \approx \frac{1}{\Delta f} \tag{3.1.18}$$

式中，Δf为侦察接收机的通频带。

对于侦察脉冲信号，式(3.1.17)可以写为

$$\frac{\theta_r}{360°}T_r \geqslant ZT_p \tag{3.1.19}$$

方位快速可靠搜索的第一个条件式(3.1.16)可称为转速条件；第二个条件式(3.1.19)可称为显示条件。转速条件要求T_r小于某一数值，而显示条件则要求T_r大于某一数值，两者可能出现矛盾，从而不能可靠地发现信号，例如，某雷达的参数如下：脉冲重复频率为360Hz，天线扫描周期为20s，天线波束宽度为2°。侦察天线波束宽度为10°，采用方位快速可靠搜索方式，设至少要收到三个脉冲才能可靠显示，则按照式(3.1.16)、式(3.1.19)计算侦察天线旋转周期，按旋转条件要求，可得

$$T_r \leqslant \frac{\theta_a}{360°}T_a = \frac{2°}{360°} \times 20 \approx 0.11\text{s} \tag{3.1.20}$$

按显示条件要求，可得

$$T_r \geqslant ZT_p\frac{360°}{\theta_r} = \frac{3}{360} \times \frac{360°}{10°} = 0.3\text{s} \tag{3.1.21}$$

可见，转速要求和显示要求出现了矛盾。为了解决这个矛盾，只有从侦察机参数上进行改进，如提高接收机灵敏度，提高接收天线波束宽度等。

方位快速可靠截获主要适用于对雷达天线转速较慢和重频较高雷达的信号进行截获，或用于机载侦察设备的测向。

3. 方位概率搜索

当侦察天线的转速均不满足方位慢速可靠搜索和方位快速可靠搜索的条件时，这种方式就称为概率搜索。概率搜索包括：

(1) 不满足转速条件，即侦察天线旋转周期T_r小于慢搜索可靠条件所决定的时间，大于快搜索可靠条件所决定的时间，即

$$\frac{\theta_a}{360°}T_a < T_r < \frac{360°}{\theta_r}T_a \tag{3.1.22}$$

这种情况也称为中速搜索。

(2) 不满足接收和显示条件，即侦察天线波束与雷达天线波束相遇时间t_c小于接收和显示所需的时间t_s，即

$$t_c < t_s \tag{3.1.23}$$

对于上述两个条件，只要有一个满足就为概率搜索。

采用中速搜索的原因正是由于慢搜索只适用于天线转速快的雷达，而快搜索只适用于天线转速慢的雷达。对于中等转速的雷达，要满足可靠条件，不是侦察天线转速太慢、可靠时间太长，就是侦察天线转速太快，接收时间太短，不满足接收显示条件。对于这种情况，就只好降低发现概率，采用中速搜索(即概率搜索)。在选择侦察天线的转速时，应尽可能对主要的雷达满足可靠条件，同时也应兼顾到其他雷达，确保有足够大的截获概率。

3.1.4 侦察方程

侦察作用距离是衡量侦察系统探测能力的一个重要指标。人离物体越远，就越难看清物体，甚至无法看见物体。同样的道理，侦察系统发现辐射源，也有一个距离的限制，因为在辐射源发射机功率一定的情况下，距离越远，传输到该处的辐射源信号强度越弱，该信号能被接收机检测到的概率越小。侦察系统接收到辐射源信号的强度越弱，能被接收机检测到的概率越小。侦察系统接收到辐射源信号的强弱与辐射源本身的发射功率、辐射源的发射天线以及侦察系统的接收天线有关，而侦察系统可检测信号的强弱就是侦察接收机的灵敏度。针对特定的战术背景，侦察系统的作用距离可以利用侦察方程进行计算。

1. 简化的侦察方程

简化的侦察方程就是指不考虑传输损耗、大气衰减以及地面或海面反射以及设备损耗、极化失配等因素的影响而导出的侦察作用距离方程。假设侦察接收机和辐射源的空间位置相距 R_r，辐射源发射功率为 P_t，发射天线在侦察接收机方向上的增益为 G_{tr}，侦察天线的有效接收面积为 A_r，在侦察设备处辐射源信号的功率密度为

$$S = \frac{P_t G_{tr}}{4\pi R_r^2} \tag{3.1.24}$$

侦察接收天线收到的辐射源信号功率为

$$P_r = A_r S = \frac{P_t G_{tr}}{4\pi R_r^2} A_r \tag{3.1.25}$$

式中，侦察天线的有效接收面积 A_r 与侦察天线增益 G_r、信号波长 λ 的关系为

$$A_r = \frac{G_r \lambda^2}{4\pi} \tag{3.1.26}$$

将式(3.1.26)代入式(3.1.25)，则

$$P_r = \frac{P_t G_{tr} G_r \lambda^2}{(4\pi R_r)^2} \tag{3.1.27}$$

若侦察接收机的灵敏度为 $P_{r\min}$，当接收到的辐射源信号功率为灵敏度时，则达到最大侦察作用距离：

$$R_{r\max} = \left[\frac{P_t G_{tr} G_r \lambda^2}{(4\pi)^2 P_{r\min}}\right]^{1/2} \tag{3.1.28}$$

式(3.1.28)为简化的侦察方程，从式(3.1.28)可以看出，发射功率 P_t 越强，天线增益 G_{tr}

越大的雷达，对它侦察发现的距离就越远；侦察接收机的灵敏度越高，即 $P_{r\min}$ 越小，侦察天线增益 G_r 越大，也可以使侦察作用距离越远。或者说，侦察作用距离主要取决于辐射源的等效功率（$P_t G_{tr}$）和侦察机的等效灵敏度（$P_{r\min}/G_r$）的比值，此比值越大，侦察距离越远。

2. 修正的侦察方程

修正的侦察方程是指考虑了发射、传输和接收过程中的信号损失情况下的侦察方程，即

$$R_{r\max} = \left[\frac{P_t G_{tr} G_r \lambda^2}{(4\pi)^2 P_{r\min} L} \right]^{1/2} \tag{3.1.29}$$

式中，L 为总的信号损失。它包括辐射源发射机到发射天线的馈线损耗、发射天线波束非矩形损失、侦察天线波束非矩形损失、侦察天线在宽频段范围内变化引起的损失、侦察天线与辐射源信号极化失配的损失、侦察天线到接收机输入端的馈线损耗等，一般 L 为 16~18dB。

3. 直视距离

在微波频段以上电波是近似直线传播的，地球表面的弯曲将对电波产生遮蔽作用，因此，侦察接收机与辐射源之间的直视距离受到限制。举例说明：当侦察天线距地表高度为 H_1、辐射源天线距地表高度为 H_2 时，仅当两者连线与地球表面相切时，满足直视且距离最远条件，如图 3.1.8 所示。

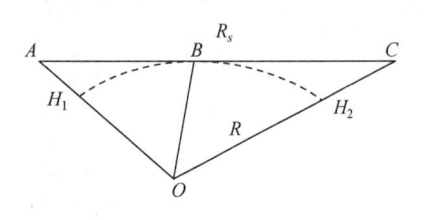

图 3.1.8 侦察直视距离示意图

图 3.1.8 中，虚线是地球表面，A、C 分别为侦察天线和辐射源天线所在位置，AC 连线刚好与地表相切于 B 点，此时 AC 连线距离称为直视距离，经简单推导可得

$$R_s \approx \sqrt{2R}\left(\sqrt{H_1} + \sqrt{H_2}\right) \tag{3.1.30}$$

考虑大气层所引起的电波折射对直视距离的延伸作用，再将地球曲率半径代入，最后可得

$$R_s \approx 4.12\left(\sqrt{H_1} + \sqrt{H_2}\right) \tag{3.1.31}$$

式中，R_s 以千米为单位；H_1、H_2 以米为单位。

需要注意的是，按前面计算侦察作用距离后，需要与直视距离比较，当大于直视距离时，应以直视距离作为对辐射源的侦察作用距离。

4. 侦察的作用距离优势

如果侦察接收系统安装在一架飞机上，当它和一部地面警戒雷达相对从远距离接近时，是雷达可能先发现飞机，还是侦察接收系统先发现雷达呢？也就是说，雷达和侦察系统谁发现目标的距离更远呢？要回答这个问题，首先要明确一个事实，雷达发现目标和侦察系统发现雷达，利用的电磁能量都来自一处，就是雷达发射的电磁波。雷达发现目标的时候，电磁波从雷达传播到目标，经目标反射，又从目标回到雷达接收机，经过了双倍路程；而

对侦察系统来说,电磁波从雷达辐射出来,到达侦察系统就被接收了,只经过了单程路径。而电磁波的传播是随着距离平方的增大而衰减的。由于雷达发现目标要比侦察多经过一倍的路程,电磁波能量衰减程度要严重得多,因此,概略来说,一般情况下侦察系统应当先于雷达发现敌方,也就是说,侦察系统相对雷达具有作用距离的优势。

下面通过作用距离方程具体加以说明。为分析方便,雷达方程与侦察方程均采用简化形式。假定雷达采用收发共用天线,此时简化的雷达作用距离方程如下所示:

$$R_{a\max} = \left[\frac{P_t G_t^2 \lambda^2 \sigma}{(4\pi)^3 P_{a\min}}\right]^{1/4} \tag{3.1.32}$$

式中,$R_{a\max}$ 为雷达作用距离;σ 为目标的雷达截面积;$P_{a\min}$ 为雷达接收机的灵敏度;G_t 是雷达天线主瓣增益(发射和接收相同);λ 为信号波长。

对比式(3.1.28)的侦察作用距离方程和式(3.1.32)的雷达作用距离方程,可见雷达作用距离与发射功率开四次方成正比,而侦察作用距离与发射功率开平方成正比。假定侦察接收机灵敏度 $P_{r\min}$ 等于系数 δ 乘以雷达接收机灵敏度 $P_{a\min}$,即 $P_{r\min} = \delta P_{a\min}$,则侦察作用距离与雷达作用距离的比值为

$$\alpha = \frac{R_{r\max}}{R_{a\max}} = R_{a\max}\left(\frac{4\pi}{\delta} \cdot \frac{1}{\sigma} \cdot \frac{G_{tr}G_r}{G_t^2}\right)^{1/2} \tag{3.1.33}$$

当 $\alpha > 1$ 时,表明侦察作用距离相对雷达具有优势,反之,则是雷达相对侦察具有优势。

以下进行实例分析。假定雷达作用距离为 10km,侦察接收机所在平台的雷达截面积 $\sigma = 1\text{m}^2$,雷达天线主瓣增益 $G_t = 40\text{dB}$,平均旁瓣增益 $G_{tr} = 0\text{dB}$,侦察天线为全向天线,增益为 $G_r = 0\text{dB}$。由于雷达可实现对目标回波的匹配接收,而侦察接收机收到的雷达信号是未知的,因此雷达接收机灵敏度相对于侦察接收机要高得多,假定系数 $\delta = 1000$。

1) 对雷达的主瓣侦察

此时雷达主瓣指向侦察系统,$G_{tr} = G_t$,将以上参数代入式(3.1.33),计算得到 $\alpha = 11$,此时侦察接收机相对雷达的侦察作用距离为 110km。也就是说,当雷达主瓣指向侦察系统时,侦察接收机可以在距离 110km 处发现雷达,而雷达至多只能在 10km 处才发现侦察平台。

2) 对雷达的旁瓣侦察

一般雷达天线主瓣很窄,又处于空间搜索状态,侦察系统收到雷达天线主瓣辐射源的概率很低,有时需对雷达实施旁瓣侦察。在雷达旁瓣状态下,$G_{tr} = G_{t1}$,将系数代入式(3.1.33),计算得到 $\alpha = 0.11$,此时侦察接收机相对雷达的侦察作用距离为 1.1km。虽然侦察作用距离小于雷达作用距离,但是雷达作用距离是针对其主瓣照射目标定义的,此时是雷达旁瓣照射侦察系统,不具备对侦察系统的探测能力,因此对雷达旁瓣的侦察仍然是有优势的。

电子对抗侦察对雷达的距离优势有如下的启示。

(1) 无源电子侦察可以比雷达更早、更远发现威胁,因而它是一种有效的警戒手段。

(2) 侦察系统可采用全向天线 $G_r = 1$ 实现全方位接收,因而侦察天线允许做得比较小,如直径 10~20cm。

(3)侦察系统不要求具有十分高的灵敏度,所以允许接收机的频段宽开(如2～8GHz,覆盖若干倍频程),从而提高截获信号的能力。

5. 地面反射传播的侦察方程

通常在讨论通信信号侦察距离时,由于短波、超短波通信(也包括同频段的雷达辐射源)的电波传播方式不仅限于自由空间传播,还包括表面波、反射波、折射波等传播方式,因而除处理直线传播方式之外,还需考虑不同传播方式带来的传播损耗的影响。本节重点讨论地面传播模型带来的影响。

地面和其他较大的表面(相对于信号波长)可以反射电磁波。反射波在到达接收机天线时与直达波有相位上的偏移,并且当相位偏移为180°时可能会引起相当大的衰减。当发射机和/或接收机靠近地球表面时,电波弹离地面形成的反射是通信侦察常常遇到的情况,如图3.1.9所示。

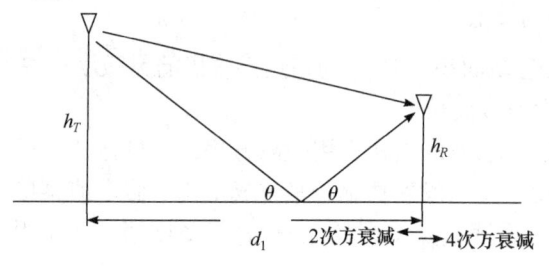

图 3.1.9 地面反射对传播的影响

反射波与直达波均到达接收天线,其相位差与路径差 δ_r 成比例,即

$$\varphi = 2\pi \frac{\delta_r}{\lambda} \tag{3.1.34}$$

如果 $R \gg h_T, h_R$,即 θ 很小,于是

$$\varphi \approx \frac{2\pi}{\lambda} \frac{2h_T h_R}{R} \tag{3.1.35}$$

相位差 $\varphi = \pi$ 所对应的距离为

$$d_1 = \frac{4h_T h_R}{\lambda} \tag{3.1.36}$$

称为第一菲涅耳区。由于在低反射入射角情况下(即路径距离较大的弹离地面的反射情况,θ 角很小),无论是垂直极化还是水平极化,离开地面的反射都有一个 π 相移。于是在此距离之外,反射波的 π 相移造成了合成信号的严重衰减。理论计算和实验表明,合成的信号总功率以与 $1/R^4$ 成正比的速率减小,而不是自由传播方式中的距离平方关系。合成信号的总功率为

$$P = P_t \frac{(h_T h_R)^2}{R^4} \tag{3.1.37}$$

式(3.1.37)表明,在地面反射传播模型下,如果距离 R 大于临界距离 d_1,那么合成信号总功率随天线高度的平方增加,随距离的四次方减少,且与信号频率无关。式(3.1.37)称为地面反射传播模型,或称平地传播模型。

在短波和超短波频段(30MHz～1GHz),通信侦察距离通常满足式(3.1.36)规定的临界距离,考虑发射和接收天线增益时,参考式(3.1.37),侦察接收机收到的信号功率为

$$P_r = P_t G_{tr} G_{rt} \frac{(h_T h_R)^2}{R_r^4} \tag{3.1.38}$$

式中，G_{tr} 和 G_{rt} 分别为通信发射机在侦察接收机方向的发射天线增益和侦察接收天线在通信发射机方向的增益。通过式(3.1.38)可以估算地面反射传播模式下的最大侦察距离为

$$R_{max} = \left[P_t G_{tr} G_{rt} \frac{(h_T h_R)^2}{P_{r\min}} \right]^{1/4} \tag{3.1.39}$$

式中，$P_{r\min}$ 为侦察接收机的灵敏度。虽然该模型会低估短距离上接收机的功率值，但在预计侦察距离的上限时，它却比许多其他模型准确。

3.2 电子对抗接收机概述

电子对抗接收机是搜集辐射源参数、获取电子目标情报、实施电子支援、实现战场透明化、取得信息优势乃至进行作战效能评估的重要工具。要知己知彼，平时、战时都离不开电子对抗接收机对信号的侦察和接收。平时通过侦察积累信号参数，掌握敌电子装备部署、活动规律；战时通过侦察发现目标、确定通联关系、展示电磁态势、引导电子或火力打击。

信号侦察包括对信号的检测、截获，参数估计、分析识别，信号的解调解码，辐射源的测向定位等。如何在复杂电磁环境下准确、快速地发现信号，生成并预测其活动态势，获取其各类情报是电子对抗侦察接收机信号处理永恒的研究主题。

3.2.1 接收机类型

接收机的种类很多，它们的特性决定了其作用。理想的电子对抗接收机能够在很短的时间内以极高的灵敏度检测出所有工作频段范围内的各种信号。它不仅能检测并解调多个同时到达的信号，而且体积小、重量轻、成本低、功耗小。

遗憾的是，这样的接收机尚未出现，大多数复杂系统都是将若干不同类型接收机组合在一起以特定信号环境下获得最佳效果。表 3.2.1 列出了电子对抗系统使用的 9 种最常见的接收机类型及其常规特性。表 3.2.2 列出了每类接收机的特性。

表 3.2.1　电子对抗系统常用的接收机类型及其常规特性

接收机类型	常规特性
晶体视频	宽带瞬时覆盖，低灵敏度、无选择性，主要用于脉冲信号
瞬时测频	覆盖范围、灵敏度和选择性同晶体视频，测量接收信号的频率
调谐式射频	同晶体视频，但提供频率隔离和稍好点的灵敏度
超外差	最常用的接收机，有良好的选择性和灵敏度
固定调谐	良好的选择性和灵敏度，针对一个信号
信道化	具有良好的选择性、灵敏度和宽带覆盖
布拉格小盒	宽带瞬时覆盖，低动态范围，多个同时信号，不解调
压缩	提供频率隔离，测频，不解调
数字化	高度灵活，可处理参数未知的信号

表 3.2.2　电子对抗接收机的特性

接收机 类型	接收机能力									
	接收 脉冲	接收 连续波	测量 频率	选择性	多信号	灵敏度	频率 覆盖	截获 概率	动态 范围	解调 信号
晶体视频	Y	N	N	P	N	P	G	G	G	Y
瞬时测频	Y	Y	Y	P	N	P	G	G	M	N
调谐式射频	Y	Y	Y	M	Y	P	G	P	G	Y
超外差	Y	Y	Y	G	Y	G	G	P	G	Y
固定调谐	Y	Y	Y	G	Y	G	P	P	G	Y
信道化	Y	Y	Y	G	Y	G	G	G	G	Y
布拉格小盒	Y	Y	Y	G	Y	M	G	G	P	N
压缩	Y	Y	Y	G	Y	G	G	G	G	N
数字化	Y	Y	Y	G	Y	G	G	M	G	Y

注：G-良好；M-适中；P-差；Y-是；N-否

通常，晶体视频接收机和瞬时测频（Instantaneous Frequency Measurement，IFM）接收机用于在高密度脉冲信号环境中工作的中、低成本系统。这两种接收机均可提供100%的宽频覆盖范围，但不能处理多个同时到达的信号。这样，在其频率范围内任何频率点的高功率连续波（Continuous Wave，CW）信号都会大大降低接收机接收脉冲信号的能力，而且，因它们的灵敏度较低，所以在强信号背景中工作最好。在现代电子对抗系统中，这两种接收机常常与窄带接收机组合来解决问题。

由于固定调谐接收机和超外差接收机是窄带的，因此它们常与其他类型的接收机组合以隔离同时到达信号并改善灵敏度。调谐式射频（Tuned Radio Frequency，TRF）接收机也可以隔离同时信号。当然，这些类型的接收机存在的问题是它们在瞬时频率覆盖范围非常窄，因此其对非预定信号接收的概率很低。

布拉格小盒接收机和压缩接收机提供瞬时宽频覆盖范围，可以处理多个同时信号，但是不能解调信号，其使用受到限制。

信道化接收机和数字接收机是未来的趋势，它们能提供电子对抗系统需要的大部分接收机性能参数，它们的体积、重量和功率规格反映了元件和子系统小型化的技术发展水平。

现代电子战侦察系统需要多种接收机组合使用才足以完成其任务。图3.2.1所示为典型接收机系统（或子系统）的结构。来自一个或多个天线的输入信号或者进行功率分配（如果所有接收机工作在全频率范围）或者进行分路（如果接收机工作在系统频率范围的不同部分）。在复杂系统中，该信号分配包括这两种情况的组合。

采用窄带接收机的电子对抗侦察系统通常分派单个接收机（或接收机组）来搜索新的信号，然后将这些信号传送给专用接收机。在需要时，这些专用接收机以指定的带宽和解调设置保持在其指定频率上以便对信号进行深入分析，除非它们被重新分派给优先级更高的信号。

另一个常见的应用是采用一个特殊的处理接收机（比其他接收机更复杂的接收机）来提供由一个监视接收机处理的信号的额外信息。

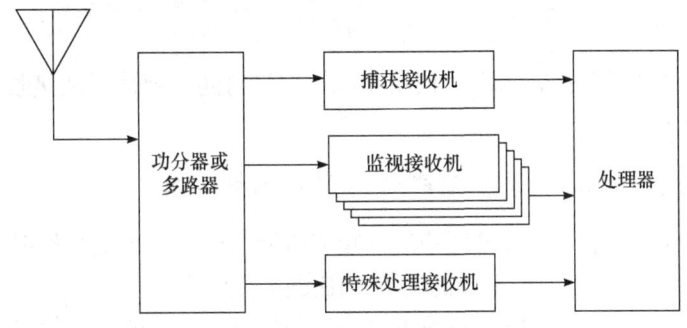

图 3.2.1 多种接收机组成的接收机系统

3.2.2 接收机频率

电子对抗侦察系统的使命在于确定敌方电磁辐射源存在与否,并测定其主要特征参数。在辐射源的各种特征参数中,频域参数是最重要的参数之一,它反映了辐射源的功能和用途,辐射源的频率范围和频谱分布情况是度量辐射源抗干扰能力的重要指标。在现代电磁环境下,为了有效干扰,必须首先对信号进行分选和威胁识别,辐射源的频率信息是信号分选和威胁识别的重要参数之一。频域参数包括载波频率、频谱和多普勒频率等。

1. 测频时间、截获概率和截获时间

测频时间是接收机从截获信号到输出测频结果所用的时间。对侦察接收机来说,一般要求能瞬时测频。对于脉冲信号来说,至少应在脉冲持续时间内完成测频任务,输出频率测量值。为了实现这个目标,首先必须有宽的瞬时带宽,如一个倍频程,甚至几个倍频程;其次要有高的处理速度,应采用快速信号处理。

测频时间直接影响到侦察系统的截获概率和截获时间。截获概率是指在给定的时间内正确地发现和识别给定信号的概率。截获概率既与辐射源特性有关,也与电子侦察系统的性能有关。如果在任一时刻接收空间都能与信号空间完全匹配,并能实时处理,就能获得全概率,即截获概率为 1,这种接收机是理想的电子对抗侦察接收机。实际的侦察接收机的截获概率均小于 1。

频域的截获概率,即通常所说的频率搜索概率。对于脉冲信号来说,根据给定时间不同,可定义为单个脉冲搜索概率、脉冲群搜索概率以及在某一给定的搜索时间内的搜索概率。单个脉冲的频率搜索概率为

$$P_{\mathrm{IF1}} = \frac{\Delta f_r}{f_2 - f_1} \tag{3.2.1}$$

式中,Δf_r 为测频接收机的瞬时带宽;f_2-f_1 为测频范围,即侦察频段。例如,Δf_r=5MHz,f_2-f_1=1 GHz,则 P_{IF1}=5×10^{-3},可见是很低的。若能在测频范围内实现瞬时测频,即 $\Delta f_r=f_2-f_1$,则 P_{IF1}=1。

截获时间是指达到给定截获概率所需要的时间。它也与辐射源特性及侦察系统的性能有关。对于脉冲信号来说,在满足侦察基本条件的情况下,若采用非搜索的瞬时测频,单个脉冲的截获时间为

$$t_{\text{IF1}} \leqslant T_p + t_{\text{rh}} \tag{3.2.2}$$

式中，T_p 为脉冲重复周期；t_{rh} 为电子侦察系统的通过时间，即信号从接收天线进入终端设备输出所需要的时间。

2. 测频范围、瞬时带宽、频率分辨率和测频精度

测频范围是指测频系统最大可测的信号频率范围。若测频系统的最低工作频率为 $f_{\min}$，最高工作频率为 $f_{\max}$，则该测频系统的测频范围是 $[f_{\min}, f_{\max}]$。

瞬时带宽是指测频系统在任一瞬间可以测量的信号频率范围，常用 BW 表示。宽带和窄带测频系统的瞬时带宽表达式是不同的，式(3.2.3)、式(3.2.4)分别给出了对应的表达式。

$$\text{BW}|_{\text{宽带}} = f_{\max} - f_{\min} \tag{3.2.3}$$

$$\text{BW}|_{\text{窄带}} = \Delta f_r \tag{3.2.4}$$

式中，Δf_r 为测频系统的中频带宽。

频率分辨率是测频系统所能分开的两个同时到达信号的最小频率差。对于窄带测频系统，频率分辨率 Δf 与中频带宽 Δf_r 相等；对于宽带信道化测频系统，频率分辨率等于末级信道宽度；对于数字瞬时测频系统，频率分辨率与瞬测路数、延时比和量化比特数有关。

宽开式晶体视频接收机的瞬时带宽与测频范围相等，因此对单个脉冲的频率截获概率为 1，可是频率分辨率却很低。而窄带扫频超外差接收机，瞬时带宽很窄，其频率分辨率等于瞬时带宽，对单个脉冲的截获概率虽很低，但其频率分辨率却很高。可见，传统的测频接收机在频率截获概率和频率分辨率之间存在着矛盾。目前，信号环境中的信号日益密集、频率跳变的速度与范围越来越大，这就迫切要求研制新型的测频接收机，使之既在频域上宽开，截获概率高，又要保持较高的分辨率。

测频误差是指测量得到的信号频率值与信号频率的真值之差，常用均值和方差来衡量测频误差的大小。按误差特性，可将测频误差分为两类：系统误差和随机误差。系统误差是由测频系统元器件的局限性等因素引起的，它通常反映在测频误差的均值上，通过校正可以减小；随机误差是噪声等随机因素引起的，它通常反映在测频误差的方差上，可以通过多次测量取平均值等统计方法减小。一般，把测频误差的均方根误差称为测频精度，测频误差越小，测频精度越高。对于传统的测频接收机，最大测频误差主要由瞬时频带 Δf 决定，见式(3.2.5)：

$$\delta f_{\max} = \pm \frac{1}{2} \Delta f_r \tag{3.2.5}$$

测频精度 σ_f 是指测频系统对信号频率测量准确的程度，与测频误差间的关系为

$$\sigma_f = |\delta f_{\max}| \tag{3.2.6}$$

可见，瞬时带宽越宽，测频精度越低。对于超外差接收机来说，它的测频误差还与本振频率的稳定度、调谐特性的线性度以及调谐频率的滞后量等因素有关。

3. 接收机带宽

接收机的带宽可分为射频带宽、中频带宽和整机带宽。通常说的接收机带宽是指整机

带宽。接收机的各种带宽由相应的滤波器决定，它们都对接收机的性能产生重要影响。

接收机的整机带宽由要接收一个信号所需要的最小带宽决定。需要的最小带宽是指使接收的信号不严重失真所需的最小带宽。这个带宽首先应该保证接收的已调信号不严重失真，只有这样才能恢复原信号，这就是说，接收机的带宽要大于至少等于发射机发射的已调制信号的带宽。另外，发射机发射信号载频的任何变化都会使调制信号的中心频率偏离，因而可能使部分信号受到抑制而使信号严重失真。同理，接收机本振频率的变化也会使调制信号中心频率偏离接收机带宽而受到抑制。因此，为了保证在发射信号载频和接收机本振频率变化时也能不失真地接收信号，要求接收机带宽应能充分考虑这两种变化，并增加带宽冗余。

设已调制信号带宽为 B_m，发射机频率偏离中心频率最大变化量为 Δf_t，接收机本振频率偏离中心频率最大变化量为 Δf_r，Δf_t 和 Δf_r 两个值包括因频率源的准确度引起的频率偏差，则接收机的带宽 B 应表示为

$$B = B_m + 2\Delta f_t + 2\Delta f_r \tag{3.2.7}$$

如果信号辐射源与接收机有相对运动，还要考虑多普勒频移的影响，设多普勒频移引起的频率频移为 Δf_d，则接收机的总带宽为

$$B = B_m + 2\Delta f_t + 2\Delta f_r + 2\Delta f_d \tag{3.2.8}$$

接收机的总带宽如图 3.2.2 所示。

图 3.2.2 接收机的总带宽

3.2.3 接收机灵敏度

接收机灵敏度定义了满足接收机截获概率要求的最小信号。灵敏度是一个功率电平，通常用 dBm 表示（一般是一个较大的负数）。它还可以用场强（μV/m）来表示。简单地说，如果到达接收系统的信号等于或大于接收机灵敏度，则接收系统才起作用，也就是说，接收机能正确地提取信号中所包含的信息。如果接收功率小于灵敏度电平，那么所提取的信息质量就达不到要求。

1. 天线输出端灵敏度

通常在接收天线的输出端定义接收系统的灵敏度，如图 3.2.3 所示。如果在此处定义灵

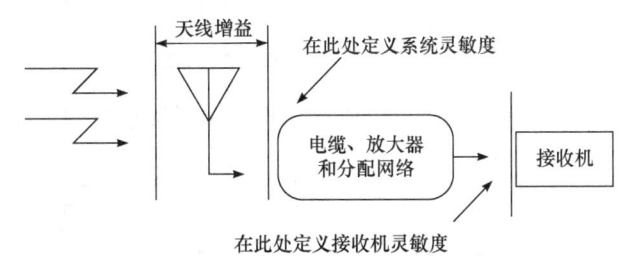

图 3.2.3 在接收天线的输出端定义接收系统灵敏度

敏度，则可以将接收天线的增益(dB)与到达接收天线的信号功率(dBm)相加来计算进入接收系统的功率。这意味着在计算接收系统的灵敏度时要考虑天线和接收机间的电缆损耗，以及前置放大器和功率分配网络的影响。

2. 灵敏度的组成

接收机灵敏度(P_{min})包括三个部分：热噪声电平(kTB)、接收系统噪声系数(Noise Figure, NF)以及从接收信号中准确提取有效信息所需要的信噪比(Singal-Noise Ratio, SNR)，如式(3.2.9)所示。

$$P_{min} = kTB + \text{NF} + \text{SNR} \tag{3.2.9}$$

1) kTB

kTB实际上是三个数值的积：k是玻尔兹曼常量(1.38×10^{-23}J/K)，T是工作温度(热力学温度)，B是接收机有效带宽。

kTB定义了理想接收机中的热噪声功率电平。当工作温度设定在290K、接收机带宽设定在1MHz，且结果被转换为dBm时，kTB的值约为-114dBm。

根据此经验数，可以迅速计算出任何接收机带宽下的理想热噪声电平，例如，如果接收机带宽为100kHz，kTB即为-114dBm-10dB$=-124$dBm。

2) 噪声系数

噪声系数通常用来衡量接收机内部噪声对输出信噪比(SNR)的影响程度，定义为接收机输入端信号噪声功率比与其输出端信号噪声功率比的比值，即

$$\text{NF} = \frac{\text{SNR}_i}{\text{SNR}_o} = \frac{P_{si}/P_{ni}}{P_{so}/P_{no}} \tag{3.2.10}$$

式中，P_{si}、P_{ni}分别为接收机输入端的信号功率和噪声功率；P_{so}、P_{no}分别为接收机输出端的信号功率和噪声功率。

可见，噪声系数表示一个有内部噪声源的器件在信号传递时使信噪比恶化的程度，因此它也是用来衡量器件噪声性能好坏的常用指标，无论在通信、雷达还是信号检测系统中均占有重要地位。实际接收机总是存在内部噪声的，因此NF>1，且NF的值越大，表示接收机内部噪声的影响越大。

任何接收机总是由各个单元电路级联组成的，如图3.2.4所示。

自天线 → 馈线 → 滤波器 → 高频放大器 → 混频器 → 中频放大器 → 检波器 → 视频放大器 → 终端

图3.2.4 接收机单元电路级联示意图

当知道各个单元的噪声系数后，就可以求出多个单元级联后的总噪声系数NF_0：

$$\text{NF}_0 = \text{NF}_1 + \frac{\text{NF}_2 - 1}{K_{p1}} + \frac{\text{NF}_3 - 1}{K_{p1}K_{p2}} + \cdots + \frac{\text{NF}_n - 1}{K_{p1}K_{p2}K_{p3}\cdots K_{p(n-1)}} \tag{3.2.11}$$

式中，K_p为级联单元的额定功率增益(额定功率传输系数)。

由式(3.2.11)可知，要使级联电路的总噪声系数NF_0小，就需要各级的噪声系数越小越

好，额定功率增益越大越好。各级内部噪声的影响是不同的，越是靠近前面的几级，噪声系数和额定功率增益对接收机总的噪声系数影响越大，而后面各级影响较小，可忽略不计。所以，在设计接收机时，总是力图减小前几级的噪声并增大额定功率增益，以提高接收机的灵敏度。

3) 所需信噪比

接收机工作所需要的信噪比(SNR)主要取决于信号所携带的信息类型、携载信息的信号调制类型、接收机输出端的处理类型和信号信息的最终用途。确定接收机灵敏度所需的信噪比是检波前信噪比，称为射频信噪比(RFSNR)或载波噪声比(CNR)。采用一些调制形式，接收机输出端的信号中的信噪比可以远远大于射频信噪比。

例如，如果接收系统的有效带宽为 10MHz，系统噪声系数为 10dB，且旨在接收脉冲信号进行自动处理(所需 SNR=15dB)，则在常温下该系统的灵敏度为

$$P_{\min} = kTB + \text{NF} + \text{SNR} = -114\text{dBm} + 10\text{dB} + 10\text{dB} + 15\text{dB} = -79\text{dBm} \quad (3.2.12)$$

3.2.4 其他主要指标

1. 动态范围

动态范围是指接收机能正常工作并产生预期的输出的整个信号强度允许变化的范围，它是能保持接收机正常工作并产生预期输出的最大信号强度与接收机的灵敏度之比，它的单位是 dB。由于它是一个比值，因此不存在用什么办法来描述信号强度的问题。同灵敏度一样，动态范围是频率的函数，一般都用给定频率范围内的最小值来表示。

动态范围是与接收机对两个强度不同的信号的响应有关的一项指标，有几种情况需要考虑：是否是多信号，是否强、弱信号同时存在，是否有多个强信号同时存在。对于多个信号同时存在的情况，考虑到在接收机内部信号之间的相互作用，可能出现强信号压制弱信号的情况，可能会产生两个强信号相互干涉或强、弱信号混频形成某种虚假的情况，这将使能够保持接收机正常工作并产生预期的输出的最大信号强度限定在一个不太大的量值上，也就是说，这是最严格意义的动态范围，称为多信号动态范围。如果信号不同时存在，干涉现象就不存在了，这时的问题是，是否允许设备的使用人员调整接收机的状态以分别应对强信号和弱信号。如果允许使用人员的操作，那就意味着使用人员可以改变接收机的状态使之分别适合于弱信号或强信号，这显然要容易实现一点。也就是说，这个意义的动态范围可能大一些。为了不与人们现在习惯的使用发生冲突，直接称它为动态范围。如果不允许使用人员的操作，那就意味着在强信号脉冲后紧跟着一个弱信号脉冲或弱信号脉冲后紧跟着一个强信号脉冲，接收机应都能适应或自动地做出快速反应，这个动态范围当然比一般意义的动态范围要小一点，称为瞬时动态范围。有的时候，人们在考虑面对强信号时，不对接收机的具体输出感兴趣，而仅希望接收机仍处于不受损伤的状态，这样的动态范围只表示接收机对信号环境能够生存的适应性，这时候强信号的强度将大于一般意义下保持接收机产生预期输出的强信号强度，称这个意义上的动态范围为安全动态范围。由于不同的动态范围之间并没有固定的联系，在对接收机提出动态范围的要求时，比较完善的办法是对有性能要求的几个不同的动态范围分别提出要求。

动态范围的要求来自对信号环境的分析，假设接收机要侦收的雷达的功率是 1～

2000kW，它所占的范围为 33dB；雷达天线的增益，从主瓣顶点算到旁瓣计 40～45dB，它所占的范围为 45dB；这两个因素合起来，等效辐射功率所占的范围为 78dB；如果再考虑要侦收的辐射源的距离变化范围为 10～300km，由于信号的强度与距离的平方成反比，因此引起的动态范围约 30dB；它们的总和将要求一个较完善的动态范围，近 110dB。如果要求接收机的动态范围是多信号动态范围，这样一个值早已远远超出现实所能达到的水平。因此，当提出动态范围时，必须考虑要求和现实之间的平衡，分别合理地规定一般意义的动态范围、瞬时动态范围和多信号动态范围。在现实中，动态范围的典型值是：一般动态范围 80dB，瞬时动态范围 45dB，多信号动态范围 25dB。

由于接收机所接收的信号可能是脉冲信号，它的频谱有一定的宽度，设在 100MHz 范围内某信号的旁频频谱比信号中心频率谱弱−30dB，这就意味着，当这样的一个强信号存在时，它会在 100MHz 范围生成对其他信号来说意义等同于噪声的一份频谱，它的存在显然会干涉对落入该频率范围内的正常弱信号的接收。例如，当弱信号比强信号弱 40dB 时，即使本来这个强度是在接收机灵敏度以上的，接收机仍将无法检测出它的存在。无论接收机设计如何理想化，这个强信号的存在，在相当程度上表现为该频率范围内的灵敏度下降。这种由强信号存在引入的变化，是随信号的旁频频谱的宽度和密度不同而变化的，但是在工程意义上，它却切切实实地影响了接收机的灵敏度和动态范围。

2. 选择性

接收机的选择性，表示接收机选择所需信号及抑制干扰的能力。

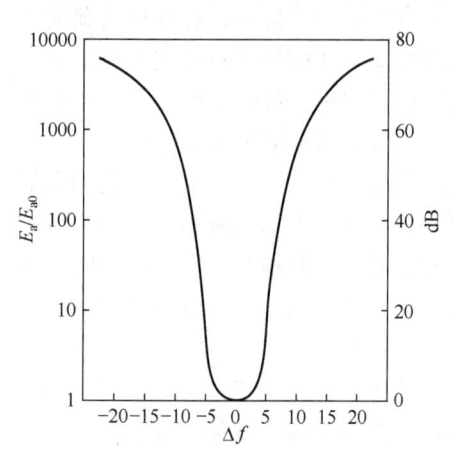

图 3.2.5 接收机选择性曲线

选择性的好坏取决于接收机中谐振系统（回路）的谐振特性，即由谐振回路的质量和数量决定。选择性常用曲线来表示。在不改变接收机中谐振回路的参数时，接收机的灵敏度与外来信号载波频率的关系曲线称为选择性曲线，如图 3.2.5 所示。

图 3.2.5 中，横坐标轴表示绝对失谐 Δf，即表示信号载波频率 f 对接收机调谐回路的固有频率 f_0 的偏离值；纵坐标轴表示接收机失谐时的灵敏度 E_a 与谐振时灵敏度 E_{a0} 的比值，即表示接收机在输出额定电压（或功率）的条件下，失谐时天线上所需的信号电动势与谐振时天线上所需的信号电动势的比值 E_a/E_{a0}，此比值也可用分贝来表示。

从图 3.2.5 看出，为了输出同一额定电压（功率），当外来信号的载波频率偏离接收机谐振频率时，E_a/E_{a0} 增大，即天线上所需的信号电动势增大，接收机灵敏度降低，这就表明了接收机对于干扰频率的抑制作用。曲线越尖锐，在绝对失谐 Δf 相同的情况下，灵敏度下降得越多（E_a/E_{a0} 越大），接收机的选择性也就越高。

对于军用接收机来说，选择性是一个十分重要的指标，因为接收机的灵敏度一般都很高，而干扰信号的电压可能比需要接收的信号电压大几百倍、几千倍、几万倍，这就要求接收机必须在很强的干扰背景中选择出很弱的信号，即要求接收机具有很好的选择性。通常所说的选择性是指失谐 10kHz 时，接收机灵敏度降低的倍数。一般较好的接收机，在绝对失谐 Δf=10kHz 时，其对应的最小检测功能性不小于 200 倍。

3. 失真度

人们希望送到接收机终端设备上的信号电压(或电流)与接收天线上的高频感应电动势中的调制信号相同。而实际上接收机内的电路总使输出到终端设备上的信号产生失真，其失真与低频放大器中的失真一样，可分为频率失真、非线性失真和相位失真。

频率失真：对不同频率振幅响应不同而造成的失真。

非线性失真：由于非线性元件的作用，使音频中产生了不应有的谐波分量而造成的失真。

相位失真：音频中各频率分量的相位关系发生了变化，即形成相位失真。

一般接收机只考虑非线性失真和频率失真，而接收图像的接收机则必须考虑相位失真。不同用途的接收机，对失真度的要求也有所不同。通信接收机通话时，对频率失真的要求通常为 300~3000Hz，振幅频率特性的不均匀性为 10%~15%；通话时一般要求非线性失真系数不超过 10%。

4. 工作稳定性

接收机的性能必须非常稳定，工作起来才可靠。工作稳定包含两方面的意思：一是在规定的工作条件下，接收机不应该产生寄生自激振荡或者接近自激振荡；二是在工作过程中，接收机的质量指标的变动不应该超出允许的范围。

军用接收机根据野战需要，对工作稳定性提出了很高的要求。一般要求在环境温度为 −40~50℃，相对湿度为 95%~98%，电源电压变化到 3/4 额定值的范围内，接收机应能保持稳定可靠的工作。

3.3 超外差接收机

3.3.1 超外差接收机的工作原理

1. 超外差接收机的组成

早期的接收机一般采用高放直检式接收机，就是从天线上接收到的高频信号，在检波以前，一直不改变它的频率。这种接收机的缺点是在频段的高端和低端的增益不一样，整个波段的灵敏度不均匀。如果接收机频率范围比较宽，这个矛盾就更加突出。其次，如果要提高灵敏度，必须增加高频放大器的级数，由此带来各级放大器之间的统一调谐非常困难，而且高频放大器增益不高，容易产生自激。

假设能够把接收机接收到的高频信号，都变换成固定的中频信号再进行放大检波。由于中频频率比变换前的信号频率低，而且频率固定不变，所以任何频率的信号都能得到相等的放大量，同时总的放大量也比较容易实现。这样，超外差接收机就应运而生。

典型的超外差接收机原理框图如图 3.3.1 所示，其工作原理是：从天线接收的信号经高频放大器放大，与本地振荡器产生的信号一起加入混频器变频，得到中频信号，该信号再经中频放大器、检波器和低频放大器，然后输出。接收机的工作频率范围往往很宽，在接收不同频率的输入信号时，可以用改变本地振荡器频率的方法使混频后的中频保持为固定的数值。因此，需要本地振荡器产生一个始终比接收信号高一个中频频率的本振信号，在混频器内利用非线性器件将本振信号与接收信号混频相减产生一个新频率，即中频信号，这就是"外差"。采用的本振信号频率比接收信号频率高出一个中频，所以称为"超外差"。

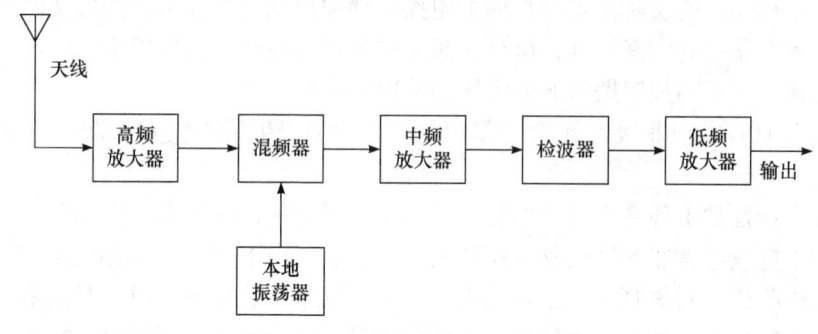

图 3.3.1　超外差接收机原理框图

2. 超外差变频工作原理

超外差原理于 1918 年由 E.H.阿姆斯特朗首次提出，它是在外差原理的基础上发展而来的。1919 年利用超外差原理制成的超外差接收机，至今仍广泛应用于远程微弱信号的接收，并且已推广应用到测量技术等方面。

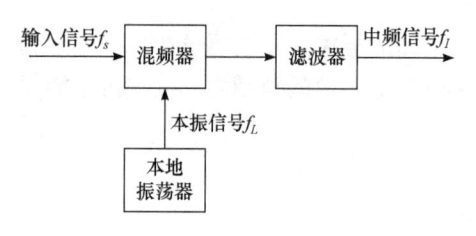

图 3.3.2　混频器基本原理图

超外差接收机的混频器基本原理如图 3.3.2 所示。本地振荡器产生频率为 f_L 的等幅正弦信号，输入信号是一中心频率为 f_s 的已调制频带有限信号。通常，这两个信号在混频器中变频，经过滤波器后输出为差频分量，称为中频信号，f_I 为中频频率。

混频器变频原理基于描述两个正弦信号之积的三角函数关系式，即

$$\sin A \sin B = \frac{1}{2}\left[\cos(A-B)-\cos(A+B)\right] \tag{3.3.1}$$

在混频器一个输入端输入接收到的信号，另一端输入本振信号，根据式(3.3.1)，两个信号一起混频，产生一个具有和频及差频分量的信号，和频分量在后续的滤波器中进行滤除。实际上，式(3.3.1)中的 A、B 包括输入信号的基波和谐波分量，因此混频输出为多种信号的组合。通过合理设计中频滤波器选择期望输出的中频信号。

图 3.3.3 表示输入为调幅信号的频谱和波形图。输出的中频信号除中心频率由 f_c 变换到 f_I 外，其频谱结构与输入信号相同。因此，中频信号保留了输入信号的全部有用信息。

超外差原理的典型应用就是超外差接收机。从天线接收的信号经高频放大器放大，与本地振荡器产生的本振信号一起加入混频器变频，得到中频信号，再经中频放大、检波和低频放大，然后送给后级电路。接收机的工作频率范围往往很宽，在接收不同频率的输入信号时，可以用改变本地振荡频率的方法使混频后的中频保持为固定的数值。

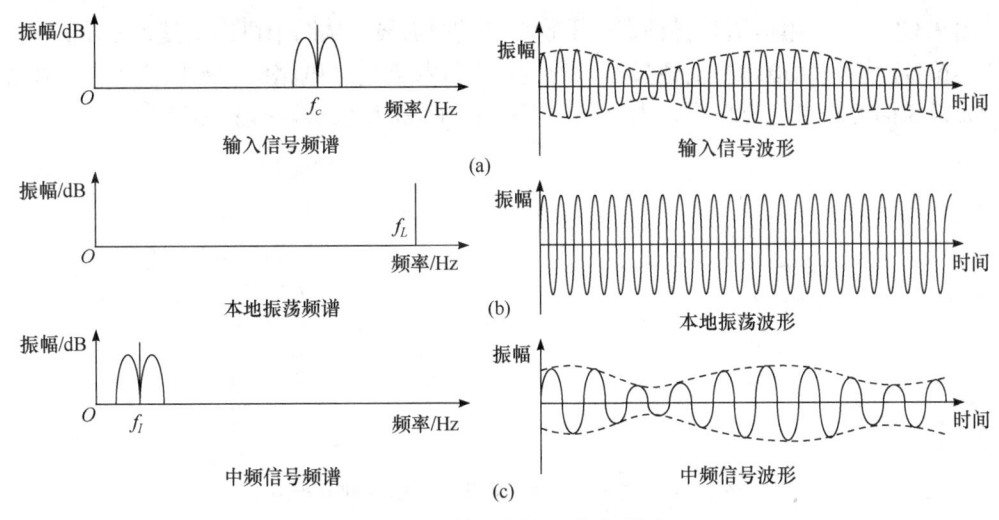

图 3.3.3　外差变换频谱波形图

3.3.2　超外差接收机的特点

1. 超外差接收机的优点

(1) 由于变频后为固定的中频，频率比较低，容易获得比较大的放大量，因此超外差接收机的灵敏度可以做得很高。

(2) 由于外来高频信号都变成了一种固定的中频，这样就容易解决不同频率信号放大不均匀的问题。

(3) 由于采用"差频"作用，辐射源信号只有和本振信号相差为预定的中频时，才能进入接收机，而且选频回路、中频放大回路又是一个良好的滤波器，其他干扰信号就被抑制了，从而提高了选择性。

2. 超外差接收机的主要缺点

(1) 窄带搜索式超外差接收机搜索时间长，对出现时间短的信号的频率截获概率低。

(2) 超外差接收机会出现镜频干扰和中频干扰，这两个干扰是超外差接收机特有的干扰。

中频干扰是指不经过混频作用，而直接加到中频放大器中的射频干扰信号，即射频与中频的频谱重叠的信号。

中频干扰不难理解，那么，镜频干扰是怎么来的呢？

由于混频器的非线性作用，它的输出信号频率包含了本振信号和输入信号各次谐波的组合，即输出信号可以表示为

$$f_I = mf_L + nf_R \tag{3.3.2}$$

式中，f_I、f_L 和 f_R 分别为中频、本振频率和射频信号频率；m、n 为任意整数。不过，在一般情下，射频输入信号电平比本振激励电平低得多，所以只考虑其基波分量，即 $n = \pm 1$。当 m 取值为 1，n 取值为 -1 时，即 $f_R = f_L - f_I$，是正常信号；当 m 取值为 -1，n 取值为 1 时，同样可以混频得到中频，即 $f_R = f_L + f_I$，这就是镜频信号干扰。当 m 取大于 1 的值时，即 $f_R = mf_L \pm f_I$，这就是高次谐波，称为寄生信道干扰。

图 3.3.4 绘制出主信道和各种寄生干扰信道的分布图。从图中可以清楚地看出,中频信道和本振各次谐波信道距主信道较远,通过增强混频前射频电路的选择性便容易削弱和消除,而镜像信道距主信道最近,因此镜像信道中的干扰比较难以抑制和消除。

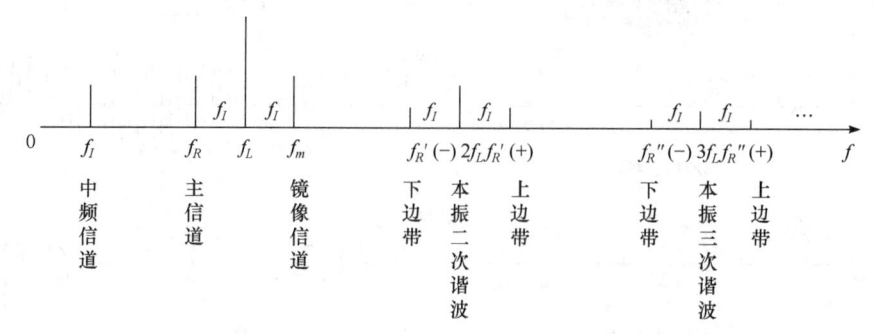

图 3.3.4 主信道和各种寄生干扰信道的分布图

虽然镜频干扰难消除,但是超外差接收机要想正常工作,必须消除镜像信道的干扰,下面将在超外差接收机优化技术中介绍消除镜频干扰的方法。

3.3.3 超外差接收机优化技术

1. 消除镜频干扰技术

1) 提高射频电路的选择性

通过提高射频电路的选择性来抑制镜像信道的干扰的具体方法有以下三种。

(1) 预选滤波器-本振统调:在搜索过程中,通过预选滤波器跟随本振调谐(统调),始终保持预选滤波器通带对准所需要接收的频率,阻带对准镜像信道,实现单边带接收,如图 3.3.5 所示。

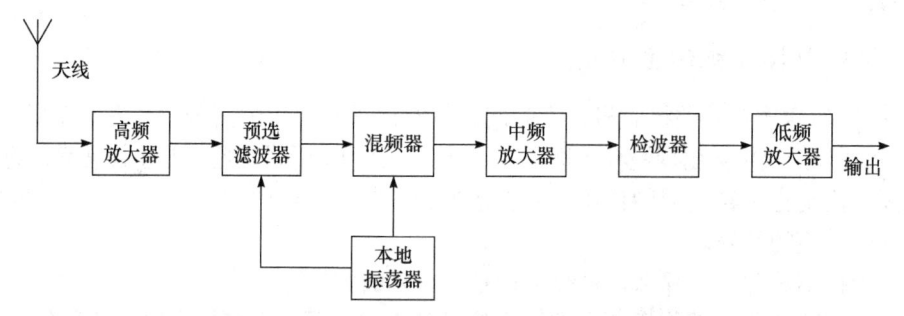

图 3.3.5 预选滤波器-本振统调超外差接收机原理框图

(2) 宽带滤波器-高中频:用固定频率的宽带滤波器取代窄带可调预选器,同时提高中频,将镜像信道移入带通滤波器的阻带中,抑制镜频信号,保证单边带接收。这种方法用复杂中频电路的代价换得调谐电路的简化,特别是使接收机的带宽摆脱了窄带预选器的限制,可以构成宽带超外差接收机,但是高中频又会造成中频滤波器的带宽变大,降低了对相邻信道的抑制能力。

(3) 镜频抑制混频器:采用一种双平衡混频器。在主信道上,两个混频器输出同相相加;在镜像信道上,两个混频器输出反相抵消,实现单边带接收。不过,在实际工作中,两个混频器的振幅和相位特性不可能完全一致，不能完全抑制镜像信道的干扰，镜像抑制比为 15~30 dB。尽管如此，这种镜频抑制混频器能将主信道与镜像信道分开，且主信道输出信号的幅度比镜像信道大，通过比较，容易识别镜频干扰。

镜频抑制混频器要做到完全的镜像频率抑制，有两个关键点：一是两条支路必须完全一致，包括混频器的增益、低通滤波器的特性、本振信号的幅度等都必须一致；二是本振的两路信号要精确地相差 90°，做到完全正交，否则镜像频率不可能被完全抑制，因此采用这种结构实现镜频抑制也是有一定难度的。

2) 采用零中频技术

与采用高中频技术相反，把中频降到零。这样，使镜像信道与主信道重合变成单一信道。零中频接收机的前端只包括低噪声放大器和混频器，结构相对简单，变频后直接是基带信号。由于没有镜像频率的干扰，所以不需要使用专门的镜频抑制滤波器，只需要低通滤波器来选择基带信号。

但是零中频接收机和超外差接收机相比较，零频附近很不安全，同时也存在不少难以解决的问题，包括低噪声放大器谐波失真干扰、低频噪声以及本振泄漏等，所以一般也很少使用。

3) 采用逻辑识别

从图 3.3.4 可以看出，主信道和镜像信道的信号，频率相差两倍中频且幅度相等。对于每个辐射源，在搜索过程中有两次接收，通过比较，若频差为两倍中频、幅度相等，则其中必有一个是镜像干扰。这种方法的缺点是不能实现单脉冲测频。

4) 采用多次变频

设计多次变频超外差接收机时，第一中频选得较高，使镜频干扰信号的中心频率与输入信号的中心频率差别较大，便于在高频放大器中使镜频信号受到显著的衰减。第二中频选得较低，使第二中频放大器有较高的增益和较好的选择性。很多短波收音机采用的就是二次变频超外差接收机，如德生 PL-450，它的第一中频是 55.845MHz，第二中频是 455kHz。

2. 提高动态范围的技术

电磁波在空间传播的过程中，由于信号传播路径、障碍物等差异，信号到达接收天线时的幅度呈现一定范围的变化。为了对不同幅度输入信号进行检测分析，接收机中通常需要采用一定技术来提高适应信号强弱变化的能力，也就是提高接收机的动态范围。

1) 采用自动增益控制或人工增益控制电路

由于种种原因，接收天线上感应的信号强度是有明显变化的，当信号强度增大时，送入接收信道的信号也增大。信号过强时，还有可能使放大器饱和，接收机不能正常工作。为保证接收信道输出信号保持基本不变，在接收信道中必须设计自动增益控制（Automatic Gain Control，AGC）电路。AGC 电路使接收信道在接收弱信号时保持高增益，而接收强信号时放大器增益自动降低，以保持输出信号强度基本不变。AGC 电路控制原理如图 3.3.6 所示。

与 AGC 类似，可以在射频、中频接收信

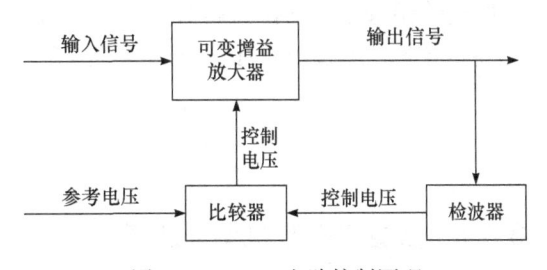

图 3.3.6 AGC 电路控制原理

道设置人工衰减控制功能。当信号过强时，手动增加衰减值使接收机正常工作，接收弱信号时，不对信号进行衰减。很多电子对抗装备中的 PIN 射频衰减器，以及超外差接收机中的中频衰减器就属于人工增益控制（Manual Gain Control，MGC）。

2）采用对数放大器

对数放大器，顾名思义就是一种输出与输入呈对数关系的放大器。它的主要特点表现为：①输入、输出呈对数关系，在对数精度范围内呈一一对应关系；②实现输入信号的动态压缩，把大动态的输入信号压缩为小动态的输出信号，呈现增益自动控制，该种控制具有抗过载能力；③对信号瞬时处理。由此可见，对数放大器输入、输出呈对数关系，使输入与输出具有一一对应关系，另外，由于对数的压缩特性，对数放大器具有很好的压缩信号动态范围的能力。

在 AGC 系统中，一般不追求输入、输出信号之间的特定函数关系，并且对输入信号的响应需要一定的建立时间，而对数放大器，是一种输入与输出呈对数关系的放大器，它不像 AGC 电路那样需要外部电路检测输入电平来控制电路增益，而是输入信号通过对数放大器直接转换成对数输出，并且输入、输出为一一对应关系，测出输出便可知道输入大小，由于输出是输入通过对数放大器电路直接转化而来的，时间较短，所以在典型电子对抗接收机这种需要处理具有高度随机性和时间很短的脉冲信号的场合，AGC 的使用受到了极大的限制，使用限幅放大器又会消除重要的脉冲幅度信息，因此，使用对数放大器就成了一种增加接收机动态范围的最佳选择。超外差接收机中，往往在采用中频或视频线性放大器的同时，并行使用对数放大器。

3. 提高截获概率的技术

超外差接收机是采用搜索频率窗测频技术的接收机。所有这种类型的接收机都不可避免地存在测频精度和频率截获概率的矛盾。因为其测频精度取决于"窗口"宽度，提高测频精度必须减小"窗口"宽度，而减小"窗口"宽度就意味着搜索整个频段需要的时间越长，频率截获概率越低。

为了提高超外差接收机的截获概率，可以采用频率引导技术。采用频率引导技术时，一般需要和宽带接收机并行使用，如后面将要介绍的瞬时测频接收机或信道化接收机。下面以瞬时测频接收机频率引导为例。当辐射源信号进入接收机后，由功分器将其分为两路：一路进入超外差接收机支路，另一路进入瞬时测频接收机支路。瞬时测频接收机迅速测出进入的辐射源信号频率，并给出代表这个频率的频率码。以频率码作为地址，从预先存储的码表中查出超外差接收机为瞄准这个辐射源信号所需的频率引导码。该码被分成两路：一路送给预选滤波器作为调谐码，另一路加上中频后送给本地振荡器作为本振调谐器码，迅速引导超外差接收机在该频率周围进行小范围搜索，从而提高超外差接收机的截获概率。

3.4 信道化接收机

3.4.1 信道化接收机测频原理

由于搜索法测频不能从根本上解决频率截获概率和频率分辨率之间的矛盾，面对现代雷达信号环境中，频段宽、数量多、频率跳变等特点，对于要求实时完成测频的电子对抗支援侦察(Electronic Support Measures, ESM)、雷达寻的和告警(Radar Homing and Warning, RHAW)等任务，频率搜索法难以完成侦察系统要求的测频任务。各种非搜索测频法是除搜索法测频之外的测频方法，它们都是为了从根本上解决频率截获概率和频率分辨率之间的矛盾这个问题而提出来的测频方法。

多波道测频法和信道化测频法都属于频域取样中的频域同时取样测频法，它们的测频原理都是用多个固定的频率窗口(即带通滤波器或中放通频带)覆盖整个频率侦察范围，这些频率窗口同时接收侦察频带内的雷达信号，以每个频率窗口后面所跟接收机输出信号幅度的大小或有无来确定雷达载频在哪个频率窗口内，从而实现测频。

3.4.2 信道化接收机工作过程

超外差搜索式测频接收机优点很多，如测频精度高、动态范围大、灵敏度高等，但也存在一个严重缺点，即截获概率与频率分辨率之间存在矛盾，任一瞬时的频率取样范围等于中放带宽，造成测频时间长。而现代电子战已经对测频提出了很高要求：既要求测频精度高，又要求测频速度快，同时对动态范围和灵敏度也提出很高要求。满足上述要求的最简单方法是：让许多同时工作的、非调谐的超外差接收机实现对整个频率范围内信号的接收和测频，但显然，这将会造成接收机体积过于庞大而无法使用。因此，必须将多部超外差接收机中共同的部分加以合并，才可能减少体积和功耗。考虑到多波道测频接收机的测频原理和信道化测频接收机相同，同时多波道接收机又具有结构简单的优点，人们自然想到将超外差接收机和多波道接收机的优点结合起来，研制出新体制的测频接收机，即信道化测频接收机。

信道化接收机的原理框图如图 3.4.1 所示，下面结合测频过程分析信道化接收机各部分的功能。其工作过程如下。

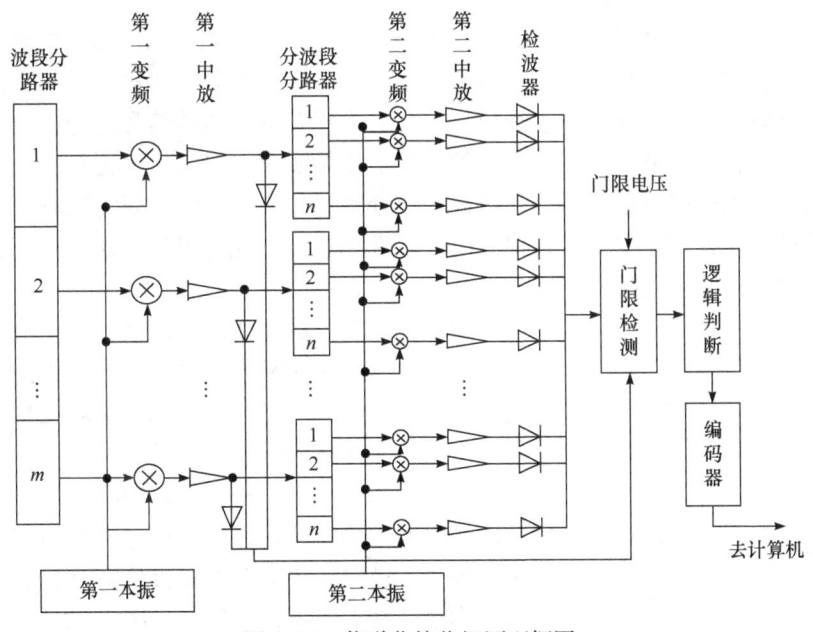

图 3.4.1 信道化接收机原理框图

1. 频率粗分路

频率粗分路即将各波段信号变换到相同的第一中频范围,频率粗分路是由波段分路器(即多波道测频接收机中的微波频率分路器)完成的。波段分路器的各路输出信号的频率范围只可能处于各自的分波段内。

由于每个分波段的频宽相同,令第一中放组中各中放的通频带相同,而中放带宽和分波段频宽也相同,只要适当选择加到第一变频器组的各第一本振频率,就可以使得第一中放组输出信号都变换到相同的第一中频频率范围。

第一中放组输出信号分成两路:一路中频信号经检波后用于判定哪一路分波段有输出信号,从而得到频率波段码。另一路中频信号送入下一路分波段分路器。

2. 频率精分路

频率精分路即将各分波段信号变换到相同的第二中频范围,它的工作过程和频率粗分路相同,但由于 m 个分波段分路器是相同的,因此第二本振组中任一本振要给 m 个第二变频器提供相同的本振频率信号。第二中放的输出经检波后用于产生分波段频率码。由于频率粗、精分路的数目分别为 m 和 n,通常频率范围是均匀地分成 m 路和 n 路的,显然此时第二中放输出信号频率范围 Δf(即信道带宽)为

$$\Delta f = \frac{|f_2 - f_1|}{mn} \tag{3.4.1}$$

3. 频率码的产生

信道化接收机输出的频率码由两部分组成,即波段频率码和分波段频率码,分别代表信号频率码的高位码和低位码,代表信号频率所在的大致范围和精确位置。频率码的高位码和低位码分别由相同的电路产生。

频率码的产生主要经过三个步骤:门限检测、逻辑判决和编码。门限检测器的作用是降低噪声的虚警概率和保证对脉冲信号的发现概率。门限检测器将第一、第二检波器组输出信号和基准电压(即检测门限)进行比较,只有大于基准电压的信号才能通过门限检测器继续测频过程。否则,低于检测门限的信号被认为是噪声,接收机不再对它进行处理。因此,适当提高检测门限可使更多的噪声被中止处理过程,但检测门限太高时,也会使幅度较弱的信号被中止处理过程。通常检测门限要选择适当,此时强信号通常会使载频周围多个接收信道的输出通过门限检测器。

逻辑判决电路的作用是确定信号幅度最强的频谱中心,即载频 f_0。由于从射频脉冲信号的频谱看,在载频处信号频谱幅度最大,因此接收信道对准载频时输出信号幅度最大;偏离载频越远的接收信道,它的输出信号幅度越小。如果从多个送到逻辑判决电路的信号中取出幅度最强的信号,便可根据该信号所在的信道知道载频所在频率。逻辑判决电路由最大值电路和幅度相等比较器组构成。最大值电路的组成如图 3.4.2 所示。

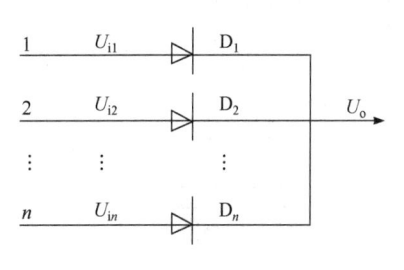

图 3.4.2 最大值电路

它的输入来自门限检测器的输出,各输出端连接在一起,送至各幅度相等比较器组。当若干路彼此相邻的门限检测器同时有输出时,分别加到各自对应的二极管输入端,其中幅度最大一路使对应的二极管导通,输出到幅度相等比较器,同时最大信号也加到其他二极管的负端,即为其他二极管提供反向偏压,故除了最大信号这一路外,最大值电路的其他所有支路是断开的,从而保证最大值电路输出电压为最大的输入电压。

幅度相等比较电路是比较最大值电路输出电压和门限检测器的各输出电压。它的组成如图 3.4.3 所示,由于门限检测器的最大输出电压已被最大值电路取出,因此幅度相等比较器组中只有一个比较器的两个输入幅度相等,从而有输出,触发编码器工作,其他无输出。现在可以认识到,即使有多个信号同时到达,逻辑判决电路也只输出最强信号的频率中心(即载频)所对应信道的输出信号,因为该信道的输出信号幅度是所有输出信号中最大的。

被触发工作编码器的作用是根据它所对应信道所在频率范围将正确的二进制频率码送至信号处理机。例如,信道化接收机的波段分路器和分波段分路器都有 8 个输出端,当信号载频位于侦察频段最低点 f_1 时,它们各自的第一路有输出,它们的编码器将给出频率码的高位和低位(000 与 000),合起来得到频率码为 000000。

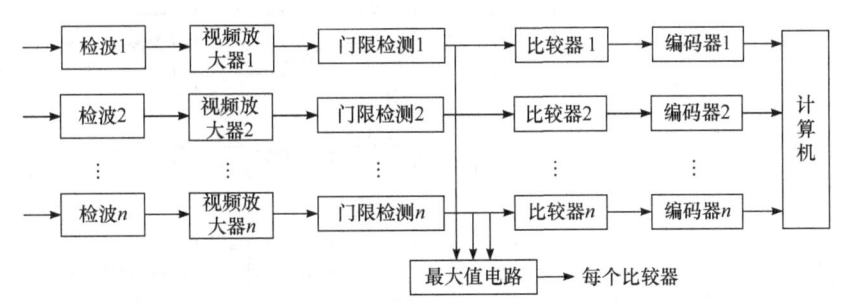

图 3.4.3　信道化接收机逻辑判决电路

3.4.3　信道化接收机性能分析

信道化接收机采用频域同时取样方式测频,避免了时域重叠频率不同信号的干扰,抗干扰能力强,又由于它是在超外差接收机的基础上实现频率分路的,因此它兼具非搜索测频的高截获概率和超外差接收机高分辨率的优点。

(1)在侦察频段内,对单个脉冲截获概率为 100%。

(2)对同时到达信号的分离能力强。它在现代密集信号环境中为主要的测频手段。

(3)测频分辨率和测频精度不受外来干扰的影响,只取决于接收机频率分路器的单元宽度(即第二中放带宽),因此它可以做到很高,可达±1MHz。

(4)具有和超外差接收机相当的灵敏度和动态范围。灵敏度可达−75~−65dBmW,动态范围可达 50~90dB。

但信道化接收机也存在严重缺点,就是共有 $m(n+1)$ 路超外差接收机,体积庞大、功耗高、成本高、技术复杂。这些缺点影响信道化接收机的广泛使用,通常只用于大型或重要的雷达对抗侦察设备。该种信道化接收机也称为纯信道化接收机。但随着微波集成电路技术和声表面波滤波器技术的进展,信道化接收机的体积和功耗等指标正逐步减小,因此它是一种很有前途的测频接收机。

3.4.4 信道化接收机优化设计

为了弥补上述缺点，已研制出频带折叠式和时分制信道化接收机，如图 3.4.4 和图 3.4.5 所示。

频带折叠式信道化接收机仅采用一个分波段分路器，将 m 路波段分路器的输出信号经过取和电路后送入唯一的分波段分路器，同样也覆盖了与纯信道化接收机相同的瞬时带宽，省去 $(m-1)n$ 个信道。可是，由于 m 个波段的噪声也被折叠到一个共同波段中，故而接收机的灵敏度变差。

时分制信道化接收机的结构与频带折叠信道化接收机基本相同，只是用访问开关取代了取和电路。在一个时刻，访问开关只与一个波段接通，将该波段接收的信号送入唯一的分波段分路器，其他所有波段均断开，避免了因折叠频带而引起的接收机灵敏度的下降。访问开关的控制有内部信号控制、外部指令控制、内部控制与外部控制相结合三种方式。

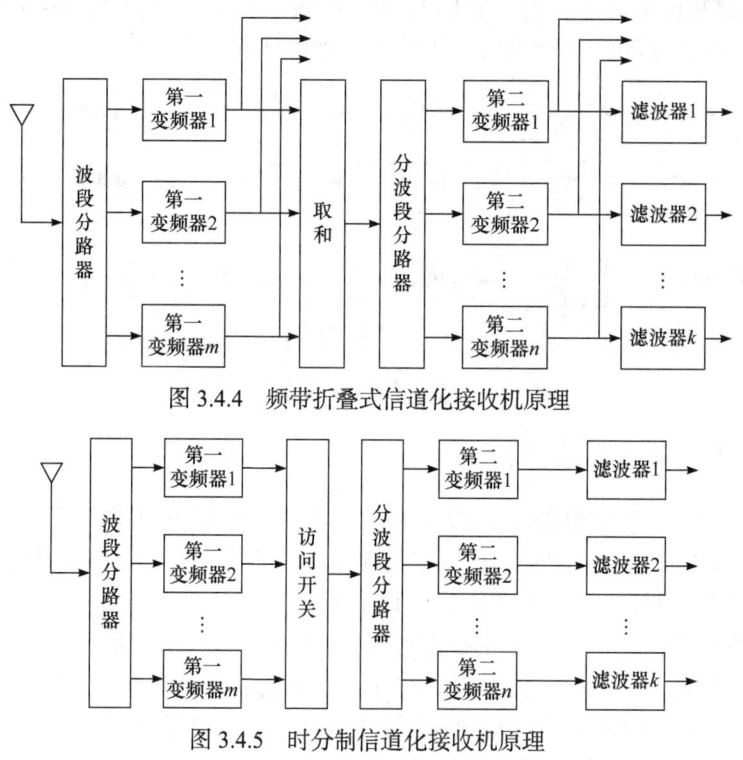

图 3.4.4 频带折叠式信道化接收机原理

图 3.4.5 时分制信道化接收机原理

3.5 数字化接收机

3.5.1 结构与分类

基于数字化接收机概念，一部电子战数字化接收机的基本结构如图 3.5.1 所示。射频信号首先经过接收信道形成滤波后的射频数据或变频后的中频数据，送给模/数转换器

(Analog-to-Digital Converter，ADC)进行采样，将模拟形式的连续信号转换为数字形式的离散信号，然后利用数字信号处理器(Digital Signal Processor，DSP)对离散的数据进行处理，从而提取输入信号的相关信息。

图 3.5.1 数字化接收机基本结构

1. 射频数字化接收机

如果 ADC 直接对射频信号进行采样，那么这种数字化接收机称为射频数字化接收机，射频数字化接收机是真正意义上的数字化接收机，然而这种接收机对 ADC 与 DSP 的要求极高，目前难以获得广泛的运用，如图 3.5.2 所示，射频信号处理对射频信号进行预选滤波与放大等处理，输出的射频信号直接被 ADC 采样。

图 3.5.2 射频数字化接收机基本结构

2. 中频数字化接收机

图 3.5.2 中的数字化接收机直接在射频对辐射源信号进行采样，再对采样数据进行处理。这种方法在目前 ADC 与 DSP 情况下还不大可能得到实际应用，特别是在雷达对抗应用场合。一种折中的方法是把射频信号变换为中频(IF)信号，然后对中频信号数字化，这种方法通常称为下变频，是目前数字化接收机设计所采用的主要方法，常用结构如图 3.5.3 所示。

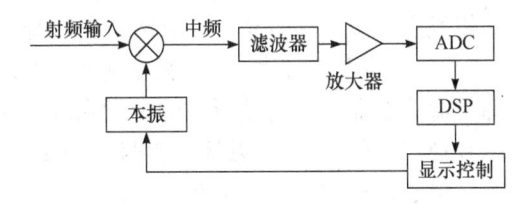

图 3.5.3 中频数字化接收机基本结构

3.5.2 关键技术

数字化接收机涉及的关键技术较多，归纳起来可以分为两大类：一是采样技术，二是数字信号处理技术。获得广泛实际应用与关注的采样技术重点包括奈奎斯特采样与带通采样。数字信号处理技术重点包括数字下变频，以离散傅里叶变换(Discrete Fourier Transform，DFT)、快速傅里叶变换(Fast Fourier Transform，FFT)为代表的频域分析，以及以短时傅里叶变换(Short-Time Fourier Transform，STFT)、维格纳-威尔分布(Wigner-Ville Distribution，WVD)为代表的时频分析技术等。

1. 采样技术

将连续信号 $x(t)$ 转换为数字信号 $x(nT_s)$ 是进行数字信号处理的前提与必要步骤，在实际情况下，需要关注的是 $x(nT_s)$ 能否包含分析 $x(t)$ 所需要的全部信息，这涉及的技术称为采样技术。

1) 奈奎斯特采样

如果输入信号 $x(t)$ 是有限带宽信号，最高频率为 f_H，对 $x(t)$ 采样时，如果能够保证采

样频率 $f_s \geq 2f_H$，那么可由 $x(nT_s)$ 恢复出 $x(t)$，即 $x(nT_s)$ 保留了 $x(t)$ 的全部信息。

奈奎斯特抽样定理指出了对信号采样需要遵循的一般规律，如果 $x(t)$ 不是有限带宽的，则需要在采样前增加抗混叠滤波器，滤除大于 f_H 的频率成分。采样频率 f_s 称为奈奎斯特频率。

2) 带通采样

传统的奈奎斯特采样方法对采样器件的要求高，后续信号处理的数据量大，很难实现实时处理。在实时性要求较高的场合，DSP 处理速度与 ADC 采样速率不匹配，无法完成实时处理，限制了数字化接收机的应用，这是数字化接收机在发展过程中遇到的最大障碍。带通采样技术能够采用较低的采样频率完成对信号的采样，在降低数据率的同时，保存了有用信息，且实施简单，特别适合应用于中频数字化接收机中，通过长期理论和实验研究，目前带通采样技术已走向工程应用阶段。

对于固定中频的带通信号，当采样频率 f_s 满足式(3.5.1)时，可以无失真地恢复信号。

$$\begin{aligned} &2B < f_s < 2f_H \\ &2f_H/K \leq f_s \leq 2f_L/(K-1) \\ &2 \leq K \leq f_H/(f_H - f_L) \end{aligned} \quad (3.5.1)$$

式中，K 为正整数；B 为信号带宽；f_H 与 f_L 满足关系式 $f_H - f_L \leq f_L$。

在应用带通采样原理时，需要注意以下几个方面。

(1) 根据表达式(3.5.1)可以计算出很多的 K 值，当 K 取偶数时，信号最靠近零点的频谱将发生"反折"现象，K 取奇数可以避免这一现象，因此，在实际应用中，K 取奇数。

(2) K 值取得过大，采样频率越小，越接近信号带宽的两倍，对带通滤波器的要求较高，即带通滤波器需要有接近 1 的矩形系数，实际中很难满足，所以很少采用。

(3) 带通采样会导致输入信号信噪比一定程度上的恶化，但是恶化程度不高。

带通采样技术实际上完成了信号的下变频，变频以后的信号频率 f' 与原信号频率 f 之间的关系为如式(3.5.2)所示，K 取奇数：

$$f = f_s \cdot \text{ROUND}(f_c/f_s) + f' \quad (3.5.2)$$

式中，ROUND() 表示向下取整；f_c 为接收机中频。

假设某窄带中频超外差接收机中频输出信号频率 $f_c = 160\text{MHz}$，接收机中频带宽 $B = 20\text{MHz}$，则 $f_H = 170\text{MHz}$，$f_L = 150\text{MHz}$，将它们代入式(3.5.1)可以计算得到 K 取不同值时的带通采样频率如表 3.5.1 所示。

表 3.5.1　$f_c = 160\text{MHz}$，$B = 20\text{MHz}$ 时的带通采样频率表

K	2	3	4	5	6	7	8
带通采样频率/(MS/s)	170～300	114～150	85～100	68～75	57～60	49～50	42.5～42.85

对于本例中的接收机，传统的采样频率可以选取 500MHz，数据量很大，不利于实时处理。下面给出在中频带宽内，有两个同时到达信号，频率分别为 162MHz 和 158MHz，幅度比为 2∶1，在采样频率分别为 500MHz、70MHz、310MHz 和 200MHz 时的频谱，计算结果如图 3.5.4 所示。其中采样频率为 500MHz 时，满足奈奎斯特采样条件，可以作为参

考基准。

根据计算机仿真,可以得到如下结论。

(1) 当采样频率为 70MHz 时,信号频谱没有发生混叠,且计算结果完全正确,与采用 500MHz 采样频率时的情况一致。此时的采样频率为 $K=5$ 时的带通采样频率。

(2) 当采样频率为 310MHz 时,信号频谱没有发生混叠,但是计算结果完全错误。此时的采样频率既不满足奈奎斯特采样定理,也不满足带通采样条件。

(3) 当采样频率为 200MHz 时,信号频谱没有发生混叠,但是计算结果出现错误。此时的采样频率不满足奈奎斯特采样定理,但是满足 $K=2$ 时的带通采样频率,由于 K 为偶数,计算结果错误。

采用带通采样技术在降低数据量的同时,可以以较低的采样速率实现模拟信号的数字化,并且不丢失信号中携带的信息。

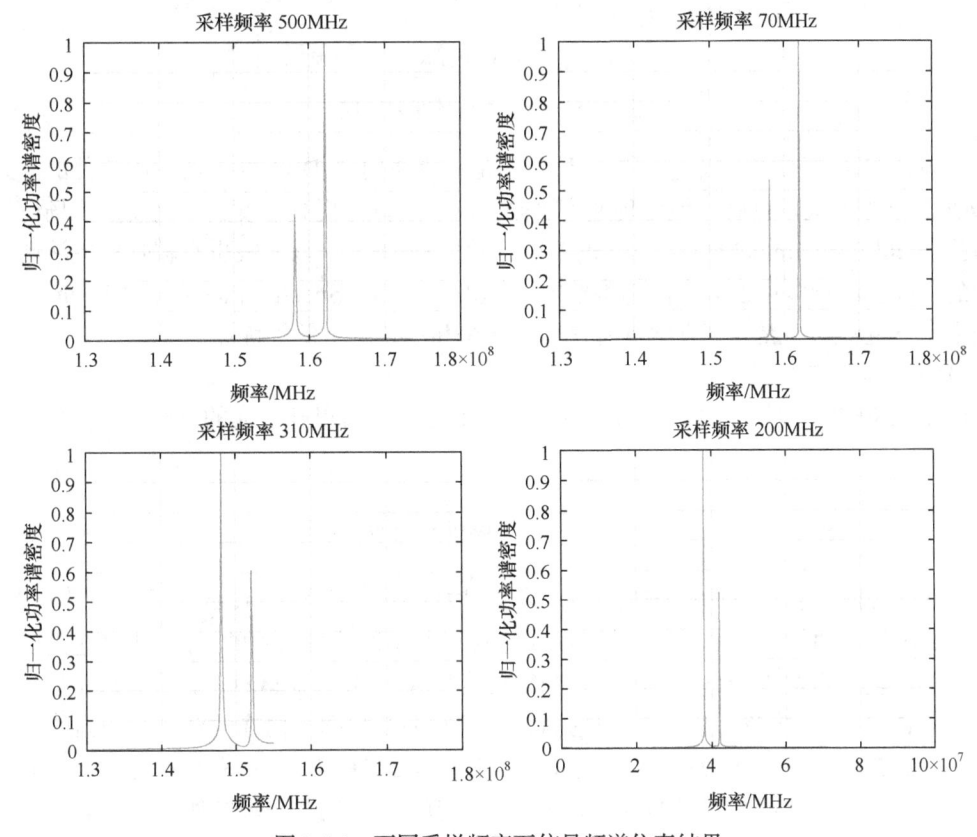

图 3.5.4 不同采样频率下信号频谱仿真结果

2. 数字信号处理技术

数字信号处理涉及的技术种类繁多,功能各异,本节重点介绍几种在电子对抗领域获得广泛实际应用的数字信号处理技术,包括数字下变频技术、DFT 与 FFT 技术、时频分析技术等。

1) 数字正交下变频技术

在电子对抗领域,多采用中频数字化接收机,即变频前端将射频信号变换到适合 ADC

采集和处理的中频信号，由 ADC 完成数/模转换，后续的数字信号处理算法对采样的数据进行处理。当前的处理方法包括两大类：一是直接在中频进行分析处理，这种处理方式的数据量大，不适合实时处理；二是采用数字下变频（Digital Down Converter，DDC）模块降低采样信号的速率，同时保证降频后的信号能够真实地反映原始信号的特性，后级数字信号处理器进一步对降速之后的数据进行分析。

DDC 是将信号的有效频谱搬移到基带，同时对其进行抽取降低数据的速率，DDC 的原理如图 3.5.5 所示，采样信号首先与数字控制振荡器（Numerical Controlled Oscillator，NCO）产生的本振信号混频，实现下变频处理，输出正交（IQ）分量，再经抽取降低数据速率，用于后续进一步的处理。

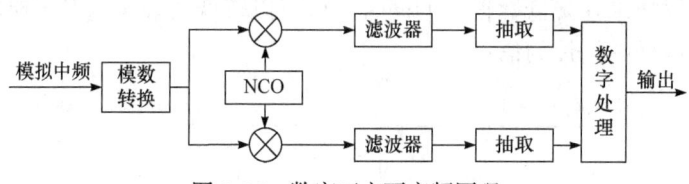

图 3.5.5 数字正交下变频原理

目前，DDC 的实现方案主要有三种：一是采用通用的 DSP 处理器，用软件的方式实现 DDC，该方案灵活性强，但处理速度受限，需改进算法提高速度；二是使用现场可编程门阵列（Field Programmable Gate Array，FPGA）实现 DDC，该方案也有较强的灵活性，但消耗的硬件资源较多；三是利用专用集成电路（Application Specific Integrated Circuit，ASIC）实现数字下变频的功能，该方案具有计算速度快和单片成本低等优点。

2) DFT 与 FFT 技术

DFT 与 FFT 主要用于计算信号的频谱，DFT 是连续傅里叶变换的离散形式，其计算公式为

$$X(k)=\sum_{n=0}^{N-1}x(n)\exp\left(-\mathrm{j}\frac{2\pi}{N}nk\right) \tag{3.5.3}$$

式中，$x(n)$ 是输入信号的时域采样序列，该序列为有限长采样序列；N 为序列点数；$X(k)$ 为计算输出信号的频域采样序列，采用 DFT 能够很方便地计算信号的频谱。从表达式(3.5.3)可看出，实现 N 点的 DFT 运算需要 N^2 个复数乘和 N^2 个复数加运算，计算量较大。

FFT 是 DFT 的快速算法，其原理是将长序列 DFT 根据其内在的对称性和周期性分解为短序列的 DFT 之和。N 点的 DFT 先分解为 2 个 $N/2$ 点的 DFT。每个 $N/2$ 点的 DFT 又分解为 $N/4$ 点的 DFT。最小变换的点数即 FFT 的"基数"。因此，基数为 2 的 FFT 最小变换是 2 点 DFT（或称蝶形运算）。在基数为 2 的 N 点 FFT 中，设 $N=2M$，则总共可分成 M 级运算，每级中有 $N/2$ 个蝶形运算，则 N 点 FFT 总共有 $(N/2)\log_2 N$ 个蝶形运算，而 1 个蝶形运算只需 1 个复数乘法、2 个复数加法，因此对 N 点 FFT 需计算 $(N/2)\log_2 N$ 个复数乘法、$N\log_2 N$ 个复数加法，相对于 DFT，运算量大大减少。

3) 时频分析技术

傅里叶变换技术是应用最为广泛的数字信号处理技术，但是傅里叶变换有其自身的缺陷，它仅仅能够分析出信号中包含的频率分量，无法准确分析出各频率分量出现的时间，即信号频率随时间的变换情况，这对于非平稳信号尤为重要。只知道信号包括哪些频率

分量是不够的，还需要知道各频率分量出现的时间，即信号频率随时间的变化情况，这就是时频分析技术需要解决的问题。信号的时频分析主要包括 STFT、小波变换以及 WVD 等几种。

STFT 是一种常用的时频分析方法，假设待分析的信号为 $s(t)$，窗函数为 $g(t)$，$g(t)$ 相对于 $s(t)$ 来说比较小，即 $g(t)$ 是一个沿时间轴滑动的宽度很短的函数，于是信号的 STFT 定义可以表示为

$$\text{STFT}(t,f) = \int_{-\infty}^{+\infty} s(\tau)g(\tau-t)e^{-j2\pi f\tau}d\tau \tag{3.5.4}$$

WVD 是一种非常实用的非平稳信号处理技术，对信号的分析更加侧重于局部特性，在时域和频域都具有一定的分辨率，因此，非常适合提取雷达信号的瞬时频率与细微特征。与 STFT、小波变换等线性时频表示不同，二次型时频表示能够更加直观与合理地表示信号，WVD 就是一种常用的二次型时频分布。WVD 是分析非平稳时变信号的重要工具，在一定程度上解决了 STFT 存在的问题，其重要特点之一是具有明确的物理意义，可看作信号能量在时域和频域中的分布。

实信号 $x(t)$ 的 WVD 定义见式(3.5.5)：

$$W_x(t,f) = \int_{-\infty}^{+\infty} s\left(t+\frac{\tau}{2}\right)s^*\left(t-\frac{\tau}{2}\right)e^{-j2\pi f\tau}d\tau \tag{3.5.5}$$

式中，$s(t)$ 为信号 $x(t)$ 的解析信号。

STFT 是以同一分辨率来分析信号，其分辨率在时间-频率平面的所有局域都相同。如果某些基函数持续时间很短，另外一些基函数持续时间相对较长，则可以得到不同的时间与频率的分辨率。实现这一目标的一种方法是构造持续时间很短的高频基函数和持续时间很长的低频基函数，这就是小波变换的基本思路。基函数表示为

$$h_{a,b}(t) = \frac{1}{\sqrt{a}} h\frac{t-b}{a} \tag{3.5.6}$$

当 a 较大时，基函数变为展宽的原始小波基，它是一个低频函数；当 a 较小时，基函数则成为缩小的小波基，是一个短的高频函数，小波变换的定义为

$$WT_x(a,b) = \frac{1}{\sqrt{a}} \int_{-\infty}^{+\infty} h^* \frac{t-b}{a} x(t)dt \tag{3.5.7}$$

可以用滤波器的思维理解小波变换，如果把小波变换理解为带通滤波器组，那么滤波器的带宽 Δf 与滤波器中心频率 f 之比为常数 C，$C = \Delta f/f$，即频率越高，时间分辨率越高。而 STFT 的滤波器组的带宽始终相同，分辨率保持恒定。

3.6 其他接收机

3.6.1 瞬时测频接收机

瞬时测频(Instantaneous Frequency Measurement, IFM)技术最初于 20 世纪 50 年代由 MULLARD 实验室研究发展，之后在军事上获得广泛应用，其特点是能在极短的时间内测

量出接收信号的频率信息。通过截获敌方通信或雷达的工作频率,实现雷达干扰、抗干扰、被动捕获、主被动捕获等功能。

早期的瞬时测频接收机通常采用波导元件、行波管和阴极射线显示器等来实现,体积大、结构复杂,一般只用于地面设备和较大的平台上。后来,随着相位自相关技术的发展,通过将信号的频率信息转化为幅度信息,从而通过对幅度信息的测量实现频率的测量。干涉仪比相法瞬时测频就是其中的典型代表,其原理如图 3.6.1 所示,主要由限幅放大器、基本测频单元及编码器等组成,具备体积小、测频速度快、测频精度高、瞬时频带宽等优点。

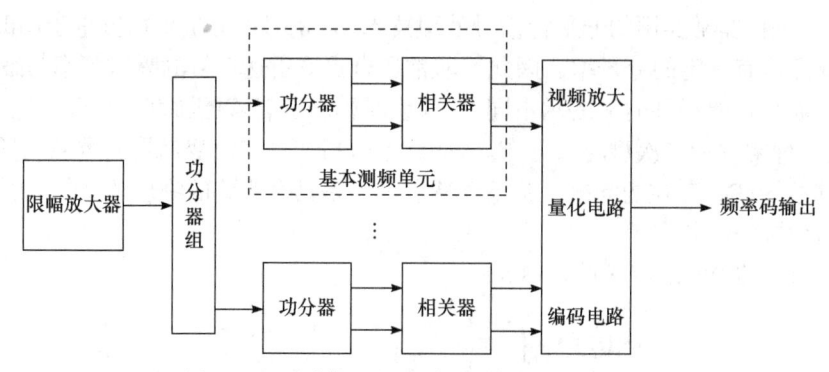

图 3.6.1 干涉仪比相法瞬时测频接收机原理图

1. 瞬时测频的基本原理

雷达信号本质上可以看作正弦波,由于正弦波的相位与信号载频 f、时间 t 成正比,因此将同一雷达信号分成两部分,并经过不同的延时,这两部分的相位差 Φ 仅与延时差 T 和信号载频 f 成正比($\Phi = 2\pi fT$),由于延时差已知,则通过测量相位差 Φ 即可间接测量出信号载频 f,这就是瞬时测频的基本原理。

1) 微波鉴相器的基本原理

最简单的微波鉴相器的基本结构包括功率分配器、延迟线、加法器以及平方律检波器等,如图 3.6.2 所示,其主要作用是实现信号的自相关运算,得到信号的自相关函数。

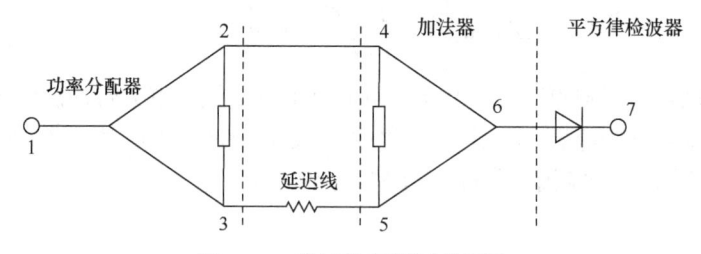

图 3.6.2 微波鉴相器原理框图

设输入复信号:

$$u_1 = \sqrt{2}A e^{j\omega t} \tag{3.6.1}$$

功率分配器将输入信号功率等量分配,在"2"点、"3"点的电压:

$$u_2 = u_3 = A e^{j\omega t} \tag{3.6.2}$$

而"4"点相对于"2"点相移为零,所以 $u_4 = u_2$,而"5"点相对于"3"点电压有一个时间延迟,即

$$u_5 = u_3 e^{-j\Phi} = A e^{j(\omega t - \Phi)} \tag{3.6.3}$$

式中,$\Phi = \omega T = \dfrac{\omega \Delta L}{C_g}$,$\Delta L$ 为延迟线的长度,C_g 为延迟线中电磁波的传播速度。经过加法器,"6"点的电压和模值分别表示为

$$u_6 = u_4 + u_5 = A e^{j\omega t}\left(1 + e^{-j\Phi}\right) \tag{3.6.4}$$

$$|u_6| = \sqrt{2} A \sqrt{1 + \cos \Phi} \tag{3.6.5}$$

经过平方律检波器,输出的视频电压为

$$u_7 = 2KA^2(1 + \cos \omega T) \tag{3.6.6}$$

式中,K 为检波效率,即开路灵敏度,在平方律区域内为常数。

根据上述讨论可以得出以下结论。

(1) 要实现自相关运算,必须满足 $t < \tau_{\min}$($\tau_{\min}$ 为测量脉冲的最小宽度),否则不能实现相干,这一条件限制了延迟时间的上限。

(2) 由于信号的相关函数为周期性函数,因此只有在 $0 \leqslant \Phi < 2\pi$ 区间才可以单值地确定接收机的频率覆盖范围。

由于相移量与频率之间的线性关系,即 $\Phi = 2\pi f t$,则在接收机的瞬时频带 $f_1 \sim f_2$ 范围内,最大相移差为 $\Delta \Phi = \Phi_2 - \Phi_1 = 2\pi(f_2 - f_1)t = 2\pi$,所以对于给定延迟时间 t 的相关器,最大单值测频范围为

$$f_2 - f_1 = \frac{1}{t} \tag{3.6.7}$$

这就说明延迟线的长度决定了单值测频范围,要扩大测频范围只有采用短延迟线。

(3) 信号自相关函数输出与信号的输入功率成正比,这样输入信号幅度的不同会影响后续量化器的正常工作,使测频误差增大。因此在鉴相器之前要对信号限幅,保持输入信号幅度在允许的范围内变化。

(4) 在检波器的输出信号中,除了有与信号频率相关的分量外,还包括与信号频率无关的分量,应尽量消除其影响。

2) 极性量化器的基本原理

模拟比相法瞬时测频接收机的主要优点是电路简单、体积小、重量轻、运算速度快等,能实时地显示被测信号频率,但也存在严重的不足:测频范围小,测频精度低,且二者之间的矛盾难以统一。因此,现代接收机多采用极性量化法,并称这种测频接收机为数字瞬时测频(Digital Instantaneous Frequency Measurement,DIFM)接收机。

如果将两路正交正弦电压分别加到两个电压比较器上,输出正极性时为逻辑"1",输出负极性时为逻辑"0",这样就把 360° 范围分成了 4 个区域,从而构成 2bit 量化器,如图 3.6.3 所示。

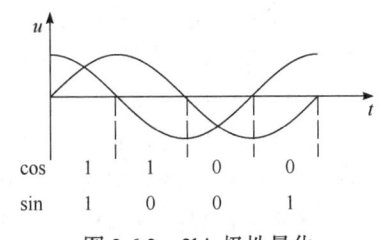

图 3.6.3 2bit 极性量化

将两路信号进行适当变换，使每个信号产生一个相位滞后 α，就可以得到更小的量化相位，其方法如下。

对两路正交信号 $\sin\alpha$ 和 $\cos\alpha$ 进行加权处理变成相位滞后为 α 的两路正交信号，即按照式(3.6.8)、式(3.6.9)对信号进行变换：

$$\tan\alpha\sin\Phi+\cos\Phi=\frac{\sin\alpha\sin\Phi+\cos\alpha\cos\Phi}{\cos\alpha}=\frac{\cos(\Phi-\alpha)}{\cos\alpha} \tag{3.6.8}$$

$$\sin\Phi-\tan\alpha\cos\Phi=\frac{\sin\Phi\cos\alpha-\cos\Phi\sin\alpha}{\cos\alpha}=\frac{\sin(\Phi-\alpha)}{\cos\alpha} \tag{3.6.9}$$

在原来正交信号的基础上增加相移为 $\alpha=45°$ 的一对正交信号，就可以将 360° 范围分成 8 等份，从而构成 3bit 量化器。在此基础上，再增加 $\alpha=22.5°$ 和 $\alpha=67.5°$ 的两对正交信号，就可以构成 4bit 量化器，以此类推可以构成 5bit、6bit 量化器等。

多比特极性量化器输出编码的值与雷达信号的频率相对应，由于 $f=\Phi/(2\pi T)$，则频率测量误差与相位和延迟线的测量误差有关。如果不考虑延迟线的测量误差，则频率的分辨率与相位分辨率之间的关系如式(3.6.10)所示：

$$\Delta f=\frac{\Delta\Phi}{2\pi T}=\frac{\Delta\Phi}{2\pi}\Delta F \tag{3.6.10}$$

ΔF 为不模糊带宽，若 ΔF =2GHz，$\Delta\Phi$ =22.5°(即 4bit 量化)，则 Δf =125MHz。同理，若 ΔF =2GHz，$\Delta\Phi$ =11.25°(即 5bit 量化)，则 Δf =62.5MHz。由此可见，单路鉴相器不能同时满足测频范围和测频误差的要求，因此必须采用多路鉴相器的并行运用，由短延迟线鉴相器提高测频范围，由长延迟线鉴相器提高测频精度。

2. 瞬时测频的测频模糊与测频误差

图 3.6.4 为两路并行数字瞬时测频接收机的组成原理。实际的数字瞬时测频接收机几乎都是多路并行工作的，各路量化器分别输出各自的频率代码。由于各路鉴相器的电路特性偏离理想特性，输入信号幅度的起伏，以及接收机内部噪声引起了极性量化器的错误，尤其是在正交信号通过零点(即相位区间的分界线)时不陡直，更加剧了这种效应。

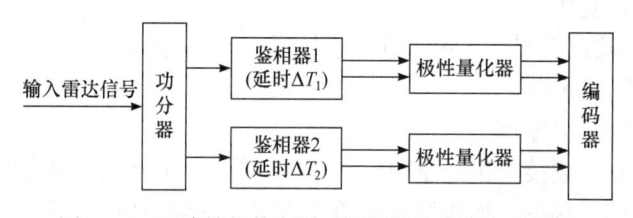

图 3.6.4 两路并行数字瞬时测频接收机的组成原理

这种极性量化错误对总输出码的高位影响特别严重，因为高位频率码对应的正弦和余弦函数在 Δf 频率范围内，相对变化范围较小，因此高位的正弦、余弦函数通过零点时的斜率小，较小的噪声或系统误差就可能使输出电压极性发生变化，即 Φ（相位差）对于信号频率变化的敏感度低。而对于低位来说，在同样条件下，过零点时电压斜率高、灵敏度高，不容易发生极性量化错误。如果用频率码的低位来校正频率码的高位就能消除测频模糊。

当输入信号的频谱较宽，被信道化接收机多个信道接收时会产生测频模糊。同样在数字瞬时测频接收机中，若输入信号频率正好在相位区间的分界线左右，则接收机输出频率代码也会发生混乱,即产生测频误差。测频误差主要来源于相位误差 $\Delta \Phi$ 和延时误差 Δt。这里,只讨论相位误差的影响。

造成相位误差的主要原因有:鉴相器元件性能与理想值偏离所引起的相位误差 $\Delta \Phi_c$,有限的相位量化率造成的相位量化误差 $\Delta \Phi_q$,系统内部噪声引起的相位噪声 $\Delta \Phi_N$,同时到达信号造成的信号矢量相位的偏离 $\Delta \Phi_i$。对相位误差的综合影响为

$$\Delta \Phi^2 = \Delta \Phi_c^2 + \Delta \Phi_q^2 + \Delta \Phi_N^2 + \Delta \Phi_i^2 \tag{3.6.11}$$

1) 鉴相器的相位误差

实际工作中,由于信号频率的不同、脉冲幅度和宽度的变化、环境温度的升降等实际原因,元件的实际特性和理想特性偏离,从而引起了相位误差。通常,宽频带鉴相器相位误差为 $10°\sim15°$,高质量宽频带鉴相器的相位误差可缩小到 $5°$。

2) 相位量化误差

相位量化误差由最小量化单元宽度所决定。如果量化误差为均匀分布的,可以导出相位误差有效值 $\Delta \Phi_q$ 与最小量化单元宽度 $\Delta \Phi$ 之间的关系,即

$$\Delta \Phi_q = \frac{\Delta \Phi}{2\sqrt{3}} \tag{3.6.12}$$

当鉴相器为 6bit 时,$\Delta \Phi = 5.6°$,$\Delta \Phi_q = 1.6°$。可见,采用 6bit 量化器,相位量化误差已比鉴相器的相位误差小很多,再进一步提高量化器的比特数将失去实际意义。

3) 系统内部噪声引起的相位误差

接收机的内部噪声是宽带高斯白噪声,它必然会引起被测信号矢量相位的起伏——相位噪声。接收机内部噪声电平越高,相位噪声越大。为了抑制微波检波器和视频放大器产生的噪声,在接收机前端增加低噪声限幅放大器。

比相法瞬时测频接收机是一种具有高截获概率的精确测频接收机,被广泛用于告警和干扰机频率引导等电子支援侦察系统或电子情报侦察系统。其主要缺点是,当存在同时到达的信号时,测频误差增大,甚至造成测频误差或信号丢失,因而其在高密度信号环境下会受到一定的限制。

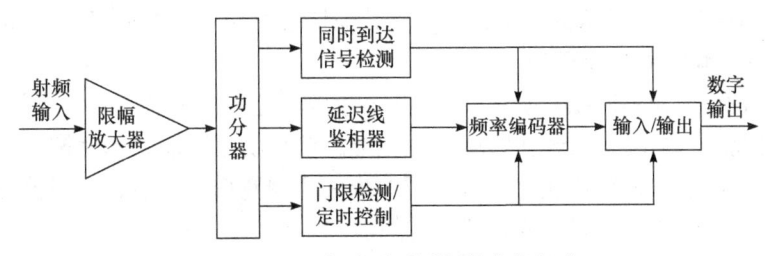

3. 比相法瞬时测频接收机

比相法瞬时测频接收机组成如图 3.6.5 所示,经过限幅放大的射频信号,通过功分器送到延迟线鉴相器,实现频率-相位的变换,由延迟线鉴相器输出一对正交视频电压送到后续的频率编码器。频率编码器对输出电压进行极性量化,并完成编码和校码,然后送到输入/输出电路,最后送到预处理器和显示器等。

图 3.6.5 比相法瞬时测频接收机组成

比相法瞬时测频接收机的主要技术参数如下。

(1) 不模糊带宽 ΔF，即测频范围或瞬时频带，它由最短延迟线的延时 $T_{\min}$ 确定。

(2) 频率分辨单元，亦称平均频率分辨率，即频率的最小量化单元宽度。

(3) 频率精度。输出频率码能代表实际输入信号频率所要求的精度，一般用均方根值、误差分布来描述。

(4) 频率截获概率。当脉冲宽度大于最长延迟线的延迟时间时，对单个脉冲频率的截获概率趋向于 1。

(5) 灵敏度和动态范围。由于测频误差要求的信噪比比虚警概率所要求的信噪比高，所以应按测频误差要求的信噪比确定接收机的灵敏度。典型灵敏度的数值为 $-50\sim-40\mathrm{dBm}$，动态范围典型值为 $50\sim60\mathrm{dB}$。

(6) 对同时到达信号的处理能力。这里所指的同时到达信号是指两个脉冲前沿时差 $\Delta t<10\mathrm{ns}$ 或 $10\mathrm{ns}<\Delta t<120\mathrm{ns}$，称前者为第一类同时到达信号，后者为第二类同时到达信号。由于信号的日益密集，两个以上信号在时域内重叠的概率增大，测频接收机对同时到达信号应能精确地测量它们的频率，并且不丢失其中的弱信号。

(7) 测频时间。即从信号进入接收机输入端，到输出端完成一个精确的频率码之间的时间差，由最长延迟时间和编码时间等决定。测频时间越长，丢失信号的概率越大。测频时间的典型值为 $100\sim300\mathrm{ns}$。

(8) 遮蔽时间。指接收机能精确测量相邻两个脉冲频率所需要的最小时间间隔，与脉冲展宽时间、稳定时间、恢复时间以及脉冲尖峰等因素有关，通常为 $50\sim70\mathrm{ns}$。

3.6.2 压缩接收机

许多电子战 (Electronic Warfare, EW) 应用需要用宽带接收机来应对现代环境威胁，这些环境通常包含各种信号类型和纷繁复杂的调制样式。压缩接收机 (CxRx) 就是这样一种可满足宽带 EW 接收机多种需求的接收机，通过对输入端信号进行实时傅里叶变换，典型地在几微秒内就可完成几百兆赫的搜索，因此信号截获处理是相当快的。一台超外差搜索接收机以相同的分辨率搜索相同的频率范围将需要几百毫秒。这个速度使得压缩接收机非常适合截获跳频扩频 (Frequency Hopping Spread Spectrum, FHSS) 信号，它也为检测直序扩频 (Direct Sequence Spread Spectrum, DSSS) 信号提供了一种非常有效的方法。CxRx 的另一个显著特点是具有对当前分析信号的幅度和相位的保持能力，这使得其可直接应用于截获系统的多通道天线阵列，以求出信号的到达角。

压缩接收机的实现是基于 chirp-Z 变换的。压缩接收机是一种可快速搜索某一频率范围，并对其射频输入端的每个信号进行时分输出的射频处理设备。这些输出样本经过处理生成 RF 脉冲描述字或形成队列信息，提供给其他接收机使用。CxRx 是一个傅里叶变换设备，它具有接近 100% 的截获概率。

基本的 CxRx 由压缩网络 (包含一个或几个色散延迟线及其后接的一个包络检波器) 和参数编码器组成。压缩网络实现在频域和时域上的信号功率压缩，同时按一定的时间间隔输出样本。对于每个 RF 样本包络检波器都给出一个视频信号，参数编码器测出频率、幅度、相差和其他信号特征，如脉宽和到达时间。

出现于 CxRx 接收端的 RF 信号与线性扫频的本振 (图 3.6.6) 相乘。这个施加于色散延迟线(Dispersive Delay Line，DDL)的信号时频斜率与本振信号的时频斜率大小相等，但符号相反。所有落在 DDL 带宽内的频谱能量将在一个较短时间间隙内出现于延迟线的输出端。输出信号之间的时间间隔因输入信号具有不同的 RF 频率，而造成 IF 扫频间产生频率偏移。不同输入信号在输出端的时间间隔，使接收机可以对同时接收到的信号进行参数测量。

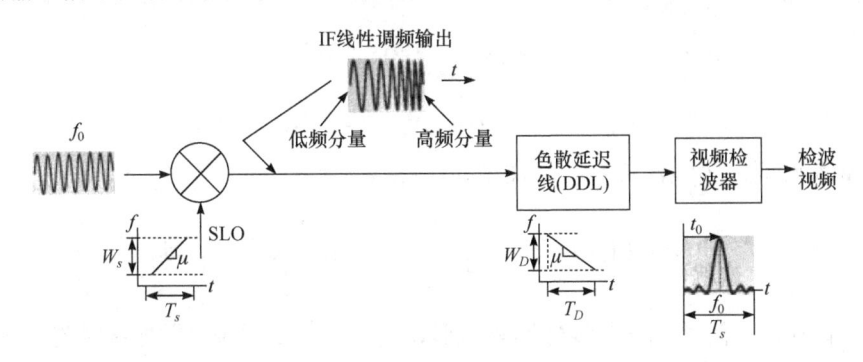

图 3.6.6 压缩接收机框图

1. 压缩接收机的结构

实际线性调频信号和滤波器的长度有限导致了两种可实现的完整 chirp 变换：卷积-相乘-卷积，C(s)-M(l)-C(s)；相乘-卷积-相乘，M(s)-C(l)-M(s)。其中，l 表示长，s 表示短，如图 3.6.7 所示。通常，长 chirp 的长度和带宽是短 chirp 的两倍。如果仅重点关注频率、幅度和两个信道之间的相对相位，那么就可以省去 M-C-M 中最后一个 M 或 C-M-C 中的第一个 C。而绝对相位信息就需要有完整的 M-C-M 或 C-M-C 结构。输入至混频器的复指数表示 chirp 波形(关于时间线性增加或减少的函数)。两种结构在功能上是相同的，它们可以得到相同的输出结果。假如可生成足够的时间带宽(Time-band Width，TW)积，那么 C-M-C 结构通常可为指挥、控制、通信和情报(Command, Control, Communication, and Intelligence, C3I)应用提供最佳的综合性能。

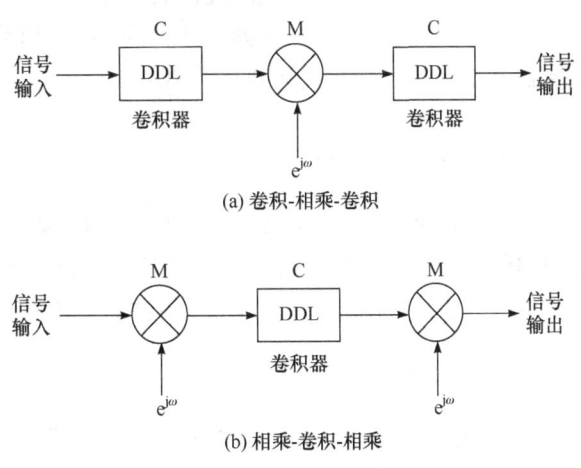

(a) 卷积-相乘-卷积

(b) 相乘-卷积-相乘

图 3.6.7 CxRx 的模拟实现方法

在 C-M 结构中，第一个卷积器的本振信号的线性时频特性与第二个卷积器的时频特性相反。这个零陷效应使得压缩后输出信号的相位失真降至最低。如果相位信息不重要，那么第一个卷积器可以省去，以降低成本和复杂度。

2. 基本工作原理

Chirp 变换算法可以从傅里叶变换的关系式(3.6.13)中代入式(3.6.14)导出。

$$F(\omega) = \int_{-\infty}^{+\infty} f(t)\mathrm{e}^{-\mathrm{j}\omega t}\mathrm{d}t \tag{3.6.13}$$

$$-2\omega t = (t-\omega)^2 - t^2 - \omega^2 \tag{3.6.14}$$

假设频率和时间为线性关系，由式(3.6.14)得到

$$F(\omega) = F(\mu t) = \mathrm{e}^{-\mathrm{j}\frac{1}{2}\mu t^2} \int_{-\infty}^{+\infty} \left[f(t)\mathrm{e}^{-\mathrm{j}\frac{1}{2}\mu u^2} \right] \mathrm{e}^{-\mathrm{j}\frac{1}{2}\mu(t-u)^2} \mathrm{d}u \tag{3.6.15}$$

这样，看到输入信号 $f(t)$ 与线性调频波形 $\exp(-\mathrm{j}\mu u^2/2)$ 预乘，再与线性调频滤波器(由积分和 $\exp\left[-\mathrm{j}\mu(t-u)^2/2\right]$ 确定)进行卷积，然后这个结果与另一个线性调频波形 $\exp(-\mathrm{j}\mu t^2/2)$ 后乘，就可得到傅里叶变换 $F(\omega)$。可以证明，用类似的线性调频滤波器结构也可以实现傅里叶反变换。

在 M(l)-C(s) 结构中，后乘无法得到所期望的傅里叶变换分量，这个方案只能用于在预乘 chirp 的持续时间内、频谱分量保持不变的信号的功率谱分析。最适合傅里叶变换处理器的是滤波器的 M(s)-C(l)-M(s) 结构。

在 M-C-M chirp 变换(图 3.6.8)的全声表面波(Surface Acoustic Wave，SAW)实现中，用于信号相乘的 chirp 波形假定是由脉冲型、物理可实现的 SAW chirp 滤波器产生的。卷积滤波器假定也是这样的一个 SAW chirp 滤波器。预乘的 chirp 信号 $c_1(t)$，后乘的 chirp 信号 $c_2(t)$ 和卷积滤波器 $h_0(t)$ 的脉冲响应均为下面的形式：

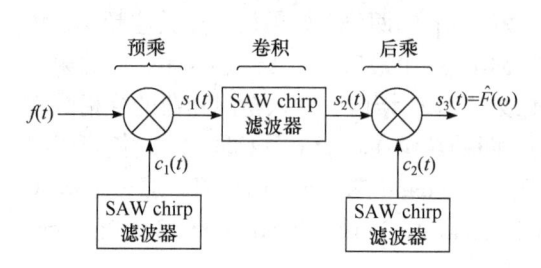

图 3.6.8　M-C-M chirp 变换处理器结构

$$c_i(t) = \mathrm{rect}\left(\frac{t-t_i}{T_i}\right)\omega_i(t)\cos\left(\omega_i t - \frac{1}{2}\mu t^2 + \phi_i\right) \tag{3.6.16}$$

式中，$\mathrm{rect}[(t-t_i)/T_i]$ 表示持续时间为 T_i、中心为 $t=t_i$ 的矩形门函数，忽略了脉冲施加与脉冲响应起始时刻之间的时延；$\omega_i(t)$ 为加权函数；ϕ_i 是相位，后面将指定其值为 0 或 $\pi/2$。因子 μ 被定义为瞬时角频率变化率的大小，它与 chirp 滤波器的色散斜率相对应。

3. 色散延迟线

DDL 具有这样的特性：通过这个器件的信号的时间延迟取决于输入信号的频率，如图 3.6.9(a)所示。因此，如果一个频率为 f_1 的信号被输入 DDL，它将在 τ_1 s 后到达输出端。DDL 对 RF 信号的延迟既可以随频率线性增加，也可以随频率线性减小。DDL 的性能通常用时间带宽积 TW 来描述，它表征了器件的处理增益。带宽(W)为器件的工作带宽，时间

(T)为边带边缘之间时延差,称为色散。

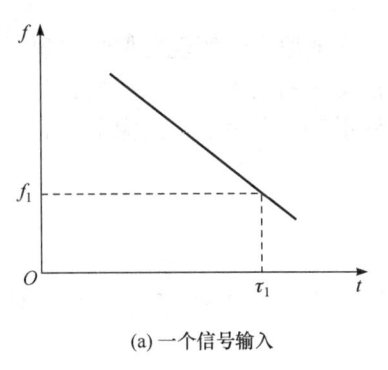

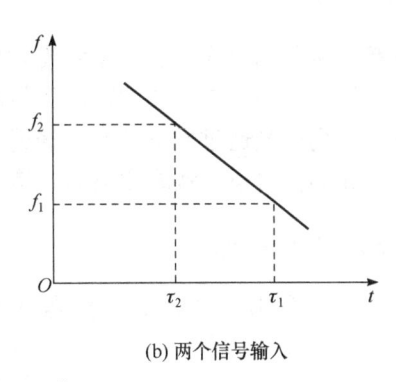

(a) 一个信号输入　　　　(b) 两个信号输入

图 3.6.9　色散延迟线

如果 DDL 的输入频率是从 f_1 到 f_2(图 3.6.9(b))线性变化的,那么输入为 f_1 时,到达输出端的时间为 τ_1。所有中间频率信号到达输出端的时间延迟都在 τ_2 和 τ_1 之间。由于 DDL 具有线性特征,所有这些信号分量在同一时刻到达输出端。时间延迟取决于最慢的传播分量,即 f 的时延。因此,存在一个特别的时延 τ_1,它与从 f_1 到 f_2 的扫频输入相关。

如果 DDL 特性的斜率与图 3.6.9 所示的斜率相反,只要输入信号的扫频方向反向,显然这个过程工作也正常。

4. 性能特点

1) 频率分辨率和测频范围

压缩接收机的频率分辨率通常是压缩线时宽的倒数,压缩接收机的测频范围是压缩线带宽,因此可以分别增大压缩线时宽和带宽来提高频率分辨率和扩大瞬时测频范围,解决了普通搜索式接收机频率分辨率与测频范围的矛盾。

2) 灵敏度和动态范围

由于压缩接收机输出脉冲功率增加 D 倍,它的接收机灵敏度比普通搜索式超外差接收机也相应高 D 倍,但是当输入脉冲宽度小于压缩线时宽时,由于压缩线不能对输入信号有效地进行压缩,此时压缩接收机比普通搜索式超外差接收机的灵敏度增加不足 D 倍。

但由于压缩脉冲从时域上看在主瓣外还有副瓣,显现 sinc 函数形状。两个频率相近而幅度不同的信号同时被接收输出时,压缩后强信号的副瓣可能掩盖弱信号主瓣,使得压缩接收机动态范围受到限制,称为瞬时动态范围,通常为 35~45dB。

3) 同时出现信号的检测

压缩接收机最重要的特征之一是能够检测和处理同时出现的信号。在每个帧周期可编码的信号数量 N_s 是接收机实际分辨率 Δf_0 的函数,$N_s = W_R / \Delta f_0$。输出可以进行选择性的中断,以降低输出的数据速率。可以通过频率、到达角、幅度或一些其他参数实现消隐。

总之,压缩接收机具有截获概率高、灵敏度高、能分离同时到达信号的特点,既能处理常规脉冲信号,又能处理连续波等复杂信号。但由于瞬时动态范围较小,输出窄脉冲丢失原脉冲宽度信息,重频测量也因此而产生误差,尤其是输出脉冲极窄,使得视频处理电路复杂,不容易数字化。如果能解决窄脉冲处理问题,它可以应用于密集信号环境中对复杂、便捷的雷达信号进行侦察。

3.6.3 声光接收机

声光接收机利用声光调制技术和光学傅里叶变换的原理，实现对信号的频谱分析。要实现光学傅里叶变换，首先要把被测信号的频率信息调制到光束上，产生含有信号频率信息的衍射光。衍射光通过傅里叶变换透镜聚集到傅里叶像平面上，由像平面上的光电检测器测量衍射光的衍射角，就能读出输入信号的频率。

1. 基本工作原理

声光调制通常用布拉格(Bragg)器件实现，称为布拉格盒(Bragg Cell)，如图 3.6.10 所示。

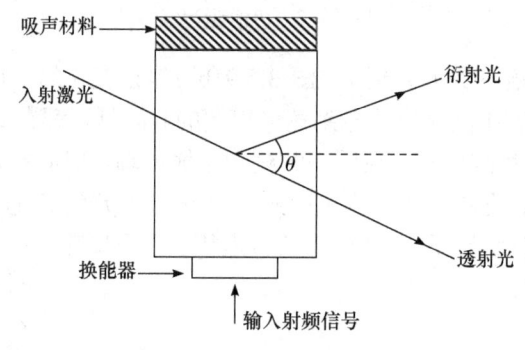

图 3.6.10 布拉格盒示意图

换能器将输入频率为 f_0 的射频信号转换成速度为 v、波长为 v/f_0 的声波，在调制器内传播。一束波长为 λ_0 的激光照射在调制器上，声波对激光束的调制作用产生衍射，一级衍射的偏角 θ 如式(3.6.17)所示：

$$\theta = 2\arcsin\left(\frac{\lambda_0 f_0}{2v}\right) \quad (3.6.17)$$

当 $\lambda_0 f_0 \ll 2v$ 时，即在小偏角的情况下，可近似得到

$$\theta = \frac{\lambda_0 f_0}{v} \quad (3.6.18)$$

这个偏角的大小与输入信号的频率 f_0 成正比，因此测出衍射偏角就可估算出信号的频率。实现光学傅里叶变换的声光接收机装置示于图 3.6.11。激光束通过光束扩展器和准直仪变换成一束平行薄片状光束，这个光束以布拉格角入射到布拉格盒上，输出通过傅里叶变换透镜聚集在光电检测器上。衍射光通过透镜在检测器阵(焦平面上)上的距离偏移如式(3.6.19)所示：

$$F \cdot \theta = \frac{F\lambda_0 f_0}{v} \quad (3.6.19)$$

式中，F 为透镜的焦距。光电检测器由紧密排列的细小光敏元件组成检测阵列，测频的分辨率取决于检测器阵列的密度。

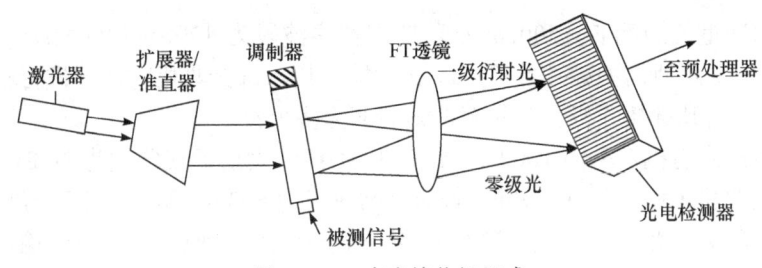

图 3.6.11 声光接收机组成

2. 性能特点

声光接收机的主要优点如下。

(1) 瞬时带宽较宽。声光接收机的瞬时带宽主要受声光调制器的带宽的限制，目前可以达到 0.5~1GHz。在瞬时频带内，对单个脉冲的截获概率为 100%。

(2) 频率分辨率高。在不受光电检测器大小限制且输入脉冲宽度 $\tau_i \geq T$ 的条件下，频率分辨率为 $\Delta f = 1/T$。其中，T 为声波在换能器中的传播时间。T 越大，意味着光口径越大，相位光栅数目越多，相干光线数越多，空间频率平面上明暗分明，光点直径变小。如果 $\tau_i < T$，说明脉冲不能填满光口径，有效光口径减小，输出光的焦点扩大，频谱旁瓣失真，出现频率模糊，从而使频率分辨率下降。

(3) 分离同时到达信号能力强。在信号功率不高的情况下，声光调制器对声信号来说是线性器件，同时到达信号间不发生相互作用。在声束传播过程中，分别对光束进行调制，产生不同的衍射光。由此可见，声光接收机的实质是一种等效的信道化接收机，它直接从频域滤波，故分离性能好。

(4) 能处理多种形式的信号，适用于复杂的电磁环境。

(5) 接收机的灵敏度较高。这是因为它采用了超外差式结构，且进入每个光电检测器单元的噪声只有一个分辨单元内的噪声。

(6) 视频处理电路简单。

声光接收机的主要缺点如下。

(1) 动态范围不够大。声光接收机的动态范围的上限主要受调制器非线性度的限制，下限主要受背景光的限制，只有 30~40dB。

(2) 脉冲波形失真严重。光电检测器的输出脉冲波形与输入信号的脉冲宽度和声光调制器的时宽 T 的相对值有关。

思考题和习题

1. 电子对抗侦察系统若要实现前端截获，必须满足哪些条件？

2. 某侦察设备采用单波束搜索法在[0°,360°]范围内测向，检测只需一个脉冲，被测雷达天线扫描范围也为[0°,360°]，波束宽度为 2°，扫描周期为 5s，脉冲重复频率为 1000Hz。求：
   (1) 采用方位慢速可靠搜索，搜索周期为 60s 可靠测向时，求最窄波束宽度；
   (2) 采用方位快速可靠搜索时的搜索周期和最窄波束宽度。

3. 已知雷达天线转速为 6~15r/min，工作频率范围为 1220~1335MHz，天线波束宽

度 $\theta_a = 3°$，脉冲重复周期 $T_r = 5000\mu s$；若要求侦察波段为 1200~1400MHz，测频精度为 ±10MHz，可靠显示所需的脉冲数 $Z=3$。试问能否用一部接收机对雷达进行频率慢速可靠搜索？若不能，需几部接收机，其频率搜索周期为多少？

4. 假设雷达发射机功率为 1000W，频率为 8GHz，发射天线增益为 30dB，接收天线增益为 20dB，接收机灵敏度为 –65dBm，若侦察站海拔为 600m，那么对于飞行高度为 8000m 的机载雷达和天线高度为 50m 的舰载雷达，最大截获距离分别是多少？（传输损耗 $L=20$dB）

5. 有天线、高频放大器、检波器及连接电缆若干，其特性如题表 3.1 所示。根据表中所列器件的特性，设计一个结构最简单、性能最优的信号检测系统。

题表 3.1　器件特性表

序号	器件	噪声系数/dB	功率增益/dB
1	天线 1	5	10
2	天线 2	6	16
3	高频放大器 1	6	40
4	高频放大器 2	8	50
5	检波器 1	3	0.7
6	检波器 2	4	0.9
7	电缆 1	2	0.8
8	电缆 2	4	0.6

6. 接收机的灵敏度计算需要考虑哪些因素？

7. 某接收系统的有效带宽为 10MHz，系统噪声系数为 13dB，接收信号进行处理所需信噪比为 6dB，求常温下该系统的灵敏度是多少？

8. 简述一般动态范围、瞬时动态范围、安全动态范围和多信号动态范围的基本概念，并按其大小进行排序。

9. 超外差接收机的优缺点主要有哪些？

10. 分析超外差接收机产生中频干扰和镜频干扰的原因，并分析如何消除这两种干扰。

11. 某宽带滤波-高中频超外差搜索测频接收机测频范围为 [2GHz, 4GHz]，显示条件脉冲数 $Z=1$，被测雷达的脉冲重复周期 PRI=1ms，波束宽度为 2°。采用圆周扫描，扫描周期为 $T_a=5$s。试求：

(1) 选择合适的第一中频并确定本振的搜索范围；

(2) 采用频率慢速可靠搜索的搜索周期和最窄的接收机带宽（精确至整数）。

(3) 在最窄接收机带宽条件下，该超外差接收机的频率分辨率与测频精度大约为多少？

(4) 在最窄接收机带宽条件下，假设接收机的噪声系数 F 为 6dB，输出信噪比为 13dB（检测因子 D）时能够正常工作，那么接收机的灵敏度约为多少？

12. 某信道化接收机工作频率范围是 6~8GHz，频率粗分路有 20 路，每个粗通道又分成 10 个细通道，每个精细通道的带宽为多少？该接收机的测频精度与频率分辨率分别为多少？

13. 信道化接收机为何会出现测频模糊？如何解决？

14. 某信道化接收机测频范围为[2GHz,4GHz]，采用 4×4×4 结构，试求：

(1) 频率分辨率；

(2) 若有 2223MHz 信号进入，求其在接收机中的传输通道和频率估计值。

15. 简要解释射频数字化接收机与中频数字化接收机的工作原理。

16. 数字化接收机涉及的关键技术主要包括哪几类？

17. 假设某窄带超外差接收机中频输出信号频率为 160MHz，接收机中频带宽为 20MHz，对该信号进行数字化，利用带通采样技术，使用列表方式分析可用的采样频率。

18. 某比相法瞬时测频接收机测频范围为[2GHz,4GHz]，3 路并行运用，相邻迟延比为 4，最长迟延支路的量化为 3bit，试求：

(1) 三路迟延的时间，理论测频精度；

(2) 若有 2223MHz 信号输入，试求其测频编码输出。

19. 假设测频范围是[1000MHz, 2000MHz]，采用 3bit DIFM 测频接收机。试求：

(1) 入射雷达信号载频为 1350MHz，则 DIFM 对应的频率编码是多少？

(2) DIFM 输出频率码为 010，对应的雷达信号频率是多少？

20. 瞬时测频接收机对同时到达的多个信号可以测频吗？为什么？

21. DIFM 接收机的频率分辨率、测频精度和最大不模糊带宽由哪些因素决定？

22. 总结和比较超外差接收机、信道化接收机、数字化接收机和瞬时测频接收机的性能，并指出其应用场合。

第4章 侦察信号处理

4.1 引 言

4.1.1 侦察信号处理的基本内容

电子对抗侦察的最终目的是获取雷达、通信等辐射源的技术与战术情报。这些情报包括辐射源用途、性能、型号、配置平台的位置、工作状态及威胁程度等。

电子对抗所面临的现代信号环境，是由许多辐射源信号随机交叠而成的密集信号流，对辐射源侦察的过程，就是利用侦察接收设备从复杂的电磁环境中搜索、截获信号，检测到电磁波信号后，将之变换为适合信号处理的信号形式，并进行信号的综合分析处理，完成信号的参数测量、分选与识别等分析处理任务，如图4.1.1所示。

信号环境 → 信号截获 → 参数测量 → 信号分选 → 分析识别 → 情报输出

图4.1.1 信号处理功能框图

信号截获是从面临的电磁环境中发现感兴趣的辐射信号；参数测量是完成对截获信号频率、到达方向等参数的测量；信号分选是将同时截获到的混杂在一起的多个辐射源信号分开；分析识别是对每个辐射源信号进行特征分析和属性判别。侦察过程可以按照信号截获、参数测量、信号分选、分析识别依次进行，但实际上，通常需要交叉进行，有的不能截然分开。例如，进行信号侦收检测时，同时也完成了对信号频率、方位参数测量的任务。在现代电子对抗侦察信号处理设备中，有时需要分选、分析、识别往复进行，识别后进一步分析，再进一步识别。

4.1.2 辐射源信号典型特征

电子对抗侦察是通过对侦收信号进行测量、分析、处理，进而推断作战对象的性能，获取辐射源及与其相关的情报信息。根据作战对象不同，电子对抗侦察分为通信对抗侦察、雷达对抗侦察与光电对抗侦察等，通常分析的信号特征参数也有所不同。

1. 雷达信号典型特征

雷达对抗侦察的目的是获取敌方雷达特性。雷达特性是通过雷达的参数来表征的。对雷达对抗侦察来讲，表征雷达特性的参数有频域参数、时域参数、空域参数和幅度参数等。信号的频域参数包括载频、载频的变化范围和变化规律等；信号的时域参数包括信号的脉冲到达时间、脉冲宽度、脉冲重复周期、天线扫描周期及其变化范围和变化规律等；信号的空域参数主要是信号的到达方向、雷达所在位置等；信号的幅度参数主要是信号的相对幅度、天线波束参数等。

1) 载频

载频(Carrier Frequency, CF)也称为射频(Radio Frequency, RF)，是指雷达所辐射信号的工作频率。雷达对抗侦察接收机通常的频段覆盖范围为 0.5~40GHz，并不断向两边扩展。

根据侦收到的雷达工作频率，可以对雷达性能进行某种判断。工作频率越高，天线尺寸一定的情况下，雷达天线方向性越好、波束越窄，测向精度和方位分辨率越高。一般来说，雷达发射机所能发射的最大功率随工作频率升高而下降，接收机灵敏度也随工作频率升高而下降。因而，根据工作频率高低可以概略估计雷达方位分辨率、发射功率和接收机灵敏度等性能指标。

雷达辐射信号的频率一般由测频接收机测量得到，对载频高精度的测量能够有效提高信号分选的可靠性和识别的正确性。

2) 到达时间

到达时间(Time of Arrival, TOA)是指雷达对抗侦察接收机接收到的雷达脉冲上升沿半压点所对应的时间。一个单独的脉冲存在两个半压点：第一个半压点的时间称为脉冲到达时间，第二个半压点的时间称为脉冲终止时间。雷达对抗侦察接收机能够按照 TOA 之间的区别，在复杂的脉冲流中完成对不同辐射源的分选。

3) 脉冲宽度

脉冲宽度(Pulse Width, PW)是指雷达对抗侦察接收机获取的由脉冲信号到达时间至脉冲信号终止时间这一段的时间宽度，可以作为分析雷达工作模式的重要依据。对于常规脉冲雷达，脉冲宽度决定距离分辨率和最小探测距离。

通常来说，雷达辐射的信号脉宽波动不大，较为平稳，因为雷达如果把脉宽的形式设置得过于复杂，抗干扰和解模糊的效果不会很好。但在实际的作战环境中，各种电磁信号高度混杂，而脉冲信号经过大气衰减和各种物体的反射后，会形成多路径效应，产生比较严重的失真，从而使脉宽的准确测量非常困难，所以脉宽不被人们当作有效的分选参数。如果在检波之后、视放之前对脉宽进行测量，就能够有效减少视频放大的失真程度。脉宽的类型主要分为固定脉宽、小抖动脉宽和组间捷变脉宽等。在实际的工程应用中，同一部雷达的脉宽改变不大，在脉宽处于稳定期间，它的抖动范围会在 10% 之内。

4) 脉冲重复间隔

脉冲重复间隔(Pulse Repeat Interval, PRI)是相邻两个脉冲的到达时间之差，与雷达工作性能、工作体制、最大探测距离等有着密切的关系。脉冲重复间隔的倒数称为脉冲重复频率(PRF)，表示单位时间内脉冲的个数。雷达为了解速度模糊和距离模糊，会应用多种类型的脉冲重复间隔，就算是相同类型的雷达，因为硬件结构的区别，脉冲重复间隔也会有细小的不同。

5) 到达方向

到达方向(Direction of Arrival, DOA)也称为到达角，是指信号来波方向，是雷达与雷达对抗侦察接收机所构成的相对角度，和雷达所在的位置有关。到达角的改变一般来讲比较平缓，这一参数不受雷达自身性质的影响，不会像 RF 和 PRI 一样存在多种形式，是雷达信号去交错最可靠的特征。

6) 脉冲幅度

脉冲幅度(Pulse Amplitude, PA)是指雷达对抗侦察接收机测得的雷达脉冲信号的大小，在一定程度上代表脉冲信号的功率或者信号强度。有很多因素会影响到 PA 值的大小，PA 的稳定性比较差。在参数测量中，如果 PA 过小，脉冲其他几项参数的测量就有可能出现较大的偏差，从而降低脉冲去交错的可靠性，所以 PA 常在分析信号以及去交错时作为脉冲参数的可信度评价指标。

7) 脉内特征

脉内特征(Pulse Internal Characteristic，PIC)指的是脉冲信号内部的细微特征。最重要的脉内特征是脉内调制特征，主要有相位调制、频率调制及幅度调制等。利用脉内特征可以帮助降低多参数在空间中的交叠概率，增强信号分析的可靠性。

8) 脉冲群宽度与脉冲群间隔

雷达天线进行扫描时，雷达对抗侦察接收机收到的信号是重复的脉冲群，脉冲群宽度就是雷达天线对侦察接收机的照射时间，脉冲群的间隔就是雷达天线的扫描间隔。

9) 脉冲群包络

脉冲群包络反映出天线副瓣数量及副瓣电平的高低。根据脉冲群包络可以确定雷达测角模糊角度响应电平，进而估算出对雷达旁瓣干扰所需的干扰功率。在接收条件良好的情况下，可以测得脉冲群包络。

在对圆锥扫描角跟踪雷达进行侦察时，从脉冲群包络可以分析出雷达进行圆锥扫描时的锥扫频率。

10) 信号极化形式

信号极化形式(Polarization Mode，PM)是指雷达发射的电磁波在空间传播时，电场矢量几何轨迹的形状。根据形状不同，极化可以分为水平极化、垂直极化和圆极化。一般说来，圆极化用于探测雨中目标或用于探测电离层以上的目标，水平极化用于抑制地物杂波，垂直极化可以减小地面反射所引起的波束畸变。极化可变的雷达具有一定的抗干扰能力。根据测得的信号极化形式，可以大致判断雷达的应用场合和应用目的。

2. 通信信号典型特征

通信对抗侦察信号处理的目的是通过分析提取无线电通信信号的特征，从中获取有价值的敌方通信信息或引导干扰的参数。

1) 内部特征与外部特征

根据从特征中可提取通信信息的程度不同，一般将通信信号特征分为内部特征和外部特征两大类。信号的内部特征通常是指无线电通信信号所传递的信息内容，即接收还原的原始信息，包含话音、图像、数据等。信号的外部特征是指无线电通信信号中所具有的除信号内部特征以外的所有其他特征。内部特征和外部特征完整反映了无线电通信信号特征的两个方面。

(1) 内部特征。

获取内部特征需要提取信号中所有的信息内容，不仅需要把信号接收下来，还必须对信号进行解扩(DS 信号)、解跳(FH 信号)、解调，对于数字信号还需要进行抽样判决、解信道编码、解复用(多路复用信号)、解密码(加密信号)、D/A 转换(数字化传输的模拟信号)才可能恢复"信息"，这些环节中间的任何一个环节出现问题，都可能导致侦察"恢复信息"与通信信息的不同。

早期通信信号种类简单，侦察接收机把信号从信道上截获下来，经过变频、放大、解调后由音频口输出，侦察员用侦听抄收或录音的办法将基带信号记录下来，交给情报分析人员对信号进行破译获得信号的内部特征(情报)。随着通信技术的发展，通信双方为了保证信息安全传输，采用了许多反截获、反识别和抗干扰的技术，如缩短通信时间，给侦察方的搜索和截获带来了极大的困难；发端信息的压缩、加密，给侦听员和译码员带来了严峻的挑战，特别是计算机技术的发展，促进了保密技术的进步，密钥更新极快，熟悉敌方所有通信密码是不可能的。所以，通信信号虽然"裸露"在信道上，但通信对抗侦察靠人工搜索截获、识别信号非常困难，及时提取信号的内部特征难度极大。对敌通信信号外部特征的侦察已成为通信对抗侦察的主要任务。

(2) 外部特征。

无线电通信信号的外部特征主要表现为通联特征和技术特征两大类。

① 通联特征。通联特征主要反映在通信联络过程中体现的组织特点，主要包括通信诸元、联络情况和联络关系、电报作业特点、手法音响特点等内容。通信诸元是指由通信频率、电台呼号、通信术语和通联时间构成的通信联络的几项重要元素，是监听敌方无线电信号的基本元素；联络情况和联络关系是指通联时长、通联次数(频繁程度)、通联程序、通信网络组成等方面的内容；电报作业特点是指电报的种类、数量、等级、结构等内容；手法音响特点是指信号的音响情况以及人工莫尔斯电报的手法等特点。通联特征通常要依靠预先情报侦察、耳听侦察以及分析判断得到。

② 技术特征。技术特征是指无线电通信信号在技术方面反映出来的特点，主要是用信号的波形、频谱和技术参数来表征的。按照特征的属性，技术特征可分为信号特征、辐射源特征和运载平台运动特征；按照特征的分布"域"，技术特征可分为频域特征、时域特征、空域特征、调制域特征和网络域特征等。

频域特征技术参数主要有信号工作频率、频谱结构、占用带宽、跳频信号的跳频频率集等。

时域特征技术参数主要有信号的波形、数字基带信号的码元宽度与码元速率、跳频信号的跳频速率等。

空域特征技术参数主要有信号的相对电平、极化方式、来波方位、电台的地理位置参数、运载平台的运动轨迹等。空域特征参数的提取已经形成独立的学科，即无线电测向。

调制域特征技术参数主要有 AM 信号的调幅度、FM 信号的调频指数、FSK 信号的频移间隔、DS 信号的扩频码长度等。

网络域特征技术参数主要有辐射源种类、网络协议、通信诸元、电台呼号、通联时间、联络情况等。

信号的特征参数可能与多个"域"有关，如信号的时频特性、跳频信号的跳频图案等。

信号的技术参数需要通过测量才能得到。通过对信号技术参数的分析、判断，可以得到信号种类、通信体制、网络组成等方面的信息。

2) 一般技术特征与细微技术特征

根据通信信号特征的差异性程度，可将通信信号特征分为一般技术特征和细微技术特征。

(1) 一般技术特征。

通信信号的一般技术特征所对应的技术特点和技术参数比较容易提取测量和分析识

别。一般技术特征中各种信号共有的特征主要有信号的工作频率、信号的频谱结构与带宽、信号的波形与相对电平、信号来波方位、电波极化方式等。

侦察或监听接收到的无线电通信信号都是经过调制的已调信号，不同的调制信号具有不同的调制特征。

一般技术特征可以反映出某一类信号的一些共同特点，例如，AM 话音信号的波形、频谱结构、信号带宽是近似相同的；采用同一型号的发射机和同一型号印字电报机传送的 2FSK 电报信号，其波形、频谱、信号带宽、码元速率、频移间隔等参数也是基本相同的。因此，根据信号的一般技术特征，可以对不同调制类型的信号实现分类识别。

一般技术参数通常都是可以直接测量的。根据直接测量的技术参数，又可以推断出被侦察无线电系统的某些技术参数和技术特征。例如，根据信号的来波方位，可以利用测向定位确定发射台的地理位置；根据信号相对电平和发射台的地理位置，可以估算出发射台的发射功率；根据信号带宽可以估算出被监测方接收机的系统带宽；根据信号的波形和频谱结构可以判断信号的调制方式等。

(2) 细微技术特征。

信号的细微技术特征(简称细微特征)应当是能够精确反映信号个体特点的技术特征。例如，采用相同型号的不同发射设备发送同一类 2FSK 信号，欲识别出每一个发射设备个体，仅凭借一般技术特征难以实现。实际中，为了保证通信信号的"反侦察"特性，通信方将信号的很多技术参数设计成变化的，使侦察信号的技术特征呈现很大的不确定性，侦察方必须找到通信信号隐含的、特有的一些细微技术特征，并通过一定的特征参数表现出来，才能判定通信信号的类别和属性。

无线电信号的细微技术特征能够更精细地反映出某一个体信号的某些技术特性，且具有稳定、可测的特点，如信号载频的误差、话音信号的语音特征、通信发射台的杂散输出及调制参数的差异等。

① 信号载频的精确度。不论信号本身是否含有载频，产生该信号的发射台中总有载频，已调信号则是由基带信号对该载频调制而产生的。由于任何载频都不是绝对稳定的，因此，实际的载频不会完全精确地等于其标称频率值，总是存在或大或小的偏差。

在采用频率合成器产生所需载频时，一部电台通常用一个晶体振荡器作为标准频率源，当电台在不同工作频率上工作时，载频的相对频率偏差($\Delta f/f$)是不变的，而绝对频率偏差随工作频率而改变。对于不同的电台，由于采用的不是同一个晶体振荡器，因此，相对频率偏差和绝对频率偏差都是不同的，可以作为个体信号识别的依据。

② 话音信号的语音特征。每个人讲话都有自身的语音特征，用人耳听辨并不困难。在通信对抗侦察中，如果能对被监测方讲话者的语音实现自动识别，对于识别被监测方无线电通信网台并获得有价值的情报都是很有意义的。语音识别是通信对抗侦察的一个辅助手段。

③ 发射台的杂散输出。任何发射台在发射有用信号的同时，不可避免地总是伴随有不需要的杂散频率被发射出去。杂散频率的成分主要有互调频率成分、谐波辐射、电源滤波不良引起的寄生调制等。不同的发射台，由于电路参数及电特性的差异，杂散输出的成分和大小也不相同。如果侦察接收设备能对发射台的杂散输出进行提取和测量，将为识别不同的电台提供重要依据。但是由于杂散成分比信号小得多，对其提取和测量是十分困难的。

④ 信号调制参数的差异。通信信号都是经过调制的，不同发射设备因采用器件和电路参数的差异，也会引起信号调制参数的差异(即使相同型号的发射机)。例如，2FSK 信号的频移间隔、AM 信号的调幅度(统计平均值)、FH 信号的跳速等，即使用相同型号的不同发射机发射相同调制样式的信号，只要测量精度足够高，也可以根据测量结果区分出不同发射机发射的信号。

细微技术特征来源可以是发信者，也可以是发射机及终端等通信相关因素，可能不是简单的、单一的技术特征。根据信号的细微特征，能够做到对个体信号特征的识别，甚至对发射台和发信人个体特征的识别，这样就可以在更高程度上对信号进行更为细致的识别分类。因此，通信信号的细微技术特征是信号分选识别的重要依据。

3. 光电信号典型特征

光电对抗侦察的目的是获取目标信号光电特征信息。常用描述目标信号的光电特征参数有：目标的光谱参数，包括辐射波段、辐射光谱的变化规律等；目标的时域参数，包括激光编码、激光脉冲到达时间等；信号的空域参数，主要是来袭方向，包括方位角和俯仰角。

1) 辐射波段和辐射光谱

辐射波段是描述目标辐射或者反射光谱特性的参数。由热辐射的普朗克公式可知，目标的辐射波段覆盖一个较宽的范围，其中有一个极大值对应的波长称为辐射峰值波长，典型目标的光辐射波段覆盖范围一般为 $0.3\sim15\mu m$。对红外侦察和紫外侦察来说，目标的辐射光谱主要由目标温度决定，温度越高，辐射波长越短。对可见光侦察来说，主要是侦察目标的反射光谱，由太阳光谱特性决定。对激光侦察，目标的激光辐射波段由军用激光器的发射参数决定。根据电子对抗的频谱匹配性，目标的辐射波段决定了光电对抗侦察装备所使用的不同探测器类型。

2) 激光编码

激光编码是激光半主动制导武器主要的抗干扰方式之一，编码识别也是激光对抗侦察的主要任务。可以采用增益开关、Q 开关、腔倒空、锁模等方式对激光进行脉冲调制获得激光脉冲信号，实现激光编码。根据脉冲间隔，激光编码可分为等间隔编码和变间隔编码，其中，等间隔编码识别简单，抗干扰性较差，实际使用中常采用变间隔编码方式。变间隔编码主要包括脉冲间隔编码(PCM 码)、有限位随机周期脉冲序列编码以及伪随机码等。

3) 激光脉冲到达时间

当来袭激光信号被激光侦察设备探测到，经过阈值判别电路，高于阈值时，记录当前激光的时间作为激光脉冲到达时间。激光脉冲到达时间是进行激光编码识别和确定激光干扰编码发射时刻的主要参数。

4) 来袭方向(方位角、俯仰角)

来袭方向指的是来袭目标与光电侦察设备所构成的相对角度，包括水平方位和俯仰信息。该参数的精度决定了对目标来袭方向的判断准确程度，是实施后续干扰的重要依赖参数。方向的精度要求通常和干扰手段有关。对无源干扰，如烟幕等形成大面积干扰区的干扰手段，方向精度一般为 $10°\sim20°$，如果需要实施定向程度较高的激光有源干扰，则需要的精度在毫弧度的量级。

4.1.3 信号处理的基本流程

信号处理通常包括信号的预处理和信号的主处理两个过程。

1. 预处理

信号预处理过程可概括为三步：

(1) 完成数据准备。对前端送来的密集信号进行初步处理，即测量每一个信号的参数，供后续进一步处理。

(2) 进行信号分选。从密集信号流中剔除不感兴趣的辐射源信号（包括已方或友方辐射源等），将已知辐射源的信号及需分析识别的信号分离开来，以稀释信号流。在此基础上，对感兴趣的信号进行去交错处理，分选出各辐射源信号。

(3) 完成数据整理和输出控制。经过前面信号的分选和处理，预处理输出信号便成为包含每个辐射源的参数及带有特殊辐射源附加信息的数字化数据。

预处理一般由高速数字电路、微处理机及数据缓存器电路组成。

2. 主处理

主处理对预处理送来的数据进行最后的、全面的信号处理，包括天线扫描分析、调制特性分析、辐射源及其平台的性质识别、特殊辐射源识别和标示、对威胁进行计算并确定威胁等级、对辐射源进行定位、更新辐射源文件等。

此外，主处理还担负对整个侦察系统的控制、威胁告警、数据显示和记录等任务。主处理一般由高速计算机担任，各功能通过软件程序控制完成。

4.2 信号参数测量

电子对抗侦察面对的信号是非合作信号，对接收信号的先验信息知之甚少，难以采用类似其他电子信息系统对先验信息的测量方法。雷达对抗侦察测量的雷达信号参数主要包括信号射频频率、脉冲到达时间、脉冲宽度、脉冲幅度、脉内调制方式及极化特征等；通信对抗侦察测量的通信信号参数主要包括信号射频频率、信号带宽、调频信号的中心频率与频移间隔、信号强度及码元速率等；光电对抗侦察测量的光电信号参数主要是激光波长、方位、脉冲编码的重复周期等。

4.2.1 频域参数测量

1. 射频频率的测量

对于有载频的已调信号，常常以估计的载波频率作为侦察测量的信号射频频率；对于无载频的已调信号，常常以信号频谱的中心频率、信号频谱的峰值频率或者信号能量的中心频率作为侦察测量的信号射频频率。

模拟接收机一般在接收信号的同时完成对信号频率的测量，而数字化接收机首先要对接收信道输出信号进行采样实现信号的数字化处理，然后采用相应的计算方法，估计采样信号频率，根据接收本振换算信号射频频率并显示。

1) 采样信号相对频率估算

信号经采样频率为 f_s 的 A/D 采样得到 N 点的离散序列 $\{s(n)\}$。在时间段 $T=NT_s$ 内，根据离散序列 $\{s(n)\}$ 统计其相对频率 $\overline{f}_0$ 的方法有很多，可归结于频域估计法和时域估计法。

(1) 频域法估计频率。

频域估计法就是根据离散序列 $\{s(n)\}$ 的傅里叶变换 $\{S(K)\}$ 估计相对频率 $\overline{f}_0$。设 $\{S(K)\}$ 中序号为 N_0 的谱线对应的频率就是信号频率，则有以下几种情况：

① 如果频谱对称有明显谱峰，可以把信号频谱 $\{S(K)\}$ 中谱峰对应的谱线位置序号 N_0 作为信号频率对应谱线的位置序号。

② 如果知道信号频谱 $\{S(K)\}$ 带宽范围对应的谱线位置序号 N_H、N_L，可以计算其均值 $N_0=\dfrac{N_H+N_L}{2}$，并将其作为信号频率对应谱线的位置序号。

③ 如果知道信号的 $R(R\geqslant 1)$ 个谱峰对应的谱线位置序号 $N_1,N_2,\cdots,N_R$，可以计算其均值 $N_0=\dfrac{N_1+N_2+\cdots+N_R}{R}$，并将其作为信号频率对应谱线的位置序号。

④ 如果信号的频谱不对称，可以查找信号频谱 $\{S(K)\}$ 能量中心对应的谱线位置序号 N_0，并将其作为信号频率对应谱线的位置序号。

不同方法得到的 N_0 可能不同。根据信号频率对应谱线的位置序号 N_0，计算采样信号的相对频率：

$$\overline{f}_0 = N_0 \cdot \frac{f_s}{N} \tag{4.2.1}$$

(2) 时域法估计频率。

在信号频谱不对称的情况下，常用时域估计法。过零计数法统计信号相对频率是时域估计法的典型代表。具体方法是：根据信号采样频率 f_s 和采样点数 N，统计在采样时间 T 内信号经过零点的次数 M_Z，代表采样时间 T 内包含 $M_Z/2$ 个信号周期，则每个周期的时间长度约为 $2T/M_Z$，采样信号的相对频率为

$$\overline{f}_0 = \frac{M_Z}{2T} = \frac{M_Z}{2N} \cdot f_s \tag{4.2.2}$$

噪声对过零计数的影响很大，噪声会使信号经过零点的次数大大增加，给相对频率的计算带来严重影响。在弱信号段，信噪比比较差，不利于信号频率的提取，时域估计法需要在非弱信号段进行。

2) 信号频率换算

如果接收机按照低通采样定理进行采样，相对频率 $\overline{f}_0$ 与信号频率 $\overline{f}_i$ 相等，即 $\overline{f}_i=\overline{f}_0$。

如果接收机按照带通采样定理进行采样，假设频率范围为 $f_1 \sim f_2$（假设 $f_1<f_2$），中心频率 $f_r=\dfrac{f_1+f_2}{2}$，采样频率为 f_s，则信号频率：

$$\overline{f}_i = \overline{f}_0 + mf_s \tag{4.2.3}$$

式中，

$$m = \text{int}\left(\frac{f_r}{f_s}\right)$$

2. 信号带宽测量

信号带宽反映信号占用频谱资源的多少，信号带宽的计算应依据信号频谱进行。在得到信号的 N 点数字化信号频谱 $\{S(K)\}$ 后，可以根据显示的信号频谱估计出信号频谱高端谱线的频率值 f_2 和信号频谱低端的频率值 f_1，计算信号的带宽 $B = f_2 - f_1$。

在现代侦察接收机中，根据信号的频谱结构，分析信号能量的分布，自动计算一定信号功率百分比情况下的信号带宽。一般情况下，常常以一定能量分布 η 集中（如占总能量 η =90%）的频率段作为信号带宽。信号带宽 B 的测量与采样信号的相对频率 $\overline{f}_0$ 的测量有关。

在已知采样信号的相对频率 $\overline{f}_0$ 及其对应谱线位置序号 N_0 时，首先计算信号频谱中所有分量功率叠加的总和 P_o；然后，以谱线位置序号 N_0 为中心，分别逐步向频谱的低端和高端取谱线（频谱分量），并将各谱线功率值（频谱分量的功率值）叠加得到功率和 P_B，当 $P_B/P_o \geq \eta$ 时，取谱线高端对应序号 N_2 和低端对应序号 N_1，如图4.2.1所示。

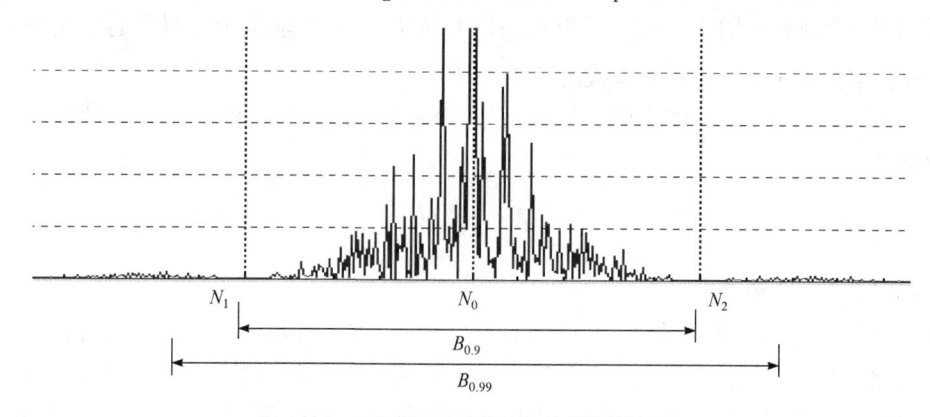

图4.2.1　不同能量要求下信号带宽的测量

在未知采样信号的相对频率 $\overline{f}_0$ 及其对应谱线位置序号 N_0 时，首先计算信号频谱中所有分量功率叠加的总和 P_o；然后，分别从频谱的最低端向上和频谱的最高端向下取谱线（频谱分量），并将各谱线功率值（频谱分量的功率值）叠加得到功率和 P_B，当 $P_B/P_o \geq 1-\eta$ 时，取谱线高端对应序号 N_2 和低端对应序号 N_1，带宽：

$$B_\eta = (N_2 - N_1) \cdot \frac{f_s}{N} \tag{4.2.4}$$

式中，f_s/N 是相邻谱线之间的频率间隔。

3. 数字调频信号的中心频率与频移间隔测量

数字调频信号（又称移频键控）包含多个载频信号，在得到信号的 N 点数字化信号频谱 $\{S(K)\}$ 后，查找信号频谱的谱峰1、谱峰2、…、谱峰 M，及其对应的谱线位置序号 N_1、N_2、…、

$N_M (M \geq 2)$,其中,M代表数字调频信号 MFSK 的进制,计算出信号频谱中谱峰 1、谱峰 2、…、谱峰 M 对应的频率 $N_1 \cdot \dfrac{f_s}{N}$、$N_2 \cdot \dfrac{f_s}{N}$、…、$N_M \cdot \dfrac{f_s}{N}$,则认为数字调频信号相对频率的中心值是多个载频的中心 $\overline{f}_0 = \dfrac{N_1 + N_2 + \cdots + N_M}{M} \cdot \dfrac{f_s}{N}$,如图 4.2.2 所示。

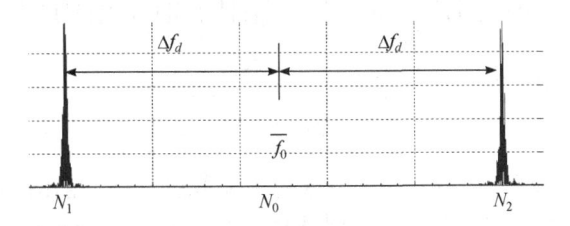

图 4.2.2 频移间隔的测量

最常用的是 2FSK 信号,包含两个谱峰,对应谱线位置序号 N_1、N_2,则

中心频率:
$$\overline{f}_0 = \frac{(N_1 + N_2)}{2} \cdot \frac{f_s}{N}$$

频移间隔:
$$\Delta f_d = \frac{|N_1 - N_2|}{2} \cdot \frac{f_s}{N} \tag{4.2.5}$$

4.2.2 时域参数测量

信号时域参数主要包括雷达脉冲到达时间(TOA)、脉冲宽度(PW)、脉冲重复周期(PRI)及脉冲群宽度、脉冲群周期、脉冲群包络和数字通信信号码元宽度与码元速率等。

在脉冲参数中,有些参数如脉冲到达时间(TOA)、脉冲宽度(PW)等通常可直接测得,有些参数如脉冲重复周期、脉冲群宽度、脉冲群周期、脉冲群包络等可由直接测得的参数推导出来。

1. 脉冲到达时间测量

脉冲到达时间(TOA)测量原理如图 4.2.3 所示。

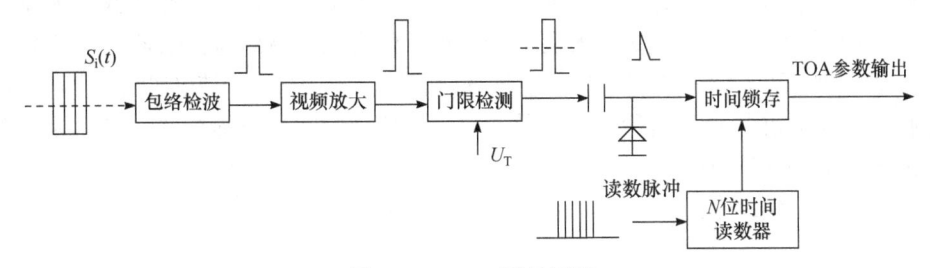

图 4.2.3 TOA 测量原理

输入信号 $S_i(t)$ 经包络检波后输出视频脉冲,视频脉冲经过幅度放大后送门限检测电路,与检测门限电平 U_T 进行比较。当视频脉冲幅度超过检测门限 U_T 时,门限检测电路输出整形视频脉冲,再利用脉冲前沿形成时间锁存触发脉冲,将时间计数器当前计数值锁存输出作为脉冲到达时间(TOA)。时间计数器一般采用二进制计数器,为了完成对脉冲 TOA

的计数，实际的时间计数器需要采用 N 位二进制计数器级联的形式来完成。TOA 测量时序波形图如图 4.2.4 所示。

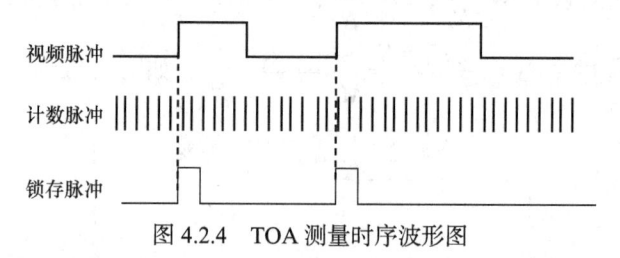

图 4.2.4　TOA 测量时序波形图

根据 TOA 的测量原理，TOA 的测量误差主要取决于脉冲前沿的陡峭程度、门限检测电平的大小和 TOA 计数时钟周期。TOA 计数时钟周期越小，TOA 的测量精度越高。但 TOA 计数时钟周期太小又会增加 TOA 计数器的位数，继而增加信号处理的难度，因此，TOA 计数时钟周期要根据脉冲重复周期 PRI 的测量范围及测量分辨率来选取。

2. 脉宽测量

在脉冲信号测量系统中，脉冲宽度(PW)的测量是与 TOA 测量同时进行的。脉冲宽度测量原理如图 4.2.5 所示。

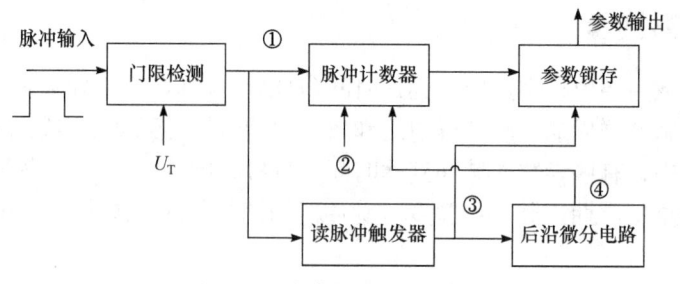

图 4.2.5　脉冲宽度测量原理图

门限检测启动前，脉冲计数器的初值为零。当输入脉冲幅度超过门限电平 U_T 时，门限检测电路输出整形脉冲①，脉冲①的前沿启动脉冲计数器对时钟②进行计数，脉冲①的后沿使计数器停止计数，并使读脉冲触发器产生锁存信号③，将脉宽计数器当前计数值存入脉宽参数锁存器，清零脉冲产生电路产生脉宽计数器清零信号④，使脉冲计数器重新清零，以便进行下一个脉冲的脉宽测量。当前脉冲的脉宽值由脉宽参数锁存器输出。脉冲宽度测量时序波形图如图 4.2.6 所示。

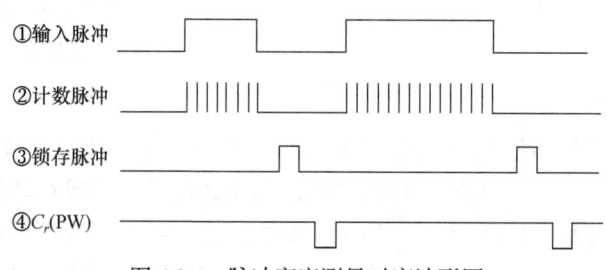

图 4.2.6　脉冲宽度测量时序波形图

根据脉宽测量原理可知，脉宽测量误差受到待测脉冲形状（脉冲前沿和后沿的陡峭程度）和脉宽测量计数时钟周期的影响。但由于待测脉冲宽度比脉宽测量计数时钟周期大很多，所以对脉冲宽度测量精度的影响相对较小。

3. 数字信号码元宽度与码元速率测量

在数字信号中，信号的基带码元速率 R_b 和码元宽度 T_b 二者之间的关系为 $R_b=1/T_b$。

对于能够解调的信号，对解调后的基带信号进行抽样判决，得到基带数字二进制数字序列 $\{x(n)\}$ 进行码速测量。对于不能够解调的信号，利用采样数字序列 $\{s(n)\}$ 提取信号的包络、频率或者相位，根据其变化的奇异点，判决得到以"0"码和"1"码表示的基带数字二进制数字序列 $\{x(n)\}$，如图 4.2.7 所示。

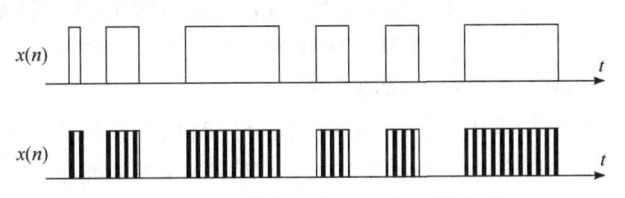

图 4.2.7　基带数字序列及其采样序列

$\{x(n)\}$ 序列中最短的连续"1"码长度 a 对应信号的码元宽度 $T_b \approx (a+0.5)T_s$。

实际码元速率取决于通信系统中采用的数字终端设备。终端设备一般都是在一些规定的码速上工作，例如，短波通信数字终端的码速标称值有 50、75、100、125、150（单位：波特）等。测量得到的码元速率一般都存在或大或小的误差，通常是把测量的基带码元速率 R_b 归类到相近的码速标称值上。

4.2.3　能量域参数测量

在电子对抗侦察系统中，能量域参数测量主要是指对信号强度的测量。对脉冲信号强度的测量主要是指对脉冲信号幅度参数的测量，由于该参数与被侦察目标的相对位置有关，因而它是一个相对值，主要用于测向和副瓣抑制等。对信号幅度的测量方法一般采用模/数转换法，即对接收到的脉冲信号幅度直接进行模/数转换，输出数字量值即 PA 码。脉冲信号幅度测量原理如图 4.2.8 所示。

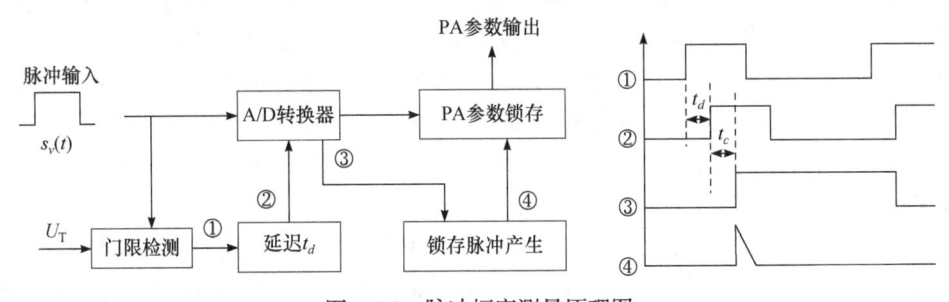

图 4.2.8　脉冲幅度测量原理图

输入脉冲经门限检测电路后输出整形脉冲①，脉冲①的前沿延迟 t_d 后用作采样/保持电路和 A/D 转换器的启动信号②，A/D 转换器经过时间 t_c 变换结束，发出读出允许信号③，触发锁存脉冲产生电路输出 PA 参数锁存脉冲④，将 A/D 转换器的数据存入 PA 参数锁存器。延迟 t_d 的目的是使 A/D 变换的采样时刻更接近于被取样的输入信号脉冲的顶部。脉幅测量误差主要取决于 A/D 转换器的位数和量化精度。

在通信对抗侦察中，信号强度是指接收机处通信信号的强度，常用接收机射频输入端信号电平表示，也称信号电平。接收机射频输入端信号混有很多干扰与噪声，具有电平低、随时间变化的特点，因此测量难度大。实际接收机一般都是在接收机的中频或基带进行电平测量，因此接收机的增益影响信号电平的测量。

搜索接收机为了扩大动态范围或便于显示，在中频或基带常常采用对数放大器，在全景显示器上直接读出的信号电平实质上是基带对数相对电平。

分析接收机为了扩大动态范围，在中频级一般采用自动增益控制（AGC）电路，AGC 的影响不可忽视。如果将分析接收机中频或基带级输出信号送信号电平指示电路，直接读出的信号电平实质上是中频或基带的相对电平值。

在现代分析接收机中，可以从接收机中频信号的时域或频域提取信号电平，然后根据接收机的 AGC 估计接收机射频输入端信号电平。考虑到分析接收机工作状态，测量方法有所不同。

当接收机工作在窄带状态时，可以直接进行包络检波获得信号的电平，也可以取信号相对频率 $\bar{f}_0$ 对应信号强度作为信号电平，或者将信号所有谱线的能量取和作为信号电平，代表信号能量在一段时间内的累积，然后减去接收机 AGC 的电平，估计接收机射频输入端信号电平。对于同一信号的电平测量，采取不同算法估算得到的结果可能会有较大差别。

当接收机工作在宽带状态时，工作带宽内可能包含多个信号，中频 AGC 后输出信号经 A/D 变换变为数字序列并进行频谱分析，计算各接收信号频率对应的幅度电平，然后减去接收机 AGC 的电平，估计接收机射频输入端不同频率信号对应的信号电平。

如果估计进入接收系统之前的信号强度，还应考虑天线的方向特性，将接收机射频输入端的信号电平减去天线的增益，作为接收机处信号强度的估计值。

4.2.4 极化参数测量

同其他参数一样，极化参数也是辐射源信号的一个重要参数，它描述了电磁波在传播过程中，空间一点的电场矢量端点作为时间函数所形成的轨迹的形状和旋向。

电场矢量绘出来的几何图形一般来说是一个椭圆，椭圆的长轴与短轴之比称为轴比。当椭圆的轴比为 0 或无穷大时，椭圆可变成一条直线，这种情况下的极化称为线极化。当椭圆的轴比为 1 时，椭圆就变成圆，在这种情况下的极化称为圆极化，因此，线极化和圆极化是椭圆极化的两种特殊情况。

利用专用的极化测量设备可测出辐射源信号的极化参数。根据对被侦察信号的极化参数的测量，可以帮助理解辐射源如雷达的功能和确定其工作动态；可以判断该辐射源载体的性质和动向，有助于电子对抗情报数据分析，增加辐射源识别的可信度；还可以对干扰机干扰信号的极化进行引导，以免干扰机干扰信号极化不当而降低其干扰效率。

1. 极化测量的方法

电子对抗侦察设备在宽波段范围内，对截获的未知辐射源信号极化的测量方法有旋转天线法、多天线法等，实际应用中还可以采用以上方法的组合。

1）旋转天线法

旋转天线法使用可旋转的线性极化天线对信号的极化进行测量。首先确定来波方向，线极化天线的最大辐射方向对准来波方向，然后以该方向为轴旋转天线，将天线接收到的侦察信号幅度进行量化编码。旋转天线由数字信号处理器接口控制，处理程序是搜索寻找信号幅度极值，根据旋转角度计算出与天线规定的水平轴的夹角，以测定轴比和倾斜角，继而确定信号的极化样式。

2）多天线法

多天线法利用水平极化、垂直极化、斜极化、左旋圆极化和右旋圆极化等多个天线构成的天线阵列同时接收辐射信号，然后对每个天线输出的信号同时进行接收处理，量化测定每一天线信号经检波后的输出电平，用以完成极化信息的实时处理和提取。

2. 影响极化测量的因素

具有一定极化的信号在介质中传播时，可能会改变信号极化方式和方向，侦察天线的极化与被侦察信号的极化差异会产生极化损耗。

1）传播过程的影响

在测量信号极化的过程中，应考虑传播媒介的作用和多路径效应。假如圆极化波照射金属平板经奇数次反射改变了原入射信号电场矢量的旋转方向，即改变了反射信号的极化方向，当信号波束照射在细长的导体上时，反射信号发生变化而产生线性极化。

2）侦察天线的极化选择

侦察天线的极化选择应与被侦察目标信号极化方向相同，才能获得相对最大的信号幅度，否则会产生极化损耗。一般考虑到侦察天线的设备量，而采用斜极化或圆极化以照顾到水平、垂直极化信号的侦察，但通常会有 3dB 的功率损耗。

如果侦察天线极化方向与被侦察目标信号极化方向相同，则其极化损耗最小为 0；若其极化方向相反，则极化损耗最大，即侦察设备接收信号效果最差。应该指出，侦察天线和天线罩的设计也会影响极化选择。

4.3 信号特征提取

信号特征提取是在信号参数测量的基础上，采取特定的技术手段提取出截获信号的特征，这些信号特征主要是信号参数分布特征、雷达信号脉内特征和通信信号调制特征等。

4.3.1 信号参数分布特征提取

信号参数分布特征主要包括频率分布特征、脉宽分布特征、脉冲间隔分布特征和方位分布特征等。

提取参数分布特征的主要方法是直方图分析法。直方图分析法概念直观、实现简单，是信号特征参数统计分析中的一个很有用的工具。直方图分析法可细分为等宽、等高、变宽、偏向两端等各种类型。

直方图分析法是将全部数据分成若干组，以组距为底边，以每组的频数为高，按比例画成图形。分组的依据是，每组中都有适当个数的数据。若每组数据太多，则看不出参数变化规律；而每组数据太少，则可能给特征参数提取造成很大的误差。另外，所取的组距要能够满足特征参数提取精度的要求。这样，直方图分析法就能够准确地提取出信号参数的分布特征。

4.3.2 雷达信号脉内特征提取

雷达信号的脉内特征是对信号更深刻、更细微的描述，反映的是雷达信号脉冲内部参数的变化特征。对雷达信号脉内特征提取，是基于脉冲采样数据，进行分析处理，提取出信号的脉内特征，包括频域、时域和幅度等参数变化特征。

1. 瞬时自相关法

瞬时自相关法是一种时域分析法。对于任意给定的信号 $s(t)$，定义其瞬时自相关乘积为 $B(t,\tau) = s(t) \cdot s^*(t-\tau)$，$B(t,\tau)$ 与一般相关函数的最大区别是它没有时间积分，所以 $B(t,\tau)$ 保留了相关处理的瞬时信息。

1) 连续波(CW)信号

CW 信号的时域表达式和瞬时自相关函数见式(4.3.1)和式(4.3.2)：

$$s(t) = \begin{cases} A\mathrm{e}^{\mathrm{j}2\pi f_0 t}, & 0 \leqslant t \leqslant T \\ 0, & 其他 \end{cases} \quad (4.3.1)$$

$$B(t,\tau) = A^2 \mathrm{e}^{\mathrm{j}2\pi f_0 \tau}, \quad \tau \leqslant t \leqslant T \quad (4.3.2)$$

从式(4.4.2)可以看出，当 τ 一定时，$B(t,\tau)$ 是一恒定值，其值的大小和输入信号频率有关，且 f_0 在一定范围内是唯一确定的。如果某个瞬时自相关为定值，就可以确定该信号为 CW 信号。

2) 线性调频(LFM)信号

LFM 信号的时域表达式和瞬时自相关函数见式(4.3.3)和式(4.3.4)：

$$s(t) = \begin{cases} A\mathrm{e}^{\mathrm{j}2\pi\left(f_0 t + \frac{1}{2}\mu t^2\right)}, & 0 \leqslant t \leqslant T \\ 0, & 其他 \end{cases} \quad (4.3.3)$$

$$B(t,\tau) = A^2 \mathrm{e}^{\mathrm{j}2\pi\left(f_0\tau + \mu\tau t - \frac{1}{2}\mu\tau^2\right)}, \quad \tau \leqslant t \leqslant T \quad (4.3.4)$$

LFM 信号的 $B(t,\tau)$ 是受频率 $\mu\tau$ 调制的交流信号。可以根据瞬时自相关波形的交流特性检测出线性调频信号，并算出调频斜率 μ。

3) 二相编码(BPSK)信号

BPSK 信号的时域表达式和瞬时自相关函数见式(4.3.5)和式(4.3.6)：

$$s(t) = \sum_{i=0}^{N-1} A\mathrm{rect}[t-i\Delta T, \Delta T]\mathrm{e}^{\mathrm{j}(2\pi f_0 t + \varphi_i)} \quad (4.3.5)$$

式中，N 为子码数；ΔT 为子码宽；φ_i 取 0 或者 π。

$$B(t,\tau) = \begin{cases} A^2 e^{j2\pi f_0 \tau}, & k\Delta T + \tau \leqslant t \leqslant (k+1)\Delta T \\ A^2 e^{j2\pi (f_0 \tau - \varphi_{k+1} + \varphi_k)}, & (k+1)\Delta T < t \leqslant (k+1)\Delta T + \tau \end{cases} \quad (4.3.6)$$

子码内的相关为直流，子码间的相关产生 $\varphi_{k+1} - \varphi_k$ 的相位跃变。根据这种特征，可以检测出 BPSK 信号，但是不能定量计算出编码特性。这里，延迟时间必须小于子码宽才能得出正确的码组。

4) 频率编码(FSK)信号

FSK 信号的时域表达式和瞬时自相关函数见式(4.3.7)和式(4.3.8)：

$$s(t) = \sum_{i=0}^{N-1} A\mathrm{rect}[t - i\Delta T, \Delta T] e^{j(2\pi f_i t + \varphi)} \quad (4.3.7)$$

式中，f_i 为频率码组；ΔT 为子码宽。

$$B(t,\tau) = \begin{cases} A^2 e^{j2\pi f_k \tau}, & k\Delta T + \tau \leqslant t \leqslant (k+1)\Delta T \\ A^2 e^{j2\pi (f_k - f_{k-1})t + f_{k-1}\tau}, & (k+1)\Delta T < t \leqslant (k+1)\Delta T + \tau \end{cases} \quad (4.3.8)$$

子码内的相关为直流信号，相邻子码间的相关输出是受相邻频差调制的交变信号。根据这种特征，从波形图中，很容易识别出频率编码信号。

图 4.3.1 给出了以上四种雷达信号脉内的瞬时自相关的波形示意图。

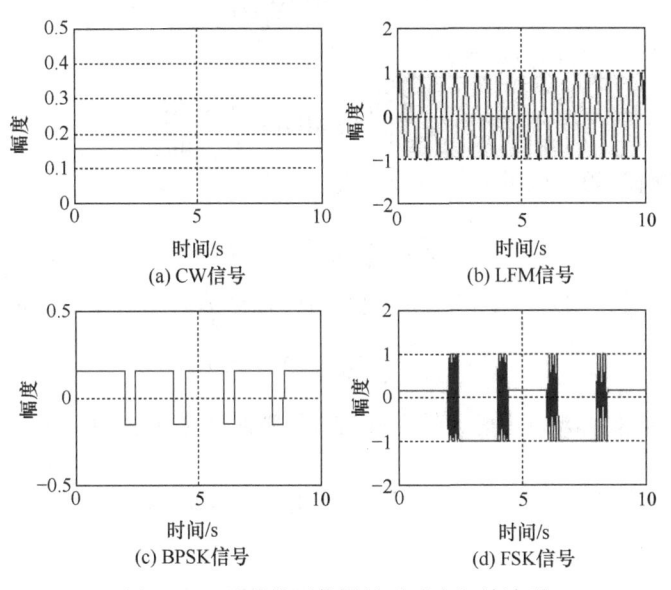

图 4.3.1 几种典型信号的瞬时自相关波形

从图 4.3.1 中可以看出，几种典型信号的瞬时自相关波形具有各自明显的特征。CW 信号的瞬时自相关波形为一条恒定的直线，LFM 的瞬时自相关波形为正弦或余弦波形，BPSK 信号的瞬时自相关波形为在两个恒定值之间跳变的折线，而 FSK 信号的瞬时自相关波形由交变信号和直流信号组成。

2. 瞬时频率法

对一个信号 $x(t)$，可以从两方面来描述和分析它：一是时域，二是频域。时域分析是研究信号的形态随时间变化的规律，抽取必要的特征量以作为对信号判断与识别的依据。频域分析则是研究信号的能量或功率随频率变化的规律，从而为信号的进一步处理提供依据和手段。

瞬时频率同时把信号的时域、频域两方面特性反映了出来，即把时域分析和频域分析结合起来，既能反映信号的频率内容，也能反映出该频率内容随时间变化的规律。

有多种获取信号瞬时频率的方法，相位测频法是其中的一种。相位测频法是一种利用提取信号的瞬时相位进行微分而得到信号瞬时频率的算法。相位测频法需要获取信号的双通道采样。对于信号 $x(t) = A\cos[2\pi f_c t + \varphi(t)]$，经正交双通道混频变频到频率 f_x，其双通道输出分别为

$$\begin{cases} X_I(t) = A\cos[2\pi f_x t + \varphi(t)] \\ X_Q(t) = A\sin[2\pi f_x t + \varphi(t)] \end{cases} \tag{4.3.9}$$

则信号 $x(t)$ 的解析信号可表示为

$$X(t) = X_I(t) + jX_Q(t) \tag{4.3.10}$$

双通道输出后，信号的瞬时相位可由解析式计算如下：

$$\varphi(t) = \arctan\left[\frac{X_Q(t)}{X_I(t)}\right] \tag{4.3.11}$$

瞬时频率就是对瞬时相位求导数：

$$f_i(t) = \frac{1}{2\pi}\frac{d}{dt}[\arg x(t)] = \frac{1}{2\pi}\frac{d\varphi(t)}{dt} \tag{4.3.12}$$

式 (4.3.12) 的瞬时频率也可写成差分形式：

$$f_i(t) = \lim_{\delta t \to 0} \frac{1}{2\pi \delta t}\{\varphi(t+\delta t) - \varphi(t)\} \tag{4.3.13}$$

令采样频率为 f_s，则式 (4.3.13) 给出离散时间信号 $x(n)$ 情况下的瞬时频率定义为

$$f_i(n) = \frac{f_s}{2\pi}[\varphi(n+1) - \varphi(n)] \tag{4.3.14}$$

图 4.3.2 是利用相位测频法得到的几种信号的瞬时频率示意图。

图 4.3.2 相位测频法估计瞬时频率示意图

4.3.3 通信信号调制特征提取

1. 调制方式识别

1) 调制方式识别的含义

调制特征提取又称调制方式识别。在现代战场条件下，越来越多样化的电子设备大量

投入战场，通信电磁环境变得十分复杂。任何应用环境下的通信，基本目的都是能够通过信道快速有效、安全准确地传输信息。为了适应不同的通信环境，满足收发双方的不同需求，通信信号往往需要采用不同的调制方式对信息数据进行传递，所以对于通信系统来说，调制方式是一个重要特征，采用不同调制方式传输的信号往往体现出不同的信号特性。接收方如果要获取通信信号的信息内容，就必须知道信号的调制方式和调制参数。

调制方式识别就是在接收方未知信号调制方式的前提下，根据已接收到的通信信号，提取信号特征参数，判断出通信信号的调制方式。一旦确定了目标信号的调制方式，就可以估计调制参数，为解调器正确选择解调算法提供参数依据，最终获得有用的情报信息。此外，调制方式识别技术还有助于通信对抗最佳干扰方式的选择。

2) 调制方式识别分类

通信调制方式的识别经历了从人工识别到自动识别的过程。人工识别需要人工参与，结果可能因人而异，能识别的调制类型有限。自动调制方式识别方法大致可分为判决理论识别和统计模式识别两种方法。

(1) 判决理论识别方法。

判决理论识别方法是基于假设检验理论，利用概率论去推导一种合适的分类规则的方法。该方法通过理论分析信号的统计特性，推导获得检验统计量，并设定门限和判决准则进行比较。通常根据目标函数最小化原则采用似然比(Likelihood Ratio，LR)函数作为检验统计量，所以判决理论识别方法又称为似然比检验(Likelihood Ratio Test，LRT)方法。

(2) 统计模式识别方法。

基于统计模式识别的方法包括两个步骤：一是对信号特征进行统计，构造信号的特征统计量，并针对具体的调制类型进行特征参数统计，然后划分调制识别的门限；二是根据制定的准则，提取待识别信号的特征量并与识别门限进行比较，对调制类别作出判决。基于特征量的模式识别方法一般分为信号特征提取和分类器构造两部分。通过选取一个或几个信号的特征量，计算它们的估计值，与设定的门限相比较做出判决，完成调制方式的分类识别。尽管在理论分析中，基于特征量的模式识别方法的精度不如基于似然理论的假设检验识别方法，但它具有算法复杂度低和易于实现的特点，若选取的特征量合理，基于特征量的模式识别方法可以接近最优性能。

在信号调制自动识别中，有很多参数可以作为识别的特征统计量，相应地，也有很多方法用于特征统计量的构造。比较常用的特征统计方法包括概率密度函数、信号谱相关分析、信号时频分析以及瞬时频率等。常用的识别特征有信号的瞬时幅度、瞬时相位或瞬时频率的统计特征、频域特征、谱相关特征、时频分析特征、累积量以及星座图特征等。

统计模式识别分类方法的重点是特征提取方法和分类准则的选择与训练。根据特征提取和分类决策方法的不同，主要有如下几种调制方式识别方法。

① 基于时域、频域、相关谱分析的调制识别方法。

信号的所有调制特征都包含在信号的瞬时包络、相位和频率的变化中，理论上，提取时域特征就可以识别信号的调制样式。这些时域特征包括信号的瞬时参数(幅度、相位或频率)的直方图或其他统计参数。多数数字调制方式的信号频谱具有较明显的差异，通过频域分析，提取谱特征也是调制识别中的一种有效方法。通常可以运用短时傅里叶变换、平均周期图法、Welch 修正周期图法以及高阶谱估计技术提取信号的功率谱用于识别。

② 基于时频分析的调制识别方法。

时频分析通过设计时间和频率的联合函数，同时描述信号在不同时间和频率的能量密度或强度。用二维的时间-频率联合分布对信号进行描述，是分析信号调制特征的一种有效工具。常用的时频分析方法有短时傅里叶变换(STFT)、WVD 分析等。小波分析也是一种线性时频分析方法，利用哈尔(Haar)小波变换可以提取数字调制信号的瞬时频率和相位跳变信息。

③ 基于混沌特征的调制识别算法。

混沌是指由确定系统生成，对初始条件具有敏感依赖性的非周期运动。随着混沌理论的发展，人们对时间序列预测的复杂性有了更深刻的认识。通信信号是一种非线性时间序列，调制类型的差异表现为时间序列的差异，混沌理论提出用不同的特征参数对混沌时间序列进行描述，所以可以应用混沌理论对通信信号调制类型来进行识别。

④ 基于分形理论的调制识别算法。

分形是一类复杂性颇高、没有特征长度，但具有一定意义的自相似的图形和结构的总称。分形最基本的特征就是自相似性，即整体和局部之间的相似性。通信信号是一种时间函数，由于通信信号各种调制类型的特点体现在载波信号的幅度、频率和相位上，信号波形包含了它们在几何、分布疏密上的信息。利用分形提取信号分形集的维数作为识别特征是可行的。根据通信信号波形特征将信号建模为分形集，提取信号的分形维数和复杂性测度为分类特征。

⑤ 基于星座图特征的调制识别方法。

任何一种数字幅相调制信号都可以用唯一的星座图表示，利用这种一一对应关系进行识别非常有效。基于星座(符号序列)的调制识别方法中，通常都假定已经完成载频同步和符号定时，在非协作通信中，对同步参数估计和校正提出了较高要求，并且识别方法的性能很大程度上还取决于星座重构方法。

3）调制方式识别处理流程

信号调制方式自动识别一般包括自学习过程和识别过程，自学习过程是为识别过程服务的。识别过程主要包括分类判决器选择、信号预处理、特征参数提取和分类判决，如图 4.3.3 所示。

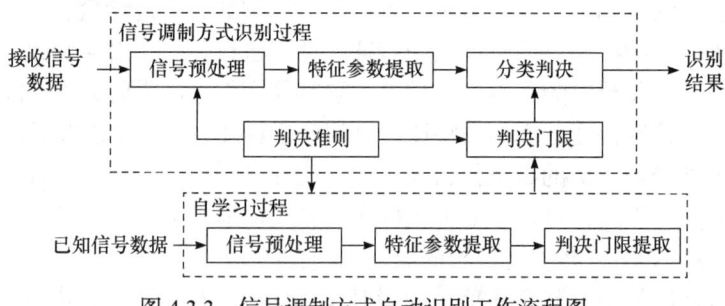

图 4.3.3 信号调制方式自动识别工作流程图

(1) 分类判决器。

信号调制方式自动识别之前必须确定调制方式分类判决器，根据分类判决器的需要确定特征统计量，通过自学习讨论各类调制方式对应的判决准则和判决门限。

调制方式自动识别的分类判决器主要有两大类：基于决策树理论的分类判决器和基于统计模式识别理论的分类判决器。

基于决策树理论的调制方式自动识别方法的具体步骤是：通过观察待识别信号，假设其为 M 种调制方式中的某一种，然后计算相似性统计检验量，将统计检验量与合适的门限进行比较判定。基于决策树理论的调制方式自动识别方法采用概率论和假设检验中的贝叶斯理论，保证在贝叶斯最小误判代价准则下识别结果最优。基于决策树理论的识别性能要求参数比较多，而且似然比函数的计算表达式量大而复杂。

基于统计模式识别理论的调制方式自动识别方法的具体步骤是：通过特征提取系统从接收信号中提取出特征参数，即从信号中抽取区别于其他信号的参数，然后根据提取的特征参数确定信号的调制方式。基于统计模式识别理论的调制方式自动识别方法不需要一定的假设条件，通常是先训练后决策，可以实现信号的盲识别，比较适合于侦察截获信号的处理，是调制方式自动识别的常用方法。

(2) 接收信号预处理。

无论哪种识别，都必须基于一定的数学方法，从信号的某个特征域(如时域、频域、时-频域)提取特征参数。接收信号预处理的内容与分类识别采用的特征参数相关，分类识别采用的特征参数与选择的分类判决器相关。

从特征提取域的角度，信号预处理方法包括时域分析法、频域分析法和时-频域分析法。

时域分析法适用于平稳随机信号，主要依据信号的瞬时幅度、瞬时频率和瞬时相位提取特征参数进行分类识别，所以时域分析法也被认为是基于瞬时信息的调制识别。时域分析法计算简单，识别类型多，在信噪比较高的条件下，有着很高的有效识别率，得到广泛应用。但是时域分析法涉及参数多，受信噪比影响较大，在信噪比较低的情况下，不同调制方式特征参数的区分度不大，有效识别率低。

频域分析法适用于周期平稳随机信号，主要依据信号的谱相关特性提取特征参数进行分类识别。通信信号一般是用待传输信号对周期性信号(载波)的某个参数进行调制，认为通信信号具有周期平稳性，并且谱相关分析方法可以分析不同调制方式信号的不同周期特征。频域分析法对于不同调制方式特征参数的区分度明显，稳定性好，受信噪比影响相对较小，但频域分析法的计算量大，效率低，不利于实时识别。

时-频域分析法适用于局部平稳长度比较大的非平稳信号，采用短时傅里叶变换(STFT)、维格纳-威尔分布(WVD)、小波变换等现代谱估计技术，提取特征参数进行分类识别。时-频域分析法有着很好的应用前景，但在较低信噪比条件下的有效识别率仍然不高。

(3) 特征参数提取。

反映通信信号的特征参数非常多，如信号的瞬时幅度、瞬时频率、瞬时相位、带宽、高阶累计量、分形维数、信号复杂性测度等。特征提取基本上没有统一的规律可循，人们很难找到一种用于调制分类的通用的特征和方法。对每种分类问题都必须具体情况具体分析，依据所需分类的调制类型的不同，寻找特定的方法和特征。

(4) 分类判决。

从分级识别的角度，分类判决可以分为类间识别和类内识别。

类间识别主要研究不同调制方式之间的差异。例如，根据基带信号在时域波形和频谱上连续与离散的特点，调制分为模拟调制类和数字调制类，从待识别信号调制方式的角度可以分为模拟信号的调制识别和数字信号的调制识别；根据基带信号调制在载波上的位置（幅度、频率、相位）分为幅度调制类和角度调制类，从识别特征提取的角度可以分为幅度调制类识别和角度调制类识别。

类内识别主要研究同一调制方式内不同调制之间的差异，例如，幅度调制类中调幅、单边带、双边带的识别，数字调制类中 ASK、FSK、PSK 的识别以及同一调制内部不同进制之间的识别，如 4QAM、16QAM、64QAM 识别等。

分类判决要解决判决准则和判决门限的问题。

在进行调制识别之前，各类特征参数判决门限是一个关键问题。对于不同的信号，同一特征参数的判决门限不同；对于同一信号，不同特征参数的判决门限不同；对于同一信号，同一特征参数的判决门限随信号环境变化可能不同。在分类判决之前，需要进行已知信号的自学习，决定各类特征参数判决门限。操作员长期积累的经验是确定判决门限的重要依据。

统计模式识别类方法的另一个研究重点是分类准则的选择和训练。根据分类准则的不同，分类学习方法有基于距离的分类、统计分类、机器学习等。在多种调制方式的识别中，常用的分类器结构是决策树（Decision Tree，DT）和神经网络（Neural Networks，NN）。决策树分类是一种典型的统计分类方法，采用概率论和假设检验理论解决信号分类问题，多为多级分类结构。决策树需要具备一定的先验概率和类分布概率知识，只有在训练集较大时，才能达到一定的准确性。神经网络分类是一种统计机器学习方法，它几乎不需要已知样本的统计特性和相关领域的先验知识，也无须确定决策顺序，只要样本具有基本的代表性，就能得出较为精确的规则。调制识别中应用最多的神经网络结构是 BP 网络，但易陷入局部极小和过训练等问题，这导致了应用的局限性。

在确定了分类判决器判决门限、判决准则之后，基于提取的特征参数按照一定流程进行分类。

2. 特征参数提取

提取的特征参数主要包括信息熵、频谱对称系数、频谱峰个数、绝对相位差、幅谱峰值、标准频差、频率峰值等。

1）信息熵

对采样数字序列 $\{s(n)\}$ 进行正交变换处理，提取其瞬时包络 $\{A(n)\}$、瞬时频率 $\{f(n)\}$ 和瞬时相位 $\{\phi(n)\}$ 等基带数字序列。

当基带数字序列为瞬时包络 $\{A(n)\}$ 时，将瞬时包络序列的大小分为 Q 个等级 $A_i(i=1,2,\cdots,Q)$，分别统计其大小为 $A_i(i=1,2,\cdots,Q)$ 时，对应出现次数 $a_i(i=1,2,\cdots,Q)$，将出现次数归一化得到大小为 $A_i(i=1,2,\cdots,Q)$ 时对应的出现频度：

$$P_{Ai} = \frac{a_i}{a_1 + a_2 + \cdots + a_Q}, \quad i=1,2,\cdots,Q \quad 且 \quad \sum_{i=1}^{Q} P_{Ai} = 1 \qquad (4.3.15)$$

其幅度大小 A 与频度 P_A 构成包络直方图 P_A-A。计算 Q 个量化等级对应的包络熵：

$$H_{AQ} = -\sum_{i=1}^{Q} P_{Ai} \cdot \lg P_{Ai}$$

对同一接收信号，量化等级不同，对应的 H_{AQ} 差异可能很大，为了有效减少量化等级带来的包络熵差异，定义包络熵：

$$H_A = \frac{H_{AQ}}{\lg Q} = -\frac{\sum_{i=1}^{Q} P_{Ai} \cdot \lg P_{Ai}}{\lg Q} \tag{4.3.16}$$

图 4.3.4 显示了 AM 信号不同量化等级对应的包络直方图与包络熵。图 4.3.5 和图 4.3.6 分别显示了噪声较小和较大时 FM 信号不同量化等级对应的包络直方图与包络熵。图 4.3.7 和图 4.3.8 分别显示了噪声较大时 2ASK 信号和 2FSK 信号不同量化等级对应的包络直方图与包络熵。图 4.3.4~图 4.3.8 的横坐标为包络的幅度等级序号，纵坐标为相应的频次。

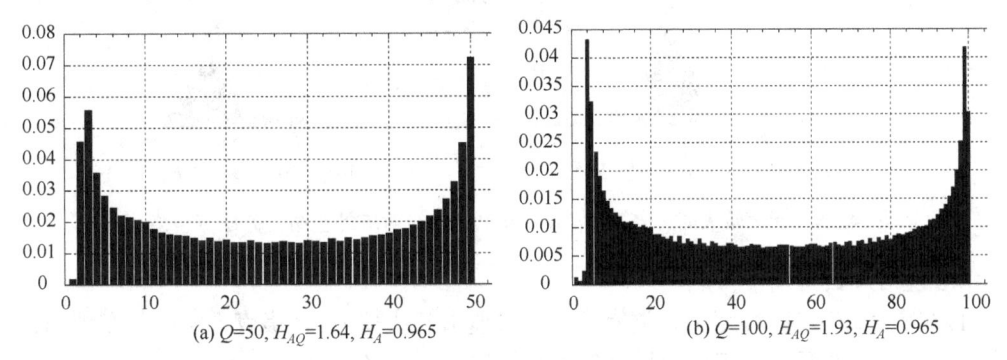

(a) $Q=50$, $H_{AQ}=1.64$, $H_A=0.965$

(b) $Q=100$, $H_{AQ}=1.93$, $H_A=0.965$

图 4.3.4　AM 信号不同量化等级对应的包络直方图与包络熵

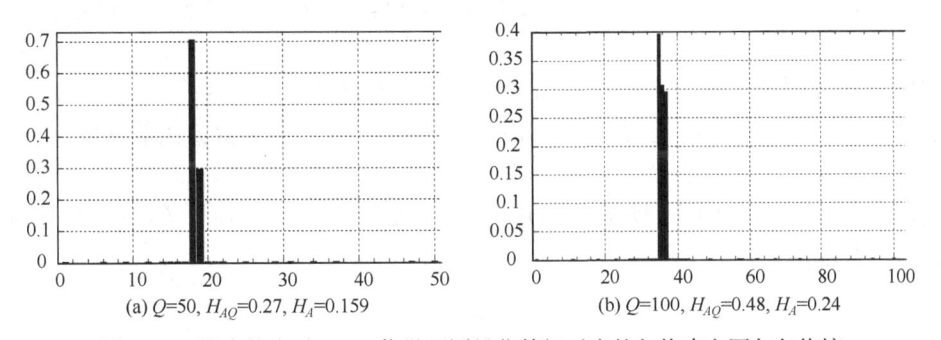

(a) $Q=50$, $H_{AQ}=0.27$, $H_A=0.159$

(b) $Q=100$, $H_{AQ}=0.48$, $H_A=0.24$

图 4.3.5　噪声较小时，FM 信号不同量化等级对应的包络直方图与包络熵

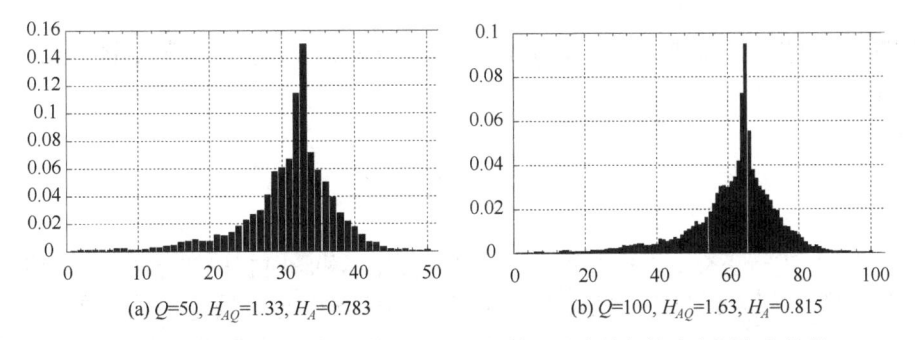

(a) $Q=50$, $H_{AQ}=1.33$, $H_A=0.783$

(b) $Q=100$, $H_{AQ}=1.63$, $H_A=0.815$

图 4.3.6　噪声较大时，FM 信号不同量化等级对应的包络直方图与包络熵

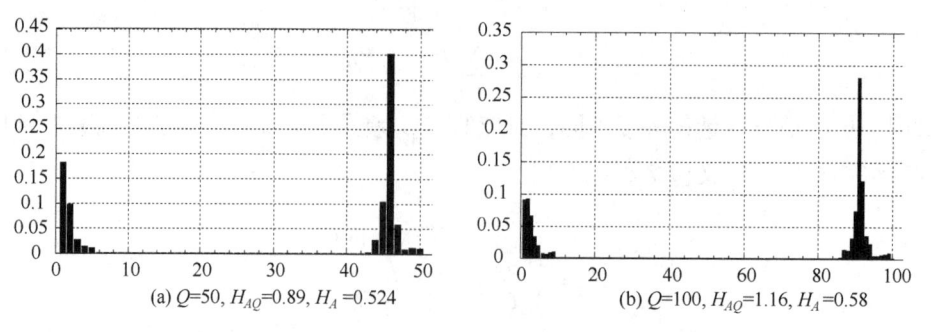

图 4.3.7 噪声较大时，2ASK 信号不同量化等级对应的包络直方图与包络熵

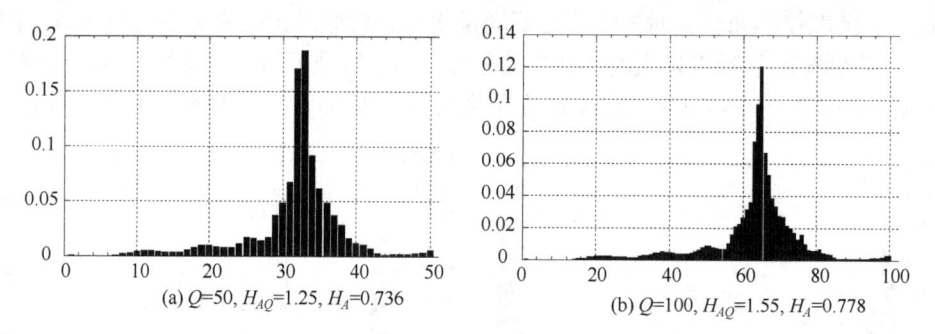

图 4.3.8 噪声较大时，2FSK 信号不同量化等级对应的包络直方图与包络熵

信号包络熵具有以下特点。

(1) 在噪声较小时，幅度调制类信号的瞬时包络起伏越大，包络直方图的分布范围越广，包络熵较大；角度调制类信号的瞬时包络起伏越小，包络熵较小。

(2) 包络直方图 P_A-A 的形状、包络熵的大小与基带信号、调制方式、量化等级、噪声大小等因素有关；

(3) 在噪声较大时，幅度调制类与角度调制类信号的包络熵差异变小，不利于信号的分离，也说明需要对特定参数进行调整，如包络熵的归一化，包络直方图的均值、方差、梯度等。

当基带数字序列为瞬时频率 $\{f(n)\}$ 时，其频率大小 f 与频度 P_f 构成频率直方图 P_f-f。频率熵：

$$H_{fQ} = -\sum_{i=1}^{Q} P_{fi} \cdot \lg P_{fi} \qquad (4.3.17)$$

当基带数字序列为瞬时相位 $\{\phi(n)\}$ 时，其相位大小 p 与相位数 P_p 构成相位直方图 P_p-p，相位熵：

$$H_{pQ} = -\sum_{i=1}^{Q} P_{pi} \cdot \lg P_{pi} \qquad (4.3.18)$$

在侦察信号进行正交变换的过程中，提取瞬时频率和瞬时相位的方法复杂、要求严格。例如，在信号频率测量不是很准确的情况下，本振频率与信号频率总存在一定的差值 ($\omega_L \neq \omega_s$)，这时的瞬时相位中存在线性分量 $\Delta \omega t$，瞬时频率中存在偏移量 $\Delta \omega$，不利于频率熵和相位熵的提取。

2) 频谱对称系数

频谱对称系数反映信号频谱对称度。不同信号的频谱结构不同,频谱的对称性能也有所不同,计算信号的频谱对称系数首先要计算信号在频谱低端的能量 P_L 和信号在频谱高端的能量 P_H。计算信号频谱在低、高端能量的方法可以分为两种情况:参照信号相对频率左右两边的频谱分布计算和参照信号带宽范围内的频谱分布计算。

参照信号相对频率左右两边频谱的分布计算方法是,对于采样速率 f_s 的 N 点离散序列 $\{s(n)\}$ 及其数字化频谱 $\{S(K)\}$,采样信号相对频率 $\overline{f_0}$ 对应谱线的序号 $N_0 = \dfrac{N}{f_s} \cdot \overline{f_0}$,则有

信号在频谱低端的能量:

$$P_L = \sum_{i=0}^{N_0-1} |S(i)|^2 \quad 或者 \quad P_L = \sum_{i=N_L}^{N_0-1} |S(i)|^2$$

信号在频谱高端的能量:

$$P_H = \sum_{i=N_0+1}^{\frac{N}{2}-1} |S(i)|^2 \quad 或者 \quad P_H = \sum_{i=N_0+1}^{N_H} |S(i)|^2$$

参照信号带宽范围内频谱的分布计算方法,根据数字化信号频谱 $\{S(K)\}$,计算信号带宽中谱线高端对应序号 N_H 和低端对应序号 N_L,进而计算频谱成分中低、高端谱线的个数 $b = \text{int}\left(\dfrac{N_L + N_H}{2}\right)$,则有

信号在频谱低端的能量:

$$P_L = \sum_{i=N_L}^{\text{int}(b-0.5)} |S(i)|^2$$

信号在频谱高端的能量:

$$P_H = \sum_{i=\text{int}(b+1)}^{N_H} |S(i)|^2$$

根据 P_H 与 P_L,计算信号的频谱对称系数:

$$P = \dfrac{P_L - P_H}{P_L + P_H} \tag{4.3.19}$$

如果 $P_L < P_H$,表示频谱成分低频部分的能量小于高频部分的能量,频谱对称系数 $P < 0$;如果 $P_L > P_H$,表示频谱成分低频部分的能量大于高频部分的能量,频谱对称系数 $P > 0$;如果 $P_L \approx P_H$,表示频谱成分低频部分的能量与高频部分的能量一致,频谱对称系数 $P \approx 0$,可以认为信号频谱具有对称性,$|P| \to 0$ 的程度越高,代表信号频谱对称的程度越高。一般情况下,AM、FM、DSB、ASK、FSK 信号具有较好的频谱对称性,SSB 不具有频谱对称性,但是对于载频能量很高的信号(如 AM、ASK),由于带宽估计

或者载频估计的误差,载频能量被计算到 P_H 或者 P_L 中,频谱对称系数就可能产生很大的误差。

3) 频谱峰个数

由信号的 N 点离散序列 $\{s(n)\}$ 的频谱 $\{S(K)\}$,考虑到实信号数字频谱的对称性,令 $y(K)=|S(K)|^2$,其中 $K=0,1,2,\cdots,\dfrac{N}{2}-1$,为了防止频谱中某些干扰成分的影响,可以对 $\{y(K)\}$ 进行平滑滤波,然后在 $\{y(K)\}$ 的 $0\sim\dfrac{N}{2}-1$ 点中寻找极大值,并不是每个极大值都代表一个谱峰,因此需要对相邻极大值进行判断,确定频谱峰值个数 F,如图 4.3.9 所示。例如,当 $F=1$ 时,表示频谱中只有一个峰。

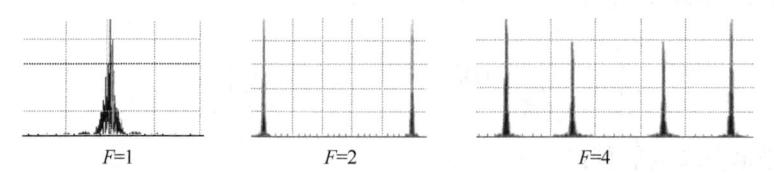

图 4.3.9 不同频谱中峰值个数

信号频谱 $\{S(K)\}$ 的形状与截取时长、调制方式、基带信号、噪声等因素有关,只有当一个极大值比相邻极大值高很多时,才可以判断为峰值,因此频谱峰值个数判定过程中存在很强的主观性。

4) 绝对相位差

零中心非弱信号段瞬时相位非线性分量的绝对值标准偏差 δ_{ap}(简称绝对相位差),如式 (4.3.20) 所示。

$$\delta_{ap}=\sqrt{\dfrac{1}{c}\left[\sum_{a_n(i)>a_t}\phi_{NL}^2(i)\right]-\left[\dfrac{1}{c}\sum_{a_n(i)>a_t}|\phi_{NL}(i)|\right]^2} \quad (4.3.20)$$

式中,a_t 是判断弱信号段的一个幅度判决门限电平;c 是在全部取样数据 N_s 中属于非弱信号值的个数;$\phi_{NL}(i)$ 是经零中心化处理后瞬时相位的非线性分量,处于载波完全同步时有

$$\phi_{NL}(i)=\varphi(i)-\varphi_0 \quad (4.3.21)$$

式中,$\varphi_0=\dfrac{1}{N_s}\sum_{i=1}^{N_s}\varphi(i)$,$\varphi(i)$ 是无折叠的瞬时相位。非弱信号段就是指的信号幅度满足一定的门限电平要求的信号段。δ_{ap} 是在一个信号段的若干个非微弱信号区内通过计算得到的瞬时相位的非线性分量的绝对值的标准差,表示信号瞬时的绝对相位变化情况,该特征值可以用来区分包含绝对相位信息的信号。

5) 幅谱峰值

零中心归一化瞬时幅度的谱密度最大值 γ_{max}(简称幅谱峰值),计算式为

$$\gamma_{\max} = \frac{\max\left|\text{FFT}[a_{cn}(i)]^2\right|}{N_s} \tag{4.3.22}$$

式中，N_s 为取样点数；$a_{cn}(i)$ 为零中心归一化瞬时幅度，由式(4.3.23)计算：

$$a_{cn}(i) = a_n(i) - 1 \tag{4.3.23}$$

式中，$a_n(i) = \dfrac{a(i)}{m_a}$，而 $m_a = \dfrac{1}{N_s}\displaystyle\sum_{i=1}^{N_s} a(i)$ 为瞬时幅度 $a(i)$ 的平均值。

由上述表达式可以看出，$\gamma_{\max}$ 表征了信号瞬时幅度的变化情况，可以反映调制信号包络的变化特性，以此区分恒包络的调制方式和非恒包络的调制方式。

6) 标准频差

零中心归一化非弱信号段瞬时频率的标准偏差 δ_{af}（简称标准频差）的定义为

$$\delta_{af} = \sqrt{\frac{1}{c}\left[\sum_{a_n(i)>a_t} f_{\text{NL}}^2(i)\right] - \frac{1}{c}\left\{\sum_{a_n(i)>a_t}\left|a_{\text{NL}}[f_{\text{NL}}(i)]\right|\right\}^2} \tag{4.3.24}$$

式中，$f_{\text{NL}}(i) = \dfrac{f_m(i)}{R_b}$，$f_m(i) = f(i) - m_f$，$m_f = \dfrac{1}{N_s}\displaystyle\sum_{i=1}^{N_s} f(i)$，$f(i)$ 为信号的瞬时频率，R_b 为信号的码速率。δ_{af} 表征信号的绝对频率信息，可用来区分归一化中心瞬时频率绝对值为常数的调制方式（如 MSK 调制信号）和具有绝对、直接频率信息的调制方式（如 $M \geq 4$ 的 MFSK 调制信号）。

7) 频率峰值

频率峰值 μ_{f42} 是基于瞬时频率计算得出的统计参数，其定义如式(4.3.25)所示：

$$\mu_{f42} = \frac{E[f^4(i)]}{\left(E[f^2(i)]\right)^2} \tag{4.3.25}$$

式中，$f(i)$ 为信号的瞬时频率；$E[\cdot]$ 是统计平均。μ_{f42} 是用来度量"瞬时频率分布的密集性"的特征值，可以用来区分瞬时频率高密集分布的信号（如 FM 调制信号）和瞬时频率分布较疏散的信号（如 MFSK 调制信号）。

除了上述介绍的一些参数外，通信信号的很多技术参数（如频率、带宽）、载波能量占总能量的百分比等都可以作为调制样式识别参数。各参数在一定的适用范围内，按照判决需要互相协作完成识别。不同的特征参数之间也可以互相交叉对识别结果进行检查确认。

图 4.3.10 就是根据不同的参数对通信信号调制方式进行识别的示意图。

图 4.3.11 所示的是根据 5 个信号特征值 $\gamma_{\max}$、δ_{ap}、P、δ_{af} 和 μ_{f42} 对 FM、SSB、DSB、4FSK、4PSK、MSK 等 6 种调制方式进行识别的流程图。根据决策树理论，利用以上五个特征参数得到数字调制识别算法门限值，每个判决准则可将六种调制类型分为六个互不相交的子集，经过逐层细分，最终可以通过分类确定信号的调制类型。

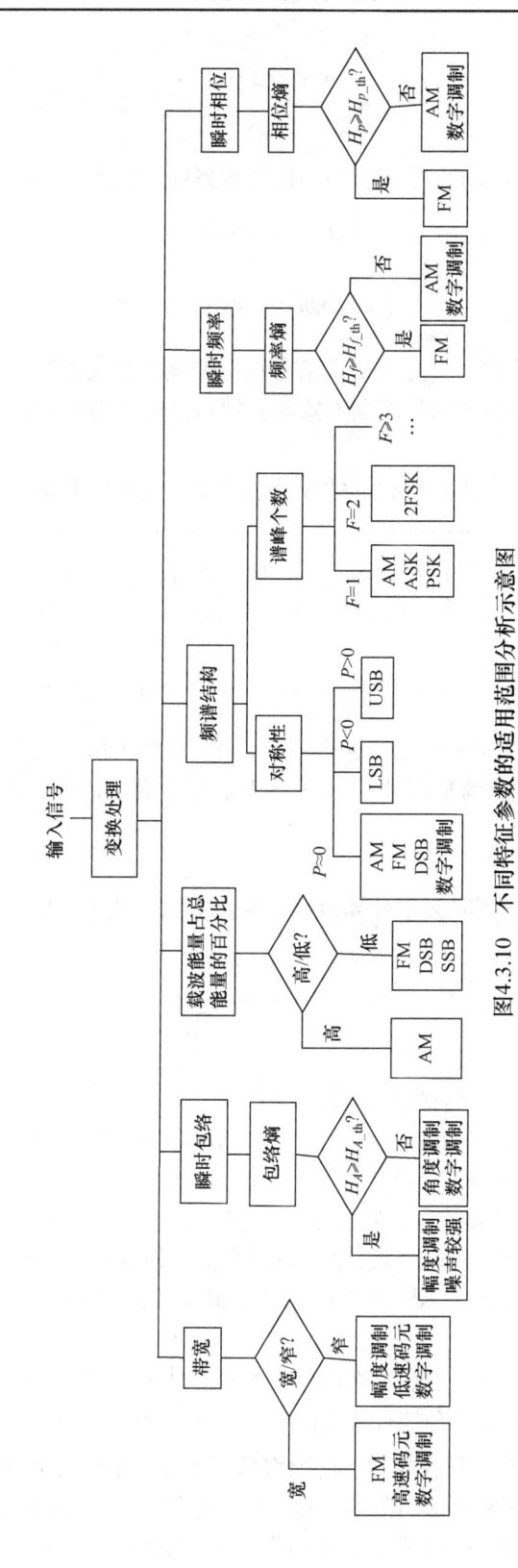

图4.3.10 不同特征参数的适用范围分析示意图

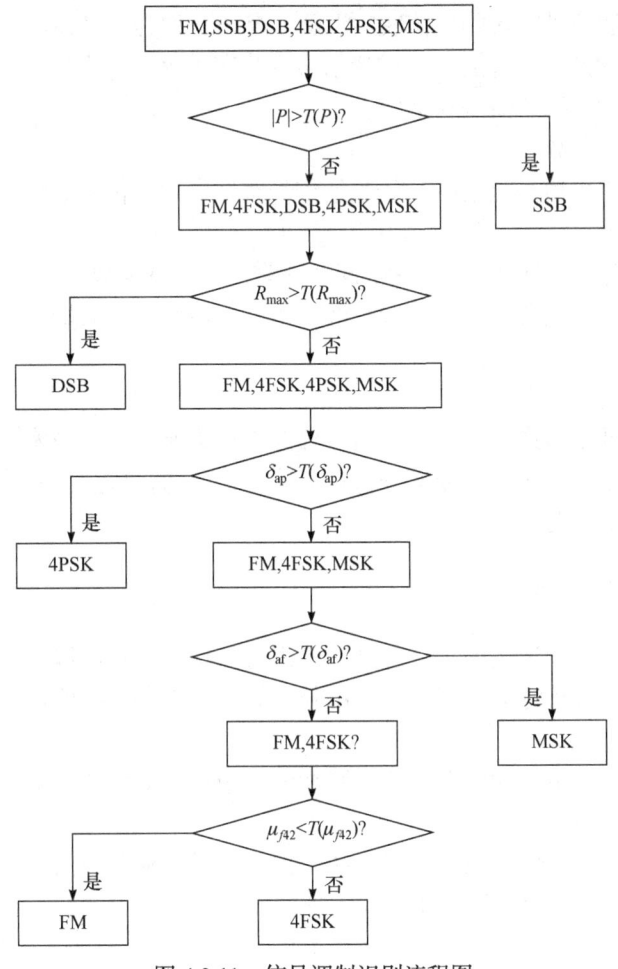

图 4.3.11 信号调制识别流程图

4.4 信 号 分 选

信号分选是利用辐射源信号的关联性判断信号流中的每个信号来自哪个辐射源。

表征辐射源特性的参数分为频域参数、时域参数、空域参数、幅度参数等，这些参数可以归纳为两类：一类是在进行信号分选以前电子对抗侦察系统前端或预处理机已经直接测得的参数；另一类是通过直接测得的参数可以导出的参数，这些参数称为分选参数。

分选辐射源信号的基本原理是利用同一部辐射源信号参数的相关性和不同辐射源信号参数的差异性。分选的依据是辐射源信号分选参数之间的差别。如果辐射源信号的某个参数不能反映出不同辐射源信号之间的差别，则这一参数就不能用作分选参数。

4.4.1 雷达信号分选

1. 概述

1) 雷达信号分选的含义

面对复杂、多变的雷达信号环境，雷达对抗侦察接收机截获的是多部雷达的混叠信号，对于脉冲体制的雷达信号，接收机截获的混叠信号通常称为全脉冲流。

雷达信号分选就是从混叠的多部雷达信号中分离出每一部雷达信号的处理过程，是雷达信号识别以及雷达干扰的前提和基础。

2) 雷达信号分选参数

通常情况下，用于信号分选的参数包括信号空域参数、信号频域参数、信号时域参数以及信号幅度参数等。

信号空域参数是不会捷变的，也就是同一部雷达的空域参数在短时间内几乎是不变的。因此，信号空域参数是重要的信号分选参数。信号频域参数、时域参数也是重要的信号分选参数。

3) 雷达信号分选的分类

随着信号环境日益密集复杂多变，信号分选更加重要，分选技术也在不断发展。按照信号分选的实现过程，雷达信号分选分为预分选、主分选；按照信号分选的实现方法，雷达信号分选分为人工辅助分选、自动分选。

2. 雷达信号预分选

预分选是在信号主分选之前，对全脉冲流进行的预先处理，以利于信号主分选。按照预分选目标的差异，通常将雷达信号预分选分为信号稀释、分组预处理和匹配预处理。

1) 信号稀释

信号稀释就是将不感兴趣的信号从全脉冲流中剔除，从而达到降低信号密度的目的，进而降低信号主分选的复杂度。

通常的信号稀释方法包括空域稀释、频域稀释、时域稀释、信号强度稀释等。信号稀释可以采用硬件来实现，也可以采用软件处理的方法。

2) 分组预处理

分组预处理就是通过单、多参数分组滤波器，将全脉冲分成多组脉冲列。常见的单参数分组滤波器主要是基于信号载频进行设计的，多参数分组滤波器主要是基于信号载频、脉宽等进行设计的。全脉冲经过分组之后再进行信号分选，这样既降低了信号密度，也降低了脉冲流的复杂性，从而有利于信号主分选。分组预处理可采用硬件或者软件的方法来实现。

3) 匹配预处理

匹配预处理就是将全脉冲流与存储器中预存的辐射源参数进行匹配相关处理，匹配预处理通常用于重点目标快速筛选。

重点目标快速筛选是从全脉冲流中快速筛选出重点雷达目标，大多用于威胁目标告警。采用的技术通常是延迟式脉冲列相关匹配处理和基于脉冲描述字匹配处理。

延迟式脉冲列相关匹配处理是利用脉冲间隔固定信号的时域相关特性，直接将全脉冲流延时自相关处理，选出给定 PRI 的脉冲列，这种信号筛选技术主要用于特定脉冲重频识别告警。

基于脉冲描述字匹配处理是根据重点雷达目标的脉冲描述字，通过相关匹配处理，判断是否有该重点雷达目标，如果有，则将该目标的脉冲从全脉冲流中筛选出来。

3. 雷达信号主分选

雷达信号主分选是将没有完成预分选的剩余信号，利用脉冲间隔参数或其他参数进行的进一步分选。

1) 重复周期分选法

雷达信号脉冲重复周期(PRI)是雷达信号的重要参数，利用雷达脉冲周期重复的特点，可以比较容易地从交叠脉冲中分离出各个雷达的脉冲列。重复周期分选既可用逻辑电路来实现(硬件分选)，也可用微处理机、计算机来实现(软件分选)。硬件分选具有实时性强、线路简单等优点，但只能对重复周期为常数的雷达信号进行分选，而且信号的密度不能太高。计算机重复周期分选则可以适用于重复周期变化的信号和信号密度较高的情况。重复周期分选法是雷达信号分选的基础。

2) 重复周期和脉冲宽度双参数分选法

通常不单独用脉冲宽度进行雷达信号分选，这是因为雷达的脉冲宽度的测量值随幅度的变化而变化，也会由于多路径效应而使得脉冲宽度的测量值发生变化，故单独用脉冲宽度进行分选不大有效。但是如果脉冲宽度和脉冲重复周期联合使用，比单靠重复周期分选更为有效，而且有利于对宽脉冲、窄脉冲等特殊雷达信号进行分选，能有助于对脉冲重复周期变化的雷达信号进行分选。

3) 重复周期、脉冲宽度和载波频率三参数分选法

为了对捷变频和频率分集雷达信号进行分选，必须对载频、重复周期、脉冲宽度几个参数进行相关处理，以完成信号分选的任务。

4) 重复周期、脉冲宽度、载波频率和到达角四参数分选法

当密集的信号脉冲列中包括多个载波频率变化、重复周期变化的脉冲列时，为了完成分选任务，需要加进信号的到达方向这一参数，形成 PRI、PW、RF、DOA 四参数的综合分选。当雷达和侦察设备的位置都变化较慢时，准确到达方向是最有效的分选参数，因为目标的空间位置是不会突变的，故信号的到达方向也不会发生突变。用到达方向作为密集、复杂信号脉冲列的分选，是对频率捷变、重频捷变和参差等复杂信号进行分选的可靠途径。

多参数综合分选还可以有其他的组合形式，具体的信号分选方案是根据信号环境、战术技术要求等因素决定的。

4. 重复周期分选方法

重复周期分选方法是以脉冲重复周期为分选参数，对全脉冲流进行去交错处理，得到各个雷达的脉冲列，通常包括两个步骤：第一步是 PRI 估计，第二步是脉冲列分选。分选方法通常包括扩展关联法、直方图法、PRI 变换法等。

1) 扩展关联法

扩展关联法是一种经典的信号分选方法。其工作原理是，按照一定的规则动态形成准 PRI，然后用准 PRI 对全脉冲进行匹配关联，从而实现信号分选。分选步骤大致可分为以下几步。

(1) PRI 估计。在脉冲流内选择一个脉冲作为基准脉冲(首次通常选第一个脉冲)，再选

择另一个脉冲作为参考脉冲(通常为下一个脉冲),当这两个脉冲的到达时间差(Difference Time of Arrival, DTOA)介于雷达可能的最大 PRI 与最小 PRI 之间时,则以此 DTOA 作为准 PRI。当 DTOA 小于雷达可能的最小 PRI 时,则另选参考脉冲,当 DTOA 大于雷达可能的最大 PRI 时,则另选基准脉冲和参考脉冲。

(2)脉冲列分选。根据脉冲的抖动、TOA 测量误差等因素,确定 PRI 容差。以准 PRI 在时间上向前(或向后)进行扩展关联,如果关联分选的脉冲数大于或等于成功分选所需要的脉冲数时,则认为成功分选出一个脉冲列,并继续分选出该脉冲列的全部脉冲。如果以准 PRI 动态扩展得不到脉冲列,则另选一个参考脉冲,回到过程(1)。

(3)形成子脉冲序列。把成功分选出来的脉冲列从脉冲群中剔除出来,作为一个准雷达脉冲列,以备后续处理。

(4)重复。对剩余的脉冲流,再按(1)、(2)、(3)步骤继续进行分选,直到全脉冲分选完毕。

在扩展关联分选过程中,比较关键的问题是 PRI 容差的选择和参差鉴别等。PRI 容差的选择,对整个分选过程至关重要。容差选得较小时,可以准确地测得 PRI 值,但容易造成漏脉冲;容差选得较大时,虽然减少了漏脉冲,但在密集的信号环境中,往往会造成错选,同时对 PRI 的测量也会产生一定的影响。对于重频参差雷达信号,用扩展关联法分选时,总是将一个参差雷达信号分选为 PRI 等于骨架周期的多个脉冲列,因此,需要进行参差鉴别。

扩展关联法的主要特点是原理比较简单、易于实现,是重频分选的经典方法之一,但运算量较大,在一次分选过程中,通常需要多次选择准 PRI 进行扩展关联试探,而且每一次扩展关联最多只能分选一部雷达脉冲列。该方法计算量大,对脉冲干扰和丢失都很敏感。对于参差雷达信号,总是分选为 PRI 等于骨架周期的多个脉冲列。

2)差直方图法

差直方图法的基本原理是对两两脉冲间隔进行计数,从而估计出可能的 PRI。它不是用某一对脉冲形成的间隔去"套"下一个脉冲,而是计算脉冲群内任意两个脉冲的到达时间差(DTOA),对于介于辐射源可能的最大 PRI 与最小 PRI 之间的 DTOA,分别统计每个 DTOA 对应的脉冲数,并作出(脉冲数-DTOA)直方图,即 TOA 差直方图,然后根据一定的分选准则对 TOA 差直方图进行分析,估计出可能的 PRI,达到分选的目的。

差直方图法的特点如下。

(1)处理速度较快。通过直方图,可一次分选出多个脉冲列,而且由于 TOA 差值直方图法是基于减法的运算,因此,它的处理速度较快。

(2)确定检测门限困难。PRI 的倍数、和数、差数的统计值较大,确定门限比较困难。

(3)容易出错。在 PRI 随机变化时,分选容易出错,有时甚至不可能分选。

实际上,差直方图法很少被采用,在其基础上改进的累积差直方图法和顺序差值直方图法的性能大大提高,是常用的方法。

3)累积差直方图法(CDIF)

CDIF 最大的改进之处是对准 PRI 的提取采用累积差的概念。CDIF 包括直方图估计和序列搜索两个步骤,其基本方法如下。

首先计算第一级 TOA 差值,即计算所有相邻的两个脉冲(即 1 和 2,2 和 3,$\cdots$,$n-1$

和 n)的 DTOA，并作 DTOA 直方图，提取出可能的 PRI(当某间隔的直方图值大于门限时，则该间隔即为可能的 PRI)，然后按这些可能的 PRI 进行搜索。若搜索成功，则该 PRI 序列从全脉冲中分选出来，并且对于剩余脉冲列，从第一级差直方图起形成新的 CDIF 直方图，这个过程会一直重复下去直到没有足够的脉冲形成脉冲序列；如果搜索不成功，则继续计算第二级 TOA 差值，即计算 1 和 3，2 和 4，3 和 5，…，$n-2$ 和 n 之间间隔的直方图，并与上一级直方图累积，找出可能的 PRI，以此类推。

CDIF 的门限取反比例函数。这是基于这样的假设：当辐射源的 PRI 为 T_0 时，这个辐射源的脉冲数是 T/T_0(T 为脉冲列长度，即观测时间)，考虑到脉冲丢失，则脉冲数为 $aT/T_0, a \in (0,1]$。所以，CDIF 的最优门限为

$$D_{\text{CDIF}} = \frac{aT}{t} \tag{4.4.1}$$

式中，t 为直方图的横轴变量，即可能的 PRI。

CDIF 的特点如下。

(1) 运算量小。CDIF 可以仅统计很少的几级间隔的直方图就能提取出 PRI，从而不须将全部各级的间隔统计完，大大减少了运算量。

(2) 适应性好。CDIF 具有对干扰脉冲和脉冲丢失不敏感的特点。

(3) 易出现谐波。对于谐波问题，CDIF 对 PRI 的提取是按照间隔值从小到大依次进行的。这样就首先提取基波成分，假设在基波超过门限的情况下，CDIF 就能防止提取谐波。但是在许多情况下，基波不一定大于门限，相反谐波却大于门限。出现这种现象的原因是 CDIF 门限采用反比例函数形式。因为这种函数对于小的 PRI，函数值很大。

4) 顺序差值直方图法(SDIF)

SDIF 是一种基于 CDIF 的改进算法，SDIF 与 CDIF 的主要区别是，SDIF 针对不同阶的到达时间差直方图的统计结果不进行累积，相应的检测门限也与 CDIF 不同。其基本思想如下。

首先，计算相邻两脉冲的 TOA 差构成第一级差直方图，如果只有一个 SDIF 值超过门限，则把该值当作可能的 PRI 进行序列检索；如果有几个超过门限的 PRI 值，则首先进行子谐波检验，再从超过门限的峰值所对应的最小脉冲间隔起进行序列检索。如果能成功地分离出相应的序列，则从采样脉冲列中扣除，并对剩余脉冲列从第一级形成新的 SDIF 直方图；若序列检索不能成功地分离出相应的序列，则计算下一级的 SDIF 直方图，重复上述过程。

SDIF 门限的选择不同于 CDIF 法的反比例函数形式，而采用指数形式。对于密集信号环境，脉冲流服从泊松(Poisson)分布，Poisson 流在时间间隔内的概率服从指数分布，而 SDIF 直方图实际上是概率分布函数的近似值，所以直方图也呈指数分布形式。设脉冲总数为 E，构成第 C 级差直方图的脉冲组数量为 $E-C$，即观察时间内一共有 $E-C$ 个事件发生，则最佳检测门限函数为

$$D_{\text{SDIF}} = A(E-C)\mathrm{e}^{-\lambda t} \tag{4.4.2}$$

式中，λ 为脉冲流密度；常数 A 由实验确定。

由于检测门限的设置不同于 CDIF，并且 SDIF 还进行了子谐波检验，因此，这种方法

很好地解决了谐波误提取问题。

5) PRI 变换法

直方图分选法是以计算脉冲序列的自相关函数为基础的。由于周期信号的相关函数仍是周期函数，因此很容易出现信号的 PRI 及其子谐波同时存在的情况，只有通过后续脉冲序列搜索算法来改进分选结果。在实际应用中有脉冲丢失的情况下，这种现象十分严重，往往会导致分选结果错误。

设 $t_n(n=0,1,\cdots,N-1)$ 为 N 个脉冲的到达时间，若将脉冲的到达时间看作一个 δ 函数，记为 $\delta(t-t_n)$，则侦察系统截获的脉冲序列可表示为

$$g(t) = \sum_{n=0}^{N-1} \delta(t-t_n) \tag{4.4.3}$$

脉冲序列函数 δ 的 PRI 变换定义为 $g(t)$ 的积分变换：

$$D(\tau) = \int g(t)\delta(t-t_n)e^{j2\pi t/\tau}dt, \quad \tau > 0 \tag{4.4.4}$$

$D(\tau)$ 给出了一种 PRI 谱图，在代表真 PRI 值的地方出现峰值。对此 PRI 值进行序列搜索。这种算法对于固定重频、抖动重频都有很好的分选效果。

PRI 变换是基于类似于自相关函数的复值积分式，区别是多了一个相位因子，从而抑制了出现在自相关函数中的子谐波。

5. 脉冲列综合分析处理

在实际信号分选中，有时难免会出现将不同的雷达信号分选为同一部雷达信号的情况和将同一部雷达的信号分选成多部雷达信号的情况，这时就需要进行综合分析处理。

将不同雷达信号分选为同一部雷达信号，这实质上是信号"欠分选"，也就是分选不彻底，需要作进一步的分选加以解决。

将同一部雷达信号分选为多部雷达信号的情况，实质上是信号"过分选"。对于信号"过分选"，通常需要进行脉冲列综合分析处理，综合分析处理包括参差鉴别和综合相关分析等。

对于重频参差雷达信号，在进行信号分选时，很容易将一部参差雷达信号分选为 PRI 等于骨架周期的多个脉冲列。因此，当分选出来的几个准雷达脉冲列的 PRI 值十分接近时，就要进行参差鉴别，以确定它们是一个参差雷达信号，还是几个 PRI 接近的独立雷达信号。如果是一个参差雷达信号，则几个脉冲列是由同一个定时器产生的，它们的变化是相关的，而独立雷达信号的脉冲列则不具有相关性，参差鉴别通常是根据这一点来进行的。

综合相关分析，首先根据分选脉冲列的多参数特征进行相关分析，然后对相关的脉冲列进行合并处理，也就是将错分为多个脉冲列的同一部雷达信号合并为一个脉冲列。综合相关分析主要依据的特征参数包括脉冲列到达时间、DOA 特征、频率特征、脉宽特征以及脉幅特征等。其工作原理是，首先进行单参数相关分析，然后进行多参数综合相关，综合相关的结果作为脉冲列合并的依据。

4.4.2 通信信号分选

通信信号一般包括定频信号和跳频信号等，其中，定频信号包括长期信号和突发信号。

通信信号分选的主要任务是：根据宽带接收数据，利用信号处理，将信号在时、频、空域信息的不同体现出来，实现宽带内的多个信号分离；基于时、频域信息，完成定频信号、跳频信号、不同跳频信号的分离。

1. 基于时频分析的信号处理

宽带接收的混合信号中包含非平稳信号（如跳频信号），非平稳信号的频谱是时间的函数，常规的傅里叶变换对时间求积分，去掉了非平稳信号中的时变信息，难以体现非平稳信号的特性。时频分析利用时间与频率的联合函数，描述信号在不同时间和频率的能量密度，可以实现不同信号的分离。

时频分析的主要方法有短时傅里叶变换、维格纳-威尔分布等。

1) 短时傅里叶变换（STFT）

对宽带接收信号 $s(t)$ 进行短时傅里叶变换。假设第 $a(a=1,2,\cdots)$ 个时间截短窗的相关参数如下：起始时间 t_a、持续时间 T_a、截短窗函数 $W_a(t)$ 并且其傅里叶变换为 $W_a(f)$，如图 4.4.1 所示。则第 a 个短时信号为 $s_a(t)=s(t) \cdot W_a(t)$，短时傅里叶变换：

$$\text{STFT}_a(t,f)=\int_{t_a}^{t_a+T_a} s(t) \cdot W_a(t) \cdot e^{-j2\pi ft} dt = S(f) * W_a(f) \tag{4.4.5}$$

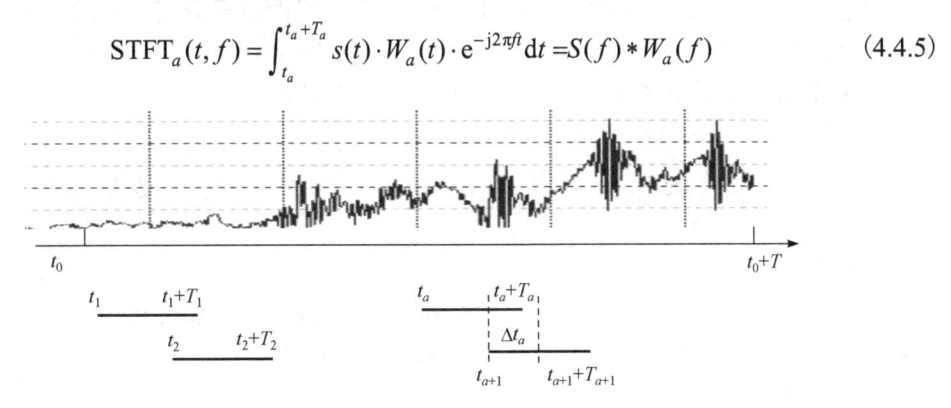

图 4.4.1 信号时间截短示意图

当采用矩形窗 $W_a(t)=u(t-t_a)-u(t-t_a-T_a)$ 时，$s_a(t)$ 的傅里叶变换：

$$S_a(f)=\int_{t_a}^{t_a+T_a} s(t) \cdot e^{-j2\pi ft} dt \tag{4.4.6}$$

短时傅里叶变换的时间分辨率和频率分辨率受到窗函数宽度的限制，时频聚集性比较差。

2) 维格纳-威尔分布

对信号 $s(t)$ 的瞬时自相关 $s\left(t+\dfrac{\tau}{2}\right) \cdot s^*\left(t-\dfrac{\tau}{2}\right)$ 进行傅里叶变换，得到维格纳-威尔分布：

$$\text{WVD}(t,f)=\int_{-\infty}^{\infty} s\left(t+\dfrac{\tau}{2}\right) \cdot s^*\left(t-\dfrac{\tau}{2}\right) \cdot e^{-j2\pi f\tau} d\tau \tag{4.4.7}$$

WVD 不含窗函数，解决了短时傅里叶变换时间分辨率、频率分辨率相互牵制的矛盾。但是，如果接收信号中包含多个信号，$s(t)=\sum\limits_{m=1}^{M} s_m(t)$ 且 $M \geqslant 2$ 时，WVD 会有交叉项。例如，

假设 $s(t) = s_1(t) + s_2(t)$，则

$$\text{WVD}(t,f) = \text{WVD}_{s1}(t,f) + \text{WVD}_{s2}(t,f) + \text{WVD}_{s1,s2}(t,f) + \text{WVD}_{s2,s1}(t,f) \quad (4.4.8)$$

交叉项 $\text{WVD}_{s1,s2}(t,f)$、$\text{WVD}_{s2,s1}(t,f)$ 不利于信号分析，可采用对 $s(t)$ 的瞬时自相关 $s\left(t+\dfrac{\tau}{2}\right)\cdot s^*\left(t-\dfrac{\tau}{2}\right)$ 进行时域加窗或频域加窗，然后进行傅里叶变换消除交叉项。

2. 基于盲源分离的信号恢复

信号分离要解决的问题就是：利用观测信号 $R(t)$ 求一个 $M\times N$ 的矩阵 W，使得 W 对混合信号矢量 $R(t)$ 的线性变换 $WR(t) = W[As(t)+N(t)] = y(t)$ 是对信号 $s(t)$ 的估计 $\hat{s}(t)$。所以，矩阵 W 称为分离矩阵，是问题求解的关键。

基于盲源分离从若干观测到的多个信号的混合信号 $R(t)$ 中，恢复出无法观测到的各个类型的原始信号 $s(t)$。

盲源分离是多解问题，一般假设各个源信号是统计独立、零均值的平稳随机过程，且具有单位方差。所以，信号的独立成分分析(ICA)是盲源信号分离算法的依据。大部分盲源信号分离算法是在独立成分分析(ICA)的基础上发展起来的，其中，Hyvarinen 提出的不动点算法(FastICA)是 ICA 的核心算法。其基本思想如下。

1）初始化

选择一初始化的随机矩阵 $W_{1\times M} = [w_1 \quad w_2 \quad \cdots \quad w_M]^T$ 使得信号 $s(t)$ 的估计 $Y = W_{1\times M} R(t)_{M\times 1}$。

2）选择独立性测度

选择独立性测度(如负熵)，且与分离矩阵 W 有关系，构成将分离矩阵作为自变量的有关函数 $J(y)$，其中，y 与分离矩阵 W 和信号 $s(t)$ 有关。

3）计算函数 $J(y)$

利用迭代的方法，寻找最优化时分离矩阵 W，从而达到输出分量之间尽可能相互独立的目标。

4）信号估计

最后，基于最优化时分离矩阵 W，进行信号估计 $\hat{s}(t)$，进而实现 N 个信号的恢复。

$$\hat{s}(t) = WR(t) = W[As(t)+N(t)] \quad (4.4.9)$$

3. 目标信号的分离

1）定频信号与跳频信号的分离

在通信信号实际空间传输的过程中存在各种干扰和噪声，接收信号发生失真和畸变，观测信号呈现随机特性，需要对信号的有无及存在时间进行检测，达到区分跳频信号与定频信号的目的。

在战场环境下的一定的侦察范围内，大量的定频电台和多个跳频网台同时工作，截获到的信号中有跳频信号，更多的是定频信号。在通信工作时间内，定频信号的工作频率比较稳定，而跳频信号的频率在一定范围内随机跳变。侦察系统首先将定频信号与跳频信号

进行分离；然后提取搜索期间出现的、所有定频信号的频率和对应幅度，对每个定频信号进行分析处理，估计其特征参数、分析其调制方式并解调；最后对跳频信号估计出信号时间、频率、方位、幅度等跳频信号分选的基本特征参数。

侦察系统在工作频率范围内进行全面的搜索、截获，根据侦察接收的信号数据进行时间截断，按照 M 帧的时频分析结果，得到不同时间段内信号的时间-频率和幅度-频率关系，如图 4.4.2 和图 4.4.3 所示。

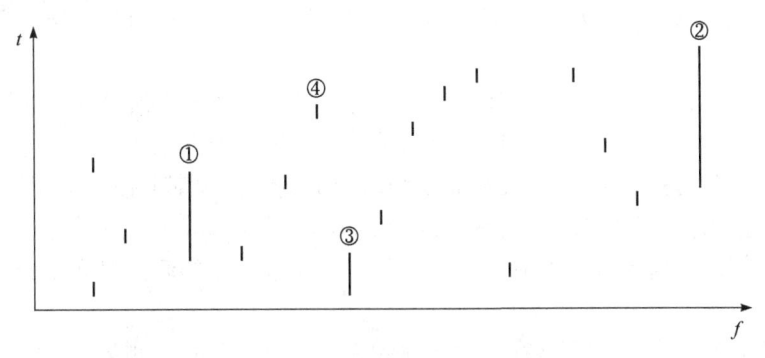

图 4.4.2 接收信号的时间-频率关系示意图

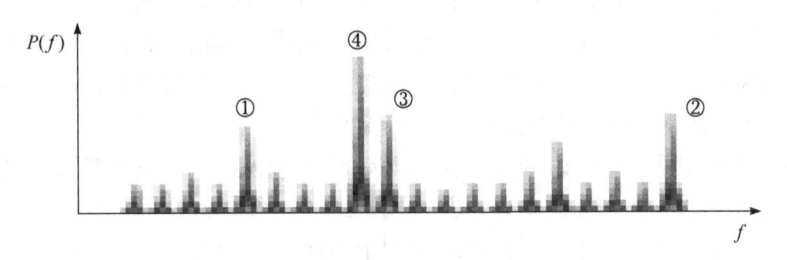

图 4.4.3 接收信号的幅度-频率关系示意图

对一定时间段内接收信号的频率 f 进行量化，等级序号为 $i(i=1,2,\cdots,N)$，共 N 个等级，统计不同频率出现的次数 x_i，可以得到频率直方图，如图 4.4.4 所示。

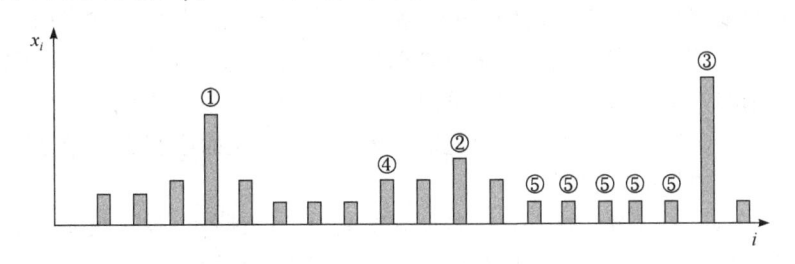

图 4.4.4 截获信号的频率直方图

定频信号与跳频信号的区别如下。

(1) 持续定频信号的频率-时间关系稳定。

在截获信号的频率直方图中,该频点对应次数较多。在接收信号的幅度-频率关系图中,该频点上信号幅度比较独立,如图 4.4.4 中的①②③。

(2) 猝发定频信号的频率出现时间较短。

在截获信号的频率直方图中,该频点对应次数相对较少,该频点上信号幅度比较独立,如图 4.4.4 中的④。

(3)跳频信号在各个频率点上出现次数、对应幅度大小都比较均匀，如图 4.4.4 中的⑤。

2)跳频网台的分选

跳频通信具有很强的抗干扰能力、较好的低检测特性和很强的组网能力。对跳频信号侦察分选后还需要从截获的多个跳频信号中筛选出特定的跳频信号，完成跳频网台的分选，进而将特定跳频信号进行拼接，恢复完整的信号，所以跳频网台分选是跳频通信侦察的一个重要环节。

跳频信号的起止时间、驻留时间、方位、幅度等是分选跳频信号的基本特征参数。

简单的信号频率一般不能作为跳频信号分选的依据，但如果将侦察信号的频率与时间关系对应，跳频信号的频率-时间关系表现为时间上接续，频率上按一定间隔(或一定间隔的整数倍)变化。跳频信号在每个频率上的持续时间，即频率驻留时间是分选不同速率跳频信号的重要依据。在跳频信号频率-时间关系图中，跳频信号的起止时间是分选跳频网台的重要参数。

信号驻留时间是指 FH 信号在一个瞬时频率上的持续时间。测量各个瞬时频率信号的到达时间和结束时间，计算信号在一个瞬时频率上的持续时间，即信号驻留时间。信号驻留时间稳定，可以定为恒跳速信号，考虑到频率合成器的换频时间，信号驻留时间一般为时隙宽度的 0.8~0.9，时隙宽度的倒数代表跳频速率。对于非恒跳速信号，不同时隙的信号驻留时间不等，用信号驻留时间分选信号难度很大。

通过无线电测向得到的信号来波方位是跳频网台分选的一个重要参数，特别是在正交跳频网中，各电台使用相同的频率集，并且同步跳变，各电台在信号到达时间、信号驻留时间等参数上具有一致性，考虑到正交跳频网中各跳频网台所处的地理位置不同，信号到达方位角是跳频网台分选的重要参数。只要目标电台不移动，方位角参数非常稳定，即使目标电台移动或者测向不准确，大多数情况下方位角在后续频率跳变中也不会发生很大的突变。

跳频信号幅度就是侦察接收机处信号的幅度，由于不同跳频电台的发射功率、与接收机的距离、经过的信道不同，到达接收机处信号的幅度、稳定性不一样，跳频信号幅度可以作为信号分选的一个参数，但电波传播过程中产生的变化以及天线增益可能会使有些频段的信号幅度变化相当大，利用幅度分选信号更为复杂，反而不利于信号分选。

跳频网台分选的基本方法如下。

(1)根据一定时间段内接收信号的时间-频率关系，统计各个瞬时频率的到达时间，按照寻找相同驻留时间的原则，可以将跳速不同的、恒速跳频网台区分开来；

(2)通过分选恒速跳频网台，筛选出变速跳频网；

(3)根据各个瞬时频率的到达时间间隔，计算出各恒速跳频网台的跳频速率；

(4)根据测向定位得到的方位数据，可以将正交跳频网台分离，也可以将变速跳频网分离。

根据信号幅度-频率关系，可以对位置差距较大或者强度差距较大的跳频信号进行分离确认。

当然，不同类型的 FH 侦察接收系统能够测得的技术参数是不完全相同的，实施网台分选时选用的参数不同，分选的方法也不同。为了提高分选的可靠性，通常选用两个或更多的分选参数。

4.5 信号识别

信号识别是电子对抗侦察的一个重要任务，在信号接收分析的基础上，采用数据库比对、基于专家知识的智能推理、深度学习等技术手段，获取辐射源属性信息的过程。识别的层次很多，包括信号类型识别、技术体制识别、工作模式识别、威胁等级识别、型号识别、装载平台识别、个体指纹识别、行为意图识别等。

4.5.1 信号识别分类

信号识别是将被测辐射源信号参数与辐射源数据库所存的辐射源参数进行比较来实现的，既可以采用硬件来实现，也可以通过计算机软件来实现。所以，信号识别可分为硬件识别和软件识别两类。硬件实现的识别装置功能有限，常用作特定信号（威胁）的识别。其优点是实时性能强，设备简单，价格低廉。用计算机通过软件进行信号识别具有很强的识别功能，不仅可同时识别很多信号，而且具有很大灵活性，可以根据信号环境变化自适应地调整识别策略。

1. 硬件识别

用硬件实现的识别系统，多用于特定信号识别，其电路简单，反应迅速。

如雷达信号脉冲重频是信号识别最有用的单个信号参数，所以特定的威胁告警系统常以雷达信号的重频作为特征参数对威胁辐射源进行识别并告警。PRI 滤波器组根据 PRI 预先调定，来自接收机的信号中只要有威胁的信号，其 PRI 即可被鉴别出来，从而告警。由于威胁信号 PRI 是已知的，所以 PRI 滤波器的个数不会太多。PRI 滤波器可以用数字式重频滤波器来实现。

2. 软件识别

软件识别过程是计算机通过程序将测得的信号参数和数据库的一系列参数文件进行连续比较判别的过程。其作用是为了识别出最可能产生被测信号的辐射源，从而识别目标的性质及威胁程度。

4.5.2 信号识别方法

信号识别的技术实现途径主要是基于辐射源特征参数集的数据库比对。随着机器学习技术的发展，基于深度学习的辐射源识别技术也越来越多地获得关注。

基于特征参数集的数据库比对技术是人们广泛运用的信号识别技术，在信号分选的基础上，通过信号分析，获取描述辐射源的特征参数集，之后采用识别算法，结合数据库，完成辐射源属性的识别，识别流程如图 4.5.1 所示。

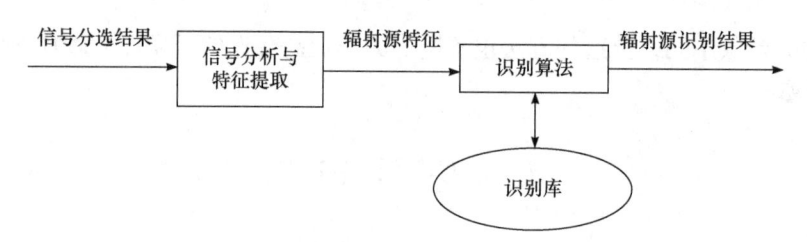

图 4.5.1 基于数据库比对的辐射源识别流程图

对于雷达信号识别来说,信号分析与特征提取模块对信号分选结果进行进一步的分析,提取出辐射源的 RF、PW、PRI、天线扫描特征、脉内调制特征、细微特征、指纹特征等,形成描述雷达辐射源的特征参数集,结合识别库,开发识别算法,完成辐射源识别,辐射源的识别结果与识别库的丰富程度具有很强的关联性。在识别过程中,往往还能够采取智能推理方法,推理出雷达辐射源的技术体制、工作模式、威胁等级甚至行为意图等。

基于脉内细微特征的单个雷达脉冲识别技术绕过了信号分选,针对单个雷达脉冲进行特征提取,之后结合数据库进行识别,图 4.5.2 为识别流程。

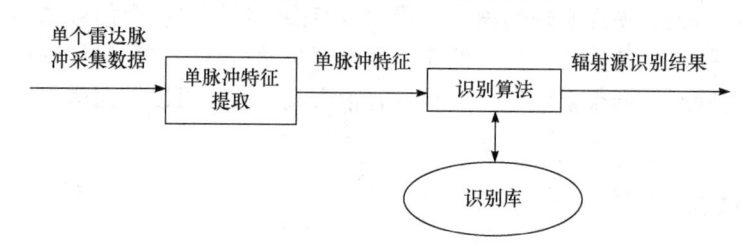

图 4.5.2 基于单个雷达脉冲的辐射源识别流程图

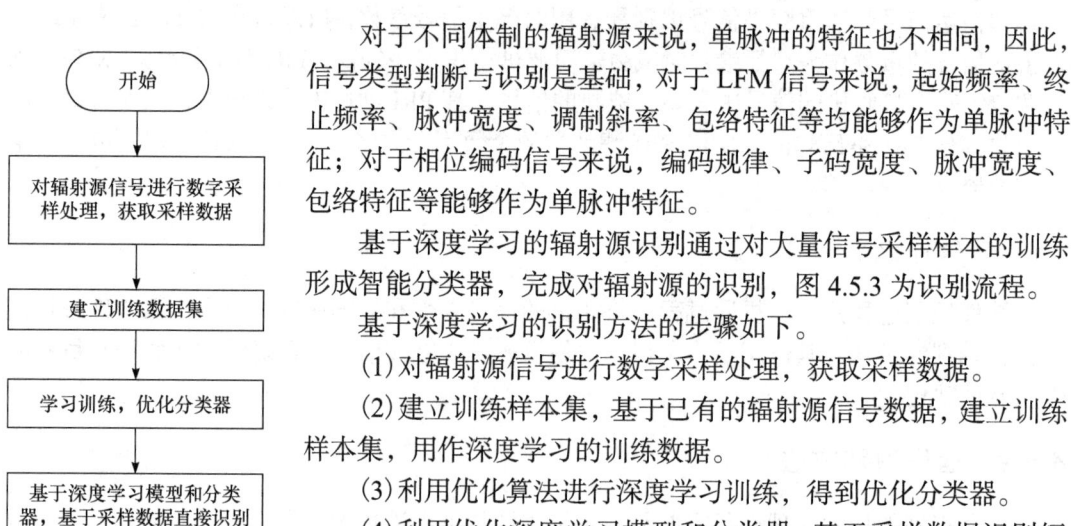

图 4.5.3 基于深度学习的辐射源识别流程图

对于不同体制的辐射源来说,单脉冲的特征也不相同,因此,信号类型判断与识别是基础,对于 LFM 信号来说,起始频率、终止频率、脉冲宽度、调制斜率、包络特征等均能够作为单脉冲特征;对于相位编码信号来说,编码规律、子码宽度、脉冲宽度、包络特征等能够作为单脉冲特征。

基于深度学习的辐射源识别通过对大量信号采样样本的训练形成智能分类器,完成对辐射源的识别,图 4.5.3 为识别流程。

基于深度学习的识别方法的步骤如下。

(1)对辐射源信号进行数字采样处理,获取采样数据。

(2)建立训练样本集,基于已有的辐射源信号数据,建立训练样本集,用作深度学习的训练数据。

(3)利用优化算法进行深度学习训练,得到优化分类器。

(4)利用优化深度学习模型和分类器,基于采样数据识别辐射源。

识别的核心是识别特征的选择与提取,识别特征选择的优劣决定了识别的层次与效果,例如,对于辐射源个体识别,需要寻找能够反映同型号辐射源之间的细微差异的指纹特征,且指纹特征具有稳定性、唯一性与可测性等生物个体特性,更为重要的是指纹特征不随辐射源基本特征参数的改变而改变。

思考题和习题

1. 信号处理的基本任务是什么？
2. 概述通信、雷达信号的典型特征参数。
3. 哪些雷达参数可以直接测量得到？哪些参数需分析处理获得？
4. 什么是频域取样测频法？有哪些具体方法？各有什么特点？
5. 什么是频域变换测频法？有哪些具体方法？各有什么特点？
6. 简述信号极化参数的测量方法。
7. 信号极化特征与雷达性能有何关系？
8. 什么是信号分选？信号分选的依据是什么？
9. 什么是信号预分选？侦察系统使用系统前端预分选有哪些具体方法？
10. 什么是信号主分选？常用哪些信号主分选方法？
11. 简述 PRI 差直方图、PRI 累积差直方图和 PRI 顺序差直方图分选方法的基本过程。
12. 常用的雷达信号脉内调制类型有哪些？LFM、PSK 信号的调制参数有哪些？
13. 简述对信号调制方式进行自动识别的基本方法和步骤。
14. 什么是辐射源识别？辐射源识别的主要内容有哪些？
15. 试说明特征参数提取、信号分选、信号识别、情报处理之间的关系。
16. 假设侦察接收设备截获到某目标信号，该信号可能是 AM/SSB/2ASK/2FSK 中的一种，选取合适的特征参数，设计一种调制方式自动识别方法。

第5章 无线电测向原理

5.1 引　言

5.1.1 无线电测向的基本概念

无线电测向是指使用具有方向性天线的电子设备测定正在工作的无线电辐射源的方位。

无线电测向在导航、通信和雷达等领域得到广泛应用，包括有源测向和无源测向。雷达在发射无线电波的同时接收目标反射回波实现目标探测，属于有源测向；借助于他方无线电通信信号、雷达信号或者导航信号进行测向时，一般不发射无线电波，属于无源测向，是本章主要讨论的内容，以下简称测向。测向采用的设备简称测向机。

在无线电辐射源工作时，测向机的任务是接收无线电信号，根据测向机的输出，分析出到达的无线电信号的方向信息，进而对辐射源定位。测向属于侦察的范畴，很多测向设备不仅能够完成测向任务，还可以进行信号的侦察、分析，甚至辐射源的定位。目前，很多测向设备均采用侦测一体化系统。

1. 相关参数

观测点位置、电波传播路径以及选择的 0° 方向基准都会影响辐射源方向测量值。观测点一般选择测向站(测向接收机或者测向机)所在位置；测向方无法确定电波传播路径，一般采用观测点处波阵面法线方向(来波方向)的反向延长作为电波传播路径；习惯上，参考零度(0°方向)采用观测点处地理北极的子午线方向，如图 5.1.1(a)所示。

1) 来波的真实方位 (θ, γ_T)

(1) 方位角 θ。方位线是无线电辐射源与观测点(测向站)之间的连线。当无线电辐射源与观测点处于不同水平面时，方位线投影到观测点所处平面，形成水平方位线。辐射源发出无线电信号，从观测点处的参考零度(子午线正北方向)与水平方位线按顺时针所形成的夹角称为水平方位角，简称方位角。(水平)方位角在 0°~360° 范围内，本章采用符号 θ 表示。

(2) 仰角 γ_T。测向站处接收信号的方位线与水平方位线之间的夹角，称为来波信号的仰角，本章采用符号 γ_T 来表示。当无线电辐射源与观测点处于同一水平面时，方位线与水平方位线重合，仰角 $\gamma_T = 0°$。

方位角 θ 与仰角 γ_T 共同确定来波的真实方位。由于测向时无法事先掌握 (θ, γ_T)，测向设备对无线电辐射源的来波信号进行接收，通过测量得到的可能不是 (θ, γ_T)。

2) 来波方位的测量 (ϕ, γ)

(1) 示向度 ϕ。测向机根据测向站处接收信号波阵面，判断其法线方向，并进行延伸得到示向线。当无线电辐射源与观测点处于不同水平面时，示向线投影到观测点所处平面，形成水平方位线。从观测点处的参考零度(子午线正北方向)顺时针旋转到水平示向线形成的角度,称为示向度,本章采用符号ϕ来表示。

(2)仰角γ。测向站处接收信号的示向线与水平示向线之间的夹角,称为仰角,本章采用符号γ来表示。当无线电辐射源与观测点处于同一水平面时,示向线与水平示向线重合,仰角$\gamma=0°$。

示向度ϕ与仰角γ是测向站对来波方位测量结果的描述。

3) 测向误差$\Delta\theta=\theta-\phi$

测向误差是指无线电测向设备所测得目标信号的来波方向与目标信号的真实方向之间的差值。考虑到来波方位由方位角与仰角描述,所以测向误差应该包括方位误差和仰角误差。由于在测向早期主要讨论的是方位角和示向度,所以习惯上的测向误差主要讨论方位角与示向度之间的偏差$\Delta\theta=\theta-\phi$,如图5.1.1(b)所示。

(a) 方位角θ与示向度ϕ的关系示意图

(b) 来波仰角γ_T与测量仰角γ的关系示意图

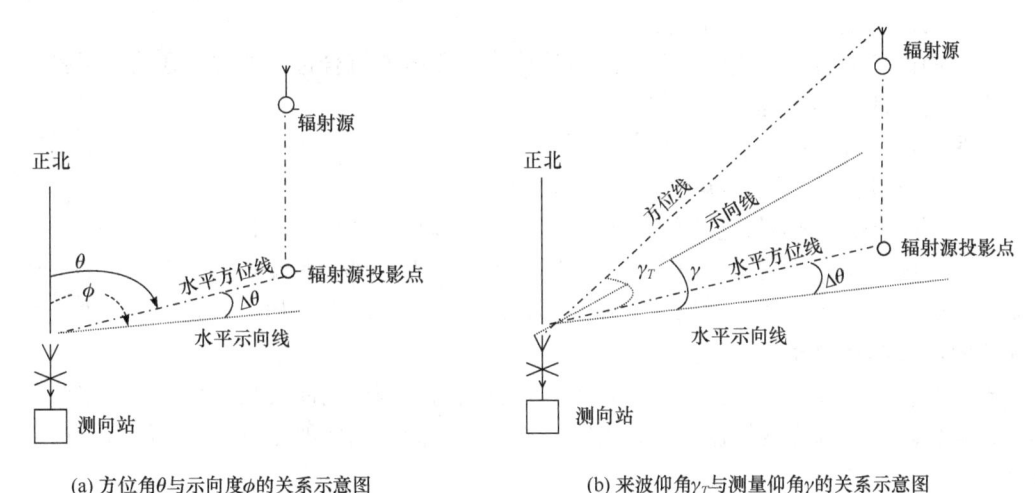

图 5.1.1 (θ,γ_T)与(ϕ,γ)的关系示意图

在理想条件下,电波传播介质是均匀的,测向不存在误差,来波的方位线与测得的示向线应该重合,即示向度与方位角相同($\theta=\phi$),测向误差$\Delta\theta=\theta-\phi=0°$。

事实上,一方面,电波传播介质不可能均匀,电波的波阵面可能存在畸变,使得到达观测点处无线电波的波阵面法线方向偏离方位线;另一方面,测向误差的存在不可避免。所以,来波的方位线与测得的示向线很难重合,示向度与方位角不同,即$\theta\neq\phi$,存在测向误差$\Delta\theta=\theta-\phi\neq0°$。

测向误差$\Delta\theta=\theta-\phi$是测向机用来衡量测向准确程度的重要指标。

2. 相关假设

1) 无线电测向的物理基础

无线电波在均匀介质中传播的匀速直线性及定向天线接收电波的方向性是无线电测向的物理基础。

对抗方在方位角θ未知的情况下,将测得的示向度ϕ作为辐射源的来波方向。其中讨论示向线的假设条件是电波从辐射源沿直线传播到测向机所在位置,事实上,电波只有在均匀介质中可能沿直线传播，所以无线电波在均匀介质中传播的匀速直线性是无线电测向的物理基础之一。

值得注意的是，实际空间的介质不可能完全均匀，无线电波传播时必然存在畸变，无线电信号到达观测点处的示向线与方位线就会存在误差，误差的大小与电波传播方式、传播路径等因素有关。鉴于测向方不知道也无法控制电波传播途径，可以认为在实际测向过程中，无线电测向的这个物理基础很难严格满足。

无线电测向机的接收天线在设计、制作时应具有确定的方向特性，测向机使用定向天线进行无线电信号的接收是无线电测向的第二个物理基础。

测向天线的各个天线元接收来波信号而产生输出电压，要求输出电压能够反映电波的到达方向，或者说输出电压应该包含来波的方位信息，即天线应该是具有特定方向性的定向天线。

2) 测向站与辐射源之间满足远场条件

当测向站与辐射源距离较远时，测向站认为接收电波符合远场条件。在战场条件下的无线电测向一般是满足远场条件的。

满足远场条件时认为下面两个条件同时满足。

(1) 到达测向天线的无线电波的波阵面近似为平面。

(2) 在测向天线场地附近的几个波长范围内，可以认为电磁场的场强近似相等。

相对于测向站与辐射源距离，测向天线阵不是很大，可以假设到达各天线元的电场振幅基本一致，而天线元处于不同的波阵面，到达各天线元的电场相位不同，所以天线结构影响接收电波的接收相位。

电子对抗不能改变辐射源的来波(方位)，测向通过调整测向接收天线，基于接收来波信号的输出信号的强度或相位，可以判断来波方位与天线结构的相对关系，结合测向天线的结构来确定来波方位。

5.1.2 测向设备的基本组成

测向设备一般包括测向(定向)天线、测向接收信道、方位信号处理终端、控制与通信等，如图 5.1.2 所示。

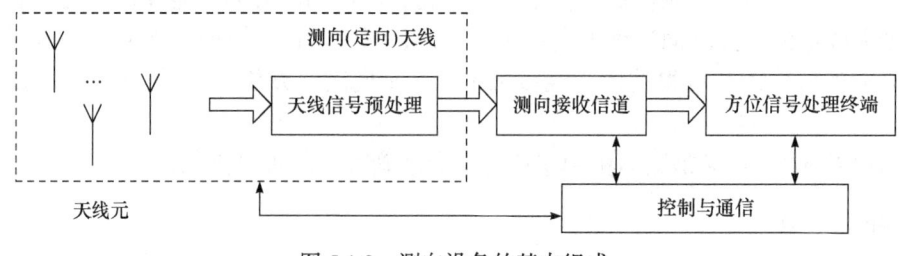

图 5.1.2 测向设备的基本组成

1. 测向(定向)天线

测向(定向)天线应具有"方向特性"。无线电测向采用能够反映目标信号来波方位信息的定向接收天线，测向天线接收信号的参数(如幅度或相位)与目标信号来波的方向之间应具有某一特定的关系，在测向过程中，测向设备的工作原理与测向天线的"方向特性"

有关。

测向天线的两个部分是多个天线元和天线信号前置预处理。对测向天线的基本要求是：每个天线元应具有各自的特性，可以按照需要进行位置布置；天线信号前置预处理单元可以对每个天线元接收的射频信号（相位或者幅度）进行调整和变换等预处理，通过组合构成单元天线，并确保单元天线的输出与来波方位具有特定的幅度或相位特性。

在实际使用时，垂直单杆天线、水平单杆天线等常常作为天线元；天线元组合后形成单元天线，如环天线、艾德考克(Adcock)天线等；单元天线的结构、尺寸等因素影响单元天线的方向特性、增益等。单元天线可以进一步组合，以获得需要的天线特性，例如，环天线、Adcock 天线等可以作为更大单元天线的天线元。

天线的工作参数（如频率范围、阻抗、驻波比、极化方式、方向特性函数、方向特性图等）常常被用来表征单元天线性能。在测向中的单元天线重点关注天线的方向特性（函数和图）和增益；当然从机动考虑，也会涉及天线的体积、重量、结构、架设等问题。

测向天线应该具有强而稳定的方向特性，天线方向特性主要由方向特性函数和方向特性图表征。一方面，在尽可能宽的频段范围内，方向特性函数应具有一致特性，体现方向特性的稳定性；另一方面，要求方向特性对场地环境、气候条件等外界环境的变化不敏感，能够适应电波传播形式和极化方式的变化。

测向天线应具有很高的接收增益，可以提高测向接收灵敏度，有利于对远距离无线电信号或者微弱信号的测向，一般要求包括增益高、噪声系数低、插入损耗小，并且天线与馈线之间匹配良好等。

单元天线单独作为测向天线，接收信号输出感应电动势（幅度、相位）与来波的参数（特别是来波方向）、天线结构等因素有关；单元天线也可以作为天线元，多个天线元可以形成更大的单元天线，因此，天线元和单元天线有时会出现混用现象。一般情况下，一个单元天线与一个接收信道连接，多个单元天线分别与多个接收信道连接构成测向天线（阵列或系统）。

2. 测向接收信道

单元天线接收信号产生感应电动势，作为测向传输信道（也称接收通道）的输入，接收信道对信号进行放大、滤波、变频等处理后，作为方位信号处理器的输入，方位信号处理的主要任务是提取来波的方位信息。

测向中常常需要多个单元天线（天线阵列），每个单元天线需要各自的接收信道，所以，测向的接收信道常常采用阵列接收信道。

射频接收信道或者外差式接收信道都得到了广泛的应用，在测向中，经常对各个接收信道的一致性提出很高的要求，但在工程实现上，各个接收信道总是存在一定程度的偏差或扰动，可能造成方位信号估计算法的性能恶化，甚至失效，所以接收信道的幅度和相位误差校正非常重要。

由于测向时不一定掌握信号的调制方式，大部分情况下，接收信道输出多为未解调的信号。

3. 方位信号处理器

方位信号处理器的主要工作就是从接收信号中提取来波方位信息。

每个单元天线同时接收多个信号与噪声，每个信道中包含多个信号源及它们的多径信号、噪声等。面对同时接收的混合信号（多个信号+噪声），方位信号处理器需要利用算法将它们分离，然后分别提取各个信号的来波方位（示向度 ϕ 和仰角 γ）。

信号处理既可以在模拟域实施，也可以在数字域展开。基于模拟输出，通过人工判断来波方位信息是早期的测向方法；现在，测向设备多采用数字信号处理器（DSP）完成来波方位信息的提取。

4. 控制与通信

控制主要用于测向设备的操作控制，通信主要用于测向设备的通信联络。

早期的测向设备采用人工操作控制，存在速度慢、精度有限等问题；现代的测向设备采用微处理器软件对设备进行自动控制，提高了测向的速度和精度，扩展了设备功能。

通信联络可用于测向站与上级、下级以及平级作战单元之间的联络，主要传输的信息包括情报数据、作战命令与消息等。通信距离近时，一般采用有线方式，通信距离远时，大多数情况下采用无线方式。

5.1.3 测向设备的主要技术性能指标

测向设备是专门用于测定正在工作的无线电辐射源方位的通信对抗侦察设备。应具备侦察接收设备的技术性能指标，还应该具备测向设备特有的技术性能指标。

1. 工作频率范围

工作频率范围是指测向设备与工作频率有关的主要技术参数均能达到指标规定要求时的频率覆盖范围，亦称频段覆盖范围。在工作频率范围内，要求测向设备能对无线电辐射源进行正常测向。

测向设备的频段覆盖范围主要取决于测向天线和接收信道。其中，测向设备的频段覆盖范围内，要求测向天线的频率响应具有稳定性，但是单副测向天线的响应特性很难满足这一要求，工程中的解决办法就是采用多种体制和类型的测向天线来分别覆盖一定的频段范围。

当一个接收信道的频率范围难以满足测向设备的频段覆盖范围的要求时，可以采用多个接收信道进行频率拼接。

2. 测向误差

测向误差简称方位测量误差，是指测向设备所测得的方位与无线电辐射源的真实方位之间的差值，测向误差反映了测向接收设备的测向准确程度，测向误差越小，测向准确度越高。

无线电信号频率及强度、测向设备的工作体制、使用环境等因素均可能影响测向误差；考虑到电波传播的随机性，测向误差也存在一定的随机性。同一无线电辐射源发射的无线电信号，在信号类型、频率、方位不同的情况下，测向误差不同；多次测向的测量误差也存在不同的可能，在设备测试中，常常采用最大误差、平均误差或均方根误差等表示测向误差。

在工作环境中,场地因素对测向误差的影响很大,所以场地条件在讨论测向误差指标时需要注明。在设备测试中,其测向误差指标常常是基于标准场地测量得到的测量测向误差。

测向场地主要是天线周围的场地环境,在使用测向设备的过程中,很难满足标准场地条件,所以实际使用中的测向误差可能高于测向设备出厂时所标示的测向误差,另外,随着测向设备中各类元器件老化等因素,也会造成测向误差增大。

3. 测向灵敏度

测向灵敏度是指在保证容许的测向误差和测向速度条件下,测向设备所需要被测信号的最小场强值。通常以 $\mu V/m$ 为单位。最小场强值一般是指接收机输入端对信号场强的最小要求。

测向天线接收的信号场强、天线增益及接收信道增益等因素均有可能影响测向机的输出信号;无线空间的噪声强度、测向天线增益、接收信道增益及内部噪声等因素均有可能影响测向机输出的噪声。在输出信号强度、输出信噪比要求一定的情况下,假设天线增益及接收信道增益越大,接收信道内部噪声越小,电波到达测向机处的信号场强要求越低,则灵敏度越高。

在实际指标测试中,考虑到信号场强、测向天线的可变性,一般采用测向信道灵敏度代替测向灵敏度。测向信道灵敏度静态测试时,一般抛开信号场强、天线增益等因素,内部噪声是影响测向信道灵敏度的主要因素。

接收信道的内部噪声受设备器件限制,很难降低,限制了信道灵敏度的提高,可以改进测向天线(如小基础无源测向天线、小基础有源测向天线和大基础测向天线等),提高测向天线的增益与方向性,进而提高测向灵敏度。

4. 方位分辨率

方位分辨率是指能区分同时存在的特征参数相同但所处方位不同的两个无线电辐射源之间的最小夹角,也称为角度分辨率。

测向设备工作于某个频率,同时接收不止一个、不同方位的来波信号,进行测向时,如果不能很好区分,就会对测向造成误差。

多个不同方位的同频信号可能是多径效应造成的,方位分辨率与同时接收的两个信号幅度之间的相对大小有关,为了方便起见,一般用两个频率、幅度均相等的接收信号进行方位分辨率测试。

5. 测向时间

测向时间是指无线电测向设备按规定条件完成一次测向并显示结果所需要的时间。测向时间对目标信号最短持续时间提出了要求,也反映了测向设备对捷变信号(如跳频信号、脉冲信号)的测向能力。

与测向时间直接相关的要素包括测向命令传输时间、测向接收机调谐时间、测向分析处理时间和示向度输出显示时间等。与测向时间间接相关的要素包括侦察接收引导时间、无线电信号截获时间、测向设备工作状态设置调整时间等。因此考虑不同要素情况下的测向时间可能存在很大的差异。

在测试测向时间时，通常将测向设备设置在等待状态，不考虑侦察引导、截获时间，目标信号一出现即接收数据，此时的测向时间能够比较准确地反映测向处理时间和测向结果输出显示时间，也表达了对无线电信号最短持续时间的要求。

早期采用人工测向，需要转动天线、读取示向度，测向时间较长；现在采用全自动测向，一般不需要转动天线，测向时间较短，测向通道的建立时间和方位信息的终端处理时间决定测向时间。

在实际测试时，经常采用单次测向时间和平均测向时间，其中，平均测向时间也常常用单位时间能够完成测向任务的次数表征。

6. 抗干扰性

抗干扰性是指存在无线电干扰情况下，测向设备能够对无线电信号进行正常测向并满足测向误差指标要求时，允许的最大干扰场强，也称测向抗扰度。

接收信干（噪）比影响测向误差，所以讨论抗干扰性时一般会注明对最小信噪比或者最大干信比的要求。鉴于测向天线具有很强的方向性，衡量测向设备的抗干扰性需要采用带内方向抗扰度和带外方向抗扰度两个指标。其中，带外抗扰度用于评估测向设备克服来自不同方位的、异频干扰的能力；带内抗扰度用于评估测向设备克服来自不同方位的、邻频或同频干扰的能力。

当然，测向设备技术指标很多，如信道一致性、可测信号类型等。信道一致性主要是针对多个接收信道的测向机，对各接收信道之间增益、相位最大差异的容忍度提出的要求。可测信号类型反映测向设备对不同体制信号的适应能力。

5.1.4 测向的分类

利用测向设备对无线电辐射源进行测向，进而获得无线电辐射源位置信息和情报。"非协作性"是横亘于测向与无线电辐射源之间的最大问题，为了简化该问题，认为无线电信号的侦察搜索、截获、参数分析和信号识别已经完成。下面介绍几种常见的无线电测向分类方法。

1. 按无线电测向的原理划分

从无线电测向设备的工作原理上来说，测向分为振幅法测向、相位法测向和时差法测向。

无线电辐射源发射的电磁波到达测向天线时，不同位置的天线元位于不同的波阵面，不同天线元时，接收电波时间不同，存在时间差 Δt，使得不同天线元上的感应电压之间存在相位差 $\Delta \varphi$。或者说，在某一时刻，不同位置的天线元接收信号的发出时间不同，波阵面不同，波阵面之间存的相位差 $\Delta \varphi$ 引起天线元之间的感应电动势差 ΔU。

在实际测向中，测向设备在某一时刻接收无线电信号，提取各个天线元接收无线电信号的时间差 Δt、相位差 $\Delta \varphi$ 和感应电动势差 ΔU，结合天线阵配置结构提取来波方位，所以，从无线电测向设备的工作原理上，无线电测向技术包括振幅法测向、相位法测向和时差法测向。

振幅法测向是指接收同一无线电辐射源信号的不同空间位置的天线上，测量或计算信号到达的感应电压的幅度来确定其方向；相位法测向从接收同一无线电辐射源信号的不同空间位置的多副天线上，测量或计算信号到达的相位差 $\Delta\varphi$ 来确定其方向；时差法测向从接收同一无线电辐射源信号的不同空间位置的多副天线上，测量或计算信号到达的时间差 Δt 来确定其方向。

目前，振幅法测向、相位法测向或者组合测向均在无线电测向中得到广泛应用。

2. 按相邻天线元间的距离划分

测向天线需要多个天线元构成方向性天线，天线元之间的距离称为间距、基线或者孔径，一般用 d 表示。以最低工作频率对应的波长 λ 为基准，如果 $d/\lambda>1$，称为宽孔径，如果 $d/\lambda\leqslant1$，称为窄孔径。

电波在均匀介质中传输时，可以认为远场区的等相位面(波阵面)是平面或近似平面，用波阵面的法线方向代表来波方向；电波在非均匀介质中传输时，电波的波阵面可能出现弯曲状态，此时波阵面的法线方向与来波方向就会出现偏差。传输介质的不均匀程度越高，波阵面的弯曲程度越大，波阵面的法线方向与来波方向之间的偏差越大，如图 5.1.3 所示。

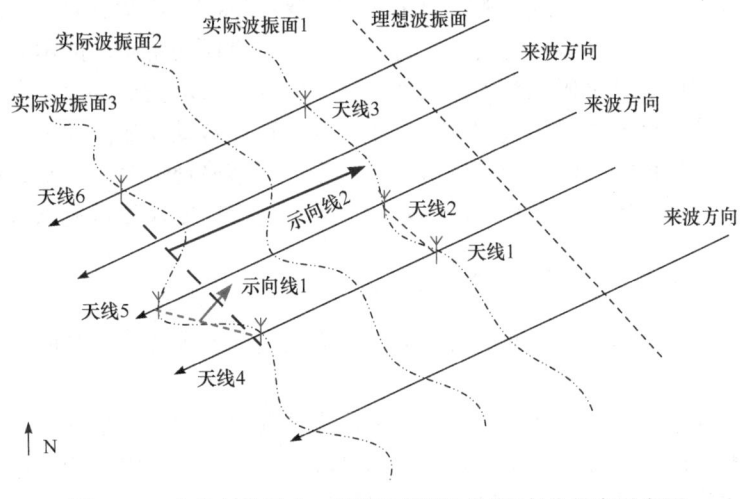

图 5.1.3 非均匀介质中，波阵面(等相位线)弯曲状态示意图

非均匀传输介质存在随机性，波阵面的弯曲也呈现随机性，这种随机性在位置区域较小的范围内(如天线元 1 和天线元 2，天线元 4 和天线元 5)，可能存在很大的波阵面弯曲；而在位置区域较大的范围内(如天线元 1 和天线元 3，天线元 4 和天线元 6)，由于天线元之间波阵面多次出现随机弯曲，平均弯曲程度并不是很大。

在传输介质非均匀性不大的情况下，实际波阵面与理想波阵面的差别小(如实际波阵面 1)，测向误差不会很大。在介质非均匀性很大的情况下，实际波阵面的弯曲程度与理想波阵面的差别就可能很大(如实际波阵面 3)，基于天线元 4 和天线元 5(窄孔径)的来波方位测量，可能存在很大的误差；基于天线元 4 和天线元 6(宽孔径)的来波方位测量，测向误差可能较小。

采用窄孔径天线的测向设备具有天线尺寸小、结构简单，工程实现容易等优点，便于战术机动，得到了广泛应用。一般情况下，如果 $d \leq 0.5\lambda$，可以将多个天线元作为一个单元天线；如果 $0.5\lambda < d \leq \lambda$，可以将多个天线元看成一个小基础的天线阵。利用窄孔径天线测向时，由于传输介质不均匀性造成的测向误差可能较大。

采用宽孔径天线的测向设备具有天线增益大，测量远距离、弱信号的能力强等优点，能够显著改善测向误差，但存在天线结构庞大、复杂、机动性差等问题，多用于战略固定测向站。一般情况下，将 $d \approx 2\lambda \sim 5\lambda$ 的多个天线元作为中基础天线阵；将 $d > 5\lambda$ 的多个天线元作为大基础的天线阵。

在战术测向行动中，对测向设备的机动性要求高，多采用窄孔径测向设备；在战略测向行动中，对测向设备的准确性要求高，可采用宽孔径测向设备；随着无线电测向技术的发展，窄孔径和宽孔径测向技术结合也得到了广泛应用，即要求测向天线不是很大，但能够有效降低测向误差。

3. 按自动化程度划分

无线电测向经过了人工测向、半自动测向和全自动测向三个历程，在一定程度上反映了测向设备的技术发展。

早期采用人工测向工作方式，测向员人工调整接收机的工作状态、搜索目标信号，转动测向天线并基于接收机的输出进行来波方向的判断，进而测定来波的示向度值；随着测向技术的发展，利用机械伺服系统完成天线旋转，实现了自动完成部分测向过程的半自动测向；随着数字信号处理技术的应用，目前主要采用可以自动完成测向全过程的全自动测向技术。目前，宽带侦察接收得到广泛应用，鉴于电磁信号环境复杂密集，在干扰比较严重的情况下，目标选择困难，全自动测向过程中可能也会需要操作员适当进行人工干预。

4. 按测向人机交互方式划分

测向设备与测向操作人员之间的交互方式与人机信号处理方式、测向终端的输出方式等因素有关。

信号处理器的主要任务是从接收信号中提取来波的方位信息，早期均采用模拟方法，目前主要采用数字信号处理的方法。将提取的来波方位信息在测向终端上输出给测向操作人员是测向终端的主要任务之一，输出可以采用音频或者视频(图形或者文字)方式。

早期的测向机多采用模拟电路对接收信号进行处理，测向终端用声音或者图像显示来波方位。习惯上，根据测向终端的输出方式(音频或者视频)分为听觉测向和视觉测向。

基于测向终端的输出声音确定来波方位的测向方式就是听觉测向，采用听觉测向是将接收的被测信号通过音响终端(如耳机或扬声器等)输出，利用人的听觉判断出信号的最小或最大音响点，并由表示方向的装置来确定辐射源方向的一种测向技术。听觉测向简单，早期应用很多，主要依靠人工进行，存在速度、精度以及稳定度等问题。

基于测向终端的输出图像确定来波方位的测向方式就是视觉测向，视觉测向是将接收的被测信号通过终端显示器，利用显示器荧光屏显示亮线或者数字来指示辐射源方向的一种测向技术。

现代测向机大多采用数字信号处理，具体方法是：在接收信道的输出端进行 A/D 采样，由 DSP 结合一定的信号处理算法对接收信号进行处理，提取来波方位信息。在对接收信号进行处理中，常用的方法包括时域处理、频域处理、空间谱测向以及它们的组合方式。

与数字信号处理方式相适应，测向终端采用数字或图形自动完成辐射源方向的显示。目前的许多测向机多采用自动的视觉测向，但也兼有人工听觉测向功能。

5. 按照测向天线是否旋转划分

测向按照测向天线是否旋转分为方位搜索法测向和方位非搜索法测向。

方位搜索法测向是指通过控制测向天线在规定的空间范围内进行方位搜索，从而确定辐射源方向的一种测向技术。天线简单、便于机动是方位搜索法测向天线的优点，但旋转或等效旋转测向天线需要较长的时间，带来了测向时效性较差的问题。

方位非搜索法测向是指通过比较各天线元上侦收信号的幅度或相位等来确定辐射源方向的一种测向技术。不需要旋转测向天线，大大缩短了测向时间，提高了测向时效性，但也存在设备一般比较复杂的问题。

基于不同的分类依据，就会存在不同的分类方法，例如：

基于测向距离的分类包括近距离、中距离、远距离测向；

基于所获情报性质的分类包括战略测向和战术测向；

基于测向天线阵尺寸的分类包括小基础测向、中基础测向和大基础测向。

基于测向天线类型的分类包括 Adcock 天线测向、环天线测向、乌兰韦伯天线测向、组合天线阵测向；

基于测向设备对同时多目标信号测向能力的分类包括对单目标信号的测向、对同频多目标信号的测向和对异频多目标信号的测向等。

5.2 单元天线

通过天线元组合形成单元天线，可以实现特定的方向特性和增益。基于多个天线元组合，可以构成多种类型的测向单元天线，适应各种体制结构的测向设备。

5.2.1 单杆天线

应用最为广泛的天线元是单杆天线。在理想情况下，可把单杆天线看成一个电基本振子，所以一个物理长度为 L 的单杆天线，其有效长度 $l=L$。在实际情况下，可把单杆天线看成单极子或者对称振子。

1. 单极子的有效长度

单杆天线采用单极子时，假设其物理长度为 L，则有效长度为

$$l = \int_0^L \left\{ \frac{1}{\sin \beta L} \cdot \sin[\beta(L-z)] \right\} dz = \frac{1}{\sin \beta L} \cdot \left. \frac{\cos[\beta(L-z)]}{\beta} \right|_0^L = \frac{1}{\sin \beta L} \cdot \frac{1-\cos \beta L}{\beta}$$

式中，$\beta = \dfrac{2\pi}{\lambda}$ 是相移常数。当 x 很小时，$\sin x \approx x$，$\cos x \approx 1 - \dfrac{x^2}{2}$，所以当 $L \ll \lambda$ 时，$\beta L = 2\pi \dfrac{L}{\lambda}$

很小，$\sin\beta L \approx \beta L = 2\pi\dfrac{L}{\lambda}$，$\cos\beta L \approx 1-\dfrac{\beta^2 L^2}{2}$，则单极子的有效长度：

$$l \approx \dfrac{1-\left(1-\dfrac{\beta^2 L^2}{2}\right)}{\beta^2 L} = \dfrac{\dfrac{\beta^2 L^2}{2}}{\beta^2 L} = \dfrac{L}{2} \tag{5.2.1}$$

2. 对称振子的有效长度

单杆天线采用对称振子时，假设每个振子的物理长度为 L，对称振子的物理长度为 $2L$，则有效长度为

$$l = 2\int_0^L \left\{ \dfrac{1}{\sin\beta L} \cdot \sin[\beta(L-z)] \right\} \mathrm{d}z = \dfrac{2}{\sin\beta L} \cdot \dfrac{1-\cos\beta L}{\beta}$$

当 $L \ll \lambda$ 时，通过分析可知：对称振子有效长度为 $l = L$。

特别当 $L = \dfrac{\lambda}{4}$ 时，对称振子的物理长度 $2L = \dfrac{\lambda}{2}$，称为半波振子，有效长度：

$$l = \dfrac{2}{\sin\left(\dfrac{2\pi}{\lambda}\cdot\dfrac{\lambda}{4}\right)} \cdot \dfrac{1-\cos\left(\dfrac{2\pi}{\lambda}\cdot\dfrac{\lambda}{4}\right)}{\dfrac{2\pi}{\lambda}} = \dfrac{\lambda}{\pi} = \dfrac{4}{\pi}L \tag{5.2.2}$$

物理长度为 L 的单杆天线，常常被以单极子或者对称振子的形式作为测向天线的天线元，为了讨论方便，本章将不考虑天线的物理长度 L，所有天线的长度都是指有效长度 l。特别当天线直立时，天线的长度是指有效高度 h。

3. 天线元的分解

假设天线元采用单杆天线，有效长度 $l \ll \lambda$，且天线半径远小于有效长度 l，所以可以将天线元看成一个电基本振子。

天线元斜放于地面，天线与地面的夹角为 $90° - \eta$，则与垂直方向的倾斜角为 η。鉴于任意倾斜角 η 的单杆天线都可以分解为垂直单杆天线和水平单杆天线，以地面为基准对天线进行分解：垂直于地面的部分 $l_\perp = l\cos\eta$，平行于地面的部分 $l_= = l\sin\eta$。

4. 接收电波的分解

假设：来波信号的方位角为 θ，极化角为 ψ，仰角为 γ。鉴于辐射源与测向天线距离较远，满足由于处于远场，可以认为到达测向天线处的电波近似为均匀平面波。

定义天线元与垂直方向构成天线面，假设天线面与传播平面的夹角为 ρ，则天线面与正北方向的夹角为 $\theta + \rho$，如图 5.2.1 所示。电波到达接收天线元，在天线元上产生感应电动势，考虑到天线面垂直于地面，电波分解采用传播平面→地面→天线的思路。

1) 基于传播平面基准→地面基准的电波分解

(1) 与传播平面平行的垂直极化分量 $E_\perp = E\cos\psi$。

① 垂直于地面的 $E_{1\perp} = E_1\cos\gamma = E\cos\psi\cos\gamma$；

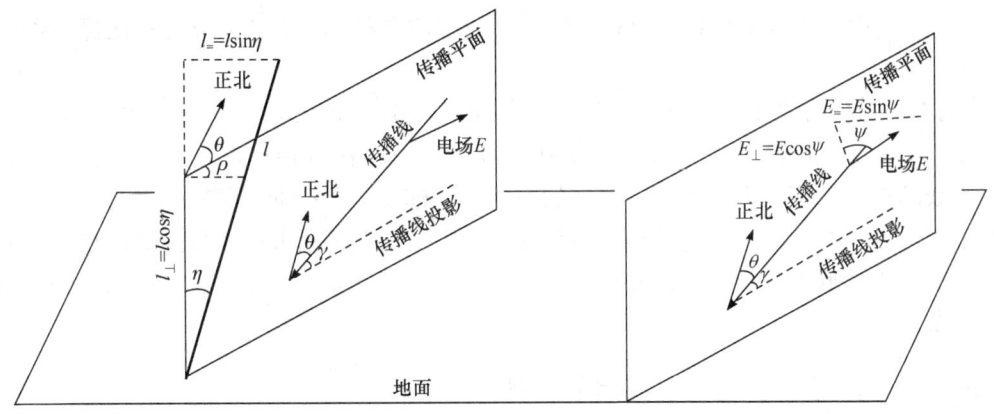

图 5.2.1 电波在天线上的分解示意图

② 平行于地面的 $E_{2\perp} = E_\perp \sin\gamma = E\cos\psi\sin\gamma$。
(2) 与传播平面垂直(平行于地面)的水平极化分量 $E_= = E\sin\psi$。
2) 基于天线基准,垂直极化分量 $E_\perp = E\cos\psi$ 的进一步分解
(1) 平行于垂直天线 $l_\perp = l\cos\eta$ 的 $E_{1\perp} = E_\perp \cos\gamma = E\cos\psi\cos\gamma$。
(2) 平行于地面的 $E_{2\perp} = E_\perp \sin\gamma = E\cos\psi\sin\gamma$ 可以进一步分解为:
① 平行于水平天线 $l_= = l\sin\eta$ 的 $E_{2\perp}\cdot\cos\rho = E\cos\psi\sin\gamma\cdot\cos\rho$;
② 垂直于天线的 $E_{2\perp}\cdot\sin\rho$。
3) 基于天线基准,水平极化分量 $E_= = E\sin\psi$ 的进一步分解
(1) 平行于水平天线 $l_= = l\sin\eta$ 的 $E_=\cdot\sin\rho = E\sin\psi\cdot\sin\rho$。
(2) 垂直于天线的 $E_=\cdot\cos\rho$。

5. 单杆天线感应电动势强度分析

(1) 平行于垂直天线 $l_\perp = l\cos\eta$ 的 $E_{1\perp} = E_\perp\cos\gamma = E\cos\psi\cos\gamma$。
$$e_\perp = E_{1\perp}\cdot l_\perp = E\cos\psi\cos\gamma\cdot l\cos\eta = E\cdot l\cdot\cos\psi\cos\gamma\cos\eta \tag{5.2.3}$$

(2) 平行于水平天线 $l_= = l\sin\eta$ 的 $E_{2\perp}\cdot\cos\rho = E\cos\psi\sin\gamma\cdot\cos\rho$。
$$e_{=1} = E_{2\perp}\cdot\cos\rho\cdot l_= = E\cdot l\cdot\cos\psi\cdot\sin\gamma\cdot\sin\eta\cdot\cos\rho \tag{5.2.4}$$

(3) 平行于水平天线 $l_= = l\sin\eta$ 的 $E_=\cdot\sin\rho = E\sin\psi\cdot\sin\rho$。
$$e_{=2} = E_=\cdot\sin\rho\cdot l_= = E\cdot l\cdot\sin\psi\cdot\sin\eta\cdot\sin\rho \tag{5.2.5}$$

6. 单杆天线上产生的感应电动势强度 $e = e_\perp + e_{=1} + e_{=2}$

$$e = E\cdot l\cdot(\cos\psi\cdot\cos\gamma\cdot\cos\eta + \cos\psi\cdot\sin\gamma\cdot\sin\eta\cdot\cos\rho + \sin\psi\cdot\sin\eta\cdot\sin\rho) \tag{5.2.6}$$

【例 5.2.1】 垂直放置单杆天线时,倾斜角 $\eta = 0°$,天线有效高度 $h = l$,天线上的感应电动势强度:

$$e_\perp = E_m = E\cdot h\cdot\cos\psi\cdot\cos\gamma \tag{5.2.7}$$

天线的有效长度、电场大小、来波的极化角、仰角共同影响垂直单杆天线的感应电动势,当来波一定时,电场大小、来波的极化角、仰角确定,垂直放置单杆天线的感应电动

势强度稳定。通过组合多根垂直单杆天线，可以构成各种单元天线，该方法已经得到广泛应用。

【例 5.2.2】 水平放置单杆天线时，倾斜角 $\eta=90°$，天线上的感应电动势：

$$e = e_{=1} + e_{=2} = E_m = E \cdot l \cdot (\cos\psi \cdot \sin\gamma \cdot \cos\rho + \sin\psi \cdot \sin\rho) \tag{5.2.8}$$

天线的有效长度、电场大小、来波的极化角、仰角、天线面与传播平面的夹角 ρ 共同影响水平单杆天线上的感应电动势。当来波一定时，虽然电场大小、来波的极化角、仰角确定，但是水平放置单杆天线的感应电动势与 ρ 有关，增加了水平放置单杆天线感应电动势的复杂性。

5.2.2 相邻垂直天线元组合成单元天线

相邻的多个垂直天线元，通过一定的运算进行组合，构成具有特定方向性的单元天线。在射频进行"取和"或者"取差"是最基本的组合方式。

1. 相邻垂直天线元之间的时间差 Δt、波程差 Δr 和相位差 $\Delta\varphi$

1) 假设条件

(1) 接收电波：方位角为 θ、极化角为 ψ、仰角为 γ；
(2) 天线元：垂直天线元 A、B 相同且间距为 d，O 是 AB 连线的中点。

某一时刻，天线平面 AB 与传播平面的夹角为 $\alpha \to$ 传播平面与天线平面 AB 法线的夹角为 $\alpha - 90° \to$ 正北与天线平面 AB 的夹角为 $\theta + \alpha$ 是已知的。

2) 垂直天线元 A、B 之间的时间差 Δt、波程差 Δr 和相位差 $\Delta\varphi$ 分析

无线电信号 $e_s = e^{j\omega t}$ 在均匀介质中匀速直线传播，当电波从远场到达天线元时，在一定的小范围内，可以认为波阵面平行、场强一致。

t_0 时刻，辐射源发出的信号 $e_s = e^{j\omega t_0}$ 经过传播距离 R 到达波阵面 B，在天线元 B 上产生感应电动势 $e_B = E_m \cdot e^{j(\omega t_0 + \varphi_B)}$；再传播距离 Δr_{AB} 到达波阵面 A，在天线元 A 上产生感应电动势 $e_A = E_m \cdot e^{j(\omega t_0 + \varphi_A)}$，如图 5.2.2 所示。

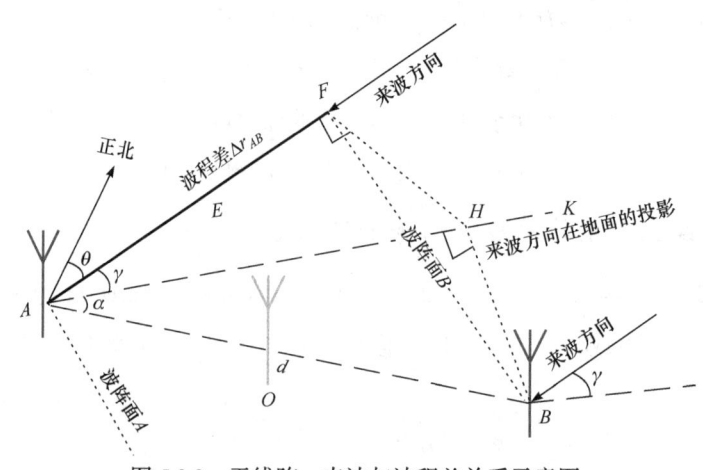

图 5.2.2 天线阵、来波与波程差关系示意图

将来波方位线 AF 投影到水平面为射线 AK,从 B 向 AK 做垂线(H 为垂足),则 $AH = d \cdot \cos\alpha$,由 H 向 AF 做垂线(F 为垂足),$AF = AH \cdot \cos\gamma$,则相邻天线元 A、B 之间的波程差:

$$\Delta r_{AB} = AF = AH \cdot \cos\gamma = d \cdot \cos\alpha \cdot \cos\gamma \tag{5.2.9}$$

电波从天线 A 到天线 B 的传播时间:

$$\Delta t_{AB} = \frac{\Delta r_{AB}}{v} = \frac{d \cdot \cos\alpha \cdot \cos\gamma}{v}$$

电波从天线 A 到天线 B 的相位变化:

$$\Delta\varphi_{AB} = \varphi_A - \varphi_B = \omega\Delta t_{AB} = 2\pi f \frac{\Delta r_{AB}}{v} = \frac{2\pi}{\lambda}\Delta r_{AB} = \beta\Delta r_{AB} = \frac{2\pi}{\lambda}d \cdot \cos\alpha \cdot \cos\gamma \tag{5.2.10}$$

式中,$\beta = 2\pi/\lambda$ 为相移常数;v 为电波传播速度,特别在自由空间中,认为电波传播速度与光速一致。

3)垂直天线元 A、B 的感应电动势分析

t_0 时刻,辐射源发出信号 $e_s = \mathrm{e}^{\mathrm{j}\omega t_0}$ 到达波阵面 B 的距离 $R = \left(t - \dfrac{\Delta t_{AB}}{2} - t_0\right) \cdot v$。

在 $t - \dfrac{\Delta t_{AB}}{2}$ 时刻到达天线元 B,产生感应电动势 $e_B(t) = E_m \cdot \mathrm{e}^{\mathrm{j}\omega\left(t - \frac{\Delta t_{AB}}{2}\right)}$。

在 t 时刻到达"天线元 O",产生感应电动势 $e_o(t) = E_m \cdot \mathrm{e}^{\mathrm{j}\omega t}$。

在 $t + \dfrac{\Delta t_{AB}}{2}$ 时刻到达天线元 A,产生感应电动势 $e_A(t) = E_m \cdot \mathrm{e}^{\mathrm{j}\omega\left(t - \frac{\Delta t_{AB}}{2}\right)}$。

天线元 A 与天线元 B 的感应电动势存在相位差 $\Delta\varphi_{AB} = \dfrac{2\pi}{\lambda}d \cdot \cos\alpha \cdot \cos\gamma$。

在天线阵配置结构一定的情况下,对于不同方位的来波信号,其波阵面不同,电波到达不同天线元时的时间差 Δt、相位差 $\Delta\varphi$ 不同;在来波方向一定的情况下,波阵面一定,改变天线阵的配置结构可以改变电波到达不同天线元时的时间差 Δt、相位差 $\Delta\varphi$。

2. 相邻垂直天线元感应电动势的"差"

在某一时刻 t,将天线元 A、B 接收感应电动势取"差",则感应电动势差:

$$\begin{aligned} e_\Delta(t) &= e_A(t) - e_B(t) = E_m \cdot \mathrm{e}^{\mathrm{j}\omega t - \mathrm{j}\frac{\beta\Delta r_{AB}}{2}} - E_m \cdot \mathrm{e}^{\mathrm{j}\omega t + \mathrm{j}\frac{\beta\Delta r_{AB}}{2}} \\ &= E_m \cdot \left(\mathrm{e}^{-\mathrm{j}\frac{\beta\Delta r_{AB}}{2}} - \mathrm{e}^{\mathrm{j}\frac{\beta\Delta r_{AB}}{2}}\right) \cdot \mathrm{e}^{\mathrm{j}\omega t} = -2\mathrm{j}E_m \cdot \sin\frac{\beta\Delta r_{AB}}{2} \cdot \mathrm{e}^{\mathrm{j}\omega t} \\ &= 2E_m \cdot \sin\frac{\beta\Delta r_{AB}}{2} \cdot \mathrm{e}^{\mathrm{j}\omega t - \mathrm{j}\frac{\pi}{2}} = 2E_m \cdot f_\Delta(\alpha) \cdot \mathrm{e}^{\mathrm{j}\omega t - \mathrm{j}\frac{\pi}{2}} \end{aligned} \tag{5.2.11}$$

$e_\Delta(t)$ 与 $e_O(t) = E_m \cdot \mathrm{e}^{\mathrm{j}\omega t}$ 相位差 $90°$,取"差"带来的方向特性变化:

$$f_\Delta(\alpha) = \sin\frac{\beta\Delta r_{AB}}{2} = \sin\left(\frac{\Delta\varphi_{AB}}{2}\right) = \sin\left(\frac{\pi}{\lambda}d \cdot \cos\alpha \cdot \cos\gamma\right) \tag{5.2.12}$$

3. 相邻天线元感应电动势的"和"

将天线元 A、B 接收感应电动势取"和",则感应电动势和:

$$e_\Sigma(t) = e_A(t) + e_B(t) = E_m \cdot e^{j\omega t - j\frac{\beta \Delta r_{AB}}{2}} + E_m \cdot e^{j\omega t + j\frac{\beta \Delta r_{AB}}{2}}$$

$$= E_m \cdot \left(e^{-j\frac{\beta \Delta r_{AB}}{2}} - e^{j\frac{\beta \Delta r_{AB}}{2}} \right) \cdot e^{j\omega t} = 2E_m \cdot \cos\frac{\beta \Delta r_{AB}}{2} \cdot e^{j\omega t} \quad (5.2.13)$$

$$= 2E_m \cdot f_\Sigma(\alpha) \cdot e^{j\omega t}$$

$e_\Sigma(t)$ 与 $e_O(t) = E_m \cdot e^{j\omega t}$ 相位相同,取"和"带来的方向特性变化:

$$f_\Sigma(\alpha) = \cos\left(\frac{\beta \Delta r_{AB}}{2}\right) = \cos\left(\frac{\Delta \varphi_{AB}}{2}\right) = \cos\left(\frac{\pi}{\lambda} d \cdot \cos\alpha \cdot \cos\gamma\right) \quad (5.2.14)$$

5.2.3 艾德考克天线

艾德考克(Adcock)天线由间距为 d 的两个垂直放置的单极子或对称振子组成,是常用的测向天线,也经常在阵列天线中作为天线元。

单极子作为天线元构成 U 形艾德考克天线,对称振子作为天线元构成 H 形艾德考克天线。如图 5.2.3 所示,艾德考克天线以中心垂直轴线完全对称。

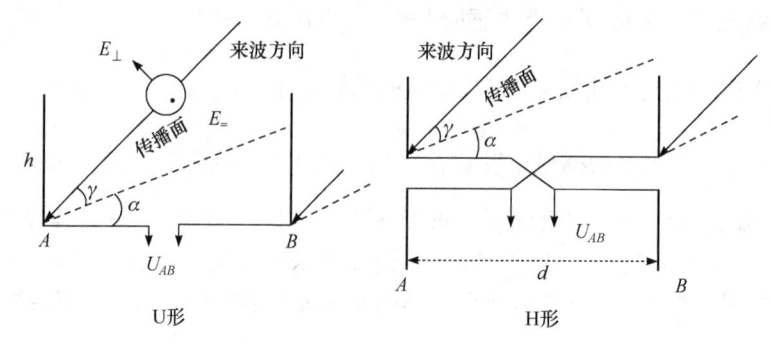

图 5.2.3 艾德考克天线结构示意图

1. 艾德考克天线的基本特性

艾德考克天线采用垂直的单极子或对称振子作为天线元,每个天线元有效高度为 h,每个天线元接收信号产生感应电动势,振幅为 $E_m = E \cdot h \cdot \cos\psi \cdot \cos\gamma$,无方向性。

假设: α 为两个天线元连线 AB 面与传播平面的夹角,θ 为来波方位角,则 $\theta + \alpha$ 为天线平面 AB 与正北的夹角,鉴于 $\theta + \alpha$ 是已知的,测向的任务可以调整为测量 α,进而计算方位角 θ。

1) 两个天线元的感应电动势"取和"

$$e_\Sigma(t) = 2E_m \cdot \cos\frac{\beta \Delta r_{AB}}{2} \cdot e^{j\omega t} = 2E \cdot h \cdot \cos\psi \cdot \cos\gamma \cdot \cos\frac{\beta \Delta r_{AB}}{2} \cdot e^{j\omega t} \quad (5.2.15)$$

方向特性函数:

$$f_\Sigma(\alpha) = \cos\left(\frac{\pi \cdot d \cdot \cos\alpha \cdot \cos\gamma}{\lambda}\right) \tag{5.2.16}$$

当 $\dfrac{d}{\lambda} \ll 1$ 时，$f_\Sigma(\alpha) = \cos\left(\dfrac{\pi \cdot d \cdot \cos\alpha \cdot \cos\gamma}{\lambda}\right) \approx 1$，$e_\Sigma(t) \approx 2E \cdot h \cdot \cos\psi \cdot \cos\gamma \cdot \mathrm{e}^{\mathrm{j}\omega t}$，可以认为是无方向性的单元天线。

2) 两个天线元的感应电动势"取差"

$$e_\Delta(t) = 2E_m \cdot \sin\frac{\beta\Delta r_{AB}}{2} \cdot \mathrm{e}^{\mathrm{j}\omega t - \mathrm{j}\frac{\pi}{2}} = 2E \cdot h \cdot \cos\psi \cdot \cos\gamma \cdot \sin\frac{\beta\Delta r_{AB}}{2} \cdot \mathrm{e}^{\mathrm{j}\omega t - \mathrm{j}\frac{\pi}{2}} \tag{5.2.17}$$

方向特性函数：

$$f_\Delta(\alpha) = \sin\left(\frac{\pi \cdot d \cdot \cos\alpha \cdot \cos\gamma}{\lambda}\right) \tag{5.2.18}$$

如图 5.2.4 所示，两个天线元的感应电动势"取差"是有方向的单元天线。

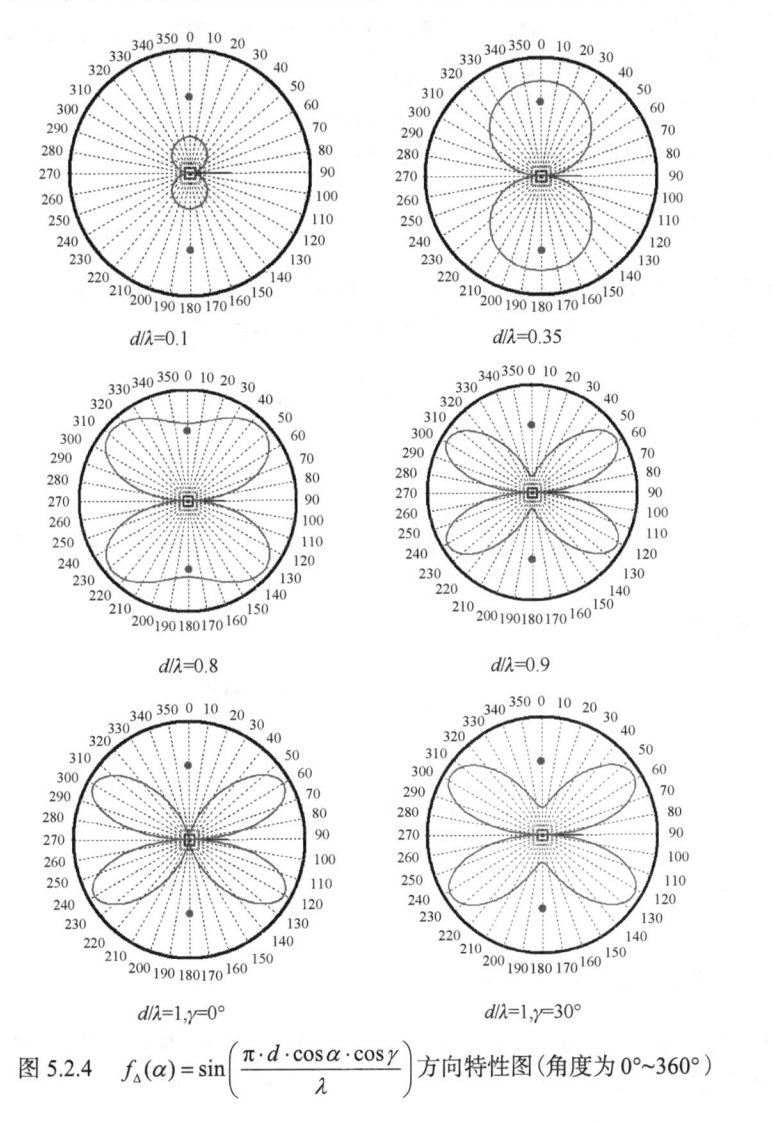

$d/\lambda=0.1$

$d/\lambda=0.35$

$d/\lambda=0.8$

$d/\lambda=0.9$

$d/\lambda=1, \gamma=0°$

$d/\lambda=1, \gamma=30°$

图 5.2.4 $f_\Delta(\alpha) = \sin\left(\dfrac{\pi \cdot d \cdot \cos\alpha \cdot \cos\gamma}{\lambda}\right)$ 方向特性图（角度为 0°~360°）

特别地，当 $d/\lambda \ll 1$ 时，$e_\Delta(t) \approx \beta Ehd \cdot \cos\psi \cdot \cos^2\gamma \cdot \cos\alpha \cdot e^{j\omega t - j\frac{\pi}{2}}$。

方向特性函数可写成 $f_\Delta(\alpha) = \cos\alpha$。

(1) 当 $d/\lambda \ll 1$ 或 $d/\lambda < 0.5$ 时，天线有"∞"字形方向特性图，可用于测向。

当 $d/\pi \ll 1$ 时，$e_{\max} = 2Eh\cos\psi\cos\gamma$，随着 d/λ 增大，感应电动势最大值 $e_{\max}$ 增加，天线接收弱信号的能力明显增强。

特别地，当 $\alpha = 90°/270°$ 时，传播平面与两个天线元连线 AB 正交，感应电动势最小为零；当 $\alpha = 0°/180°$ 时，传播平面与两个天线元连线 AB 平行，感应电动势最大。

(2) 当 $0.5 < d/\lambda < 1$ 时，天线的"∞"字形方向特性图开始变化。

此时，天线已经不是理想的"∞"字形方向特性图，特别地，当 $\alpha = 90°/270°$ 时，传播平面与两个天线元连线 AB 正交，感应电动势最小为零；但是感应电动势最大的位置已经不在 $\alpha = 0°/180°$ 的位置了。

(3) 当 $d/\lambda \geq 1$ 时，天线已经不是"∞"字形方向特性图。

不仅 $\alpha = 90°/270°$ 时，感应电动势最小为零，$\alpha = 0°/180°$ 也出现"消音点"，且"消音点"的感应电动势大小、位置均会发生变化。

当 d/λ 较小时，可以利用两个天线元的感应电动势"差"$e_\Delta(t)$ 的振幅最小点（消音点）判断 α 的大小，进而根据天线的位置 $\theta + \alpha$ 判断来波方位角 θ。

2. 南北配置的艾德考克天线

当艾德考克天线南北(North and South, NS)配置时，NS 两个天线元连线与正北的夹角为 $0°$，NS 天线与来波的夹角 $\theta = \alpha$。南北天线的相位差：

$$\Delta\varphi_{NS} = \beta\Delta r_{NS} = \frac{2\pi}{\lambda} \cdot d \cdot \cos\theta \cdot \cos\gamma$$

南北天线的感应电动势的"差"：

$$e_{NS}(t) = 2E_m \cdot \sin\frac{\beta\Delta r_{NS}}{2} \cdot e^{j\omega t - j\frac{\pi}{2}} = 2E \cdot h \cdot \cos\psi \cdot \cos\gamma \cdot \sin\left(\frac{\pi \cdot d \cdot \cos\theta \cdot \cos\gamma}{\lambda}\right) \cdot e^{j\omega t - j\frac{\pi}{2}} \quad (5.2.19)$$

方向特性函数：

$$f_{NS}(\theta) = \sin\left(\frac{\pi \cdot d \cdot \cos\theta \cdot \cos\gamma}{\lambda}\right) \quad (5.2.20)$$

特别是当 $d/\lambda \ll 1$ 时，$e_{NS}(t) \approx \beta Ehd \cdot \cos\psi \cdot \cos^2\gamma \cdot \cos\theta \cdot e^{j\omega t - j\frac{\pi}{2}}$。

方向特性函数：

$$f_{NS}(\theta) \approx \cos\theta \quad (5.2.21)$$

3. 东西配置的艾德考克天线

当艾德考克天线东西(East and West, EW)配置时，EW 两个天线元连线与正北的夹角为 $90°$，EW 天线与来波的夹角 $\alpha = 90° - \theta$。东西天线的相位差：

$$\Delta\varphi_{EW} = \beta\Delta r_{EW} = \frac{2\pi}{\lambda} \cdot d \cdot \sin\theta \cdot \cos\gamma$$

东西天线的感应电动势的"差":

$$e_{EW}(t) = 2E_m \cdot \sin\frac{\beta\Delta r_{EW}}{2} \cdot e^{j\omega t - j\frac{\pi}{2}} = 2E \cdot h \cdot \cos\psi \cdot \cos\gamma \cdot \sin\left(\frac{\pi \cdot d \cdot \sin\theta \cdot \cos\gamma}{\lambda}\right) \cdot e^{j\omega t - j\frac{\pi}{2}} \quad (5.2.22)$$

方向特性函数:

$$f_{EW}(\theta) = \sin\left(\frac{\pi \cdot d \cdot \sin\theta \cdot \cos\gamma}{\lambda}\right) \quad (5.2.23)$$

特别地,当 $\frac{d}{\lambda} \ll 1$ 时,$e_{EW}(t) \approx \beta Ehd \cdot \cos\psi \cdot \cos^2\gamma \cdot \sin\theta \cdot e^{j\omega t - j\frac{\pi}{2}}$。

方向特性函数:

$$f_{EW}(\theta) \approx \sin\theta \quad (5.2.24)$$

5.3 振幅法测向原理

测向天线具有一定的方向特性,即辐射源发射无线电信号,到达测向天线,产生感应电动势的幅度与空间方向具有确定关系。振幅法测向是从接收同一辐射源信号的不同空间位置的天线上,测量或计算信号到达的感应电压的幅度来确定其方向。一般情况下,旋转测向天线,感应电动势幅度会按天线的极坐标方向图变化。例如,在测向时可以用接收机(天线)输出信号的强度结合极坐标方向图判断测向天线与来波方向的位置关系。特别是当接收机(天线)输出信号的强度一定时,可以说明天线与到达电波的相对位置,因此振幅法测向也称为极坐标方向图测向。

根据测向时利用接收机(天线)输出信号幅度,振幅法测向还可以进一步分为三类:最小信号法测向、最大信号法测向、比幅法测向。

5.3.1 最小信号法测向原理

最小信号法测向(Minimum Signal Direction Finding)也称小音点测向,是通过旋转测向天线,根据其接收来波信号形成的天线方向特性的最小值位置测定目标信号来波方位的测向技术。

采用小音点测向,在来波方位未知的情况下,要求天线的极坐标方向图应具有一个或多个"零"接收点。具体方法是:测向天线接收信号产生感应电动势并由测向接收机输出,旋转测向天线,如果输出信号的幅度为最小值或人的听觉上为小音点("消音点")时,说明天线极坐标方向图的"零"接收点对准了来波方位,根据此时天线的转角或位置,确定目标信号的来波方位值。

早期应用最多的测向技术是最小信号法测向,由于当时采用人工耳进行来波方位判断，习惯上称为小音点测向或"消音点"测向。

环天线、艾德考克天线等都是常用的小音点测向天线，一般具有两个天线元对称、以中心垂直轴线完全对称并且可以绕中心垂直轴自由旋转等特点。

当电波的极化角和仰角有一个为零时，直立环天线只有垂直边接收来波信号，直立环天线与 Adcock 天线有相同的感应电动势，此时单环天线与艾德考克天线都具有"∞"字形方向特性图。

Adcock 天线是应用最广泛的测向天线，下面以 Adcock 天线构成的复合(环)天线(图 5.3.1)为例，介绍小音点测向工作原理。

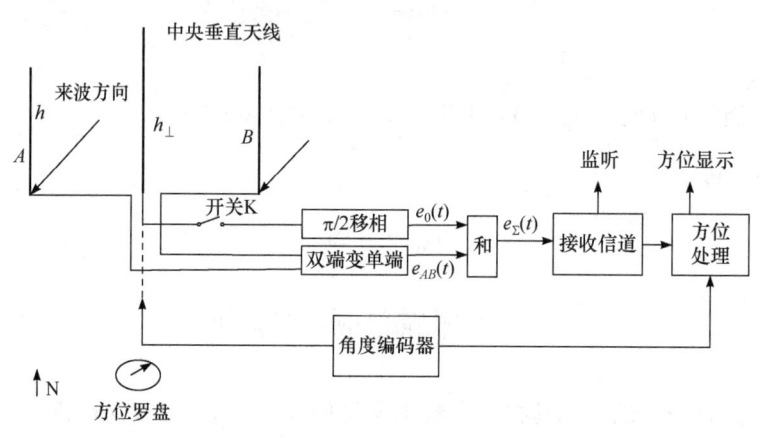

图 5.3.1 复合(环)天线最小信号法测向设备结构示意图

1. 复合(环)天线的方向特性

1) 天线的基本组成

天线单元：一个直立单环天线或者艾德考克天线，一根位于环天线中心轴线上的中央垂直天线。当电波的极化角或仰角有一个为零时，单环天线与艾德考克天线有着相同的方向特性。

天线预处理：艾德考克天线(或者直立单环天线)产生两个垂直天线元感应电动势的"差"，通过开关 K 的切换，可以与中央垂直天线进一步组合。

2) 感应电动势分析

(1) 假设条件。

① 来波信号的方位角为 θ、极化角为 ψ、仰角为 γ；

② 垂直天线元 A、B 相同且间距为 d，O 是 AB 连线的中点；

③ 无线电辐射源与测向天线之间的距离满足远场条件。

某一时刻，天线平面 AB 与传播平面的夹角为 α →传播平面与天线平面 AB 法线的夹角为 $\alpha - 90°$ →正北与天线平面 AB 的夹角为 $\theta + \alpha$ 是已知的。

(2) 开关 K 断开，天线具有对称结构的"∞"字形方向特性图。

天线元 A、B 之间的波程差 $\Delta r = \Delta r_{AB} = d\cos\alpha\cos\gamma$，$\alpha$ 是传播平面与天线面之间的夹角，$\alpha - 90°$ 是传播平面与天线面法线的夹角。

当开关 K 断开时，测向天线为艾德考克天线，接收机输出感应电动势：

$$e_{AB}(t) = e_\Delta(t) = 2Eh\cos\psi\cos\gamma \cdot \sin\left(\frac{\pi}{\lambda}\cos\alpha\cos\gamma\right) \cdot e^{j\omega t - j\frac{\pi}{2}}$$

$$\overset{\frac{d}{\lambda} \ll 1}{\approx} \beta Ehd \cdot \cos\psi \cdot \cos^2\gamma \cdot \cos\alpha \cdot e^{j\omega t - j\frac{\pi}{2}}$$

(5.3.1)

当 $d/\lambda \ll 1$ 时，天线方向特性函数 $f(\alpha) \approx \cos\alpha$，具有对称结构的"∞"字形方向特性图。值得关注的是，当传播平面与天线面法线一致时，$\alpha = 90°$，感应电动势 $e_{AB}(t) = 0$。

(3) 闭合开关K，复合天线具有心脏形方向特性图。

中央垂直天线位于中心轴线，有效高度为 $h_\perp$，产生感应电动势 $e_\perp(t) = Eh_\perp \cos\psi\cos\gamma \cdot e^{j\omega t}$，与 $e_{AB}(t)$ 存在 $\pi/2$ 相位差，将 $e_\perp(t)$ 经过 $\pi/2$ 移相得到 $e_0(t) = Eh_\perp \cos\psi\cos\gamma \cdot e^{j\omega t - j\frac{\pi}{2} + j\phi_0}$，与 $e_{AB}(t)$ 同相。其中，ϕ_0 为 $\pi/2$ 移相不准确带来的剩余相位差。

当开关K闭合时，测向天线为复合天线（艾德考克天线+中央垂直天线），复合天线输出感应电动势：

$$e_\Sigma(t) = e_{AB}(t) + e_0(t)$$
$$= \beta Ehd \cdot \cos\psi \cdot \cos^2\gamma \cdot \cos\alpha \cdot e^{j\omega t - j\frac{\pi}{2}} + Eh_\perp \cos\psi\cos\gamma \cdot e^{j\omega t - j\frac{\pi}{2} + j\phi_0}$$

令 $e_m = \beta Ehd \cdot \cos\psi \cdot \cos^2\gamma$，$E_m = Eh_\perp \cos\psi\cos\gamma$，则 $e_\Sigma(t) = e_m\left(\cos\alpha + \frac{E_m}{e_m} \cdot e^{j\phi_0}\right) \cdot e^{j\omega t - j\frac{\pi}{2}}$。

令 $k = \frac{E_m}{e_m}$，则

$$e_\Sigma(t) = e_m\left(\cos\alpha + k \cdot e^{j\phi_0}\right) \cdot e^{j\omega t - j\frac{\pi}{2}}$$
$$= e_m\sqrt{\cos^2\alpha + 2k\cos\phi_0 \cos\alpha + k^2} \cdot e^{j\omega t - j\frac{\pi}{2}} \cdot e^{-j\arctan\left(\frac{k\sin\phi_0}{\cos\theta + k\cos\phi_0}\right)}$$

(5.3.2)

$$f_\Sigma(\alpha) = \sqrt{\cos^2\alpha + 2k\cos\phi_0 \cos\alpha + k^2}$$

(5.3.3)

调整移相器保证 $\phi_0 \approx 0°$，调整中央垂直天线有效高度 $h_\perp$，保证 $k = \frac{E_m}{e_m} \to 1$，则

$$e_\Sigma(t) \approx e_m(1 + \cos\alpha) \cdot e^{j\omega t - j\frac{\pi}{2}}, \quad f_\Sigma(\alpha) = 1 + \cos\alpha$$

(5.3.4)

复合天线具有标准的心脏形方向图（图 5.3.2）的条件是：艾德考克天线与中央垂直天线的输出电压满足等幅同相。

通过调整中央垂直天线的有效高度来保证振幅相等，通过一个宽带 $\pi/2$ 移相网络来保证相位相等，在实际工程使用中，难以严格保证等幅同相条件。只要振幅、相位差异在一定范围内，复合天线方向图与标准心脏形的偏差对测向结果不会有太大影响。

$k=1, \phi_0=0°$

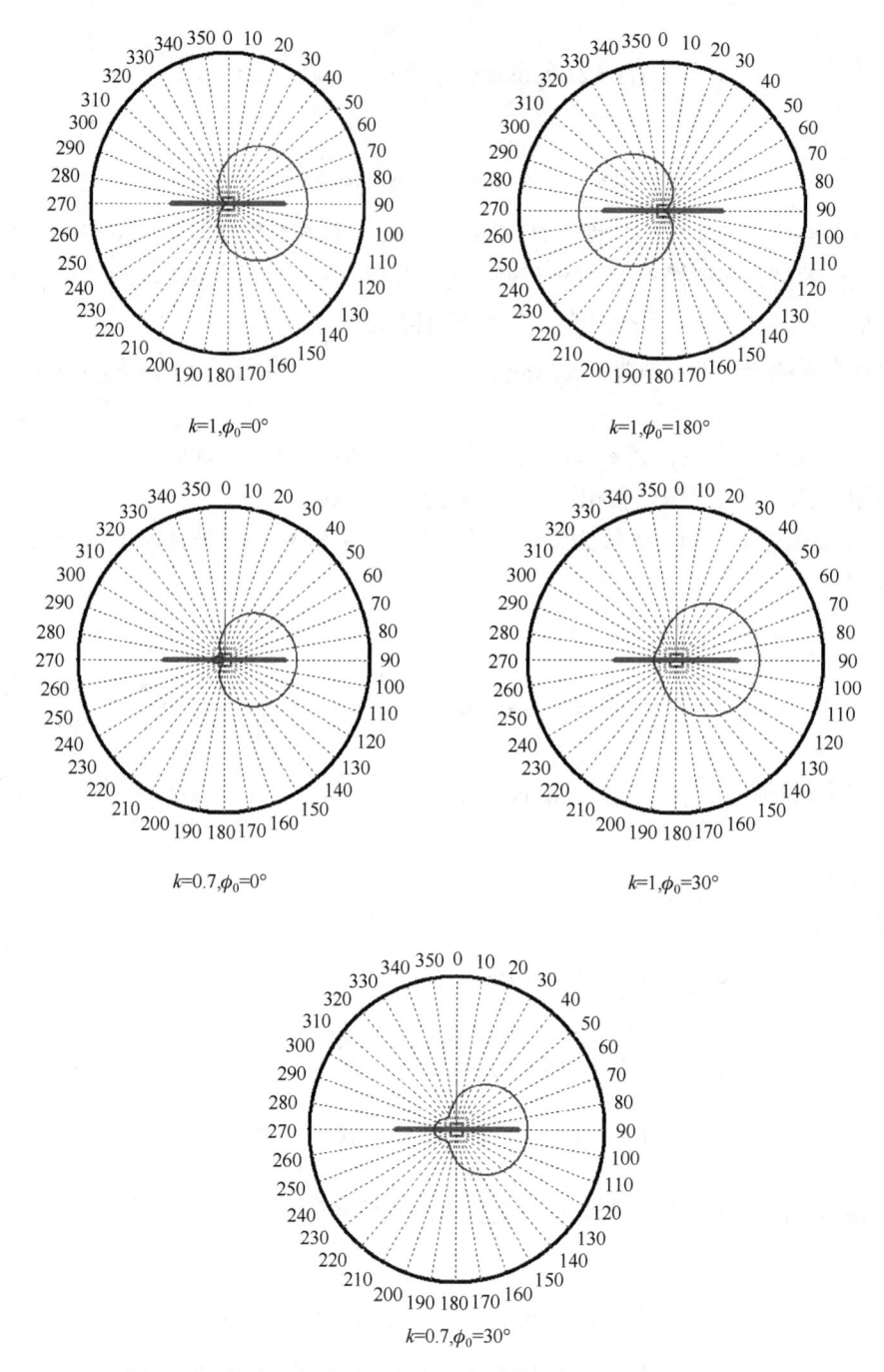

$k=1, \phi_0=180°$

$k=0.7, \phi_0=0°$

$k=1, \phi_0=30°$

$k=0.7, \phi_0=30°$

图 5.3.2 开关 K 闭合时，复合天线的方向图(角度为 0°～360°)

2. 人工小音点测向原理

1) 工作原理

采用对称结构的 Adcock 天线具有"∞"字形方向特性图，旋转天线同时进行信号接收，当测向天线的天线面与来波面垂直时，$\alpha = 90°/270°$，测向天线上感应电动势最小(理论为零),接收机有最小输出;鉴于 Adcock 天线存在两个最小接收方位和两个最大接收方位,将 Adcock 天线与中央垂直天线相加构成复合天线,复合天线是具有心脏形方向特性图的测向天线,此时复合天线上感应电动势已经不是最小,顺时针旋转天线 90°,此时 $\alpha = 0°/180°$,即来波与天线面平行,$f_\Sigma(\alpha) = 1 + \cos\alpha$,接收机输出应为两个极端情况(最大或者最小)之一,此时根据接收机输出声音进行"单向"判决,确定来波方位。

2)测向过程

对方位角为 θ 的来波进行测向时,具体的测向过程如下。

(1)调整方位罗盘指针与天线面法线一致,天线面法线对准正北,方位罗盘指针指示零。

(2)依据侦察得到的信号载频,调整测向接收信道工作在指定信号频率上。

(3)断开开关 K,Adcock 天线方向特性图为"∞"字形,如图 5.3.3(a)所示。

(4)以天线元 A、B 的对称中心为轴,顺时针旋转 Adcock 天线(方位罗盘指针与其同步旋转),同时用耳朵监听接收信道输出的声音信号,当听不到声音时,认为找到消音点,此时认为天线面法线(方位罗盘指针)对准传播平面,记下方位罗盘指向 ϕ,如图 5.3.3(b)所示。

(5)闭合开关 K,加入中央垂直天线构成复合天线,接收感应电动势增大,如图 5.3.3(c)所示。

(6)顺时针旋转天线 90°,根据输出信号强度(图 5.3.3(d))进行示向度判决:

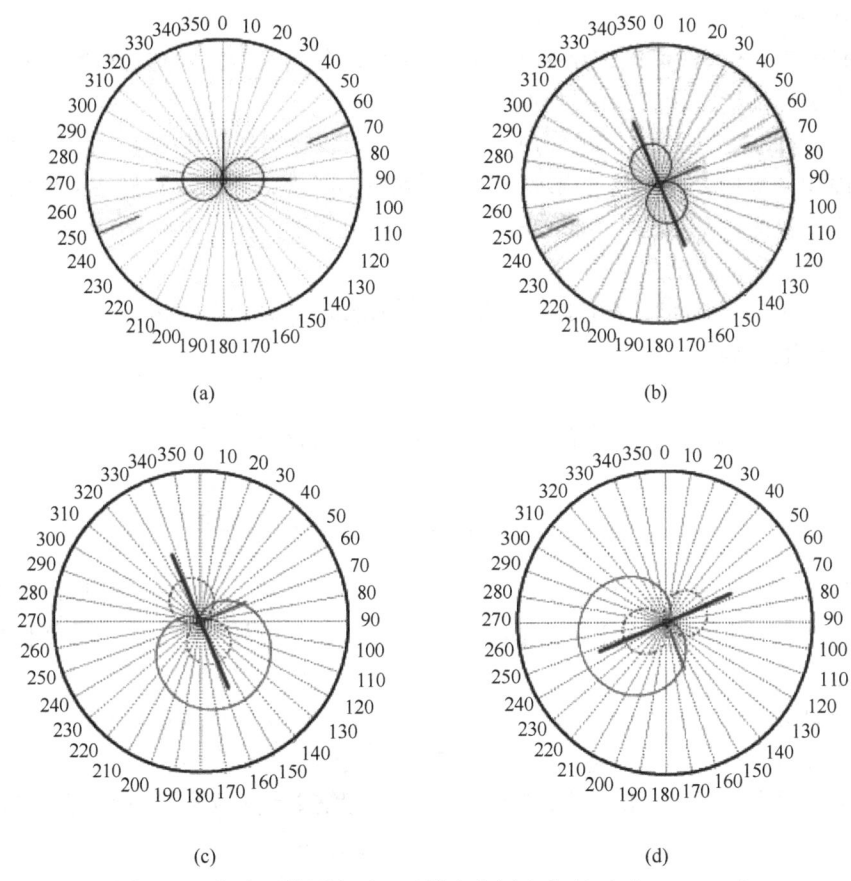

图 5.3.3 复合天线测向过程天线方向图变化(角度为 0°~360°)

① 如果听不到接收信道输出声音信号（或最小），判断来波方位角 $\theta = \phi$；

② 如果接收信道输出声音信号较大，判断来波方位角 $\theta = \phi + 180°$。

如果 $e_0(t)$ 与 $e_{AB}(t)$ 之间的剩余相位差为 ϕ_0 不是 $0°$，而是 $180°$，则判断方法可能有所不同。

3. 小音点测向中的相关问题与处理

采用小音点进行测向的天线尺寸小，具有体积小、机动方便的特点，在测向早期得到广泛的应用；感应电动势不仅与天线处信号的参数（如场强、极化、仰角等）有关，还与天线本身（如尺寸 $S=hd$）有关，天线尺寸小，存在增益低、接收弱信号能力弱等问题。

1）工作频率范围

假设 $f_A \sim f_B$（假设 $f_A \leq f_B$）为测向机的工作频率范围，则波长范围为 $c/f_B \sim c/f_A$，d/λ 范围为 $d/cf_A \sim d/cf_B$，最大值为 d/cf_B。测向天线在工作频率范围都应具有"∞"字形方向特性图，要求 $d/\lambda \ll 1$，即 $d/cf_B \ll 1$。实际过程中，一般是先确定工作频率范围为 $f_A \sim f_B$，然后设计测向天线元之间的间距 d。如果 f_B 较高，间距 d 很小，天线的增益下降，天线接收弱信号的能力下降，为了解决小音点测向天线尺寸与弱信号接收能力的矛盾，常常采用以下措施：

(1) 考虑到天线的增益影响感应电动势的幅度，可以适当增大天线间距，但一般要求 d 为 $(0.7 \sim 0.8)c/f_B$。

(2) 对于直立环天线可以采用多匝线圈，并可以在线圈中插入磁芯材料，磁性直立环天线可以有效提高天线接收弱信号的能力。

当无线电波的极化角 $\psi \neq 0°$ 且仰角 $\gamma \neq 0°$ 时，环天线会出现极化效应；当天线匝数增加，环天线侧面积会增加，环天线会出现位移电流效应；另外，环天线对称性不理想时，会出现天线效应。目前，基于直立环天线的小音点测向应用不多。

2）多目标信号处理能力

事实上，无线信道同时存在多个无线电信号 $s_1(t, f_1, \theta_1, \psi_1, \gamma_1)$、$s_2(t, f_2, \theta_2, \psi_2, \gamma_2)$、$\cdots$，所以天线的感应电动势：

$$e_{AB}(t) \stackrel{\frac{d}{\lambda} \ll 1}{\approx} \frac{2\pi}{\lambda_1} E_1 hd \cdot \cos\psi_1 \cdot \cos^2\gamma_1 \cdot \cos\alpha_1 \cdot e^{j \cdot 2\pi f_1 t - j\frac{\pi}{2}}$$

$$+ \frac{2\pi}{\lambda_2} E_2 hd \cdot \cos\psi_2 \cdot \cos^2\gamma_2 \cdot \cos\alpha_2 \cdot e^{j \cdot 2\pi f_2 t - j\frac{\pi}{2}} + \cdots$$

如果信号 $s_1(t_1, f_1, \theta_1, \psi_1, \gamma_1)$、$s_2(t_2, f_2, \theta_2, \psi_2, \gamma_2)$、$\cdots$ 频率不同，接收机需要对各个频率的信号进行滤波、分选，再分别进行测向，但小音点测向的时效性差，一些捷变信号由于存在时间很短，可能会漏测。

如果信号 $s_1(t, f, \theta_1, \psi_1, \gamma_1)$、$s_2(t, f, \theta_2, \psi_2, \gamma_2)$、$\cdots$ 频率相同，小音点测向机只有一个单元天线、一个接收信道，无法满足多目标信号测向的要求。

旋转天线对多目标信号快速测向难度较大，一般需要结合宽带接收信道、自动方位提取等技术。

5.3.2 最大信号法测向原理

最大信号法测向也称大音点测向，是通过旋转测向天线，使测向接收机接收到的信号达到最大，利用天线方向图的最大值所示方向确定来波方向的测向技术。采用最大信号法测向时，利用测向天线的极坐标方向图的强接收点，实现高增益的接收天线，有利于对远距离弱信号的测向；利用测向天线的极坐标方向图的多个接收点，有利于对同频率、不同方位的多个目标信号的测向。

乌兰韦伯测向系统是最经典、应用最早的最大信号法测向系统，由测向天线、接收信道和方位处理等部分组成，如图 5.3.4 所示。本部分基于乌兰韦伯测向系统介绍最大信号法测向。

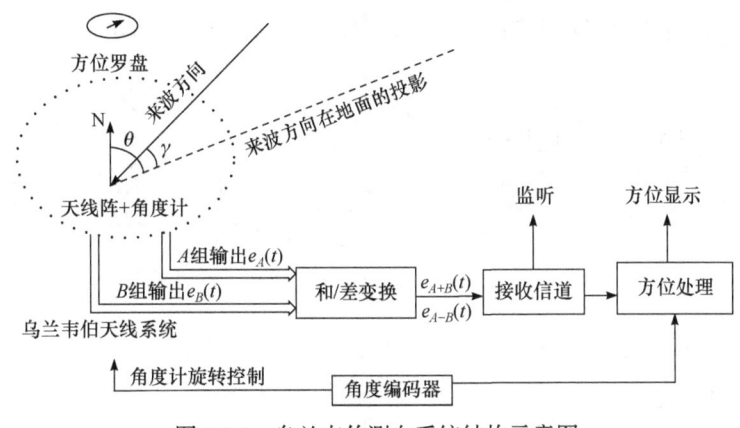

图 5.3.4 乌兰韦伯测向系统结构示意图

1. 乌兰韦伯天线

1) 天线的基本组成

乌兰韦伯天线系统如图 5.3.5 所示，主要由天线和角度计两部分组成。其中，天线包括若干根直立天线元，天线元均匀分布在一个圆周上，通过电缆连接到角度计的定片；角度计包括若干个电容定片（定片）、电容动片（动片）、两个相位补偿器、一个和差器及方位罗盘。

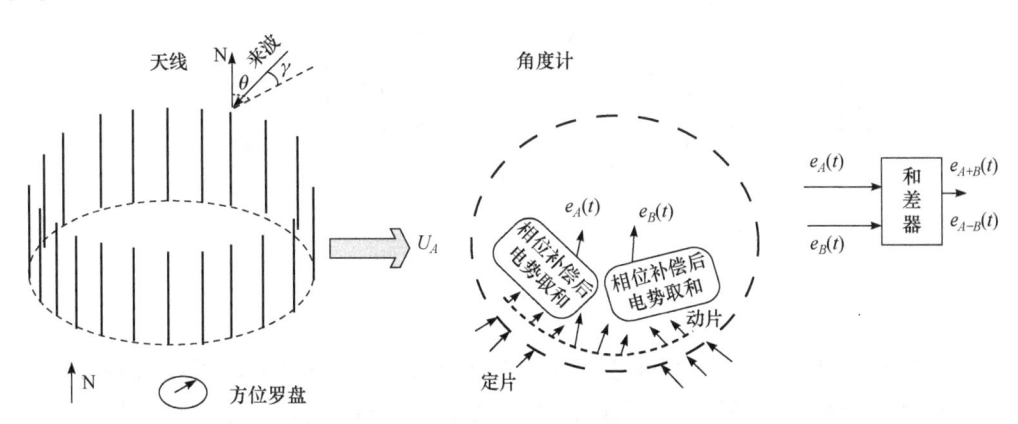

图 5.3.5 乌兰韦伯天线系统结构示意图

无线电波到达各个天线元并产生感应电动势,每个天线元连接到角度计对应的耦合电容定片(定片)上;与天线元数目相同的耦合电容定片均匀地固定在圆周上,定片呈圆盘形状;角度计的电容动片(动片)数目少于定片,分布在某一扇面的圆周上,可以用电动机带动(也可人工控制)动片旋转,定片与动片之间有良好的电气耦合,进而可以将定片的接收电势耦合到与之相对应的动片上。

动片分为两组,每组 n 个,动片将对应天线的感应电动势送到相位补偿器 A 或 B,天线元接收的电压经过两组相位补偿器进行适当的相位补偿,使得 $2n$ 个相邻天线元等效为 $2n$ 个直线排列的相邻天线元,分别将每组感应电动势"取和",得到两组 n 个等效排列在一条直线上的接收电势 $e_A(t)$、$e_B(t)$。鉴于 $2n$ 个相邻天线元的接收电势经过相位补偿器后与排列在一条直线上的 $2n$ 个相邻天线元的接收电势等效。所以可以采用一条直线上的、多个相邻天线元,进行接收电势分析。角度计工作流程如图 5.3.6 所示。

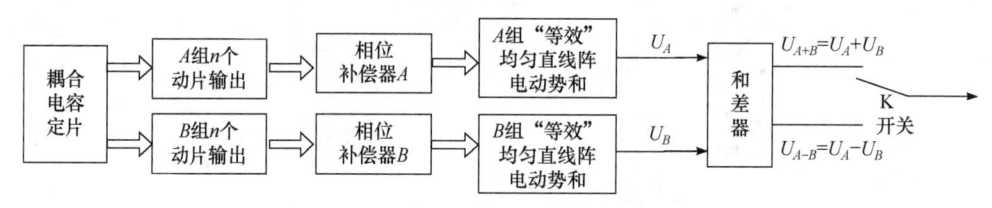

图 5.3.6 角度计工作流程

2) 均匀直线阵天线方向特性

(1) 假设条件。

假设接收电波的相关参数为方位角 θ、极化角为 ψ、仰角为 γ,测向天线为 n 个相同的垂直振子,垂直振子以等间距 d 排列在一条直线上,如图 5.3.7 所示,是一个 n 元均匀直线阵天线,假设正北与天线阵法线方向的夹角为 α,则天线阵法线方向与来波信号的夹角为 $\theta - \alpha$。

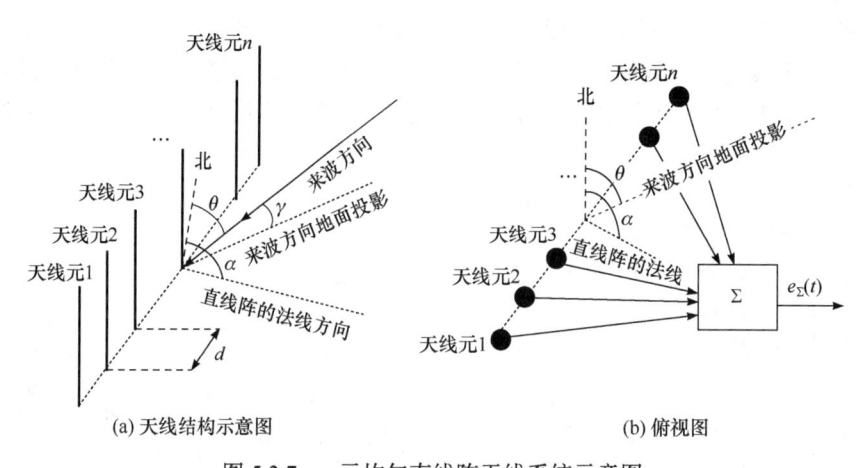

图 5.3.7 n 元均匀直线阵天线系统示意图

无线电辐射源与测向天线之间的距离满足远场条件,鉴于天线元之间的间距 d 相对于远场条件很近,可以认为每个垂直振子接收电波产生的感应电动势幅度相等,均为 $E_m = E \cdot h \cdot \cos\psi \cdot \cos\gamma$。

(2) 均匀直线阵 "取和" 接收感应电动势分析。

两根相邻天线元之间由波程差而引起的相位差 $\Delta\phi = \dfrac{2\pi}{\lambda}d\cos\gamma\sin(\theta-\alpha)$，即第 $a(a=1,2,\cdots,n-1)$ 个天线元的接收电压比第 $a+1$ 个天线元接收电压超前相位 $\Delta\phi$，则有

$$\begin{aligned} e_1(t) &= E_m \mathrm{e}^{\mathrm{j}\omega t} \\ e_2(t) &= E_m \mathrm{e}^{\mathrm{j}(\omega t+\Delta\phi)} \\ e_3(t) &= E_m \mathrm{e}^{\mathrm{j}(\omega t+2\Delta\phi)} \\ &\vdots \\ e_n(t) &= E_m \mathrm{e}^{\mathrm{j}[\omega t+(n-1)\cdot\Delta\phi]} \end{aligned} \quad \text{或者} \quad \begin{bmatrix} e_1(t) \\ e_2(t) \\ e_3(t) \\ \vdots \\ e_n(t) \end{bmatrix} = E_m \mathrm{e}^{\mathrm{j}\omega t} \begin{bmatrix} 1 \\ \mathrm{e}^{\mathrm{j}\Delta\phi} \\ \mathrm{e}^{\mathrm{j}2\Delta\phi} \\ \vdots \\ \mathrm{e}^{\mathrm{j}(n-1)\cdot\Delta\phi} \end{bmatrix} \quad (5.3.5)$$

n 个天线元相加合成作为天线阵的输出：

$$\begin{aligned} e_\Sigma(t) &= e_1(t)+e_2(t)+e_3(t)+\cdots+e_{n-1}(t)+e_n(t) \\ &= E_m \mathrm{e}^{\mathrm{j}\omega t}\left[1+\mathrm{e}^{\mathrm{j}\Delta\phi}+\mathrm{e}^{\mathrm{j}2\Delta\phi}+\cdots+\mathrm{e}^{\mathrm{j}(n-2)\Delta\phi}+\mathrm{e}^{\mathrm{j}(n-1)\Delta\phi}\right] \\ &= E_m \frac{1-\mathrm{e}^{\mathrm{j}n\cdot\Delta\phi}}{1-\mathrm{e}^{\mathrm{j}\Delta\phi}}\mathrm{e}^{\mathrm{j}\omega t} = E_m \frac{\sin\left(\dfrac{n\Delta\phi}{2}\right)}{\sin\left(\dfrac{\Delta\phi}{2}\right)}\mathrm{e}^{\mathrm{j}\left(\omega t+\frac{n-1}{2}\Delta\phi\right)} \end{aligned} \quad (5.3.6)$$

天线阵的方向函数：

$$f_\Sigma(\theta) = \frac{\sin\left[\dfrac{n\pi d}{\lambda}\cos\gamma\sin(\theta-\alpha)\right]}{\sin\left[\dfrac{\pi d}{\lambda}\cos\gamma\sin(\theta-\alpha)\right]} \quad (5.3.7)$$

天线阵的方向函数 $f_\Sigma(\theta)$ 是 $\theta-\alpha$ 的函数，方向特性图如图 5.3.8 所示。

① 天线阵法线方向对应的部分是方向特性图的主瓣，当 $\theta-\alpha=0°$ 时，表示来波信号对准了天线阵法线方向的主瓣，接收感应电动势最大。

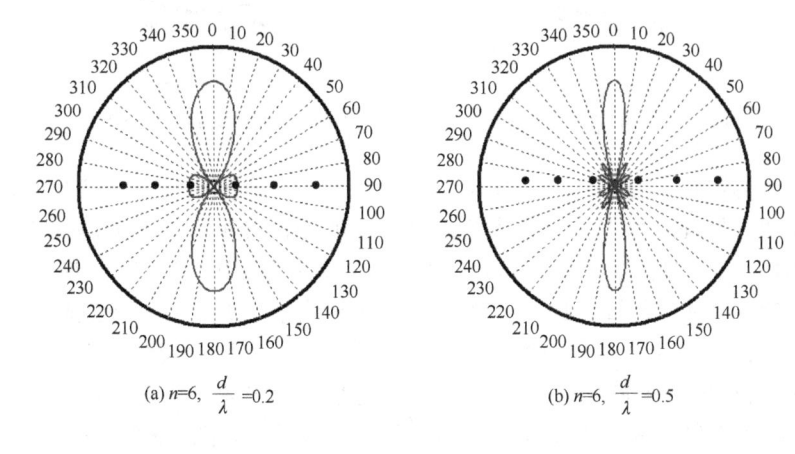

(a) $n=6$, $\dfrac{d}{\lambda}=0.2$　　　　　　(b) $n=6$, $\dfrac{d}{\lambda}=0.5$

(c) $n=6$, $\dfrac{d}{\lambda}=0.9$

(d) $n=6$, $\dfrac{d}{\lambda}=1$

(e) $n=8$, $\dfrac{d}{\lambda}=0.2$

(f) $n=8$, $\dfrac{d}{\lambda}=0.5$

(g) $n=8$, $\dfrac{d}{\lambda}=0.9$

(h) $n=8$, $\dfrac{d}{\lambda}=1$

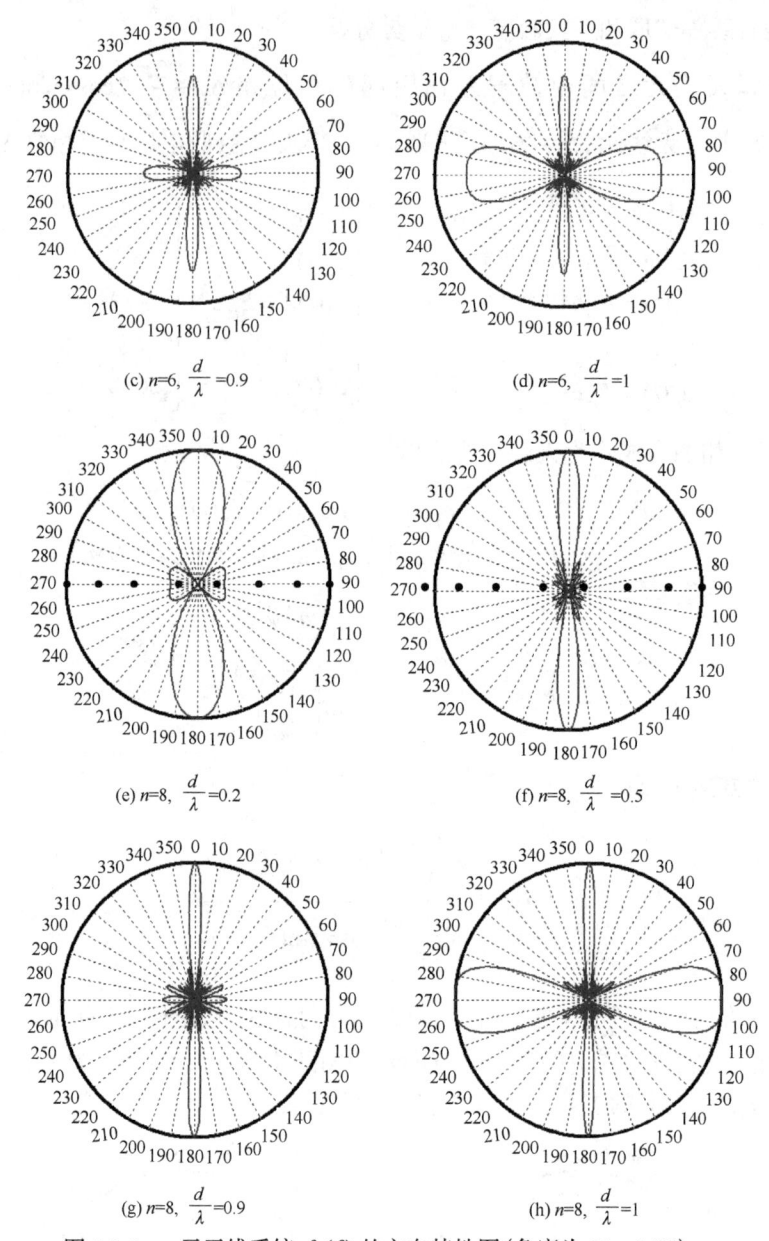

图 5.3.8　n 元天线系统 $f_\Sigma(\theta)$ 的方向特性图（角度为 0°～360°）

② 当天线元数目 n 一定时，d/λ 上升，主瓣变窄，有利于提高测向精度，但是增大间距 d ，副瓣增多且幅度增加，接收来自副瓣方向的强信号可能会造成测向方位错误。特别是 $d/\lambda=1$ 时，天线的副瓣幅度会迅速增加，为了保证主瓣的唯一性，要求 $d/\lambda<1$。

③ 当 d/λ 一定时，天线元数目 n 上升，主瓣最大值上升，有利于提高对远距离、弱信号的测向能力，但是 n 增大会增加均匀直线阵的长度，不利于天线的机动性。

④ 天线阵法线方向有两个，不利于确定来波方位，实际上，常常在直线阵的一侧增加屏蔽网，天线方向特性图的范围是 270°～360°(0°)～90°，如图 5.3.9 所示。

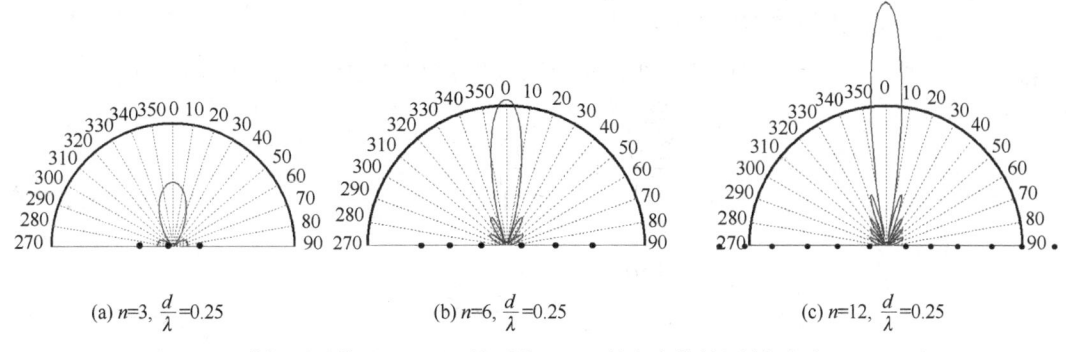

(a) $n=3, \dfrac{d}{\lambda}=0.25$ (b) $n=6, \dfrac{d}{\lambda}=0.25$ (c) $n=12, \dfrac{d}{\lambda}=0.25$

图 5.3.9 增加了屏蔽网，n 元天线系统 $f_\Sigma(\theta)$ 的方向特性图（角度为 0°～360°）

3）两个均匀直线阵组合的感应电动势分析

$e_A(t)$、$e_B(t)$ 为 A、B 两组各为 n 元的均匀直线阵接收电势的和，所以 $D=nd$ 为 A、B 两组天线中心之间的距离，可以认为 A、B 天线组之间由于波程差而引起的相位差为

$$\Delta\Phi = \dfrac{2\pi}{\lambda} D\cos\gamma\sin(\theta-\alpha) = \dfrac{2\pi}{\lambda} nd\cos\gamma\sin(\theta-\alpha) = n\Delta\phi \tag{5.3.8}$$

(1) $e_A(t)+e_B(t)$ 的接收感应电动势。

$e_A(t)+e_B(t)$ 相当于 $2n$ 个排列在一条直线上相邻天线元的接收感应电动势。

$$e_{A+B}(t) = e_A(t)+e_B(t) = [e_1(t)+e_2(t)+\cdots+e_n(t)] + [e_{n+1}(t)+e_{n+2}(t)+\cdots+e_{2n}(t)]$$

$$= E_m \dfrac{\sin\left(\dfrac{2n\Delta\phi}{2}\right)}{\sin\left(\dfrac{\Delta\phi}{2}\right)} e^{j\left(\omega t + \dfrac{2n-1}{2}\Delta\phi\right)} \tag{5.3.9}$$

"和" 方向特性：

$$f_{A+B}(\theta) = \dfrac{\sin\left(\dfrac{2n\Delta\phi}{2}\right)}{\sin\left(\dfrac{\Delta\phi}{2}\right)} = \dfrac{\sin\left[\dfrac{2n\pi d}{\lambda}\cos\gamma\sin(\theta-\alpha)\right]}{\sin\left[\dfrac{\pi d}{\lambda}\cos\gamma\sin(\theta-\alpha)\right]}$$

事实上，$e_A(t)+e_B(t)$ 相当于天线元数目增加的直线阵，天线增益提高，对弱信号的接收能力（灵敏度）提高。

当来波信号与天线阵正交时，$\theta-\alpha=0°$，天线阵法线方向对准来波信号，此时"和"方向特性 $f_A(\theta) = \dfrac{\sin\left(\dfrac{n\Delta\phi}{2}\right)}{\sin\left(\dfrac{\Delta\phi}{2}\right)}$ 感应电动势最大，可以提高对弱信号的接收能力。

(2) $e_A(t)-e_B(t)$ 的接收感应电动势。

$$e_{A-B}(t) = e_A(t) - e_B(t)$$
$$= [e_1(t) + e_2(t) + \cdots + e_n(t)] - [e_{n+1}(t) + e_{n+2}(t) + \cdots + e_{2n}(t)]$$
$$= 2E_m \frac{\sin\left(\frac{n\Delta\phi}{2}\right)}{\sin\left(\frac{\Delta\phi}{2}\right)} \cdot \sin\left(\frac{n\Delta\phi}{2}\right) \cdot e^{j\left(\omega t + \frac{2n-1}{2}\Delta\phi + \frac{\pi}{2}\right)} \tag{5.3.10}$$
$$= 2E_m \frac{\sin^2\left(\frac{n\Delta\phi}{2}\right)}{\sin\left(\frac{\Delta\phi}{2}\right)} \cdot e^{j\left(\omega t + \frac{2n-1}{2}\Delta\phi + \frac{\pi}{2}\right)}$$

"差"方向特性：

$$f_{A-B}(\theta) = \frac{\sin^2\left(\frac{n\Delta\phi}{2}\right)}{\sin\left(\frac{\Delta\phi}{2}\right)} = \frac{\sin^2\left(\frac{n\Delta\phi}{2}\right)}{\sin\left(\frac{\Delta\phi}{2}\right)} = \frac{\sin^2\left[\frac{n\pi d}{\lambda}\cos\gamma\sin(\theta-\alpha)\right]}{\sin\left[\frac{\pi d}{\lambda}\cos\gamma\sin(\theta-\alpha)\right]} \tag{5.3.11}$$

当来波信号与天线阵正交时，$\theta - \alpha = 0°$，天线阵法线方向对准来波信号，此时"差"方向特性 $f_{A-B}(\theta) = \dfrac{\sin^2\left(\frac{n\Delta\phi}{2}\right)}{\sin\left(\frac{\Delta\phi}{2}\right)}$ 中感应电动势最小为"零点"（图 5.3.10），零点附近随着 α 变化而剧烈变化，可以提高测向精度。

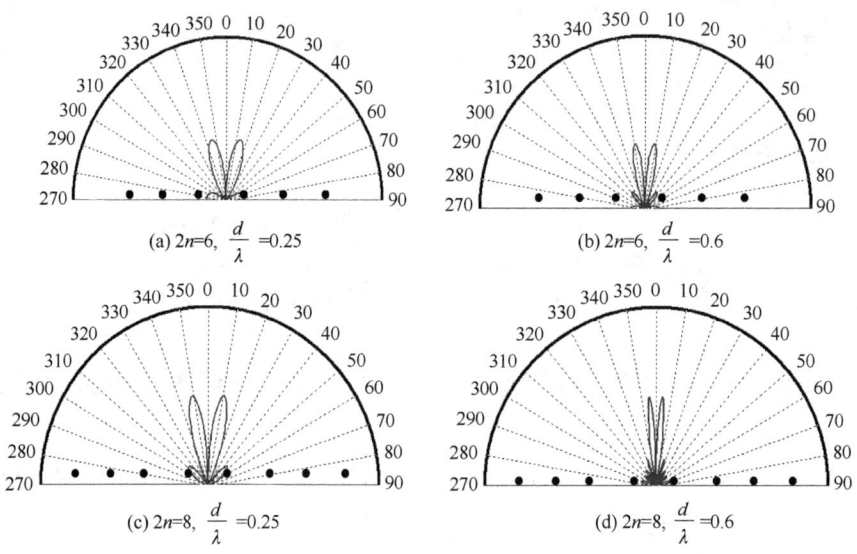

(a) $2n=6$, $\dfrac{d}{\lambda}=0.25$ (b) $2n=6$, $\dfrac{d}{\lambda}=0.6$
(c) $2n=8$, $\dfrac{d}{\lambda}=0.25$ (d) $2n=8$, $\dfrac{d}{\lambda}=0.6$

图 5.3.10　$2n$ 元均匀直线阵天线系统 $f_{A-B}(\theta)$ 方向特性图

2. 乌兰韦伯系统的测向原理

1）工作原理

将乌兰韦伯天线的和差器选择"和"，其输出为 $e_A(t) + e_B(t)$，天线最大增益高，具有锐方向特性图，用于搜索信号，实现来波方位的粗测。旋转角度计寻找接收信道输出信号强的位置，表示乌兰韦伯天线选中天线"等效直线阵"的法线方向"对准"来波信号，如图 5.3.11(a) 所示。

天线位置不动，将乌兰韦伯天线系统的和差器选择"差"，输出 $e_A(t)-e_B(t)$，天线增益骤降，可用于来波方位的精测。微微调整测向天线位置，当接收信道输出信号最小时，被选中的"等效直线阵"的法线方向对准来波信号，如图 5.3.11(b) 所示。

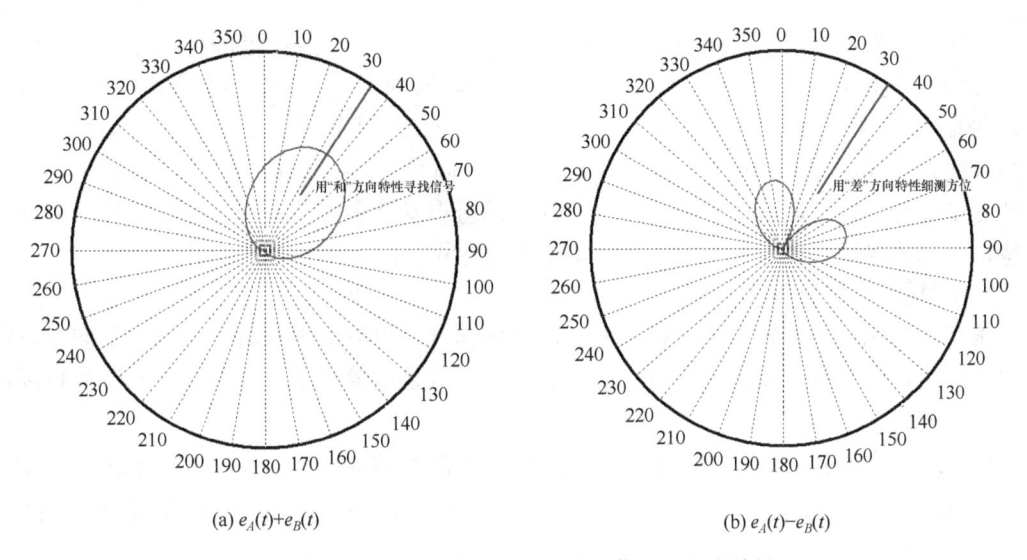

(a) $e_A(t)+e_B(t)$

(b) $e_A(t)-e_B(t)$

图 5.3.11　乌兰韦伯测向系统接收信号的方向特性

2) 测向过程

测向的主要过程如下：

(1) 调整天线系统角度计的相位补偿，使 $2n$ 个选取的天线元等效为排列在一条直线上的相邻天线，当"直线"的法线对准正北时，调整方位罗盘指针指向零；

(2) 依据侦察接收服务系统得到的信号频率，调整测向接收信道工作在指定频率上；

(3) 排列在一条直线上的两组 n 个相邻天线元接收电势的"和"分别为 $e_A(t)$、$e_B(t)$，同时送到和差变换器；

(4) 调整和差变换器，当取和时，$e_A(t)+e_B(t)$ 送入接收信道，天线具有锐方向特性图，顺时针旋转角度计的动片，且方位罗盘指针与其同步旋转；当接收信道输出信号最大时，表示方位罗盘指针指向来波方向；

(5) 调整和差变换器，当取差时，$e_A(t)-e_B(t)$ 送入接收信道，微微调整角度计的动片，寻找接收信道输出信号最小的位置，此时方位罗盘指向来波方向，得到示向度 ϕ 作为来波方位角 $\theta=\phi$。

3. 最大信号法测向机中的相关问题与处理

乌兰韦伯天线的"和"方向特性具有主瓣增益明显、对弱信号有很强的接收能力等特点；乌兰韦伯天线的"差"方向特性具有零点附近变化大的特点。通过"和""差"结合，乌兰韦伯测向系统大大提高了对远距离、弱信号的测向精度，在很长一段时间得到广泛的应用，但也存在天线尺寸大、机动困难等问题。

1) 工作频率范围

乌兰韦伯天线"和"方向特性图中存在副瓣，当 $\frac{d}{\lambda}$ 较大时，副瓣幅度增加，特别当 $\frac{d}{\lambda}$ 接近 1 时，副瓣幅度与主瓣幅度接近甚至相等，可能造成很大的测向误差。所以，在实际应用中要求 $\frac{d}{\lambda}$ 不能太大。

如果测向机工作频率范围为 $f_A \sim f_B$（假设 $f_A \leq f_B$），则波长范围为 $c/f_A \sim c/f_B$，d/λ 的取值范围 $d/cf_A \sim d/cf_B$。为了不受天线副瓣的影响，一般要求"和"方向特性图的最大值有唯一性，建议 d/λ 小于 0.9，即 $d/cf_B < 0.9$，所以在 $f_A \sim f_B$ 一定的情况下，相邻天线元之间的间距 $d < 0.9c/f_B$。当频率 f_B 较高时，间距 d 很小，一方面，天线方向特性图主瓣变宽，测向精度下降；另一方面，感应电动势最大值下降，接收弱信号的能力变差，所以需要采用多层天线对工作频率范围进行分段。

2) 多目标信号处理能力

角度计采用自动旋转转子可以大大提高测向速度，可以实现同时、同频但不同方位信号的测向，结合宽带接收信道、自动方位提取与视觉显示等技术，可以实现同时多目标信号的快速测向。

假设：信道上存在目标信号 $s_1(t, f_1, \theta_1, \psi_1, \gamma_1)$、$s_2(t, f_2, \theta_2, \psi_2, \gamma_2)$、$\cdots$，天线元数目为 M，呈现圆阵排列，如图 5.3.12(a) 所示，则第 $i(i=1,2,3,\cdots,M)$ 个天线元的位置为 $\sigma_0 + (i-1)\frac{360°}{M}$，$\sigma_0$ 为确定的常数，与天线阵位置有关，可以取零。

假设 T 为天线转子的旋转周期，第 i 个时间段 $T_i = \left[(i-1)\frac{T}{M}, i\frac{T}{M}\right]$：

第一组天线元序号分别为 $(i-n)_{\mod(M)}$、$(i-n+1)_{\mod(M)}$、$\cdots$、$(i-1)_{\mod(M)}$，感应电动势和为 e_{A_i}；

第二组天线元序号分别为 $(i)_{\mod(M)}$、$(i+1)_{\mod(M)}$、$\cdots$、$(i+n-1)_{\mod(M)}$，感应电动势和为 e_{B_i}。

两组天线元的中心为第 $i-1$、i 个天线元连线的法线方向，即两组天线元经过移相后，等效直线阵的法线方向为 $(i-1)\frac{360°}{M}$。

两组天线元感应电动势和 e_{A_i} 与 e_{B_i} 送入接收信道，输出两组天线"和"信号：

$$\begin{aligned}e_{A+B\_i}(t) &= e_{A\_i}(t) + e_{B\_i}(t) \\&= E_1 \cdot h \cdot \cos\psi_1 \cdot \cos\gamma_1 \cdot \frac{\sin\left\{\frac{2n\pi d}{\lambda_1}\cos\gamma_1 \sin\left[\theta_1 - (i-1)\cdot\frac{360°}{M}\right]\right\}}{\sin\left\{\frac{\pi d}{\lambda_1}\cos\gamma_1 \sin\left[\theta_1 - (i-1)\cdot\frac{360°}{M}\right]\right\}} e^{j\left[2\pi f_1 t + \frac{(2n-1)\pi}{\lambda_1}d\cos\gamma_1 \sin(\theta_1 - \alpha)\right]} \\&\quad + E_2 \cdot h \cdot \cos\psi_2 \cdot \cos\gamma_2 \cdot \frac{\sin\left\{\frac{2n\pi d}{\lambda_2}\cos\gamma_2 \sin\left[\theta_2 - (i-1)\cdot\frac{360°}{M}\right]\right\}}{\sin\left\{\frac{\pi d}{\lambda_2}\cos\gamma_2 \sin\left[\theta_2 - (i-1)\cdot\frac{360°}{M}\right]\right\}} e^{j\left[2\pi f_2 t + \frac{(2n-1)\pi}{\lambda_2}d\cos\gamma_2 \sin(\theta_2 - \alpha)\right]} + \cdots\end{aligned}$$

(a)

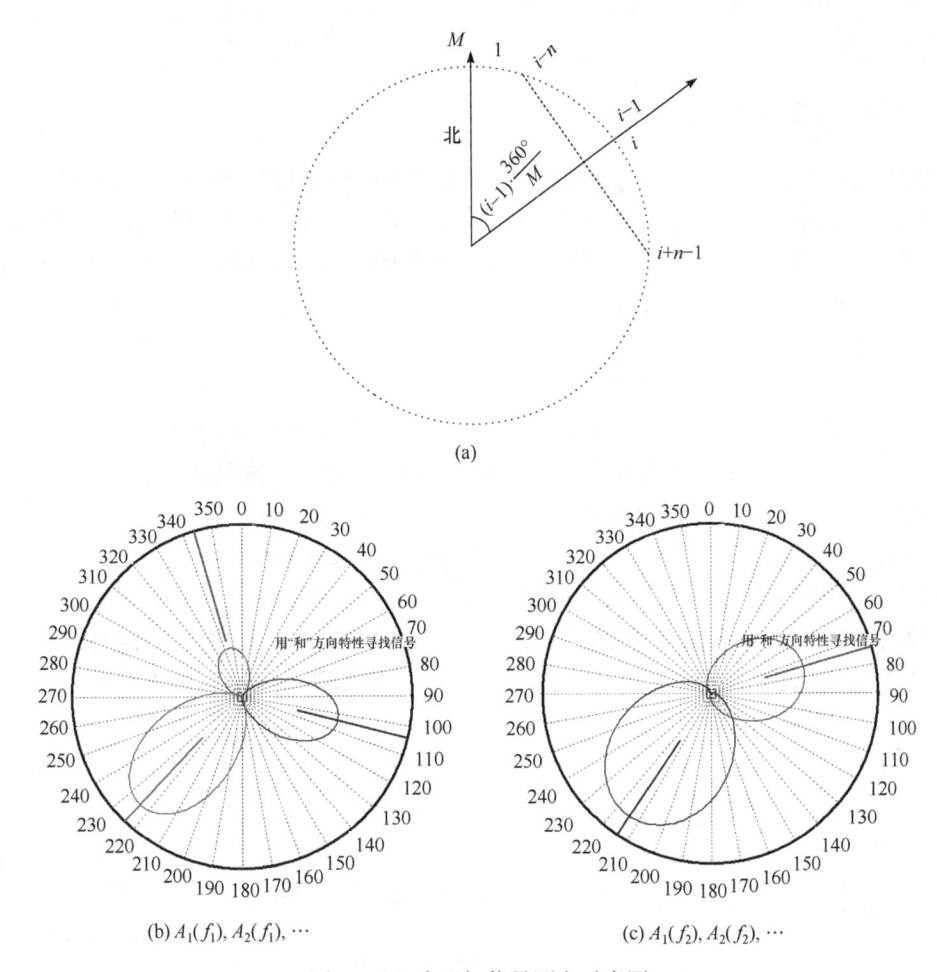

(b) $A_1(f_1), A_2(f_1), \cdots$ (c) $A_1(f_2), A_2(f_2), \cdots$

图 5.3.12 多目标信号测向示意图

$e_{A\_i} + e_{B\_i}$ 经过接收信道，$x_i(t)$ 为中频输出信号，对 $x_i(t)$ 进行 A/D 转换，得到采样序列 $\{x_i(n)\}(n=0,1,2,\cdots,N-1)$，经傅里叶变换得到 $\{X_i(K)\}(K=0,1,2,\cdots,N-1)$，依据信号频率对 $s_1(t,f_1,\theta_1,\psi_1,\gamma_1)$、$s_2(t,f_2,\theta_2,\psi_2,\gamma_2)$、$\cdots$ 在频域上进行分离，再分别计算各个信号的幅度 $A_i(f_1)$, $A_i(f_2)$, $\cdots$。

在每个周期内，按照频率不同，转子需要自动旋转 0°～360°，寻找该频率对应不同方位的信号。例如，在 $A_i(f_1)(i=1,2,3,\cdots,M)$ 找出频率 f_1 对应的接收信号振幅极大值 $A_1(f_1), A_2(f_1), \cdots$ 及其对应天线位置 $\sigma_1(f_1), \sigma_2(f_1), \cdots$，记录频率 f_1 信号对应多个目标信号的示向度 $\phi_1(f_1), \phi_2(f_1), \cdots$，如图 5.3.12(b)、(c) 所示。

信噪比、信号处理算法等因素对测向精度的影响很大，天线在每个位置上的驻留时间 T/M 越短，方位处理器处理的速度越快，测向的时效性越好。

如果同频、方位相邻信号的来波方位差大于 $e_{A+B}(t)$ 方向特性的主瓣宽度，就可以利用时间分割进行方位分离，当然，时效性差是分时方位处理的问题。在容许的情况下增加接收信道数目，如果每个天线元能够与一个接收信道连接，就不需要角度计旋转，只要依据选择的输出信号就可以估计不同方位的来波信号，解决了时效性与多目标信号的测向能力。

5.3.3 比幅法测向原理

比幅法测向（Amplitude Comparison Direction Finding）是通过比较测向天线阵列各阵元（单元天线）感应来波信号后输出信号的幅度大小，测得信号来波到达方向的测向技术。最常用的场景是两副分别固定配置于南北方向、东西方向的单元天线。比幅法测向不需要旋转天线，具有时效性好的特点，得到广泛应用。

1. 比幅法测向机的工作原理

假设：ψ 为来波极化角，γ 为来波仰角，θ 为来波方位角，四个单元天线配置于南、北、东、西方向，每个单元天线感应电动势振幅为 E_m，大部分情况下，单元天线采用垂直单杆天线，则 $E_m = E \cdot h \cdot \cos\psi \cdot \cos\gamma$。

南北方向单元天线（面）与来波方向的夹角为 $\alpha = \theta$，波程差 $\Delta r_{\mathrm{NS}} = d\cos\theta\cos\gamma$。

东西方向单元天线（面）与来波方向的夹角 $\alpha = 90° - \theta$，波程差 $\Delta r_{\mathrm{EW}} = d\sin\theta\cos\gamma$。

接收信道可以是单信道、双信道或多信道，目前测向机广泛使用多个接收信道，下面以典型的三信道比幅法测向为例，分析比幅法测向的工作原理，如图 5.3.13 所示。

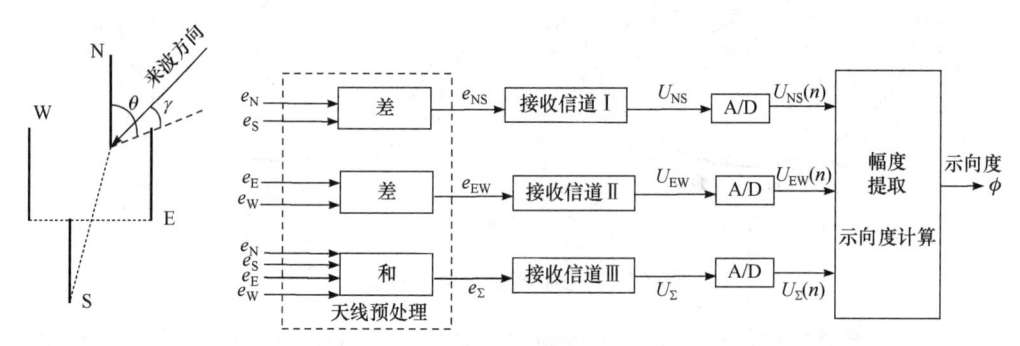

图 5.3.13 比幅法测向设备结构示意图

1) 接收信号分析

南、北单元天线接收信号感应电动势取"差"（实信号形式）：

$$\begin{aligned} e_{\mathrm{NS}} &= e_{\mathrm{N}} - e_{\mathrm{S}} = 2E_m \cdot \sin\left(\frac{\pi \cdot d \cdot \cos\theta \cdot \cos\gamma}{\lambda}\right) \cdot \cos\left(\omega t - \frac{\pi}{2}\right) \\ &= 2E_m \cdot \sin\left(\frac{\pi \cdot d \cdot \cos\theta \cdot \cos\gamma}{\lambda}\right) \cdot \sin\omega t \end{aligned} \quad (5.3.12)$$

东、西单元天线接收信号感应电动势取"差"（实信号形式）：

$$\begin{aligned} e_{\mathrm{EW}} &= e_{\mathrm{E}} - e_{\mathrm{W}} = 2E_m \cdot \sin\left(\frac{\pi \cdot d \cdot \cos(90° - \theta) \cdot \cos\gamma}{\lambda}\right) \cdot \cos\left(\omega t - \frac{\pi}{2}\right) \\ &= 2E_m \cdot \sin\left(\frac{\pi \cdot d \cdot \sin\theta \cdot \cos\gamma}{\lambda}\right) \cdot \sin\omega t \end{aligned} \quad (5.3.13)$$

东-西、南-北天线单元的方向特性如图 5.3.14 所示。

(a) 南北方向 $\frac{d}{\lambda}=0.1$

(b) 东西方向 $\frac{d}{\lambda}=0.1$

(c) 南北方向 $\frac{d}{\lambda}=0.4$

(d) 东西方向 $\frac{d}{\lambda}=0.4$

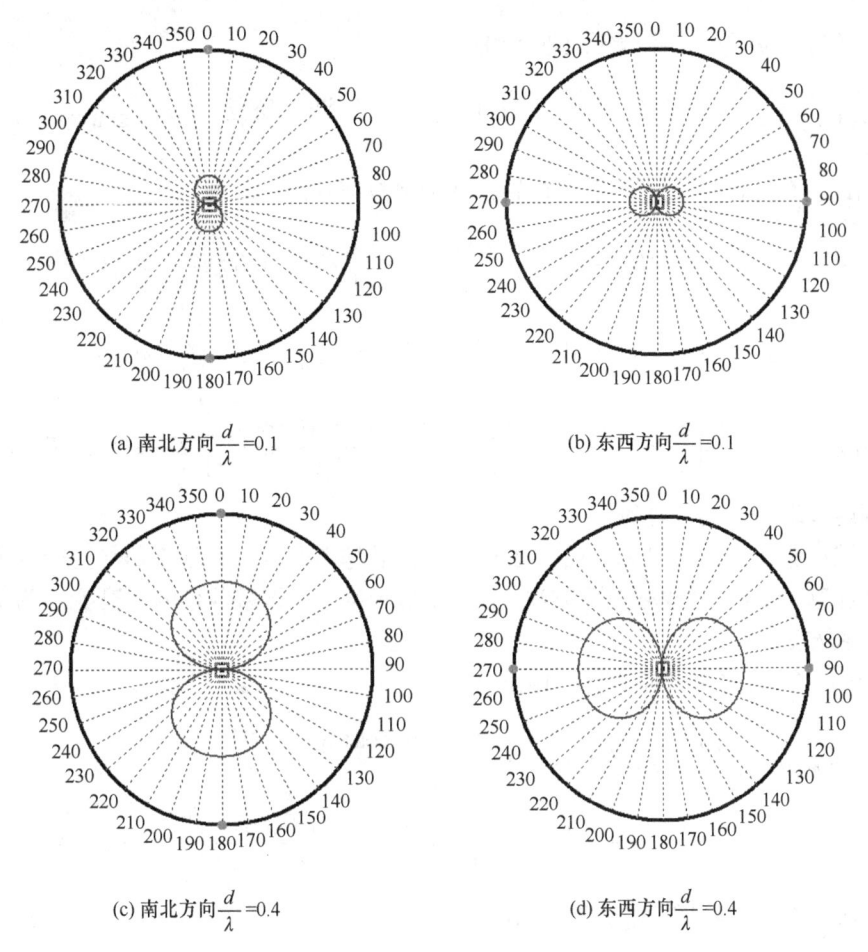

图 5.3.14 东-西、南-北天线单元的方向特性图

东、南、西、北单元天线接收信号感应电动势取"和"（实信号形式）：

$$e_\Sigma = e_N + e_S + e_E + e_W \\ = 2E_m \cdot \left[\cos\left(\frac{\pi \cdot d \cdot \cos\theta \cdot \cos\gamma}{\lambda}\right) + \cos\left(\frac{\pi \cdot d \cdot \sin\theta \cdot \cos\gamma}{\lambda}\right)\right] \cdot \cos\omega t \tag{5.3.14}$$

南-北天线单元的感应电动势 e_{NS} 经接收信道Ⅰ，K_{NS}、φ_{NS} 是接收信道Ⅰ的增益和相移，实际信道的增益和相移一般与频率有关，有时写为 $K_{NS}(f)$、$\varphi_{NS}(f)$。接收信道Ⅰ输出：

$$U_{NS}(t) = 2E_m \cdot \sin\left(\frac{\pi \cdot d \cdot \cos\theta \cdot \cos\gamma}{\lambda}\right) \cdot K_{NS} \cdot \sin(\omega_i t + \varphi_{NS})$$

东-西天线单元的感应电动势 e_{EW} 经接收信道Ⅱ，K_{EW}、φ_{EW} 是接收信道Ⅱ的增益和相移，实际信道的增益和相移一般与频率有关，有时写为 $K_{EW}(f)$、$\varphi_{EW}(f)$。接收信道Ⅱ输出：

$$U_{EW}(t) = 2E_m \cdot \sin\left(\frac{\pi \cdot d \cdot \sin\theta \cdot \cos\gamma}{\lambda}\right) \cdot K_{EW} \cdot \sin(\omega_i t + \varphi_{EW})$$

东、南、西、北单元天线接收信号感应电动势的"和"为 e_Σ，经 90°相移后通过接收信道Ⅲ，K_Σ、φ_Σ 是接收信道Ⅲ的增益和相移，实际信道的增益和相移一般与频率有关，有

时写为 $K_\Sigma(f)$、$\varphi_\Sigma(f)$。接收信道Ⅲ输出：

$$U_\Sigma(t) = 2E_m\left[\cos\left(\frac{\pi \cdot d \cdot \cos\theta \cdot \cos\gamma}{\lambda}\right) + \cos\left(\frac{\pi \cdot d \cdot \sin\theta \cdot \cos\gamma}{\lambda}\right)\right] \cdot K_\Sigma \cdot \sin(\omega_i t + \varphi_\Sigma)$$

$U_{\mathrm{NS}}(t)$、$U_{\mathrm{EW}}(t)$、$U_\Sigma(t)$ 经 A/D 转换成为离散信号：

$$U_{\mathrm{NS}}(n) = 2E_m \cdot \sin\left(\frac{\pi \cdot d \cdot \cos\theta \cdot \cos\gamma}{\lambda}\right) \cdot K_{\mathrm{NS}} \cdot \sin(\omega_i n T_s + \varphi_{\mathrm{NS}})$$

$$U_{\mathrm{EW}}(n) = 2E_m \cdot \sin\left(\frac{\pi \cdot d \cdot \sin\theta \cdot \cos\gamma}{\lambda}\right) \cdot K_{\mathrm{EW}} \cdot \sin(\omega_i n T_s + \varphi_{\mathrm{EW}})$$

$$U_\Sigma(n) = 2E_m\left[\cos\left(\frac{\pi \cdot d \cdot \cos\theta \cdot \cos\gamma}{\lambda}\right) + \cos\left(\frac{\pi \cdot d \cdot \sin\theta \cdot \cos\gamma}{\lambda}\right)\right] \cdot K_\Sigma \cdot \sin(\omega_i n T_s + \varphi_\Sigma)$$

2) 幅度提取及示向度计算

在时域或频域提取信号幅度的方法有很多，最基本的方法有基于信号正交变换的时域提取方法和基于 DFT 的频域提取方法。下面以基于第三信道接收信号正交变换为例介绍一种幅度提取方法。

$U_{\mathrm{NS}}(n) \cdot U_\Sigma(n)$ 经过低通滤波，输出：

$$\begin{aligned}U_{m\_\mathrm{NS}} = &\, 2E_m^2 \cdot K_{\mathrm{NS}} \cdot K_\Sigma \cdot \sin\left(\frac{\pi \cdot d \cdot \cos\theta \cdot \cos\gamma}{\lambda}\right) \\ &\cdot \left[\cos\left(\frac{\pi \cdot d \cdot \cos\theta \cdot \cos\gamma}{\lambda}\right) + \cos\left(\frac{\pi \cdot d \cdot \sin\theta \cdot \cos\gamma}{\lambda}\right)\right]\cos(\varphi_{\mathrm{NS}} - \varphi_\Sigma)\end{aligned} \quad (5.3.15)$$

$U_{\mathrm{EW}}(n) \cdot U_\Sigma(n)$ 经过低通滤波，输出：

$$\begin{aligned}U_{m\_\mathrm{EW}} = &\, 2E_m^2 \cdot K_{\mathrm{EW}} \cdot K_\Sigma \cdot \sin\left(\frac{\pi \cdot d \cdot \sin\theta \cdot \cos\gamma}{\lambda}\right) \\ &\cdot \left[\cos\left(\frac{\pi \cdot d \cdot \cos\theta \cdot \cos\gamma}{\lambda}\right) + \cos\left(\frac{\pi \cdot d \cdot \sin\theta \cdot \cos\gamma}{\lambda}\right)\right]\cos(\varphi_{\mathrm{EW}} - \varphi_\Sigma)\end{aligned} \quad (5.3.16)$$

所以

$$\frac{U_{m\_\mathrm{EW}}}{U_{m\_\mathrm{NS}}} = \frac{K_{\mathrm{EW}} \cdot \sin\left(\dfrac{\pi \cdot d \cdot \sin\theta \cdot \cos\gamma}{\lambda}\right) \cdot \cos(\varphi_{\mathrm{EW}} - \varphi_\Sigma)}{K_{\mathrm{NS}} \cdot \sin\left(\dfrac{\pi \cdot d \cdot \cos\theta \cdot \cos\gamma}{\lambda}\right) \cdot \cos(\varphi_{\mathrm{NS}} - \varphi_\Sigma)}$$

假设 $K_{\mathrm{NS}} = K_{\mathrm{EW}}$、$\varphi_{\mathrm{NS}} = \varphi_{\mathrm{EW}}$，且 $\dfrac{d}{\lambda} \ll 1$，鉴于 $x \ll 1$ 时，$\sin x \approx x$，则式(5.3.15)、式(5.3.16)简化为

$$\begin{aligned}U_{m\_\mathrm{EW}} &\approx 2\beta d E_m^2 \cdot K \cdot K_\Sigma \cdot \sin\theta \cdot \cos\gamma \\ U_{m\_\mathrm{NS}} &\approx 2\beta d E_m^2 \cdot K \cdot K_\Sigma \cdot \cos\theta \cdot \cos\gamma\end{aligned} \quad (5.3.17)$$

鉴于 arctan 的取值范围为 $[-\pi/2,\ \pi/2]$，而 $\theta \in [0, 2\pi)$，因此需要根据 U_{m_EW}、U_{m_NS}

的极性对 $\arctan\dfrac{U_{m\_EW}}{U_{m\_NS}}$ 进行调整，如表 5.3.1 所示，示向度 $\phi = \arctan\dfrac{U_{m\_EW}}{U_{m\_NS}} + k\pi$。

表 5.3.1　U_{m_EW}、U_{m_NS} 极性与示向度关系

$U_{m\_EW}>0, U_{m\_NS}>0$	$U_{m\_EW}>0, U_{m\_NS}<0$	$U_{m\_EW}<0, U_{m\_NS}<0$	$U_{m\_EW}<0, U_{m\_NS}>0$
$k=0$	$k=1$	$k=1$	$k=2$

比幅法测向时不需要旋转天线，具有反应速度快的特点，可用于对捷变信号（如突发信号、跳频信号）的测向。

2. 相关问题及处理

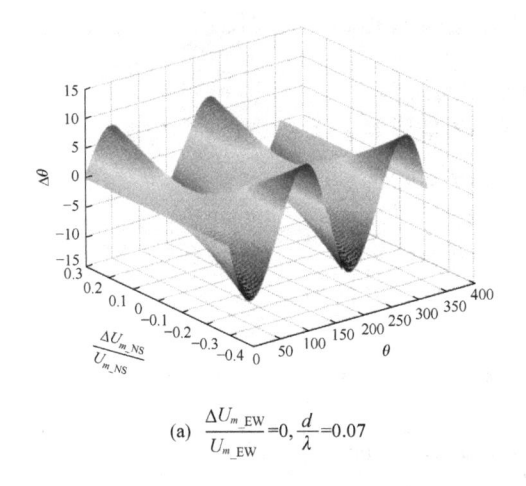

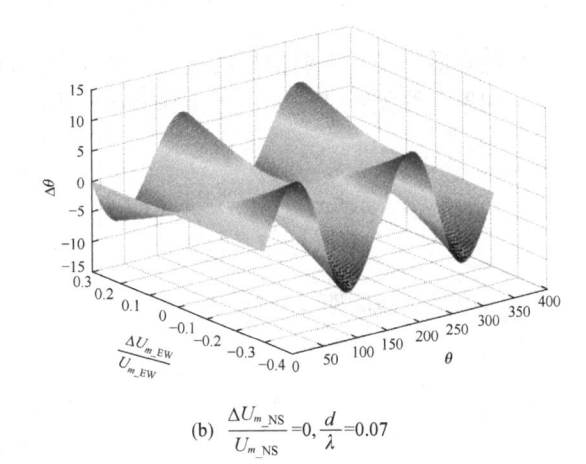

1) 振幅测量误差 ΔU_{m_NS}、ΔU_{m_EW} 引起测向误差

在振幅 U_{m_NS}、U_{m_EW} 的测量过程中不可避免地存在测量误差 ΔU_{m_NS}、ΔU_{m_EW}，则振幅测量值 $U'_{m\_EW} = U_{m\_EW} + \Delta U_{m\_EW}$，$U'_{m\_NS} = U_{m\_NS} + \Delta U_{m\_NS}$。

U_{m_EW}、U_{m_NS}、ΔU_{m_EW}、ΔU_{m_NS} 是未知的，基于振幅测量值 U'_{m_EW}、U'_{m_NS} 计算示向度带来的测向误差：

$$\Delta\theta = \theta - \arctan\frac{U_{m\_EW} + \Delta U_{m\_EW}}{U_{m\_NS} + \Delta U_{m\_NS}} = \theta - \arctan\left(\frac{U_{m\_EW}}{U_{m\_NS}} \cdot \frac{1 + \dfrac{\Delta U_{m\_NS}}{U_{m\_EW}}}{1 + \dfrac{\Delta U_{m\_NS}}{U_{m\_NS}}}\right) \quad (5.3.18)$$

测向误差与测量误差相对值 $\dfrac{\Delta U_{m\_EW}}{U_{m\_EW}}$、$\dfrac{\Delta U_{m\_NS}}{U_{m\_NS}}$ 有关，当 $\left|\dfrac{\Delta U_{m\_EW}}{U_{m\_EW}} - \dfrac{\Delta U_{m\_NS}}{U_{m\_NS}}\right| \Rightarrow 0$ 时，由振幅测量误差带来的测向误差 $\Delta\theta$ 趋近于零，如图 5.3.15 所示。

鉴于 $U_{m\_NS} \propto \cos\theta$、$U_{m\_EW} \propto \sin\theta$，且测量误差 ΔU_{m_EW}、ΔU_{m_NS} 存在随机性，根据式(5.3.17)可得

(a) $\dfrac{\Delta U_{m\_EW}}{U_{m\_EW}} = 0$，$\dfrac{d}{\lambda} = 0.07$

(b) $\dfrac{\Delta U_{m\_NS}}{U_{m\_NS}} = 0$，$\dfrac{d}{\lambda} = 0.07$

(c) $\dfrac{\Delta U_{m\_EW}}{U_{m\_EW}}=0.2, \dfrac{d}{\lambda}=0.07$ (d) $\dfrac{\Delta U_{m\_NS}}{U_{m\_NS}}=0.2, \dfrac{d}{\lambda}=0.07$

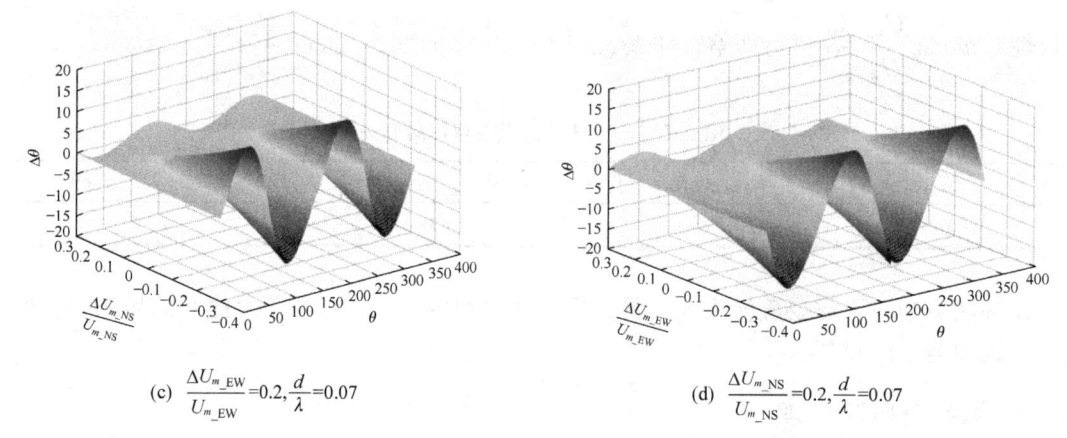

图 5.3.15 振幅测量误差 ΔU_{m_NS}、ΔU_{m_EW} 引起测向误差的变化

$$\Delta U_{m\_EW} \approx 2\beta dE_m^2 \cdot K \cdot K_\Sigma \cdot \cos\gamma \cdot |\cos\theta| \cdot \Delta\theta$$

$$\Delta U_{m\_NS} \approx 2\beta dE_m^2 \cdot K \cdot K_\Sigma \cdot \cos\gamma \cdot |\sin\theta| \cdot \Delta\theta$$

所以

$$\Delta\theta = \frac{\Delta U_{m\_EW}}{2\beta dE_m^2 \cdot K \cdot K_\Sigma \cdot \cos\gamma \cdot |\cos\theta|}, \quad \Delta\theta = \frac{\Delta U_{m\_NS}}{2\beta dE_m^2 \cdot K \cdot K_\Sigma \cdot \cos\gamma \cdot |\sin\theta|}$$

在 ΔU_{m_EW}、ΔU_{m_NS} 一定的情况下，要求 $dE_m^2 \cdot K \cdot K_\Sigma$ 尽可能大，保证测向误差 $\Delta\theta$ 尽可能小，但是天线尺寸 d、h 和信道增益 $K \cdot K_\Sigma$ 的增大均受到一定条件的限制，并且振幅 U_{m_EW}、U_{m_NS} 随时间、频率变化，需要采取一定的技术措施合理地进行振幅估计。

2) $d/\lambda \ll 1$ 条件不能得到满足，引起间距误差

如果测向机的工作频率范围为 $f_A \sim f_B$（假设 $f_A \leq f_B$），$\dfrac{c}{f_A} \sim \dfrac{c}{f_B}$ 为波长范围，$h < \dfrac{\lambda}{4} \overset{\lambda=\lambda_{\min}}{=} \dfrac{\lambda_B}{4} = \dfrac{c}{4f_B}$ 是对天线有效高度的要求；$\dfrac{d}{\lambda} \ll 1$，即 $d \ll \lambda \overset{\lambda=\lambda_{\min}}{=} \lambda_B = \dfrac{c}{f_B}$ 是对天线间距的要求；总而言之，要求 $hd \ll \left(\dfrac{c}{2f_B}\right)^2$，如果工作频率 f_B 很高，天线尺寸 d、h 很小，天线增益降低，不利于弱信号的接收，也不利于减小测向误差。

如果天线间距 d 较大，在工作频率范围的高端，不能满足 $d/\lambda \ll 1$，则

$$\phi = \arctan\left(\frac{U_{m\_EW}}{U_{m\_NS}}\right) = \arctan\left[\frac{\sin\left(\dfrac{\pi \cdot d \cdot \sin\theta \cdot \cos\gamma}{\lambda}\right)}{\sin\left(\dfrac{\pi \cdot d \cdot \cos\theta \cdot \cos\gamma}{\lambda}\right)}\right] \neq \arctan\left(\frac{\sin\theta}{\cos\theta}\right)$$

产生与单元天线间距 d 直接相关的间距误差：

$$\Delta\theta = \theta - \phi = \theta - \arctan\frac{\sin\left(\dfrac{\pi \cdot d \cdot \sin\theta \cdot \cos\gamma}{\lambda}\right)}{\sin\left(\dfrac{\pi \cdot d \cdot \cos\theta \cdot \cos\gamma}{\lambda}\right)} \tag{5.3.19}$$

由图 5.3.16 可见，在来波方位角 θ 一定的条件下，随着 d/λ 的增加，间距误差增大；在 d/λ 一定的条件下，来波方位角 θ 不同，对应的间距误差不同。

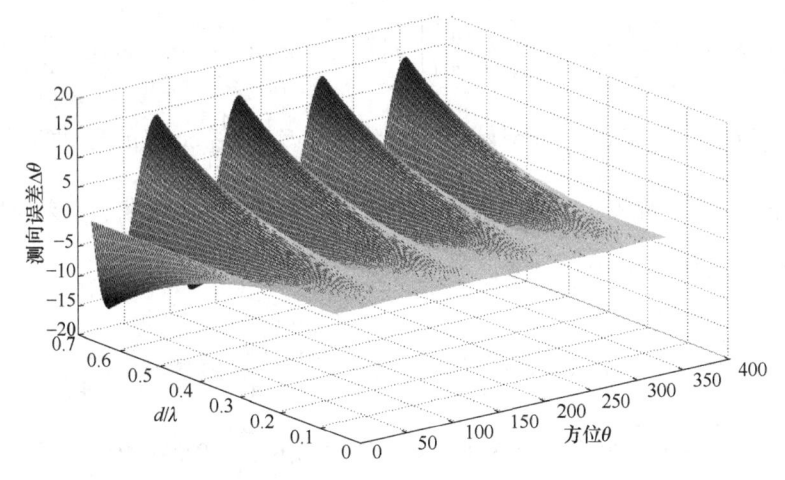

图 5.3.16 间距误差变化曲线

为了降低间距误差，要求 $d/\lambda \ll 1$。但同时带来的主要问题是：一方面，不利于远距离弱信号的测向；另一方面，幅度测量误差可能会带来较大的测向误差。怎么办？可以采用增加天线元构成天线阵的方法予以解决。

方法 1：天线阵通过组合得到等效的 NS、EW 天线，得到较大的天线有效高度，提高对弱信号的接收能力，并且在 d/λ 较大时，可以大大减小间距误差。

例如，天线阵由均匀排列在圆周上的八个天线元组成，每个天线元的感应电动势振幅为 E_m，其中，天线元 1、5 和 3、7 分别配置在 N、S、E、W 方位，天线元 2、6 和 4、8 分别偏离正北方位 $\pm 45°$ 和 $\pm 135°$，八个天线元的输出电压 $e_1(t) \sim e_8(t)$ 经过天线信号组合单元（图 5.3.17）形成等效于东西天线对电压 $e_{EW}(t)$ 和南北天线对电压 $e_{NS}(t)$。

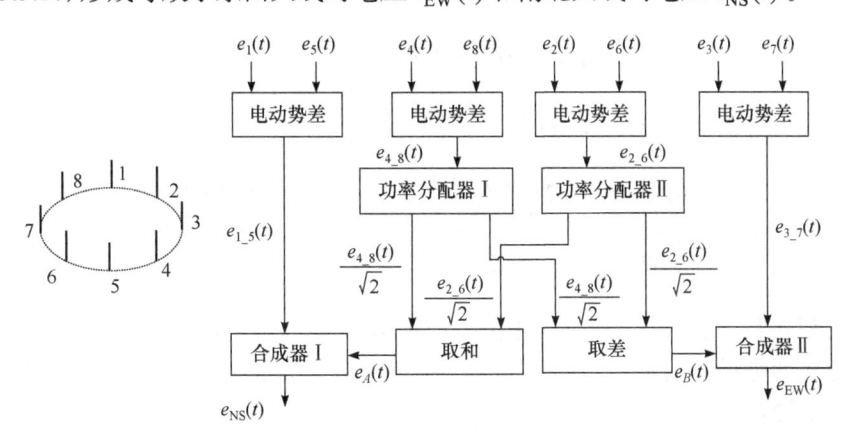

图 5.3.17 天线信号组合单元结构框图

如果天线的圆周直径为 $2R$，且 $2R/\lambda \ll 1$，来波信号的仰角为 γ、方位角为 θ，则

$$e_{1\_5}(t) = 2E_m \sin\left(\frac{2\pi R}{\lambda}\cos\gamma\cos\theta\right) \cdot e^{j(\omega t + \varphi_0)} \approx E_m R \cdot \frac{4\pi}{\lambda}\cos\gamma\cos\theta \cdot e^{j(\omega t + \varphi_0)}$$

$$e_{4\_8}(t) = 2E_m \sin\left[\frac{2\pi R}{\lambda}\cos\gamma\cos\left(\theta+\frac{\pi}{4}\right)\right] \cdot e^{j(\omega t+\varphi_0)} \approx E_m R \cdot \frac{4\pi}{\lambda}\cos\gamma\cos\left(\theta+\frac{\pi}{4}\right) \cdot e^{j(\omega t+\varphi_0)}$$

$$e_{2\_6}(t) = 2E_m \sin\left[\frac{2\pi R}{\lambda}\cos\gamma\cos\left(\theta-\frac{\pi}{4}\right)\right] \cdot e^{j(\omega t+\varphi_0)} \approx E_m R \cdot \frac{4\pi}{\lambda}\cos\gamma\sin\left(\theta+\frac{\pi}{4}\right) \cdot e^{j(\omega t+\varphi_0)}$$

$$e_{3\_7}(t) = 2E_m \sin\left(\frac{2\pi R}{\lambda}\cos\gamma\sin\theta\right) \cdot e^{j(\omega t+\varphi_0)} \approx E_m R \cdot \frac{4\pi}{\lambda}\cos\gamma\sin\theta \cdot e^{j(\omega t+\varphi_0)}$$

$e_{4\_8}(t)$ 经过功率分配器 I，$e_{2\_6}(t)$ 经过功率分配器 II，再由取和、取差电路，得到

$$\begin{aligned}e_A(t) &= \frac{e_{4\_8}(t)}{\sqrt{2}} + \frac{e_{2\_6}(t)}{\sqrt{2}} \\ &= \frac{E_m R}{\sqrt{2}} \cdot \frac{4\pi}{\lambda}\cos\lambda\cos\left(\theta+\frac{\pi}{4}\right) \cdot e^{j(\omega t+\varphi_0)} + \frac{E_m R}{\sqrt{2}} \cdot \frac{4\pi}{\lambda}\cos\lambda\sin\left(\theta+\frac{\pi}{4}\right) \cdot e^{j(\omega t+\varphi_0)} \\ &= 2\frac{E_m R}{\sqrt{2}} \cdot \frac{4\pi}{\lambda}\cos 45°\cos\gamma\cos\theta \cdot e^{j(\omega t+\varphi_0)} = E_m R \cdot \frac{4\pi}{\lambda}\cos\gamma\cos\theta \cdot e^{j(\omega t+\varphi_0)}\end{aligned}$$

$$\begin{aligned}e_B(t) &= \frac{e_{2\_6}(t)}{\sqrt{2}} - \frac{e_{4\_8}(t)}{\sqrt{2}} \\ &= \frac{E_m R}{\sqrt{2}} \cdot \frac{4\pi}{\lambda}\cos\lambda\sin\left(\theta+\frac{\pi}{4}\right) \cdot e^{j(\omega t+\varphi_0)} - \frac{E_m R}{\sqrt{2}} \cdot \frac{4\pi}{\lambda}\cos\lambda\cos\left(\theta+\frac{\pi}{4}\right) \cdot e^{j(\omega t+\varphi_0)} \\ &= 2\frac{E_m R}{\sqrt{2}} \cdot \frac{4\pi}{\lambda}\sin 45°\cos\gamma\sin\theta \cdot e^{j(\omega t+\varphi_0)} = E_m R \cdot \frac{4\pi}{\lambda}\cos\gamma\sin\theta \cdot e^{j(\omega t+\varphi_0)}\end{aligned}$$

由合成器 III、IV，得到等效的 $e_{NS}(t)$、$e_{EW}(t)$：

$$\begin{aligned}e_{NS}(t) &= e_{1\_5}(t) + e_A(t) \\ &= E_m R \cdot \frac{4\pi}{\lambda}\cos\gamma\cos\theta \cdot e^{j(\omega t+\varphi_0)} + E_m R \cdot \frac{4\pi}{\lambda}\cos\gamma\sin\theta \cdot e^{j(\omega t+\varphi_0)} \\ &= E_m R \cdot \frac{8\pi}{\lambda}\cos\gamma\cos\theta \cdot e^{j(\omega t+\varphi_0)}\end{aligned} \quad (5.3.20)$$

$$\begin{aligned}e_{EW}(t) &= e_{3\_7}(t) + e_B(t) \\ &= E_m R \cdot \frac{4\pi}{\lambda}\cos\gamma\cos\theta \cdot e^{j(\omega t+\varphi_0)} + E_m R \cdot \frac{4\pi}{\lambda}\cos\gamma\sin\theta \cdot e^{j(\omega t+\varphi_0)} \\ &= E_m R \cdot \frac{8\pi}{\lambda}\cos\gamma\cos\theta \cdot e^{j(\omega t+\varphi_0)}\end{aligned} \quad (5.3.21)$$

均匀排列在圆周上的八个天线元接收的感应电动势经过组合后，其振幅是 NS 和 EW 天线上感应电动势振幅的两倍，在间距 $2R$ 不是特别大的情况下，可以降低间距误差，且可以有效减少测量误差带来的测向误差。

方法 2：采用双(多)层不同间距的天线，外层天线间距比较大，用于对工作频率较低的信号进行测向；内层天线间距比较小，用于对工作频率较高的信号进行测向。不同层的天线分别覆盖不同的工作波段，可以适应较宽的频率范围。

将方法 1 与方法 2 结合，可以进一步提高测向精度。

3) 两接收信道的增益或相位不一致，$K_{NS} \neq K_{EW}$ 或者 $\varphi_{NS} \neq \varphi_{EW}$ 带来测向误差

$$\phi = \arctan\frac{U_{m\_EW}}{U_{m\_NS}} \approx \arctan\left[\frac{K_{EW}}{K_{NS}} \cdot \frac{\cos(\varphi_{EW} - \varphi_{\Sigma})}{\cos(\varphi_{NS} - \varphi_{\Sigma})} \cdot \frac{\sin\theta}{\cos\theta}\right] \neq \theta$$

令

$$G = \frac{K_{EW}}{K_{NS}} \cdot \frac{\cos(\varphi_{EW} - \varphi_{\Sigma})}{\cos(\varphi_{NS} - \varphi_{\Sigma})}$$

测向误差：

$$\Delta\theta = \theta - \phi = \theta - \arctan\left(G \cdot \frac{\sin\theta}{\cos\theta}\right) \tag{5.3.22}$$

由图 5.3.18 可见，$|G| \Rightarrow 1$ 两接收信道的增益或相位不一致性带来的测向误差趋于 0，但随着两接收信道增益差的增加，$|G-1|$ 增加，测向误差增加。

为了解决接收信道增益与相移失配的问题，需要从模拟电路和数字校准方面进行处理。

(1) 模拟电路：其构成多个接收信道的高频与中频单元，尽量控制多个接收信道的振幅、相位特性一致，主要措施包括：本振信号由同一个频率合成器提供；多个接收信道对应的器件，在选用时，尽可能具有一致性。但是多个接收信道的振幅、相位特性不一致是客观存在的，模拟电路难以避免地存在接收信道增益与相移失配的问题。

(2) 数字校准：基于标准的测试信号，在方位处理器中建立信道振幅、相位特性补偿数据库；基于特性补偿数据库对实际接收信号进行均衡补偿，减少接收信道的增益与相移失配。目前，数字校准是解决接收信道增益与相移失配问题的常用而有效的方法。

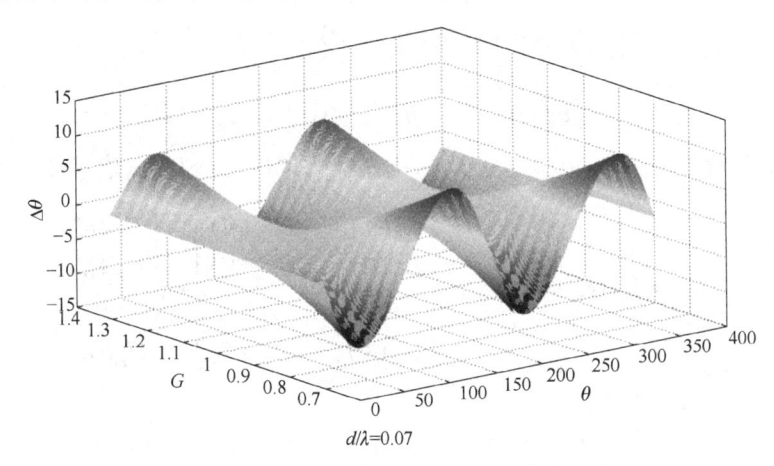

图 5.3.18 两接收信道不一致时的误差变化

另外，在中频单元后进行信号处理时，改善幅度和相位提取算法，增强算法对通道增益与相移失配的宽容性，有利于减少接收信道增益与相移失配带来的测向误差。

3. 接收信道增益与相移失配的数字校准

1) 基于标准信号进行接收信道测试，建立信道增益矩阵 $\boldsymbol{G}(K)$

在图 5.3.19 中，首先采用确知信号 $e_{test}(t)$ 作为测试信号，为了测试对接收信道频率范围内所有频率点的振幅、相位特性，测试信号 $e_{test}(t)$ 的频率覆盖应该不小于接收信道频率范围。

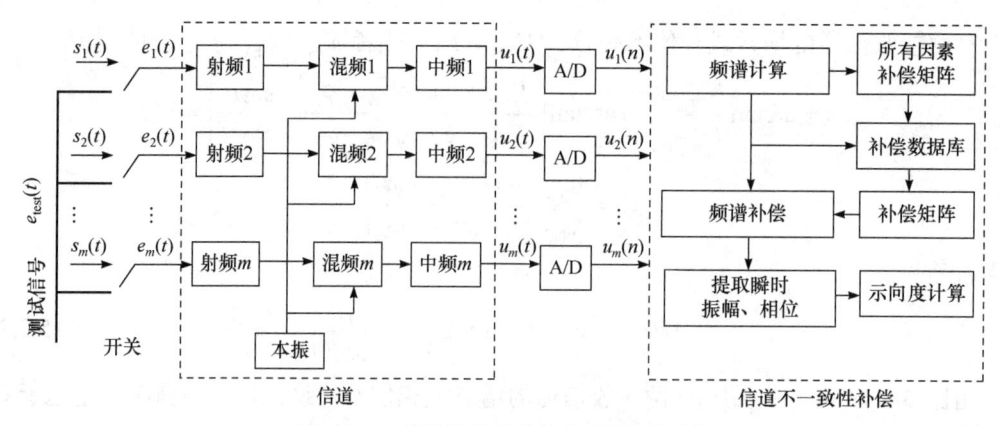

图 5.3.19 多接收信道数字校准原理框图

在测向之前，将开关选择 $e_{\text{test}}(t)$，标准的测试信号作为各个接收信道的输入信号 $e_1(t)=e_2(t)=\cdots=e_m(t)=e_{\text{test}}(t)$，采样信号多为实信号，$e_{\text{test}}(t)$ 的 N 点 DFT 变换 $E(K)$ 代表信号中 $N/2$ 个不同频率分量的振幅、相位：

$$E(K)=[E_R(0)\ \ E_R(1)\ \ \cdots\ \ E_R(P-1)]+j[E_I(0)\ \ E_I(1)\ \ \cdots\ \ E_I(P-1)] \quad (5.3.23)$$

鉴于 $E(K)$ 具有对称特性，可以选择 $K\in[0,N/2]$，所以 $P=N/2$。

各个接收信道处理后输出信号 $u_1(t)$、$u_2(t)$、$\cdots$、$u_m(t)$，分别经过 A/D 转换，采样信号 $u_1(n)$、$u_2(n)$、$\cdots$、$u_m(n)$，送入信号处理器。

$$\boldsymbol{u}(n)=\begin{bmatrix}u_1(n)\\u_2(n)\\\vdots\\u_m(n)\end{bmatrix}=\begin{bmatrix}u_1(0)&u_1(1)&\cdots&u_1(N-1)\\u_2(0)&u_2(1)&\cdots&u_2(N-1)\\\vdots&\vdots&&\vdots\\u_m(0)&u_m(1)&&u_m(N-1)\end{bmatrix}$$

信号处理器对 $u_1(n)$、$u_2(n)$、$\cdots$、$u_m(n)$ 分别进行 DFT，得到测试信号频谱矩阵：

$$\boldsymbol{U}(K)=\boldsymbol{U}_R(K)+j\boldsymbol{U}_I(K)=\begin{bmatrix}U_1(K)\\U_2(K)\\\vdots\\U_m(K)\end{bmatrix}=\begin{bmatrix}U_{1R}(K)\\U_{2R}(K)\\\vdots\\U_{mR}(K)\end{bmatrix}+j\begin{bmatrix}U_{1I}(K)\\U_{2I}(K)\\\vdots\\U_{mI}(K)\end{bmatrix} \quad (5.3.24)$$

测试信号频谱的实矩阵：

$$\boldsymbol{U}_R(K)=\begin{bmatrix}U_{1R}(K)\\U_{2R}(K)\\\vdots\\U_{mR}(K)\end{bmatrix}=\begin{bmatrix}U_{1R}(0)&U_{1R}(1)&\cdots&U_{1R}(P-1)\\U_{2R}(0)&U_{2R}(1)&\cdots&U_{2R}(P-1)\\\vdots&\vdots&&\vdots\\U_{mR}(0)&U_{mR}(1)&\cdots&U_{mR}(P-1)\end{bmatrix}$$

测试信号频谱的虚矩阵：

$$\boldsymbol{U}_I(K)=\begin{bmatrix}U_{1I}(K)\\U_{2I}(K)\\\vdots\\U_{mI}(K)\end{bmatrix}=\begin{bmatrix}U_{1I}(0)&U_{1I}(1)&\cdots&U_{1I}(P-1)\\U_{2I}(0)&U_{2I}(1)&\cdots&U_{2I}(P-1)\\\vdots&\vdots&&\vdots\\U_{mI}(0)&U_{mI}(1)&\cdots&U_{mI}(P-1)\end{bmatrix}$$

比较式(5.3.23)与式(5.3.24)，则信道增益矩阵 $\boldsymbol{G}(K)$ 为

$$\boldsymbol{G}(K) = \boldsymbol{G}_R(K) + j\boldsymbol{G}_I(K) = \begin{bmatrix} G_1(K) \\ G_2(K) \\ \vdots \\ G_m(K) \end{bmatrix} = \begin{bmatrix} G_{1R}(K) \\ G_{2R}(K) \\ \vdots \\ G_{mR}(K) \end{bmatrix} + j \begin{bmatrix} G_{1I}(K) \\ G_{2I}(K) \\ \vdots \\ G_{mI}(K) \end{bmatrix} = |G(K)|e^{j\Phi(K)} \quad (5.3.25)$$

信道增益矩阵的实部：

$$\boldsymbol{G}_R(K) = \begin{bmatrix} \dfrac{U_{1R}(K)}{E_R(K)} \\ \dfrac{U_{2R}(K)}{E_R(K)} \\ \vdots \\ \dfrac{U_{mR}(K)}{E_R(K)} \end{bmatrix} = \begin{bmatrix} \dfrac{U_{1R}(0)}{E_R(0)} & \dfrac{U_{1R}(1)}{E_R(1)} & \cdots & \dfrac{U_{1R}(P-1)}{E_R(P-1)} \\ \dfrac{U_{2R}(0)}{E_R(0)} & \dfrac{U_{2R}(1)}{E_R(1)} & \cdots & \dfrac{U_{2R}(P-1)}{E_R(P-1)} \\ \vdots & \vdots & & \vdots \\ \dfrac{U_{mR}(0)}{E_R(0)} & \dfrac{U_{mR}(1)}{E_R(1)} & \cdots & \dfrac{U_{mR}(P-1)}{E_R(P-1)} \end{bmatrix}$$

信道增益矩阵的虚部：

$$\boldsymbol{G}_I(K) = \begin{bmatrix} \dfrac{U_{1I}(K)}{E_I(K)} \\ \dfrac{U_{2I}(K)}{E_I(K)} \\ \vdots \\ \dfrac{U_{mI}(K)}{E_I(K)} \end{bmatrix} = \begin{bmatrix} \dfrac{U_{1I}(0)}{E_I(0)} & \dfrac{U_{1I}(1)}{E_I(1)} & \cdots & \dfrac{U_{1I}(P-1)}{E_I(P-1)} \\ \dfrac{U_{2I}(0)}{E_I(0)} & \dfrac{U_{2I}(1)}{E_I(1)} & \cdots & \dfrac{U_{2I}(P-1)}{E_I(P-1)} \\ \vdots & \vdots & & \vdots \\ \dfrac{U_{mI}(0)}{E_I(0)} & \dfrac{U_{mI}(1)}{E_I(1)} & \cdots & \dfrac{U_{mI}(P-1)}{E_I(P-1)} \end{bmatrix}$$

计算增益矩阵的振幅：

$$|\boldsymbol{G}(K)| = \begin{bmatrix} |G_1(K)| \\ |G_2(K)| \\ \vdots \\ |G_m(K)| \end{bmatrix} = \begin{bmatrix} |G_1(0)| & |G_1(1)| & \cdots & |G_1(P-1)| \\ |G_2(0)| & |G_2(1)| & \cdots & |G_2(P-1)| \\ \vdots & \vdots & & \vdots \\ |G_m(0)| & |G_m(1)| & \cdots & |G_m(P-1)| \end{bmatrix}$$

计算增益矩阵的相移：

$$\boldsymbol{\Phi}(K) = \begin{bmatrix} |\Phi_1(K)| \\ |\Phi_2(K)| \\ \vdots \\ |\Phi_m(K)| \end{bmatrix} = \begin{bmatrix} |\Phi_1(0)| & |\Phi_1(1)| & \cdots & |\Phi_1(P-1)| \\ |\Phi_2(0)| & |\Phi_2(1)| & \cdots & |\Phi_2(P-1)| \\ \vdots & \vdots & & \vdots \\ |\Phi_m(0)| & |\Phi_m(1)| & & |\Phi_m(P-1)| \end{bmatrix}$$

第 p 行 q 列的元素：

$$|G_p(q)| = \sqrt{\left[\dfrac{U_{pR}(q-1)}{E_R(q-1)}\right]^2 + \left[\dfrac{U_{pI}(q-1)}{E_I(q-1)}\right]^2}, \quad |\Phi_p(q)| = \arctan\left[\dfrac{U_{pI}(q-1)}{U_{pR}(q-1)} \cdot \dfrac{E_R(q-1)}{E_I(q-1)}\right]$$

理论上，如果多个接收信道增益特性一致，则 $|G_1(K)|=|G_2(K)|=\cdots=|G_m(K)|$；如果多个接收信道相移特性一致，则 $\varPhi_1(K)=\varPhi_2(K)=\cdots=\varPhi_m(K)$。

事实上，多个接收信道完全一致几乎是不可能的，基于 $|G_1(K)|$、$|G_2(K)|$、$\cdots$、$|G_m(K)|$ 之间的差异可以反映多个接收信道增益的不平衡特性，基于 $\varPhi_1(K)$、$\varPhi_2(K)$、$\cdots$、$\varPhi_m(K)$ 之间的差异可以反映多个接收信道相移的不平衡特性。

2）寻找信道补偿数据矩阵 $\boldsymbol{B}(K)$，构建信道补偿数据库

根据接收信道的输出判断各个接收信道之间的振幅、相位差异，在方位信号处理中建立信道振幅、相位特性补偿数据库。

基于式(5.3.25)的增益矩阵 $\boldsymbol{G}(K)$，选择其中一个接收信道（如接收信道 1）作为参照标准，计算其他接收信道相对参照接收信道的偏移矩阵 $\Delta\boldsymbol{G}(K)$：

$$\Delta\boldsymbol{G}(K)=\Delta\boldsymbol{G}_{\mathrm{R}}(K)+\mathrm{j}\Delta\boldsymbol{G}_{\mathrm{I}}(K)=\begin{bmatrix}\Delta G_1(K)\\ \Delta G_2(K)\\ \vdots\\ \Delta G_m(K)\end{bmatrix}=\begin{bmatrix}\Delta G_{1\mathrm{R}}(K)\\ \Delta G_{2\mathrm{R}}(K)\\ \vdots\\ \Delta G_{m\mathrm{R}}(K)\end{bmatrix}+\mathrm{j}\begin{bmatrix}\Delta G_{1\mathrm{I}}(K)\\ \Delta G_{2\mathrm{I}}(K)\\ \vdots\\ \Delta G_{m\mathrm{I}}(K)\end{bmatrix} \quad (5.3.26)$$

相对偏移矩阵 $\Delta\boldsymbol{G}(K)$ 的实部：

$$\Delta\boldsymbol{G}_{\mathrm{R}}(K)=\begin{bmatrix}\Delta G_{1\mathrm{R}}(K)\\ \Delta G_{2\mathrm{R}}(K)\\ \vdots\\ \Delta G_{m\mathrm{R}}(K)\end{bmatrix}=\begin{bmatrix}1\\ \dfrac{U_{2\mathrm{R}}(K)}{U_{1\mathrm{R}}(K)}\\ \vdots\\ \dfrac{U_{m\mathrm{R}}(K)}{U_{1\mathrm{R}}(K)}\end{bmatrix}=\begin{bmatrix}1 & 1 & \cdots & 1\\ \dfrac{U_{2\mathrm{R}}(0)}{U_{1\mathrm{R}}(0)} & \dfrac{U_{2\mathrm{R}}(1)}{U_{1\mathrm{R}}(1)} & \cdots & \dfrac{U_{2\mathrm{R}}(P-1)}{U_{1\mathrm{R}}(P-1)}\\ \vdots & \vdots & & \vdots\\ \dfrac{U_{m\mathrm{R}}(0)}{U_{1\mathrm{R}}(0)} & \dfrac{U_{m\mathrm{R}}(1)}{U_{1\mathrm{R}}(1)} & \cdots & \dfrac{U_{m\mathrm{R}}(P-1)}{U_{1\mathrm{R}}(P-1)}\end{bmatrix}$$

相对偏移矩阵 $\Delta\boldsymbol{G}(K)$ 的虚部：

$$\Delta\boldsymbol{G}_{\mathrm{I}}(K)=\begin{bmatrix}\Delta G_{1\mathrm{I}}(K)\\ \Delta G_{2\mathrm{I}}(K)\\ \vdots\\ \Delta G_{m\mathrm{I}}(K)\end{bmatrix}=\begin{bmatrix}1\\ \dfrac{U_{2\mathrm{I}}(K)}{U_{1\mathrm{I}}(K)}\\ \vdots\\ \dfrac{U_{m\mathrm{I}}(K)}{U_{1\mathrm{I}}(K)}\end{bmatrix}=\begin{bmatrix}1 & 1 & \cdots & 1\\ \dfrac{U_{2\mathrm{I}}(0)}{U_{1\mathrm{I}}(0)} & \dfrac{U_{2\mathrm{I}}(1)}{U_{1\mathrm{I}}(1)} & \cdots & \dfrac{U_{2\mathrm{I}}(P-1)}{U_{1\mathrm{I}}(P-1)}\\ \vdots & \vdots & & \vdots\\ \dfrac{U_{m\mathrm{I}}(0)}{U_{1\mathrm{I}}(0)} & \dfrac{U_{m\mathrm{I}}(1)}{U_{1\mathrm{I}}(1)} & \cdots & \dfrac{U_{m\mathrm{I}}(P-1)}{U_{1\mathrm{I}}(P-1)}\end{bmatrix}$$

相对偏移矩阵 $\Delta\boldsymbol{G}(K)$ 反映多个接收信道之间增益、相移特性的不一致性，用于对实际接收信号提供补偿。将 $\Delta\boldsymbol{G}(K)$ 中每个元素进行倒数运算，作为补偿矩阵 $\boldsymbol{B}(K)$：

$$\boldsymbol{B}(K)=\boldsymbol{B}_{\mathrm{R}}(K)+\mathrm{j}\boldsymbol{B}_{\mathrm{I}}(K)=\begin{bmatrix}B_{1\mathrm{R}}(K)\\ B_{2\mathrm{R}}(K)\\ \vdots\\ B_{m\mathrm{R}}(K)\end{bmatrix}+\mathrm{j}\begin{bmatrix}B_{1\mathrm{I}}(K)\\ B_{2\mathrm{I}}(K)\\ \vdots\\ B_{m\mathrm{I}}(K)\end{bmatrix} \quad (5.3.27)$$

补偿矩阵实部：

$$\boldsymbol{B}_{\mathrm{R}}(K) = \begin{bmatrix} B_{1\mathrm{R}}(K) \\ B_{2\mathrm{R}}(K) \\ \vdots \\ B_{m\mathrm{R}}(K) \end{bmatrix} = \begin{bmatrix} 1 \\ \dfrac{U_{1\mathrm{R}}(K)}{U_{2\mathrm{R}}(K)} \\ \vdots \\ \dfrac{U_{1\mathrm{R}}(K)}{U_{m\mathrm{R}}(K)} \end{bmatrix} = \begin{bmatrix} 1 & 1 & \cdots & 1 \\ \dfrac{U_{1\mathrm{R}}(0)}{U_{2\mathrm{R}}(0)} & \dfrac{U_{1\mathrm{R}}(1)}{U_{2\mathrm{R}}(1)} & \cdots & \dfrac{U_{1\mathrm{R}}(P-1)}{U_{2\mathrm{R}}(P-1)} \\ \vdots & \vdots & & \vdots \\ \dfrac{U_{1\mathrm{R}}(0)}{U_{m\mathrm{R}}(0)} & \dfrac{U_{1\mathrm{R}}(1)}{U_{m\mathrm{R}}(1)} & \cdots & \dfrac{U_{1\mathrm{R}}(P-1)}{U_{m\mathrm{R}}(P-1)} \end{bmatrix}$$

补偿矩阵虚部：

$$\boldsymbol{B}_{\mathrm{I}}(K) = \begin{bmatrix} B_{1\mathrm{I}}(K) \\ B_{2\mathrm{I}}(K) \\ \vdots \\ B_{m\mathrm{I}}(K) \end{bmatrix} = \begin{bmatrix} 1 \\ \dfrac{U_{1\mathrm{I}}(K)}{U_{2\mathrm{I}}(K)} \\ \vdots \\ \dfrac{U_{1\mathrm{I}}(K)}{U_{m\mathrm{I}}(K)} \end{bmatrix} = \begin{bmatrix} 1 & 1 & \cdots & 1 \\ \dfrac{U_{1\mathrm{I}}(0)}{U_{2\mathrm{I}}(0)} & \dfrac{U_{1\mathrm{I}}(1)}{U_{2\mathrm{I}}(1)} & \cdots & \dfrac{U_{1\mathrm{I}}(P-1)}{U_{2\mathrm{I}}(P-1)} \\ \vdots & \vdots & & \vdots \\ \dfrac{U_{1\mathrm{I}}(0)}{U_{m\mathrm{I}}(0)} & \dfrac{U_{1\mathrm{I}}(1)}{U_{m\mathrm{I}}(1)} & \cdots & \dfrac{U_{1\mathrm{I}}(P-1)}{U_{m\mathrm{I}}(P-1)} \end{bmatrix}$$

补偿矩阵 $\boldsymbol{B}(K)$ 是频率的函数，每行的 P 个元素反映某信号 P 个不同频率分量的实部与虚部。多个接收信道的增益、相位补偿矩阵与频率有关，测试信号 $e_{\mathrm{test}}(t)$ 采用等幅扫频信号，构建工作频率范围内的补偿矩阵。

多个接收信道的增益、相位补偿矩阵与接收信道工作的环境、频率段、电波传播方式、时间等因素有关，在实际工作中需要积累不同季节、气候、工作环境、场地环境下补偿矩阵随工作频率而变化的参数，完善信道补偿数据库。

3) 对实际接收信号进行补偿

(1) 实际接收信号。

测向时，图 5.3.19 中测向天线接收 m 路实际信号 $s_1(t)$, $s_2(t)$, $\cdots$, $s_m(t)$ 分别输入各个接收信道，接收信道处理后输出 $u_{s1}(t)$, $u_{s2}(t)$, $\cdots$, $u_{sm}(t)$，A/D 转换得到 $\{u_{s1}(n), u_{s2}(n), \cdots, u_{sm}(n)\}$，送入信号处理器进行信道不一致性的数字补偿。

接收信号：

$$\boldsymbol{u}_s(n) = \begin{bmatrix} u_{s1}(n) \\ u_{s2}(n) \\ \vdots \\ u_{sm}(n) \end{bmatrix} = \begin{bmatrix} u_{s1}(0) & u_{s1}(1) & \cdots & u_{s1}(N-1) \\ u_{s2}(0) & u_{s2}(1) & \cdots & u_{s2}(N-1) \\ \vdots & \vdots & & \vdots \\ u_{sm}(0) & u_{sm}(1) & \cdots & u_{sm}(N-1) \end{bmatrix}$$

$\boldsymbol{u}_s(n)$ 的频谱矩阵：

$$\boldsymbol{U}_s(K) = \boldsymbol{U}_{s\mathrm{R}}(K) + \mathrm{j}\boldsymbol{U}_{s\mathrm{I}}(K) = \begin{bmatrix} U_{s1}(K) \\ U_{s2}(K) \\ \vdots \\ U_{sm}(K) \end{bmatrix} = \begin{bmatrix} U_{s1\mathrm{R}}(K) \\ U_{s2\mathrm{R}}(K) \\ \vdots \\ U_{sm\mathrm{R}}(K) \end{bmatrix} + \mathrm{j} \begin{bmatrix} U_{s1\mathrm{I}}(K) \\ U_{s2\mathrm{I}}(K) \\ \vdots \\ U_{sm\mathrm{I}}(K) \end{bmatrix} \tag{5.3.28}$$

$\boldsymbol{u}_s(n)$ 的频谱矩阵实部：

$$U_{sR}(K) = \begin{bmatrix} U_{s1R}(K) \\ U_{s2R}(K) \\ \vdots \\ U_{smR}(K) \end{bmatrix} = \begin{bmatrix} U_{s1R}(0) & U_{s1R}(1) & \cdots & U_{s1R}(P-1) \\ U_{s2R}(0) & U_{s2R}(1) & \cdots & U_{s2R}(P-1) \\ \vdots & \vdots & & \vdots \\ U_{smR}(0) & U_{smR}(1) & \cdots & U_{smR}(P-1) \end{bmatrix}$$

$u_s(n)$ 的频谱矩阵虚部:

$$U_{sI}(K) = \begin{bmatrix} U_{s1I}(K) \\ U_{s2I}(K) \\ \vdots \\ U_{smI}(K) \end{bmatrix} = \begin{bmatrix} U_{s1I}(0) & U_{s1I}(1) & \cdots & U_{s1I}(P-1) \\ U_{s2I}(0) & U_{s2I}(1) & \cdots & U_{s2I}(P-1) \\ \vdots & \vdots & & \vdots \\ U_{smI}(0) & U_{smI}(1) & \cdots & U_{smI}(P-1) \end{bmatrix}$$

(2) 基于补偿矩阵 $B(K)$, 对实际接收信号进行补偿。

在方位信号处理器中对接收信道的输出进行精确的均衡补偿,解决接收信道增益与相移失配问题。

根据接收设备工作的环境、频率、电波传播方式等,从信道补偿数据库提取相应的补偿矩阵 $B(K)$,将补偿矩阵 $B(K)$ 与信号频谱矩阵 $U_s(K)$ 对应元素相乘(点积,用"•"表示),得到数字补偿后的信号矩阵 $US(K)$:

$$US(K) = US_R(K) + jUS_I(K) = B_R(K) \bullet U_{sR}(K) + jB_I(K) \bullet U_{sI}(K) \tag{5.3.29}$$

信号矩阵实部:

$$US_R(K) = \begin{bmatrix} U_{s1R}(0) & U_{s1R}(1) & \cdots & U_{s1R}(P-1) \\ \dfrac{U_{1R}(0)}{U_{2R}(0)} \cdot U_{s2R}(0) & \dfrac{U_{1R}(1)}{U_{2R}(1)} \cdot U_{s2R}(1) & \cdots & \dfrac{U_{1R}(P-1)}{U_{2R}(P-1)} \cdot U_{s2R}(P-1) \\ \vdots & \vdots & & \vdots \\ \dfrac{U_{1R}(0)}{U_{mR}(0)} \cdot U_{smR}(0) & \dfrac{U_{1R}(1)}{U_{mR}(1)} \cdot U_{smR}(1) & \cdots & \dfrac{U_{1R}(P-1)}{U_{mR}(P-1)} \cdot U_{smR}(P-1) \end{bmatrix}$$

信号矩阵虚部:

$$US_I(K) = \begin{bmatrix} U_{s1I}(0) & U_{s1I}(1) & \cdots & U_{s1I}(P-1) \\ \dfrac{U_{1I}(0)}{U_{2I}(0)} \cdot U_{s2I}(0) & \dfrac{U_{1I}(1)}{U_{2I}(1)} \cdot U_{s2I}(1) & \cdots & \dfrac{U_{1I}(P-1)}{U_{2I}(P-1)} \cdot U_{s2I}(P-1) \\ \vdots & \vdots & & \vdots \\ \dfrac{U_{1I}(0)}{U_{mI}(0)} \cdot U_{smI}(0) & \dfrac{U_{1I}(1)}{U_{mI}(1)} \cdot U_{smI}(1) & \cdots & \dfrac{U_{1I}(P-1)}{U_{2I}(P-1)} \cdot U_{smI}(P-1) \end{bmatrix}$$

$US(K)$ 是数字补偿后的采样信号,经过 IDFT,则补偿后的各路信号:

$$\{us(n)\} = IDFT\{US(K)\} = \begin{bmatrix} IDFT\{US_1(K)\} \\ IDFT\{US_2(K)\} \\ \vdots \\ IDFT\{US_m(K)\} \end{bmatrix}$$

基于补偿后的各路信号序列 $\{us(n)\}$ 或者 $\{US(K)\}$,很好地解决了多个接收信道的不一致性问题。在比幅法测向中,通过数字补偿 $U_{NS}(n)$、$U_{EW}(n)$,使 $K_{EW}+\Delta K_{EW} \approx K_{NS}+\Delta K_{NS}$、$\varphi_{EW}+\Delta \varphi_{EW} \approx \varphi_{NS}+\Delta \varphi_{NS}$,进行振幅比较:

$$\phi = \arctan\left[\frac{K_{EW}+\Delta K_{EW}}{K_{NS}+\Delta K_{NS}} \cdot \frac{\cos(\varphi_{EW}+\Delta \varphi_{EW}-\varphi_{\Sigma})}{\cos(\varphi_{NS}+\Delta \varphi_{NS}-\varphi_{\Sigma})} \cdot \frac{\sin\theta}{\cos\theta}\right]+k\pi \approx \arctan\left(\frac{\sin\theta}{\cos\theta}\right)+k\pi$$

5.4 相位法测向原理

相位干涉仪测向(Phase Interferometer Direction Finding)亦称相位法测向,根据测向天线阵不同阵元接收来波信号的相位或相位差确定来波方向的测向技术。

5.4.1 比相法测向基本原理

在相位法测向中,应用最多的是比相法测向(Phase Comparison Direction Finding)。具体方法是:通过测量测向天线阵列不同阵元输出信号的相位差,并进行相位差比较获得来波方向。

1. 基本思想

两副分别配置于不同位置的单元天线如图 5.4.1 所示,假设接收电波的极化角为 ψ,仰角为 γ,来波方位角为 θ。

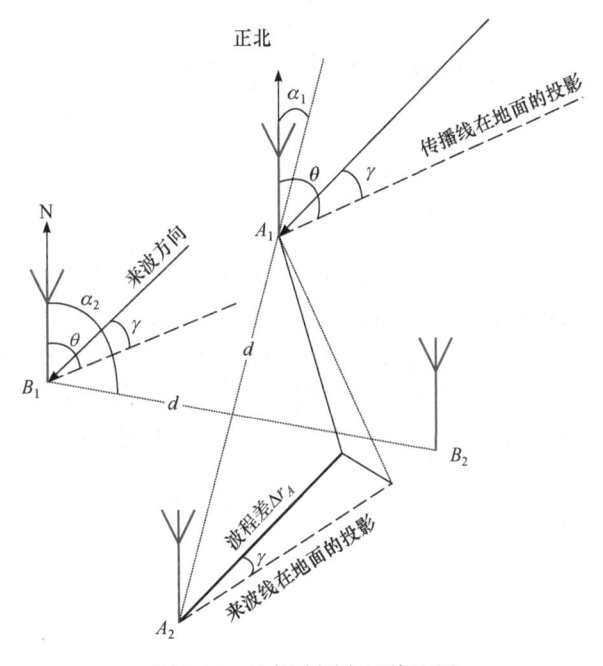

图 5.4.1 比相法测向天线配置

1)第一副天线

如图 5.4.1 所示的两个单元天线 A_1 和 A_2,假设它们与南北方向的夹角(顺时针)为 α_1,

两个单元天线面与来波之间的夹角为 $\alpha_1 - \theta$，则两个单元天线之间的相位差：

$$\Delta\varphi_A = \beta\Delta r_A = \beta d \cos\gamma\cos(\alpha_1 - \theta) \tag{5.4.1}$$

特别地，当天线 A_1 和 A_2 位于南、北位置时，$\alpha_1 = 0°$，$\Delta\varphi_A = \Delta\varphi_{NS} = \beta d \cos\gamma\cos\theta$。

2) 第二副天线

如图 5.4.1 所示的两个单元天线 B_1 和 B_2，假设它们与南北方向的夹角（顺时针）为 α_2，两个单元天线面与来波之间的夹角为 $\alpha_2 - \theta$；两个单元天线之间的相位差：

$$\Delta\varphi_B = \beta\Delta r_B = \beta d \cos\gamma\cos(\alpha_2 - \theta) \tag{5.4.2}$$

特别地，当天线 B_1 和 B_2 位于东、西位置时，$\alpha_2 = 90°$，$\Delta\varphi_B = \Delta\varphi_{EW} = \beta d \cos\gamma\sin\theta$。

3) 两副天线的相位比较

测量得到 A_1 和 A_2 之间的相位差 $\Delta\varphi_A$，B_1 和 B_2 之间的相位差 $\Delta\varphi_B$，计算：

$$\frac{\Delta\varphi_B}{\Delta\varphi_A} = \frac{\beta d \cos\gamma\cos(\alpha_2 - \theta)}{\beta d \cos\gamma\cos(\alpha_1 - \theta)} = \frac{\cos(\alpha_2 - \theta)}{\cos(\alpha_1 - \theta)} \tag{5.4.3}$$

已知 α_1 和 α_2，计算来波方位角 θ。

任意配置的天线存在计算复杂的问题，为了简化计算，实际工作中多采用南北、东西配置的单元天线，$\arctan\dfrac{\Delta\varphi_{EW}}{\Delta\varphi_{NS}}$ 的计算比较简单：

$$\begin{aligned}\phi &= \arctan\left(\frac{\Delta\varphi_{EW}}{\Delta\varphi_{NS}}\right) + k\pi, \quad k = 0,1,2 \\ \gamma &= \arccos\left(\frac{\sqrt{\Delta^2\varphi_{EW} + \Delta^2\varphi_{NS}}}{\beta d}\right)\end{aligned} \tag{5.4.4}$$

2. 工作原理

1) 接收信号分析

假设 ψ 为极化角，γ 为来波仰角，θ 为来波方位角。天线阵中心是单元天线 O，单元天线 O 与单元天线 A 之间的基线长度（距离）为 d，两者连线位于东-西方向，两者之间的相位差为 $\varphi_{AO} = \varphi_{EW} = \beta \cdot \Delta r = \beta \cdot d \cdot \sin\theta \cdot \cos\gamma$；单元天线 O 与单元天线 B 之间的基线长度（距离）为 d，两者连线位于南-北方向，两者之间的相位差为 $\varphi_{BO} = \varphi_{NS} = \beta \cdot \Delta r = \beta \cdot d \cdot \cos\theta \cdot \cos\gamma$。单元天线 O、A、B 三个单元天线结构相同（图 5.4.2），感应电动势振幅为 E_m。

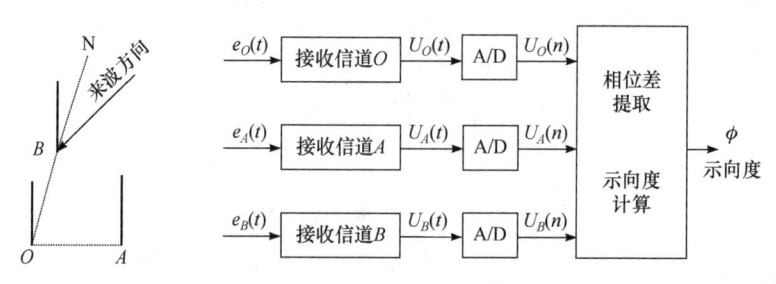

图 5.4.2 比相法测向设备结构示意图

单元天线 O 接收来波，产生感应电动势：$e_O(t) = E_m \cdot \cos(\omega t + \varphi_0)$。
单元天线 A 接收来波，产生感应电动势：$e_A(t) = E_m \cdot \cos(\omega t + \varphi_0 + \beta \cdot d \cdot \sin\theta \cdot \cos\gamma)$。
单元天线 B 接收来波，产生感应电动势：$e_B(t) = E_m \cdot \cos(\omega t + \varphi_0 + \beta \cdot d \cdot \cos\theta \cdot \cos\gamma)$。
$e_O(t)$ 经接收信道 O 并 A/D 转换成为中频离散信号：

$$U_O(n) = K_O \cdot E_m \cdot \cos(\omega_i n T_s + \varphi_0 + \varphi_O) \tag{5.4.5}$$

式中，K_O、φ_O 是接收信道 O 的增益和相移，一般与频率有关，有时写为 $K_O(f)$、$\varphi_O(f)$。
$e_A(t)$ 经接收信道 A 并 A/D 转换成为中频离散信号：

$$U_A(n) = K_A \cdot E_m \cdot \cos(\omega_i n T_s + \varphi_0 + \beta \cdot d \cdot \sin\theta \cdot \cos\gamma + \varphi_A) \tag{5.4.6}$$

式中，K_A、φ_A 是接收信道 A 的增益和相移，一般与频率有关，有时写为 $K_A(f)$、$\varphi_A(f)$。
$e_B(t)$ 经接收信道 B 并 A/D 转换成为中频离散信号：

$$U_B(n) = K_B \cdot E_m \cdot \cos(\omega_i n T_s + \varphi_0 + \beta \cdot d \cdot \cos\theta \cdot \cos\gamma + \varphi_B) \tag{5.4.7}$$

式中，K_B、φ_B 是接收信道 B 的增益和相移，一般与频率有关，有时写为 $K_B(f)$、$\varphi_B(f)$。

2) 相位差提取

信号相位提取的方法有很多，可以采取 DFT 在频域提取，或者采用对信号进行正交变换的提取方法。下面介绍一种基于第三信道接收信号的相位差提取方法（图 5.4.3）。

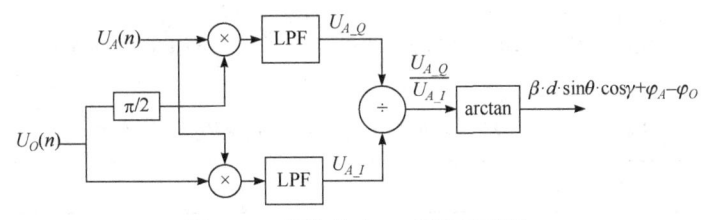

图 5.4.3 相位差 $\Delta\varphi_{AD}$ 提取示意图

以第三信道接收信号 $U_O(n)$ 作为本振，对 $U_A(n)$ 进行正交变换，低通滤波器输出：

$$U_{A\_I} = K_O \cdot K_A \cdot E_m^2 \cdot \cos(\beta \cdot d \cdot \sin\theta \cdot \cos\gamma + \varphi_A - \varphi_O)$$
$$U_{A\_Q} = K_O \cdot K_A \cdot E_m^2 \cdot \sin(\beta \cdot d \cdot \sin\theta \cdot \cos\gamma + \varphi_A - \varphi_O)$$

同理，第三信道接收信号 $U_O(n)$ 为本振，对 $U_B(n)$ 进行正交变换，低通滤波器输出：

$$U_{B\_I} = K_O \cdot K_B \cdot E_m^2 \cdot \cos(\beta \cdot d \cdot \cos\theta \cdot \cos\gamma + \varphi_B - \varphi_O)$$
$$U_{B\_Q} = K_O \cdot K_B \cdot E_m^2 \cdot \sin(\beta \cdot d \cdot \cos\theta \cdot \cos\gamma + \varphi_B - \varphi_O)$$

分别计算：

$$\begin{aligned}\beta \cdot d \cdot \sin\theta \cdot \cos\gamma + \varphi_A - \varphi_O &= \arctan\left(\frac{U_{A\_Q}}{U_{A\_I}}\right) = \arctan\left[\frac{\sin(\beta \cdot d \cdot \sin\theta \cdot \cos\gamma + \varphi_A - \varphi_O)}{\cos(\beta \cdot d \cdot \sin\theta \cdot \cos\gamma + \varphi_A - \varphi_O)}\right] \\ \beta \cdot d \cdot \cos\theta \cdot \cos\gamma + \varphi_B - \varphi_O &= \arctan\left(\frac{U_{B\_Q}}{U_{B\_I}}\right) = \arctan\left[\frac{\sin(\beta \cdot d \cdot \cos\theta \cdot \cos\gamma + \varphi_B - \varphi_O)}{\cos(\beta \cdot d \cdot \cos\theta \cdot \cos\gamma + \varphi_B - \varphi_O)}\right]\end{aligned} \tag{5.4.8}$$

如果 $\varphi_A = \varphi_B = \varphi_O$,鉴于 tan 函数取值范围为 $\left[-\dfrac{\pi}{2}, \dfrac{\pi}{2}\right]$,可以提取相位差:

$$\varphi_{AO} = \beta \cdot d \cdot \sin\theta \cdot \cos\gamma = \arctan\left(\dfrac{U_{A\_Q}}{U_{A\_I}}\right) \in \left[-\dfrac{\pi}{2}, \dfrac{\pi}{2}\right]$$

$$\varphi_{BO} = \beta \cdot d \cdot \cos\theta \cdot \cos\gamma = \arctan\left(\dfrac{U_{B\_Q}}{U_{B\_I}}\right) \in \left[-\dfrac{\pi}{2}, \dfrac{\pi}{2}\right]$$

从保证 φ_{AO}、φ_{BO} 数值唯一性的角度,要求 $|\beta \cdot d \cdot \cos\gamma| \leqslant \dfrac{\pi}{2}$,考虑到 $\cos\gamma$ 未知,要求 $\dfrac{2\pi}{\lambda}d \leqslant \dfrac{\pi}{2}$,即 $\dfrac{d}{\lambda} \leqslant \dfrac{1}{4}$。在实际使用上,适当提高基线 $\dfrac{d}{\lambda} \leqslant \dfrac{1}{2}$ 可以减少测向误差。基于低通滤波器输出信号 U_{A_I}、U_{A_Q} 及 U_{B_I}、U_{B_Q} 的极性分析(表 5.4.1),使得 $\left|2\pi \cdot \dfrac{d}{\lambda} \cdot \cos\gamma\right| \leqslant \pi$,可以将 φ_{AO}、φ_{BO} 的取值范围扩大到 $[-\pi, \pi]$,即

$$\varphi_{AO} = \beta \cdot d \cdot \sin\theta \cdot \cos\gamma = \arctan\left(\dfrac{U_{A\_Q}}{U_{A\_I}}\right) + k_A\pi \in [-\pi, \pi]$$

$$\varphi_{BO} = \beta \cdot d \cdot \cos\theta \cdot \cos\gamma = \arctan\left(\dfrac{U_{B\_Q}}{U_{B\_I}}\right) + k_B\pi \in [-\pi, \pi] \quad (5.4.9)$$

表 5.4.1　U_{A_Q}、U_{A_I} 极性与 k_A 的关系(k_B 取值与 k_A 分析类似)

$U_{A\_Q} > 0, U_{A\_I} > 0$	$U_{A\_Q} > 0, U_{A\_I} < 0$	$U_{A\_Q} < 0, U_{A\_I} < 0$	$U_{A\_Q} < 0, U_{A\_I} > 0$
$k_A = 0$	$k_A = 1$	$k_A = -1$	$k_A = 0$

3)示向度 ϕ 与仰角 γ

$\arctan\left(\dfrac{\varphi_{AO}}{\varphi_{BO}}\right) = \arctan\left(\dfrac{\beta \cdot d \cdot \sin\theta \cdot \cos\gamma}{\beta \cdot d \cdot \cos\theta \cdot \cos\gamma}\right) \in \left[-\dfrac{\pi}{2}, \dfrac{\pi}{2}\right]$,考虑到示向度 $\phi \in [0, 2\pi]$,依据表 5.4.2 调整:

$$\phi = \arctan\left(\dfrac{\varphi_{AO}}{\varphi_{BO}}\right) + k\pi \quad (5.4.10)$$

$$\gamma = \arccos\left(\dfrac{\sqrt{\varphi_{AO}^2 + \varphi_{BO}^2}}{\beta d}\right) \quad (5.4.11)$$

表 5.4.2　φ_{AO}、φ_{BO} 极性与 k 的关系

$\varphi_{AO} > 0, \varphi_{BO} > 0$	$\varphi_{AO} > 0, \varphi_{BO} < 0$	$\varphi_{AO} < 0, \varphi_{BO} < 0$	$\varphi_{AO} < 0, \varphi_{BO} > 0$
$k = 0$	$k = 1$	$k = 1$	$k = 2$

比相法测向不需要旋转天线，具有反应速度快、测向实效性好等特点，得到广泛应用，可用于对频率捷变信号的测向。

3. 相关问题处理

1）相位测量误差引起测向误差

假设在测量 φ_{AO}、φ_{BO} 时可能存在误差 $\Delta\varphi_{AO}$、$\Delta\varphi_{BO}$，测量得到的相位差：

$$\varphi'_{AO} = \varphi_{AO} + \Delta\varphi_{AO} = \varphi_{AO}\left(1 + \frac{\Delta\varphi_{AO}}{\varphi_{AO}}\right)$$

$$\varphi'_{BO} = \varphi_{BO} + \Delta\varphi_{BO} = \varphi_{BO}\left(1 + \frac{\Delta\varphi_{BO}}{\varphi_{BO}}\right) \tag{5.4.12}$$

基于 $\arctan\left(\dfrac{\varphi'_{AO}}{\varphi'_{BO}}\right)$ 计算示向度，可能带来测向误差：

$$\Delta\theta = \theta - \arctan\left(\frac{\varphi_{AO}}{\varphi_{BO}} \cdot \frac{1+\dfrac{\Delta\varphi_{AO}}{\varphi_{AO}}}{1+\dfrac{\Delta\varphi_{BO}}{\varphi_{BO}}}\right) = \theta - \arctan\left(\frac{\sin\theta}{\cos\theta} \cdot \frac{1+\dfrac{\Delta\varphi_{AO}}{\beta \cdot d \cdot \sin\theta \cdot \cos\gamma}}{1+\dfrac{\Delta\varphi_{BO}}{\beta \cdot d \cdot \cos\theta \cdot \cos\gamma}}\right) \tag{5.4.13}$$

可见：

(1) $\dfrac{\Delta\varphi_{AO}}{\varphi_{AO}}$、$\dfrac{\Delta\varphi_{BO}}{\varphi_{BO}}$ 越接近，测向误差越小；

(2) 相位差 φ_{AO}、φ_{BO} 一定，相位测量误差 $\Delta\varphi_{AO}$、$\Delta\varphi_{BO}$ 越小，测向误差越小；

(3) 相位测量误差 $\Delta\varphi_{AO}$、$\Delta\varphi_{BO}$ 一定，相位差 φ_{AO}、φ_{BO} 越大，测向误差越小。

由于难以掌握测量误差 $\Delta\varphi_{AO}$、$\Delta\varphi_{BO}$，增大 φ_{AO}、φ_{BO} 有利于减小测向误差，作为测向方，能做的就是增大天线之间的基线长度 d，但是 d 的增加，可能带来相位模糊问题。

2）当 $\varphi_A \neq \varphi_B \neq \varphi_O$ 时，接收信道的相移不一致带来测向误差

根据式(5.4.8)可知：

$$\tan\left(\frac{U_{A\_Q}}{U_{A\_I}}\right) = \frac{\sin(\beta \cdot d \cdot \sin\theta \cdot \cos\gamma + \varphi_A - \varphi_O)}{\cos(\beta \cdot d \cdot \sin\theta \cdot \cos\gamma + \varphi_A - \varphi_O)} \Rightarrow \varphi'_{AO} = \beta \cdot d \cdot \sin\theta \cdot \cos\gamma + \varphi_A - \varphi_O$$

$$\tan\left(\frac{U_{B\_Q}}{U_{B\_I}}\right) = \frac{\sin(\beta \cdot d \cdot \cos\theta \cdot \cos\gamma + \varphi_B - \varphi_O)}{\cos(\beta \cdot d \cdot \cos\theta \cdot \cos\gamma + \varphi_B - \varphi_O)} \Rightarrow \varphi'_{BO} = \beta \cdot d \cdot \cos\theta \cdot \cos\gamma + \varphi_B - \varphi_O$$

基于 $\arctan\left(\dfrac{\varphi'_{AO}}{\varphi'_{BO}}\right)$ 计算示向度，存在测向误差：

$$\Delta\theta = \theta - \arctan\left(\frac{\varphi'_{AO}}{\varphi'_{BO}}\right) = \theta - \arctan\left(\frac{\sin\theta}{\cos\theta} \cdot \frac{1+\dfrac{\varphi_A - \varphi_O}{\beta \cdot d \cdot \sin\theta \cdot \cos\gamma}}{1+\dfrac{\varphi_B - \varphi_O}{\beta \cdot d \cdot \cos\theta \cdot \cos\gamma}}\right) \tag{5.4.14}$$

对比式(5.4.13)与式(5.4.14)可以发现：接收信道相移不一致性造成的测向误差与相位

测量误差造成的测向误差有类似的现象：

(1) $\dfrac{\varphi_A - \varphi_O}{\varphi_{AO}}$、$\dfrac{\varphi_B - \varphi_O}{\varphi_{BO}}$ 越接近，测向误差越小；

(2) 相位差 φ_{AO}、φ_{BO} 一定时，相移不一致性 $\varphi_A - \varphi_O$、$\varphi_B - \varphi_O$ 越小，测向误差越小；

(3) 相移不一致性 $\varphi_A - \varphi_O$、$\varphi_B - \varphi_O$ 一定时，相位差 φ_{AO}、φ_{BO} 越大，测向误差越小。

与比幅法测向一样，为了降低测向误差，关键是解决接收信道增益与相移失配的问题，需要从模拟电路、幅度/相位提取算法和数字校准三个方面进行处理。

首先，接收信道应尽量采用相同结构、器件，保证模拟电路部分的相移 φ_A、φ_B、φ_O 尽可能一致（在所有频率上）；然后，基于已经建立的相位补偿矩阵，对测得的 φ'_{AO}、φ'_{BO} 分别进行数字补偿。经过补偿后得到：

$$\varphi''_{AO} = \varphi'_{AO} + \Delta\varphi_A = \beta \cdot d \cdot \sin\theta \cdot \cos\gamma + \varphi_A - \varphi_O + \Delta\varphi_A \approx \beta \cdot d \cdot \sin\theta \cdot \cos\gamma$$

$$\varphi''_{BO} = \varphi'_{BO} + \Delta\varphi_B = \beta \cdot d \cdot \cos\theta \cdot \cos\gamma + \varphi_B - \varphi_O + \Delta\varphi_B \approx \beta \cdot d \cdot \cos\theta \cdot \cos\gamma$$

计算来波示向度：

$$\phi = \arctan\left(\frac{\varphi''_{AO}}{\varphi''_{BO}}\right) \approx \arctan\left(\frac{\beta \cdot d \cdot \sin\theta \cdot \cos\gamma}{\beta \cdot d \cdot \cos\theta \cdot \cos\gamma}\right) = \arctan\left(\frac{\sin\theta}{\cos\theta}\right)$$

对接收信道输出信号进行相位偏移补偿，可以有效降低接收信道相移不一致性带来的测向误差。

在接收信道相位差 $\varphi_A - \varphi_O$、$\varphi_B - \varphi_O$ 一定的情况下，d/λ 上升，可以减少接收信道相移不一致对测向误差的影响，所以提高单元天线之间的基线长度可以降低接收信道相移不一致性带来的测向误差。

3）天线基线长度 d 的增大可能引起相位测量的模糊

$f_A \sim f_B$（假设 $f_A \leqslant f_B$）为测向机的工作频率范围，$\dfrac{c}{f_A} \sim \dfrac{c}{f_B}$ 为波长范围，$\dfrac{d}{\lambda} = \dfrac{d}{c} \cdot f$ 与天线基线长度 d、工作频率有关。

在工作频率的高端，信号波长 λ 变小，基线长度 d 增大，如果 $\dfrac{d}{\lambda} = \dfrac{d}{c} \cdot f \geqslant \dfrac{1}{2}$，鉴于 $|\varphi_{AO}|_{\max} = |\varphi_{BO}|_{\max} = 2\pi\dfrac{d}{\lambda} > \pi$，则 φ_{AO}、φ_{BO} 可能超出 $[-\pi,\pi]$ 范围；如果 φ_{AO}、φ_{BO} 不在 $[-\pi,\pi]$ 范围内，测量得到的相位差（φ'_{AO}、φ'_{BO}）是实际相位差（φ_{AO}、φ_{BO}）折叠到 $\left[-\dfrac{\pi}{2}, \dfrac{\pi}{2}\right]$ 范围的值，测量得到的相位与实际相位差之间的关系：

$$\begin{aligned}\varphi_{AO} &= \varphi'_{AO} + i\pi \\ \varphi_{BO} &= \varphi'_{BO} + j\pi\end{aligned} \quad (i、j 是整数) \tag{5.4.15}$$

测向是在 θ 和 γ 未知的情况下进行的，无法确定 i、j，相位测量结果 φ'_{AO}、φ'_{BO} 与到实际相位差 φ_{AO}、φ_{BO} 之间存在 i、j 模糊，即相位模糊。

5.4.2 典型比相法测向应用

提高单元天线之间的基线长度 d 可以降低相位测量、接收信道相移不一致性带来的测向误差，但也会带来相位模糊，是相位法测向中亟待解决的问题。目前，天线阵常常配置为"L"阵或"○"阵，通过长短基线结合，借助于短基线辅助，长基线可以在克服相位模糊问题的同时提高测向准确度。

1. 基于"L"阵天线的比相法测向原理

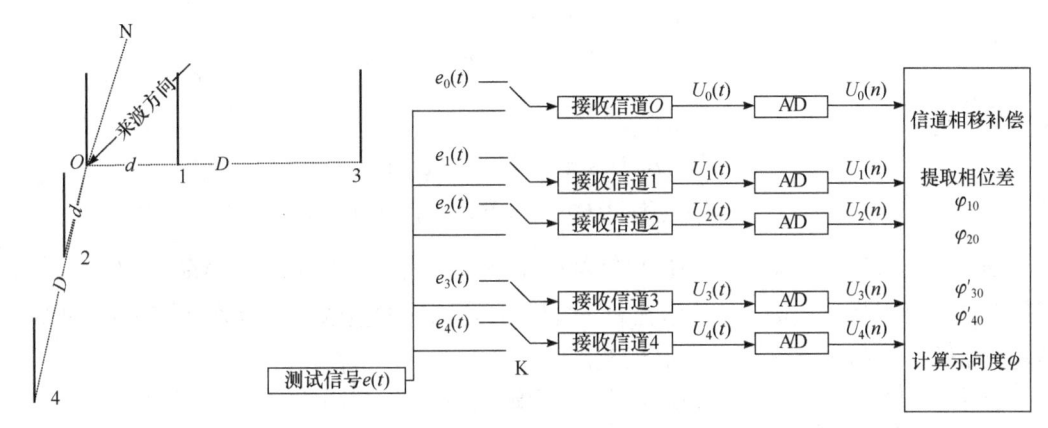

单元天线 O 置于天线阵中心，单元天线 1 与单元天线 O 构成间距为 d 的、东西方向的相邻天线，单元天线 2 与单元天线 O 构成间距为 d 的、南北方向的相邻天线；单元天线 3 与单元天线 O 构成间距为 D 的、东西方向的相邻天线，单元天线 4 与单元天线 O 构成间距为 D 的、南北方向的相邻天线，如图 5.4.4 所示。

图 5.4.4 "L"阵比相法结构示意图

假设接收电波的极化角为 ψ，仰角为 γ，来波方位角为 θ，每个单元天线的感应电动势振幅为 E_m。五个接收信道的增益与相移尽量一致，并利用测试信号，建立五个接收信道的补偿矩阵。五个接收信道的实际工作频率 f，五单元天线接收信号经过各自的接收信道进行 A/D 转换，得到五路数字信号 $U_0(n)$、$U_1(n)$、$U_2(n)$、$U_3(n)$、$U_4(n)$ 并进行数字补偿。

本系统通过长、短基线结合，可以提高测向精度。

1) 基于短基线 d 进行来波参数 (ϕ_d, γ_d) 的粗测

由 $U_0(n)$ 与 $U_1(n)$、$U_0(n)$ 与 $U_2(n)$ 分别测量 φ_{10}、φ_{20}，考虑到短基线间距 d 较小，没有相位模糊问题，经过极性分析，可以得到

$$\begin{aligned}\varphi_{10} &\approx \beta \cdot d \cdot \sin\theta \cdot \cos\gamma \in [-\pi, \pi] \\ \varphi_{20} &\approx \beta \cdot d \cdot \cos\theta \cdot \cos\gamma \in [-\pi, \pi]\end{aligned} \tag{5.4.16}$$

计算 $\arctan\left(\dfrac{\varphi_{10}}{\varphi_{20}}\right)$ 和仰角 $\gamma_d = \arccos\left(\dfrac{\sqrt{\varphi_{10}^2 + \varphi_{20}^2}}{\beta d}\right)$。基于 φ_{10}、φ_{20} 的极性和按照表 5.4.2 的方法，调整示向度 $\phi_d = \arctan\left(\dfrac{\varphi_{10}}{\varphi_{20}}\right) + k\pi (k = 0, 1, 2)$，$k$ 由 φ_{10}、φ_{20} 的极性决定。

2) 基于粗测的 (ϕ_d, γ_d)，帮助长基线 D 解决相位模糊问题

由 $U_0(n)$ 与 $U_3(n)$、$U_0(n)$ 与 $U_4(n)$ 分别测量 φ'_{30}、φ'_{40}，考虑到长基线间距 D 较大，可能

存在相位模糊问题，所以测量相位差与理论相位差应该满足：

$$\varphi'_{30} \approx \beta \cdot D \cdot \sin\theta \cdot \cos\gamma - I \cdot \pi \in \left[-\frac{\pi}{2}, \frac{\pi}{2}\right]$$
$$\varphi'_{40} \approx \beta \cdot D \cdot \cos\theta \cdot \cos\gamma - J \cdot \pi \in \left[-\frac{\pi}{2}, \frac{\pi}{2}\right]$$
(5.4.17)

问题的关键是如何确定 I、J。

步骤 1：初步判断 I、J 的范围。

将 (ϕ_d, γ_d) 作为 (θ, γ) 代入式 (5.4.17)，得到

$$\varphi'_{30} \approx \beta \cdot D \cdot \sin\phi_d \cdot \cos\gamma_d - I \cdot \pi$$
$$\varphi'_{40} \approx \beta \cdot D \cdot \cos\phi_d \cdot \cos\gamma_d - J \cdot \pi$$

计算得到

$$I' = (\beta \cdot D \cdot \sin\phi_d \cdot \cos\gamma_d - \varphi'_{30}) / \pi$$
$$J' = (\beta \cdot D \cdot \cos\phi_d \cdot \cos\gamma_d - \varphi'_{40}) / \pi$$

理论上，I、J 是整数，但测量相位差 φ'_{30}、φ'_{40} 和 (ϕ_d, γ_d) 均可能存在误差，I'、J' 可能不是整数，可以初步判断：I 应该是 $[I'-1, I'+1]$ 范围内的整数，J 应该是 $[J'-1, J'+1]$ 范围内的整数，从而大大缩小了 I、J 的范围。

步骤 2：估计长基线的相位模糊情况，确定 I、J。

将初步判断得到的整数的、可能的 I、J 分别代入式 (5.4.17) 得到

$$\beta \cdot D \cdot \sin\theta \cdot \cos\gamma \approx \varphi'_{30} + I \cdot \pi$$
$$\beta \cdot D \cdot \cos\theta \cdot \cos\gamma \approx \varphi'_{40} + J \cdot \pi$$

计算 I、J 分别对应的"可疑"示向度：

$$\phi_D(I, J) = \arctan\left(\frac{\varphi_{30}}{\varphi_{40}}\right) + k\pi = \arctan\left(\frac{\varphi'_{30} + I \cdot \pi}{\varphi'_{40} + J \cdot \pi}\right) + k\pi \, 。$$

实现来波参数 (ϕ_D, γ_D) 的精测：

$$\phi_D = \arctan\left(\frac{\varphi'_{30} + I \cdot \pi}{\varphi'_{40} + J \cdot \pi}\right) + k\pi$$
$$\gamma_D = \arccos\left[\frac{\sqrt{(\varphi'_{30} + I \cdot \pi)^2 + (\varphi'_{40} + J \cdot \pi)^2}}{\beta \cdot D}\right]$$
(5.4.18)

2. 基于"☆"阵天线的比相法测向原理

如图 5.4.5 所示，"☆"阵也是五个单元天线的"○"阵，五个单元天线在一个圆周上均匀分布，圆心为 A，半径为 R，则相邻单元天线之间构成间距 $d = 2R\cos 54° = 1.176R$，间隔单元天线之间构成间距 $D = 2R\cos 18° = 1.902R$，且 $D = 2d\sin 54° = 1.618d$。

假设接收电波的极化角为 ψ，仰角为 γ，来波方位角为 θ，每个单元天线的感应电动

势振幅为 E_m。五个接收信道的增益与相移尽量一致,并利用测试信号,建立五个接收信道的补偿矩阵。五个接收信道的工作频率为 f,五个单元天线接收信号经过各自的接收信道,进行 A/D 转换,得到五路数字信号 $U_0(n)$、$U_1(n)$、$U_2(n)$、$U_3(n)$、$U_4(n)$ 并进行数字补偿。

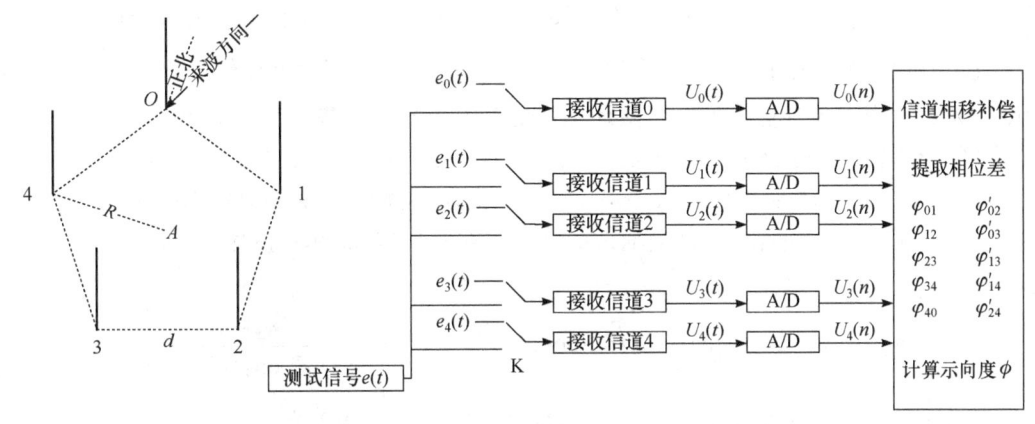

图 5.4.5 "○" 阵比相法结构示意图

1)天线元 a、b 之间的相位差分析

单元天线 O 置于天线阵正北,在圆心处有一单元天线,并且其上的感应电动势为 $e(t)=E_m\cos\omega t$,所以,第 $k(k=0,1,2,3,4)$ 个单元天线相对于正北的圆心角为 $k\cdot 72°$。

传播平面按顺时针与天线平面 k-A 的夹角为 $k\cdot 72°-\theta$,单元天线 k 上的感应电动势为 $e_k(t)=E_m\cos(\omega t+\varphi_k)$,其中,$\varphi_k=\beta R\cos(k\cdot 72°-\theta)\cos\gamma$ 为与圆心之间的相位差。

由 $\cos\alpha-\cos\beta=-2\sin\left(\dfrac{\alpha+\beta}{2}\right)\sin\left(\dfrac{\alpha-\beta}{2}\right)$,则理论上:

$$\begin{aligned}\varphi_{ab}&=\varphi_a-\varphi_b=\beta R\cos\gamma[\cos(a\cdot 72°-\theta)-\cos(b\cdot 72°-\theta)]\\&=-\beta\cos\gamma\cdot 2R\sin[(a-b)\cdot 36°]\sin[(a+b)\cdot 36°-\theta]\end{aligned} \quad (5.4.19)$$

实际测量时,天线元 a 的接收信号 $U_a(n)(a=0,1,2,3,4)$ 作为本振,对天线元 b 的接收信号 $U_b(n)(b=0,1,2,3,4)\ (a\neq b)$ 进行正交变换并进行低通滤波,得到

$$\begin{cases}U_I=K^2\cdot E_m^2\cdot\cos(\varphi_a-\varphi_b)\\U_Q=K^2\cdot E_m^2\cdot\sin(\varphi_a-\varphi_b)\end{cases}$$

其中,K 是变换过程中对幅度的影响。所以,天线元 a、b 之间的测量相位差:

$$\varphi'_{ab}=\arctan\left(\dfrac{U_Q}{U_I}\right)=\arctan\left[\dfrac{\sin(\varphi_a-\varphi_b)}{\cos(\varphi_a-\varphi_b)}\right]\in\left[-\dfrac{\pi}{2},\dfrac{\pi}{2}\right] \quad (5.4.20)$$

2)基于短基线 d 进行来波参数 (ϕ_d,γ_d) 的粗测

当 $a-b=1$ 时,$2R\sin[(a-b)\cdot 36°]=d$,设计短基线 $d=2R\cos 54°=2R\sin 36°\leqslant\dfrac{\lambda}{2}$,测量相位差与理论值之间不会出现相位模糊。根据短基线测量结合极性判断,可以得到短基线之间的相位差:

$$\varphi_{01} = \varphi_1 - \varphi_0 = -\beta d\cos\gamma \cdot \sin(1\times 36° - \theta) = -\beta d \cdot \cos(\theta + 54°) \cdot \cos\gamma \in [-\pi, \pi]$$
$$\varphi_{12} = \varphi_2 - \varphi_1 = -\beta d\cos\gamma \cdot \sin(3\times 36° - \theta) = -\beta d \cdot \cos(\theta - 18°) \cdot \cos\gamma \in [-\pi, \pi]$$
$$\varphi_{23} = \varphi_3 - \varphi_2 = -\beta d\cos\gamma \cdot \sin(5\times 36° - \theta) = -\beta d \cdot \sin\theta \cdot \cos\gamma \in [-\pi, \pi] \quad (5.4.21)$$
$$\varphi_{34} = \varphi_4 - \varphi_3 = -\beta d\cos\gamma \cdot \sin(7\times 36° - \theta) = \beta d \cdot \cos(\theta + 18°) \cdot \cos\gamma \in [-\pi, \pi]$$
$$\varphi_{40} = \varphi_0 - \varphi_4 = -\beta d\cos\gamma \cdot \sin(4\times 36° - \theta) = \beta d \cdot \cos(\theta - 54°) \cdot \cos\gamma \in [-\pi, \pi]$$

五个方程，两个变量，可以粗测来波参数(ϕ_d, γ_d)。由于间距d比较小，$\Delta\theta_d = \theta - \phi_d$可能比较大。利用冗余方程既可以方便计算，也有助于减小误差。

【例 5.4.1】 根据$\cos(\alpha \pm \beta) = \cos\alpha\cos\beta \mp \sin\alpha\sin\beta$，将$\varphi_{12}$、$\varphi_{34}$展开：
$$\varphi_{12} = -\beta d \cdot \cos(\theta - 18°) \cdot \cos\gamma = -\beta d \cdot (\cos\theta\cos 18° + \sin\theta\sin 18°) \cdot \cos\gamma$$
$$\varphi_{34} = \beta d \cdot \cos(\theta + 18°) \cdot \cos\gamma = \beta d \cdot (\cos\theta\cos 18° - \sin\theta\sin 18°) \cdot \cos\gamma$$

所以
$$\varphi_{34} - \varphi_{12} = 2\beta d \cdot \cos\theta\cos 18° \cdot \cos\gamma \quad \Rightarrow \quad \cos\theta = \frac{\varphi_{34} - \varphi_{12}}{2\beta d \cdot \cos 18° \cdot \cos\gamma}$$

因为$\varphi_{23} = -\beta d \cdot \sin\theta \cdot \cos\gamma \quad \Rightarrow \quad \sin\theta = -\dfrac{\varphi_{23}}{\beta d \cdot \cos\gamma}$，所以有

$$\phi_d = \arctan\left(\frac{\sin\theta}{\cos\theta}\right) + k\cdot\pi = \arctan\left(2\cos 18° \cdot \frac{-\varphi_{23}}{\varphi_{34} - \varphi_{12}}\right) + k\pi, \quad k = 0, 1, 2$$

$$\gamma_d = \arccos\sqrt{\left(\frac{\varphi_{34} - \varphi_{12}}{2\beta d \cdot \cos 18°}\right)^2 + \left(\frac{\varphi_{23}}{\beta d}\right)^2}$$

k的取值由$\varphi_{34} - \varphi_{12}$、$\varphi_{23}$的极性决定。

【例 5.4.2】 将φ_{01}、φ_{40}展开，可以得到
$$\phi_d = \arctan\left(\frac{\sin\theta}{\cos\theta}\right) + k\pi = \arctan\left(2\cos 54° \cdot \frac{\varphi_{23}}{\varphi_{01} - \varphi_{40}}\right) + k\pi, \quad k = 0, 1, 2$$

$$\gamma_d = \arccos\sqrt{\left(\frac{\varphi_{01} - \varphi_{40}}{2\beta d \cdot \cos 54°}\right)^2 + \left(\frac{\varphi_{23}}{\beta d}\right)^2}$$

3）基于粗测的(ϕ_d, γ_d)，寻找没有相位模糊的长基线D，实现来波参数(ϕ_D, γ_D)精测

可以基于粗测的(ϕ_d, γ_d)，帮助长基线D解决相位模糊问题，实现来波参数(ϕ_D, γ_D)精测。下面介绍一种基于粗测的(ϕ_d, γ_d)寻找没有相位模糊问题的长基线D，限定长基线D的视角范围，也可以实现来波参数(ϕ_D, γ_D)精测的方法。

长基线长度$D = 2R\cos 18° = 2R\sin 72°$，理论上：
$$\varphi_{02} = \varphi_2 - \varphi_0 = -\beta D\cos\gamma \cdot \sin(2\times 36° - \theta) = -\beta D \cdot \cos(\theta + 18°) \cdot \cos\gamma$$
$$\varphi_{03} = \varphi_3 - \varphi_0 = -\beta D\cos\gamma \cdot \sin(3\times 36° - \theta) = -\beta D \cdot \cos(\theta - 18°) \cdot \cos\gamma$$
$$\varphi_{13} = \varphi_3 - \varphi_1 = -\beta D\cos\gamma \cdot \sin(4\times 36° - \theta) = -\beta D \cdot \cos(\theta - 54°) \cdot \cos\gamma \quad (5.4.22)$$
$$\varphi_{14} = \varphi_4 - \varphi_1 = -\beta D\cos\gamma \cdot \sin(5\times 36° - \theta) = \beta D \cdot \sin\theta \cdot \cos\gamma$$
$$\varphi_{24} = \varphi_4 - \varphi_2 = -\beta D\cos\gamma \cdot \sin(6\times 36° - \theta) = \beta D \cdot \cos(\theta + 54°) \cdot \cos\gamma$$

（1）将(ϕ_d, γ_d)作为(θ, γ)代入式(5.4.22)可以得到

$$\varphi_{02} \approx -\beta D \cdot \cos(\phi_d + 18°) \cdot \cos\gamma_d \qquad |\varphi_{02}| \leq \beta D \cdot |\cos(\phi_d + 18°)|$$
$$\varphi_{03} \approx -\beta D \cdot \cos(\phi_d - 18°) \cdot \cos\gamma_d \qquad |\varphi_{03}| \leq \beta D \cdot |\cos(\phi_d - 18°)|$$
$$\varphi_{13} \approx -\beta D \cdot \cos(\phi_d - 54°) \cdot \cos\gamma_d \quad \text{或者} \quad |\varphi_{13}| \leq \beta D \cdot |\cos(\phi_d - 54°)| \qquad (5.4.23)$$
$$\varphi_{14} \approx \beta D \cdot \sin\phi_d \cdot \cos\gamma_d \qquad |\varphi_{14}| \leq \beta D \cdot |\sin\phi_d|$$
$$\varphi_{24} \approx \beta D \cdot \cos(\phi_d + 54°) \cdot \cos\gamma_d \qquad |\varphi_{24}| \approx \beta D \cdot |\cos(\phi_d + 54°)|$$

(2) 寻找不会出现相位测量模糊问题的长基线。

$D = 2d\sin 54° = 1.618d$，则 $\beta D \cos\chi = 1.618\beta d \cos\chi$；由于 $d \leq \lambda/2$，则 $\beta d \leq \pi$。如果限定 χ 的范围，只要 $|\cos\chi| < \dfrac{1}{1.618} = 0.618$，$\beta D |\cos\chi| |\cos\gamma| \leq 1.618\beta d |\cos\chi| \leq \beta d \leq \pi$，相位差不超过 $[-\pi,\pi]$ 的长基线方程，不会发生相位模糊问题。

在式 (5.4.23) 中选择角度部分，用 ϕ_d 代替 θ，得到 $\chi = \phi_d + 18°$、$\chi = \phi_d - 54°$、$\chi = \phi_d + 54°$、$\chi = \phi_d - 18°$ 和 $\chi = 90° - \phi_d$ 五个方程，在其中寻找 $\chi \in (51.8°, 128.2°)$ 或者 $\chi \in (231.8°, 308.2°)$ 的方程 (图 5.4.6)，对应式 (5.4.23) 中没有相位模糊问题的长基线。

(3) 基于没有相位模糊的长基线方程，可以实现来波参数 (ϕ_D, γ_D) 的精测。

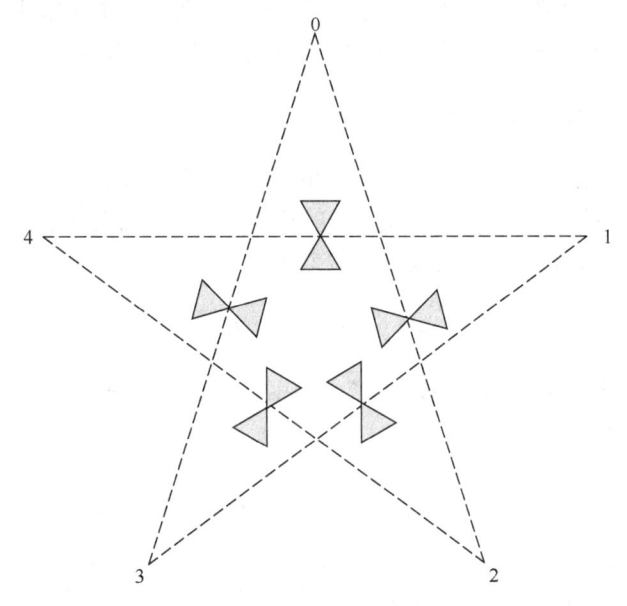

图 5.4.6 长基线不出现相位测量模糊问题时 θ 的范围

例如，如果短基线计算 $\phi_d = 20°$，则 $\varphi_{02} \Rightarrow \phi_d + 18° = 38°$、$\varphi_{03} \Rightarrow \phi_d - 18° = 2°$、$\varphi_{13} \Rightarrow \phi_d - 54° = -34°$、$\varphi_{14} \Rightarrow 90 - \phi_d = 70°$ 和 $\varphi_{24} \Rightarrow \phi_d + 54° = 74°$。

可见，φ_{14} 和 φ_{24} 在 $(51.8°, 128.2°)$ 范围内，不存在相位模糊，满足条件的方程：

$$\varphi_{14} = \beta D \cdot \sin\theta \cdot \cos\gamma \in [-\pi, \pi] \quad \Rightarrow \quad \sin\theta = \frac{\varphi_{14}}{\beta D \cos\gamma}$$

$$\varphi_{24} = \beta D \cdot \cos(\theta + 54°) \cdot \cos\gamma = \beta D \cdot (\cos\theta\cos 54° - \sin\theta\sin 54°) \cdot \cos\gamma \in [-\pi, \pi]$$
$$\Rightarrow \cos\theta \frac{\varphi_{24} + \varphi_{14} \cdot \sin 54°}{\beta D \cos\gamma \cdot \cos 54°}$$

示向度：
$$\phi_D = \arctan\left(\frac{\varphi_{14}\cdot\cos 54°}{\varphi_{24}+\varphi_{14}\cdot\sin 54°}\right)+k\pi$$

仰角：
$$\gamma_D = \frac{1}{\beta D}\arccos\sqrt{\varphi_{14}^2+\frac{(\varphi_{24}+\varphi_{14}\cdot\sin 54°)^2}{\cos^2 54°}}$$

在相位测量误差一定的情况下，基于长基线 D 测量的来波参数 (ϕ_D,γ_D) 可能降低测向误差。值得注意的是：ϕ_d 不同时，应选择满足无相位模糊的不同方程，来波参数 (ϕ_D,γ_D) 的计算公式有所不同。

5.4.3 多普勒测向原理

多普勒测向也称比较角筛选测向，是利用辐射源和测向天线之间的相对运动引起的接收信号附加多普勒调制确定来波方向的测向技术。

当波源与观察者之间有相对运动时，观察者所接收到的信号频率 f_s 与波源所发出的信号频率 f_o 之间有一个频率增量 f_d，这种现象称为多普勒效应，其对应的 f_d 就称为多普勒频移。

在无线电测向中，如果辐射源与测向天线之间相对运动，接收信号频率产生的多普勒频移就使接收信号的相位发生改变，多普勒测向的基本思想是从相位变化中提取信号方位。

1. **多普勒测向的基本原理**

全向天线 A 在半径为 R 的圆周上以 Ω 的角频率顺时针匀速旋转（图 5.4.7），设起始位置为正北方位，对于仰角为 γ、水平方位角为 θ 的来波信号，在 t 时刻，天线 A 与正北的夹角为 Ωt，接收信号相对于中央全向天线的相位差为

$$\varphi(t)=\frac{2\pi}{\lambda}R\cos\gamma\cos(\Omega t-\theta) \tag{5.4.24}$$

式中，$\varphi(t)$ 为由天线元 A 的圆周运动所产生的多普勒相移，其中包含来波的方位信息 θ，这是多普勒测向的前提保证。

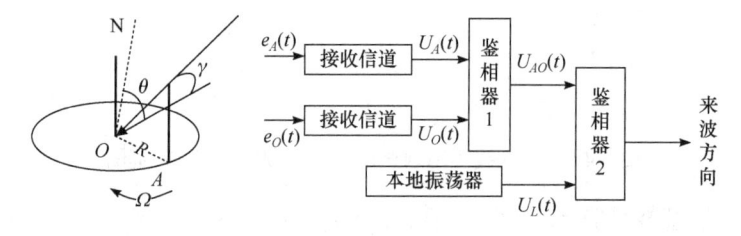

图 5.4.7 多普勒测向结构

中央全向天线 O 的接收电压为 $e_O(t)=E_m\mathrm{e}^{\mathrm{j}[\omega t+\varphi_O(t)]}=E_m\mathrm{e}^{\mathrm{j}\varPhi_O(t)}$，其中相位 $\varPhi_O(t)=\omega t+\varphi_O(t)$，频率 $\omega_O(t)=\varPhi_O'(t)=\omega+\varphi_O'(t)$。

绕圆周运动的全向天线 A 的接收电压为 $e_A(t)=E_m\mathrm{e}^{\mathrm{j}[\omega t+\varphi_O(t)+\varphi(t)]}=E_m\mathrm{e}^{\mathrm{j}\varPhi_A(t)}$，其中相位 $\varPhi_A(t)=\omega t+\varphi_O(t)+\varphi(t)$，频率 $\omega_A(t)=\varPhi_A'(t)=\omega+\varphi_O'(t)+\frac{2\pi}{\lambda}R\Omega\cos\gamma\sin(\Omega t-\theta)$，其中，

$\varphi'(t) = \dfrac{2\pi}{\lambda} R\Omega\cos\gamma\sin(\Omega t-\theta)$ 就是由于运动产生的多普勒频移。

$e_O(t)$、$e_A(t)$ 分别经过接收信道、鉴相器 1 输出 $U_{AO}(t) = K[\Phi_A(t) - \Phi_O(t)]$，所以 $U_{AO}(t) = K\dfrac{2\pi}{\lambda}R\cos\gamma\cos(\Omega t-\theta)$ 的相位为 $\Phi_{AO}(t) = \Omega t - \theta$。

假设测向机内部产生的本地振荡信号 $U_L(t) = \cos\Omega t$ 的相位为 $\Phi_L(t) = \Omega t$，则鉴相器 2 输出为 $U_{AO}(t)$ 相位与 $U_L(t)$ 相位之差 θ，即来波方位。

2. 伪多普勒测向的工作原理

在工程设计上使天线元高速旋转是不切实际的，实际的多普勒测向都是采用伪多普勒测向。伪多普勒测向就是用排列成圆阵的 N 个全向天线元的顺序扫描转换来模拟单个全向天线元的圆周旋转（图 5.4.8）。单元天线 1 置于天线阵正北，第 $n(n=1,2,\cdots,N)$ 个单元天线相对于正北的圆心角为 $(n-1)\cdot\dfrac{360°}{N}$。

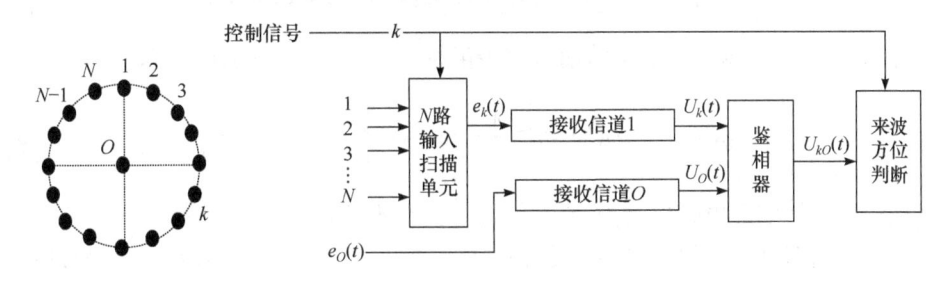

图 5.4.8 伪多普勒测向结构

半径为 R 的圆心位置有全向天线 O，其接收感应电动势：

$$e_O(t) = E_m \mathrm{e}^{\mathrm{j}[\omega t + \varphi_O(t)]} = E_m \mathrm{e}^{\mathrm{j}\Phi_0(t)} \tag{5.4.25}$$

式中，E_m 表示接收信号中的幅度成分；$\Phi_O(t)$ 表示接收信号中的相位。$e_O(t)$ 送入接收信道 O，接收信道 O 输出 $U_O(t) = K_O U_m(t)\mathrm{e}^{\mathrm{j}[\omega_i(t)+\varphi_O(t)+\Delta\varphi_O]}$

式中，K_O 为信道 O 的增益；$\Delta\varphi_O$ 为信道 O 的相移。接收信道 O 输出信号的相位：

$$\Phi_O = \omega_i(t) + \varphi_O(t) + \Delta\varphi_O \tag{5.4.26}$$

半径为 R 的圆周上均匀分布 N 个全向天线，控制信号产生器提供以正北方位为起始的标准信号驱动射频开关动作，使得 $e_1(t), e_2(t), \cdots, e_N(t)$ 以时间间隔 T 为周期轮流输出，每个信号被选中的时间长度为 T/N，形成等效于绕圆周以 $2\pi/T$ 角频率匀速运动的天线输出电压 $e_A(t)$。在 0°～360°范围内的 N 个天线元，相邻天线元之间的角度差为 $360°/N = 2\pi/N$。

当 $t = (k-1)\cdot\dfrac{T}{N} \sim k\cdot\dfrac{T}{N}(k=1,2,\cdots,N)$ 时，第 k 个天线元与正北之间的夹角为 $\dfrac{2\pi}{N}(k-1)$，k 与时间 t 是对应的，在周期 T 很短时，相当于连续变化。在 $t = (k-1)\dfrac{T}{N} \sim k\dfrac{T}{N}$ $(k=1,2,\cdots,N)$ 时，第 k 个天线元接收信号与中央全向天线接收信号的相位差：

$$\varphi(k) = \frac{2\pi}{\lambda} R \cdot \cos\gamma \cdot \cos\left[\frac{2\pi}{N}(k-1) - \theta\right] \tag{5.4.27}$$

其接收感应电动势：

$$e_k(t) = E_m(t)\mathrm{e}^{\mathrm{j}[\omega t + \varphi_O(t) + \varphi(k)]} = E_m(t)\mathrm{e}^{\mathrm{j}\left\{\omega t + \varphi_O(t) + \frac{2\pi}{\lambda}R\cos\gamma\cos\left[\frac{2\pi}{N}(k-1) - \theta\right]\right\}} \tag{5.4.28}$$

送入接收信道 1，接收信道 1 输出：

$$U_k(t) = K_1 U_m(t)\mathrm{e}^{\mathrm{j}[\omega_i t + \varphi_O(t) + \varphi(k) + \Delta\varphi_1]}$$

式中，K_1 为信道 1 的增益；$\Delta\varphi_1$ 为信道 1 的相移。接收信道 1 输出信号的相位：

$$\varPhi_k = \omega_i t + \varphi_O(t) + \varphi(k) + \Delta\varphi_1 \tag{5.4.29}$$

$U_k(t)$、$U_O(t)$ 经鉴相器，输出与相位差成正比的电压：

$$U_{kO}(t) = K[\varPhi_k - \varPhi_O] = K[\varphi(k) + \Delta\varphi_1 - \Delta\varphi_O] \tag{5.4.30}$$

假设接收信道 1 的相移与接收信道 O 的相移一致，即 $\Delta\varphi_1 = \Delta\varphi_O$，则

$$U_{kO}(t) = K \cdot \varphi(k) = K\frac{2\pi}{\lambda} R\cos\gamma\cos\left[\frac{2\pi}{N}(k-1) - \theta\right] \tag{5.4.31}$$

可见接收信号中的调相/频成分 $\varphi_O(t)$ 在 $U_{kO}(t)$ 中已经不存在了。

在 N 路输入扫描的过程中，当鉴相器输出信号大小是特殊值（最大或者最小）的情况下，根据对应天线元 k 与正北之间的夹角为 $\frac{2\pi}{N}(k-1)$，计算来波方位角。例如，鉴相器输出信号最大时，来波方位角 $\theta = \frac{2\pi}{N}(k-1)$。

多普勒测向的工作原理很简单，可以很好地克服接收信号的调制问题，但也存在接收信道 1 的相移与接收信道 O 的相移不一致、圆周半径 R 较大时存在多值、天线阵的顺序抽样带来的干扰等问题。

5.5 时差法测向原理

时差测向是指从接收同一辐射源信号的不同空间位置的多副天线上，测量或计算信号到达的时间差以确定其方向的测向技术。

在时差法测向中需要测量某一信号的某一波阵面（波前）到达天线阵中不同单元天线之间的时间差，然后进行时间差比较。在实际测向过程中，往往利用同一时刻、不同单元天线接收不同波阵面信号之间存在的时间差进行测量。时差法测向一般不需要旋转天线，具有实效性好的特点。

假设：单元天线 O 置于天线阵中心，单元天线 1 与单元天线 O 构成间距（基线）为 d 的东西方向天线，单元天线 2 与单元天线 O 构成间距（基线）为 d 的南北方向天线，如图 5.5.1 所示，接收电波的极化角为 ψ，仰角为 γ，来波方位角为 θ，电波传播速度为 v。

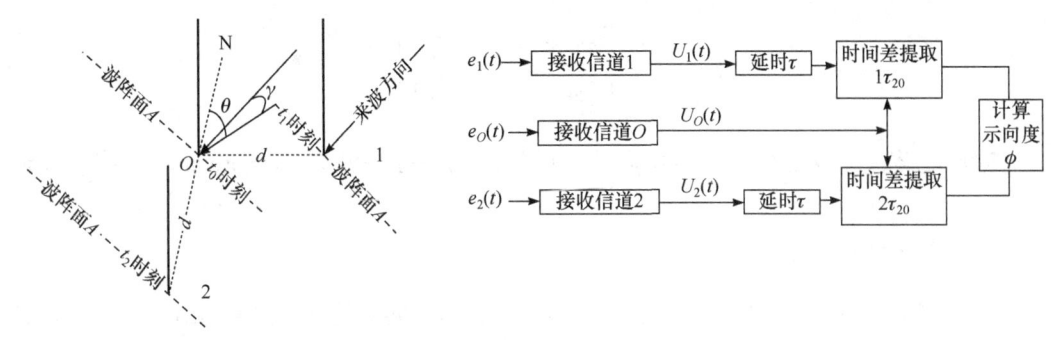

图 5.5.1 时差法测向结构

1. 时间差分析

波阵面 A 在 t_1 时刻到达单元天线 1,经过接收信道 1 延时 T_1,再经过延时 τ,在 $t_1+T_1+\tau$ 时刻到达时间差提取电路 1；波阵面 A 继续前进,经过 $\dfrac{d\cos\gamma\sin\theta}{v}$ 时间,行程为 $d\cos\gamma\sin\theta$,在 $t_0=t_1+\dfrac{d\cos\gamma\sin\theta}{v}$ 时刻到达单元天线 O,经过接收信道 O 延时 T_0,在 t_0+T_0 时刻到达时间差提取电路；波阵面 A 继续前进,再经过 $\dfrac{d\cos\gamma\cos\theta}{v}$ 时间,行程为 $d\cos\gamma\sin\theta$,在 $t_2=t_0+\dfrac{d\cos\gamma\cos\theta}{v}$ 时刻到达单元天线 2,经过接收信道 2 延时 T_2,再经过延时 τ,在 $t_2+T_2+\tau$ 时刻到达时间差提取电路 2。

时间差提取电路 1 测得时间差：

$$\begin{aligned}\tau_{10}&=(t_1+T_1+\tau)-(t_0+T_0)=(t_1+T_1+\tau)-\left(t_1+\dfrac{d\cos\gamma\sin\theta}{v}+T_0\right)\\&=\tau-\dfrac{d\cos\gamma\sin\theta}{v}+(T_1-T_0)\end{aligned} \tag{5.5.1}$$

时间差提取电路 2 测得时间差：

$$\begin{aligned}\tau_{20}&=(t_2+T_2+\tau)-(t_0+T_0)=\left(t_0+\dfrac{d\cos\gamma\cos\theta}{v}+T_2+\tau\right)-(t_0+T_0)\\&=\left(\dfrac{d\cos\gamma\cos\theta}{v}+\tau\right)+(T_2-T_0)\end{aligned} \tag{5.5.2}$$

2. 来波方位分析

对式(5.5.1)和式(5.5.2)进行变换,得到

$$\begin{aligned}\dfrac{d\cos\gamma\sin\theta}{v}&=\tau-\tau_{10}+(T_1-T_0)\\\dfrac{d\cos\gamma\cos\theta}{v}&=\tau_{20}-\tau-(T_2-T_0)\end{aligned} \tag{5.5.3}$$

计算来波示向度：

$$\phi = \arctan\left[\frac{\tau - \tau_{10} + (T_1 - T_0)}{\tau_{20} - \tau - (T_2 - T_0)}\right] + k\pi \tag{5.5.4}$$

特别地，当三个接收信道具有相同的信道延，即 $T_0 = T_1 = T_2$ 时，$\phi = \arctan\left(\dfrac{\tau - \tau_{10}}{\tau_{20} - \tau}\right) + k\pi$。

3. 相关问题分析

电波传播速度非常高，时间差 τ_{10}、τ_{20} 非常小，对时间差的测量精度提出了极高的要求。

由于很小的时间差测量误差和信道延时误差都可能带来很大的测向偏差，所以要求天线元之间的间距（基线）d 足够大，所以时差法测向存在天线尺寸太大并带来同步很难的问题。

在不知道来波方位的情况下，很难确定波阵面，更无法确定波阵面之间的时间差。一般情况下，利用侦察信号的上升沿或下降沿在各接收信道的输出确定电波到达各接收信道的时间差，因此，时差法比较适用于对时域脉冲型信号的测向。一般情况下，大部分通信信号持续时间较长的，侦察信号的上升沿或下降沿不明确，不便于采用时差法测向。

5.6 阵列测向原理

振幅法、比相法、多普勒方法、到达时间差方法及相位幅度综合利用方法等作为传统的无线通信测向技术已经得到广泛应用，以多元天线阵结合现代数字信号处理为基础的新型阵列测向技术是目前测向技术的研究热点，不仅可以提高测向精度，还可实现对空域中多个目标的同时超分辨测向。

阵列信号处理通过对阵列接收的信号进行处理，增强所需要的有用信号，抑制无用的干扰和噪声，可以提取有用的信号特征以及信号所包含的信息。确定同时处在空间某一区域内的多个感兴趣的空间信号的方向或位置是传统测向技术中的一个问题，阵列测向根据阵列接收信号的统计特性来估计辐射信号的到达方向，用于解决多目标测向问题，是阵列信号处理主要的研究内容之一。

阵列测向系统一般由三部分组成：天线阵列、接收信道阵列、空间参数处理器及阵列信号处理算法（图 5.6.1）。

1. 天线阵列及感应电动势

天线阵列用于感应空间的入射信号，是对空间信号采集的传感器，各单元天线（阵元）接收到的信号幅度、相位与信号间的关系以及信号到达方向有关。

假设：单元天线数目为 K，信道上同时存在的目标信号数目为 N。

1) 天线接收信号产生的感应电动势

(1) 一副天线接收一个信号的感应电动势。

假设：参考阵元对信号 n 的归一化接收感应电动势为 $f_n(t)$，阵元 k 对信号 n 的增益为 g_{kn}，与参考天线之间的相位偏移为 φ_{kn}。阵元 k 接收信号 n 的感应电动势：

辐射源

天线
阵列

接收
信道
阵列

接收信道 1　接收信道 2　…　接收信道 k

处理器

空间参数处理器
及
阵列信号处理算法

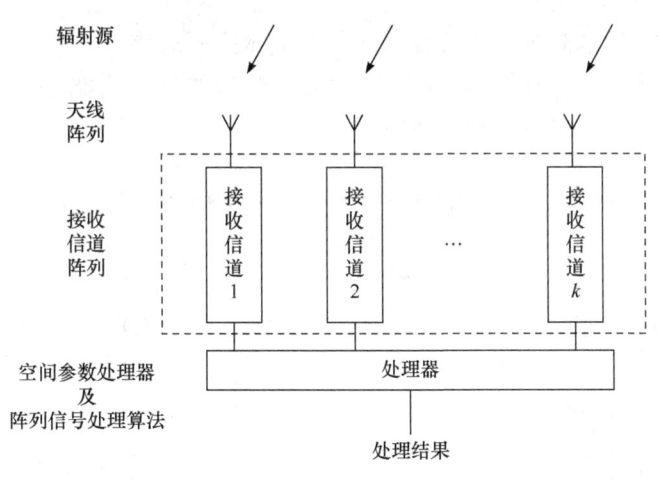

处理结果

图 5.6.1　阵列测向系统结构

$$g_{kn} \cdot f_n(t) \cdot \mathrm{e}^{\mathrm{j}\varphi_{kn}} = s_{kn}(t) \cdot \mathrm{e}^{\mathrm{j}\varphi_{kn}}$$

(2) 一副天线接收 N 个信号的感应电动势。

阵元 k 接收 N 个信号的感应电动势：

$$\begin{aligned}e_k(t) &= s_{k1}(t) \cdot \mathrm{e}^{\mathrm{j}\varphi_{k1}} + s_{k2}(t) \cdot \mathrm{e}^{\mathrm{j}\varphi_{k2}} + \cdots + s_{kN}(t) \cdot \mathrm{e}^{\mathrm{j}\varphi_{kN}} + n_k(t) \\ &= \sum_{n=1}^{N} s_{kn}(t) \cdot \mathrm{e}^{\mathrm{j}\varphi_{kn}} + n_k(t) = \sum_{n=1}^{N} g_{kn} \cdot f_n(t) \cdot \mathrm{e}^{\mathrm{j}\varphi_{kn}} + n_k(t)\end{aligned} \tag{5.6.1}$$

表示成矩阵形式：

$$e_k(t) = \begin{bmatrix} g_{k1}\mathrm{e}^{\mathrm{j}\varphi_{k1}} & g_{k2}\mathrm{e}^{\mathrm{j}\varphi_{k2}} & .. & g_{kn}\mathrm{e}^{\mathrm{j}\varphi_{kn}} & \cdots & g_{kN}\mathrm{e}^{\mathrm{j}\varphi_{kN}} \end{bmatrix}_{1 \times N} \begin{bmatrix} f_1(t) \\ f_2(t) \\ \vdots \\ f_n(t) \\ \vdots \\ f_N(t) \end{bmatrix}_{N \times 1} + \begin{bmatrix} n_1(t) \\ n_2(t) \\ \vdots \\ n_k(t) \\ \vdots \\ n_K(t) \end{bmatrix}_{K \times 1}$$

(3) K 副天线接收 N 个信号的感应电动势。

阵元 $1, 2, \cdots, K$ 上的感应电动势表示成矩阵形式：

$$\begin{bmatrix} e_1(t) \\ e_2(t) \\ \vdots \\ e_k(t) \\ \vdots \\ e_K(t) \end{bmatrix} = \begin{bmatrix} g_{11}\mathrm{e}^{\mathrm{j}\varphi_{11}} & g_{12}\mathrm{e}^{\mathrm{j}\varphi_{12}} & \cdots & g_{1n}\mathrm{e}^{\mathrm{j}\varphi_{1n}} & \cdots & g_{1N}\mathrm{e}^{\mathrm{j}\varphi_{1N}} \\ g_{21}\mathrm{e}^{\mathrm{j}\varphi_{21}} & g_{22}\mathrm{e}^{\mathrm{j}\varphi_{22}} & \cdots & g_{2n}\mathrm{e}^{\mathrm{j}\varphi_{2n}} & \cdots & g_{2N}\mathrm{e}^{\mathrm{j}\varphi_{2N}} \\ \vdots & \vdots & & \vdots & & \vdots \\ g_{k1}\mathrm{e}^{\mathrm{j}\varphi_{k1}} & g_{k2}\mathrm{e}^{\mathrm{j}\varphi_{k2}} & \cdots & g_{kn}\mathrm{e}^{\mathrm{j}\varphi_{kn}} & \cdots & g_{kN}\mathrm{e}^{\mathrm{j}\varphi_{kN}} \\ \vdots & \vdots & & \vdots & & \vdots \\ g_{K1}\mathrm{e}^{\mathrm{j}\varphi_{K1}} & g_{K2}\mathrm{e}^{\mathrm{j}\varphi_{K2}} & \cdots & g_{Kn}\mathrm{e}^{\mathrm{j}\varphi_{Kn}} & \cdots & g_{KN}\mathrm{e}^{\mathrm{j}\varphi_{KN}} \end{bmatrix}_{K \times N} \begin{bmatrix} f_1(t) \\ f_2(t) \\ \vdots \\ f_n(t) \\ \vdots \\ f_N(t) \end{bmatrix}_{N \times 1} + \begin{bmatrix} n_1(t) \\ n_2(t) \\ \vdots \\ n_k(t) \\ \vdots \\ n_K(t) \end{bmatrix}_{K \times 1}$$

(5.6.2)

从原理上说，天线阵可以布置成任意形式，各阵元的特性也可以不相同。但在很多实际情况下，往往采用特定形式排列的、相同结构的阵元。

(4) 阵元结构一致的阵列天线接收 N 个信号的感应电动势。

当 k 个阵元结构一样时，各个阵元对同一信号的接收增益是一致的，$g_{kn}=g_n$，$s_{kn}(t)=g_{kn}\cdot f_n(t)=g_n\cdot f_n(t)=s_n(t)$，所以

$$e_k(t)=\sum_{n=1}^{N}g_{kn}\cdot f_n(t)\cdot \mathrm{e}^{\mathrm{j}\varphi_{kn}}+n_k(t)=\sum_{n=1}^{N}s_n(t)\cdot \mathrm{e}^{\mathrm{j}\varphi_{kn}}+n_k(t)$$

$$\begin{bmatrix}e_1(t)\\e_2(t)\\\vdots\\e_k(t)\\\vdots\\e_K(t)\end{bmatrix}=\begin{bmatrix}\mathrm{e}^{\mathrm{j}\varphi_{11}}&\mathrm{e}^{\mathrm{j}\varphi_{12}}&\cdots&\mathrm{e}^{\mathrm{j}\varphi_{1n}}&\cdots&\mathrm{e}^{\mathrm{j}\varphi_{1N}}\\\mathrm{e}^{\mathrm{j}\varphi_{21}}&\mathrm{e}^{\mathrm{j}\varphi_{22}}&\cdots&\mathrm{e}^{\mathrm{j}\varphi_{2n}}&\cdots&\mathrm{e}^{\mathrm{j}\varphi_{2N}}\\\vdots&\vdots&&\vdots&&\vdots\\\mathrm{e}^{\mathrm{j}\varphi_{k1}}&\mathrm{e}^{\mathrm{j}\varphi_{k2}}&\cdots&\mathrm{e}^{\mathrm{j}\varphi_{kn}}&\cdots&\mathrm{e}^{\mathrm{j}\varphi_{kN}}\\\vdots&\vdots&&\vdots&&\vdots\\\mathrm{e}^{\mathrm{j}\varphi_{K1}}&\mathrm{e}^{\mathrm{j}\varphi_{K2}}&\cdots&\mathrm{e}^{\mathrm{j}\varphi_{Kn}}&\cdots&\mathrm{e}^{\mathrm{j}\varphi_{KN}}\end{bmatrix}_{K\times N}\begin{bmatrix}s_1(t)\\s_2(t)\\\vdots\\s_n(t)\\\vdots\\s_N(t)\end{bmatrix}_{N\times 1}+\begin{bmatrix}n_1(t)\\n_2(t)\\\vdots\\n_k(t)\\\vdots\\n_K(t)\end{bmatrix}_{K\times 1} \quad (5.6.3)$$

表示成矩阵形式为 $\boldsymbol{E}_{K\times 1}=\boldsymbol{A}_{K\times N}\boldsymbol{S}_{N\times 1}+\boldsymbol{N}_{K\times 1}$，其中 $\boldsymbol{E}$ 为感应电动势矩阵，$\boldsymbol{A}$ 为相位矩阵，$\boldsymbol{S}$ 为信号矩阵，$\boldsymbol{N}$ 为噪声矩阵。$\boldsymbol{A}$ 根据天线排列形式不同而不同，其每一列与一个信号源的方向相对应。

2) 典型阵列天线接收信号产生的感应电动势

(1) 相同结构形式的阵元以直线阵排列，接收信号产生的感应电动势。

当相同结构形式的阵元以直线阵排列时，如果天线阵法线方向与正北方向之间的夹角为 α，第 n 个信号方向与天线阵法线方向之间的夹角为 $\theta_n-\alpha$。如果以第一根阵元为参考天线，相邻阵元接收第 n 个信号时，感应电动势为 $s_n(t)$，由波程差而引起的接收电压相位差为 $\varphi_{kn}=(k-1)\cdot\dfrac{2\pi}{\lambda_n}d\cos\gamma_n\sin(\theta_n-\alpha)$，则阵元 k 上的感应电动势：

$$e_k(t)=\sum_{n=1}^{N}s_n(t)\cdot \mathrm{e}^{\mathrm{j}\varphi_{kn}}+n_k(t)=\sum_{n=1}^{N}s_n(t)\cdot \mathrm{e}^{\mathrm{j}(k-1)\cdot\frac{2\pi}{\lambda_n}d\cos\gamma_n\sin(\theta_n-\alpha)}+n_k(t)$$

相位矩阵 $\boldsymbol{A}(t)$：

$$\begin{bmatrix}1 & 1 & \cdots & 1 & \cdots & 1\\ \mathrm{e}^{\mathrm{j}\frac{2\pi}{\lambda_1}d\cos\gamma_1\sin(\theta_1-\alpha)} & \mathrm{e}^{\mathrm{j}\frac{2\pi}{\lambda_2}d\cos\gamma_2\sin(\theta_2-\alpha)} & \cdots & \mathrm{e}^{\mathrm{j}\frac{2\pi}{\lambda_n}d\cos\gamma_n\sin(\theta_n-\alpha)} & \cdots & \mathrm{e}^{\mathrm{j}\frac{2\pi}{\lambda_N}d\cos\gamma_N\sin(\theta_N-\alpha)}\\ \vdots & \vdots & & \vdots & & \vdots\\ \mathrm{e}^{\mathrm{j}(k-1)\cdot\frac{2\pi}{\lambda_1}d\cos\gamma_1\sin(\theta_1-\alpha)} & \mathrm{e}^{\mathrm{j}(k-1)\cdot\frac{2\pi}{\lambda_2}d\cos\gamma_2\sin(\theta_2-\alpha)} & \cdots & \mathrm{e}^{\mathrm{j}(k-1)\cdot\frac{2\pi}{\lambda_n}d\cos\gamma_n\sin(\theta_n-\alpha)} & \cdots & \mathrm{e}^{\mathrm{j}(k-1)\cdot\frac{2\pi}{\lambda_N}d\cos\gamma_N\sin(\theta_N-\alpha)}\\ \vdots & \vdots & & \vdots & & \vdots\\ \mathrm{e}^{\mathrm{j}(K-1)\cdot\frac{2\pi}{\lambda_1}d\cos\gamma_1\sin(\theta_1-\alpha)} & \mathrm{e}^{\mathrm{j}(K-1)\cdot\frac{2\pi}{\lambda_2}d\cos\gamma_2\sin(\theta_2-\alpha)} & \cdots & \mathrm{e}^{\mathrm{j}(K-1)\cdot\frac{2\pi}{\lambda_n}d\cos\gamma_n\sin(\theta_n-\alpha)} & \cdots & \mathrm{e}^{\mathrm{j}(K-1)\cdot\frac{2\pi}{\lambda_N}d\cos\gamma_N\sin(\theta_N-\alpha)}\end{bmatrix}_{K\times N}$$

(2) 相同结构形式的阵元以圆阵排列，接收信号产生的感应电动势。

当相同结构形式的阵元以圆阵排列时，单元天线 1 置于天线阵正北，第 $k(k=1,\cdots,K)$ 个阵元相对于正北的圆心角为 $(k-1)\cdot\dfrac{360°}{K}$。如果以圆心为参考，则阵元 k 对第 n 个信号接收

时，相位差 $\varphi_{kn} = \dfrac{2\pi}{\lambda_n} R \cos\left[(k-1)\cdot\dfrac{360°}{K} - \theta_n\right]\cos\gamma_n$，感应电动势：

$$e_k(t) = \sum_{n=1}^{N} s_n(t)\cdot e^{j\varphi_{kn}} + n_k(t) = \sum_{n=1}^{N} s_n(t)\cdot e^{j\frac{2\pi}{\lambda_n}R\cos\left[(k-1)\cdot\frac{360°}{K} - \theta_n\right]\cos\gamma_n} + n_k(t)$$

相位矩阵 $A(t)$：

$$\begin{bmatrix}
e^{j\frac{2\pi}{\lambda_1}R\cos(-\theta_1)\cos\gamma_1} & \cdots & e^{j\frac{2\pi}{\lambda_n}R\cos(-\theta_n)\cos\gamma_n} & \cdots & e^{j\frac{2\pi}{\lambda_N}R\cos(-\theta_N)\cos\gamma_N} \\
e^{j\frac{2\pi}{\lambda_1}R\cos\left(\frac{360°}{K}-\theta_1\right)\cos\gamma_1} & \cdots & e^{j\frac{2\pi}{\lambda_n}R\cos\left(\frac{360°}{K}-\theta_n\right)\cos\gamma_n} & \cdots & e^{j\frac{2\pi}{\lambda_N}R\cos\left(\frac{360°}{K}-\theta_N\right)\cos\gamma_N} \\
\vdots & & \vdots & & \vdots \\
e^{j\frac{2\pi}{\lambda_1}R\cos\left[(k-1)\cdot\frac{360°}{K}-\theta_1\right]\cos\gamma_1} & \cdots & e^{j\frac{2\pi}{\lambda_n}R\cos\left[(k-1)\cdot\frac{360°}{K}-\theta_n\right]\cos\gamma_n} & \cdots & e^{j\frac{2\pi}{\lambda_N}R\cos\left[(k-1)\cdot\frac{360°}{K}-\theta_N\right]\cos\gamma_N} \\
\vdots & & \vdots & & \vdots \\
e^{j\frac{2\pi}{\lambda_1}R\cos\left[(K-1)\cdot\frac{360°}{K}-\theta_1\right]\cos\gamma_1} & \cdots & e^{j\frac{2\pi}{\lambda_n}R\cos\left[(K-1)\cdot\frac{360°}{K}-\theta_n\right]\cos\gamma_n} & \cdots & e^{j\frac{2\pi}{\lambda_N}R\cos\left[(K-1)\cdot\frac{360°}{K}-\theta_N\right]\cos\gamma_N}
\end{bmatrix}_{K\times N}$$

特别地，当单元天线数目 $K = 5$，目标信号数为 $N = 2$ 时，如果参考单元天线对目标信号 1 接收的感应电动势为 $s_1(t) = E_{m1}\cdot e^{j\omega_1 t}$，对目标信号 2 接收的感应电动势 $s_2(t) = E_{m2}\cdot e^{j\omega_2 t}$。圆阵排列时各阵元感应电动势：

$$\begin{bmatrix} e_1(t) \\ e_2(t) \\ e_3(t) \\ e_4(t) \\ e_5(t) \end{bmatrix} = \begin{bmatrix}
e^{j\frac{2\pi}{\lambda_1}R\cos(-\theta_1)\cos\gamma_1} & e^{j\frac{2\pi}{\lambda_2}R\cos(-\theta_2)\cos\gamma_2} \\
e^{j\frac{2\pi}{\lambda_1}R\cos(1\times72°-\theta_1)\cos\gamma_1} & e^{j\frac{2\pi}{\lambda_2}R\cos(1\times72°-\theta_2)\cos\gamma_2} \\
e^{j\frac{2\pi}{\lambda_1}R\cos(2\times72°-\theta_1)\cos\gamma_1} & e^{j\frac{2\pi}{\lambda_2}R\cos(2\times72°-\theta_2)\cos\gamma_2} \\
e^{j\frac{2\pi}{\lambda_1}R\cos(3\times72°-\theta_1)\cos\gamma_1} & e^{j\frac{2\pi}{\lambda_2}R\cos(3\times72°-\theta_2)\cos\gamma_2} \\
e^{j\frac{2\pi}{\lambda_1}R\cos(4\times72°-\theta_1)\cos\gamma_1} & e^{j\frac{2\pi}{\lambda_2}R\cos(4\times72°-\theta_2)\cos\gamma_2}
\end{bmatrix} \cdot \begin{bmatrix} E_{m1}\cdot e^{j\omega_1 t} \\ E_{m2}\cdot e^{j\omega_2 t} \end{bmatrix} + \begin{bmatrix} n_1(t) \\ n_2(t) \\ n_3(t) \\ n_4(t) \\ n_5(t) \end{bmatrix}$$

2. 接收信道阵列

接收信道阵列对天线阵列感应电动势进行放大、滤波、变频等处理，得到适合 A/D 转换的中频信号，接收信道阵列输出信号经 A/D 转换后输出数字信号。

为了捕获空间中出现的突发的、短暂的信号，数据接收部分要求 A/D 转换器的采样精度高，有效字长多，单位时间内的采样次数多，但 A/D 转换器的位数选择应考虑信号的动态范围、量化噪声对测向性能的影响以及价格等因素。在实际工程应用中，各个接收信道常常采用变频的外差式接收信道，由于各种原因会出现一定程度的偏差或扰动，可能造成后面参数估计算法的性能严重恶化，甚至失效。

3. 空间参数处理器及阵列信号处理算法

基于高速数字信号处理终端，采用性能优异的高效测向算法是阵列测向技术的核心。

接收信道输出的数字信号进入空间参数处理器，阵列信号处理算法首先对接收信道进行幅度和相位偏移的误差校正，降低各个接收信道的差异，保证各接收信道的一致性；然后，采取天线阵列波束形成技术或者空间谱估计技术，提取来波信号的方位角。

各接收信道输出信号经过幅度和相位偏移的误差校正，仍然可以将空间参数处理器输入的数字信号写成 $E_{K\times 1} = A_{K\times N} S_{N\times 1} + N_{K\times 1}$ 的形式，其中，E 为数字感应电动势矩阵，相位矩阵 A 为数字相位矩阵，N 为数字噪声矩阵。侦察方不知道接收信号的数目 N，所以不能事先知道相位矩阵的列数和信号矩阵的行数。

1) 天线波束形成技术

天线阵列具有明确的方向特性是测向的基本要求，也是提高测向精度的重要因素，因此阵列天线波束形成技术成为阵列测向系统的关键技术之一。

常规阵列天线波束形成法的思想是通过将各阵元输出进行复加权并求和，如果复加权矩阵 $W_{1\times K} = \begin{bmatrix} B_1 e^{j\varphi_1} & B_2 e^{j\varphi_2} & \cdots & B_k e^{j\varphi_k} & \cdots & B_K e^{j\varphi_K} \end{bmatrix}$，其中，$B_k$ 表示增益，φ_k 表示相位，输出感应电动势：

$$e_{\text{out}}(t) = W_{1\times K} \cdot E_{K\times 1} = \begin{bmatrix} B_1 e^{j\varphi_1} & B_2 e^{j\varphi_2} & \cdots & B_k e^{j\varphi_k} & \cdots & B_K e^{j\varphi_K} \end{bmatrix} \begin{bmatrix} e_1(t) \\ e_2(t) \\ \vdots \\ e_k(t) \\ \vdots \\ e_K(t) \end{bmatrix} = \sum_{k=1}^{K} \left[B_k e^{j\varphi_k} e_k(t) \right]$$

(5.6.4)

改变天线位置，使各天线元感应电动势变化；改变复加权矩阵，使输出为具有特定方向特性的信号。一定的天线位置和复加权，使某一时间内的天线阵列波束"导向"在一个方向上，利用窄波束天线区分不同方位的来波，从而给出电波到达方向的估计值。

【例 5.6.1】 最大信号法测向原理中，当相同结构形式的阵元以直线阵排列时，如果复加权矩阵 $W_1 = \begin{bmatrix} 1 & \cdots & 1 & 1 & \cdots & 1 \end{bmatrix}_{1\times K}$ 时，输出感应电动势：

$$e_A(t) = \begin{bmatrix} 1 & \cdots & 1 & 1 & \cdots & 1 \end{bmatrix}_{1\times K} \begin{bmatrix} e_1(t) \\ e_2(t) \\ \vdots \\ e_k(t) \\ \vdots \\ e_K(t) \end{bmatrix} = e_1(t) + \cdots + e_{\frac{K}{2}}(t) + e_{\frac{K}{2}+1}(t) + \cdots + e_K(t)$$

$$= \sum_{k=1}^{\frac{K}{2}} e_k(t) + \sum_{k=\frac{K}{2}+1}^{K} e_k(t)$$

$e_A(t)$ 有尖锐的方向特性，可以用于信号的搜索。

如果复加权矩阵 $W_2 = \begin{bmatrix} 1 & \cdots & 1 & -1 & \cdots & -1 \end{bmatrix}_{1\times K}$ 时，输出感应电动势：

$$\boldsymbol{e}_B(t) = \begin{bmatrix} 1 & \cdots & 1 & -1 & \cdots & -1 \end{bmatrix}_{1\times K} \begin{bmatrix} e_1(t) \\ e_2(t) \\ \vdots \\ e_{\frac{K}{2}}(t) \\ \vdots \\ e_K(t) \end{bmatrix}_{K\times 1} = e_1(t) + \cdots + e_{\frac{K}{2}}(t) - e_{\frac{K}{2}+1}(t) - \cdots - e_K(t)$$

$$= \left[e_1(t) + \cdots + e_{\frac{K}{2}}(t) \right] - \left[e_{\frac{K}{2}+1}(t) + \cdots + e_K(t) \right] = \sum_{k=1}^{\frac{K}{2}} e_k(t) - \sum_{k=\frac{K}{2}+1}^{K} e_k(t)$$

$\boldsymbol{e}_B(t)$ 在信号方向上有陡峭变化的方向特性，可以用于信号方位的精测。

阵列天线波束形成可以在空间参数处理器中完成，也可以在射频进行；在射频进行阵列天线波束形成时，需要的接收信道比较少，但对各阵元输出的复加权不够灵活。

将各阵元接收信号分别送入接收信道，在输入端由空间参数处理器实现各阵元的复加权及天线波束形成，可以达到比较理想的方向特性。

对于一个确定的有限阵元构成的阵列，其最小波束宽度是一定的，当两个入射角度靠得比较近时，仍然不能将它们区别开来，特别当多个信号处于同一波束宽度内时，常规波束形成法不能分辨这些信号。通过空域信号处理的波束形成技术，可以对常规波束形成方法进行修正，通过增加对已知信息的利用程度而提高对目标的分辨能力，形成基于阵列的窄带信号高分辨 DOA 估计方法。

当阵列天线波束形成不能满足信号参数估计要求的时候，可以在空间参数处理器中采用一定的算法对目标信号进行空域参数估计。其中，基于现代谱估计技术的空间谱估计算法是高分辨率测向算法的典型代表，空间谱估计算法很多，其中多重信号分类(Multiple Signal Classification，MUSIC)最经典。

2）基于 MUSIC 算法的测向技术

标准 MUSIC 算法的基本思想是将阵列输出数据的协方差矩阵 $\boldsymbol{R}_E$ 进行特征分解，得到与信号分量相对应的信号子空间和与信号分量正交的噪声子空间，然后利用这两个子空间的正交性来估计信号的入射方向。具体方法如下。

（1）计算阵列输出数据的协方差矩阵 $\boldsymbol{R}_E$。

根据 K 个阵元输出数据并通过接收信道输出 $\boldsymbol{E}_{K\times 1}(t) = \boldsymbol{AS} + \boldsymbol{N}$，计算 K 个阵元输出数据的协方差矩阵：

$$\begin{aligned} \boldsymbol{R}_E &= \boldsymbol{E}\left[\boldsymbol{E}\boldsymbol{E}^{\mathrm{H}}\right] = \boldsymbol{E}\left\{[\boldsymbol{AS}+\boldsymbol{N}][\boldsymbol{AS}+\boldsymbol{N}]^{\mathrm{H}}\right\} \\ &= \boldsymbol{A}\boldsymbol{E}\left[\boldsymbol{SS}^{\mathrm{H}}\right]\boldsymbol{A}^{\mathrm{H}} + \boldsymbol{E}\left[\boldsymbol{NN}^{\mathrm{H}}\right] + \boldsymbol{A}\boldsymbol{E}\left[\boldsymbol{SN}^{\mathrm{H}}\right] + \boldsymbol{E}\left[\boldsymbol{NS}^{\mathrm{H}}\right]\boldsymbol{A}^{\mathrm{H}} \\ &= \boldsymbol{A}\boldsymbol{R}_S\boldsymbol{A}^{\mathrm{H}} + \boldsymbol{R}_N + \boldsymbol{A}\boldsymbol{E}\left[\boldsymbol{SN}^{\mathrm{H}}\right] + \boldsymbol{E}\left[\boldsymbol{NS}^{\mathrm{H}}\right]\boldsymbol{A}^{\mathrm{H}} \end{aligned} \quad (5.6.5)$$

式中，H 为共轭转置号；$\boldsymbol{R}_S = \boldsymbol{E}\left[\boldsymbol{SS}^{\mathrm{H}}\right]$ 为信号协方差矩阵；$\boldsymbol{R}_N = \boldsymbol{E}\left[\boldsymbol{NN}^{\mathrm{H}}\right]$ 为噪声协方差矩阵。

考虑到噪声与信号不相关，所以 $E\left[SN^H\right]=0$，$E\left[NS^H\right]=0$；考虑到各阵元接收噪声方差为 σ^2 且不相关，所以噪声协方差矩阵 $\boldsymbol{R}_N=E\left[NN^H\right]=\sigma^2\boldsymbol{I}$。$K$ 个阵元输出数据 $K\times K$ 的协方差矩阵：

$$\boldsymbol{R}_E = \boldsymbol{A}E\left[SS^H\right]\boldsymbol{A}^H + \sigma^2\boldsymbol{I} = \boldsymbol{A}\boldsymbol{R}_S\boldsymbol{A}^H + \sigma^2\boldsymbol{I} = \begin{bmatrix} R_{11}+\sigma^2 & R_{12} & \cdots & R_{1K} \\ R_{21} & R_{22}+\sigma^2 & \cdots & R_{2K} \\ \vdots & \vdots & & \vdots \\ R_{1K} & R_{2K} & \cdots & R_{KK}+\sigma^2 \end{bmatrix} \quad (5.6.6)$$

式中，R_{ij} 为 $\boldsymbol{A}\boldsymbol{R}_S\boldsymbol{A}^H$ 中第 i 行第 j 列的元素值。

(2) 对 $\boldsymbol{R}_E$ 进行特征分解，求其特征值和特征向量。

因为 $\sigma^2>0$，$\boldsymbol{R}_E$ 为 $K\times K$ 的满秩阵，有 K 个正实特征值 $\mu_k(k=1,2,\cdots,K)$，分别对应 K 个特征向量 $\boldsymbol{v}_k(k=1,2,\cdots,K)$；又由于 $\boldsymbol{R}_E$ 是 Hermite 矩阵，所以各特征向量相互正交，即 $\boldsymbol{v}_i\boldsymbol{v}_j=0(i\neq j)$。如果 μ_i 和 $\boldsymbol{v}_i$ 为 $\boldsymbol{R}_E$ 的第 i 个特征值和特征向量，则 $\boldsymbol{R}_E\boldsymbol{v}_i=\mu_i\boldsymbol{v}_i$。

在 K 个特征值 $\mu_k(k=1,2,\cdots,K)$ 中，与信号有关的特征值应为 $\boldsymbol{A}\boldsymbol{R}_S\boldsymbol{A}^H$ 特征值与 σ^2 之和；与噪声有关的特征值应为 σ^2，可见，与信号有关的特征值大于与噪声有关特征值。

(3) 估计目标信号数目 N，构造噪声矩阵 $\boldsymbol{E}_N$。

将 $\boldsymbol{R}_E$ 的特征值从大到小进行排序，如果 $\mu_1\geq\mu_2\geq\cdots\geq\mu_K\geq 0$，认为比较大的 N 个特征值 $\mu_1,\mu_2,\cdots,\mu_N$ 对应信号，对应的特征向量 $\boldsymbol{v}_1,\boldsymbol{v}_2,\cdots,\boldsymbol{v}_N$ 为信号特征向量；比较小的 $K-N$ 个特征值 $\mu_{N+1},\mu_{N+2},\cdots,\mu_K$ 对应噪声，对应的特征向量 $\boldsymbol{v}_{N+1},\boldsymbol{v}_{N+2},\cdots,\boldsymbol{v}_K$ 为噪声特征向量。

如果噪声的特征值为 $\sigma^2\boldsymbol{I}$，对应噪声特征向量 $\boldsymbol{v}_i$，则 $\boldsymbol{R}_E\boldsymbol{v}_i=\sigma^2\boldsymbol{v}_i=\left(\boldsymbol{A}\boldsymbol{R}_S\boldsymbol{A}^H+\sigma^2\boldsymbol{I}\right)\boldsymbol{v}_i$。由于 $\sigma^2\boldsymbol{v}_i=\sigma^2\boldsymbol{I}\boldsymbol{v}_i$，则 $\boldsymbol{A}\boldsymbol{R}_S\boldsymbol{A}^H\boldsymbol{v}_i=0$。将 $\boldsymbol{A}\boldsymbol{R}_S\boldsymbol{A}^H\boldsymbol{v}_k=0$ 的两边同乘 $\boldsymbol{R}_S^{-1}\left(\boldsymbol{A}^H\boldsymbol{A}\right)\boldsymbol{A}^H$，则 $\boldsymbol{R}_S^{-1}\left(\boldsymbol{A}^H\boldsymbol{A}\right)\boldsymbol{A}^H\boldsymbol{A}\boldsymbol{R}_S\boldsymbol{A}^H\boldsymbol{v}_i=0$，由于 $\boldsymbol{R}_S^{-1}\left(\boldsymbol{A}^H\boldsymbol{A}\right)\boldsymbol{A}^H\boldsymbol{A}\boldsymbol{R}_S$ 不恒为 0，所以 $\boldsymbol{A}^H\boldsymbol{v}_i=0$，表示噪声特征值所对应的特征向量 $\boldsymbol{v}_i$ 与相位矩阵 $\boldsymbol{A}$ 的列向量 $\boldsymbol{a}(\theta)_{K\times 1}$ 正交，而相位矩阵 $\boldsymbol{A}$ 的每列与一个信号源的方向对应。

以各个噪声的特征向量为列，构造一个噪声矩阵 $\boldsymbol{E}_N=[\boldsymbol{v}_{N+1},\boldsymbol{v}_{N+2},\cdots,\boldsymbol{v}_K]_{K\times(K-N)}$。

(4) 利用空间谱的波峰，估计到达信号的方位角。

定义空间谱：

$$P(\theta)=\frac{1}{\boldsymbol{a}^H(\theta)\boldsymbol{E}_N\boldsymbol{E}_N^H\boldsymbol{a}(\theta)}$$

理论上，当 $\boldsymbol{a}(\theta)$ 与 $\boldsymbol{E}_N$ 的各列 $\boldsymbol{v}_{N+1},\boldsymbol{v}_{N+2},\cdots,\boldsymbol{v}_K$ 正交时，$\boldsymbol{a}^H(\theta)\boldsymbol{E}_N\boldsymbol{E}_N^H\boldsymbol{a}(\theta)=0$，$P(\theta)\to\infty$，实际上，由于噪声的存在，$\boldsymbol{a}^H(\theta)\boldsymbol{E}_N\boldsymbol{E}_N^H\boldsymbol{a}(\theta)$ 是一个很小的值，$P(\theta)$ 很大，对应一个很高的波峰。应用中，通过寻找 $P(\theta)$ 的波峰，寻找来波的方位角。

MUSIC 算法可以实现多目标信号的高精度测向，正确、快速地提取 $\boldsymbol{R}_E$ 的特征值和特征向量是 MUSIC 算法的关键技术之一，另外，根据 $\boldsymbol{R}_E$ 的特征值估计信号源数目时，信号源数目估计的方法及判断信号源数目的正确性，对 MUSIC 算法的性能有很大的影响。

5.7 测向误差

从无线电辐射源发出信号到测向机输出得到示向度，各种因素影响无线电测向对目标信号到达方向的测量精度。

5.7.1 测向误差的分类

根据不同的分类原则，测向误差有不同的分类方法。

1. 按照误差的特征分类

按照误差的特征，测向误差可以分为系统误差和随机误差。

系统误差是在给定条件下，由给定因素造成的、具有固定特征的误差，也称固定误差。因此，固定误差是可以校正的。随机误差是由各种不关联因素造成的、具有随机特征的误差。随机误差是不能校正的，但通过多次测量并辅助一定的统计处理可以减少随机误差的影响。有些时候，固定误差和随机误差是可以互相转换的。

2. 按照测向误差的存在特点分类

按照测向误差的存在特点，测向误差可以分为客观误差和主观误差。

客观误差包括各种客观因素引起的误差，有些客观因素是可以避免或者降低的，有些客观因素目前还没有办法解决；主观误差包括各种由操作人员因素造成的误差，包括操作人员的技术误差和责任误差。电子对抗的信号环境比较复杂，往往需要人工辅助测向工作，技术误差产生的原因主要是操作人员的技术水平不佳，采取的测向方法不当；影响责任误差的原因主要是操作人员的思想状况和工作态度。但是，客观存在的信号环境、设备状况、辐射源信号质量也可能影响操作人员的情绪，可见，客观误差和主观误差是互相影响的。

3. 按照误差的来源划分

按照误差的来源，测向误差可以分为传播误差、环境误差、设备误差和人为误差。

1）传播误差

辐射源发射信号通过传播媒介（如空间电离层、大气），传播媒介的吸收性、不均匀性等因素可能引起电波传播方向的随机偏差、产生时间延迟效应、引起信号幅度随机衰落等现象，由此引起测向误差，这种误差可以称为传播误差。

传播误差主要考虑发射台与接收台之间传输路径上的误差，与传输路径、传输气象等条件有关。传输路径与信号的工作频率有关，不同频段的通信信号采用不同的传播模式，其传播距离、传输路径特性、传播条件不同，可能存在的传播误差大小不同；即使同一频率的电波，其在不同季节、气候、温度、湿度甚至一天中的不同时间段的传播特性都有很大的差异，因此传输介质造成的入射电场和磁场畸变不同，引起的测向误差（传播误差）也不同。传播误差既表现出一定的固定性，也表现出一定的随机性，是不可避免、客观存在的。例如，气象条件是变化的，其造成的误差是随机的，但特定的气象条件又具有一定的规律性。

2) 环境误差

环境误差产生的原因是辐射源发射信号通过传播媒介到达测向站附近,可能会遇到各种地面障碍物(如电线、塔、船桅、森林、植物等)构成的二次辐射体、反射体,导致地面特性的跃变而影响测向结果;另外,测向天线与测向设备安装平台的不规则性也直接影响测向结果。环境误差主要考虑测向场地附近的情况,也称场地误差。场地误差是一个复杂的因素,为了便于讨论,往往以测向天线为中心,以距测向天线的距离 r 为半径,将测向场地分为超近区(超近场)、近区(近场)和远区(远场)三个区。

(1) 超近区(超近场)。

超近区是指紧靠测向天线的区域,即 $\beta r<1$($\beta=2\pi/\lambda$ 是相移常数)的区域。

测向天线安装在一定的平台上,超近区与安装平台不能分离。安装平台的电气性能严重影响测向天线的电性能。另外,测向天线与安装平台之间会产生相互作用。

地面是陆基测向设备的安装平台,大地介电常数和电导率的变化都可能引起到达方向误差,因此要求地面参数一致,常常采用屏蔽、均衡、地面化学处理、架高天线等技术措施来减弱大地对测向的影响。

人体是便携式测向设备的安装平台,测向天线与人体之间会产生相互作用,因此减少人体对测向的影响是一个重要的问题。

(2) 近区(近场)。

近区是指从超近区到距测向天线 5～10 个波长之内的区域,也称为"测向场地"。近区内地形的不规则性、点状和大面积辐射物是造成测向误差的主要因素。

固定测向站的测向场地基本稳定,属于固定误差的范畴。通过对已知辐射源到达方向数据的积累,构成校正数据库,在实际测向过程中进行校正处理,可以大大减少测向场地误差。但测向场地中物体也存在时变特性(例如,植物和地面参数的季节性变化),需要及时调整校正数据,保证校正数据库的可靠性。

移动测向站的测向场地无法确定,属于未知的固定误差,对测向性能有重大的影响。

(3) 远区(远场)。

远区是指 5～10 个波长范围之外的区域,包括远离测向环境的外部地区。

固定测向站的远区基本稳定,其造成的误差属于固定误差,虽然无法控制但影响相对较小,可以通过对已知、远距离传输辐射源到达方向数据的积累形成校正数据库,在实际测向过程中进行校正处理,减少测向误差。移动测向站的远区难以控制,其造成的误差具有随机性,但影响相对较小。

选择"良好"场地和采用环境误差弥补技术可以有效减小环境误差。其中,选择具有均匀一致、较高地面导电率和湿度的高、平、无障碍的"良好"地形是降低环境误差的理想措施。对于移动无线电测向设备而言,"良好"地形是无法保证的,可以在天线上采用一些弥补技术(如屏蔽、高架、平衡对称等),获得一个近似无干扰的超近场,在一定程度上降低环境误差。另外,经过训练、有经验的测向操作员根据场地情况,比照类似环境进行适当校正也可以降低环境误差。

3) 设备误差

首先,各种体制的测向设备都存在一定的技术缺陷;另外,在测向设备工作过程中,可能会遇到各天线元特性不平衡、天线接收方向图失真、设备各单元的工作状态不理想等设备缺陷，由此产生的误差称为设备误差或者接收机误差。在测向设备性能指标中的测向误差，主要是指设备误差。

设备误差主要由测向设备技术缺陷引起，但也不排除在传播过程中信号质量下降以及工作人员没有将设备调整到最佳工作状态等因素的影响。在测向设备的工作原理中已经对各种设备误差进行了详细的介绍，这里不再赘述。

4）人为误差

测向的过程需要人工参与，在测向的过程中，由于人员的原因而导致的测向误差统称为人为误差。

人为误差与人员的技术水平、工作经验、工作态度等因素有关。例如，由人员的技术水平有限、工作经验不足，在测向的过程中采用的信号分析算法的精度和稳定度不高、测向站位置配置不理想等导致测向误差；由人员工作态度不端正、天线架设不理想、接收机通道特性没有及时校准、没有进行多次测量等导致测向误差。

另外，测向的客观条件也会对人员产生影响，进而导致人为误差。例如，场地条件的限制，使得测向人员无法找到理想的架设场地，导致测向误差；测向设备本身的能力限制，测向结果显示在测向终端上，测向数字终端显示图形、数据的波动或小音点听觉判定的不确定性，使得操作员对到达方向测量结果的观测不可靠，由此形成测向误差。

人为误差具有随机性，因为人员工作态度、需要架设的场地等都具有一定的随机性，但是人员的技术水平、工作经验、测向设备等在一定的时间段内又是相对稳定的，由此导致的人为误差又具有固定性特点。

5.7.2 几种典型的测向误差

1. 传输介质变化带来测向误差

电波在经过两个介电常数不同的传输介质的交界面时，由于传输速度（如 $v_1 > v_2$）不同，在时间一定的条件下，传输介质交界面处传输距离不等（如 $r_1 = v_1 \cdot \Delta t > v_2 \cdot \Delta t = r_2$），从而使得发射波的波振面与接收波的波振面不再平行，电波传播方向发生转变。由于接收波振面与发射波振面的夹角 $\delta = \arcsin\left(\dfrac{r_1 - r_2}{d}\right) = \arcsin\left(\dfrac{v_1 - v_2}{d}\right)$，其中，$d$ 是两条平行传播线之间的间距；而测向站测量以接收波振面的法线作为示向线，以接收波振面的法线方向作为示向度，发射台不在示向线的反向延长线上，必然造成测向误差，如图 5.7.1 所示。可见，传输路径上传输介质的介电常数变化，会使电波在传输过程中的传播速度发生变化，引起传输波振面倾斜，导致传播方向发生变化，进而造成测向误差。

海岸与陆地的交界面是传输介质变化的典型例子，当无线电波在靠近海岸线的水面上方传播时，由在水面上方的速度略大于在陆地上的速度（$v_水 > v_陆$）而引起无线电波向海岸线弯曲，造成无线电测向指示误差，这种现象称为海岸效应。习惯上，在无线电测向中，将传输介质变化带来的测向误差统称为海岸效应误差。

海岸效应误差是一种典型的传播误差，既可能出现在传播过程中，也可能出现在测向场地附近。电波传播过程中传输介质随机变化，再加上距离较远，一般可以不予考虑；测

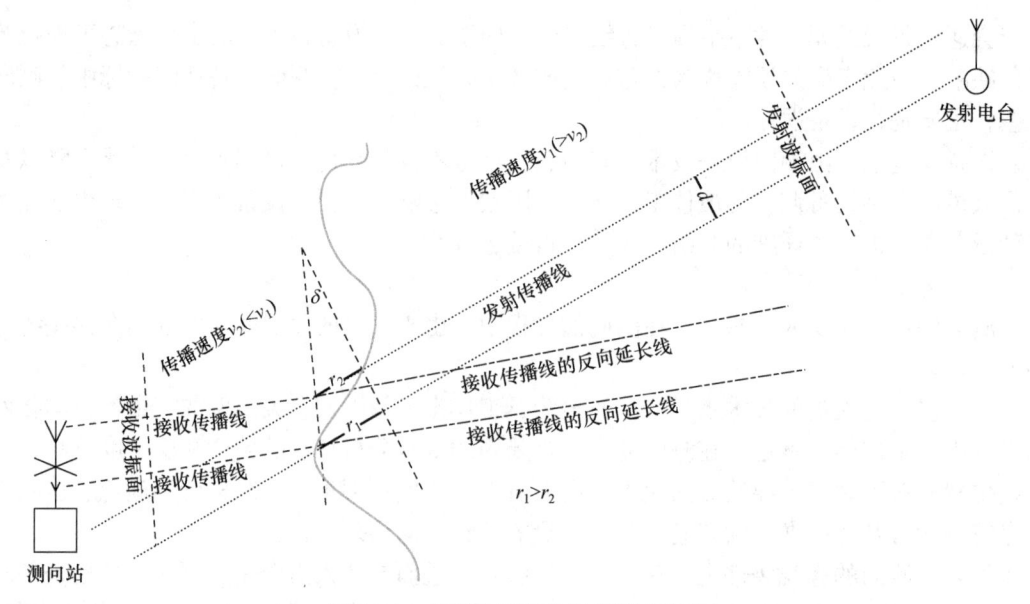

图 5.7.1　传输介质变化引起测向误差

向场地附近地面和地形的不规则性，造成传输介质变化，进而海岸效应会对测向造成较大的影响，为此，要求测向场地尽可能均匀一致，避免传输介质变化造成测向误差。

考虑到特定场地的海岸效应基本固定，对于不能回避海岸效应的测向场地，需要进行固定误差的校正，以减小测向误差。

2. 反射体造成的测向误差

电波在传输过程中，由于传输路径上存在一些障碍物，这些障碍物不仅对电波进行吸收，还进行二次反射、三次反射甚至更多次反射，如图 5.7.2 所示。因此，到达测向设备的电波不仅有来自发射机的电波，还有来自障碍物反射的电波。这些电波具有同时、同频但来波方位不同的特点。

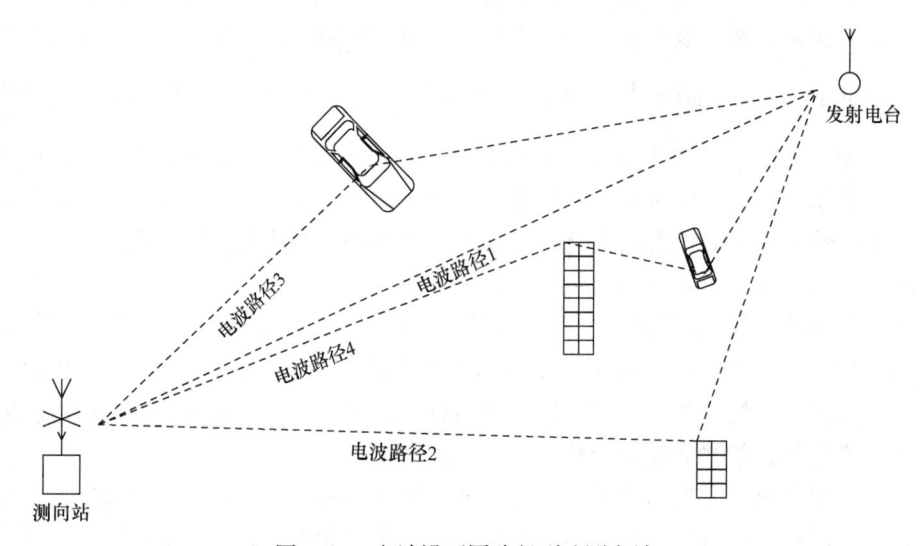

图 5.7.2　电波沿不同路径到达测向站

在实际的无线电波传播信道中(包括所有波段),常有许多时延不同的传输路径,称为多径(传输)现象。电波传播信道中的多径(传输)现象所引起的干涉延时效应,称为多径效应。

由于超过二次以上的反射体(如三次、四次等)在多次反射过程中幅度损耗加大,信号强度降低,对合成信号的影响较小,所以一般只考虑二次反射体。习惯上,在无线电测向中,将二次反射体造成的测向误差统称为多径效应误差。

利用合成信号测得的示向度与目标信号的方位角必然存在误差,误差的大小与发射信号的多少、强度、延时、测向设备的工作方式有关。

多径效应使接收信号的强度由各直射波和反射波叠加合成,引起信号幅度衰落;各条路径的长度会随时间而变化,故到达接收点的各电场分量之间的相位关系也是随时间而变化的,造成总接收电场的衰落;多径效应中不同频率分量之间的相位关系不同,干涉效果也不同,形成频率选择性。因此,多径效应不仅是衰落的主要原因,也是限制传输带宽或传输速率的根本因素之一。

多径效应误差是一种典型的环境误差,多径效应误差既可能出现在传播过程中,也可能出现在测向场地附近。一般情况下,电波传播过程中的障碍物随机变化,再加上距离较远,可以不予考虑;测向场地附近障碍物(特别是点状和大面积辐射物)造成的多径效应会对测向造成较大的影响,为此,要求测向应尽可能选择高、平、无障碍的"良好"地形,避免多径效应造成测向误差。

在实际测向过程中应尽量回避附近有障碍物的场地。但测向天线附近的(超近区)金属导体(如天线安装平台、天线阵列中的其他天线单元等)也可能产生二次辐射而造成测向误差,这种误差也被称为无线电自差,对安装后的无线电测向系统进行测试与校准,并对无线电测向系统进行经常性的操作测试与评估,是解决好无线电自差的一项重要工作。

障碍物并不是多径效应造成测向误差的唯一原因:当电波是短波电离层反射传播或者对流层电波传播时,多径效应产生的传播误差经常发生而且很严重。在视距电波传播中,地面反射也是多径的一种可能来源。特别是短波电离层反射传播时,由于光照对电离层的影响,白天和夜晚测向误差变化很大。例如,夜间测向定位时,所接收的无线电地波信号由于受天波的干扰,测向产生误差,也称为夜间效应误差。

在实际测向过程中,无线电辐射源及测向站的地理位置在某一段时间内通常是固定不变的,工作频段也固定在某一个较窄的范围,因此各二次辐射体或反射体基本确定,一定工作频率对应的多径效应引起的测向误差具有固定误差的属性;但如果工作频率点发生变化,则多径效应引起的测向误差仍可能发生很大的变化。如果测向站的地理位置或无线电辐射源的地理位置发生了变化,即使信号的工作频率保持不变,各二次辐射体或反射体都会发生相应的变化,多径效应引起的测向误差会有很大的变化。一般说来,多径效应引起的测向误差很难进行修正。

3. 电离层倾斜造成的测向误差

波的反射遵循入射线、反射线、反射面的法线三者共处于同一平面,且入射角等于反射角的规律。对于短波波段通过天波单跳传播的远距离目标信号,如果电离层倾斜,就会在传播过程中改变电波的传播方向,引起示向线偏离在方位线的旁边,如图 5.7.3 所示。

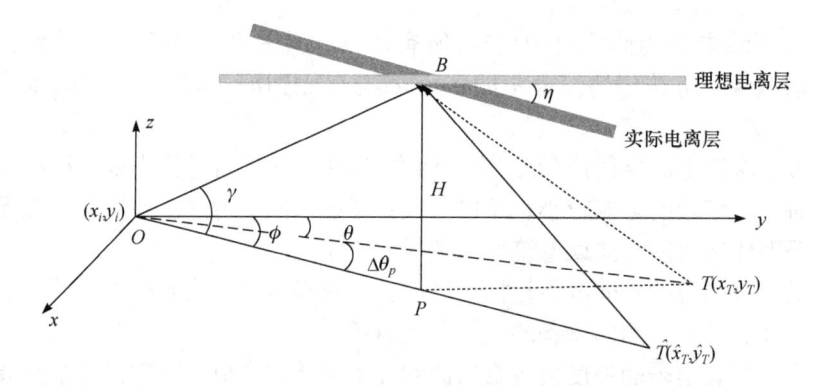

图 5.7.3 电离层倾斜造成的旁侧误差

假设电离层的倾斜角为 η，电波由 T 点(无线电辐射源)发出入射到电离层后，经过 B 点反射到地面上的 O 点(测向站)，TB 在地面上的投影为 TP，BO 在地面上的投影为 PO，由于电离层倾斜，TP 与 PO 不在一条直线上。但测向机会认为电波是沿 $\hat{T}PO$ 方向到达 O 点，这样，测得的示向度与真实无线电辐射源所处的方位偏离 $\Delta\theta_p$ 的角度。这种由等电离度的电离层发生倾斜而引起电波传播路径在地面上的投影发生偏侧现象造成的误差，称为旁侧误差。

旁侧误差是一种长距离短波传输过程中的传播误差，主要发生在电波的传播过程中，由于电离层的变化随机性很强，旁侧误差属于随机误差，在一定时间范围内，电离层的倾斜程度基本稳定，其旁侧误差又具有一定的固定特征。在实际测向过程中，由于难以掌握电离层的倾斜程度，因此，电离层倾斜引起的旁侧误差很难修正。

4. 天线架设不理想造成的测向误差

战术无线电测向设备在野战条件下安装架设时很难做到严格精确，特别是天线的安装架设常出现偏差，例如，各天线元不是安装在等半径圆周上、天线元的定位角度不精确、天线底座不在同一水平面、天线倾斜架设等，这些都会引起测向误差。由于篇幅问题，这里仅介绍两副分别固定配置于南北方向、东西方向的 Adcock 天线定位不精确引起的测向误差。

假设：配置于南北方向的 Adcock 天线顺时针偏离南北方向 δ_{NS}，配置于东西方向的 Adcock 天线顺时针偏离东西方向 δ_{EW}，接收电波的极化角为 ψ，仰角为 γ，来波方位角为 θ，如图 5.7.4 所示。

电波到达南北方向 Adcock 天线的相位差：$\varphi_{NS} = \beta d \cdot \cos(\theta - \delta_{NS}) \cdot \cos\gamma$。

电波到达东西方向 Adcock 天线的相位差：$\varphi_{EW} = \beta d \cdot \sin(\theta - \delta_{EW}) \cdot \cos\gamma$。

如果进行相位比较法测向，得到示向度：

$$\phi = \arctan\left(\frac{\varphi_{EW}}{\varphi_{NS}}\right) = \arctan\left[\frac{\sin(\theta - \delta_{EW})}{\cos(\theta - \delta_{NS})}\right] \tag{5.7.1}$$

南北方向 Adcock 天线感应电动势：

$$e_{NS} = 2Eh \cdot \cos\psi \cdot \cos\gamma \cdot \sin\left[\frac{\pi \cdot d \cdot \cos(\theta - \delta_{NS}) \cdot \cos\gamma}{\lambda}\right] \cdot e^{j[\omega(t+T+\Delta T)+90°]} \tag{5.7.2}$$

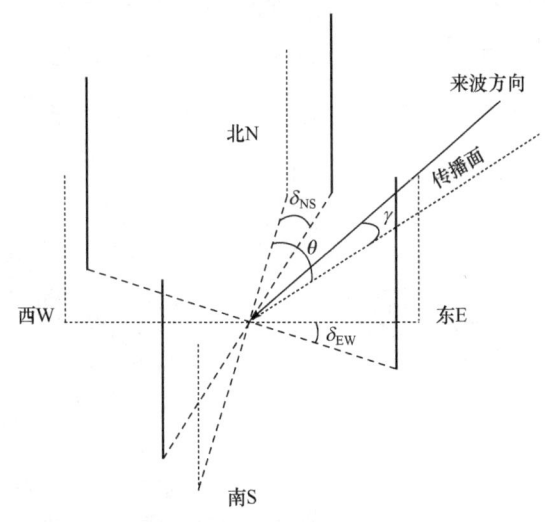

图 5.7.4 天线定位不精确示意图

东西方向 Adcock 天线感应电动势：

$$e_{EW} = 2Eh \cdot \cos\psi \cdot \cos\gamma \cdot \sin\left[\frac{\pi \cdot d \cdot \sin(\theta - \delta_{EW}) \cdot \cos\gamma}{\lambda}\right] \cdot e^{j[\omega(t+T+\Delta T)+90°]} \quad (5.7.3)$$

如果进行幅度比较法测向，得到示向度：

$$\phi = \arctan\left(\frac{e_{EW}}{e_{NS}}\right) = \arctan\left\{\frac{\sin\left[\dfrac{\pi \cdot d \cdot \sin(\theta - \delta_{EW}) \cdot \cos\gamma}{\lambda}\right]}{\sin\left[\dfrac{\pi \cdot d \cdot \cos(\theta - \delta_{NS}) \cdot \cos\gamma}{\lambda}\right]}\right\} \stackrel{\frac{d}{\lambda} \ll 1}{\approx} \arctan\left[\frac{\sin(\theta - \delta_{EW})}{\cos(\theta - \delta_{NS})}\right] \quad (5.7.4)$$

根据式(5.7.1)或者式(5.7.4)，可得到测向误差(图5.7.5)：

$$\Delta\theta = \theta - \phi = \theta - \arctan\left[\frac{\sin(\theta - \delta_{EW})}{\cos(\theta - \delta_{NS})}\right] \quad (5.7.5)$$

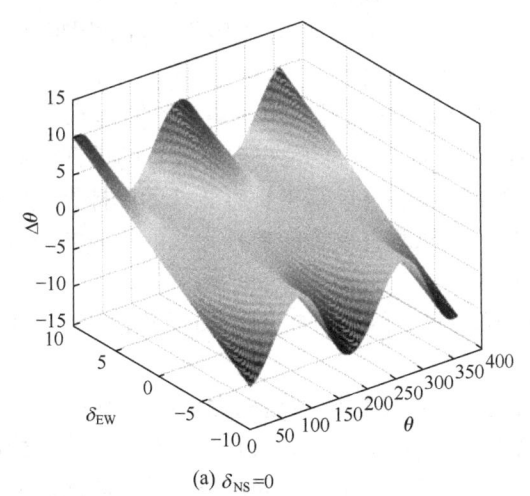

(a) $\delta_{NS} = 0$

(b) $\delta_{EW}=0$　　　　　　　　　　　(c) $\theta=56°$

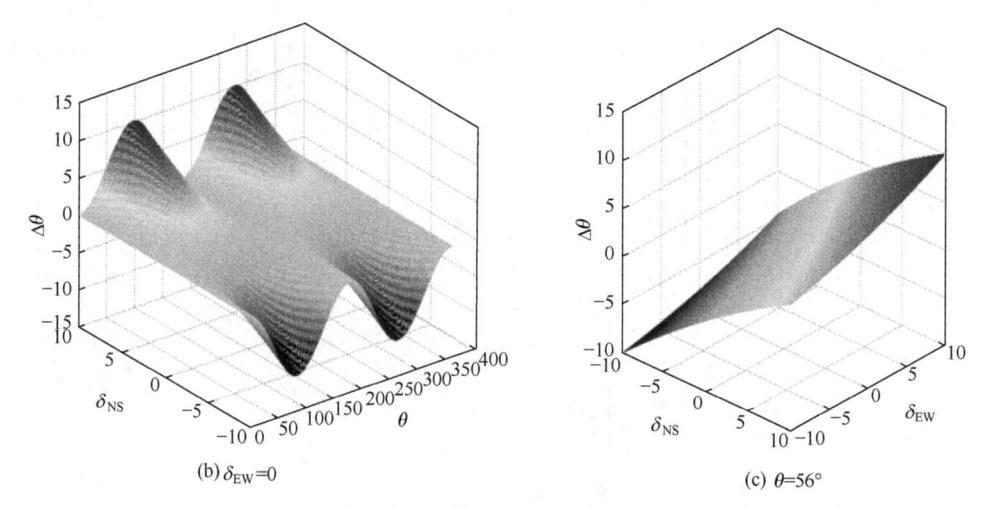

图 5.7.5　天线架设不理想造成的测向误差曲线

天线架设不理想造成的设备误差比较稳定，可以通过定期的操作测试与评估进行校正，对使用的无线电测向系统进行经常性的测试与校准是消除这种误差的根本措施。

思考题和习题

1. 为什么无线电测向过程是一个无源过程？无线电测向中被测电台方向测量值有哪些？与哪些因素有关？

2. 无线电测向的物理基础是什么？你对此是如何理解的？

3. 画出"方位角""示向度""测向误差"三者的示意图。根据三者的定义，比较它们之间的联系与区别。

4. 无线电测向机一般由哪几个基本部分组成？

5. 相移常数与电波的波长有什么关系？写出表达式。当电波的传播距离为 r 时，其相位变化量与哪些因素有关？写出其相位变化量的计算公式。

6. 天线的基本功能是什么？什么是测向天线"方向特性"？通信对抗测向天线通常由哪两个部分组成？各部分的作用是什么？

7. 单杆天线上的感应电动势与哪些因素有关？写出水平放置的单杆天线的感应电动势，画出方向特性；写出间距为 d 同样的两根水平放置的单杆天线的感应电动势分别取"和"与取"差"的结果，画出方向特性。写出垂直放置的单杆天线的感应电动势，画出方向特性；写出间距为 d 同样的两根垂直放置的单杆天线的感应电动势分别取"和"与取"差"的结果，画出方向特性。

8. 画出双信道比幅法测向的原理框图，简述双信道比幅法测向的基本原理及其假设条件。

9. 双信道比幅法测向机两个接收信道的振幅特性不一致对测向结果有什么影响？两个接收信道的相位特性不一致对测向结果有什么影响？假设两接收信道的增益之差为 0.5dB，对于 45°方位的来波信号，试计算采用双信道比幅法测向时将会引起多大的测向误差？在工程设计上可以采用哪些措施来保证这些特殊要求的实现？

10. 实际双信道比幅法测向机的接收信道总存在增益和相位的失配现象，试分析敌方位测量结果的影响，为了保证正常的测向，对增益和相位的失配有什么限制？

11. 设计一个能同时测量来波信号的水平方位角和仰角的相位法测向机原理框图，并推导其测向原理。

12. 对于两副分别固定配置于南北方向、东西方向的 Adcock 天线，假设：接收电波的极化角为 ψ，仰角为 γ，来波方位角为 θ。

(1) 推导比相法测向的测量误差 $\Delta\varphi_{NS}$、$\Delta\varphi_{EW}$ 引起的测向误差及其相关因素；

(2) 提出解决的办法，并讨论可能带来的问题。

13. 在相位法测向中，什么是相位模糊问题？相位模糊问题对来波方位的测量会有什么影响？在保证测向精度的前提下，如何解决相位模糊问题？

14. 如果基线长度 $D=3\lambda$，来波的仰角范围为 $0°\sim 90°$，计算不出现相位模糊情况下可测量的最大视角范围。

15. 某相位法测向机的长基线和短基线各为 $D = 2\lambda$ 和 $d = 2\lambda/5$，试问：

(1) 长、短基线各自的核心用途是什么？

(2) 对 120°方位的地波信号，长、短基线对应的测量值各是多少(不考虑测量误差)？

16. 阵列测向系统应该由哪几部分组成？目的是什么？

17. 什么是测向误差？测向的误差源有哪几类？

18. 什么是环境误差？传播误差与哪些因素有关？测向场地环境是如何分区的？

19. 对陆基测向场地而言，"良好"场地包括哪些含义？"不良"场地有哪些特点？

20. 在无线电测向工作中，可以采取哪些技术措施补救场地环境的"不良"？

21. 什么是海岸效应？其产生原因是什么？试分析海岸效应对测向误差的影响，如何才能减小这种误差？

22. 什么是多径效应？试定性说明多径效应造成测向误差的原因主要有哪些？

23. 什么是设备误差？设备误差有什么特点？

24. 对于比幅法测向机，如果南北天线对正确架设，而东西天线对架设时比 90°～270°方位线小了一个 δ 角，试分析由此而引起的误差特性。

25. 对于比幅法测向机，如果南北天线对正确架设，东西天线对架设时在 90°～270°方位线上向东倾斜了一个 δ 角，试分析它所引起的误差特性。

第6章 无源定位原理

测向设备可以测得目标信号的来波方位角 θ 和仰角 γ，电子对抗希望能够进一步确定辐射源的地理位置(简称定位)。大部分情况下，测向是定位的中间过程，为定位服务是测向的目的之一；另外，对于机动辐射源进行连续定位可以实现对机动目标的跟踪。

6.1 引　　言

6.1.1 无源定位的含义

无源定位是指利用所接收到的辐射源发射的电磁信号确定其位置的定位技术。

1. 无源定位的应用

辐射源在一定位置(假设为位置 A)发射的电磁信号，接收设备在一定位置(假设为位置 B)接收的无线电信号，依据确定位置(定位)的对象，无源定位可应用以下两种情况。

(1)无线电导航：已知辐射源位置(位置 A)，判断接收设备的位置(位置 B)。

(2)对无线电辐射源的定位：已知接收设备的位置(位置 B)，判断辐射源位置(位置 A)。

1)无线电导航

导航是指引导运载体和人员到达目的地的过程，无线电导航是利用无线电信号的导航。

无线电导航的一般工作过程：运载体和人员利用接收的无线电信号，通过测向定位得到接收设备所在平台的位置(位置 B)数据，引导接收设备所在平台沿要求的路径航行。

在无线电导航过程中，首先需要设计运载体的规定航线，预定运动轨迹；运载体和人员在接收无线电信号进行定位的过程中，需要不断将接收设备(所在平台)的实际定位数据与预定运动轨迹进行比较，估计当前航向与规定航线的偏离量，进而调整当前航向，保证定位设备(所在平台)沿某一预定的航迹运动，如图6.1.1 所示。

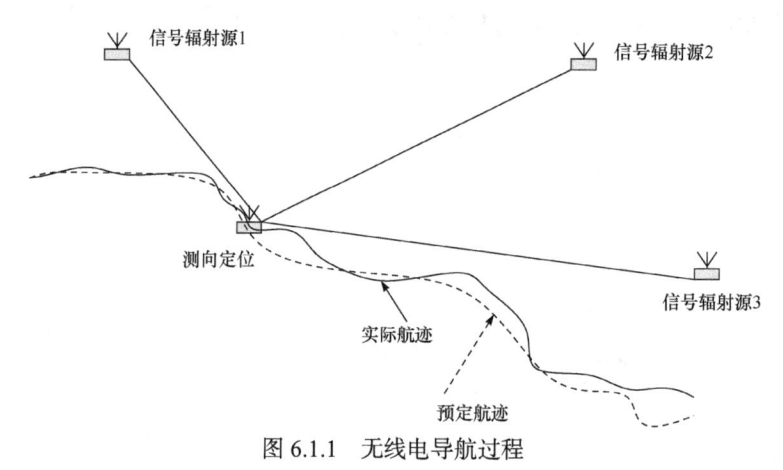

图 6.1.1　无线电导航过程

2) 对无线电辐射源的定位

电子对抗侦察常常需要对无线电辐射源(简称辐射源)进行的测向定位，一般工作过程：已知接收设备的位置(位置 B)，接收辐射源(位置 A)辐射的无线电信号，通过测向得到辐射源的示向度数据，对辐射源进行定位。

本章的研究对象是对辐射源的定位，简称辐射源定位。

2. 辐射源定位的分类

在辐射源定位中，涉及电子对抗方的侦察测向设备(站)、辐射源以及两者之间的关系。基于不同的分类方法，有不同的辐射源定位方法。

(1) 基于电子对抗方的侦察测向设备(站)的分类：
① 按定位的原理，分为单站定位、交叉(交会)定位和时差定位；
② 按测向设备(站)的数目，分为单站定位、双站定位和多站综合定位；
③ 按测向设备(站)的机动性能，分为固定测向站定位、移动测向站定位。

(2) 基于辐射源的分类：
① 按辐射源的数目，分为对单个辐射源的定位、对多个辐射源的定位；
② 按辐射源的机动性，分为对固定辐射源的定位、对移动辐射源的跟踪。

(3) 基于测向设备(站)与辐射源的距离分类：分为近距离定位和远距离定位。

以上分类方法是相关的，例如，对固定辐射源，可以采用单站定位、双站定位和多站综合定位。

3. 对辐射源定位的定位误差

基于无线电测向结果的定位，如果不考虑测向误差，定位过程简单而准确。事实上，电波传播、测向场地、测向设备以及测向人员等多种因素造成的测向误差不可避免，很多时候，定位过程是基于无线电测向结果的辐射源地理位置的估计，必然存在定位误差。

定位误差是指辐射源地理位置的测定值和真实值之间的差值，一般用距离表征。

6.1.2 定位的坐标系

无论侦察测向设备(站)，还是辐射源，都需要在一定的坐标系内定义空间位置。采用最多的是(右手)直角坐标系，直角坐标系一般包括原点、三个互相正交的坐标轴，依据原点的位置、三个互相正交的坐标轴对应的方向，可以构建不同的坐标系，地球坐标系、地理坐标系、载体坐标系均为常用的近地球坐标系，其中，地球坐标系和地理坐标系在电子对抗中均有应用。

1. 地球坐标系与地理坐标系

地球坐标系，坐标为 (x_e, y_e, z_e)，也称 e 系，如图 6.1.2 所示。原点 O_e 位于地球的中心，X_e 轴由地心向外指向赤道与格林尼治子午线的交点，X_e、Y_e 轴互相垂直并固定在赤道平面上，Z_e 轴与地球自转轴重合。地球坐标系的各坐标轴与地球属于固定连接。

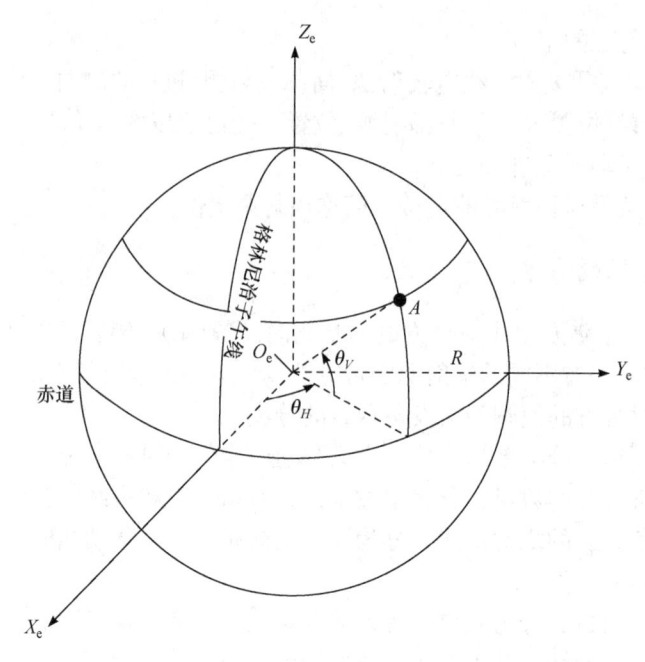

图 6.1.2 地球坐标系

地理坐标系，坐标为 (x_g, y_g, z_g)，也称 g 系，以定位站自身位置为原点 $(0, 0, 0)$，坐标轴 x_g 指向正东(E)，坐标轴 y_g 指向正北(N)，并根据右手螺旋定则，坐标轴 z_g 指向与地表面垂直向上(U)的方向。鉴于地球是一个椭球而不是一个圆球，因此 z_g 的指向与地心方向偏离一个 δ 角(小于 4mrad)。

2. 地球坐标系与地理坐标系的转换

1) 地球坐标系→地理球坐标系

假设：在地球坐标系中，某点(A)的坐标(纬度,经度,高度)$=(\theta_H, \theta_V, H)$，将其作为地理坐标系中的原点 $(0,0,0)$，对于地球坐标系中的任意一点 (x_e, y_e, z_e)，可以转换到地理坐标系中的位置 (x_g, y_g, z_g)，具体步骤如下。

(1) 将 (x_e, y_e, z_e) 绕 z_e 轴自西向东正转一个地理经度 θ_H 并再转 $\pi/2$，沿纬线的切向可得向东的指向 E，计算原点在 O_e 的中间坐标系 e'：

$$\begin{bmatrix} x_e' \\ y_e' \\ z_e' \end{bmatrix} = \begin{bmatrix} -\sin\theta_H & \cos\theta_H & 0 \\ -\cos\theta_H & -\sin\theta_H & 0 \\ 0 & 0 & 1 \end{bmatrix} \begin{bmatrix} x_e \\ y_e \\ z_e \end{bmatrix} = \begin{bmatrix} -\sin\theta_H \cdot x_e + \cos\theta_H y_e \\ -\cos\theta_H \cdot x_e - \sin\theta_H y_e \\ z_e \end{bmatrix} \quad (6.1.1)$$

(2) 将中间坐标系 e' 绕 x' 轴正转 $(\pi/2 - \theta_V)$ 使 z' 轴向上，并与观测点和地心连线重合，这时 y' 指向正北，形成原点在 O_e 的第二个中间坐标系：

$$\begin{bmatrix} x_e'' \\ y_e'' \\ z_e'' \end{bmatrix} = \begin{bmatrix} 1 & 0 & 0 \\ 0 & \sin\theta_V & \cos\theta_V \\ 0 & -\cos\theta_V & \sin\theta_V \end{bmatrix} \begin{bmatrix} x_e' \\ y_e' \\ z_e' \end{bmatrix} = \begin{bmatrix} x_e' \\ \sin\theta_V \cdot y_e' + \cos\theta_V \cdot z_e' \\ -\cos\theta_V \cdot y_e' + \sin\theta_V \cdot z_e' \end{bmatrix} \quad (6.1.2)$$

(3) 将原点 O_e 沿 z'' 轴自地心移到地表面 O_g 处，计算原点在 O_g 的地理坐标系 (x_g, y_g, z_g)：

$$\begin{bmatrix} x_e'' \\ y_e'' \\ z_e'' \end{bmatrix} = \begin{bmatrix} 1 & 0 & 0 \\ 0 & \sin\theta_V & \cos\theta_V \\ 0 & -\cos\theta_V & \sin\theta_V \end{bmatrix} \begin{bmatrix} x_e' \\ y_e' \\ z_e' \end{bmatrix} = \begin{bmatrix} x_e' \\ \sin\theta_V \cdot y_e' + \cos\theta_V \cdot z_e' \\ -\cos\theta_V \cdot y_e' + \sin\theta_V \cdot z_e' \end{bmatrix} \quad (6.1.3)$$

将地球坐标系 e 中的任意一点 (x_e, y_e, z_e)，转换到地理坐标系 g 中位置 (x_g, y_g, z_g) 的算法是

$$\begin{bmatrix} x_g \\ y_g \\ z_g \end{bmatrix} = \begin{bmatrix} x_e'' \\ y_e'' \\ z_e'' \end{bmatrix} - \begin{bmatrix} 0 \\ 0 \\ H \end{bmatrix} = \begin{bmatrix} 1 & 0 & 0 \\ 0 & \sin\theta_V & \cos\theta_V \\ 0 & -\cos\theta_V & \sin\theta_V \end{bmatrix} \begin{bmatrix} x_e' \\ y_e' \\ z_e' \end{bmatrix} - \begin{bmatrix} 0 \\ 0 \\ H \end{bmatrix}$$

$$= \begin{bmatrix} 1 & 0 & 0 \\ 0 & \sin\theta_V & \cos\theta_V \\ 0 & -\cos\theta_V & \sin\theta_V \end{bmatrix} \begin{bmatrix} -\sin\theta_H & \cos\theta_H & 0 \\ -\cos\theta_H & -\sin\theta_H & 0 \\ 0 & 0 & 1 \end{bmatrix} \begin{bmatrix} x_e \\ y_e \\ z_e \end{bmatrix} - \begin{bmatrix} 0 \\ 0 \\ H \end{bmatrix} \quad (6.1.4)$$

$$= \begin{bmatrix} -\sin\theta_H & \cos\theta_H & 0 \\ -\sin\theta_V \cos\theta_H & -\sin\theta_V \sin\theta_H & \cos\theta_V \\ \cos\theta_V \cos\theta_H & \cos\theta_V \sin\theta_H & \sin\theta_V \end{bmatrix} \begin{bmatrix} x_e \\ y_e \\ z_e \end{bmatrix} - \begin{bmatrix} 0 \\ 0 \\ H \end{bmatrix} = \boldsymbol{C}_e^g \cdot \begin{bmatrix} x_e \\ y_e \\ z_e \end{bmatrix} - \begin{bmatrix} 0 \\ 0 \\ H \end{bmatrix}$$

式中，$\boldsymbol{C}_e^g$ 是地球坐标系 e 到地理坐标系 g 的正交转换矩阵，所以 $\left[\boldsymbol{C}_e^g\right]^{-1} = \left[\boldsymbol{C}_e^g\right]^T$。

2) 地理坐标系→地球坐标系

在地球坐标系中，某点 (A) 的坐标(纬度,经度,高度) = (θ_H, θ_V, H)，将其转换为地理坐标系中的原点 $(0,0,0)$，计算地理坐标系 g 中任意一点 (x_g, y_g, z_g)，转换到地球坐标系中的位置 (x_e, y_e, z_e)：

$$\boldsymbol{C}_e^g \cdot \begin{bmatrix} x_e \\ y_e \\ z_e \end{bmatrix} = \begin{bmatrix} x_g \\ y_g \\ z_g \end{bmatrix} + \begin{bmatrix} 0 \\ 0 \\ H \end{bmatrix}$$

$$\begin{bmatrix} x_e \\ y_e \\ z_e \end{bmatrix} = \left[\boldsymbol{C}_e^g\right]^{-1} \begin{bmatrix} x_g \\ y_g \\ z_g + H \end{bmatrix} = \left[\boldsymbol{C}_e^g\right]^T \begin{bmatrix} x_g \\ y_g \\ z_g + H \end{bmatrix} = \boldsymbol{C}_g^e \begin{bmatrix} x_g \\ y_g \\ z_g + H \end{bmatrix} \quad (6.1.5)$$

式中，$\boldsymbol{C}_g^e$ 是地理坐标系 g 到地球坐标系 e 的转换矩阵，所以 $\boldsymbol{C}_g^e = \left[\boldsymbol{C}_e^g\right]^{-1} = \left[\boldsymbol{C}_e^g\right]^T$。

当处于地球表面时，地球坐标系中的高度 $z_e = H = R$，R 为地球半径，地理坐标系中的高度 $z_g = 0$，可以简化地理平面坐标系为 (x_g, y_g)。

一个位置在不同坐标系的数据是可以互相转换的，为了讨论方便，常常在一般的地理平面坐标系讨论定位误差问题。

6.2 单站定位

采用一个测向设备(站)进行定位的方法很多,一般包括基于电离层高度测量的单站定位、基于测向设备(站)移动的单站定位。

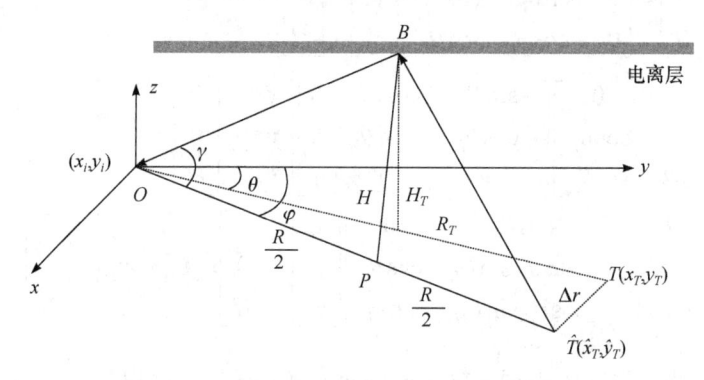

6.2.1 基于电离层高度测量的单站定位

基于电离层高度测量的单站定位是指由一台测向机测量经电离层反射的辐射源信号的方位和仰角,再根据电离层的高度计算其位置的一种定位技术,如图 6.2.1 所示。基于电离层高度测量的单站定位主要针对短波波段通过天波单跳传播的远距离目标信号。

图 6.2.1 基于电离层高度测量的单站定位示意图

假设:来波的方位角为 θ,真实仰角为 γ_T,电离层高度为 H_T,则辐射源与测向站距离:

$$R_T = 2 \cdot \frac{H_T}{\tan \gamma_T} \tag{6.2.1}$$

理论上,辐射源的真实地理位置 $T(x_T, y_T)$:

$$\begin{aligned} x_T &= x_i + R_T \sin \theta = x_i + 2 \cdot H_T \sin \theta \cdot c \tan \gamma_T \\ y_T &= y_i + R_T \cos \theta = x_i + 2 \cdot H_T \cos \theta \cdot c \tan \gamma_T \end{aligned} \tag{6.2.2}$$

实际上无法知道来波的方位角 θ、真实仰角 γ_T 和电离层高度 H_T,定位方根据测向得到目标信号的来波示向度 ϕ 和仰角 γ,结合探测到的电离层高度 H,计算测向站与辐射源的距离:

$$R = 2 \cdot \frac{H}{\tan \gamma} = 2H \cdot c \tan \gamma \tag{6.2.3}$$

估算辐射源的地理位置 $\hat{T}(\hat{x}_T, \hat{y}_T)$:

$$\begin{aligned} \hat{x}_T &= x_i + R \sin \phi = x_i + 2H \sin \phi \cdot c \tan \gamma \\ \hat{y}_T &= y_i + R \cos \phi = y_i + 2H \cos \phi \cdot c \tan \gamma \end{aligned} \tag{6.2.4}$$

定位误差是辐射源地理位置的测定值和真实值之间的差值:

$$\Delta r = \sqrt{(x_T - \hat{x}_T)^2 + (y_T - \hat{y}_T)^2}$$
$$= 2\sqrt{(H_T \sin\theta \cdot c\tan\gamma_T - H\sin\phi \cdot c\tan\gamma)^2 + (H_T \cos\theta \cdot c\tan\gamma_T - H\cos\phi \cdot c\tan\gamma)^2}$$
(6.2.5)

单站定位误差的大小与测向误差、仰角的测量误差、电离层高度及电离层射线轨迹等因素有关。一般情况下，基于电离层高度测量进行单站定位可能存在较大的定位误差。

(1) 测向误差、仰角的测量误差造成定位误差。

基于电离层高度测量的单站定位又称为垂直三角交会定位，一般用于 HF 波段通过天波传播的、远距离辐射源地理位置估计。实现单站定位的前提条件是测向设备能同时测量天波信号的来波水平方位角和仰角。通常采用相位干涉仪测向技术。

采用宽孔径(通常是多个波长的孔径)的基线，基于电离层高度测量的单站定位可达到实际距离 5%以内的定位精度；战术机动场合下，采用短基线(小于半个波长)测向得到的来波方位角和仰角，结合电离层高度测量，只能提供辐射源大概的位置信息。

(2) 电离层的不稳定造成定位误差。

基于电离层高度测量的单站定位要求实时或近似实时地对电离层进行探测，以保证电离层折射高度 H 符合电波传播的实际情况。但是，电离层随时间变化并随时可能发生倾斜和扰动，所以电离层高度 H 的测量误差具有一定的随机性，且可能存在比较大的测量误差。

6.2.2 基于测向设备(站)移动的单站定位

采用一台可移动的测向设备，在不同的时间、不同位置对某一辐射源进行定位，也称动态定位，包括辐射源寻的、基于移动交会定位的单站定位和飞越目标定位等。

1. 辐射源寻的

辐射源寻的的基本方法是：利用移动载体上的测向设备接收目标辐射信号并获取辐射源的到达方向信息，使测向设备所在的移动载体朝辐射源所在位置移动，直到确定辐射源的位置。因此辐射源寻的适用于测向设备(站)与辐射源的距离很近，且可以向辐射源靠近的情况。例如，民用、警用以及无线电测向运动等。

在理想情况下，辐射源寻的路径应该是直线，但由于测向误差的存在，辐射源寻的的过程中需要不断地测向与修正，因此辐射源寻的路径常常是曲线，如图 6.2.2 所示。

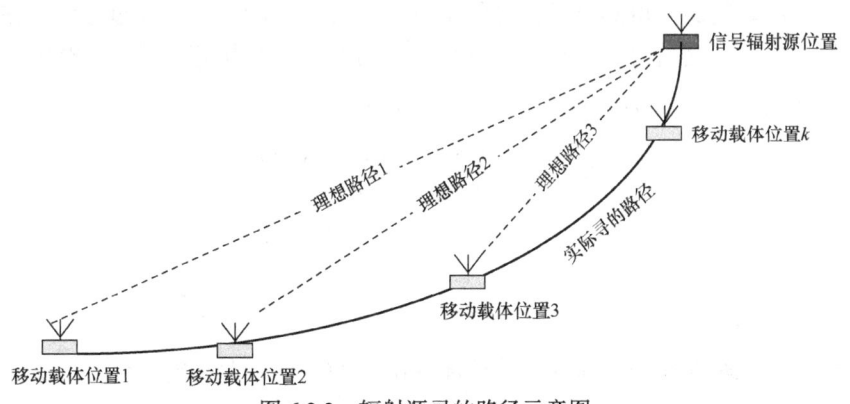

图 6.2.2 辐射源寻的路径示意图

2. 基于移动交会定位的单站定位

移动交会定位是指利用移动一个侦察(测向)设备测量同一被测固定辐射源的方向变化，由方向线变化角和移动测试点间的直线距离来确定其空间位置的一种定位技术。

对于侦察(测向)设备与辐射源皆处于地面的情况，假设敌辐射源处于固定状态且发射时间长，测向设备处于移动状态并能够自定位。

1) 理论分析

在 t_1 时刻，测向设备的地理位置 (x_1, y_1) 对应来波的方位角 θ_1 (图6.2.3)，则

$$c\tan\theta_1 = \frac{y_T - y_1}{x_T - x_1} \quad \text{或} \quad \tan\theta_1 = \frac{x_T - x_1}{y_T - y_1} \tag{6.2.6}$$

在 t_2 时刻，测向设备的地理位置 (x_2, y_2) 对应来波的方位角 θ_2 (图6.2.3)，则

$$c\tan(2\pi - \theta_2) = -c\tan\theta_2 = \frac{y_T - y_2}{x_T - x_2} \quad \text{或} \quad \tan(2\pi - \theta_2) = -\tan\theta_2 = \frac{x_T - x_2}{y_T - y_2} \tag{6.2.7}$$

由式(6.2.6)与式(6.2.7)得到辐射源的地理位置 $T(x_T, y_T)$：

$$\begin{cases} x_T = \dfrac{y_2 - y_1 + x_1 c\tan\theta_1 + x_2 c\tan\theta_2}{c\tan\theta_1 + c\tan\theta_2} \\ y_T = \dfrac{x_2 - x_1 + y_1 \tan\theta_1 + y_2 \tan\theta_2}{\tan\theta_1 + \tan\theta_2} \end{cases} \tag{6.2.8}$$

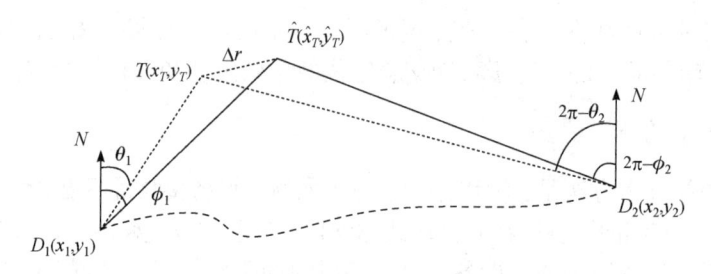

图 6.2.3 基于移动交会定位的单站定位示意图

2) 辐射源的位置估计

实际上，无法事先掌握来波的方位角 θ_1、θ_2，定位之前需要测向。地理位置 (x_1, y_1) 的测向设备，在 t_1 时刻测向得到目标信号的来波示向度 ϕ_1；测向设备经过移动，在 t_2 时刻到达地理位置 (x_2, y_2)，测向得到目标信号的来波示向度 ϕ_2。在几何公式(6.2.8)中，将 θ_1 用 ϕ_1 替换，θ_2 用 ϕ_2 替换，计算辐射源的位置 $\hat{T}(\hat{x}_T, \hat{y}_T)$：

$$\begin{cases} \hat{x}_T = \dfrac{y_2 - y_1 + x_1 c\tan\phi_1 + x_2 c\tan\phi_2}{c\tan\phi_1 + c\tan\phi_2} \\ \hat{y}_T = \dfrac{x_2 - x_1 + y_1 \tan\phi_1 + y_2 \tan\phi_2}{\tan\phi_1 + \tan\phi_2} \end{cases} \tag{6.2.9}$$

3) 定位误差

辐射源真实地理位置 $T(x_T, y_T)$ 与估计地理位置 $\hat{T}(\hat{x}_T, \hat{y}_T)$ 存在定位误差：

$$\Delta r = \sqrt{(x_T - \hat{x}_T)^2 + (y_T - \hat{y}_T)^2}$$

$$= 2\sqrt{\left(\frac{y_2 - y_1 + x_1 c\tan\theta_1 + x_2 c\tan\theta_2}{c\tan\theta_1 + c\tan\theta_2} - \frac{y_2 - y_1 + x_1 c\tan\phi_1 + x_2 c\tan\phi_2}{c\tan\phi_1 + c\tan\phi_2}\right)^2 + \left(\frac{x_2 - x_1 + y_1\tan\theta_1 + y_2\tan\theta_2}{\tan\theta_1 + \tan\theta_2} - \frac{x_2 - x_1 + y_1\tan\phi_1 + y_2\tan\phi_2}{\tan\phi_1 + \tan\phi_2}\right)^2} \quad (6.2.10)$$

定位误差与来波示向度 ϕ_1、ϕ_2 的测量精确度有关。在一定时间段内，测向设备对辐射源进行 N 次测向，其中，第 i 次测向时刻 t_i，地理位置 $D_i(x_i, y_i)$，对应来波的示向度 ϕ_i，则

$$c\tan\phi_i = \frac{y_T - y_i}{x_T - x_i} \Rightarrow \phi_i = \arctan\left(\frac{y_T - y_i}{x_T - x_i}\right) \Rightarrow \theta = \arctan\left(\frac{y_T - y_i}{x_T - x_i}\right) + \Delta\theta_i \quad (6.2.11)$$

式中，$\Delta\theta_i(i=1,2,\cdots,N)$ 是一定范围内、服从一定分布的测向误差。

为了减小定位距离误差，根据 N 次测向的示向度 $\phi_i(i=1,2,\cdots,N)$ 和 $\Delta\theta_i(i=1,2,\cdots,N)$ 的分布特点，可以采用一定的信号处理方法估计辐射源的地理位置 $\hat{T}(\hat{x}_T, \hat{y}_T)$。

3. 飞越目标定位

侦察（测向）设备处于空中时，如电子侦察卫星和电子侦察飞机等，飞行器在高空中运行，首先需要根据导航数据确定自身所在的位置。飞行器采用垂直向下的窄波束天线，在飞行过程中一旦发现辐射源发出的信号，结合收到辐射信号的时间、导航自定位数据和窄波束天线范围，可以大致判断辐射源（特别是地面辐射源）可能出现的区域。

假设飞行器的高度为 H，窄波束天线的波束宽度为 θ_r，则模糊区面积如图 6.2.4(a) 所示。

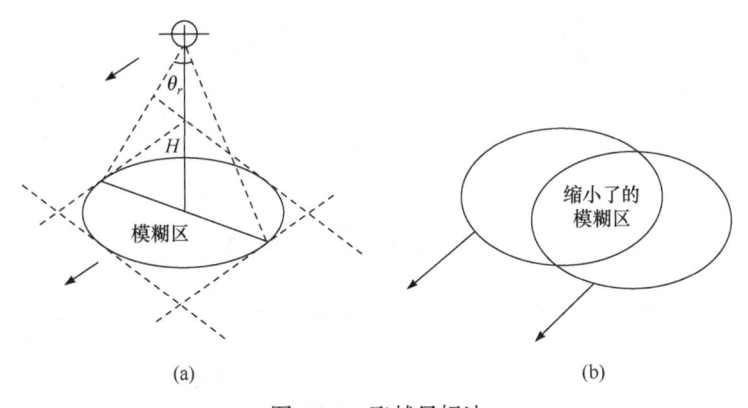

图 6.2.4 飞越目标法

$$S = \pi\left(H\tan\frac{\theta_r}{2}\right)^2 \quad (6.2.12)$$

考虑到电子侦察卫星或高空侦察飞机的高度 H 较大，而天线的尺寸不可能太大，所以飞越目标法定位存在波束宽、模糊区 S 较大的问题。如果对指定地区进行多次飞行，可以缩小模糊区，如图 6.2.4(b) 所示。

6.3 双站定位

交会定位也称交叉定位，是利用两个或两个以上不同位置的侦测点对同一电磁辐射源进行测向，由各侦测点测定的辐射源示向度线相交所形成的点或区域确定辐射源位置的定位技术。双站定位是一种采用两个测向设备(站)对辐射源进行定位的技术，测向设备(站)与辐射源在同一水平面(如地面)的双站交会定位在电子对抗中得到广泛应用。

6.3.1 双站交会定位的基本方法

在某时刻，测向设备 DF_1 的地理位置为 (x_1,y_1)，测向得到目标信号的来波示向度 ϕ_1；测向设备 DF_2 的地理位置为 (x_2,y_2)，测向得到目标信号的来波示向度 ϕ_2，如图 6.3.1 所示。则辐射源与两测向站的距离分别为

$$r_1=\sqrt{(y_T-y_1)^2+(x_T-x_1)^2}, \quad r_2=\sqrt{(y_T-y_2)^2+(x_T-x_2)^2} \tag{6.3.1}$$

两测向站之间的距离：

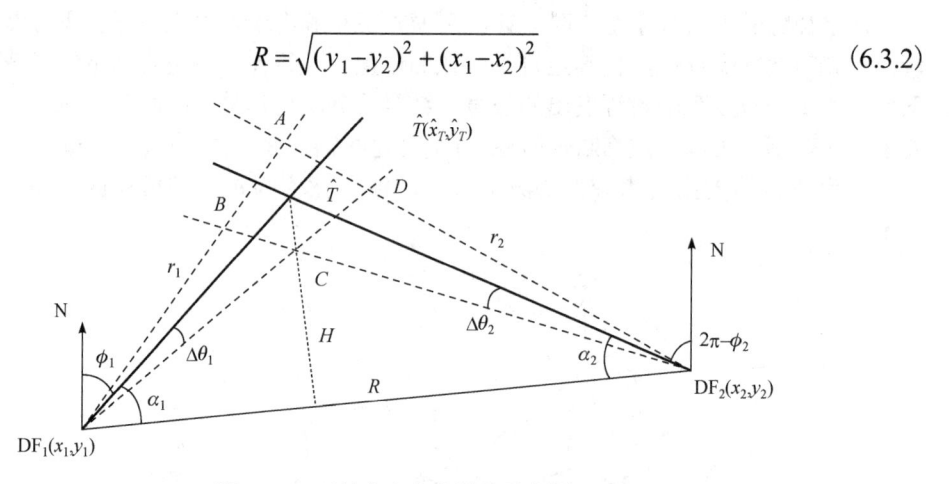

$$R=\sqrt{(y_1-y_2)^2+(x_1-x_2)^2} \tag{6.3.2}$$

图 6.3.1 双站交会定位误差示意图

根据测向结果，可以得到计算的辐射源地理位置 $\hat{T}(\hat{x}_T,\hat{y}_T)$：

$$\begin{aligned}\hat{x}_T&=\frac{y_2-y_1+x_1 c\tan\phi_1+x_2 c\tan\phi_2}{c\tan\phi_1+c\tan\phi_2}\\ \hat{y}_T&=\frac{x_2-x_1+y_1\tan\phi_1+y_2\tan\phi_2}{\tan\phi_1+\tan\phi_2}\end{aligned} \tag{6.3.3}$$

如果没有测向误差，$\hat{T}(\hat{x}_T,\hat{y}_T)$ 是辐射源真实地理位置；在实际测向中，测向误差 $\Delta\theta_1$、$\Delta\theta_2$ 客观存在，$\hat{T}(\hat{x}_T,\hat{y}_T)$ 不是辐射源真实地理位置。鉴于辐射源真实地理位置 $T(x_T,y_T)$ 未知，无法定量计算定位误差，下面通过分析进行定位误差估计。

6.3.2 双站交会定位的误差分析

1. 定位模糊区面积估计

假设两个测向站的测向误差 $\Delta\theta_1$、$\Delta\theta_2$ 在 $\pm\Delta\theta_{max}$ 范围内随机变化，则真实来波方位分别位于以示向线 ϕ_1、ϕ_2 为中心的 $\pm\Delta\theta_{max}$ 扇形区域范围内，如图 6.3.2 所示。

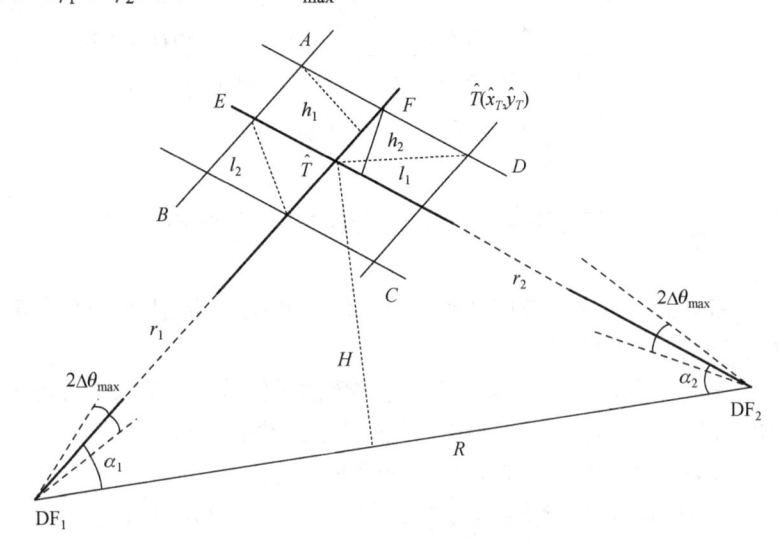

图 6.3.2 双站交会定位模糊区示意图

理论上，辐射源的真实位置应该位于两扇形区相交的四边形 $ABCD$ 区域内；由于测向误差是 $\pm\Delta\theta_{max}$ 范围内的任意值，因此辐射源的真实位置可能出现在四边形 $ABCD$ 区域内的任何点上；由于无法确定辐射源在四边形 $ABCD$ 区域中的真实具体位置，因此称四边形区域 $ABCD$ 为定位模糊区。

假设辐射源离测向站的距离很远，相对于四边形 $ABCD$ 的边长，r_1、r_2、$\Delta\theta_{max}$ 比较小，可以近似认为 $ABCD$ 是平行四边形。所以，存在以下关系：

$$H = r_1 \sin\alpha_1 = r_2 \sin\alpha_2 \tag{6.3.4}$$

$$\frac{r_1}{\sin\alpha_2} = \frac{r_2}{\sin\alpha_1} = \frac{R}{\sin(\alpha_1+\alpha_2)} \tag{6.3.5}$$

$$h_1 = r_1 \Delta\theta_{max} = \frac{H}{\sin\alpha_1} \cdot \Delta\theta_{max} = \frac{R\sin\alpha_2}{\sin(\alpha_1+\alpha_2)} \cdot \Delta\theta_{max} \tag{6.3.6}$$

$$h_2 = r_2 \Delta\theta_{max} = \frac{H}{\sin\alpha_2} \cdot \Delta\theta_{max} = \frac{R\sin\alpha_1}{\sin(\alpha_1+\alpha_2)} \cdot \Delta\theta_{max} \tag{6.3.7}$$

$$AE = \frac{h_2}{\sin(\alpha_1+\alpha_2)} = \frac{H\Delta\theta_{max}}{\sin(\alpha_1+\alpha_2)\sin\alpha_2} = \frac{R\Delta\theta_{max}\sin\alpha_1}{\sin^2(\alpha_1+\alpha_2)} \tag{6.3.8}$$

$$H = \frac{R\sin\alpha_1\sin\alpha_2}{\sin(\alpha_1+\alpha_2)} \tag{6.3.9}$$

特别地，当 $\alpha_1 = \alpha_2 = \alpha$ 时，$H = \dfrac{R}{2}\tan\alpha$。

定位模糊区 $ABCD$ 的面积：

$$\begin{aligned} S_{ABCD} &= 4 \cdot AE \cdot h_1 = \frac{4h_1 h_2}{\sin(\alpha_1 + \alpha_2)} \\ &= \frac{4H^2 \Delta\theta_{\max}^2}{\sin\alpha_1 \sin\alpha_2 \sin(\alpha_1 + \alpha_2)} = \frac{4R^2 \Delta\theta_{\max}^2 \sin\alpha_1 \sin\alpha_2}{\sin^3(\alpha_1 + \alpha_2)} \\ &\stackrel{\alpha_1=\alpha_2=\alpha}{=} \frac{4H^2 \Delta\theta_{\max}^2}{\sin^2\alpha \sin 2\alpha} = \frac{4R^2 \Delta\theta_{\max}^2 \sin^2\alpha}{\sin^3 2\alpha} \end{aligned} \quad (6.3.10)$$

定位模糊区 S_{ABCD} 的面积是决定定位精度高低的一个主要指标，与 H(或 R)、$\Delta\theta_{\max}$、α_1 和 α_2 有关。

(1) H(或 R)的值主要取决于测向任务所规定的区域(敌方辐射源可能覆盖的区域)及己方测向阵地所允许的配置条件等。

(2) $\Delta\theta_{\max}$ 与测向设备、测向场地环境、电波传播条件等因素有关。在测向设备及测向场地环境确定的情况下，$\Delta\theta_{\max}$ 主要取决于测向设备的性能指标。

(3) α_1、α_2 与测向站以及敌我双方阵地的配置有关。

一般情况下，可以认为四边形 $ABCD$ 的面积越小，定位精度越高。

2. 位置误差分析

辐射源可能在定位模糊区 $ABCD$ 中的任意位置，通常以四边形 $ABCD$ 的中心，即两条示向线的交点位置作为辐射源真实位置的估计值，显然，最大位置误差情况应该是辐射源位于四边形的某个顶点。

$$BE = AE = \frac{h_2}{\sin(\alpha_1 + \alpha_2)} = \frac{r_2 \Delta\theta_{\max}}{\sin(\alpha_1 + \alpha_2)} \quad (6.3.11)$$

$$E\hat{T} = AF = \frac{h_1}{\sin(\alpha_1 + \alpha_2)} = \frac{r_1 \Delta\theta_{\max}}{\sin(\alpha_1 + \alpha_2)} \quad (6.3.12)$$

辐射源的真实位置如果位于 B 或 D 点，对应的位置误差：

$$\begin{aligned} l_1^2 &= BE^2 + E\hat{T}^2 + 2BE \cdot E\hat{T} \cdot \cos(\alpha_1 + \alpha_2) \\ &= \frac{\Delta\theta_{\max}^2}{\sin^2(\alpha_1 + \alpha_2)} \left[r_1^2 + r_2^2 + 2 r_1 r_2 \cos(\alpha_1 + \alpha_2) \right] \\ &= \frac{H^2 \Delta\theta_{\max}^2}{\sin^2(\alpha_1 + \alpha_2)} \left[\frac{1}{\sin^2\alpha_1} + \frac{1}{\sin^2\alpha_2} + 2\frac{\cos(\alpha_1 + \alpha_2)}{\sin\alpha_1 \sin\alpha_2} \right] \\ &= \frac{R^2 \Delta\theta_{\max}^2}{\sin^4(\alpha_1 + \alpha_2)} \left[\sin^2\alpha_1 + \sin^2\alpha_2 + 2\sin\alpha_1 \sin\alpha_2 \cos(\alpha_1 + \alpha_2) \right] \end{aligned} \quad (6.3.13)$$

辐射源的真实位置如果位于 A 或 C 点，对应的位置误差：

$$\begin{aligned}
l_2^2 &= BE^2 + E\hat{T}^2 - 2BE \cdot E\hat{T} \cdot \cos(\alpha_1 + \alpha_2) \\
&= \frac{\Delta\theta_{\max}^2}{\sin^2(\alpha_1+\alpha_2)}\left[r_1^2 + r_2^2 - 2r_1 r_2 \cos(\alpha_1+\alpha_2)\right] \\
&= \frac{H^2\Delta\theta_{\max}^2}{\sin^2(\alpha_1+\alpha_2)}\left[\frac{1}{\sin^2\alpha_1} + \frac{1}{\sin^2\alpha_2} - 2\frac{\cos(\alpha_1+\alpha_2)}{\sin\alpha_1\sin\alpha_2}\right] \\
&= \frac{R^2\Delta\theta_{\max}^2}{\sin^4(\alpha_1+\alpha_2)}\left[\sin^2\alpha_1 + \sin^2\alpha_2 - 2\sin\alpha_1\sin\alpha_2\cos(\alpha_1+\alpha_2)\right]
\end{aligned} \quad (6.3.14)$$

最大位置误差 $l_m = \max(l_1, l_2)$。一般情况下，最大位置误差越小，定位精度越高。如果 $\alpha_1 = \alpha_2 = \alpha$，则

$$l_1^2 = \frac{H^2\Delta\theta_{\max}^2}{\sin^4\alpha} = \frac{R^2\Delta\theta_{\max}^2}{\sin^2 2\alpha}, \quad l_2^2 = \frac{4H^2\Delta\theta_{\max}^2}{\sin^2 2\alpha} = \frac{R^2\Delta\theta_{\max}^2}{4\cos^4\alpha} \quad (6.3.15)$$

3. 定位模糊区面积与位置误差的极值分析

1) 在敌我双方阵地距离 H 一定情况下

(1) 定位模糊区面积最小。

设 $Z = \sin\alpha_1 \sin\alpha_2 \sin(\alpha_1+\alpha_2)$，由式 (6.3.10) 可知，定位模糊区面积可表示为 $S_{ABCD} = \dfrac{4H^2\Delta\theta_{\max}^2}{Z}$，$Z$ 和模糊区面积随 α_1、α_2 变化，如图 6.3.3 所示；Z 取最大值时，模糊区面积最小。

(a) Z 值与 α_1、α_2 的关系

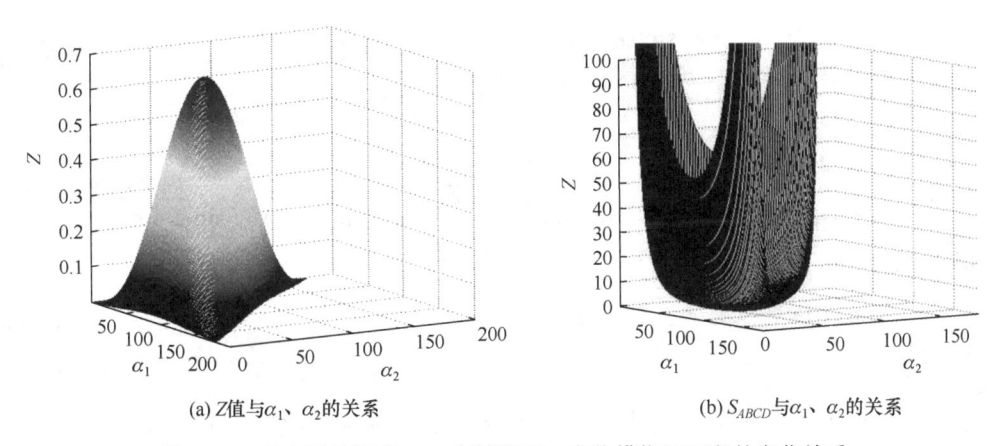

(b) S_{ABCD} 与 α_1、α_2 的关系

图 6.3.3 双方阵地距离 H 一定情况下，定位模糊区面积的变化关系

下面分析 H 一定情况下，α_1、α_2 取值为多少时，模糊区面积最小。由

$$\begin{aligned}
\frac{\partial Z}{\partial \alpha_1} &= \cos\alpha_1 \sin\alpha_2 \sin(\alpha_1+\alpha_2) + \sin\alpha_1 \sin\alpha_2 \cos(\alpha_1+\alpha_2) = 0 \\
\frac{\partial Z}{\partial \alpha_2} &= \sin\alpha_1 \cos\alpha_2 \sin(\alpha_1+\alpha_2) + \sin\alpha_1 \sin\alpha_2 \cos(\alpha_1+\alpha_2) = 0
\end{aligned} \quad (6.3.16)$$

可得

$$\cos\alpha_1 \sin(\alpha_1+\alpha_2)+\sin\alpha_1\cos(\alpha_1+\alpha_2)=0$$
$$\cos\alpha_2 \sin(\alpha_1+\alpha_2)+\sin\alpha_2\cos(\alpha_1+\alpha_2)=0 \quad (6.3.17)$$

即
$$\sin(2\alpha_1+\alpha_2)=0$$
$$\sin(\alpha_1+2\alpha_2)=0 \quad (6.3.18)$$

解得 $\alpha_1=\alpha_2=60°=\dfrac{\pi}{3}$ 时，有极大值 $Z_{\max}=\dfrac{3\sqrt{3}}{8}$。此时，定位模糊区 $ABCD$ 的面积为最小值：

$$(S_{ABCD})_{\min}=\frac{4H^2\Delta\theta_{\max}^2}{\sin\alpha_1\sin\alpha_2\sin(\alpha_1+\alpha_2)}\overset{\alpha_1=\alpha_2=\frac{\pi}{3}}{=}\frac{32}{3\sqrt{3}}H^2\Delta\theta_{\max}^2=\frac{8}{\sqrt{3}}R^2\Delta\theta_{\max}^2 \quad (6.3.19)$$

此时对应的位置误差：

$$l_1^2=\frac{H^2\Delta\theta_{\max}^2}{\sin^4\alpha}=\frac{R^2\Delta\theta_{\max}^2}{\sin^2 2\alpha}=\frac{16}{9}H^2\Delta\theta_{\max}^2=\frac{4}{3}R^2\Delta\theta_{\max}^2 \quad (6.3.20)$$

$$l_2^2=\frac{4H^2\Delta\theta_{\max}^2}{\sin^2 2\alpha}=\frac{R^2\Delta\theta_{\max}^2}{4\cos^4\alpha}=\frac{16}{3}H^2\Delta\theta_{\max}^2=4R^2\Delta\theta_{\max}^2 \quad (6.3.21)$$

最大位置误差
$$l_m=\max(l_1,l_2)=\frac{4}{\sqrt{3}}H\Delta\theta_{\max}=2R\Delta\theta_{\max} \quad (6.3.22)$$

另外，由式(6.3.9)可得模糊区面积最小时，两测向站距离为

$$R=\frac{H\sin(\alpha_1+\alpha_2)}{\sin\alpha_1\sin\alpha_2}=\frac{H\sin^2(\alpha_1+\alpha_2)}{Z}=\frac{2}{\sqrt{3}}H \quad (6.3.23)$$

(2) 位置误差最小。

令 $Z_1=\dfrac{1}{\sin^2(\alpha_1+\alpha_2)}\left(\dfrac{1}{\sin^2\alpha_1}+\dfrac{1}{\sin^2\alpha_2}\right)$，$Z_2=\dfrac{1}{\sin^2(\alpha_1+\alpha_2)}\cdot 2\dfrac{\cos(\alpha_1+\alpha_2)}{\sin\alpha_1\sin\alpha_2}$，则由式(6.3.13)、式(6.3.14)可得

$$l_1^2=H^2\Delta\theta_{\max}^2\cdot(Z_1+Z_2) \quad (6.3.24)$$

$$l_2^2=H^2\Delta\theta_{\max}^2\cdot(Z_1-Z_2) \quad (6.3.25)$$

最大位置误差 $l_m=\max(l_1,l_2)$ 由 Z_1+Z_2 和 Z_1-Z_2 中最大值决定，其随 α_1、α_2 变化，如图 6.3.4 所示。根据数值分析，$\alpha_1=\alpha_2=45°=\dfrac{\pi}{4}$ 时，最大位置误差最小：

$$l_m=\max(l_1,l_2)=2H\Delta\theta_{\max}=R\cdot\Delta\theta_{\max} \quad (6.3.26)$$

此时的定位模糊区面积：

$$S_{ABCD}=\frac{4H^2\Delta\theta_{\max}^2}{\sin\alpha_1\sin\alpha_2\sin(\alpha_1+\alpha_2)}\overset{\alpha_1=\alpha_2=\frac{\pi}{4}}{=}8H^2\Delta\theta_{\max}^2=2R^2\Delta\theta_{\max}^2 \quad (6.3.27)$$

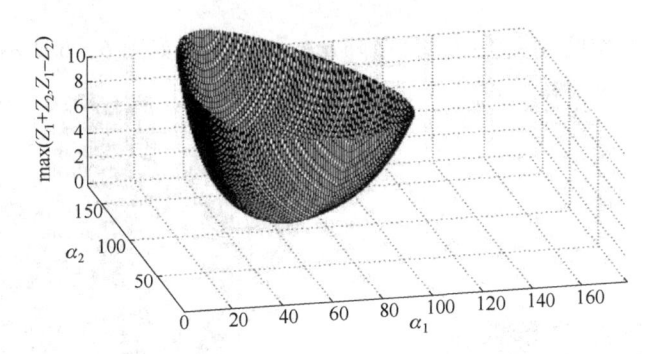

图 6.3.4 双方阵地距离 H 一定情况下，定位误差的变化关系

(3) 一般性分析。

图 6.3.5 是双方阵地距离 H 一定时，测向站与辐射源位置示意图。

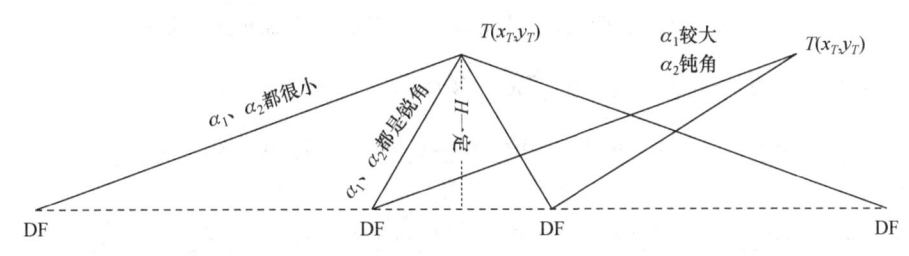

图 6.3.5 双方阵地距离 H 一定时，测向站与辐射源位置示意图

① 当 α_1、α_2 都很小时，两条示向线的夹角 $\pi-(\alpha_1+\alpha_2)$ 是很大的钝角，两条示向线的交点距离测向站连线很近，模糊区面积很小，但最大位置误差很大。

② 增大 α_1、α_2，两条示向线的夹角变小，$\alpha_1=\alpha_2=30°$ 时，模糊区面积 $S_{ABCD}=\dfrac{32}{\sqrt{3}}H^2\Delta\theta_{\max}^2$；最大位置误差 $\dfrac{4\sqrt{2}}{\sqrt{3}}H\Delta\theta_{\max}$。

③ 继续增大 α_1、α_2，两条示向线的夹角变小，$\alpha_1=\alpha_2=45°$ 时，$\sin\alpha_1\sin\alpha_2\sin(\alpha_1+\alpha_2)=\dfrac{1}{2}$，模糊区面积 $S_{ABCD}=8H^2\Delta\theta_{\max}^2$；最大位置误差 $2H\Delta\theta_{\max}$ 最小。

④ 继续增大 α_1、α_2，两条示向线的夹角变小，当 $\alpha_1=\alpha_2=60°$ 时，模糊区面积 $S_{ABCD}=\dfrac{32H^2\Delta\theta_{\max}^2}{3\sqrt{3}}$ 最小；最大位置误差 $\dfrac{4\sqrt{3}}{3}H\Delta\theta_{\max}$ 较小。

⑤ 当 α_1、α_2 中有一个角为钝角，另一个角增大时，两条示向线的夹角很小，两条示向线的交点距离测向站较远，模糊区面积及位置误差迅速增加，不利于定位。

2) 在两测向站距离 R 一定情况下

(1) 定位模糊区面积最小。

假设：$Z=\dfrac{\sin\alpha_1\sin\alpha_2}{\sin^3(\alpha_1+\alpha_2)}$，由式 (6.3.10) 定位模糊区面积 $S_{ABCD}=\dfrac{4R^2\Delta\theta_{\max}^2\sin\alpha_1\sin\alpha_2}{\sin^3(\alpha_1+\alpha_2)}$，

则定位模糊区面积：

$$S_{ABCD}=4R^2\Delta\theta_{\max}^2\cdot Z \tag{6.3.28}$$

可见 Z 越小，模糊区面积越小，且 Z 随 α_1、α_2 变化，如图 6.3.6 所示。

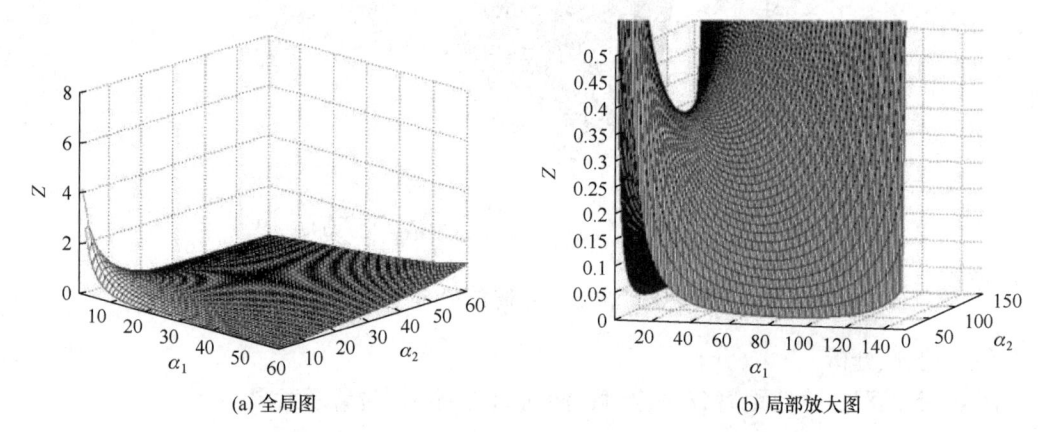

(a) 全局图　　(b) 局部放大图

图 6.3.6　测向站距离 R 一定情况下，定位模糊区面积变化关系

下面分析 R 一定情况下，α_1、α_2 取值为多少时，模糊区面积最小。由

$$\begin{cases} \dfrac{\partial Z}{\partial \alpha_1} = \dfrac{\sin\alpha_2\cos\alpha_1\sin^3(\alpha_1+\alpha_2)-3\sin\alpha_1\sin\alpha_2\cos(\alpha_1+\alpha_2)\sin^2(\alpha_1+\alpha_2)}{\sin^6(\alpha_1+\alpha_2)}=0 \\ \dfrac{\partial Z}{\partial \alpha_2} = \dfrac{\sin\alpha_1\cos\alpha_2\sin^3(\alpha_1+\alpha_2)-3\sin\alpha_2\sin\alpha_1\cos(\alpha_1+\alpha_2)\sin^2(\alpha_1+\alpha_2)}{\sin^6(\alpha_1+\alpha_2)}=0 \end{cases} \quad (6.3.29)$$

得

$$\begin{cases} \sin\alpha_2\cos\alpha_1\sin(\alpha_1+\alpha_2)-3\sin\alpha_1\sin\alpha_2\cos(\alpha_1+\alpha_2)=0 & \text{①} \\ \sin\alpha_1\cos\alpha_2\sin(\alpha_1+\alpha_2)-3\sin\alpha_2\sin\alpha_1\cos(\alpha_1+\alpha_2)=0 & \text{②} \end{cases} \quad (6.3.30)$$

①−②得

$$(\cos\alpha_1\sin\alpha_2-\sin\alpha_1\cos\alpha_2)\sin(\alpha_1+\alpha_2)=0 \Rightarrow \alpha_1-\alpha_2=0° \Rightarrow \alpha_1=\alpha_2$$

①+②得

$$\sin^2(\alpha_1+\alpha_2)-6\sin\alpha_1\sin\alpha_2\cos(\alpha_1+\alpha_2)=0 \quad \text{③}$$

将 $\alpha_1=\alpha_2$ 代入③得

$$\sin^2 2\alpha_1 = 6\sin^2\alpha_1\cos 2\alpha_1$$

$$4\sin^2\alpha_1\cos^2\alpha_1 = 6\sin^2\alpha_1(2\cos^2\alpha_1-1)$$

$$2\cos^2\alpha_1 = 3(2\cos^2\alpha_1-1)$$

$$\cos\alpha_1 = \frac{\sqrt{3}}{2} \quad \text{即} \quad \alpha_1=\alpha_2=30°=\frac{\pi}{6}$$

当 $\alpha_1=\alpha_2=30°=\dfrac{\pi}{6}$ 时，Z 值最小，$Z=\dfrac{2}{3\sqrt{3}}$。此时，定位模糊区面积 S_{ABCD} 有极小值：

$$(S_{ABCD})_{\min} = \frac{4R^2\Delta\theta_{\max}^2\sin\alpha_1\sin\alpha_2}{\sin^3(\alpha_1+\alpha_2)} \xrightarrow{\alpha_1=\alpha_2=30°=\frac{\pi}{6}} \frac{8}{3\sqrt{3}}R^2\Delta\theta_{\max}^2 = \frac{32}{\sqrt{3}}H^2\Delta\theta_{\max}^2 \quad (6.3.31)$$

定位模糊区面积 S_{ABCD} 的极小值是测向距离合理与模糊区面积较小对应的情况,并不代表最小值。

当 $\alpha_1 = \alpha_2 = 30° = \dfrac{\pi}{6}$ 时,对应的位置误差为

$$l_1^2 = \frac{R^2 \Delta \theta_{\max}^2}{\sin^2 2\alpha} = \frac{H^2 \Delta \theta_{\max}^2}{\sin^4 \alpha} = \frac{4}{3} R^2 \Delta \theta_{\max}^2 = 16 H^2 \Delta \theta_{\max}^2 \tag{6.3.32}$$

$$l_2^2 = \frac{R^2 \Delta \theta_{\max}^2}{4\cos^4 \alpha} = \frac{4H^2 \Delta \theta_{\max}^2}{\sin^2 2\alpha} = \frac{4}{9} R^2 \Delta \theta_{\max}^2 = \frac{16}{3} H^2 \Delta \theta_{\max}^2 \tag{6.3.33}$$

最大位置误差为

$$l_{\mathrm{m}} = \max(l_1, l_2) = \frac{2}{\sqrt{3}} R \Delta \theta_{\max} = 4 H \Delta \theta_{\max} \tag{6.3.34}$$

当 $\alpha_1 = \alpha_2 = 30° = \dfrac{\pi}{6}$ 时,定位模糊区 $ABCD$ 的面积有极小值,敌我双方阵地距离:

$$H = \frac{R \sin \alpha_1 \sin \alpha_2}{\sin(\alpha_1 + \alpha_2)} = \frac{R}{2} \tan_1 = \frac{R}{2\sqrt{3}} \tag{6.3.35}$$

(2) 定位误差最小。

令 $Z_1 = \dfrac{\sin^2 \alpha_1 + \sin^2 \alpha_2}{\sin^4(\alpha_1 + \alpha_2)}$, $Z_2 = \dfrac{2 \sin \alpha_1 \sin \alpha_2 \cos(\alpha_1 + \alpha_2)}{\sin^4(\alpha_1 + \alpha_2)}$,由式(6.3.13)、式(6.3.14)得

$$l_1^2 = R^2 \Delta \theta_{\max}^2 (Z_1 + Z_2) \tag{6.3.36}$$

$$l_2^2 = R^2 \Delta \theta_{\max}^2 (Z_1 - Z_2) \tag{6.3.37}$$

最大位置误差由 $Z_1 + Z_2$ 和 $Z_1 - Z_2$ 中的最大值决定,其随 α_1、α_2 变化,如图 6.3.7 所示。

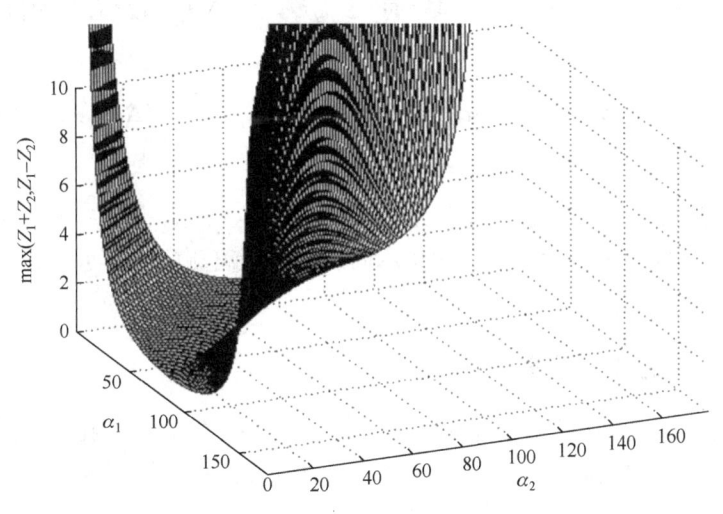

图 6.3.7 测向站距离 R 一定情况下,定位误差变化

$Z_1 = \dfrac{\sin^2 \alpha_1 + \sin^2 \alpha_2}{\sin^4(\alpha_1 + \alpha_2)} > 0$,$Z_2$ 的值决定 l_1^2 和 l_2^2 的相对大小。由数值分析可知,当

$\alpha_1+\alpha_2=90°$ 时，$\cos(\alpha_1+\alpha_2)=0$，即 $Z_1=1$，$Z_2=0$，$l_1^2=l_2^2$，最小位置误差为

$$\max(l_1,l_2)_{\min}=R\cdot\Delta\theta_{\max} \tag{6.3.38}$$

此时定位模糊区面积：

$$S_{ABCD}\overset{\alpha_1+\alpha_2=90°}{=}\frac{4H^2\Delta\theta_{\max}^2}{\sin\alpha_1\sin\alpha_2}=\frac{8H^2\Delta\theta_{\max}^2}{\sin 2\alpha_1}=2R^2\Delta\theta_{\max}^2\sin 2\alpha_1 \tag{6.3.39}$$

(3) 一般性分析。

图 6.3.8 是测向站距离 R 一定时，测向站与辐射源位置的示意图。

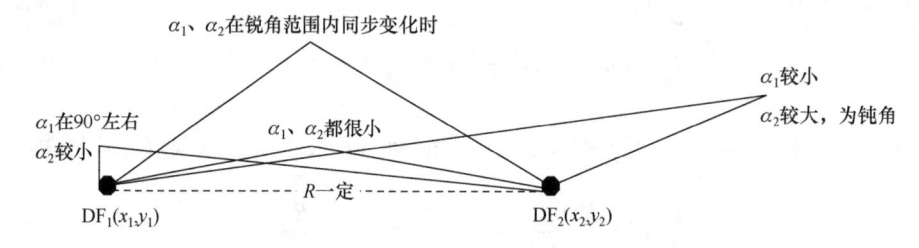

图 6.3.8 测向站距离 R 一定时，测向站与辐射源位置的示意图

① 当 α_1、α_2 都很小时，两条示向线的夹角 $\pi-(\alpha_1+\alpha_2)$ 是很大的钝角，两条示向线交点距离测向站连线很近，模糊区面积很小，但最大位置误差很大。

② 增大 α_1、α_2，当 $\alpha_1=\alpha_2=30°$ 时，$S_{ABCD}=\frac{8}{3\sqrt{3}}R^2\Delta\theta_{\max}^2$ 为极小值，最大位置误差 $\frac{2}{\sqrt{3}}R\Delta\theta_{\max}$ 较小。

③ 继续增大 α_1、α_2，当 $\alpha_1=\alpha_2=45°$ 时，$S_{ABCD}=2R^2\Delta\theta_{\max}^2$ 较小，最大位置误差 $R\Delta\theta_{\max}$ 为最小值。

④ 继续增大 α_1、α_2，当 $\alpha_1=\alpha_2=60°$ 时，$S_{ABCD}=\frac{8}{\sqrt{3}}R^2\Delta\theta_{\max}^2$，最大位置误差为 $2R\Delta\theta_{\max}$。

⑤ 继续增大 α_1、α_2，当 α_1、α_2 较大时，特别是当 α_1、α_2 中有一个角为钝角，另一个角增大时，两条示向线的夹角很小，两条示向线交点距离测向站较远，最大位置误差迅速增大，不利于定位。

6.3.3 双站交会定位的相关问题

双站交会定位具有简单易行的特点，得到广泛应用，但其也存在两个测向站的配置关系影响其定位结果、对同时同频不同方位多目标存在虚假定位等问题。

1. 测向站与辐射源的位置关系

在测向误差一定的情况下，测向站对不同位置的辐射源进行定位时，其定位模糊区和位置误差不同，因此敌我双方阵地的配置关系应在一定范围内。

(1) 随着辐射源与两测向站距离的增加，定位模糊区与最大位置误差增加。

(2) 当辐射源位于两测向站中间并与两测向站构成锐角三角形时，定位模糊区与最大位置误差都比较小。

(3) 当 $\alpha_1 + \alpha_2$ 比较大或者比较小时，辐射源与两测向站构成钝角三角形，两测向得到的扇形区相交的四边形 ABCD 呈现狭长的形状，其中锐角对应的对角线迅速拉长，最大位置误差明显上升，定位可信度下降，即定位的估计精度会在锐角轴线方向逐渐下降，造成几何精度衰减（Geometric Dilution of Precision, GDOP），简称几何弱化现象，如图 6.3.9 所示。

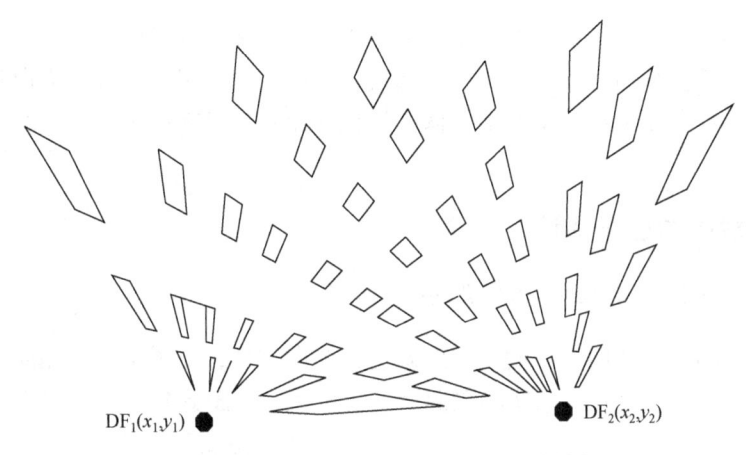

图 6.3.9　测向站对不同位置目标定位时，定位模糊区示意图

从上述分析可见，当敌方辐射源在己方测向站中心轴线上，并且两条示向线夹角为 30°～90° 时，能够保证比较小的模糊区和位置误差。事实上，在实际的测向过程中，模糊区和位置误差都是未知的，在进行测向站配置时，应考虑上述情况，保证测向结果的可信度。

2. 对多目标的虚假定位

在存在同时、同频的不同方位的多个（如 n 个）辐射源情况下，如图 6.3.10 所示，每个

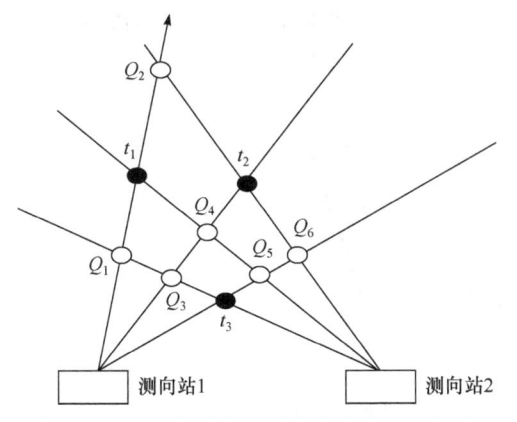

图 6.3.10　多目标测向交会定位产生虚假点

测向站得到 n 条示向线，n 个测向站得到 n^2 个交会点，其中，真实辐射源位置只有 n 个，n^2-n 个交会点是不存在辐射源的虚假定位，可以采用多站或多次定位减少虚假定位。

6.4 多站定位

当采用三个及三个以上测向设备(站)进行定位的时候，认为是多站定位。

对于测向交会定位，如果要对目标的位置进行比较准确的估计，则观测量中需要包含多余的信息。

为了分析问题方便，一般认为固定误差可以校正，随机误差服从一定分布，如均匀分布、均值为零的正态分布等。噪声是产生随机误差的主要因素，一般认为白噪声服从均值为零的正态分布，所以大部分情况下，认为随机误差服从具有一定方差、均值为零的正态分布。

6.4.1 单辐射源的位置估计

1. 基于三站交会定位的辐射源位置估计

由不同位置的三个测向站对同一辐射源进行测向定位，如果不存在测向误差，则三条示向线将交会于一点，这就是真实辐射源所处的位置，如图 6.4.1 所示。

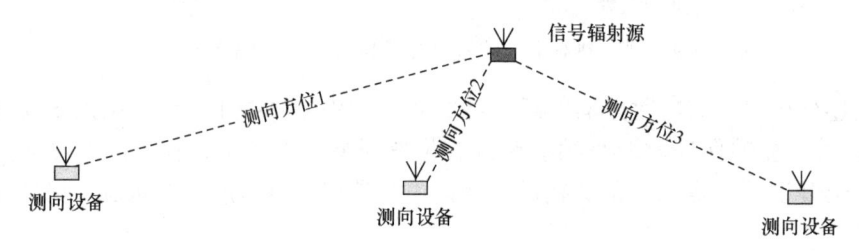

图 6.4.1 三站交会定位示意图

三个测向站 DF_1、DF_2、DF_3 对应地理位置分别为 (x_1,y_1)、(x_2,y_2)、(x_3,y_3)，三者对辐射源实施测向后得到的示向度值分别为 ϕ_1、ϕ_2、ϕ_3。

在实际测向过程中，误差总是不可避免地存在，所以三条示向线一般不会交于一点，而是两两相交，形成一个三角形(图 6.4.2)。

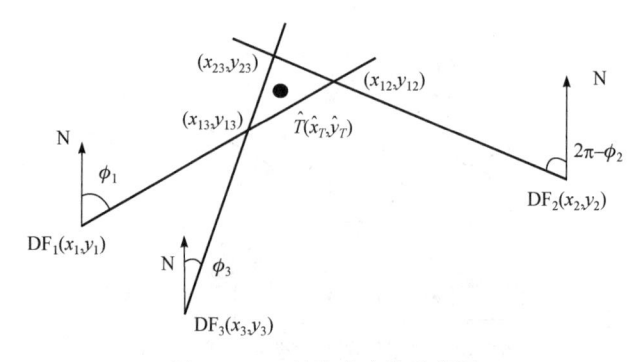

图 6.4.2 三站交会定位示意图

1) 交会点估计

(1) 几何作图估计交会点坐标。几何作图是传统的辐射源位置估计手段,具体方法是:在地图上标注三个测向站 DF_1、DF_2、DF_3 的地理位置,并用线画出(或者拉出)对应的示向度 ϕ_1、ϕ_2、ϕ_3,线与线之间的交点即为交会点,基于地图上的坐标估计交会点坐标。

(2) 基于测向数据计算交会点坐标。目前广泛采用测向数据计算交会点坐标。

$$\tan\phi_1 = \frac{x-x_1}{y-y_1}, \quad \tan\phi_2 = \frac{x-x_2}{y-y_2}, \quad \tan\phi_3 = \frac{x-x_3}{y-y_3} \tag{6.4.1}$$

解方程组得到三条示向线交会的三个交会点:

$$x_{12} = \frac{(y_1-y_2)\tan\phi_1\tan\phi_2 + x_2\tan\phi_1 - x_1\tan\phi_2}{\tan\phi_1 - \tan\phi_2}, \quad y_{12} = \frac{y_1\tan\phi_1 - y_2\tan\phi_2 + (x_2-x_1)}{\tan\phi_1 - \tan\phi_2}$$

$$x_{13} = \frac{(y_1-y_3)\tan\phi_1\tan\phi_3 + x_3\tan\phi_1 - x_1\tan\phi_3}{\tan\phi_1 - \tan\phi_3}, \quad y_{13} = \frac{y_1\tan\phi_1 - y_3\tan\phi_3 + (x_3-x_1)}{\tan\phi_1 - \tan\phi_3} \tag{6.4.2}$$

$$x_{23} = \frac{(y_2-y_3)\tan\phi_2\tan\phi_3 + x_3\tan\phi_2 - x_2\tan\phi_3}{\tan\phi_2 - \tan\phi_3}, \quad y_{23} = \frac{y_2\tan\phi_2 - y_3\tan\phi_3 + (x_3-x_2)}{\tan\phi_2 - \tan\phi_3}$$

2) 辐射源的地理位置估计

基于三个交会点 (x_{12},y_{12})、(x_{23},y_{23})、(x_{13},y_{13}) 以及一定算法估计辐射源所处的地理位置。经典算法主要有三条中线的交点(重心)法、三条角平分线的交点(内心)法、斯坦纳(Steiner)交点法等,如图 6.4.3 所示。

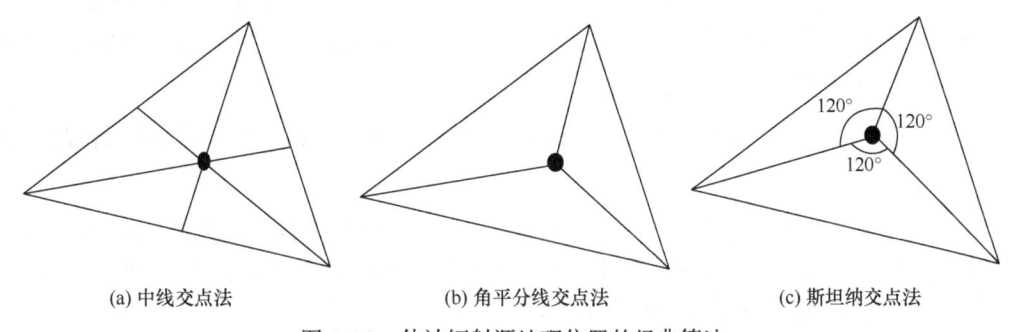

(a) 中线交点法　　　　(b) 角平分线交点法　　　　(c) 斯坦纳交点法

图 6.4.3　估计辐射源地理位置的经典算法

(1) 中线交点法:将三条示向线相交三角形的三条边中线的交点作为辐射源位置的估计点。

(2) 角平分线交点法:将三条示向线相交三角形的三个角的角平分线相交的点作为辐射源位置的估计点。

(3) 斯坦纳交点法:寻找三条示向线相交三角形中的斯坦纳交点作为辐射源位置的估计点。

考虑到真实辐射源处于以各示向线为中心,以 $\Delta\theta_{\max}$ 为偏角的三个扇形区的交会区域(三站交会定位的定位模糊区)之中,真实辐射源应该处于定位模糊区。

基于三个交会点 (x_{12},y_{12})、(x_{23},y_{23})、(x_{13},y_{13}) 或者定位模糊区,可以采用几何作图估计辐射源的地理位置,也可以采用计算机计算辐射源的地理位置。

例如，测向站站址 (x_{12},y_{12})、(x_{23},y_{23})、(x_{13},y_{13}) 一定时，测得示向度 ϕ_1、ϕ_2、ϕ_3，在最大误差 $\Delta\theta_{\max}$ 可估计的情况下，可以将三个扇面相交所得的定位模糊区的重心位置作为辐射源位置的估计值。

2. 基于多站交会定位的辐射源位置估计

测向设备组网工作是军用无线电测向的发展方向。测向网由不同位置的若干个测向站组成，各测向站之间依靠通信和数据链路来进行互连。

在实际的多站测向定位中，测向站的位置坐标是已知的，示向度通过测量可得，由不同位置的 $N(>3)$ 个测向站对同一辐射源进行测向定位。

假设目标电台的位置坐标为 (x_T, y_T)，采用 N 个测向站对辐射源进行测向定位，测向站 i 的坐标为 (x_i, y_i) $(i=1,2,\cdots,N)$，以上测向站报来的示向度数据为 $\boldsymbol{\Phi}^{\mathrm{T}}=(\phi_1,\phi_2,\cdots,\phi_N)$，由于存在测向误差，则 N 条示向线两两相交，如第 i 个站 A_i 与第 j 个站 A_j 的示向线交叉确定一个交点 $\hat{T}_{ij}(x_{ij},y_{ij})$。最多有 $C_N^2=\dfrac{N!}{2(N-2)!}=\dfrac{N(N-1)}{2}$ 个交会点形成多边形区域，形成一定的几何图形。多站交会定位的坐标位置估计比较复杂。

1) 几何作图估计辐射源的地理位置

几何作图在地图上操作，下面几种方法都可以用作辐射源的地理位置估计。

方法 1：多边形各条边的中线交点、各个角的角平分线交点或多边形(偶数条边)对角线的交点作为辐射源地理位置的估计点。

方法 2：以多边形的近似中心及各个角为顶点分成多个三角形，在每个三角形中寻找对应的斯坦纳交点，再对由这些斯坦纳交点形成的多边形采用方法 1 估计辐射源的地理位置。

2) 数据融合计算辐射源地理位置

基于最多 $\dfrac{N(N-1)}{2}$ 个交会点数据，依据一定的数据融合算法，由计算机进行辐射源的地理位置估计。

不同的数据融合算法得出不同的地理位置，其定位误差也不同。比较经典的定位估计算法有基于最小二乘的多站交会定位算法和基于联合概率密度最大的多站交会定位算法等。

(1) 基于最小二乘的多站交会定位算法。

根据辐射源的位置坐标 $\boldsymbol{T}^{\mathrm{T}}=(x_T,y_T)$，测向站 i 的坐标 (x_i,y_i) $(i=1,2,\cdots,N)$，测向站报来的示向度数据 $\boldsymbol{\Phi}^{\mathrm{T}}=(\phi_1,\phi_2,\cdots,\phi_N)$，则观测方程为

$$\boldsymbol{\Phi}=\begin{bmatrix}\phi_1\\ \phi_2\\ \vdots\\ \phi_N\end{bmatrix}=\begin{bmatrix}\arctan\left(\dfrac{x_T-x_1}{y_T-y_1}\right)\\ \arctan\left(\dfrac{x_T-x_2}{y_T-y_2}\right)\\ \vdots\\ \arctan\left(\dfrac{x_T-x_N}{y_T-y_N}\right)\end{bmatrix}+\begin{bmatrix}n_1\\ n_2\\ \vdots\\ n_N\end{bmatrix} \quad (6.4.3)$$

式中，$n_i\,(i=1,2,\cdots,N)$ 为测向站 i 的测向误差。一般假设为校正后的随机误差。基于最小二乘的多站交会定位就是希望估计辐射源的位置坐标 $(\hat{x}_T,\hat{y}_T)$。

具体方法是：基于 $\dfrac{N(N-1)}{2}$ 个交会点 $\hat{T}_{ij}(x_{ij},y_{ij})(i=1,2,\cdots,N-1)(j=i+1,i+2,\cdots,N)$，通过解析几何的方法，得出目标位置坐标的初始估计值 $\hat{T}_0(x_{T0},y_{T0})$，围绕 $\hat{T}_0(x_{T0},y_{T0})$ 对观测方程进行线性化处理，对目标状态矢量进行一次估计 $\hat{T}_1(x_{T1},y_{T1})$；把目标位置的一次估计 $\hat{T}_1(x_{T1},y_{T1})$ 作为预测估计值状态矢量，由最小二乘滤波的基本公式组得到目标位置状态矢量最小二乘的二次估计值 $\hat{T}_2(x_{T2},y_{T2})$，依次迭代循环，直至状态矢量的估计值达到稳定，即最小二乘已收敛，得出最小二乘对目标位置状态矢量的最佳估计 $\hat{T}(x_T,y_T)$。

(2) 基于联合概率密度最大的多站交会定位算法。

在多站测向中，第 i 个站 A_i 与第 j 个站 A_j 的示向线交会确定一个交点，将该交点暂时作为估计位置 $\hat{T}_{ij}$，为了简化起见，以测向站 A_i 为例进行讨论。

如图 6.4.4 所示，测向站 A_i 与真实位置 T 点之间的距离为 R_i，测向站 A_i 与估计位置 $\hat{T}_{ij}$ 的距离为 r_{ij}，则存在位置误差 d_{ij}，此时的位置误差 d_{ij} 与测向站 A_i 的测向误差 δ_i 的大小有关。

测向误差 δ_i 是符合一定分布的，实际每次估计辐射源位置时，交点 $\hat{T}_{ij}$ 的位置可能都不同，每次测量的位置误差 d_{ij} 不一定相同，但位置误差 d_{ij} 应与测向误差 δ_i 的概率密度函数 $f(\delta_i)$ 之间存在一定关系。

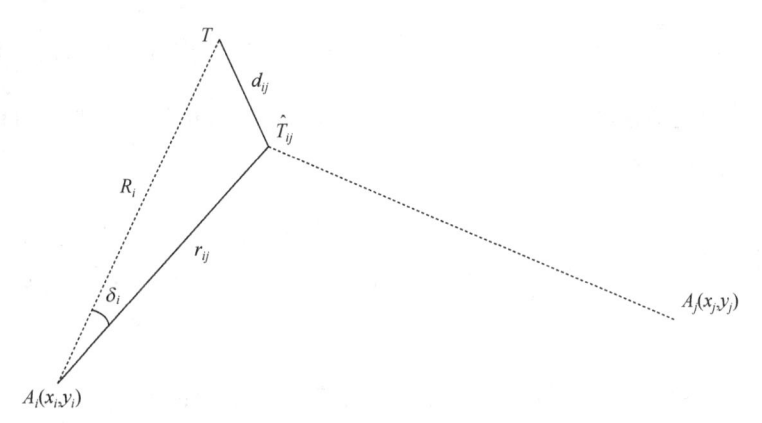

图 6.4.4　两个站交会定位分析示意图

在三角形 $TA_i\hat{T}_{ij}$ 中，根据余弦定理可得

$$d_{ij}^2 = R_i^2 + r_{ij}^2 - 2R_i r_{ij}\cos\delta_i \approx R_i^2 + r_{ij}^2 - 2R_i r_{ij}\left(1-\delta_i^2\right) = (R_i - r_{ij})^2 + 2R_i r_{ij}\delta_i^2 \qquad(6.4.4)$$

当 δ_i 为最大的测向误差 $\Delta\theta_{\max}$ 时，位置误差最大。一般情况下，实际测向误差 $\delta_i \leqslant \Delta\theta_{\max}$，位置误差的分布函数 $F_{D_{ij}}(d_{ij})$ 为

$$F_{D_{ij}}(d_{ij}) = P\{D_{ij} \leq d_{ij}\} = P\left\{\sqrt{(R_i - r_{ij})^2 + 2R_i r_{ij}\delta_i^2} \leq d_{ij}\right\}$$

$$= P\left\{\delta_i^2 \leq \frac{d_{ij}^2 - (R_i - r_{ij})^2}{2R_i r_{ij}}\right\} \tag{6.4.5}$$

$$= P\left\{-\sqrt{\frac{d_{ij}^2 - (R_i - r_{ij})^2}{2R_i r_{ij}}} \leq \delta_i \leq \sqrt{\frac{d_{ij}^2 - (R_i - r_{ij})^2}{2R_i r_{ij}}}\right\}$$

假设位置误差的概率密度函数为 $f(\delta_i)$，则有

$$F_{D_j}(d_{ij}) = \int_{-\sqrt{\frac{d_{ij}^2 - (R_i - r_{ij})^2}{2R_i r_{ij}}}}^{\sqrt{\frac{d_{ij}^2 - (R_i - r_{ij})^2}{2R_i r_{ij}}}} f(\delta_i) \mathrm{d}x \tag{6.4.6}$$

对 $F_{D_{ij}}(d_{ij})$ 两边求导，得到位置误差 d_{ij} 的概率密度函数为

$$f_{D_j}(d_{ij}) = \frac{d_{ij}}{\sqrt{d_{ij}^2 - (R_i - r_{ij})^2} \cdot \sqrt{2R_i r_{ij}}} [f(\delta_i) + f(-\delta_i)]\bigg|_{\delta_i = \sqrt{\frac{d_{ij}^2 - (R_i - r_{ij})^2}{2R_i r_{ij}}}}$$

$$= \frac{d_{ij}}{\sqrt{d_{ij}^2 - (R_i - r_{ij})^2} \cdot \sqrt{2R_i r_{ij}}} \left[f\left(\sqrt{\frac{d_{ij}^2 - (R_i - r_{ij})^2}{2R_i r_{ij}}}\right) + f\left(-\sqrt{\frac{d_{ij}^2 - (R_i - r_{ij})^2}{2R_i r_{ij}}}\right) \right] \tag{6.4.7}$$

当 N 个站测向交会定位时，有 $\frac{N(N-1)}{2}$ 个交点，由这些交点、测向站、真实位置点可以得到 $\frac{N(N-1)}{2}$ 个概率密度值。考虑到各测向站对目标的测量是独立的，目标点到交点的距离 d_{ij} 之间的联合概率密度为

$$f(d_{ij}) = \prod_{i}^{N-1}\left\{\prod_{j=i+1}^{N} \frac{d_{ij}}{\sqrt{d_{ij}^2 - (R_i - r_{ij})^2} \cdot \sqrt{2R_i r_{ij}}} \left[f_i\left(\sqrt{\frac{d_{ij}^2 - (R_i - r_{ij})^2}{2R_i r_{ij}}}\right) + f_i\left(-\sqrt{\frac{d_{ij}^2 - (R_i - r_{ij})^2}{2R_i r_{ij}}}\right) \right]\right\}$$

$$\tag{6.4.8}$$

当这点满足联合概率密度最大时，可以认为这点是最可能的目标位置点。所以要找目标点，实际上是求满足概率密度最大的坐标点 $T(x_T, y_T)$。

可见，根据测向误差角度的概率密度函数 $f(\delta_i)$ 就可以求出可能定位点的概率分布情况。但采用不同概率密度函数 $f(\delta_i)$ 进行概率密度最大坐标点估计时，得到的坐标点 $T(x_T, y_T)$ 不同。习惯上认为概率密度函数 $f(\delta_i)$ 是服从 0 均值的高斯分布。

3. 时差定位法

时差定位法是指在已知位置的两点或多点上，用侦察设备测量同一被测信号到达的时间差，由多组双曲线或多组双曲面的交点来确定辐射源位置的一种定位技术。

已知四个侦察站 A、B、C、D 的位置 (x_A, y_A, z_A)、(x_B, y_B, z_B)、(x_C, y_C, z_C)、(x_D, y_D, z_D)。假设：t_0 时刻辐射源 (x_T, y_T, z_T) 发出脉冲，c 是光速，A、B、C、D 收到

该脉冲信号的时间分别为 t_A、t_B、t_C、t_D。

以侦察测向站 A 为参考，该脉冲从辐射源发出，从侦察站 B、C、D 到 A 所经过的路程差为

$$\Delta d_{AB} = c(t_A - t_B) = c \cdot \Delta t_{AB}$$
$$\Delta d_{AC} = c(t_A - t_C) = c \cdot \Delta t_{AC} \quad (6.4.9)$$
$$\Delta d_{AD} = c(t_A - t_D) = c \cdot \Delta t_{AD}$$

辐射源在以侦察测向站 A 为圆心，半径为 R 的圆上，即

$$(x_A - x_T)^2 + (y_A - y_T)^2 + (z_A - z_T)^2 = R^2 \quad (6.4.10)$$

辐射源在以侦察测向站 B 为圆心，半径为 $R - c \cdot \Delta t_{AB}$ 的圆上，即

$$(x_B - x_T)^2 + (y_B - y_T)^2 + (z_B - z_T)^2 = (R - c \cdot \Delta t_{AB})^2 \quad (6.4.11)$$

辐射源在以侦察测向站 C 为圆心，半径为 $R - c \cdot \Delta t_{AC}$ 的圆上，即

$$(x_C - x_T)^2 + (y_C - y_T)^2 + (z_C - z_T)^2 = (R - c \cdot \Delta t_{AC})^2 \quad (6.4.12)$$

辐射源在以侦察测向站 D 为圆心，半径为 $R - c \cdot \Delta t_{AD}$ 的圆上，即

$$(x_D - x_T)^2 + (y_D - y_T)^2 + (z_D - z_T)^2 = (R - c \cdot \Delta t_{AD})^2 \quad (6.4.13)$$

式(6.4.10)～式(6.4.13)四个方程，包含 (x_T, y_T, z_T) 和半径 R 四个变量，有唯一解。将 (x_T, y_T, z_T) 和半径 R 代入式(6.4.11)～式(6.4.13)可以分别解出辐射源到各个侦察测向站的距离。

在实际使用中，位置 (x_T, y_T, z_T) 和半径 R 四个变量中有一个已知的情况下，例如，辐射源高度 z_T 已知的情况，或者侦察测向站、辐射源在一个平面上或者辐射源在地面上，采取三个侦察测向站即可完成定位。

基于多站时差测量的辐射源位置估计，弥补了测向定位的缺点，其定位精度依赖于测量到达时间差的精度，而与侦察站到目标之间的距离无关，从而可以获得很高精度。当然，这种高精度的优点是有代价的，在基于时差的定位中，信号接收时间 t_A、t_B、t_C、t_D 的测量精度直接影响辐射源的位置估计精度，可以用于对发射脉冲信号的辐射源（如雷达、跳频等）进行定位。

6.4.2 单辐射源的多次位置估计

1. 固定目标的多次位置估计

在测向中经常对同一辐射源进行多次定位并进行位置估计，每次位置估计都可以得到辐射源位置的一个估计值 $\hat{T}_i$，多次位置估计就可以得到辐射源位置的多个估计值 $\hat{T}_i(\hat{x}_{Ti}, \hat{y}_{Ti})(i = 1, 2, \cdots, N)$。对辐射源进行多次位置估计的数据来源于不同时间的测向数据或者多个测向站的测向数据。

在测向中经常对同一辐射源进行多次交会定位，每次交会定位都有一个辐射源位置估计值 $\hat{T}_i(\hat{x}_{Ti}, \hat{y}_{Ti})(i = 1, 2, \cdots, N)$。

对于固定的辐射源，将多次测向定位数据进行统计处理，得出辐射源更精确的位置估

计值。假设 N 次测向定位数据的位置估计值为 $\hat{T}_i(\hat{x}_{Ti},\hat{y}_{Ti})(i=1,2,\cdots,N)$，简单而又实用的处理方法是求统计平均值，则辐射源统计平均最终的位置估计值 $\hat{T}(\hat{x}_T,\hat{y}_T)$ 为

$$\hat{x}_T = \frac{1}{N}\sum_{i=1}^{N} x_{Ti}, \quad \hat{y}_T = \frac{1}{N}\sum_{i=1}^{N} y_{Ti} \tag{6.4.14}$$

实际工作中，根据多次测向数据采用递推或迭代计算逐步逼近真实辐射源的位置，常用最小二乘法、卡尔曼滤波法等算法进行位置估计。

2. 机动辐射源的多次位置估计

当辐射源处于机动状态时，每次测向定位数据都是不同的，这些不同的定位数据符合一定的运动方程，即辐射源的运动方程，从而实现对机动目标的跟踪。对机动目标的跟踪可以确定辐射源运载平台的位置、速度等。同一时刻的多个测向定位数据可以有效提高定位位置估计准确度；不同时刻对目标信号的测向与定位，可以得到机动目标的运动轨迹，达到目标跟踪的目的。

在测向站工作的现实环境中，电磁环境异常复杂，既有自然的噪声，又有各种人为的干扰，这使得测向站等传感器测得的数据跟真实值有很大的差别。这就需要将测向站进行组网以协调各测向站的工作，充分利用多个测向站测得的数据，实现冗余互补、综合处理，形成一个整体以达到最佳的定位跟踪效果。

测向网系统有很多测向站，把所有测向站测得的数据传给信息处理中心进行处理，信息处理中心根据目标的位置信息，对距离目标比较近的若干测向站(可信度较高)发出获取测量数据的指令。这些测向站把测得的数据及时地传给信息处理中心，信息处理中心把数据经过处理，形成比较准确的航迹，然后把结果传给上级指挥机关和作战单位，供决策和作战参考。

不同辐射源的机动性能不同，不同辐射源的运动方程变化不一。处理中心首先根据一定的观测结果假定目标沿着一条假定的航迹做运动，目标在运动的过程中，它周围的测向站根据处理中心的指令把测得的角度数据上传到信息处理中心，信息处理中心对测量数据进行融合处理，得到目标此刻的运动状态信息。随着时间的变化，信息处理中心根据是否有新的观测数据来决定是进行状态估计还是继续维持原来的航迹不变。如果没有新的观测，就保持航迹不变，可以认为目标停止运动或者消失；如果获得了新的测量数据，处理中心就采用相应的跟踪滤波算法，再次对目标状态进行估计以实现跟踪。

1) 测向站数目较少条件下的机动目标跟踪

如果测向站数目较少(如两测向站)，可以利用测向站对机动目标进行连续测向达到目标跟踪的目的，但是测向误差必定造成定位不准确。通过前面的讨论已经知道，辐射源与测向站之间的位置关系对定位结果的可靠性是有很大影响的。而机动辐射源与测向站之间的位置关系是变化的，因此机动目标跟踪的可靠性也是变化的。

如图 6.4.5 所示，在不同时间、对同一目标信号进行连续测向定位得到机动目标运动轨迹的过程中，如果辐射源与两测向站距离较远，则位置可信度较低；如果辐射源与两测向站距离较近，且辐射源位于两测向站中间并与两测向站构成直角三角形，则位置可信度较高；如果辐射源与两测向站距离较近，但辐射源与两测向站构成钝角三角形，则位置可信度较低。

第 6 章 无源定位原理

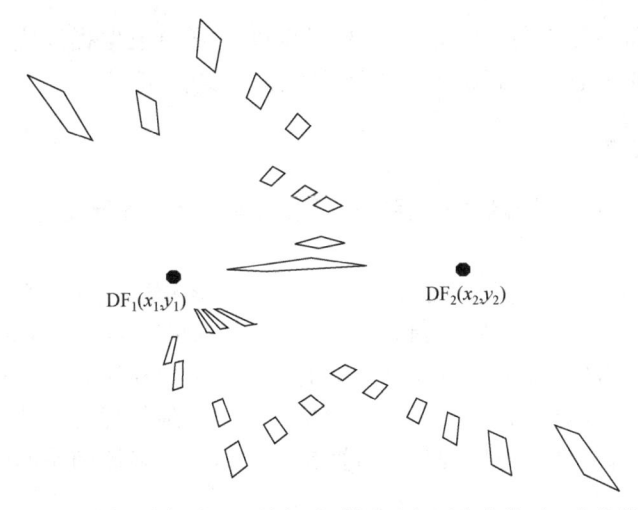

图 6.4.5 两测向站在不同时间、对同一辐射源进行测向定位时，定位模糊区变化

2) 测向站数目较多条件下的机动目标跟踪

如果测向站数目较多(如测向网)，多个测向站在同一时间具有多个测向数据，所以，每次测向定位的数据冗余度都比较大，可以有效提高定位精度；事实上，每次测向定位的精确程度是机动目标跟踪可靠度的前提。所以多个测向站在不同时间、对同一目标信号进行连续测向定位得到的机动目标运动轨迹也有比较高的可靠性。

对于多站测向定位而言，虽然每次测向定位的数据冗余度都比较大，但分布式配置的测向站使得测向定位的位置数据可信度差异较大，此时应合理选择高可信度测向站提供的数据，丢弃因位置关系造成可信度较低的测向站提供的数据，保证目标跟踪过程中轨迹的可靠性，如图 6.4.6 所示。

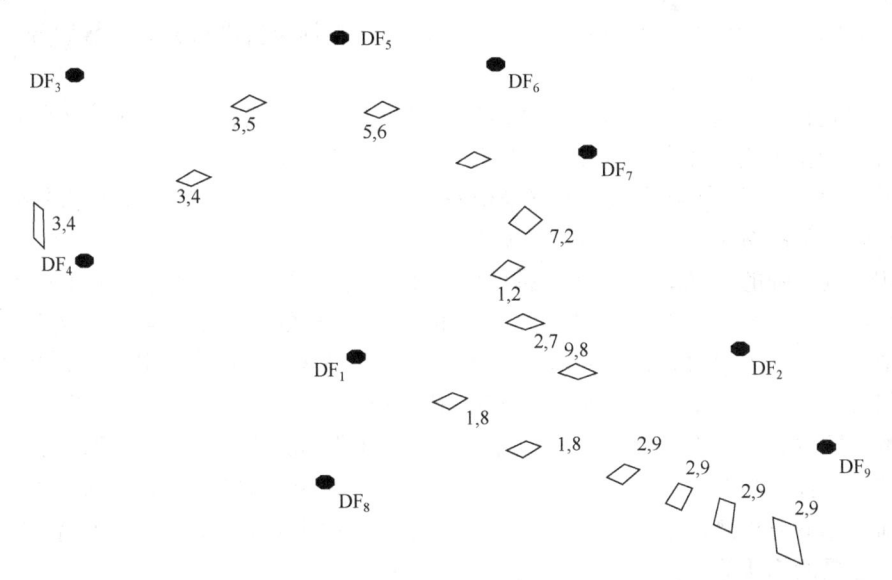

图 6.4.6 从多测向站中选择合适的数据以提高目标跟踪过程中轨迹的可靠性

机动目标跟踪包括多次测向和多次定位的过程，减小测向误差、合理布置测向站

减小定位模糊区面积和定位误差、选择高可信度的测向数据提高定位数据的可信度，以及科学的估计算法都是提高机动目标跟踪能力的具体措施。

6.4.3 测向站配置

在实际工作中，测向站站址的选择需要综合考虑防区的地形地物、兵力部署、后勤保障等因素。

减小测向误差是提高目标定位(跟踪)准确度的基本保障。为测向站选择"高、平、无障碍物"的良好场地可以减少测向过程中的传播误差和环境误差，进而降低测向误差。

在测向误差一定的情况下，测向站站址的配置对定位模糊区面积和定位误差有着直接的影响。对于多测向站，合理选择测向数据，基于"最佳配置"位置上的测向数据，结合科学的位置估计算法，可以提高定位数据的可信度。多测向站的配置需要遵循如下几个原则。

(1)测向站站址尽可能拉开距离配置；
(2)测向站尽可能接近辐射源所配置的区域；
(3)以辐射源配置区域的中心或侦测站需要覆盖的敌方战区中心为基准，尽可能使测向站的配置接近理论上的最佳配置；
(4)尽量保证各测向站的示向线在目标区域两两交会的交角为 30°～150°，避免示向线在目标区域的交会出现小锐角或大钝角现象。

6.4.4 多辐射源的位置估计

信道上存在大量的辐射信号，它们在时间、频率、方位、调制方式、带宽、信息速率等方面既有一致性，也有各自的特点。

对于时间上或者频率上不重叠的信号，可以利用时频分析进行分离，然后分别进行位置估计。

对于时间且频率重叠的信号，如果具有不同的调制方式或者带宽，侦察系统利用信号调制方式、带宽等相关性进行分离，然后分别进行位置估计。

对于时间、频率、调制方式、带宽等相关性很强的信号，如一个信号和它的多径信号，需要利用阵列测向系统进行方位分析与测量。

对相关性很强的目标信号，采用无源测向定位系统对这类辐射源进行测向交会定位时，在二维平面测向区域内，不同的测向线相交将会产生大量的虚假定位点，而且虚假定位点的数量随着测向站和辐射源数目的增多而急剧增加(图 6.4.7)。目前常用的消除虚假定位点的数据相关算法有最小距离法、最大似然法和谱相关法等。

在测向区域是三维空间时，如果考虑方位角、仰角的测量存在误差，那么真实目标形成的方位线往往不能交于一点。这时，虚假定位点消除问题就转化为方位测量数据关联问题。目前常用的方位测量数据关联算法有基于残差的关联算法、基于视线距离的算法和基于距离不变量的算法等。

随着数据融合技术的发展，基于各种理论的无源多站、多目标交会定位数据关联算法不断被提出来，各种算法在复杂度、相关正确率、计算量、应用局限性、设备复杂性等方面各有千秋，由于篇幅的限制，这里不再详述。

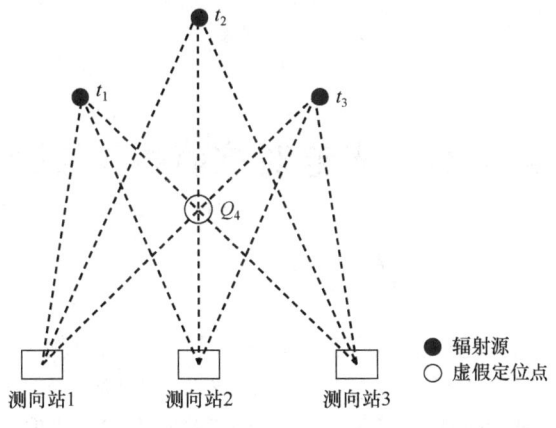

图 6.4.7　多目标测向交会定位产生虚假点

思考题和习题

1. 无源定位的主要用途有哪些？
2. 利用单个测向站进行站定位的方法主要有哪几种？存在什么问题？
3. 简述无线电测向的辐射源寻的工作原理，分析其适用场景。
4. 简述无线电导航的工作原理。
5. 简述交会定位的工作原理，分析其适用场景。
6. 设测向站的站址坐标为(30,80)，对目标电台测向得到的来波仰角为45°，水平方位角为120°，并测得对应电离折射层的高度为250km，求目标电台的坐标位置。
7. 在敌我双方阵地距离 H 一定的情况下，应如何配置己方的两个测向站？为什么？
8. 在己方两测向站位置一定的情况下，对什么位置的目标进行测向可信度比较高？为什么？
9. 对三站交会定位的几何作图法通常有哪几种？试用图示说明。
10. 测向站站址选择的原则有哪些？
11. 简述多个测向站对一固定位置的目标电台进行交会定位的步骤与方法。
12. 简述多个测向站对一移动目标进行跟踪的步骤与方法。
13. 简述两个测向站对多个目标电台进行位置估计的步骤与方法。
14. 时差法定位对测向站和辐射信号分别有什么要求？为什么？
15. 试说明定位估计中的战技结合原则与方法。

第 7 章 光电对抗侦察与告警

7.1 引　言

随着军用光电技术的日趋成熟和完善，性能优异的光电侦测设备和精确打击的光电制导武器日益受到世界各国的重视。在近几次的高技术局部战争中，光电侦测设备使得现代战场一览无余；光电制导武器大出风头，显示出惊人的作战效果和威力。光电制导武器和光电侦测设备对重要的军事目标和政治、经济设施构成了巨大的现实威胁，促使着光电对抗飞速发展，并已成为信息战的重要组成部分。

光电对抗包括光电对抗侦察、光电干扰和光电电子防护三个方面。光电对抗侦察是实施一切光电干扰措施的基本前提，最早是应机载导弹逼近告警的需求而发展起来，由红外告警，逐渐发展到导弹逼近紫外告警和激光告警。

光电对抗侦察是为获取光电对抗所需情报而进行的电子对抗侦察，主要通过搜索、截获、测量、分析、识别敌方发射、反射或散射的红外、激光、可见光、紫外等光谱信号，获取目标及其光电设备的技术参数、用途、数量和位置等情报，或判断来袭目标的威胁程度，以便采取对抗措施。它分为主动侦察和被动侦察两种类型，如图 7.1.1 所示。

光电对抗侦察：
- 主动侦察 → 基于"猫眼"效应的激光侦察
- 被动侦察：激光告警、红外告警、紫外告警

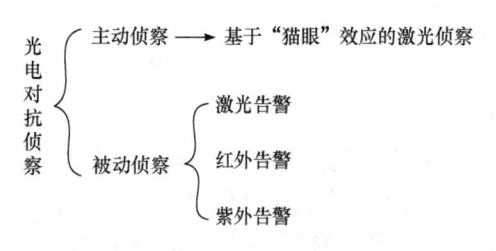

图 7.1.1　光电对抗侦察分类

光电对抗主动侦察是由光电对抗侦察设备对目标发射光波，通过对目标反射的回波进行分析而实施的侦察。目前，光电对抗主动侦察主要是激光主动侦察。通过发射激光束，接收目标反射的激光回波来分析目标的特性参数，如距离、速度、方位等。激光主动侦察主要是基于猫眼效应的激光侦察。

光电对抗被动侦察是由光电对抗侦察设备接收目标发射或反射的光波进行分析而实施的侦察。其作战对象主要是光电精确制导武器和武器作战运动平台，它们都具有极大的杀伤力，属于直接摧毁性的。因此，对它们实施光电对抗被动侦察就必须进行告警。所以，基于红外、激光和紫外而开展的光电对抗被动侦察通常被称为激光告警、红外告警和紫外告警。

现在，激光告警、红外告警和紫外告警已经被广泛地应用于各种飞机、舰艇和坦克等武器平台。在 1991 年的第一次海湾战争中，多国部队出动飞机 10 万余架次，但仅损失几十架飞机，战损比非常低，其主要原因是多国部队的主战飞机装备了自卫式光电侦察告警与干扰装备，极大地提高了飞机的生存能力。

本章分别从激光对抗主动侦察、激光告警、红外告警和紫外告警四个方面来讲解光电对抗侦察原理。

7.2 激光对抗主动侦察

7.2.1 概述

激光对抗主动侦察是由己方侦察设备发射扫描激光束,当激光束照射到敌方光电侦察设备视场内时,由于光电侦察设备的光学透镜与探测器(或分划板)表面的组合作用,入射的激光束以很小的束散角返回到己方与扫描激光源在一起的激光回波接收机中,这种激光回波强度比其他漫反射目标的激光回波强度高几个数量级,由此发现敌方光电侦察设备的一种侦察过程。这犹如在黑夜之中,用手电筒照射远处的猫眼所看到的现象一样,这种效应因此也被称为"猫眼"效应。据此,可以在复杂的漫反射背景目标中发现、定位正对己方实施观瞄的光学窗口,从而发现敌方的光电侦察设备。

"猫眼"效应的原理如图 7.2.1 所示。产生"猫眼"效应的机理可解释如下:当一束光照射到光学系统的镜头上时,由于镜头的汇聚作用,光线将聚焦在位于焦平面处的光电探测器表面。入射光在光电探测器表面汇聚的位置成为焦平面上的发光点。依据光学知识,显然有相当一部分光将按原入射光路返回,使得此类光电系统的后向反射比普通漫反射目标要强得多。

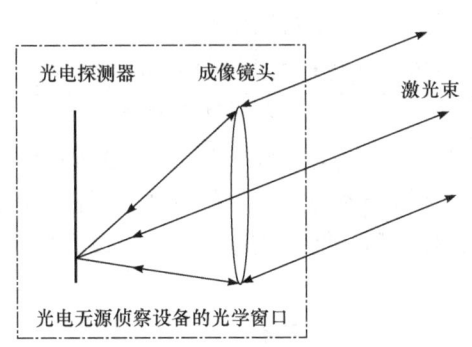

图 7.2.1 光学窗口的"猫眼"效应

激光对抗主动侦察是基于"猫眼"效应的原理而主动发射激光,探测具有光学孔径的被动光电探测系统,其工作过程及主要单元如图 7.2.2 所示。

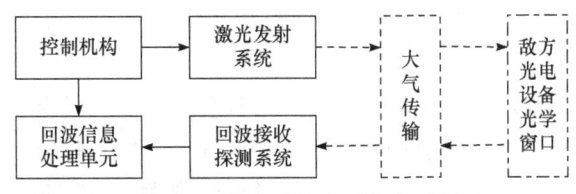

图 7.2.2 激光对抗主动侦察过程

控制机构控制激光发射系统发出脉冲激光,扫描待探测区域,如果扫描激光入射到正在对己方实施光电探测的光电设备的光学窗口上,由于"猫眼"效应的作用,会产生较强的反射光,其经回波接收系统收集和光电转换后,送入回波信息处理单元,再经过滤波、放大、检测处理,即可获取目标(即敌方光电侦察设备的光学窗口)的方位、类型等相关信息,发出告警,并实施后续的对抗。

目前,激光对抗主动侦察主要由类似于激光雷达的装置来实现,这是因为激光对抗主动侦察装备的结构组成、工作原理、探测体制等与普通的激光雷达是类似或一样的。但是,它主要用于发现隐藏光电侦察设备的光学窗口(即光学孔径),显然不同于一般意义上的探测目标距离、方位、速度等参数的激光雷达,因为从作战意图上来说,接收的激光回波信号是不同的。

由于激光对抗主动侦察探测的目标是敌方光电侦察设备的光学窗口,其激光反射特性、激光回波有其特殊性,所以下面将从目标的激光反射特性、激光回波探测两个方面来深入分析激光对抗主动侦察。

7.2.2 目标的激光反射特性

1. 目标激光雷达截面积

由于激光对抗主动侦察装备与激光雷达相似,目标的激光反射特性可以用目标激光雷达截面积来表示。

微波雷达使用雷达截面积来描述目标回波能力,激光雷达也沿用这种方式,采用目标的激光雷达截面积(Laser Radar Cross Section,LRCS)来表征目标反射激光的能力。由微波雷达截面积的定义可知,雷达截面积 σ 可表示为

$$\sigma = 4\pi \frac{\text{返回接收机每单位立体角内的回波功率}}{\text{入射功率密度}} \tag{7.2.1}$$

假设激光雷达发射激光束照射到某一目标上,二者之间的空间关系如图7.2.3所示。设在激光束照射的方向上,目标被照射的投影面积为 A,目标表面接收到的激光照度为 E_i,目标表面的反射率为 ρ,目标的后向散射立体角束宽为 Ω,由式(7.2.1)可得激光雷达截面积(简称激光雷达截面) σ 为

$$\sigma = 4\pi \frac{E_i A \rho / \Omega}{E_i} = \rho \frac{4\pi}{\Omega} A \tag{7.2.2}$$

即

$$\sigma = \rho G A \tag{7.2.3}$$

式中,$G = 4\pi / \Omega$,为目标增益。目标的后向散射立体角 Ω 反映的是反射激光回波的集中程度。

式(7.2.3)通常作为激光雷达截面的定义式,其含义为:当具有 σ 截面的假想目标把截获的入射激光向各方向(4π 立体角内)均匀散射时,在激光雷达接收系统处产生的功率密度与实际目标所产生的相同。从这个意义上说,目标的激光雷达截面也称为目标的激光雷达散射截面。

通常激光照射到目标的表面并不是垂直的,假设激光束以角 θ_i 入射到目标表面 dA 上(dA 不是投影面积),在 dA 处激光以角 θ_r 返回激光雷达的接收光学窗口。如果返回的激光能够进入激光雷达的接收光学窗口,则返回的激光必须近似垂直于激光雷达的光学窗口。因此,$\theta_i = \theta_r$,如图7.2.4所示。

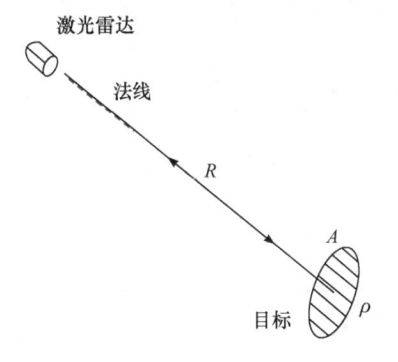

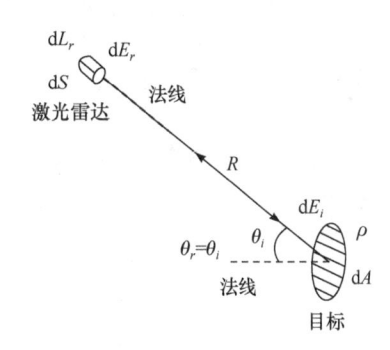

图 7.2.3　激光雷达探测目标与激光回波　　图 7.2.4　激光雷达与目标探测之间的几何关系

设目标与激光雷达之间的距离为 R，激光雷达入射到目标 dA 处的激光照度为 dE_i，从目标 dA 反射回到激光雷达光学窗口的照度为 dE_r，那么根据雷达截面的含义，dE_r 是激光从 dA 处向 4π 立体角内均匀散射到达激光雷达光学窗口时的照度，所以在 dA 处的反射激光功率 dP 为

$$dP = 4\pi R^2 dE_r \tag{7.2.4}$$

由式(7.2.1)得

$$d\sigma = 4\pi \frac{4\pi R^2 dE_r / 4\pi}{dE_i / \cos\theta_i} \tag{7.2.5}$$

即

$$d\sigma = 4\pi R^2 \cos\theta_i \frac{dE_r}{dE_i} \tag{7.2.6}$$

式(7.2.6)是激光雷达截面的另一个表达式，更具有一般性。

从式(7.2.2)中可以看出：目标表面反射率 ρ 不同，其激光雷达截面积不同。如果目标的表面是完全漫反射表面(即目标是朗伯体)，则目标表面反射率 ρ 为常数。但绝大多数目标的表面都不是完全漫反射表面，其表面反射率需要借助双向反射分布函数(Bidirectional Reflectance Distribution Function，BRDF)来描述。

对于均匀、各向同性的散射表面 dA，受到均匀照明，对于给定的入射角和反射角，在反射方向上单位投影立体角内的总反射率称为双向反射分布函数(BRDF)。BRDF 定义为沿 (θ_r,ϕ_r) 方向的辐射亮度与沿 (θ_i,ϕ_i) 方向的入射辐照度之比，如图 7.2.5 所示，BRDF 可表示为

$$f_r(\theta_i,\phi_i;\theta_r,\phi_r) = \frac{dL_r(\theta_i,\phi_i;\theta_r,\phi_r)}{dE_i(\theta_i,\phi_i)} \tag{7.2.7}$$

式中，$f_r(\theta_i,\phi_i;\theta_r,\phi_r)$ 表示 BRDF。

对于后向散射情况(这是目前激光雷达的主要工作方式)，$\phi_i = \phi_r$，$\theta_i = \theta_r$，如图 7.2.5 所示，式(7.2.7)可进一步简化为

$$f_r(\theta_i,\phi_i) = \frac{dL_r(\theta_i,\phi_i)}{dE_i(\theta_i,\phi_i)} \tag{7.2.8}$$

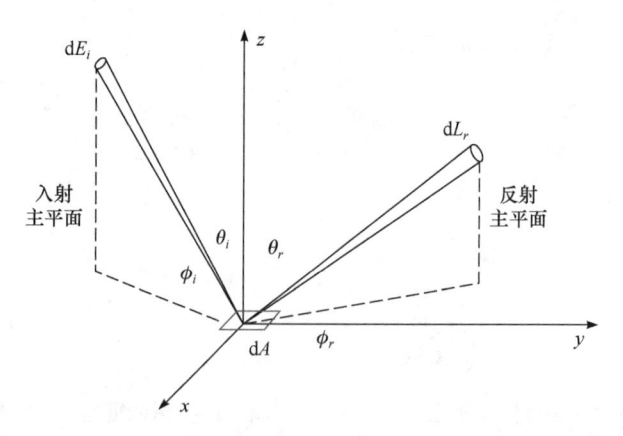

图 7.2.5 双向反射分布函数的几何关系

在图 7.2.4 中，如果已知目标的双向反射分布函数 $f_r(\theta_i,\phi_i)$，可用 BRDF 来表示激光雷达的 LRCS。

设某目标面积为 dA，位于距离激光雷达 R 处，则目标相对于激光雷达的立体角 $d\Omega_r$ 为

$$d\Omega_r = \frac{dA\cos\theta_i}{R^2} \tag{7.2.9}$$

目标在 dA 处的辐射亮度 dL_r 为

$$dL_r(\theta_i,\phi_i) = \frac{dE_r(\theta_i,\phi_i)}{d\Omega_r} \tag{7.2.10}$$

将式(7.2.9)和式(7.2.10)代入式(7.2.8)得

$$f_r(\theta_i,\phi_i) = \frac{R^2}{dA\cos\theta_i}\frac{dE_r(\theta_i,\phi_i)}{dE_i(\theta_i,\phi_i)} \tag{7.2.11}$$

由式(7.2.11)和式(7.2.6)可得

$$d\sigma = 4\pi f_r(\theta_i,\phi_i)\cos^2\theta_i dA \tag{7.2.12}$$

即

$$\sigma = 4\pi\int_A f_r(\theta_i,\phi_i)\cos^2\theta_i dA \tag{7.2.13}$$

式(7.2.11)是用双向反射分布函数 $f_r(\theta_i,\phi_i)$ 表示的目标激光雷达散射截面(LRCS)。目标的 BRDF 由许多与材料有关的特殊因素决定，一般需要由实验测量确定，确定 BRDF 后，即可计算 LRCS。

2. 典型目标的 LRCS

实际上，LRCS 的大小除了与目标表面的发射率(或双向反射分布函数)有关外，还与目标的形状、大小、姿态、表面粗糙度及激光雷达工作波长和光束偏振状态有关，并受目标距离(近场或远场)、激光束相对于目标的大小、光束轮廓和弯曲特性、相干性，以及使

回波信号明显复杂化的其他效应的影响。不同的目标，其 LRCS 不同，计算或测试非常复杂。下面分析激光对抗主动侦察中一些典型目标的 LRCS。

1) 漫反射（朗伯面）目标的 LRCS

朗伯面是指散射光强度遵循朗伯余弦定律的表面。从材料表面任何给定方向上反射的光强（单位立体角通量）正比于该方向与表面法线之间夹角的余弦。朗伯面散射入射光而产生的辐射亮度在各个方向上是相等的，与角度无关。

自然界中许多地物（如草地、树木、沙漠等）都可以近似地看成漫反射目标，其 BRDF 可近似为常数，即

$$f_r(\theta_i, \phi_i; \theta_r, \phi_r) = \rho/\pi \tag{7.2.14}$$

式中，ρ 为半球表面反射率。

假设漫反射（朗伯面）目标是小于发射光束束宽的朗伯圆盘，其激光雷达散射截面由式（7.2.13）得

$$\sigma = 4\pi\rho r^2 \cos^2\theta_i \tag{7.2.15}$$

式中，r 为朗伯圆盘的半径；θ_i 为照射激光对朗伯面的入射角。

当朗伯面目标大于激光束宽时，目标为扩展目标，根据式（7.2.13），目标的 LRCS 主要由激光束照射到目标表面上的实际面积和激光入射倾角来决定。设激光雷达距目标的距离为 R，激光雷达发射的激光束发散立体角是 Ω_t，激光照射目标表面的入射角为 θ_i，则激光束照射到目标表面上的面积 A 为

$$A = \Omega_t R^2 / \cos\theta_i \tag{7.2.16}$$

将式（7.2.14）和式（7.2.16）代入式（7.2.13）得

$$\sigma = 4\rho\Omega_t R^2 \cos\theta_i \tag{7.2.17}$$

2) 镜面反射目标的 LRCS

镜面对常用的军用激光有较强的方向反射能力，垂直入射到镜面上的激光将全部按原路反射回去，反射角等于衍射角。军事上常用的角反射器是一种重要的镜面目标，常见的一种角反射器是中空角反射器。它是将三个反射镜互相成直角连在一起形成的，如图 7.2.6 所示，用于宽光学波段，将入射激光原路返回。

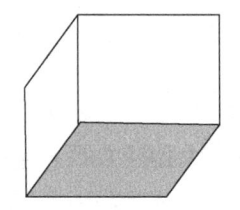

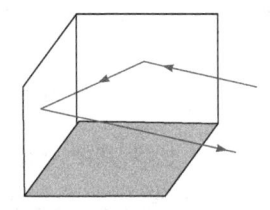

图 7.2.6　方形中空角反射器及其激光的多次反射示意图

还有一种角反射器是用整块玻璃制成的直角三棱锥体，这种角反射器也称为反射棱镜，利用全内反射特性，将所有的入射激光能量返回。表 7.2.1 给出了几种中空角反射器的 LRCS。表中，L 是角反射器的棱边长度，λ 是入射激光的波长。

表 7.2.1 几种中空角反射器的 LRCS

类型	峰值 LRCS	平均 LRCS（全方向）
方形角反射器	$12\pi L^4/\lambda^2$	$0.7L^4/\lambda^2$
圆形角反射器	$15.6\pi L^4/\lambda^2$	$0.47L^4/\lambda^2$
三角形角反射器	$4\pi L^4/3\lambda^2$	$0.17L^4/\lambda^2$

3) 光学成像窗口的 LRCS

光电被动成像侦察和制导装置（如红外前视热像仪、微光夜视仪、光学观瞄器材、光电制导导引头等）的光学孔径具有较强的 LRCS，可利用该特点对战场光学孔径实施激光对抗主动侦察。

从 LRCS 的角度看，具有"猫眼"效应的光学窗口与角反射器有一定的相似之处。它们都具有使激光回波大大加强的能力，即 LRCS 很大。可以通过计算单透镜与其焦平面附近的反射物组合这样一种简单系统的 LRCS 了解其反射激光能力与主要影响因素。

为了简化分析，假定处于透镜焦平面附近的探测器反射平面是朗伯漫反射平面。讨论具有一定离焦量和偏向角的漫反射面对反射光束散角的影响，光路如图 7.2.7 所示。

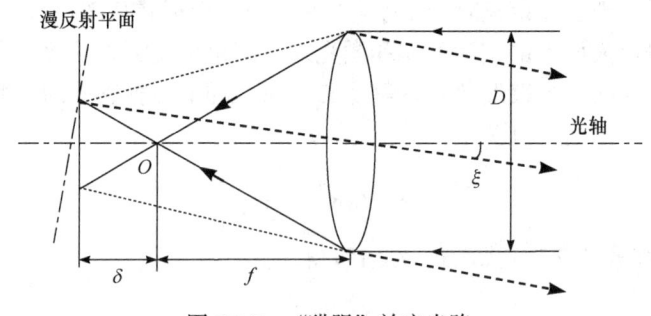

图 7.2.7 "猫眼"效应光路

假设图 7.2.7 中的透镜焦距为 f，孔径为 D，漫反射平面距离透镜焦距的离焦量为 δ，反射平面的法线与光轴夹角（偏向角）为 ξ。远处来的激光可以看成平行光，通过透镜会聚到焦平面处。入射光通过焦平面后到达漫反射平面，反射平面被照亮，如同一个具有一定面积的光源，将一部分光通过透镜发射出去。

首先，当反射平面的法线与光轴夹角 $\xi=0°$ 时，根据几何光学分析可以得知，对于一定大小的离焦量 δ，出射光在远处的平面束散角 θ_0 为

$$\theta_0 = \frac{D\delta}{f(f+\delta)} \tag{7.2.18}$$

式 (7.2.18) 在 $\delta=0$ 时不成立，因为其中没有考虑有限大孔径 D 所产生的衍射效应。当 $\delta=0$ 时，物理光学表明，入射光在焦平面处会形成直径为 $2.44\lambda f/D$ 的艾里斑，由此产生的出射光束在远处的平面束散角为

$$\theta_0|_{\delta=0} = 2.44\frac{\lambda}{D} \tag{7.2.19}$$

当反射平面的法线与光轴夹角 $\xi \neq 0°$ 时，经过推导可得出射光的平面束散角 θ 为

$$\theta = \frac{D}{2f}(x' + x'') \tag{7.2.20}$$

其中

$$x' = \frac{\delta}{f + \delta - \frac{D}{2}\tan\xi}, \quad x'' = \frac{\delta}{f + \delta + \frac{D}{2}\tan\xi} \tag{7.2.21}$$

此时，该光学窗口具有的 LRCS 可表示为

$$\sigma = \frac{\pi D^2}{4} \frac{D^2}{4f^2 + D^2} \frac{4\pi}{\theta\theta_0 \pi / 4} \tag{7.2.22}$$

分析式(7.2.22)可知，具有类似图 7.2.7 所示"猫眼"效应结构的光电侦察设备的激光雷达截面积远大于普通漫反射目标，同时，可以得出增大探测器的离焦量 δ 和偏向角 ξ 均会减小光学窗口的激光雷达截面积，其中，离焦量的影响较为明显。图 7.2.8 为光学天线口径为 0.6m、焦距 1.5m 时，计算得到的离焦量与该光学窗口 LRCS 的关系图。

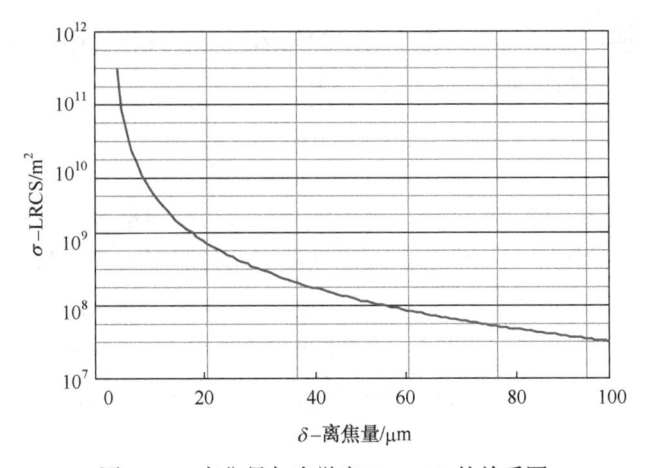

图 7.2.8 离焦量与光学窗口 LRCS 的关系图

7.2.3 激光回波探测

激光对抗主动侦察的信号从"猫眼"目标返回后，经接收光学系统到达信息处理单元，对激光对抗主动侦察来说，最关心的是回波强度的大小，也就是回波功率是否与一般目标的相符，如果回波功率的大小明显高于一般目标，则发出在此方向有光电侦察系统的告警。

回波功率受到各种因素的影响，如大气条件、目标距离、目标特性、发射接收光学系统透过率等，为准确掌握不同目标的回波功率，可以沿用雷达方程的思路，创建激光雷达方程，分析激光对抗主动侦察设备的光电探测器所接收到激光回波功率与各种因素的关系。

假设目标离激光对抗主动侦察装置发射机的距离为 R，激光在 R 处的光斑面积为 A_b，目标面积为 A（$A \leqslant A_b$），那么到达目标处的激光功率密度 E_t 为

$$E_t = \frac{P_t K_t T_a}{A_b} \tag{7.2.23}$$

式中，P_t 为发射功率；K_t 为发射光学系统透过率；T_a 为单程大气透过率，且有 $T_a = \mathrm{e}^{-\mu R}$，

μ 为大气衰减系数，单位为 m^{-1}。

如图 7.2.9 所示，从目标处向激光对抗主动侦察装置反射的功率 P_t' 为

$$P_t' = E_t A \cos\theta \rho \tag{7.2.24}$$

式中，ρ 为目标反射系数；θ 为激光对抗主动侦察装置和目标之间的连线与目标表面法线的夹角。

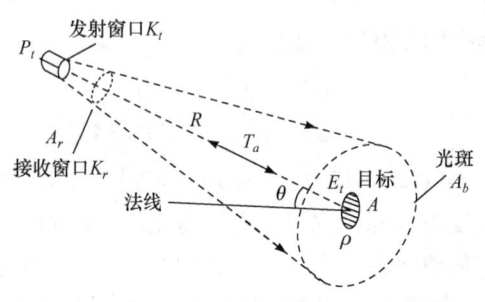

图 7.2.9 激光主动侦察回波探测及相关参数

为简单起见，假设目标是完全漫反射的朗伯体，由红外物理中朗伯体辐射源的辐射功率与光强之间的关系可知目标反射的光强 I_t' 为

$$I_t' = \frac{P_t'}{\pi} \tag{7.2.25}$$

I_t' 是目标表面法线方向上的光强，由于激光对抗主动侦察装置和目标之间的连线与目标表面法线存在着一个夹角 θ，由余弦定律可得激光对抗主动侦察装置接收机方向上的光强 I_r' 为

$$I_r' = I_t' \cos\theta \tag{7.2.26}$$

设激光对抗主动侦察装置接收机的光学窗口面积为 A_r，那么 A_r 相对于目标的立体角 Ω_t 为

$$\Omega_t = \frac{A_r}{R^2} \tag{7.2.27}$$

因此，激光照射到目标上以后，反射光经大气传输，通过口径为 A_r 的接收光学系统被激光接收机接收，则入射到接收探测器上的回波功率 P_r 为

$$P_r = I_r' \Omega_t T_a K_r \tag{7.2.28}$$

式中，K_r 是接收光学系统透过率。

将式(7.2.23)～式(7.2.27)代入式(7.2.28)得

$$P_r = \frac{P_t K_t A_r K_r \rho}{\pi R^2} \cos^2\theta T_a^2 \frac{A}{A_b} \tag{7.2.29}$$

式(7.2.29)中，当目标面积 A 大于光斑面积 A_b（大目标）时，取 $A_b = A\cos\theta$。式(7.2.29)变为

$$P_r = \frac{P_t K_t A_r K_r \rho}{\pi R^2} \cos\theta T_a^2 \tag{7.2.30}$$

当 A 小于 A_b（探测的是小目标）时，$A_b = R^2 \Omega_t$，Ω_t 是激光束发散立体角，式(7.2.29)

可写为

$$P_r = \frac{P_t K_t A_r K_r \rho A}{\pi \Omega_t R^4} \cos^2 \theta T_a^2 \tag{7.2.31}$$

由于实际应用中无法预知 θ 值，因此可以考虑从半球空间平均的一般情况：[20]

漫反射大目标：
$$P_r = \frac{P_t K_t A_r K_r \rho}{2\pi R^2} T_a^2 \tag{7.2.32}$$

漫反射小目标：
$$P_r = \frac{4 P_t K_t A_r K_r \rho A}{3\pi^2 \theta_t^2 R^4} T_a^2 \tag{7.2.33}$$

式(7.2.32)和式(7.2.33)也可以用激光雷达散射截面表示。当目标为小目标时，设目标的激光雷达散射截面为 σ，此时 σ 可由式(7.2.15)计算，代入式(7.2.31)得

$$P_r = \frac{P_t K_t A_r K_r}{4\pi \Omega_t R^4} \sigma T_a^2 \tag{7.2.34}$$

同样的思路，当目标为大目标时，LRCS 可由式(7.2.17)计算，代入式(7.2.30)即可得到用激光雷达截面表示的大目标激光雷达回波功率方程，表达形式与式(7.2.34)相同。

式(7.2.32)、式(7.2.33)和式(7.2.34)描述了分别用目标反射系数和目标激光雷达截面表示的激光对抗主动侦察装置探测方程。方程描述了回波功率与各种因素的关系，可以作为回波信息处理单元设定系统阈值的参考。另外，用公式也可以估算主动侦察的距离。当公式中的 P_r 取接收系统的最小探测功率值时，由方程解出来的 R 就是激光对抗主动侦察设备的最大作用距离。

7.3　激 光 告 警

7.3.1　概述

军用激光系统的大量应用使得现代战场充满着激光威胁。现代战场激光威胁源的主要装备形式是激光目标指示器和激光测距机。从所采用的激光器来看，主要有 1.06μm 的 Nd:YAG 激光器、0.8μm 的 GaAlAs/GaAs 半导体激光器、0.9μm 的 GaAs 半导体激光器、1.54μm 拉曼频移 Nd:YAG 激光器和铒玻璃激光器，以及 10.6μm 的 CO_2 气体激光器等。这些激光器的工作方式各不相同，有单脉冲工作、重复频率工作、准连续工作乃至连续工作等。所采用的编码方式也各不相同，有脉冲编码、空间花样编码、偏振编码等。

激光告警是指对敌方激光信号进行实时截获、分析、识别，判明威胁程度，并按预定的判断准则及时发出报警的过程，同时对激光源的方位进行测量。激光告警一般用于高价值武器平台或固定目标的自卫防护，其系统(或设备)的组成通常如图 7.3.1 所示。

激光信号 --> 大气传输 --> 光学系统 --> 激光信号探测单元 --> 激光信号检测与处理单元 --> 告警显示与对抗单元

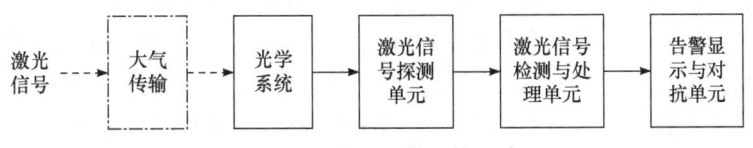

图 7.3.1　激光告警系统组成

光学系统接收到的光信号(包括敌方激光威胁信号和背景光信号)在激光信号探测单元

进行光电转换,转换后的电信号经激光信号检测与处理单元处理,首先判定有、无激光威胁信号,若有,再确定来袭激光的波长、方位、脉宽、重复频率、码型等信息。当判断激光信号是威胁信号时,及时上报、显示,并采取相应的光电对抗措施。

激光信号截获分为直接截获和散射截获。直接截获是指来自目标激光源的信号直接照射在激光告警的探测单元上,此种截获方式可接收到的能量最强,给出的接收信号也最强,告警方位精确,告警距离远。散射截获是指接收的信号来自激光束被大气分子或气溶胶粒子散射的少量辐射能,这种截获方式探测空域大,其警戒范围通常能扩展到偏离激光光轴几十米甚至上百米处,但方向识别不够精准。

激光告警系统(或设备)有时称为激光警戒接收机,也可简称激光告警器,本书以下统称为激光告警器。描述激光告警器的技术指标比较多,一般包括以下几项。

(1)告警波段(波长),是指激光告警器的工作波长。针对不同的作战任务,可以是单一波长,也可以是多个波长、波段。当然,理想情况是能覆盖敌方所有可能的军用激光波长,而实际上由于技术、经费等原因,这往往做不到,也没有必要。

(2)警戒视场范围,是指激光告警器所能侦察的角度范围。通常警戒视场的方位角为360°;俯仰角依据不同使用对象要求不同,地面、水面平台一般为$-20°\sim60°$,空中平台一般为$-50°\sim15°$。

(3)角度分辨率,是指激光告警器能区分开的两个激光辐射源的最小角度差。一般包括方位角分辨率、俯仰角分辨率两项。根据使用对象不同,角度分辨率要求的差异可能很大。例如,与烟幕系统配合使用时,激光告警器无须精确定向,角度分辨率可以是45°或22.5°,而与定向干扰系统配合使用时,激光告警器则应有毫弧度量级(即角分级)的角度分辨率。

(4)探测灵敏度,是激光告警器探测信号能力的度量,也称探测阈值,单位是 W/cm^2 或 J/cm^2。一台激光告警器的探测灵敏度(或阈值)是指在辐射水平低于该数值时,探测不到任何激光信号;而高于该数值时,所告警波长(段)的所有激光信号均被探测到。然而,由于各种噪声的存在,激光告警器可正确探测到激光信号的概率是随激光入射功率的增大而增大的。通常规定:探测概率或截获概率为某一值(如98%)时的激光入射功率为探测灵敏度(或阈值)。

(5)动态范围,是指激光告警器正常工作情况下所能接收的最大与最小激光辐射量之比。它是一个无量纲的量,通常表示为数量级或光功率分贝数。例如,动态范围是四个数量级,相当的光功率分贝数为40dB,这两者均表示该激光告警器在正常工作状态下可接收激光辐射的最大值与最小值之比达10000。

(6)探测概率和虚警率,是激光告警器的两个极其重要的技术指标。探测概率是描述激光告警器正确判断在探测阈值之上的入射激光信号的能力的量,而虚警率则是描述激光告警器能否正确识别各种干扰的能力的量。

基于上述基本指标,可以描绘一台理想的激光告警器,它具有:
(1)光谱频带足够宽,能覆盖所有可能的军用激光波长,并能指示出入射激光波长;
(2)足够大的视场,能覆盖整个警戒空域,并有足够高的角分辨率;
(3)动态范围足够大,对各种功率水平的激光辐射均可以正常的告警;
(4)探测概率达到100%;
(5)虚警率为零。

受当前技术发展的限制,要实现理想的激光告警器仍相当困难。首先,没有性能优良的宽光谱探测器,做不出从可见光直到远红外的全波段激光告警器。其次,要求大视场,往往得牺牲定位精度;要求探测概率达100%,虚警率可能会高得无法容忍;要求探测过多的激光参数,花费的时间可能很长。上述这些矛盾都需要设计者针对不同的使用目的妥善处理,进行最佳折中。表7.3.1给出了激光告警器技术的主要技术指标和典型参数。

表 7.3.1 激光告警器的主要技术指标和典型参数

技术指标	典型参数	技术指标	典型参数
灵敏度	$10^{-6}\sim10^{-3}\text{W/cm}^2$	虚警率	$10^{-3}/\text{h}^{-1}$
动态范围(分析)	$10^4\sim10^8$辐照度比	探测概率	$0.9\sim0.99$
动态范围(破坏)	$10^8\sim10^{12}$辐照度比	角分辨率	$1°\sim45°$

上述几个技术指标项目,不仅适用于激光告警器,也同样适用于红外告警器、紫外告警器,后续章节将不再叙述。当然,激光告警器还有如激光波长、激光编码、脉冲宽度、重复频率等识别与测量的技术要求。

目前,激光告警器大体上分为光谱识别非成像型、光谱识别成像型、相干识别法布里-珀罗型和相干识别迈克尔逊型等四类。

光谱识别非成像型告警器通常有若干个分立的光学通道,每个通道中都有一个光电探测器及视场限制光阑和滤光片。这种接收机探测灵敏度高、结构简单、视场大、成本低,但方向分辨本领差,只能大体判定激光来袭方向。

光谱识别成像型告警器通常采用广角远心鱼眼透镜和面阵CCD(Charge Coupled Device)摄像器件或PSD(Position Sensitive Detector,位置传感探测器)器件,特点是视场大、角分辨率高,但光学系统复杂,因使用窄带滤光片,通常只能单波长工作,且成本高、难以小型化。

光谱识别法本身不能准确探知激光波长,能测定激光波长的方法是相干识别法。根据所用干涉仪的不同,相干识别法又有法布里-珀罗型和迈克尔逊型之分。相干识别法的优点是识别能力强,能探测激光波长,虚警率低;主要缺点是制造工艺复杂,价格昂贵。表7.3.2给出了这四种类型激光告警器的优缺点。

表 7.3.2 四种类型的激光告警器性能比较

类型	光谱识别型		相干识别型	
优点	视场大		虚警率低,能测定激光波长	
缺点	一般不能用于非常用波长激光的告警		成本高	
类型	非成像型	成像型	法布里-珀罗型	迈克尔逊型
优点	结构简单 成本低 灵敏度高	图像直观 角分辨率高	视场大 光电接收简单	角分辨率高
缺点	角分辨率低 虚警率高	成本高	机械扫描不能截获单次短脉冲	视场小

通常军用激光的发散角比较小，决定了其光斑直径也比较小，激光束不一定能直接入射到激光告警器上。为保护受激光威胁的大型目标，扩大激光警戒范围，需要散射截获式激光告警。为了可靠截获激光束，往往将直接探测和散射探测相结合，在直接探测器旁边，适当安放几个散射探测器，以探测平台散射的激光辐射，达到"看住"整个平台的目的。但大气散射与天气状况有关，散射探测只适用于可见光和近红外的激光探测，对中远红外的激光探测难以奏效。

据不完全统计，世界各国现在已研制的激光告警器有几十种之多。工作波长几乎都处在 0.4~1.1μm 硅探测器的光谱响应范围，只有少数告警器已扩展到 1.54μm 和 10.6μm 波段。非成像型研制较早，技术简单且发展成熟，已形成产品和装备；成像型定位精度高，但只能单波长工作，公开报道的产品不多；法布里-珀罗型能测激光波长，但机械扫描难以截获单次激光短脉冲，在应用上受到一定的限制；迈克尔逊型有较高的定位精度，又能测波长，但技术难度大，研制成本高，报道的产品较少；散射探测型因警戒范围大，成为激光告警发展的一个重要方向。表 7.3.3 为典型激光告警器及其性能。

表 7.3.3 典型激光告警器及其性能

类型	型号(名称)	国别(制造商)	结构	性能特点
光谱识别成像型	HALWR 高精度激光告警接收机	美国 AIL 系统公司和 IMO 光电系统公司	采用 CCD 成像探测技术	波长为 0.4~1.1μm；视场水平 30°，俯仰 20°；角分辨率水平 1mrad，垂直 1.5mrad；可测激光脉宽 10~200ns；单脉冲截获概率大于 98%
光谱识别成像型	HARLID 高角分辨率激光探测器	加拿大	采用线阵探测器	测量方位精度达 ±1°；单波段覆盖 0.45~1.1μm；双波段型覆盖 0.45~1.65μm
光谱识别成像型	RL1 型和 RL2 型激光告警器	挪威和英国合作	RL1 有 5 个 PIN 探测器(水平 4 个，垂直 1 个)，用 9 个发光二极管表示威胁源的大致方向；RL2 只有一个探测器	车载；工作波长为 0.66~1.1μm；视场水平 360°，俯仰 90°，角分辨率为 45°；虚警率小于 $10^{-3}/h^{-1}$；RL1 型只判断激光信号的有无
法布里-珀罗型	AN/AVR-2 和 AN/AVR-2A 型激光告警器	美国 Perkin-Elmer 公司	有 4 个 SU-130/AVR-2 传感器单元，1 个 CM-493/AVR-2 接口单元和 1 个比较器	直升机和坦克装备，可识别 360°视场内的激光测距机、目标指示器和制导激光光束，并能精确定位
法布里-珀罗型	MINLASWS 微型激光警戒传感器	美国 Hughes 公司	含有 6 个传感器	可进行激光检测、方位角及波长鉴别，还可分析威胁源的瞬时特性，较 AN/AVR-2 更先进
迈克尔逊型	LARA 激光接收分析仪	美国电子战系统研究实验室	由一个分束棱镜和两块球面反射镜构成干涉仪，激光照射时可形成牛眼形干涉图，用二维阵列探测器检测干涉条纹，用微机进行数据处理	可测定激光波长和精确定向，不需要机械扫描(不同于法布里-珀罗型)，因而可截获单次激光短脉冲
其他	COLDS 通用光电激光探测系统	德国 MBB 公司	采用光纤延迟技术和偏振编码技术确定激光方位，用分振幅产生双光束，经相移产生双光束干涉，然后由独特的运算电路求解激光波长	适用于多作战平台；波长为 0.4~2μm；可扩展至 2~6μm 及 5~12μm；视场水平 360°，仰俯 ±45°，角分辨率为 3°(可选择 1.5°)，动态范围为 77dB；可准确读出激光类型、方向和编码
其他	PA7030 告警器	英国 Plessy 雷达公司	由散射探测器和二极管探测器及显示器组成，12 个二极管阵列探测围成环形	坦克及车载；散射探测 0.69μm 和 1.06μm；二极管探测 0.4~1.1μm；视场水平 360°，俯仰 55°，角分辨率为 15°

7.3.2 激光信号识别

战场上的激光威胁信号通常是低重复频率的、一连串的窄脉冲,如激光制导信号,一般脉宽 10~100ns,每秒 20~100 个脉冲,且入射方向不定。为避免漏警,激光告警器通常采用水平 360°全方位视场凝视型工作体制。在这种实时的激光信号监测与截获过程中,背景光必然会进入激光告警器。这就需要将激光信号从背景光中识别出来,目前识别方法比较多,但大致可归结为光谱识别和相干识别两种,因为它们主要是利用激光与背景光在光谱亮度和相干性两个方面的差异将激光信号识别出来的。激光告警器也因此分为光谱识别型和相干识别型两类。

1. 光谱识别型

激光与各种来源的背景光之间的最大区别在于,它们的光谱亮度不同,即两者的单位波长间隔、单位立体角、单位面积的光辐射通量有很大差异。光谱亮度差异的具体原因除了激光具有良好的方向性之外,还在于激光具有良好的单色性和相干性。

对于普通光源,无论它是太阳、雷电等自然光源,还是灯光、炮火等人造光源,所发出的光一般都分布在一个很宽的波长范围内,尽管它们所发光的总功率可以很大,但它们的光谱辐射功率,即光源单位波长间隔所发出的功率并不大。相比而言,由于激光的单色性非常好,所有的发射功率都集中在一个很窄的波长范围内,其光谱辐射功率比背景光要强。下面的例子将说明这一问题。

【例 7.3.1】 考虑一台调 Q Nd:YAG 激光器,其参数如下:输出单脉冲能量 Q 为 1mJ,光束发散角 θ 为 2mrad,脉宽 Δt 为 10ns,波长 λ 为 1.064μm,输出谱线宽度 $\Delta \lambda$ 为 1nm,分别在晴朗天气(大气衰减系数 $\mu = 0.113 \text{km}^{-1}$)和有霾天气(大气衰减系数 $\mu = 0.415 \text{km}^{-1}$)发射激光,求该激光器在 $R = 10\text{km}$ 处产生的光谱辐照度 E_λ。

解:在晴朗大气中发射激光的情况如下。

辐射通量:

$$\Phi = \frac{Q e^{-\mu R}}{\Delta t} = 3.23 \times 10^4 (\text{W})$$

光斑面积:

$$A = (\theta R / 2)^2 \cdot \pi = 3.14 \times 10^2 (\text{m}^2)$$

辐射照度:

$$E = \Phi / A = 1.03 \times 10^2 \ (\text{W/m}^2)$$

相应的光谱辐照度:

$$E_\lambda = E / \Delta \lambda = 1.03 \times 10^5 \ (\text{W/(m}^2 \cdot \mu\text{m}))$$

按照上述过程,可以求得在有霾大气中发射激光的结果。

辐射通量:

$$\Phi = \frac{Ee^{-\mu R}}{\Delta t} = 1.6 \times 10^3 (\text{W})$$

相应的光谱辐照度：

$$E_\lambda = 5.02 \times 10^3 (\text{W}/(\text{m}^2 \cdot \mu\text{m}))$$

由照图 7.3.2 所示的在平均地-日距离上太阳光谱功率的分布曲线可以看出，即使对于这样 1mJ 低能量的普通激光器，其在 10km 远处于 1.06μm 波长附近所产生的光谱辐照度也是很高的。倘若激光告警器的滤光片带宽为 10nm，即使在有霾大气的情况下，进入探测器的激光仍然比太阳光辐射通量要大近一个量级。光谱识别型激光告警器正是利用了激光经过较远距离传播后，在其工作的特定波长处，其光谱辐照度仍然远大于背景光的光谱辐照度的特点，通过滤光片滤除激光波长附近的背景光，从而产生较高的信噪比进行工作的。

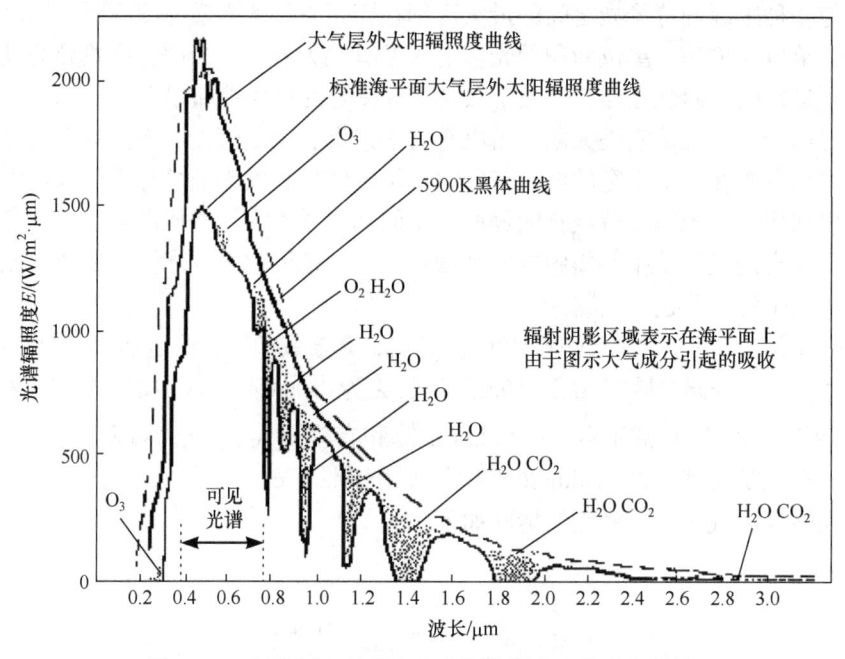

图 7.3.2　在平均地-日距离上太阳光谱功率的分布曲线

光谱识别型激光告警器主要采用以下两种方式进行激光探测。

1）多通道方式

采用图 7.3.3 所示的一组窄带滤光片和探测器分别对应特定波长并列工作，例如，将窄带滤光片的中心波长分别选定为 0.53μm、1.06μm、1.54μm、10.6μm 等，以监视这几个常用波长的激光威胁，如图 7.3.3 中的通道 1 情形，也可以采取多个通道相邻覆盖某个光谱带的配置方式，如图 7.3.3 中通道 2 与通道 3 之间的配置。

采用多通道方式时，必须在所用通道的数目及所获得的光谱分辨率之间做折中处理。需要注意的是：激光告警器采用多个通道相邻覆盖光谱带时，会存在光谱带的重叠问题，因为干涉滤光片的透过波段与激光入射角度有关，激光入射角度的变化会使得激光告警器对激光波长的判断出现错误。

2)色散方式

利用图 7.3.4 所示的色散元件(如光栅)和阵列探测器也可以实现光谱识别。入射激光束通过色散元件(如光栅)后,会依照波长的不同形成不同方向的出射激光,经一段传播路径(如经过一个成像凸透镜)后照射到阵列探测器上,不同波长的激光会照射到探测器的不同单元上。可以说,色散元件对探测器每个单元的作用相当于一个中心波长不同的窄带滤光片。

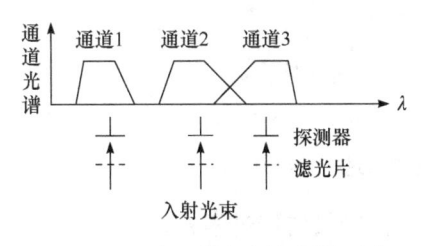

图 7.3.3　多通道方式的光谱识别

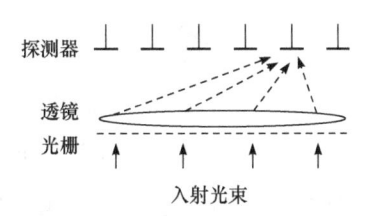

图 7.3.4　色散方式的光谱识别

2. 相干识别型

激光是依靠受激辐射产生的,激光器中各发光中心的发光是互相关联的,激光束波阵面上各点有着相同的位相和振动方向,从而使得激光具有相干特性。而普通光源中各个发光中心的相互联系很弱,它们发出的光波是不相干的。因此,激光的相干性要比背景光好很多。

相干性包括空间相干性和时间相干性。空间相干性是指同一时刻的光场中不同空间点的相干性。时间相干性是指光场中同一空间点在不同时刻光场的相干性。以时间相干性为例,如果在某一空间点上,t_1 和 t_2 时刻的光场仅在 $|t_1-t_2| \leq \tau_c$ 时才相干,那么 τ_c 称为相干时间。光沿传播方向通过的长度 $L_c = c\tau_c$ 称为相干长度,它表示在光的传播方向上相距多远的光场仍具有相干特性。

表 7.3.4 给出了几种典型光源的相干长度的大致量级,从表中可以看出,不同光源的相干长度存在巨大差距,即便是同一种光源,由于工作状况的不同,其相干长度也存在极大的变化。相比较而言,激光的相干长度远好于一般光源。激光相干识别告警正是利用这种特点来探测识别敌方发射的激光信号的。

表 7.3.4　几种典型光源的相干长度

光源	近似的相干长度/m	光源	近似的相干长度/m
白炽灯	10^{-7}	二极管激光器	$10^{-4} \sim 1$
太阳光(硅材料敏感波段)	10^{-6}	染料激光器	$10^{-4} \sim 1$
发光二极管	10^{-4}	CO_2 激光器	$10^{-4} \sim 10^4$
He-Ne 激光器	10^{-1}		

图 7.3.5 给出了利用两块 F-P 标准具(法布里-珀罗干涉仪的核心器件)进行相干识别的原理。F-P 标准具之后的探测器连到差分放大器电路上。标准具材料的折射率为 n,相距为

d 的前后两个平行面镀有反射率为 ρ 的部分反射膜。

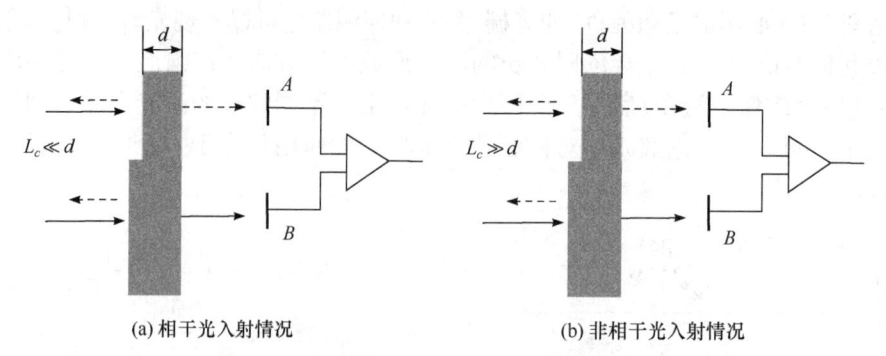

(a) 相干光入射情况　　(b) 非相干光入射情况

图 7.3.5　用两级标准具作入射光的相干识别

对于相干长度大于 d、波长为 λ 的入射激光束，标准具的透过率 T 为

$$T = \frac{1}{1 + \frac{4\rho}{(1-\rho)^2}\sin^2\frac{\delta}{2}} \tag{7.3.1}$$

式中，δ 为相位差，$\delta = 4\pi n d \cos\theta' / \lambda$，$\theta'$ 为光束在标准具内部传播方向与标准具表面法线的夹角。

式(7.3.1)表明：当光束的相干长度比标准具的内部尺寸大得多的时候，标准具的透过率是其厚度、光波长及光束入射方向的函数。

由于设计时，在厚度上，让厚的标准具比薄的标准具大 1/4 个波长的奇数倍，从而使得两块标准具对于入射激光的透过率总是有差别的，即一块具有高透过率时，另一块必然具有高反射率。因此，有激光入射时，在探测器后面的差分放大器中，总是有比较大的输出值。反之，当背景光入射时，入射光的相干长度大大小于标准具的间隔长度，入射光在两块标准具中都不会共振，两块标准具的透过率不再服从式(7.3.1)，实际上，这时透过率等于标准具反射面透过率的平方，即

$$T = (1-\rho)^2 \tag{7.3.2}$$

此时，两块标准具的透过率一样，故图 7.3.5(b)中两块标准具后的差分放大器输出为零。

图 7.3.6 示出了迈克尔逊干涉仪用于相干识别的原理。该类型激光告警器是由两个曲率半径为 R 的球面反射镜和一个分束器构成的迈克尔逊干涉仪与一个面阵 CCD 固体摄像机组成的。激光束经过迈克尔逊干涉仪后，因为在两个通道中有光程差 ε，结果产生一组干涉环并被 CCD 接收。和 F-P 标准具类似，尽管 $\varepsilon \neq 0$，迈克尔逊干涉仪在非相干的背景光下不产生干涉条纹，故不会对该类激光告警系统产生干扰。

通过探测干涉环的中心位置和各个环的位置，可以对激光源进行定位并测定入射激光的波长。球面反射镜

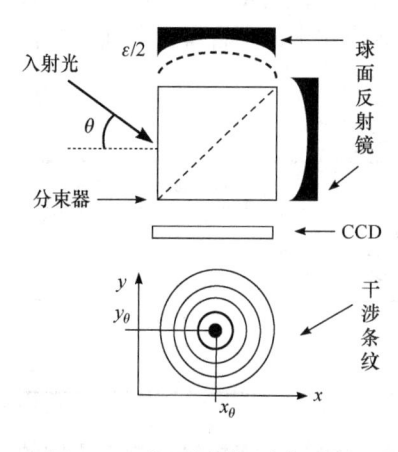

图 7.3.6　相干识别迈克尔逊型结构示意图

的作用相当于焦距为 $f = R/2$ 的透镜,通过求解光程差与光线在 CCD 上的位置关系,可以知道激光的入射方向为:俯仰角 $\theta_x = x_\theta / f$,方位角 $\theta_y = y_\theta / f$。为分析方便,假设 CCD 处于两个反射镜焦点中间位置,那么第 N 个圆环的半径如式(7.3.3)所示,由此式也可推导出入射激光的波长。

$$r_N = \sqrt{\frac{\varepsilon N \lambda}{2}} \tag{7.3.3}$$

与光谱识别相比,相干识别的优点在于:激光告警器在没有滤光片的情况下,能排除太阳光闪烁、枪炮的闪光、曳光弹、泛光灯及飞机信标等光信号的干扰。不采用滤光片,意味着告警器可以在光电探测器件响应的光谱范围内对激光威胁源进行监视和告警。缺点是:视场小,监视的范围有限。

7.3.3 激光方位探测

识别出激光威胁信号后,通常需要知道激光信号的来袭方位,以便有效实施对抗措施。通常光电无源对抗,如烟幕干扰,对激光来袭方位的分辨精度要求不高;光电有源对抗,如激光压制干扰,对激光来袭方位的分辨精度要求较高。因此,激光告警的方位探测技术包括概略型方位探测和高精度方位探测两种。

1. 概略型方位探测

图 7.3.7(a)所示的是一种典型的概略型方位探测的激光告警器外形结构。告警器有五个光学通道(即光学窗口)和同样数量的滤光片、探测器,其中,水平方向上的四个探测器的光轴相互垂直,垂直方向上的一个探测器的光轴指向天顶。若水平方向上的四个光学窗口的视场角均为 135°,水平视场相互交叠,如图 7.3.7(b)所示。由图可知,该告警器的角分辨率为 45°。这种告警器属于光谱识别非成像型告警器,分辨精度较低。要想进一步提高角分辨率,可以采用增加窗口数目的办法。例如,在水平方向配置 12 个探测单元,可以使得方位分辨率达到 15°。

(a) 五个探测单元的告警器外形　　(b) 水平面配置4个探测单元时方位分辨率分析

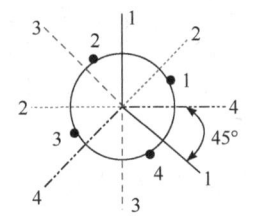

图 7.3.7　五个探测单元的激光告警器外形及水平方位分辨率分析

如果采用这种方式工作的告警器要提高分辨率,就必须使用数量足够多的光学窗口和探测器。例如,要同时在水平和垂直视场上达到 5°的分辨率,就需要采用 73 个光学窗口和探测器(顶部一个,其余分四层,每层 18 个,每个探测器视场 35°,相邻重叠 15°,独立视场 5°,告警时必须根据判断相邻探测器信号强弱作出判断,才能做到 5°的分辨率),如图 7.3.8 所示。如此大量的光学元件,不仅会使告警器光学探测头的体积增大,而且其内部的光路必然非常复杂，不仅增加了设计难度，而且安装、调整都会有相当难度，给装备维护带来麻烦。因此，这是一种低精度的激光方位探测方法，称为概略型方位探测。

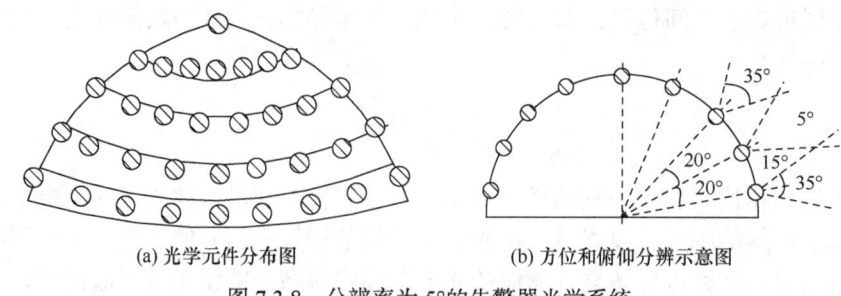

(a) 光学元件分布图　　(b) 方位和俯仰分辨示意图

图 7.3.8　分辨率为 5°的告警器光学系统

2. 高精度方位探测

目前，激光告警器采用的高精度方位探测技术主要有成像技术、掩模技术和光纤前端技术等。

图 7.3.9 示出的是一个典型的采用成像技术实现激光高精度方位探测的原理图。它主要由成像光学元件(如成像物镜)和高单元密度的光电探测器件(如 CCD)构成，将一个具有较高空间分辨率的探测器放在一个透镜的焦平面上，此透镜将入射光的角度信息转变为探测器的空间坐标，各探测单元与激光入射方位一一对应。通过读取各个单元的信号，可以判断是否有激光入射，如有激光入射可获得激光源的相应方位。由于目前面阵探测器技术发展迅速，因此采用此技术很容易实现高精度的方位探测。但在使用中，该方式在阵列探测器的高分辨率与系统的快速响应之间会存在一定的矛盾。

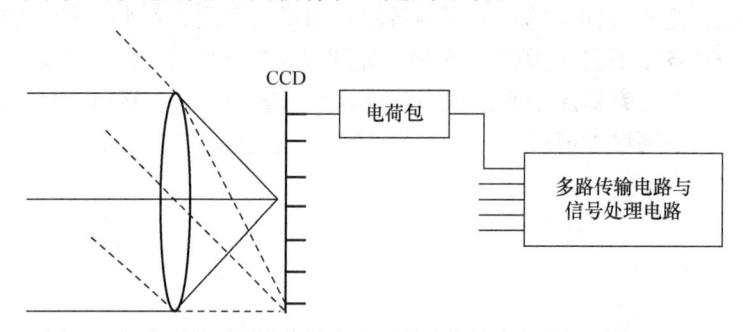

图 7.3.9　典型的采用成像技术实现激光高精度方位探测的原理图

图 7.3.10 给出了直接掩模法激光方位探测的原理。将一个长而细的单元阵列放置在有一条长狭缝的模板之后，狭缝与探测器平行，且对准探测器的中心。当入射光的角度不同时，狭缝的投影便落在不同的探测器上，探测器后的处理电路则对入射信号做出二元判决。这种探测结构简单、明了，但它的角度挡数有限，且与所用探测单元数成正比。假如对应 140°的视场，若用 7 个探测单元，则相应的角分辨率只有 20°。若要使此值改进到 2°，需要将探测单元数增加 9 倍，即需要 70 个并联且独立输出信号的探测单元。因而，这种方法适用于激光到达方位测量精度不需要太高的场合。

图 7.3.11 给出了编码掩模法激光方位探测的原理。在此方法中，长而细的探测器(图中有 4 个)垂直于狭缝(图中只画出了狭缝可能投影的位置，如 A 或 B)。除了狭缝之外，每个

探测器还要用一个对应的特殊掩模板来覆盖,将探测器遮挡一半面积。第一个探测器上掩模板的遮挡部分(在图中画有阴影)与未遮挡部分为相互分离的两个区域,第二个探测器上的掩模板又被分为 2 个遮挡部分和 2 个非遮挡部分相互交叉的 4 个区域。对下面各探测器的掩模板依此处理。

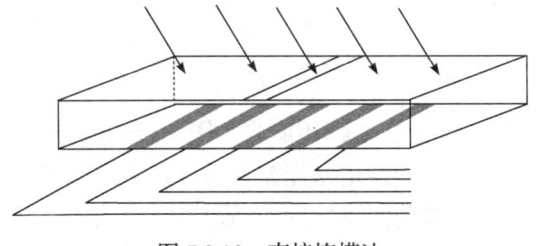

图 7.3.10　直接掩模法

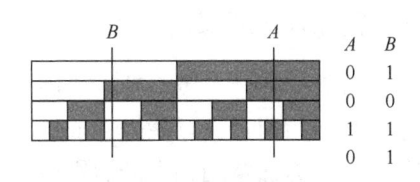

图 7.3.11　编码掩模法

这种遮挡模板实际上是仿照二进制编码而形成的,类似的方法在光学编码器中被广泛采用。探测器的输出是以 0 和 1 为指示的,当入射光通过狭缝投影到图 7.3.11 所示的位置 A 时,除了第三个探测器外,其他探测器的输出均为 0,由此产生 0010 的数字位置码。当入射光投影到位置 B 时,探测器的输出码为 1011。这种方法的编码容量 M 为

$$M = 2^N \tag{7.3.4}$$

式中,N 为探测器(掩模板)的数量。对于图 7.3.11 所示的有 4 个探测器的情况,可以得到 16 个分辨元。倘若探测器数目为 7 个,就有 128 个分辨元。每增加一个探测器,可以使相应的角度分辨率提高一倍。

第三种技术是比较先进的光纤前端技术。它是在激光告警器的激光信号收集端和内部的光学通道中,采用光纤来替代图 7.3.7 概略型方位探测中使用的分离光学元件。其优点不仅在于简化了光路设计,提高了抗电磁干扰的能力,使系统的稳定性和可靠性有较大提高,而且还可以大大提高告警器的方位分辨精度。

图 7.3.12 所示的是一种高精度激光方位探测的光纤前端技术实施方案。在激光告警器的光学探测头上,每根光纤的端头和它前面微小的透镜罩构成一个光学窗口,所有窗口的

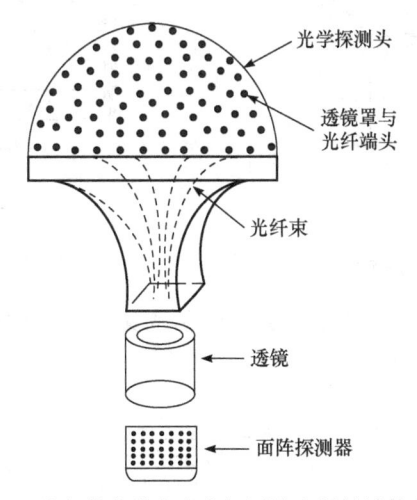

图 7.3.12　一种高精度激光方位探测的光纤前端技术实施方案

光纤有规律地聚成一束，将各个方向的光学信号传入告警器内部。在光纤束的底端附近是一个透镜，用于将光纤传入的光学信号投射到面阵探测器表面上。探测器的各个单元与各个光学窗口有一定的对应关系，通过读出探测单元的电信号，就可以判别激光入射的方向。由于光纤的截面积很小，光学窗口的体积大大减小，从而可以通过增加激光告警器光学探测头上光学窗口的数量，实现高精度激光方位探测。

7.3.4 激光波长探测

激光告警器通常采用两种方式进行波长探测。一种方式是采用滤光片限制带通的方法，在接收光学窗口附近放置滤光片或镀膜，只让一种或几种特定激光波长通过，从而判定激光波长，这种方法常用在光谱识别型激光告警器中，如前面所学的多通道方式。当所截获激光波长不在滤光片带通范围内时，这种方法就无效了。另一种方式是采用相干的方法，利用激光相干性好的特性，采用相干结构产生光的相干现象，然后根据相干的规律进行波长计算。由于第一种采用滤光片限定波长的方式原理简单，这里就不再赘述，下面主要介绍两种利用光的相干性进行激光波长探测的方法。

图 7.3.13 是一种变形的迈克尔逊干涉仪，记为 GI。它是由两块三棱镜黏合而成的，在黏合面镀有银膜，黏合面的作用相当于迈克尔逊干涉仪中的分束镜。其中一块三棱镜为直角三棱镜，另一块三棱镜的底部略呈楔形，在直角三棱镜的底部放有探测器阵列。入射光束在 GI 内部被分为两束，它们经过不同的光路传输后，在 GI 靠近探测器阵列的底面产生等厚干涉条纹。

GI 干涉仪产生的等厚干涉条纹可等效如图 7.3.14 所示。线阵 CCD 紧贴于光学劈尖的后表面。当被测激光束垂直照射光学劈尖时，光学劈尖后表面上形成的干涉条纹将在 CCD 上成像，此时 CCD 能够将这种空间周期信号转换为正弦时域周期信号。

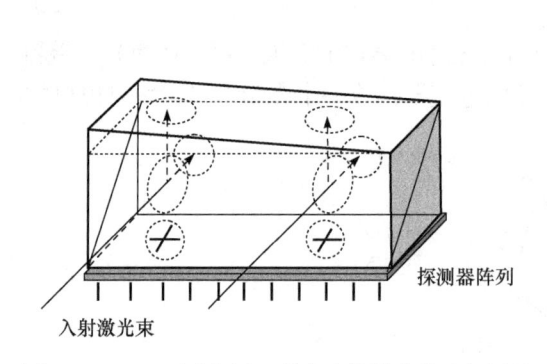

图 7.3.13 GI 干涉仪用于激光告警器中的波长测量　　图 7.3.14 光学劈尖干涉

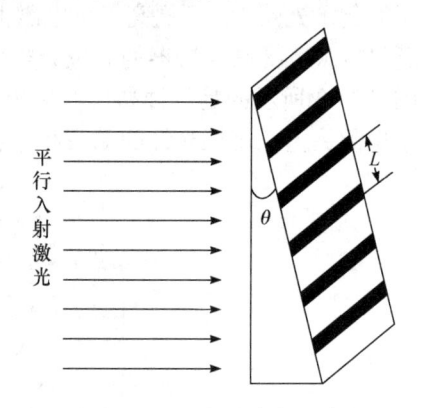

设劈尖前后平面夹角为 θ，入射激光的波长为 λ，平板玻璃之间介质的折射率为 n，则干涉条纹的间距 L 可表示为

$$L = \frac{\lambda}{2n\sin\theta} \tag{7.3.5}$$

通过测定干涉条纹的间距，可以非常准确地探测出入射激光的波长。这样一种结构的

波长探测仪器体积小(光学部分小于1cm³)，稳定可靠，只需标定一次，抗各种背景干扰的能力强。

图7.3.15是利用光纤干涉原理进行激光波长测量的原理图。入射激光信号I_e进入光纤后，在50%耦合器处被分为相等的两束。这两束光分别经过移相器或光纤延迟线再进入一个50%的耦合器，在第二个耦合器内，强度相等但路径不同存在相位差的两束光发生干涉，干涉增强和减弱的两路光信号输出到探测器D_1和D_2。

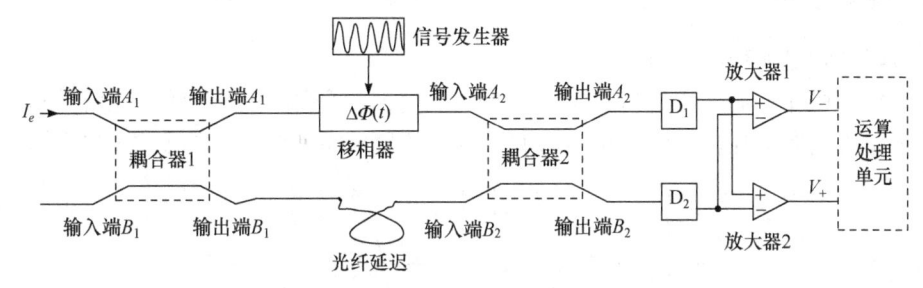

图7.3.15 利用光纤干涉测量激光波长的原理图

考虑入射光I_e有两部分，即

$$I_e = I_i + I_k \tag{7.3.6}$$

I_k和I_i分别为相干光和非相干光的强度，进入两个探测器的光强I_{D1}和I_{D2}分别为

$$\begin{aligned} I_{D1} &= \frac{1}{2}I_k[1-\cos\varphi(t)] + \frac{1}{2}I_i \\ I_{D2} &= \frac{1}{2}I_k[1+\cos\varphi(t)] + \frac{1}{2}I_i \end{aligned} \tag{7.3.7}$$

式中，$\varphi(t)$为移相器和光纤延迟线在两路光束中造成的相位差，由于移相器是时间调制的，所以φ为时间的函数，其数值可由式(7.3.8)计算，即

$$\varphi(t) = \frac{2\pi}{\lambda}[n\Delta L + \Delta n(t)l] \tag{7.3.8}$$

式中，ΔL为光路的光程差；n为折射率；l为移相器的长度；$\Delta n(t)$为受信号发生器控制随时间变化的折射率。而放大器输出信号V_-和V_+可表示为

$$\begin{aligned} V_- &= \gamma I_k \cos[\phi(t)] = I_{D2} - I_{D1} \\ V_+ &= \gamma(I_i + I_k) = I_{D2} + I_{D1} \end{aligned} \tag{7.3.9}$$

式中，γ为比例系数。根据V_-，通过式(7.3.8)就可以测定入射激光的波长。

7.3.5 激光码型识别

为易于区别和抗干扰，战场上用来指示的激光信号均采用了编码方式。常见的激光脉冲编码主要有以下几种方式：精确频率码、等差序列码、有限位随机序列周期码、脉冲编码调制码和位数较低的伪随机码。

由于激光指示信号的作用时间有限,且频率一般较低,因此不会采用很复杂的编码方式,而精确频率码过于简单,不利于抗干扰,等差序列码不适合数十秒的激光制导,因此,军用激光编码常采用有限位随机序列周期码、脉冲编码调制码和位数较低的伪随机码等几种形式。面对激光制导武器威胁的日益凸显,激光指示信号的码型识别方法已经成为告警的关键技术,下面介绍上述3种典型码型的激光编码和解码方法。

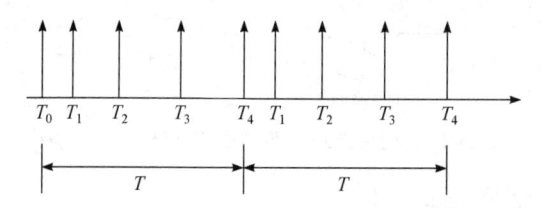

1. 编码方式

1)有限位随机序列周期码

有限位随机序列周期码的特点是在一个周期内,各个脉冲是随机的,没有任何关系,唯一的规律是具有重复性。以5位码为例,有限位随机序列周期码如图7.3.16所示。

图 7.3.16 有限位随机序列周期码原理图

其中,T_i 代表第 i 个脉冲到达的时刻,T 代表该编码的重复周期。可以看出,图7.3.16中的编码方式在一个周期内5个脉冲 $T_0 \sim T_4$ 的时间间隔不固定,但是周期固定为 T,且不同周期的码型一致。

2)脉冲编码调制码

脉冲编码调制码也称PCM(Pulse Code Modulate)码。其生成原理是在一个固定了位数的循环移位寄存器内设置好码型后,再在一个固定驱动时钟控制下循环移位。

图7.3.17给出了13位移位寄存器控制的PCM码的脉冲序列,该图表示PCM码的码型为0001001011001,如果采用图7.3.17所示的编码产生方式,则需要13位的移位寄存器序列,在实际发射激光信号时,移位寄存器为"1"时,控制脉冲发生器出光,为"0"时,控制脉冲发生器不出光,则脉冲发生器按照4个、3个、2个、1个、3个基础时间间隔依次发出激光脉冲,生成该码型。

图 7.3.17 PCM 码脉冲序列

3)位数较低的伪随机码

伪随机码是具有随机序列基本特性的确定序列,多应用于二进制序列。二进制随机序列一般由 0、1 组成,不同位置上的元素取值相互独立,取0和1的概率相同。

伪随机码在移位寄存器里设置好初始编码,通过反馈函数将结果返回输入端。反馈函数使编码的周期得到扩展,8位寄存器可以保证在 20~30s 的时间内不出现重复的编码。伪随机码将随机信号和制导信号混合,保证了混合后的编码信号在一定周期内不循环,图7.3.18给出了激光伪随机码信号产生的示意图。

2. 解码方式

激光编码识别的主要方法有基于自相关矩阵的激光编码识别法和针对伪随机编码的最小周期识别法两种。

1) 自相关矩阵识别

自相关定义为信号在一个时间点的值与另一个时间点的值之间的依赖关系，是对一个随机信号的时域描述。自相关运算常用来寻找信号中的未知规律，特别是对有一定周期性的信号，自相关运算可以发现其中的周期性规律。

对于编码激光信号的自相关识别，可以通过构造自相关矩阵的方法来处理。假设收到的激光脉冲序列长度是 $2l$，每个脉冲到达的时刻依次记录为 t_1，t_2，…，t_{2l}，记 $X_{i,j} = t_i - t_j$ 为第 i 个脉冲和第 j 个脉冲之间的时间间隔。可以构造脉冲序列的一阶差分自相关矩阵 $\boldsymbol{M}_1$。

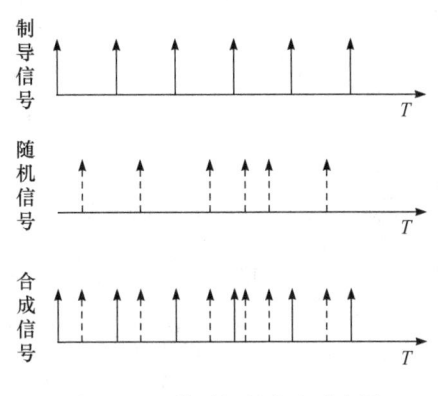

图 7.3.18 伪随机码产生示意图

$$\boldsymbol{M}_1 = \begin{bmatrix} X_{2,1} & X_{3,1} & \cdots & X_{l+1,1} \\ X_{3,2} & X_{4,2} & \cdots & X_{l+2,2} \\ \vdots & \vdots & & \vdots \\ X_{l+1,l} & X_{l+2,l} & \cdots & X_{2l,l} \end{bmatrix}$$

采用相似的方法可以从一阶差分矩阵 $\boldsymbol{M}_1$ 出发，构造二阶差分矩阵 $\boldsymbol{M}_2$：

$$\boldsymbol{M}_2 = \begin{bmatrix} X_{3,2}-X_{2,1} & X_{4,2}-X_{3,1} & \cdots & X_{l+2,2}-X_{l+1,1} \\ X_{4,3}-X_{3,2} & X_{5,3}-X_{4,2} & \cdots & X_{l+3,3}-X_{l+2,2} \\ \vdots & \vdots & & \vdots \\ X_{l+1,l}-X_{l,l-1} & X_{l+2,l}-X_{l+1,l-1} & \cdots & X_{2l,l}-X_{2l-1,l-1} \end{bmatrix}$$

可以看出，所构造的一阶差分矩阵表示了激光脉冲到达的间隔时间，二阶差分矩阵表示激光脉冲间隔时间的变化信息。通过对一阶差分矩阵和二阶差分矩阵进行直方图统计，可以发现原始脉冲序列中的周期性规律，进一步可确定循环周期、周期中脉冲个数、周期中脉冲分布等参数。

下面以脉冲间隔编码的脉冲序列为例说明自相关矩阵识别的基本过程。

【例 7.3.2】 假设激光告警器接收了 20 个脉冲，其时间序列为

[0, 100, 150, 250, 350, 400, 500, 550, 650, 750, 800, 900, 950, 1050, 1150, 1200, 1300, 1350, 1450, 1550]

利用所收到的脉冲时间序列，按照之前描述的方式分别构造一阶差分矩阵 $\boldsymbol{M}_1$ 和二阶差分矩阵 $\boldsymbol{M}_2$。

$$M_1 = \begin{bmatrix} X_{2,1} & X_{3,1} & \cdots & X_{l+1,1} \\ X_{3,1} & X_{4,2} & \cdots & X_{l+2,1} \\ \vdots & \vdots & & \vdots \\ X_{l+1,l} & X_{l+2,l} & \cdots & X_{2l,l} \end{bmatrix} = \begin{bmatrix} 100 & 150 & 250 & 350 & 400 & 500 & 550 & 650 & 750 & 800 \\ 50 & 150 & 250 & 300 & 400 & 450 & 550 & 650 & 700 & 800 \\ 100 & 200 & 250 & 350 & 400 & 500 & 600 & 650 & 750 & 800 \\ 100 & 150 & 250 & 400 & 500 & 550 & 650 & 700 & 800 \\ 50 & 150 & 200 & 300 & 400 & 450 & 550 & 600 & 700 & 800 \\ 100 & 150 & 250 & 350 & 400 & 500 & 550 & 650 & 750 & 800 \\ 50 & 150 & 250 & 300 & 400 & 450 & 550 & 650 & 700 & 800 \\ 100 & 200 & 250 & 350 & 400 & 500 & 600 & 650 & 750 & 800 \\ 100 & 150 & 250 & 300 & 400 & 500 & 550 & 650 & 700 & 800 \\ 50 & 150 & 200 & 300 & 400 & 450 & 550 & 600 & 700 & 800 \end{bmatrix}$$

$$M_2 = \begin{bmatrix} X_{3,2}-X_{2,1} & X_{4,2}-X_{3,1} & \cdots & X_{l+2,2}-X_{l+1,1} \\ X_{4,3}-X_{3,2} & X_{5,3}-X_{4,2} & \cdots & X_{l+3,3}-X_{l+2,2} \\ \vdots & \vdots & & \vdots \\ X_{l+1,l}-X_{l,l-1} & X_{l+2,l}-X_{l+1,l-1} & \cdots & X_{2l,l}-X_{2l-1,l-1} \end{bmatrix}$$

$$= \begin{bmatrix} -50 & 0 & 0 & -50 & 0 & -50 & 0 & 0 & -50 & 0 \\ 50 & 50 & 0 & 50 & 0 & 50 & 50 & 0 & 50 & 0 \\ 0 & -50 & 0 & -50 & 0 & 0 & -50 & 0 & -50 & 0 \\ -50 & 0 & -50 & 0 & 0 & -50 & 0 & -50 & 0 & 0 \\ 50 & 0 & 50 & 50 & 0 & 50 & 0 & 50 & 50 & 0 \\ -50 & 0 & 0 & -50 & 0 & -50 & 0 & 0 & -50 & 0 \\ 50 & 50 & 0 & 50 & 0 & 50 & 50 & 0 & 50 & 0 \\ 0 & -50 & 0 & -50 & 0 & 0 & -50 & 0 & -50 & 0 \\ -50 & 0 & -50 & 0 & 0 & -50 & 0 & -50 & 0 & 0 \end{bmatrix}$$

对差分矩阵 M_1 和 M_2 分别进行直方图统计，以出现次数为纵坐标，以时间为横坐标的统计结果如图 7.3.19 和图 7.3.20 所示。

观察一阶差分矩阵的直方图可以发现：直方图中的极大值呈周期出现；脉冲周期为一阶差分两两极大值之间的时间间隔；一阶差分中各值之间的时间间隔 50ms 即脉冲序列的基础时间间隔。二阶差分矩阵直方图的峰值在 0 处。根据分析直方图统计得出极大值时间 400ms 和脉冲序列基础时间间隔 50ms，再结合接收到脉冲的时间序列，可以方便地识别编码格式为 10110101。图 7.3.21 是所收到 20 个脉冲的图形，其中纵坐标代表有无脉冲。

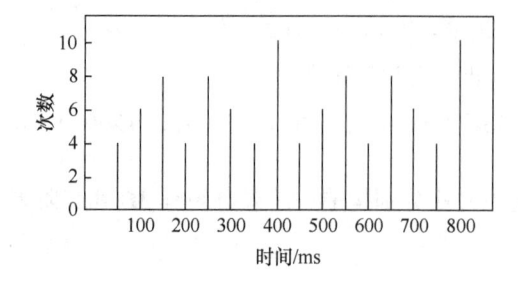

图 7.3.19　一阶差分矩阵直方图 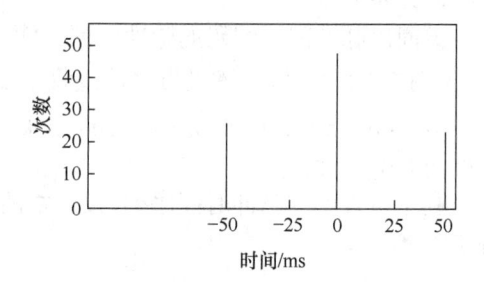　　　　　图 7.3.20　二阶差分矩阵直方图

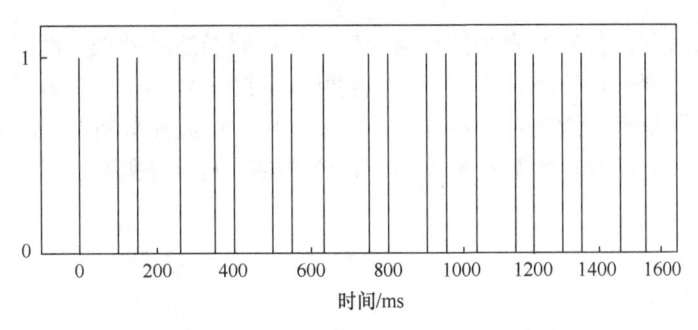

图 7.3.21 编码为 10110101 的 20 个脉冲

2) 伪随机码最小周期识别法

设告警装置接收到三个激光信号的时间为 t_i、t_j 和 t_k，则相邻脉冲之间的时间间隔 Δt_j 和 Δt_k 分别为

$$\begin{aligned} \Delta t_j &= t_j - t_i \\ \Delta t_k &= t_k - t_j \end{aligned} \quad (7.3.10)$$

如果 Δt_j 小于或等于 Δt_k（如果 Δt_j 大于 Δt_k，则调换两者的值），则令

$$\Delta t_j / \Delta t_k = A/B \quad (A \text{ 和 } B \text{ 都为正整数}) \quad (7.3.11)$$

如果 i、j 和 k 是相连的三个激光指示信号，对于 8 位寄存器的 PCM 码，A/B 必然为表 7.3.5 中 18 个数值中的一个。此时可认为激光指示信号的最小周期为

$$\Delta T_j = \frac{\Delta t_j}{A} \quad (7.3.12)$$

表 7.3.5　8 位寄存器的 PCM 码相邻三个脉冲的时间间隔相除按从小到大排列的可能结果

序号	1	2	3	4	5	6	7	8	9
A/B	1/7	1/6	1/5	1/4	2/7	1/3	2/5	3/7	1/2
序号	10	11	12	13	14	15	16	17	18
A/B	4/7	3/5	2/3	5/7	3/4	4/5	5/6	6/7	1/1

如果接收到第 k 个（$k \geq 3$）信号，则在该信号前的一定范围内由后至前按顺序选取一个信号作为第 j 个信号，再在第 j 个信号前的一定范围内同样按由后至前的顺序选择一个信号作为第 i 个告警信号，如果得到所有的 A/B 都不为表 7.3.5 中 18 个数值中的一个，则可认为第 k 个信号不是指示信号，可能为随机插入的激光信号或由其他原因产生的干扰激光信号。

如果接收到第 k（$k \geq 3$）个信号，按上述方法处理，能够在一定范围内找到第 j 个和第 i 个信号，使这三个信号计算得到的 A/B 为表 7.3.5 中 18 个数值中的一个，则认为第 k 个信号为真实的激光指示信号，且由这三个信号可以得到一个激光指示信号的最小周期。

7.3.6　激光告警探测性能分析

激光告警截获信息后常采用阈值比较的方法判断该信息是否是威胁信号，图 7.3.22 给出了阈值探测的过程，截获的激光信号与噪声信号一起经滤波处理，滤波后的电流与预先设定的阈值电流强度进行比较，大于阈值则判断为威胁信号，否则不告警。从阈值探测过程来看，是否告警是衡量激光告警器性能的重要指标，因此在分析激光告警性能时，除常用的如告警波长、角度分辨率等技术指标外，还需要掌握虚警概率、虚警率、探测概率、告警距离四个指标。

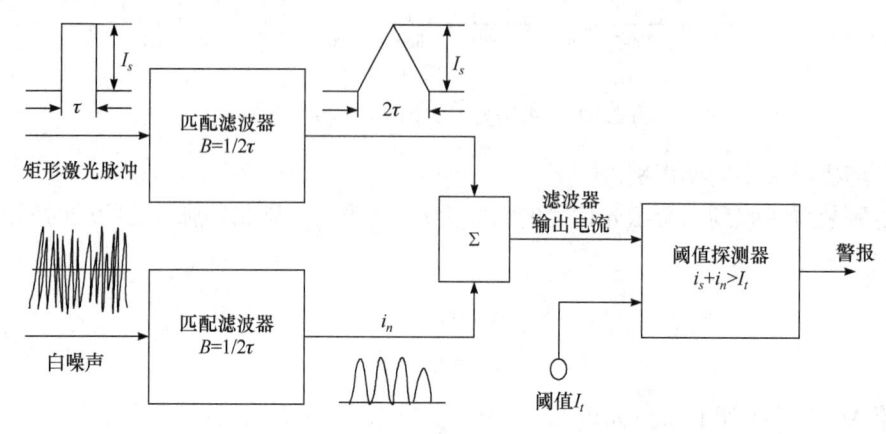

图 7.3.22 阈值探测的过程

1. 虚警概率

如图 7.3.22 所示，持续时间为 τ 的一个矩形激光脉冲信号 I_s 与噪声信号一起被光电探测器截获，不失一般性，噪声可看作白噪声。两者通过等效噪声带宽 $\Delta f = B = 1/2\tau$ 的匹配滤波器滤波，采用匹配滤波器可以增大系统信噪比，滤波后激光信号电流分量以 i_s 表示，它是峰值振幅（与矩形输入脉冲的振幅相同）为 I_s 的一个三角形脉冲，而白噪声通过匹配滤波器输出的噪声电流 i_n 是高斯型的，即

$$P(i_n) = \frac{1}{\sqrt{2\pi}I_n} e^{-\frac{i_n^2}{2I_n^2}} \tag{7.3.13}$$

其均方根值 I_n 为

$$I_n = \sqrt{\overline{i_n^2}} = \sqrt{WB} = \sqrt{\frac{W}{2\tau}} \tag{7.3.14}$$

式中，W 为白噪声功率谱密度值（A^2/Hz）；B 为匹配滤波器白噪声带宽（Hz），通常 $B = 1/2\tau$。

虚警概率 P_{fa} 表示激光信号电流 i_s 为 0 时，单个噪声脉冲电流 i_n 超过系统设定阈值 I_t 的概率，即

$$P_{fa} = P(i_n > I_t) = \frac{1}{\sqrt{2\pi}I_n} \int_{I_t}^{\infty} e^{-\frac{i_n^2}{2I_n^2}} di_n \approx \frac{1}{2}\left[1 - \text{erf}\left(\frac{I_t}{\sqrt{2}I_n}\right)\right] \tag{7.3.15}$$

式中，$\text{erf}(x) = \frac{2}{\sqrt{\pi}} \int_0^x \exp(-y^2) dy$ 是误差函数。

2. 虚警率

在实际激光告警系统中，往往关心的不是每一次噪声脉冲可能引起的虚警概率，而是某一段时间（如一次战术过程的平均时间）内出现虚警的次数，即"平均虚警率"（简称虚警率，$\overline{\text{FAR}}$），虚警率 $\overline{\text{FAR}}$ 是平均虚警时间 T_{fa} 的倒数。

平均虚警时间（简称虚警时间）T_{fa} 是指在这个时间内，告警系统只给出不大于一次的虚警。例如，布置在坦克上激光告警器的虚警率如果要求为 0.01 次/时，则该告警器给出一次虚警的平均虚警时间是 100h。

首先考虑在一段时间 T 内，白噪声通过带宽为 B 的匹配滤波器后所发生的独立噪声脉冲的数目。白噪声具有功率谱为

$$\Phi(f) = \begin{cases} W/2, & f \leqslant B \\ 0, & \text{其他} \end{cases} \tag{7.3.16}$$

自相关函数是描述脉冲独立性的合理指标。根据维纳-辛钦定理，其自相关函数为

$$\varphi(t) = \int_{-B}^{B} \Phi(f) e^{j2\pi ft} df = \frac{WB}{2\pi Bt} \sin(2\pi Bt) = \frac{W}{2\pi t} \sin(2\pi Bt) \tag{7.3.17}$$

式(7.3.17)所示函数有图 7.3.23 所示的形状，可以看出 $\varphi(t)$ 在 $t=0$ 处有极大值，在 $t = m/(2B)$ 处（$m = \pm 1, \pm 2, \cdots$）时，$\varphi(t)$ 的值为 0，即严格不相关。据此，定义 $1/(2B)$ 为相关时间。那么，在 T 内可以认为有 n 个独立噪声脉冲：

$$n = \frac{T}{\frac{1}{2B}} = 2TB = \frac{T}{\tau} \tag{7.3.18}$$

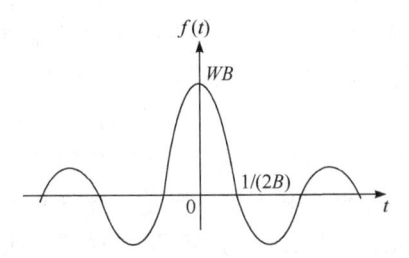

图 7.3.23 噪声的自相关函数曲线

已知一次噪声脉冲引起的虚警概率为 P_{fa}，那么 n 次独立噪声脉冲引起的虚警统计次数 m 可表示为

$$m = P_{fa} n \tag{7.3.19}$$

在一个较长时间 T 内，如果出现 m 次虚警，则平均虚警时间 T_{fa} 应该为

$$T_{fa} = \frac{T}{m} \tag{7.3.20}$$

结合式(7.3.15)～式(7.3.20)，有

$$T_{fa} = \frac{\tau}{P_{fa}} \approx 2\tau\left[1 - \text{erf}\left(\frac{I_t}{\sqrt{2}I_n}\right)\right]^{-1} \tag{7.3.21}$$

根据虚警率的定义,则

$$\overline{\text{FAR}} = \frac{1}{T_{fa}} = \frac{P_{fa}}{\tau} \approx \frac{1}{2\tau}\left[1 - \text{erf}\left(\frac{I_t}{\sqrt{2}I_n}\right)\right] \tag{7.3.22}$$

从式(7.3.22)可以看出,虚警率和虚警概率之间有对应的计算关系,都能够描述激光告警器正确识别噪声信号的能力。虚警率由滤波器的等效噪声带宽 B 和阈值-噪声比(简称阈噪比)I_t/I_n 决定,在设计激光告警器时,如果根据作战要求提出了虚警率,那么可以根据公式确定阈噪比,而战场上激光告警器的主要噪声来源是光电探测器和信号放大器的噪声,这两种噪声可以根据相关的公式直接计算,因此可以据此设定系统的阈值。

3. 探测概率

激光告警的探测概率是指当有激光威胁信号时,该信号被探测到的概率。从图 7.3.22 可以看出,探测概率 P_d 也就是信号电流 i_s 加上噪声电流 i_n 超过阈值 I_t 的概率,即

$$P_d = P(i_s + i_n > I_t) \approx P(i_n > I_t - I_s) \tag{7.3.23}$$

进一步可得

$$P_d \approx \frac{1}{\sqrt{2\pi}I_n}\int_{I_t-I_s}^{\infty} e^{-\frac{i_n^2}{2I_n^2}} di_n \approx \frac{1}{2}\left[1 + \text{erf}\left(\frac{I_s - I_t}{\sqrt{2}I_n}\right)\right] \tag{7.3.24}$$

依据式(7.3.24),激光告警器的探测概率与信噪比(I_s/I_n)和阈噪比(I_t/I_n)有关。实际设计激光告警器时,一般根据使用方提出虚警率和探测概率技术要求,由式(7.3.22)和式(7.3.24)就可以确定系统的阈值和信噪比,这时信噪比的意义是在满足使用方虚警率和探测概率技术要求的前提下,到达激光告警器的最小激光信号强度。

前面的描述可以这样理解:探测概率是描述激光告警器正确判断在探测阈值之上的入射激光信号的能力的量,而虚警概率和虚警率则是描述激光告警器能否正确识别各种干扰的能力的量。它们的值与激光告警器设定的阈值紧密相关,阈值越小,系统的探测灵敏度越高;阈值越大,噪声越不容易被判断为虚警。

图 7.3.24 给出了利用概率密度描述的虚警概率 P_{fa}、探测概率 P_d 与阈值电流 I_t 之间的关系。从图中可以看出,随着阈值 I_t 的大小变化,P_{fa} 和 P_d 表示的面积也随之反向变化,即虚警概率和探测概率的值随阈值的增大而同时变小,随阈值的减小而同时变大。但是,虚警概率越小越好,探测概率越大越好,二者同时增大或减小只会破坏激光告警器的性能。因此,在实际使用中,需要根据应用场景提出合理的虚警概率和探测概率值,理论上的虚警概率为 0 和探测概率为 100% 都是不合适的。为解决这一阈值设定导致的虚警概率和探测概率矛盾,在实际应用时可以采用多元相关技术,利用噪声的相关性差的特点滤除噪声信号,这样能够保证告警系统在具有最大探测灵敏度的同时,保证具有较低的虚警概率。

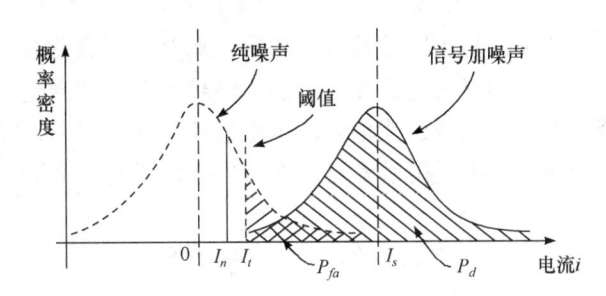

图 7.3.24 虚警概率 P_{fa}、探测概率 P_d 与阈值电流 I_t 的关系

为了对有关指标的确定过程作进一步的了解，下面来看一个具体的例子。

【例 7.3.3】 对于脉宽为 5ns 的激光信号，某设备要求虚警率为 $\overline{\mathrm{FAR}}=10^{-2}/\mathrm{h}^{-1}$，探测概率 $P_d \geqslant 98\%$，问：如何选择阈值-噪声比 I_t/I_n？该设备对多大的信号-噪声比 I_s/I_n 可以满足要求（这涉及该设备对一定峰值功率激光源的告警距离）？

解： $\overline{\mathrm{FAR}} = \dfrac{10^{-2}}{3600} = 2.778 \times 10^{-6}$ （s^{-1}）

根据式（7.3.22）可以算得 $I_t/I_n = 7.566$。

在确定阈噪比的前提下，可以根据式（7.3.24）计算出要求的信噪比：

$$\mathrm{SNR} = I_s/I_n = 9.620$$

当然，这里的计算只是理想情况，并没有考虑大气湍流的影响。在考虑大气湍流影响时，需要进行相应的修正。

4. 告警距离

在实际应用中，告警距离是指激光告警器与被保护目标的最远距离。前面提到了激光告警截获激光信号的方法可分为直接截获和散射截获。对于直接截获，激光告警器放置在被保护目标上，通常目标比较小，可不考虑告警距离的问题。对于散射截获，激光告警器与被保护目标分开，此时，能够对多远的目标实施保护则是衡量激光告警能力的重要指标之一。

图 7.3.25 给出了典型的激光告警散射截获示意图。敌方激光器距被保护目标的直线距离为 R，激光告警器距被保护目标的直线距离为 d，则 d 称为告警距离。激光束能量主要集中在激光束的光轴上，散射截获时激光告警器与激光主光轴有一定距离，因此，散射截获也称为离轴探测。

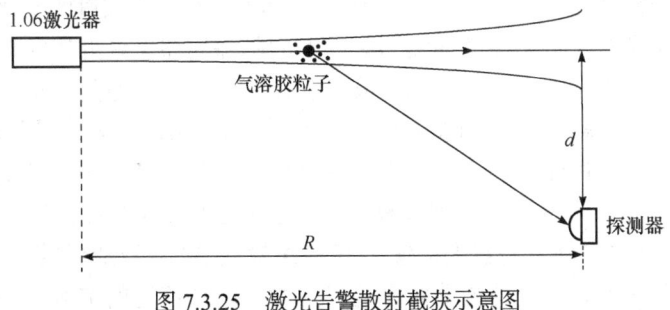

图 7.3.25 激光告警散射截获示意图

利用散射截获的方式可以扩大防护范围，告警距离是散射截获激光告警的重要指标。以上的分析表明，散射截获的是激光器光轴上的大气粒子散射的激光信号，可以用米散射的理论分析激光告警器探测到的散射能量。因米散射计算非常复杂，在此不作深入探讨，但需要明确的是：离轴探测距离是衡量激光告警器告警距离的一个重要指标。

7.4 红外告警

7.4.1 概述

战场上所有目标温度都高于 $0K(-273℃)$，都有红外辐射，都是红外辐射源，但对于红外告警设备（简称红外告警器）来说，需要发现和告警的首先是那些对所保卫的目标构成严重威胁的机动目标，如导弹、作战飞机等。

针对不同告警对象，红外告警器的工作波段有所不同。对高速飞行的导弹进行告警，红外告警器通常工作于近红外 $(1\sim3\mu m)$ 或中红外 $(3\sim5\mu m)$ 波段；对作战飞机进行告警，红外告警器通常工作于中红外波段；对低速的坦克、舰船等进行告警，红外告警器则要工作于远红外 $(8\sim14\mu m)$ 波段。

虽然工作波段不同，但红外告警器的基本组成大致相同，如图 7.4.1 所示。光学系统用于收集视场中目标和背景的红外辐射，聚焦于红外探测器上；红外辐射探测单元是将收集的红外辐射转换成电信号，并进行滤波、放大；目标信号检测与处理单元是对放大后的电信号进行目标信号检测，并运用信号处理的相关手段获取目标的相关信息，如方位、速度、目标类型等；搜索/跟踪伺服机构驱动光学系统（或光学系统与红外辐射探测单元）进行空域搜索，或在搜索目标后，跟踪目标；告警、显示与对抗单元是将信号处理结果进行光电显示、发现目标时发出警报，或启动对抗措施。

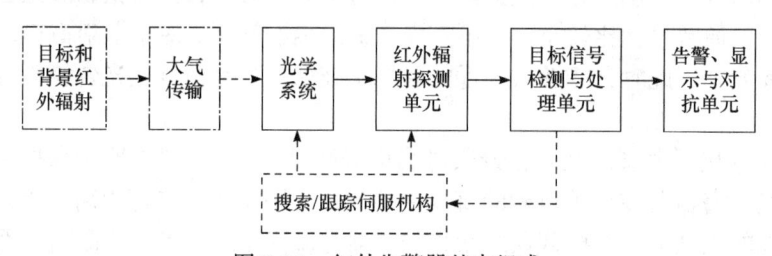

图 7.4.1 红外告警器基本组成

目前，红外告警器已发展了四代，主要表现为红外探测器数目的变化，由最早的点探测器发展到线阵探测器、小型面阵探测器和大型面阵探测器。红外探测器是红外告警器的核心部件，它基本上决定着告警器的工作波段、探测灵敏度、空间分辨率等技术指标。早期点源红外告警器为提高灵敏度，降低虚警，增大探测距离，大多采用多元阵列式探测器，以积累检测的方式进行目标探测。这是由于红外焦平面阵列（Infrared Focal Plane Array，IRFPA）探测器件价格昂贵且信息处理较复杂。但随着电子技术的发展和 IRFPA 探测器件制造工艺的成熟，现在的红外告警器大多使用 IRFPA 探测器件，以成像的方式获取目标信息。

根据应用场合的不同，红外告警器有的只搜索、监视特定的空域，并不跟踪目标，如舰载红外周视系统；有的搜索、识别并跟踪目标，如引导光电对抗的红外告警器；有的不搜索,以凝视型、分布孔径的方式监视特定的空域,发现目标并告警,如现代机载多孔径凝视型红外告警器。因此,红外告警器的用途不同,其结构组成也不同,但习惯上将其分为扫描型和凝视型两类。

红外告警器有地面(车载)和海面(舰载)的扫描型,也有空中机载凝视型。较为典型的红外告警器型号主要有 AN/AAR-44、AN/AAR-FX、AN/AAR-46 等。AN/AAR-44 安装在高性能飞机的机身内或吊舱内,能自动告警并发出干扰指令,有多种目标识别方式。AN/AAR-FX 具有远距离探测威胁导弹、连续进行边搜索边跟踪和同时应对多个威胁的能力。AN/AAR-46 主要用于直升机,与 AN/ALE-39 投放器配合,能自动投放红外诱饵弹。

扫描型红外告警器必须有红外搜索/跟踪伺服机构,其光学系统在红外搜索/跟踪伺服机构的驱动下可以进行大范围的空域扫描,其瞬时视场比较小,搜索视场比较大,且光电探测器多采用单元光电探测器或行/列光电探测器,对目标主要进行点式探测。而凝视型红外告警器通常没有红外搜索/跟踪伺服机构,其光学系统是固定的,多采用瞬时视场较大的鱼眼透镜,监视相应的空域。

无论扫描型红外告警器,还是多分布孔径的凝视型红外告警器,光电探测后输出的电信号可以是一维的时间信号,也可以是二维的图像信号。早期以一维的时间信号为主,现在以二维图像信号为主,因为图像信号有利于目标识别。

总体来说,扫描型红外告警器在光学系统、信号检测、搜索与跟踪等方面比凝视型要复杂得多,且具有代表性。因此,本节将从红外辐射探测、目标信号检测、红外搜索跟踪三个方面来讲解扫描型红外告警器的工作原理。

7.4.2 红外辐射探测性能

1. 瞬时视场

红外告警器的瞬时视场(Instantaneous Field of View, IFOV)指的是探测器线性尺寸对系统物空间的二维张角,它由探测器的形状、尺寸和光学系统焦距决定。

如图 7.4.2 所示,若单元探测器的矩形尺寸为 $a \times b$,则瞬时视场的平面角 α、β 为

$$\begin{cases} \alpha = \dfrac{a}{f'} \\ \beta = \dfrac{b}{f'} \end{cases} \quad (7.4.1)$$

式中,f' 为光学透镜的焦距。瞬时视场通常以弧度(rad)或毫弧度(mrad)为单位。一般情况下,瞬时视场表示了红外告警器的空间分辨能力。

2. 探测灵敏度

目标和背景的红外辐射是非相干光,红外告警器采用直接探测方式。扫描型红外告警器通常将接收到的红外辐射聚焦到单元光电探测器上,直接进行光电转换。

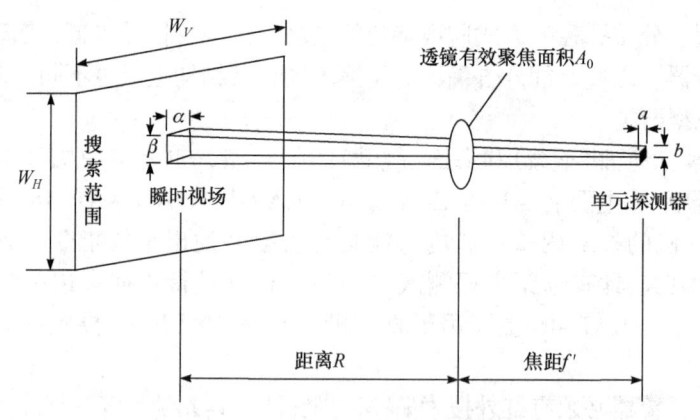

图 7.4.2 单元探测器尺寸与瞬时视场关系

假定入射的红外辐射光信号的电场 $e_s(t) = E_s\cos\omega_s t$ 是等幅正弦变化的，这里，ω_s 是光频率。因为红外辐射光功率 $P_s(t) \propto e^2(t)$，所以由光电探测器的光电转换定律得到光电流 $i_s(t)$ 为

$$i_s(t) = \alpha \overline{e_s^2(t)} \tag{7.4.2}$$

式中，α 为光电探测器的光电转换因子；$e_s^2(t)$ 上的短划线表示时间平均。这是因为光电探测器的响应时间远远大于光频变化的周期，所以光电转换过程实际上是对光场变化的时间积分响应。把正弦变化的光场代入式(7.4.2)得

$$i_s = \frac{1}{2}\alpha E_s^2 = \alpha P_s \tag{7.4.3}$$

式中，P_s 是红外辐射光的平均功率。若光电探测器的负载电阻是 R_L，那么，光电探测器的电输出功率 P_o 为

$$P_o = i_s^2 R_L = \alpha^2 R_L P_s^2 \tag{7.4.4}$$

考虑到有的光电探测器具有内增益，如光电倍增管、雪崩光电二极管等，为不失一般性，设光电探测器的内增益为 M，则其电输出功率 P_o 为

$$P_o = M^2 i_s^2 R_L = M^2 \alpha^2 P_s^2 R_L \tag{7.4.5}$$

对光电探测器而言，其输出噪声功率 P_n 为

$$P_n = \left(\overline{i_{ns}^2} + \overline{i_{nb}^2} + \overline{i_{nd}^2} + \overline{i_{nT}^2}\right)R_L \tag{7.4.6}$$

式中，$\sqrt{\overline{i_{ns}^2}}$、$\sqrt{\overline{i_{nb}^2}}$、$\sqrt{\overline{i_{nd}^2}}$、$\sqrt{\overline{i_{nT}^2}}$ 分别是探测器信号光电流 i_s、背景光电流 i_b、暗(漏)电流 i_d、负载电阻在温度 T 产生的噪声电流，它们可以分别表示为

$$\overline{i_{ns}^2} = 2eM^2 i_s \Delta f \tag{7.4.7}$$

$$\overline{i_{nb}^2} = 2eM^2 i_b \Delta f \tag{7.4.8}$$

$$\overline{i_{nd}^2} = 2eM^2 i_d \Delta f \tag{7.4.9}$$

$$\overline{i_{nT}^2} = \frac{4KT\Delta f}{R_L} \tag{7.4.10}$$

其中

$$i_b = \alpha P_b \tag{7.4.11}$$

$$\alpha = \frac{e\eta}{h\upsilon} \tag{7.4.12}$$

式中，e 是电子电荷量；K 是玻尔兹曼常量；Δf 是光电探测器的工作带宽；P_b 是背景杂散光功率；η 是光电探测器的量子效率；$h\upsilon$ 是光子的能量，h 为普朗克常量，υ 是光子的频率。

对于普通光电二极管，$M=1$；对于光电导探测器，式(7.4.7)~式(7.4.9)前面的系数 2 应改为 4。

由式(7.4.5)和式(7.4.6)可知，对红外辐射信号进行光电探测时，探测器输出的有用信号功率 s_o 和输出的噪声功率 n_o 分别为 P_o 和 P_n。按照输出信噪比的定义得

$$\frac{s_o}{n_o} = \frac{M^2\alpha^2 P_s^2}{\overline{i_{ns}^2} + \overline{i_{nb}^2} + \overline{i_{nd}^2} + \overline{i_{nT}^2}} \tag{7.4.13}$$

当 $s_o/n_o = 1$ 时，信号光功率 P_s 就是光电探测器的噪声等效功率（NEP），所以由式(7.4.7)~式(7.4.12)得

$$\begin{aligned}\mathrm{NEP} &= \frac{1}{M\alpha}\left(\overline{i_{ns}^2} + \overline{i_{nb}^2} + \overline{i_{nd}^2} + \overline{i_{nT}^2}\right)^{1/2} \\ &= \frac{1}{M\alpha}\left[2eM^2\Delta f(i_s + i_b + i_d) + 4KT\Delta f/R_L\right]^{1/2}\end{aligned} \tag{7.4.14}$$

式中，方括号内第一项为散粒噪声贡献，第二项为热噪声。NEP 越小，光电探测器探测微弱光信号的能力越强，红外告警器就越灵敏。

若只存在探测器信号光电流 i_s 产生的噪声 $\overline{i_{ns}^2}$，而不考虑其他噪声，则 NEP 为

$$\mathrm{NEP} = \frac{2h\upsilon\Delta f}{\eta} \tag{7.4.15}$$

这是直接探测方式最理想的工作状态，也是扫描型红外告警器的探测极限。

若以 $\lambda = 1.06\mu m$，$\eta = 50\%$，$\Delta f = 1\mathrm{Hz}$ 估算，$\mathrm{NEP} \approx 7.5\times 10^{-19}\mathrm{W}$。在 $\lambda = 1.06\mu m$ 时，单光子的能量 $h\upsilon = 1.87\times 10^{-19}\mathrm{J}$。这表明光电探测器已接近单光子接收灵敏度。显然，这种情况实际上是很难实现的，因为任何光电探测器不可能没有噪声。

扫描型红外告警器多采用光电二极管，负载电阻的热噪声通常起主要作用。当 $\overline{i_{nT}^2} \gg \overline{i_{ns}^2} + \overline{i_{nb}^2} + \overline{i_{nd}^2}$ 时，有

$$\mathrm{NEP} = \frac{1}{M\alpha}\left(\frac{4KT\Delta f}{R_L}\right)^{1/2} \tag{7.4.16}$$

若以 $\eta = 50\%$，$T = 300\mathrm{K}$，$R_L = 1\mathrm{k}\Omega$，$\Delta f = 1\mathrm{Hz}$，$M = 1$，$\lambda = 1.06\mu m$，估算 NEP 得 $\mathrm{NEP} \approx 3.01\times 10^{-6}\mathrm{W}$。此时，探测灵敏度也是非常高的。

3. 噪声等效温差

前面是从红外信号能量和信噪比的角度分析红外告警器的探测能力,该方法适用于近红外告警器;本节从红外辐射温差探测的角度分析红外告警器的探测能力,适用于中、远红外告警器。

噪声等效温差(Noise Equivalent Temperature Difference, NETD)是评估红外探测系统性能最常用、最简单的量度。其定义为:设测试目标和背景均为黑体,当红外探测系统输出端产生的峰值信号电压与均方根噪声电压之比(SNR)等于1时,目标和背景的温差 ΔT 就是该系统的噪声等效温差。

为分析方便起见,假设红外目标是遵守朗伯余弦定律的漫反射黑体辐射源,其光谱辐射出射度为 $M_\lambda(T)$,则由红外物理知识可知,其光谱辐射亮度 L_λ 为

$$L_\lambda = \frac{M_\lambda}{\pi} \tag{7.4.17}$$

如图7.4.2所示,设光学系统的入瞳面积(即有效光面积)为 A_0,则目标到光学孔径所对应的立体角为 A_0/R^2,R 是目标到告警器光学系统的距离,因而该光学孔径的光谱照度 E_λ 为

$$E_\lambda = \frac{M_\lambda}{\pi} \frac{A_0}{R^2} \tag{7.4.18}$$

当目标扫过光电探测器的任一瞬间,探测器接收到从面积为 $\alpha\beta R^2$ 的目标来的红外辐射,经透过率为 $\tau_0(\lambda)$ 的透镜后到探测器表面的光谱辐射功率 P_λ 为

$$P_\lambda = \frac{M_\lambda}{\pi} \frac{A_0}{R^2} \alpha\beta R^2 \tau_0(\lambda) = \frac{M_\lambda}{\pi} A_0 \alpha\beta \tau_0(\lambda) \tag{7.4.19}$$

将式(7.4.19)对温度 T 取偏导数,得

$$\frac{\partial P_\lambda}{\partial T} = \frac{\alpha\beta}{\pi} A_0 \tau_0(\lambda) \frac{\partial M_\lambda}{\partial T} \tag{7.4.20}$$

在探测器上,由于目标与背景的温差所产生的微小信号电压 ∂V_S 为式(7.4.20)乘以该探测器的响应率 $R(\lambda)$,得

$$\frac{\partial V_S}{\partial T} = \frac{1}{\pi} \alpha\beta A_0 \tau_0(\lambda) R(\lambda) \frac{\partial M_\lambda}{\partial T} \tag{7.4.21}$$

因为红外探测器的响应率 $R(\lambda)$ 可表示为

$$R(\lambda) = \frac{V_N D^*(\lambda)}{\sqrt{ab\Delta f_R}} \tag{7.4.22}$$

式中,V_N 是红外告警器电路带宽为 Δf_R 时产生的均方根噪声电压;$D^*(\lambda)$ 为光电探测器的归一化探测率;a 和 b 为单元探测器的矩形尺寸。式(7.4.21)变为

$$\frac{\partial V_S}{\partial T} = \frac{\alpha\beta A_0 \tau_0(\lambda)}{\pi} \cdot \frac{V_N D^*(\lambda)}{\sqrt{ab\Delta f_R}} \frac{\partial M_\lambda}{\partial T} \tag{7.4.23}$$

将式(7.4.23)对探测器的工作波段进行积分,得

$$\frac{\Delta V_S}{\Delta T} = \frac{\alpha\beta A_0 V_N}{\pi\sqrt{ab\Delta f_R}} \int_{\lambda_1}^{\lambda_2} \frac{\partial M_\lambda}{\partial T} D^*(\lambda)\tau_0(\lambda)\mathrm{d}\lambda \tag{7.4.24}$$

用小信号近似法可得

$$\frac{\Delta V_S}{V_N} = \Delta T \frac{\alpha\beta A_0}{\pi\sqrt{ab\Delta f_R}} \int_{\lambda_1}^{\lambda_2} \frac{\partial M_\lambda}{\partial T} D^*(\lambda)\tau_0(\lambda)\mathrm{d}\lambda \tag{7.4.25}$$

根据噪声等效温差(NETD)的定义，当 $\Delta V_S/V_N = 1$ 时，ΔT 为 NETD，即

$$\text{NETD} = \frac{\pi\sqrt{ab\Delta f_R}}{\alpha\beta A_0 \int_{\lambda_1}^{\lambda_2} \frac{\partial M_\lambda}{\partial T} D^*(\lambda)\tau_0(\lambda)\mathrm{d}\lambda} \tag{7.4.26}$$

式(7.4.26)是红外探测系统 NETD 的基本方程。

需要指出的是：式(7.4.26)是在目标所成的像大于探测器瞬时视场的条件下得到的。而红外告警器探测目标时，目标所成的像通常小于单元探测器瞬时视场，所以该式需要修正。

为方便起见，设目标为 $A\times B$ 的矩形，所成视场角为 α'、β'，则 $\alpha'\times\beta' = AB/R^2$。当目标不能充满探测器的瞬时视场时，$\alpha'\times\beta'$ 小于 $\alpha\times\beta$。所以对式(7.4.26)修正是用 $\alpha'\times\beta'$ 代替 $\alpha\times\beta$，得

$$\text{NETD}' = \frac{\pi\sqrt{ab\Delta f_R}}{\alpha'\beta' A_0 \int_{\lambda_1}^{\lambda_2} \frac{\partial M_\lambda}{\partial T} D^*(\lambda)\tau_0(\lambda)\mathrm{d}\lambda} \tag{7.4.27}$$

即

$$\text{NETD}' = \frac{\alpha\beta}{\alpha'\beta'}\text{NETD} \tag{7.4.28}$$

令 $K = \dfrac{\pi(A_d\Delta f)^{1/2}\lambda_p T_B^2}{A_0\tau_0 c_2 D^*(\lambda_p)\int_{\lambda_1}^{\lambda_2} w_\lambda(T_B)\mathrm{d}\lambda}$，$S = A\times B$，得

$$\text{NETD}' = \frac{R^2}{S}\cdot K \tag{7.4.29}$$

4. 探测距离估算

在实际探测时，在红外告警器光电探测器处产生的表观温度差 ΔT 要比 NETD′ 大好多倍，这一倍数可用极限信噪比 SNR_{DT} 来表示，即

$$\text{SNR}_{\text{DT}} = \Delta T/\text{NETD}' \tag{7.4.30}$$

而目标对背景的温差 ΔT_0 经大气传输衰减，与传输距离 R 的关系是

$$\Delta T = \Delta T_0 \cdot \mathrm{e}^{-\mu R} \tag{7.4.31}$$

式中，ΔT 是传输后的温差；μ 为大气衰减系数。由式(7.4.30)和式(7.4.31)可得

$$2\ln R + \mu R = \ln\frac{\Delta T_0 S}{\text{SNR}_{\text{DT}} K} \tag{7.4.32}$$

式(7.4.32)等号右边的数值越大,则警戒距离越远。由式(7.4.32)还可知各有关量对探测距离的影响。应当注意的是:各有关量与作用距离在最后是自然对数的关系。可见,各量的变化对距离的影响并不十分明显。

7.4.3 目标信号检测方法

红外告警器通过光学系统收集一个波段内的红外辐射信号,经光电探测器转换为电信号,需要使用某种信号检测方法,判断红外目标的有无。所以本节从目标信号检测的角度分析红外告警器常用的三种信号检测方法。

1. 似然比检测

1)二元假设检测及其判决结果

由于目标存在的随机性,红外告警器判断目标有无的信号检测本质上是从噪声中提取目标信号,通常采用统计学的方法。

判断信号的有无一类的检测问题只有两种可能的判别结果,即目标存在与目标不存在,相应的就有两个假设:用 H_1 假设代表目标存在,用 H_0 假设代表目标不存在,并记作:

$$H_1: \quad r(t) = s(t) + n(t) \tag{7.4.33}$$

$$H_0: \quad r(t) = n(t) \tag{7.4.34}$$

式中,$r(t)$ 为观测到的信号;$n(t)$ 是噪声;$s(t)$ 为欲检测的目标信号。另设 $(0,T)$ 是观测的时间间隔。于是,判别实际信号是否存在的检测问题就归结为:在 H_0、H_1 中判别哪一个假设为真的问题。这就是二元假设检测。

一个二元假设检测问题会有四种可能的判决结果。

(1) 实际是 H_0 假设为真,而判断为 H_0 假设。
(2) 实际是 H_0 假设为真,反判断为 H_1 假设。
(3) 实际是 H_1 假设为真,反判断为 H_0 假设。
(4) 实际是 H_1 假设为真,而判断为 H_1 假设。

显然,(1)和(4)两种判断是正确的,而(2)和(3)两种判断是错误的。通常,把实际 H_0 假设为真而判为 H_1 假设的错误称为第一类错误,是虚警,用 $P(D_1|H_0)$ 表示,称为虚警概率。把实际 H_1 假设为真而判为 H_0 假设的错误称为第二类错误,是漏警,用 $P(D_0|H_1)$ 表示,称为漏警概率。把实际目标存在而判为目标存在的概率称为检测概率或发现概率,用 P_D 表示。显然,$P_D = 1 - P(D_0|H_1)$。

在信号检测中,为了作出最合理的假设判决,必须选择一个合理的判决准则。理论上,判决准则有多种,如最大后验概率准则、最小错误概率准则、最小风险 Bayes 判决准则、Neyman-Pearson 准则等。因为它们都归属于同一类检测——似然比检测。所以,下面只给出常用的最大后验概率准则和 Neyman-Pearson 准则。

2)最大后验概率准则

考虑一个二元检测问题:根据一次观测样本 $x = r(t)$,在两个假设 H_1 和 H_0 中作出选择。一个合理的判决准则是:选择最大可能发生的那个假设。

用条件概率 $P(H_0|x)$ 表示在得到样本 x 的条件下 H_0 为真的概率;用 $P(H_1|x)$ 表示在得

到样本 x 的条件下 H_1 为真的条件概率。这两种条件概率都称为后验概率。于是,二元假设检测的一种合理判决准则就是,若

$$P(H_0|x) > P(H_1|x) \tag{7.4.35}$$

判为 H_0;反之,则判为 H_1。也就是说,选择与最大后验概率相对应的那个假设作为判决结果。这种准则称为最大后验概率准则,常简称 MAP 准则。式(7.4.35)也可表示为

$$\frac{P(H_0|x)}{P(H_1|x)} > 1 \tag{7.4.36}$$

判为 H_0;反之,则判为 H_1。

由 Bayes 公式 $P(H_i|x) = \dfrac{f(x|H_i)P(H_i)}{\sum\limits_{j=1}^{2} f(x|H_j)P(H_j)}$,可得

$$\frac{P(H_0|x)}{P(H_1|x)} = \frac{f(x|H_0)}{f(x|H_1)} \cdot \frac{P(H_0)}{P(H_1)} \tag{7.4.37}$$

因此,式(7.4.37)可等价叙述为:若

$$l(x) = \frac{f(x|H_1)}{f(x|H_0)} \geqslant \frac{P(H_0)}{P(H_1)} \tag{7.4.38}$$

则判 $x \in H_1$,反之判为 $x \in H_0$。

式(7.4.38)中的条件概率密度函数 $f(x|H_0)$ 及 $f(x|H_1)$ 在概率论与统计中又称作似然函数,二者的比值 $l(x)$ 称为似然比,所以,这种检测又称为似然比检测(LRT)。

3) Neyman-Pearson 准则

如图 7.4.3 所示,第一类错误概率 $P(D_1|H_0)$(图中网格部分)和第二类错误概率 $P(D_0|H_1)$(图中斜线部分)分别为

$$P(D_1|H_0) = \int_{R_1} f(x|H_0)\mathrm{d}x = 1 - \int_{R_0} f(x|H_1)\mathrm{d}x \tag{7.4.39}$$

$$P(D_0|H_1) = \int_{R_0} f(x|H_1)\mathrm{d}x = 1 - \int_{R_1} f(x|H_1)\mathrm{d}x \tag{7.4.40}$$

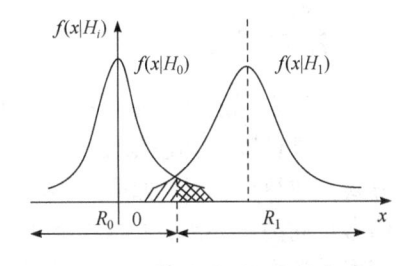

图 7.4.3 两类错误概率的表示

由图 7.4.3 和式(7.4.39)、式(7.4.40)可知:在假定条件概率 $f(x|H_1)$ 和 $f(x|H_0)$ 二者已经给定的情况下,欲使虚警变小,则观测区域 R_1 应变小,从而 $\int_{R_1} f(x|H_1)\mathrm{d}x$ 也就变小,结果 $P(D_0|H_1)$ 必定变大。也就是说,虚警和漏警的概率尽可能小是一对互相矛盾的要求。

因此,一个合理的判决准则应该是:限制某类错误概率在一可容许范围内,而使另一类错误概率最小。这种准则称为 Neyman-Pearson 准则。

在雷达和光电告警等检测问题中,Neyman-Pearson 准则是:保证虚警 $P(D_1|H_0)$ 为一可容许值的约束条件下,使漏警概率最小的条件极值问题,即

$$\begin{aligned} P(D_1|H_0) &= \alpha = 常数 \\ P(D_0|H_1) &= \min \end{aligned} \tag{7.4.41}$$

为确定检测门限，假定与上述条件极值问题对应的目标函数 Y 为

$$Y = P(D_0|H_1) + \mu[P(D_1|H_0) - \alpha] \tag{7.4.42}$$

其中，$\mu \geq 0$ 是待定的 Lagrange 乘数。利用式(7.4.39)和式(7.4.40)，则式(7.4.42)变为

$$Y = \int_{R_0} f(x|H_1)\mathrm{d}x + \mu\left[1 - \int_{R_0} f(x|H_0)\mathrm{d}x - \alpha\right] \tag{7.4.43}$$

求导可得

$$\frac{\partial Y}{\partial x} = f(x|H_1) - \mu f(x|H_0) = 0 \tag{7.4.44}$$

即

$$\frac{f(x|H_1)}{f(x|H_0)} = \mu$$

显然 Neyman-Pearson 准则也是一种似然比检验，只不过 Neyman-Pearson 准则中的门限就是 Lagrange 乘数本身 μ。于是，Neyman-Pearson 判决准则可以叙述为：在 $P(D_1|H_0) = \alpha$ (常数)的约束下，若

$$\frac{f(x|H_1)}{f(x|H_0)} \geq \mu \tag{7.4.45}$$

则判 $x \in H_1$，反之判为 $x \in H_0$。

Neyman-Pearson 准则也可以看作在保证虚警概率为一可容许值的约束条件下，使检测概率 $P(D_1|H_1)$ 最大的一种假设检测。这是因为 $P(D_1|H_1) = 1 - P(D_0|H_1)$，$P(D_0|H_1)$ 最小等价于 $P(D_1|H_1)$ 最大。

2. 积累检测

遥远目标的红外辐射信号经大气传输衰减后到达红外告警器时，通常都是非常微弱的。为了提高信噪比和检测概率，扫描型点源红外告警器通常采用多个红外探测器串联扫描的方式获取目标信号，如采用 16 个串联探测器依次扫过目标，然后将串联探测器的众多输出信号正向叠加起来，再实施检测。这种检测是一种常用的积累检测方法。积累检测是在保证虚警概率不大于某一给定值的情况下，使探测概率最大或者使所需要的信噪比最小。它将信号的多个脉冲进行积累之后再进行检测。

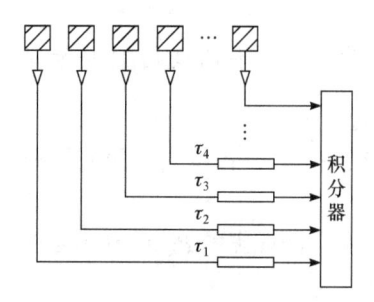

图 7.4.4 串扫中多元探测器
排列及电路原理图

设红外告警器在行扫描方向排列 n 个红外探测器，如图 7.4.4 所示。同一个空间上的红外目标在 n 个探测器上一个接一个地扫过去。利用积分延迟线(如电荷耦合器件)，让第一个探测器产生的信号延迟 $n-1$ 个像元的时间，让第 i 个探测器产生的信号延迟 $n-i$ 个像元的时间，让第 $n-1$ 个探测器产生的信号延迟 1 个像元的时间，并使 n 个信号叠加。由于信号是相关的，而噪声是不相关的，最后的结果将使信噪比有所增加。

设每个探测器单元的响应率 R_i 和归一化探测率 D^* 都

相同，每个探测器单元接收的光功率 P_i 和每路前置放大器的增益 G_i 也相同。令 $P = P_i$，$R = R_i$，$G = G_i$。设每个探测器的输出为一路，则单路输出信号 V_{SO} 为

$$V_{SO} = PRG \tag{7.4.46}$$

单路的输出噪声 V_{NO} 为

$$V_{NO} = R\frac{\sqrt{A\Delta f}}{D^*}G \tag{7.4.47}$$

式中，A 为探测器单元的面积；Δf 为系统的噪声带宽。则单路的信噪比为

$$\frac{V_{SO}}{V_{NO}} = \frac{PD^*}{\sqrt{A\Delta f}} \tag{7.4.48}$$

经过积分延迟线后，总的输出信号为 V'_{SO}，由于信号的相关性，V'_{SO} 可简单地表示为各路信号之和，即

$$V'_{SO} = P \cdot \sum_{i=1}^{n} R_i \cdot G_i = nPRG \tag{7.4.49}$$

由于噪声没有相关性，经过积分延迟线后，总的噪声 V'_{NO} 要取均方根值，V'_{NO} 为

$$V'_{NO} = \left[\sum_{i=1}^{n}\left(R_i\frac{\sqrt{A \cdot \Delta f}}{D^*} \cdot G_i^2\right)\right]^{1/2} = \sqrt{n} \cdot \frac{\sqrt{A\Delta f}RG}{D^*} \tag{7.4.50}$$

经积分延迟线之后的信噪比变为

$$\frac{V'_{SO}}{V_{NO}} = \frac{P\sqrt{n}D^*}{\sqrt{A\Delta f}} \tag{7.4.51}$$

比较式(7.4.51)和式(7.4.48)，则 n 个串联探测器后的信噪比改善 SNIR 为

$$\text{SNIR} = \frac{V'_{SO}/V_{NO}}{V_{SO}/V_{NO}} = \sqrt{n} \tag{7.4.52}$$

可见，用 n 个串联探测器扫描比用单个探测器扫描能增加信噪比，使信噪比提高 $\sqrt{n}$ 倍。这样有利于提高告警器发现目标的探测概率。

前面是探测器串联扫描后输出延迟积累的情况，现在考虑另一种情况，如果让各探测器并联独立输出，分别与判定目标有无的门限相比较。给定一个判定准则，例如，只有在半数以上的探测器输出信号高于门限的情况下，才判定有目标。否则，判定无目标。

这种检测方法是另一种积累检测方式，该检测方法与单个探测器检测相比，虽然没有提高信噪比，而且探测概率降低了，但是它的优点是大大降低了虚警概率(其数学推导可查找相关的参考文献，这里不再给出)。而虚警概率高恰恰是红外告警器的致命缺点，在红外告警器中采用这种检测方法可弥补这一缺点。

3. 相关检测

相关检测是利用信号有良好的时间相关性和噪声的不相关性(或在短时间内部分相关)，使信号进行积累而噪声不积累的原理，从而把淹没在随机噪声中的信号提取出来的一

种重要方法。相关检测分为自相关检测和互相关检测。

1）自相关检测

图 7.4.5 为自相关检测原理图，设接收到的信号 $x(t)$ 由待测信号 $s(t)$ 和噪声 $n(t)$ 组成，即

$$x(t) = s(t) + n(t) \tag{7.4.53}$$

将 $x(t)$ 自相关处理，即把 $x(t)$ 分成两路：一路将 $x(t)$ 直接送至乘法器，另一路经延时器延时 τ 后，变为 $x(t-\tau)$ 再送到乘法器，两路信号相乘后送给积分器积分，这里积分的作用就是对时间求平均。这样可得到相关函数上的一个点的数据，改变 τ，重复上述运算，就得到自相关函数曲线。因此，$x(t)$ 的自相关函数 $R_{xx}(\tau)$ 为

$$\begin{aligned} R_{xx}(\tau) &= \lim_{T \to \infty} \frac{1}{2T} \int_{-T}^{T} [s(t)+n(t)][s(t-\tau)+n(t-\tau)] \mathrm{d}t \\ &= R_{ss}(\tau) + R_{nn}(\tau) + R_{sn}(\tau) + R_{ns}(\tau) \end{aligned} \tag{7.4.54}$$

式中，前两项分别为信号和噪声的自相关函数，后两项为信号与噪声的互相关函数。

由于信号和噪声互不相关，噪声和噪声也互不相关，且噪声的均值为零，则根据互相关函数的性质有 $R_{nn}(\tau) = R_{sn}(\tau) = R_{ns}(\tau) = 0$，因此，$x(t)$ 经相关处理后，输出信号 $R_{xx}(\tau)$ 为

$$R_{xx}(\tau) = R_{ss}(\tau) \tag{7.4.55}$$

这表明，经相关处理后，保留了信号，抑制了噪声，达到了相关检测的目的。

2）互相关检测

如果把由待测信号 $s(t)$ 和噪声信号 $n(t)$ 组成的信号 $x(t)$ 与一个同 $s(t)$ 相似的参考信号 $y(t)$ 进行互相关处理，其原理图如图 7.4.6 所示。

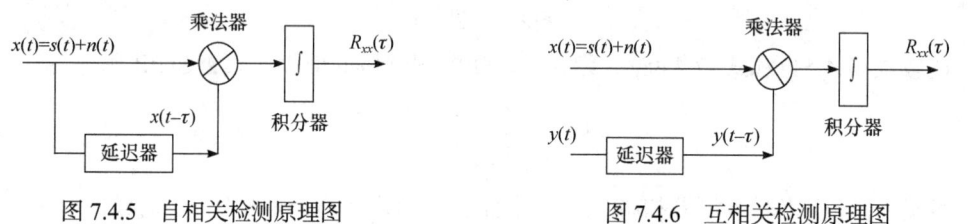

图 7.4.5 自相关检测原理图　　图 7.4.6 互相关检测原理图

图 7.4.6 中，$y(t)$ 经延迟器后变为 $y(t-\tau)$，将 $y(t-\tau)$ 与 $x(t)$ 同时输入乘法器进行乘法运算，再经过积分运算。由于噪声与参考信号是不相关的，$R_{ny}(\tau) = 0$，因此，输出端得到 $x(t)$ 与 $y(t)$ 的互相关函数 $R_{xy}(\tau)$ 为

$$R_{xy}(\tau) = R_{sy}(\tau) \tag{7.4.56}$$

式(7.4.56)表明，最后输出的信号只保留与参考信号 $y(t)$ 相关的信号部分，噪声被完全抵制掉。但在实际信号检测过程中，由于时间有限，短时间的互相关函数，$R_{ny}(\tau)$ 不一定为零，从而使相关检测产生一定的误差，这一点在运用中需要注意。

互相关检测需要参考信号 $y(t)$ 与 $x(t)$ 中的待测信号 $s(t)$ 相似或相同。这正好可以运用于以成像方式获取目标信息的红外告警器中，具体做法是：将实时获取的红外图像 $x(t)$ 进行边缘提取、区域分割、平滑滤波等处理后，与预存的目标图像 $y(t)$ 进行相关运算，如果红外图像 $x(t)$ 中包含目标图像 $y(t)$，相关运算就可以实现红外目标的检测

与识别。

虽然上面讲解的是一维连续模拟信号的互相关检测,但对于数字图像信号的相关检测,只不过是将一维信号变为二维信号、连续模拟信号变为离散数字信号而已,其运算的数学原理本质上是相似的,此处不再过多阐述。

除了上述三种常用的目标信号检测方法之外,还有如光子计数检测(将在紫外告警一节中讲解)等多种方法。总之在目标信号检测之后,还需要进一步对目标进行识别,以降低虚警。目标识别主要是基于信号处理的手段,利用目标本身的特性,如光谱特性、空间特性、时间特性和频率特性等,对检测后的目标信号进行一系列的滤波、变换等处理,排除虚假目标,以获得真实目标。

7.4.4 红外搜索跟踪

1. 红外搜索/跟踪系统的一般组成与工作过程

目前,红外告警器以扫描型为主,特别是车载和舰载型红外告警器,通常需要对360°大空域进行搜索、监视、侦察、跟踪与告警。红外搜索/跟踪系统是扫描型红外告警器的核心组成部分。

红外搜索/跟踪(Infrared Search and Track,IRST)系统按功能分为搜索系统和跟踪系统两部分,在红外告警器中,通常由图7.4.1中的光学系统、红外辐射探测单元、目标信号检测与处理单元和搜索/跟踪伺服机构等组成。

图7.4.7为进一步细化的红外搜索/跟踪系统的一般组成。其中虚线方框内为搜索系统,点画线方框内为跟踪系统。图中,省略了光学系统,红外辐射探测单元按功能作用改为方位探测器,目标信号检测与处理单元简化为信号处理器,搜索/跟踪伺服机构细化为搜索信号产生器、状态转换机构、放大器、测角机构和执行机构等。从图中可以看出,搜索系统和跟踪系统共用一套执行机构。

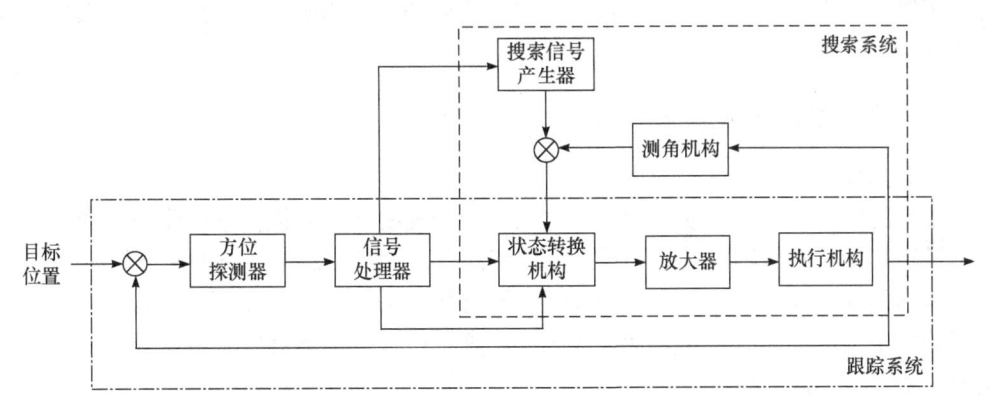

图 7.4.7 红外搜索/跟踪系统的一般组成

搜索系统由搜索信号产生器、状态转换机构、放大器、测角机构和执行机构组成。而跟踪系统则是由方位探测器、信号处理器、状态转换机构、放大器和执行机构组成。

状态转换机构最初处于搜索状态,搜索信号产生器发出搜索指令,经放大器放大后送给执行机构,带动由方位探测器和信号处理器构成的方位探测系统进行扫描。测角机构输出与执行机构转角成比例的信号。该信号与搜索指令相比较,比较后的差值经放大后控制执行机构运动。这样,执行机构的运动规律将跟随搜索指令的变化而变化。

在搜索过程中一旦发现目标,红外搜索/跟踪系统立即从搜索状态转为跟踪目标的状态。此时,跟踪系统工作。它与搜索系统的差异主要在于它的控制信号由目标位置信息提供。

方位探测系统上有一个位标器,目标与位标器的连线称为视线,视线、光轴与基准线之间的夹角分别为 q_M 和 q_t,如图 7.4.8 所示。当目标位于光轴上时,$q_t = q_M$,方位探测系统无误差信号输出。目标的运动使目标偏离光轴,即 q_t 不等于 q_M,系统便输出与失调角 $\Delta q = q_M - q_t$ 相对应的方位误差信号。该误差信号送入跟踪机构后,就会驱动位标器向减小失调角 Δq 的方向运动。当 $q_t = q_M$ 时,位标器停止运动。此时,若由于目标的运动再次出现失调角 Δq 时,则位标器的运动又重复上述过程。如此不断进行,系统便完成了目标的自动跟踪。

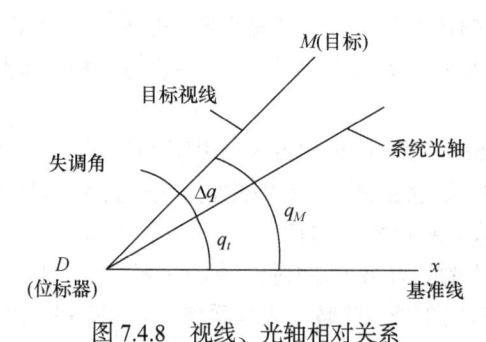

图 7.4.8 视线、光轴相对关系

早期的红外跟踪系统是点源跟踪系统,它把被跟踪的目标看作热辐射点源。随着红外探测技术的飞速发展,红外成像跟踪已成为发展的潮流。由于红外跟踪系统在导弹制导、火力控制等系统中应用非常广泛,且点源跟踪的机理与雷达跟踪有相似之处。因此,本节将以红外搜索系统为主讲解其工作原理。

2. 红外搜索系统的扫描运动

1) 俯仰扫描

搜索系统中对空域进行搜索的部分称为光机扫描机构,光机扫描的作用是使光学系统所成的景物热像对探测器做相对移动,以便探测器能对景物热像进行顺序分解。

光机扫描的方式比较多,最常用的是平行光束扫描,如图 7.4.9 所示。入射的平行光束经可摆动的平面镜反射后进入光学聚焦系统。这种扫描机构是直接对由物方来的光线进行扫描的,所以又称作物扫描方式。

图 7.4.10 所示方式也属于平行光束扫描,物方光线经望远镜压缩光束宽度后由扫描机构扫描,然后经光学会聚部件聚焦成像。该扫描常被称作伪物扫描方式。

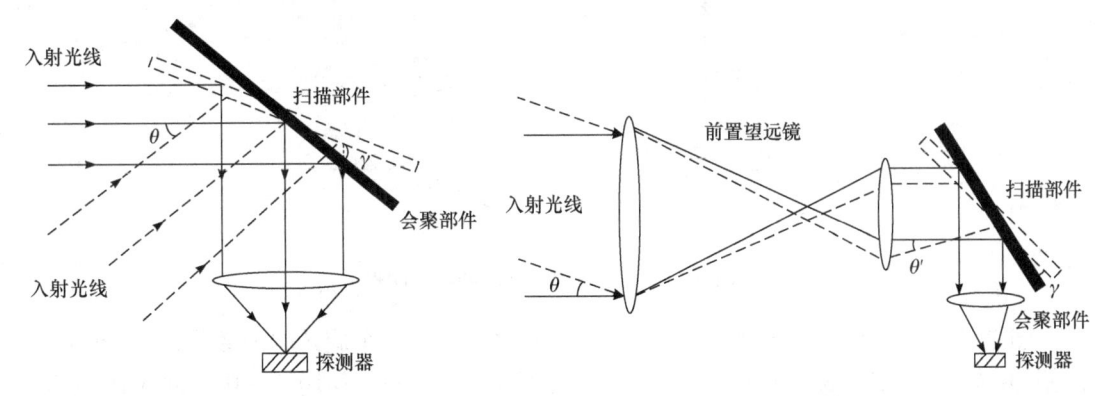

图 7.4.9　平行光束扫描方式　　　　图 7.4.10　伪物扫描方式

平面反射镜用于物扫描时,其入射光线即物方光线,则镜面转角 γ 与物方入射光束偏转角 θ 呈线性关系,即

$$\theta = 2\gamma \tag{7.4.57}$$

当平面反射镜用于伪物扫描时,镜面的入射光束就是望远镜的出射光束。设望远镜的视角放大率为 Γ, $\Gamma = |f_1/f_2| > 1$,则有

$$\theta = \frac{\theta'}{\Gamma} = \frac{2\gamma}{\Gamma} \tag{7.4.58}$$

在红外告警器的搜索系统中,让平面镜连续不断、周期性地做图 7.4.9 或图 7.4.10 所示的摆动,可实现俯仰扫描。

2) 周视扫描

在红外告警器的搜索系统中,通常用同一块平面镜来完成方位和俯仰两个方向上的扫描运动。平面镜每转一圈,实现 360° 的行扫描;然后使平面镜在俯仰方向上摆动,实现俯仰扫描,周而复始,完成 360° 的空域扫描。这是典型的周视扫描,其扫描图形一般有以下两种形式。

(1) 平行直线形扫描图形。

图 7.4.11(a)所示的图形是平面镜转过一周扫出一个条带后,在阶梯波俯仰信号的作用下,使摆镜在俯仰方向转过一个条带对应的俯仰角(即 $n\beta$ 角)而形成的。这种方式的缺点是:行间转换时,因系统惯性作用,摆镜位置不能突变,会在行与行转换处形成漏扫空域。

(2) 螺旋形行扫描线搜索图形。

为消除上述扫描方式在行行转换时出现的漏扫空域,可采用图 7.4.11(b)所示的螺旋形式的扫描图形。此种方式要使方位方向的平滑连续转动速度与俯仰方向的慢变转动速度间有确定的比例关系,以保证方位转一周后,俯仰刚好转过一个条带的角度($n\beta$),这样系统在搜索空域不漏扫、不重叠。

螺旋形行扫描线搜索方式在红外周视搜索系统中应用最广泛。红外周视搜索系统是一种典型的红外全方位警戒系统,又称周视预警系统,主要应用在舰艇、防空、边防等场合,用以在全方位(即方位角为 360°)范围内对来袭军事目标进行搜索、探测,并提供预警信号。

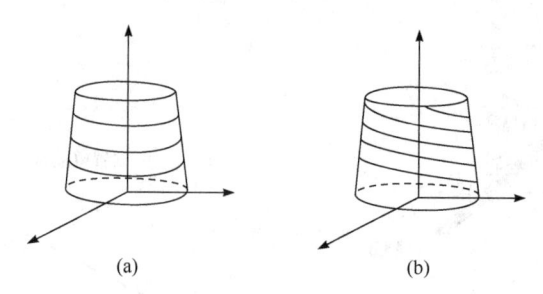

图 7.4.11　全方位警戒系统的搜索图形

图 7.4.12 是一种红外周视搜索系统框图。该系统包括一个旋转的传感器头部，旋转轴由俯仰-横滚方向支架保持垂直。传感器的望远镜轴是垂直的，使用了一块由伺服驱动控制的反射镜来选择俯仰角。如果传感器的视场在垂直方向上为 35°，通常的操作方式是以 3°的步距把视场向上移动。

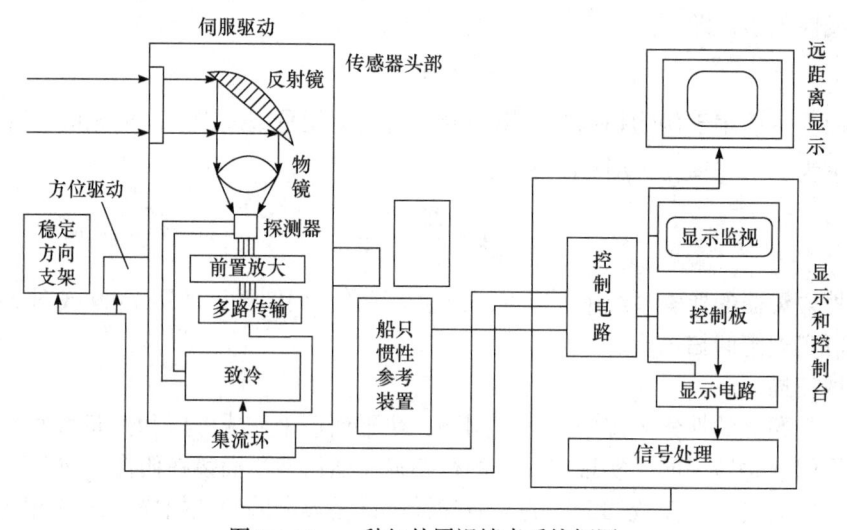

图 7.4.12　一种红外周视搜索系统框图

3) 区域扫描

除周视扫描外，还有区域扫描。区域扫描主要用于区域搜索。例如，红外周视搜索系统一旦在搜索过程中发现目标，其红外搜索/跟踪系统立即从搜索状态转为跟踪目标的状态。但由于惯性作用，发现目标后，搜索系统的光机扫描机构还要继续向前转过一定角度才能停下来。这时目标离开光学系统的视场不会很远，需要在较小的视场范围内，用较小的角速度进行二次搜索（即慢搜）。这种二次搜索就是区域搜索。

区域扫描分为方位和俯仰两个方向，执行机构也分为方位和俯仰两个执行机构，分别控制方位探测系统在方位和俯仰两个方向的运动。此时的搜索系统便由双回路组成，如图 7.4.13 所示。方位和俯仰回路的结构组成完全相同，但回路参数有所不同。

搜索信号产生器主要由振荡器、等腰三角波发生器和等距阶梯波发生器组成。两回路搜索系统通常要求光轴在行方向的扫描为匀角速度运动，行与行之间的切换为跳跃式的运动。所以让振荡器产生触发脉冲信号分别触发等腰三角波发生器和等距阶梯波发生器，以产生方位搜索信号 $u_\alpha(t)$ 和俯仰搜索信号 $u_\beta(t)$。$u_\alpha(t)$ 为等腰三角波，$u_\beta(t)$ 为等距阶梯波。如果随动系统是理想的，则光轴扫描图形(即光轴在空间的运动)为 $u_\alpha(t)$ 与 $u_\beta(t)$ 的合成图形。

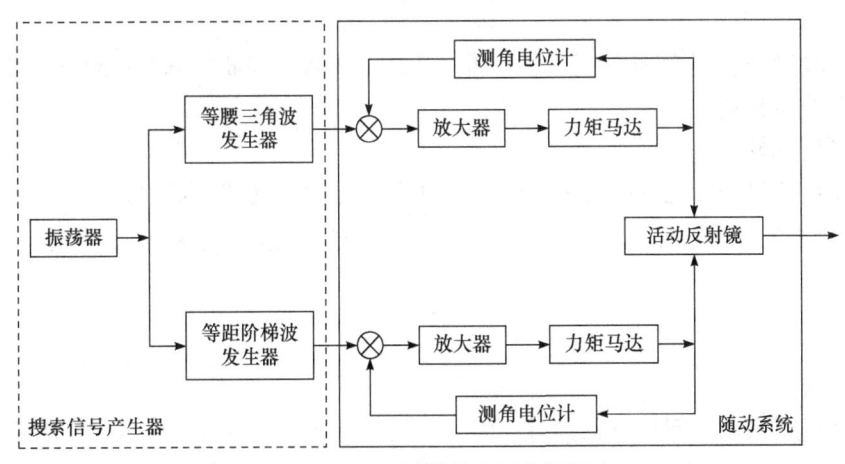

图 7.4.13　两回路搜索系统框图

扫描型红外告警器常用 8 字扫描图形进行区域搜索扫描，如图 7.4.14(c) 所示。图 7.4.14(a) 和 (b) 分别为 $u_\alpha(t)$ 与 $u_\beta(t)$ 的搜索信号形式。正扫、回扫共四行为一完整的帧，它们的频率对应关系为

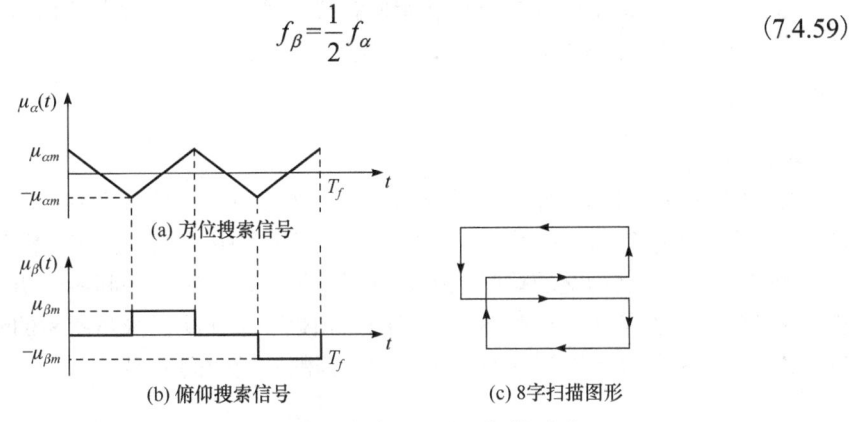

$$f_\beta = \frac{1}{2} f_\alpha \tag{7.4.59}$$

图 7.4.14　8 字形扫描的搜索信号形式及扫描图形

若使 $u_\alpha(t)$ 与 $u_\beta(t)$ 的频率满足不同的对应关系，便可得到不同的扫描图形。也可以根据所要求的扫描图形，推出相应的搜索信号的形式。

3. 红外搜索系统的参数

1) 总视场

总视场(Field of View, FOV)指搜索系统所观察到的物空间二维视场角，由系统所观察的景物空间和光学系统的焦距决定。系统的总视场可表示为

$$FOV = W_h W_v \tag{7.4.60}$$

式中，W_h 和 W_v 分别为总视场在水平和垂直方向的视场角。

对于扫描成像方式的红外告警器，则一帧图像中所包含的像元数的最大值为

$$N = \frac{W_h W_v}{\alpha\beta/O_S} = \frac{O_S W_h W_v}{\alpha\beta} \quad (7.4.61)$$

式中，O_S 为过扫比，表征相邻两行扫描重叠程度的系数。因此，单元探测器尺寸越小，搜索系统的分辨率越高。

2）帧周期和帧频

搜索系统扫过一个完整的搜索空间所需时间 T_f 称为帧周期，也称为帧时，单位为秒（s）。系统 1s 扫过景物的帧数称为帧频或帧速 f_P，单位为赫（Hz）。f_P 和 T_f 的关系为

$$f_P = \frac{1}{T_f} \quad (7.4.62)$$

3）扫描效率

搜索系统对景物空间进行扫描时，因同步扫描、回扫、直流恢复等时间内不产生输出信号，习惯上称为空载时间，用 T_f' 表示。帧周期与空载时间之差 $(T_f - T_f')$ 称为有效扫描时间。有效扫描时间与帧周期之比称为系统的扫描效率 η，即

$$\eta = \frac{T_f - T_f'}{T_f} \quad (7.4.63)$$

通常空间扫描都是由方位扫描和俯仰扫描两者合成的，所以其扫描效率也分为方位扫描效率 η_h 和俯仰扫描效率 η_v 两种，二者合成的总效率 η 为

$$\eta = \eta_h \eta_v \quad (7.4.64)$$

4）驻留时间

驻留时间是光机扫描型搜索系统的一个重要参数。红外搜索系统所观察的空间景物可以看成若干个发射辐射能的几何点的集合。搜索过程中，探测器相对于这些点源是运动的，从探测器前边沿与之相交的瞬间到探测器后边沿与之脱离的瞬间所经历的时间，就是探测器的驻留时间。换言之，探测器驻留时间是扫过一个探测器张角所需的时间。当扫描速度为常数，系统的扫描效率为 η 时，单元探测器的驻留时间 τ_d 为

$$\tau_d = \frac{T_f \eta}{N} = \frac{\alpha\beta T_f \eta}{W_h W_v O_S} (\text{s}) \quad (7.4.65)$$

式中，N 为一帧图像的像元数；O_S 为过扫比。

若红外告警器在俯仰方向上使用 n_p 元并联线列探测器，且系统的帧周期 T_f 和扫描效率 η 不变，则驻留时间 τ_{dp} 为

$$\tau_{dp} = n_p \tau_d = \frac{\alpha\beta T_f \eta n_p}{W_h W_v O_S}(\text{s}) \quad (7.4.66)$$

在探测时，探测器的驻留时间必须大于探测器的时间常数，才能有效探测。因此，在帧周期 T_f 一定时，增加并联线列探测器的个数、延长探测器的驻留时间是有益的。

7.5 紫外告警

7.5.1 概述

紫外告警是 20 世纪 80 年代末发展起来的一种导弹来袭告警技术，它通过探测来袭导弹尾焰的紫外辐射来判断其来袭方向及威胁程度，并实时发出告警信息。同红外告警相比，紫外告警具有虚警率低，探测器无须制冷，无须扫描，告警装备体积小、重量轻等优点，因此在短时间内得到了迅速发展。目前，导弹逼近紫外告警器(简称紫外告警器)已发展成为装备量最大的导弹逼近告警装备之一。

紫外告警器之所以能对来袭导弹进行告警，首先是因为导弹推进剂燃烧时产生紫外辐射。由黑体辐射的维恩位移定律可知：当物体温度升高时，发出的辐射能量增加，峰值波长向短波方向移动。导弹尾焰的温度可达 1000～2000K，会产生一定量的紫外辐射，导弹尾焰的热辐射是热粒子辐射，其分子反应式为

$$O+O \rightarrow O_2+光子$$

$$N+O \rightarrow NO+光子$$

$$CO+O \rightarrow CO_2+光子（蓝焰）$$

$$H+OH+OH \rightarrow H_2O+OH$$

导弹的固体燃料和氧化剂是铝粉和过氯酸铵，紫外辐射主要来自粒子的热辐射和 $CO+O$ 的化学荧光。其中，尾气流中的高温粒子 Al_2O_3 在紫外发射中起关键作用。因此，导弹在助推段、末助推段都会发出强烈的紫外线。

其次是由于大气中的臭氧层强烈地吸收 0.2～0.3μm 波长的紫外辐射，因而在近地面太阳紫外辐射中的这个波段几乎完全被吸收了，该波段被称为"日盲区"。在"日盲区"，军事目标(如飞机和导弹的尾焰)的紫外辐射明显强于太阳的紫外辐射，利用这一特性可对空中来袭目标进行紫外探测和告警。

紫外告警器的主要组成如图 7.5.1 所示，目标在"日盲区"的紫外辐射经过大气传输后被光学系统收集，到达探测器前端。探测器探测紫外辐射信号，把紫外辐射信号转换为电信号后送至信号检测及处理单元；该单元执行的功能包括对原始信号的降噪、放大等预处理，并对目标进行识别和运动特征分析；最后告警单元根据目标识别的结果决定是否告警。

目标紫外辐射 → 大气传输 → 光学系统 → 紫外辐射探测单元 → 信号检测处理单元 → 告警单元

图 7.5.1 紫外告警器的主要组成

目前比较典型的紫外告警器有 AN/AAR-47、AN/AAR-54(V)、AN/AAR-60 等。AN/AAR-47 是美国推出的世界上第一台紫外型导弹逼近告警器，采用四个非制冷光电倍增管作为传感器，每个传感器的视场角为 92°，四个传感器的光轴共面于一个水平面，每相邻两个传感器在水平面内有 2°的重叠角，角分辨率为 90°，覆盖角空域为 360°×92°，能

在敌导弹到达前 2~4s 发布警报，自动释放假目标干扰。AN/AAR-54(V)是典型的紫外成像型告警器，它采用大视场、高分辨率的凝视紫外传感器和先进的综合电子组件电路，能从假目标中提取正在逼近的导弹，截获目标的时间约为 1s，指向精度为 1°。AN/AAR-60 体积小，性能好，不仅能指示目标来袭方向，还能估算其距离，告警时间约 0.5s，指向精度为 1°，告警距离约 5km。

按照紫外辐射的探测机制，紫外告警器可大致分为概略型和成像型两类。它们探测导弹紫外辐射和识别导弹的信号处理方式是完全不同的，下面将分别讲解其工作原理。

7.5.2 概略型紫外探测

1. 结构组成

与激光告警相类似，概略型紫外告警器主要采用凝视探测、多路传输、多路信号综合处理的体制，以被动方式工作，由紫外传感器、信号处理器和控制单元等部分组成，一般每个探测单元的视场略大于 90°×90°，4 个传感器共同形成全方位、大空域监视范围，其结构组成一般如图 7.5.2 所示。

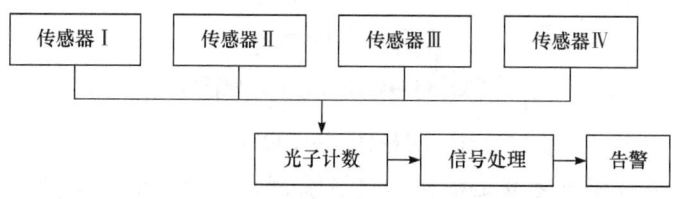

图 7.5.2 概略型紫外告警器的组成

传感器以单阳极光电倍增管为核心探测器，采用光子计数检测方法接收各传感器视场内的空间中特定波长的紫外辐射光子(包括目标和背景)，依据目标特征及预定算法对输入信号做出有无导弹威胁的统计判决，并解算出来袭导弹的概略方向。

因"日盲区"的紫外辐射水平极低，概略型紫外告警通常采用直接探测方式。为提高探测灵敏度，概略型紫外告警使用微弱光信号检测技术——光子计数。该检测方法不需要 A/D 转换即可获得数字量，其信噪比高，且便于数据处理。目前，一般光子计数的探测灵敏度在 10^{-17}W 量级，这是其他传统探测方法所不能比拟的。因此，光子计数非常适合于在较远距离上对导弹尾焰中微弱的"日盲区"紫外辐射进行探测、告警。

下面将针对图 7.5.2，主要讲解应用到概略型紫外告警器中的光子计数和信号处理相关知识。

2. 光子计数

用于紫外告警的光子计数器组成结构如图 7.5.3 所示。经紫外滤光片滤除背景光信号后，微弱的紫外辐射信号在时间上是离散的光子流，光电倍增管将离散的光子流转换成离散的光电子脉冲；再经脉冲放大、脉冲甄别后，去除噪声，获得与光子流相对应的电脉冲；最后由脉冲计数器对电脉冲计数，获得一定时间内的脉冲数，即该时间内的光子数；当规定时间内的光子数高于某个阈值时，可判定有威胁目标，发出告警。

图 7.5.3 用于紫外告警的光子计数器结构

图 7.5.3 中的光电倍增管、脉冲放大器、脉冲甄别器和脉冲计数器都是光子计数器的重要部件，下面简要介绍它们的工作原理。

1) 光电倍增管的输出

用于紫外告警的光电倍增管一般具备下列特点：在"日盲区"200~300nm 波段光谱响应最大，暗电流很小，探测灵敏度高，响应速度快，后续脉冲效应小，且光电阴极稳定性高。

当检测的光信号较强时，测量的是光电倍增管阳极输出的对地电流，如图 7.5.4(a)所示，或测量阳极电阻 R_L 上的电压，如图 7.5.4(b)所示，测得的信号电压(或电流)是连续信号。

然而，紫外告警测量的是非常微弱的导弹尾焰紫外辐射，这种弱光信号照射到光阴极上时，每个入射的光子以一定的概率(即量子效率)使光阴极发射一个光电子。这个光电子经光电倍增管内的倍增系统倍增后，在阳极回路中形成一个电流脉冲，即在负载电阻 R_L 上建立一个电压脉冲，这个脉冲称为"单光电子脉冲"，其形状如图 7.5.5 所示。

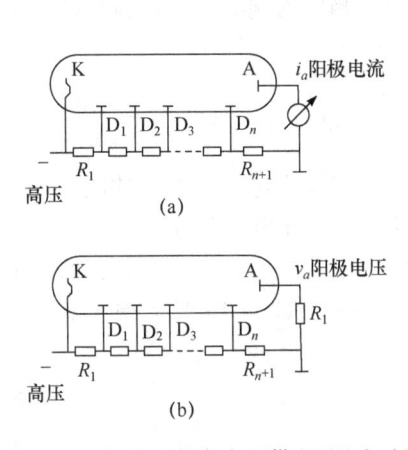

图 7.5.4 光电倍增管负高压供电及阳极电路

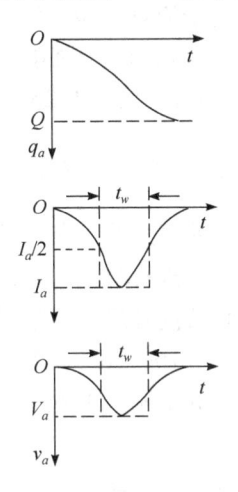

图 7.5.5 光电倍增管阳极输出信号波形

脉冲的宽度 t_w 取决于光电倍增管的时间特性和阳极回路的时间常数 $R_L C_0$，其中 C_0 为阳极回路的分布电容和放大器的输入电容之和。用于概略型紫外告警的光电倍增管一般性能良好，其单光电子脉冲宽度 t_w 为 10~20ns。因为入射的紫外辐射很弱，其光子流是一个一个离散地入射到光阴极上，则在阳极回路上得到的也是一系列分立的脉冲电信号。图 7.5.6 是用示波器观察到的光电倍增管对弱光输出信号的波形。

当入射光功率 $P_i \approx 10^{-11}$W 时，光电子信号是一直流电平并叠加有闪烁噪声，如图 7.5.6(a)所示；当 $P_i \approx 10^{-12}$W 时，直流电平减小，脉冲重叠减小，但仍存在基线起伏，如图 7.5.6(b)所示；当光强继续下降到 $P_i \approx 10^{-13}$W 时，基线开始稳定，重叠脉冲极少，如

图 7.5.6(c)所示；当 $P_i \approx 10^{-14}$W 时，脉冲无重叠，基线趋于零，如图 7.5.6(d)所示。

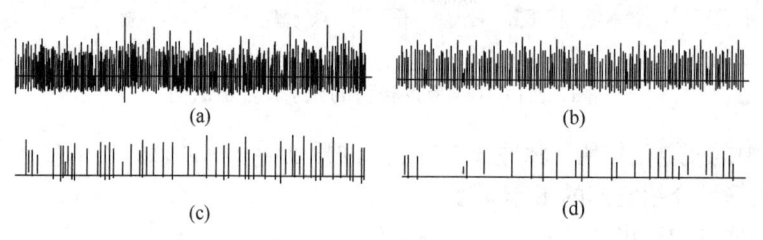

图 7.5.6 不同光强下光电倍增管输出信号波形

由此可知，当光强下降为 10^{-14}W 量级时，在 1ms 的时间内，光电倍增管输出的只有极少的、分立的电脉冲，这些脉冲的平均计数率与光子的流量成正比。

2) 脉冲放大器的输出与增益

光是由光子组成的光子流，单个光子的能量 E_0 为

$$E_0 = hc/\lambda \tag{7.5.1}$$

式中，$c = 3 \times 10^8$m/s，是真空中的光速；$h = 6.6 \times 10^{-34}$J·s，是普朗克常量。

单色光的光功率 P 为

$$P = RE_0 \tag{7.5.2}$$

式中，R 为光子流量，即单位时间内通过某一截面的光子数目。所以，只要能测得光子的流量 R，就能得到光子流强度。例如，到达告警系统探测器前端的紫外辐射每秒可达 $R = 10^4$ 个光子，辐射波长 λ 为 250nm，其对应的光功率 P 为

$$P = RE_0 = \frac{10^4 \times 3 \times 10^8 \times 6.6 \times 10^{-34}}{250 \times 10^{-9}} = 7.92 \times 10^{-15} \text{W}$$

可见，紫外辐射的功率非常小，需要对光电倍增管的输出进行放大，才能实现有效的告警。脉冲放大器的功能是放大光电倍增管阳极回路输出的光电子脉冲。

放大器的增益可按如下数据进行估算：假设光电倍增管的增益 $G = 10^6$，其输出的光电子脉冲宽度 $t_w = 10 \sim 20$ns。单个光电子的电量 $e = 1.602 \times 10^{-19}$C，如果按光电子脉冲宽度为 10ns 计算，则光电阴极上的 1 个光电子在阳极上产生的电流脉冲幅度 I_a 为

$$I_a = G \cdot e/t_w = 16\mu\text{A} \tag{7.5.3}$$

假设阳极负载电阻 $R_L = 50\Omega$，分布电容 $C_0 = 20$pF，且输出脉冲电压不会畸变，则输出的峰值电压 V_m 为

$$V_m = I_a R_L = 0.8\text{mV}$$

通常脉冲甄别器的甄别电平在几十毫伏到几伏内连续可调，由上述计算结果可知，要求放大器的增益大于 100 倍即可。

3) 脉冲甄别器的结构与作用

脉冲甄别器是脉冲幅度甄别器的简称，用于甄别入射的光电子脉冲、倍增极(也称打拿极)热电子脉冲和宇宙射线激发的电脉冲。经过大量研究发现：宙射线激发的电脉冲幅度最大(激发荧光造成多电子)，光电子脉冲的幅度居中，打拿极的热电子脉冲幅度最小。

用于紫外告警的脉冲甄别器的设计如图 7.5.7 所示。上甄别器设甄别电平为 V_h，V_h 只

让幅度小于宇宙射线激发的电脉冲通过，即光电子脉冲和热电子脉冲均可通过；而下甄别器设甄别电平为 V_l，V_l 只让幅度大于打拿极的热电子脉冲通过，即只让宇宙射线的电脉冲和光电子脉冲通过。上、下甄别器同时各有一个脉冲输入时，反符合器才能输出一个矩形脉冲。这就意味着脉冲甄别器只能让电压处于 V_l 与 V_h 之间的脉冲通过，即只有来自光电阴极上的光电子脉冲才能使反符合器输出一个矩形脉冲。

4) 脉冲计数器的计数方法

脉冲计数器的主要功能是在规定的测量时间间隔内，对甄别器输出的标准脉冲进行计数，其工作方式主要有直接计数法和反比计数法。

(1) 直接计数法。

直接计数法的硬件组成如图 7.5.8 所示。计数器 A 用来累计光电子脉冲数 n，计数器 B 对时钟脉冲进行计数来控制光电子脉冲计数的时间间隔 T。若时钟计数率(频率)为 R_C，计数器 B 被预置的数为 N，光电子脉冲计数率为 R_A，则在计数时间间隔 T 内的光电子脉冲数 n 为

$$n = R_A T = R_A \cdot \frac{N}{R_C} = R_A \times 常数 \tag{7.5.4}$$

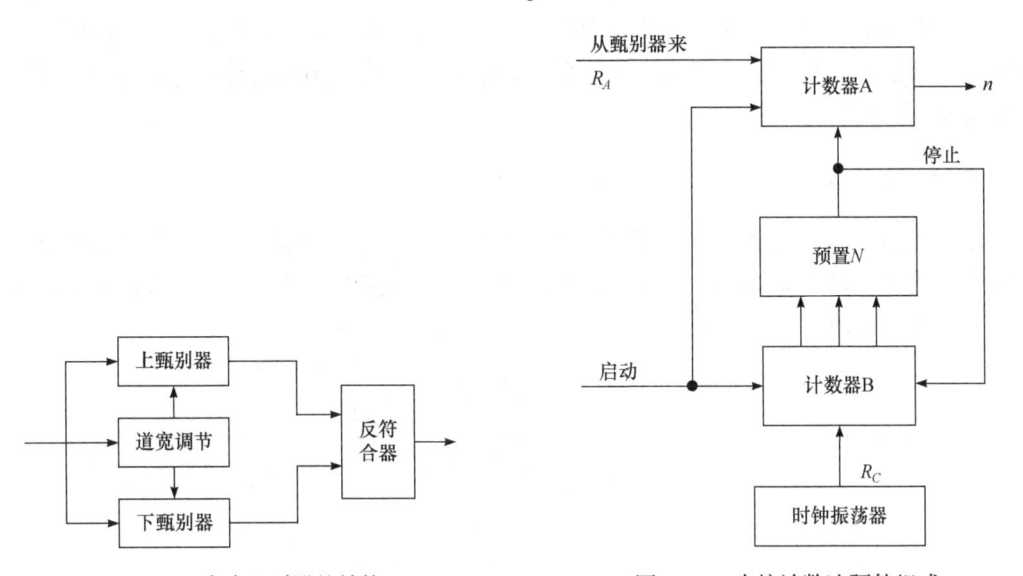

图 7.5.7 脉冲甄别器的结构

图 7.5.8 直接计数法硬件组成

(2) 反比计数法。

反比计数法的硬件组成如图 7.5.9 所示。这一方法与上述方法的不同之处在于：用可预置计数器 B 对光电子脉冲进行计数，而用计数器 A 对时钟脉冲进行计数。当计数器 B 计满 N 时，所需的计数时间 T 为

$$T = \frac{N}{R_A} \tag{7.5.5}$$

计数器 A 在计数时间 T 内对时钟 R_C 的计数值 n 为

$$n = R_C T = R_C \cdot \frac{N}{R_A} = \frac{1}{R_A} \times 常数 \qquad (7.5.6)$$

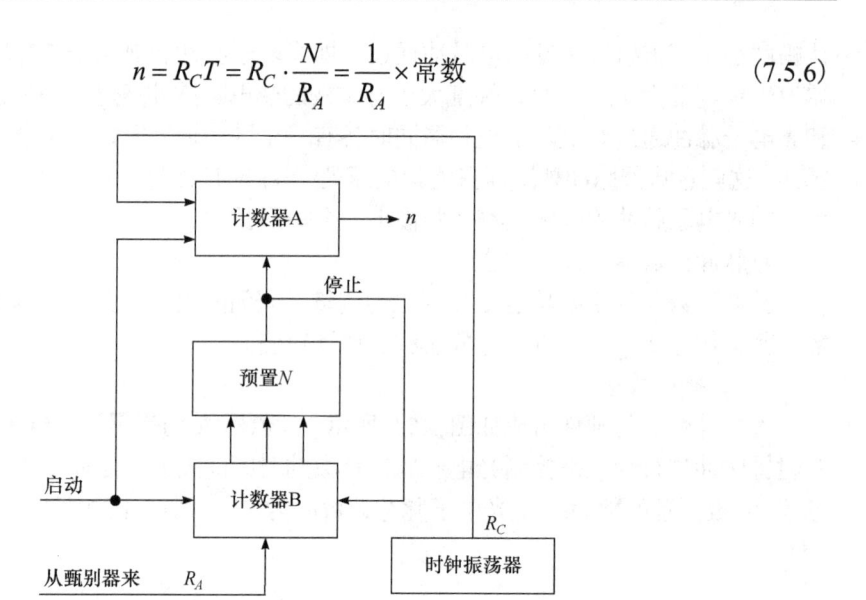

图 7.5.9 反比计数法硬件组成

这一方法的优点是：预置数 N 是常数，NR_C 也是常数，对弱光(即光电子脉冲稀疏)进行测量，计数时间长些；对强光进行测量，计数时间短些。相应的计数值 n 与光电子脉冲计数率 R_A 成反比。

3. 信号处理

在实战中，图 7.5.2 所示的概略型紫外告警器需要从自然背景、无威胁的人为噪声，以及可能的威胁环境中完成对威胁源的识别，识别过程的实质上是对光子计数输出的脉冲信号进行处理，可用图 7.5.10 来描述。

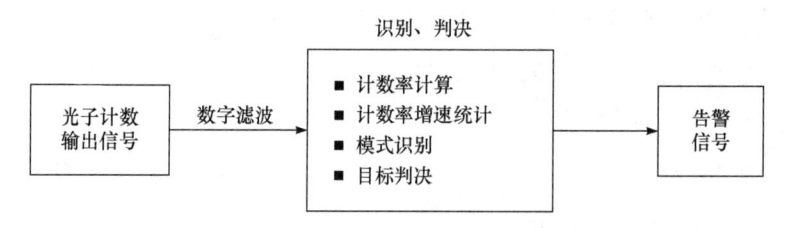

图 7.5.10 光子计数输出信号的处理

光子计数信号的采集、传输等都离不开电路，电路本身存在噪声和干扰，要滤除这些干扰，既可采用硬件措施(模拟滤波)，也可采用软件化的数字滤波方式。现代装备的集成度越来越高，数字滤波可靠性高、稳定性好，被广泛应用。

使用光子计数方式来识别目标，需要用到两个特征参数：一个是光子计数率与距离远近的关系，另一个是光子计数率的增长速率。

概略型紫外告警器的探测输出是离散的紫外光子计数信号，随着导弹的逼近，紫外辐照度值应不断增大，呈现光子数随目标距离减小而不断增加的过程。当然，导弹若飞离目标，所探测光子数应随目标距离增大而不断减小，这种识别的特征关系曲线可用图 7.5.11 来表示。

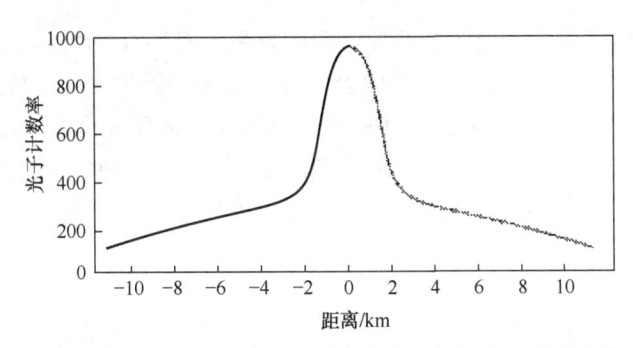

图 7.5.11 目标紫外辐射光子计数率与目标距离的关系曲线

而光子计数率与探测时间的关系曲线如图 7.5.12 所示。由图可知,来袭导弹、低速干扰以及静止背景的紫外辐射光子计数率的增长速率是不同的,其区别非常明显。因此,对光子计数率增长速率的统计可有效识别静止的背景或低速移动的人工干扰源。

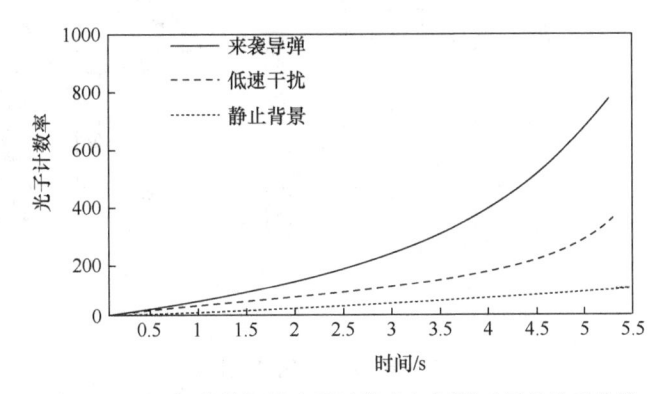

图 7.5.12 目标紫外辐射光子计数率与探测时间的关系曲线

由于来袭目标的光子计数率处于动态增长中,而背景基本恒定,因此,目标光子计数率的增速是目标识别的一个重要特征。若计数率服从随时间快速递增的规律,则说明该信号对应不断逼近的目标,据此可判断有导弹来袭,再根据提供该信号的探测器的方位确定导弹的来袭方向。

7.5.3 成像型紫外探测

1. 结构组成

成像型紫外告警器主要采用增强型电荷耦合器件(Intensified Charge Couple Device, ICCD),以二维方式探测光子、实时成像并进行图像处理,获得目标信息。其工作原理图如图 7.5.13 所示。

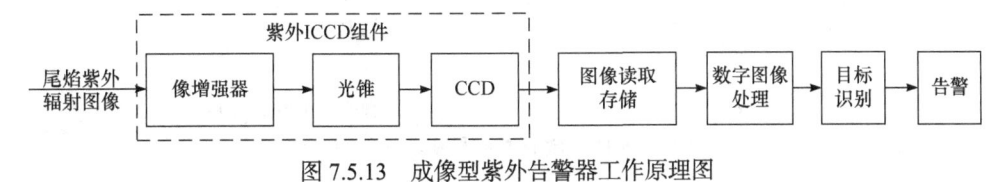

图 7.5.13 成像型紫外告警器工作原理图

工作时，导弹尾焰发出的微弱紫外辐射图像首先由紫外 ICCD 组件接收、放大和转换，其具体的工作过程是：首先，微弱紫外辐射图像经像增强器放大后，显示在像增强器的荧光屏上，再由耦合光学系统（一般采用光锥）投射到 CCD 的感光面上，由 CCD 传感成为电荷图像。其次，CCD 输出的每一帧电荷图像被采集（读取）、存储，然后传送到上位机，由上位机进行数字图像处理和目标识别，并决定是否告警。

2. 紫外 ICCD 组件

紫外 ICCD 组件采用日盲光电阴极，可对"日盲区"以外的背景进行一定程度的抑制，像增强器输出波长为 0.55μm 的绿光，与后端的可见光 CCD 光谱匹配。从 CCD 输出端可获得物空间二次图像的信号。像增强器、光锥及 CCD 三者合一，形成 ICCD 组件，其结构如图 7.5.14 所示。

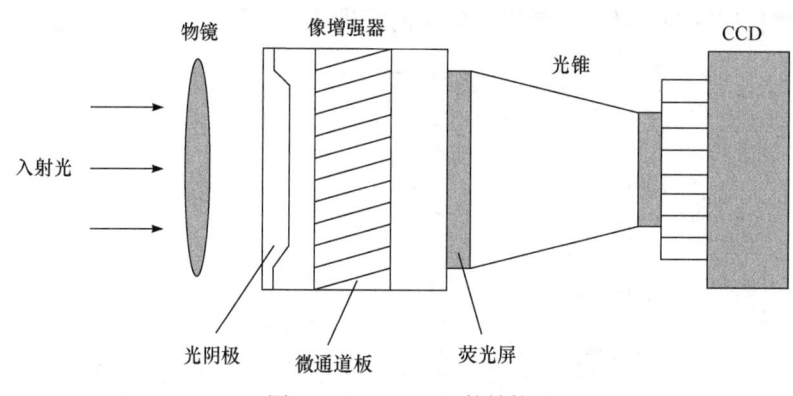

图 7.5.14 ICCD 组件结构

紫外像增强器包括图像转换、像增强及显示三个部件，实现紫外图像到可见图像的转换、增强，其增益一般大于 10^7。当入射辐射透过像增强器光窗照射光阴极时，由于外光电效应，光电阴极发射出光电子，光电子以一定的倾角进入微通道板的微通道中。微通道板（Microchannel Plate，MCP）由上百万根微细玻璃圆管组成，如图 7.5.15(a) 所示。光电子经多次碰撞、倍增直至 MCP 的输出端，如图 7.5.15(b) 所示。光电子数目与入射辐射的强度成正比，并经过逐级倍增形成大量次级电子。这些电子聚焦在荧光屏上，激发荧光材料发光，在荧光屏上形成二维图像，图像每点的亮度与光电阴极上对应的光强度成正比。

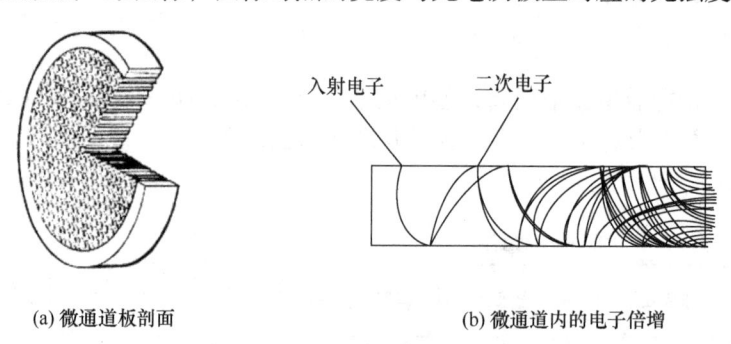

(a) 微通道板剖面　　　　(b) 微通道内的电子倍增

图 7.5.15 微通道板及其电子倍增

MCP 的二次发射材料涂覆在每个细管的内壁上，在电场的作用下，光阴极发射的电子进入细管并打在内壁后,以雪崩方式发射更多的电子。这些电子又打在细管内壁更远的一个点上,产生更多的电子,相应得到更大的增益。

3. 视频信号数字化处理

紫外 ICCD 组件输出的视频信号是模拟信号,包含背景信息和目标信息。将这种视频信号进行数字化处理,有两种方法:一种是二值化处理;另一种是采样、量化和编码。

二值化图像处理的特点是处理速度快、成本低。成像型紫外告警常采用浮动阈值法二值化处理作为其视频信号的数字处理方法。浮动阈值法使电压比较器的阈值电压随着 CCD 输出视频信号幅值的浮动而浮动。这样,当光源强度变化引起 CCD 的视频信号起伏变化时,可以通过电路将 CCD 视频信号的起伏变化反馈到阈值上,使阈值电位跟随变化,从而抵消 CCD 输出视频信号因光源不稳定而造成的误差。浮动阈值法二值化电路的原理图如图 7.5.16 所示。

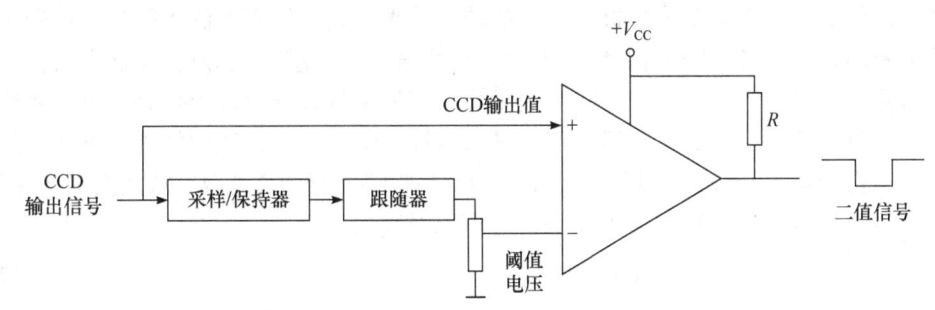

图 7.5.16 浮动阈值法二值化电路原理图

此外,成像型紫外告警也可采用采样、量化和编码的方式将视频信号进行数字化处理。该方法通常使用图像采集卡来实现。常用的图像采集卡工作原理图如图 7.5.17 所示。

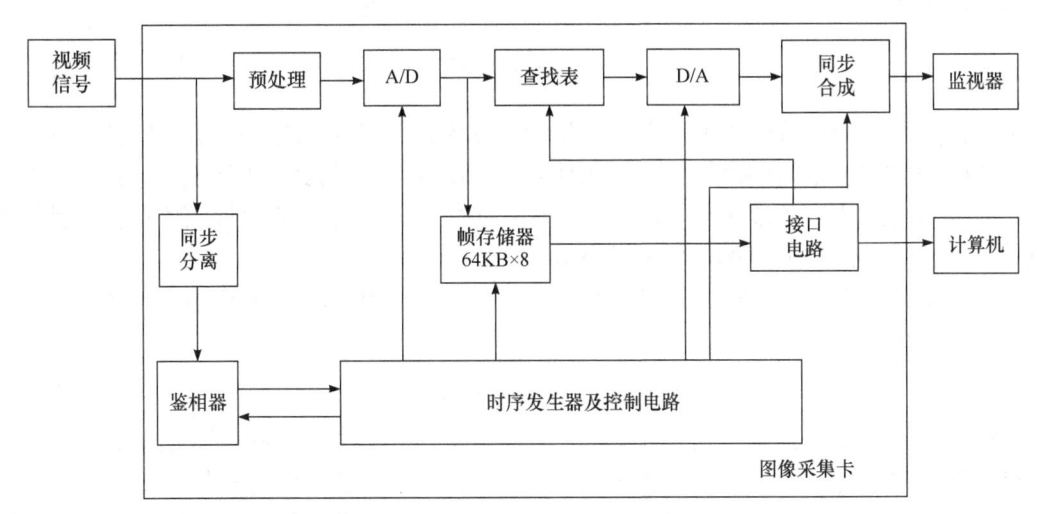

图 7.5.17 图像采集卡工作原理框图

紫外 ICCD 组件输出的视频信号进入图像采集卡后分为两路:一路经同步分离器分出行、场同步信号发送给鉴相器,使之与图像采集卡内的时序发生器产生的行、场同步信号保持同相位关系，并通过控制电路使图像采集卡上的各单元按视频信号的行、场制式要求同步工作；另一路视频信号经过预处理、A/D 转换器、帧存储器、接口电路传送到计算机，或经过预处理、A/D 转换器、查找表、D/A 转换器和同步合成电路送至监视器中并在监视器上显示。

4. 图像处理及目标识别

当威胁目标距离成像型紫外告警器较远时，目标对成像探测系统的张角为一个或几个单元视场，此时的探测属于点源成像探测。由于点目标图像呈现为几个像素的特征，信噪比较低，单帧目标图像携带的信息量少，给图像的检测带来很大的困难。对于静止点目标，通常可采用多帧累积点目标图像的方式提高信噪比。

由于成像型紫外告警是对运动的导弹进行紫外辐射成像，获得的图像是运动目标的连续相关图像，因而一般不能采用多帧累积点目标图像的方式来提高信噪比，但可以利用连续多帧图像间的相关性来检测目标。通用的图像处理及目标识别方法步骤是：首先对单帧点目标场景图像进行背景噪声抑制处理(如高通滤波、自适应阈值等)，增强小目标；然后用似然检测理论进行统计分析，消除缓慢变化的背景部分和弱噪声干扰点，再用邻域判决法提取出少量的候选目标点；最后利用多帧间目标运动的连续性和图像流分析法对图像序列中的候选目标点进行分析，检测出运动目标，并粗略进行距离估算，从而实现有效告警。

假设包含点目标的紫外场景图像 $f(x,y)$ 可以描述为

$$f(x,y) = f_T(x,y) + f_B(x,y) + n(x,y) \tag{7.5.7}$$

式中，$f_T(x,y)$ 为目标点灰度值图像；$f_B(x,y)$ 为背景灰度值图像；$n(x,y)$ 为噪声灰度值图像。

点目标的紫外场景图像 $f(x,y)$ 应满足成像系统要求的最小检测信噪比(SNR)。这里定义信噪比 SNR 为

$$\text{SNR} = \frac{f_{Tm} - \mu}{\sigma} \tag{7.5.8}$$

式中，f_{Tm} 为可检测出的点目标的最小灰度值；μ 为图像灰度均值；σ 为图像灰度标准差。

这种信噪比定义方法和单目标系统中用 $\text{SNR} = s/\sigma$ 定义信噪比本质上是一致的，因为 $f_{Tm} - \mu$ 恰恰就是目标真实幅值 s。在单目标系统中，$f_{Tm} - \mu$ 代表目标幅值；在多目标系统中，$f_{Tm} - \mu$ 则代表目标幅值中的最小值。

点目标像素的灰度值和尺寸在帧间只有较小变化，每帧目标点灰度值大于或等于目标点最小灰度值 f_{Tm}。由式(7.5.8)得

$$f_{Tm} = \mu + \text{SNR} \times \sigma \tag{7.5.9}$$

背景图像 $f_B(x,y)$ 通常占据了场景图像 $f(x,y)$ 空间频率中的低频信息。由于场景分布和传感器固有响应的不均匀性，背景图像 $f_B(x,y)$ 中局部灰度值可能会有较大的变化。因此，$f_B(x,y)$ 也包含部分空间频域中的高频分量，它们主要分布在背景图像中各个同质区的边缘处。

噪声图像 $n(x,y)$ 是场景及电路产生的各类噪声的总和，像素间不相关，在空间频域表现出和点目标类似的高频特征，但空间分布是随机的，帧间的空间分布没有相关性。

依上述分析可得出，目标点灰度值图像 $f_T(x,y)$ 和噪声灰度值图像 $n(x,y)$ 在单帧图像目标检测阶段无法区分开，但在多帧相关检测阶段可利用其帧间的不同特征来区分。而背景图像 $f_B(x,y)$ 在单帧目标检测阶段的表现与目标点灰度值图像 $f_T(x,y)$ 和噪声灰度值图像 $n(x,y)$ 不同，其相关长度比较长（即背景图像在图像灰度分布统计中占主要成分）。可利用这一特点，选用适当的背景抑制算法，在单帧图像检测中，抑制背景图像，检测出有潜在目标的候选区域。

对于单帧处理后的候选区域，可利用目标成像区域在时间和空间上的相关性，作进一步的相关检测，以获得真实目标所在的区域，通常有如下两种检测方式。

如果在帧间差图像中某个候选目标区域的平均灰度超过了设定的门限，且能保持一段时间，则认为该候选目标区域可能是真实的目标区域。这种检测方式称为运动强度检测方式。

目标点的运动是有规律的，具有连续的运动轨迹，而噪声点的运动是随机的，不能形成连续的运动轨迹。因此，目标区域质心位置的移动是相对稳定的，质心的移动不会出现大的跳跃。如果候选目标点在下一帧图像同一位置的某一邻域内仍然出现，则判断该点为目标点，予以保留；否则判断该点为噪声点，予以剔除。这种检测方式称为位移相关检测方式。

在多帧图像的相关检测中，候选目标区域必须经过以上两种检测才被认为是真正的目标区域。当然，在视场中能否检测出运动目标，还与目标的距离、运动速度和目标面积密切相关。

7.5.4 告警距离估算

告警距离是评估紫外告警器性能的一个重要指标。紫外告警器的告警距离通常是采用半实物仿真的方式在地面进行测试、估算而得到的。实战当中，导弹在空中飞行，大气对其紫外辐射具有吸收和散射等作用，紫外告警器在空中的告警距离和其在地面测试时得到的距离之间会产生一定的差距。本节将简要阐述一种较为精确地估算紫外告警距离的方法。

1. 地面紫外大气衰减系数测算

为计算得到紫外告警器的真实告警距离，需要测算紫外告警器测试处地面的紫外大气衰减系数。其计算方法如下：

在地面距导弹紫外尾焰模拟器 L_1（较小，定义为近距离）处及 L_2（较大，定义为远距离）处，分别用紫外辐射计测量得到导弹紫外尾焰模拟器的紫外辐照度值 E_1 和 E_2。

设导弹紫外尾焰模拟器输出紫外信号强度为 $I_{模拟}$，则在距离为 L_1 处的辐照度值 E_1 为

$$E_1 = I_{模拟} \tau_1 / L_1^2 \tag{7.5.10}$$

式中，$\tau_1 = e^{-\mu L_1}$ 为在距离为 L_1 处的大气透过率，其中，μ 为地面的紫外大气衰减系数。

同理，在距离为 L_2 处的辐照度值 E_2 为

$$E_2 = I_{模拟} \tau_2 / L_2^2 \tag{7.5.11}$$

式中，$\tau_2 = e^{-\mu L_2}$ 为在距离 L_2 处的大气透过率。

由式(7.5.10)和式(7.5.11)得

$$E_1/E_2 = (\tau_1/\tau_2)(L_2/L_1)^2 \tag{7.5.12}$$

即

$$\tau_1/\tau_2 = (E_1/E_2)(L_1/L_2)^2 \tag{7.5.13}$$

将 τ_1、τ_2 代入式(7.5.13)，并两边取对数，整理可得 μ 为

$$\mu = \frac{1}{L_2 - L_1} \ln\left[\frac{E_1}{E_2} \times \left(\frac{L_1}{L_2}\right)^2\right] \tag{7.5.14}$$

至于紫外辐射在空中的大气透过率，可使用美国空军地球物理实验室(Air Force Geophysics Laboratory，AFGL)编写的大气仿真软件包 LOWTRAN 计算获得。该软件的最早版本设计于1970年，至今已公布7个版本，是目前国内外公认的最成熟、使用最广泛的大气仿真软件包。它可用于计算从紫外波段到微波波段的大气传输模型相关参数，其模型具有较强的经验性，算法较简单。

2. 实际紫外告警距离计算

在得到紫外辐射大气衰减系数之后，就可以对紫外告警器的实际告警距离进行计算。计算方法如下：

设导弹在地面距紫外告警器的距离为 $L_{地}$ 处的辐照度值为 $E_{地}$，则

$$E_{地} = \frac{I\tau_{地}}{L_{地}^2} \tag{7.5.15}$$

式中，I 为导弹发动机紫外辐射强度；$\tau_{地}$ 为地面大气透过率；$L_{地}$ 为地面告警距离。设导弹在空中距告警接收机 $L_{空}$ 处的辐照度为 $E_{空}$，则

$$E_{空} = \frac{I\tau_{空}}{L_{空}^2} \tag{7.5.16}$$

式中，$\tau_{空}$ 为空中大气透过率；$L_{空}$ 为空中告警距离。由于告警接收机的接收灵敏度恒定，紫外告警器告警时，$E_{地} = E_{空}$。因此，$I\tau_{地}/L_{地}^2 = I\tau_{空}/L_{空}^2$，变换后得

$$L_{空} = \left(\frac{\tau_{空}}{\tau_{地}}\right)^{1/2} L_{地} \tag{7.5.17}$$

根据大气透过率计算公式 $\tau_{地} = e^{-\mu L_{地}}$，得紫外告警器在空中对导弹的告警距离为

$$L_{空} = \left(\frac{\tau_{空}}{e^{-\mu L_{地}}}\right)^{1/2} L_{地} \tag{7.5.18}$$

式中，$\tau_{空}$可由 LOWTRAN-7 计算得到，$L_{地}$在地面直接测得，而地面的大气衰减系数μ可以测算得到。经实验表明，上述方法的操作性、可行性较强，在测量结果上与实弹打靶测试结果具有较高的一致性。

思考题和习题

1. 激光告警器是如何进行分类的？阐述光谱识别告警和相干识别告警的原理。
2. 激光告警器只是装载在车辆、飞机等装备的某一部位，如果敌方的激光测距、制导等激光束没有照射在告警器上，能告警吗？在多大范围内能告警与什么因素有关？
3. 某光谱识别型激光告警器由排成一圈的 10 个窗口组成，在不考虑视场重叠和考虑视场重叠的情况下，求其能实现的平均水平角度分辨率为多少？此时每个窗口的视场角应为多大？
4. 推导小目标时的激光主动侦察方程。
5. Nd:YAG 激光器输出峰值功率为 $P=2MW$，发散角为$\theta=1mrad$，其与激光告警器的距离为 $z=8km$，告警器光敏面的直径为 $d=0.1cm$，接收光学系统的透过率为$\tau=0.8$，激光束入射方向与光敏面法线之间的夹角为$\varphi=20°$，晴朗大气衰减系数为 $0.113km^{-1}$，问告警器接收到的激光信号的峰值功率是多少？
6. 激光告警识别波长和方位的方法有哪些，分别描述一种。
7. 辨析虚警率、虚警概率、探测概率。
8. 对于脉宽为 10ns 的激光信号，某设备要求虚警率为 $\overline{FAR}=10^{-2}/h^{-1}$，探测概率 $P_d \geqslant 99\%$，问：如何选择阈值-噪声比 I_t/I_n？该设备对多大的信号-噪声比 I_s/I_n 可以满足要求？
9. 使红外告警器虚警率高的因素主要有哪些？从信号处理的角度定性地探讨，红外告警器区分目标与背景的红外辐射有哪些方式？
10. 红外告警器在应用上有哪些类型？为什么？
11. 探讨分布孔径式凝视型红外告警器的瞬时视场与总视场的关系。
12. 噪声等效功率（NEP）与噪声等效温差（NETD）有什么不同？它们各是从什么角度来分析红外告警器的探测能力的？
13. 描述 Neyman-Pearson 准则。为什么红外告警器多采用 Neyman-Pearson 准则？
14. 积累检测是一种什么样的检测？
15. 探讨红外成像型告警器应用相关检测的工作流程以及目标识别方法。
16. 分析搜索系统和跟踪系统的异同。
17. 扫描型红外告警器探测目标时，目标所成的像通常是小于单元探测器瞬时视场的，请在红外探测系统 NETD 的基本方程基础上，推导红外告警器的 NETD 公式。
18. 何谓"日盲区"和"紫外窗口"？
19. 简述概略型紫外告警的工作原理，并分析其优缺点。
20. 成像型紫外告警的核心探测器是什么？由哪几部分组成？
21. 假设每个探测器单元的响应率和比探测率都相同，且每个探测器单元接收的光功率和每路前置放大器的增益也相同。请推导多元探测器串扫的信噪比改善是多少？
22. 设概略型紫外告警器中光电倍增管的增益为 10^6，输出的光电子脉冲宽度为 15ns。

试求光电阴极上单个光电子在阳极上产生的电流脉冲幅度。

23. 假设紫外告警器每秒接收到 $R = 10^4$ 个光子,"日盲区"波长 λ 的范围是 $200\sim300\text{nm}$,真空中光速为 $c=3\times10^8\text{m/s}$,普朗克常量为 $h = 6.6\times10^{-34}\text{J}\cdot\text{s}$。求此时探测器所能接收到的光功率范围。

参 考 文 献

ADAMY D W，2017. 电子战原理与应用[M]. 王燕，朱松，译. 北京：电子工业出版社.
安毓英. 曾晓东，2004. 光电探测原理[M]. 西安：西安电子科技大学出版社.
昂海松，周建江，黄国平，等，2020. 无人机系统关键技术[M]. 北京：航空工业出版社.
蔡晓霞，等，2011. 通信对抗原理[M]. 北京：解放军出版社.
承德保，2002. 现代雷达反对抗技术[M]. 北京：航空工业出版社.
程水英，2015. 敌我识别对抗若干问题研究[J]. 电子工程学院学报，34, (2): 15-19.
程玉宝，2013. 光电器件与军用光电系统[M]. 北京：解放军出版社.
高稚允，高岳，张开华，1996. 军用光电系统[M]. 北京：北京理工大学出版社.
何明浩，2010. 雷达对抗信息处理[M]. 北京：清华大学出版社.
贺平，2016. 雷达对抗原理[M]. 北京：国防工业出版社.
胡以华，2009. 卫星对抗原理与技术[M]. 北京：解放军出版社.
军事科学院，2011. 中国人民解放军军语[M]. 北京：军事科学出版社.
李修和，2014. 战场电磁环境建模与仿真[M]. 北京：国防工业出版社.
李跃，2008. 导航与定位——信息化战争的北斗星[M]. 2版. 北京：国防工业出版社.
林象平，冯献成，梁百川，等，1981. 电子对抗原理[M]. 北京：国防工业出版社.
刘德树，1989. 雷达反对抗的基本理论与技术[M]. 北京：北京理工大学出版社.
刘松涛，王龙涛，刘振兴，2019. 光电对抗原理[M]. 北京：国防工业出版社.
吕跃广，孙晓泉，2016. 激光对抗原理与应用[M]. 北京：国防工业出版社.
潘高峰，王李军，华军，2016. 卫星导航接收机抗干扰技术[M]. 北京：电子工业出版社.
POISEL R A，2013. 通信电子战原理[M]. 2版. 聂皞，等译. 北京：电子工业出版社.
普赖斯，1977. 美国电子战史[M]. 中国人民解放军总参谋部第四部，译. 北京：解放军出版社.
曲长文，陈铁柱，2010. 机载反辐射导弹技术[M]. 北京：国防工业出版社.
SCHLESINGER R J，1965. 电子战原理[M]. 刘雄冠，王洪儒，张秀岐，译. 北京：国防工业出版社.
时家明，2010. 红外对抗原理与技术[M]. 北京：解放军出版社.
宋铮，张建华，黄冶，2015. 天线与电波传播[M]. 2版. 西安：西安电子科技大学出版社.
汪连栋，申绪涧，韩慧，2015. 复杂电磁环境概论[M]. 北京：国防工业出版社.
王进国，2020. 无人机系统作战运用[M]. 北京：航空工业出版社.
王满玉，程柏林，2016. 雷达抗干扰技术[M]. 北京：国防工业出版社.
王汝群，1998. 战场电磁环境概论[M]. 北京：解放军出版社.
王沙飞，李岩，2018. 认知电子战原理与技术[M]. 北京：国防工业出版社.
吴利民，王满喜，陈功，2015. 认知无线电与通信电子战概论[M]. 北京：电子工业出版社.

等，2012. 通信原理与系统[M]. 北京：国防工业出版社.

仪器[M]. 北京：国防工业出版社.

晓峰，等，2014. 反辐射制导技术[M]. 西安：西北工业大学出版社.

杂电磁环境基础知识[M]. 北京：解放军出版社.

导航对抗原理及其运用[M]. 北京：解放军出版社.

红外物理[M]. 2版. 西安：西安电子科技大学出版社.

雷达对抗原理[M]. 2版. 西安：西安电子科技大学出版社.

忠阳，张嵩，等，2014. 数据链系统与技术[M]. 北京：电子工业出版社.

科全书》总编委会，2009. 中国大百科全书[M]. 2版. 北京：中国大百科全书出版社.

2009. 光电对抗原理与系统[M]. 北京：解放军出版社.

，2012. 通信对抗系统与技术[M]. 北京：解放军出版社.

，2010. 电磁兼容基础及工程应用[M]. 北京：中国电力出版社.

宇，安玮，郭福成，2014. 电子对抗原理与技术[M]. 北京：电子工业出版社.